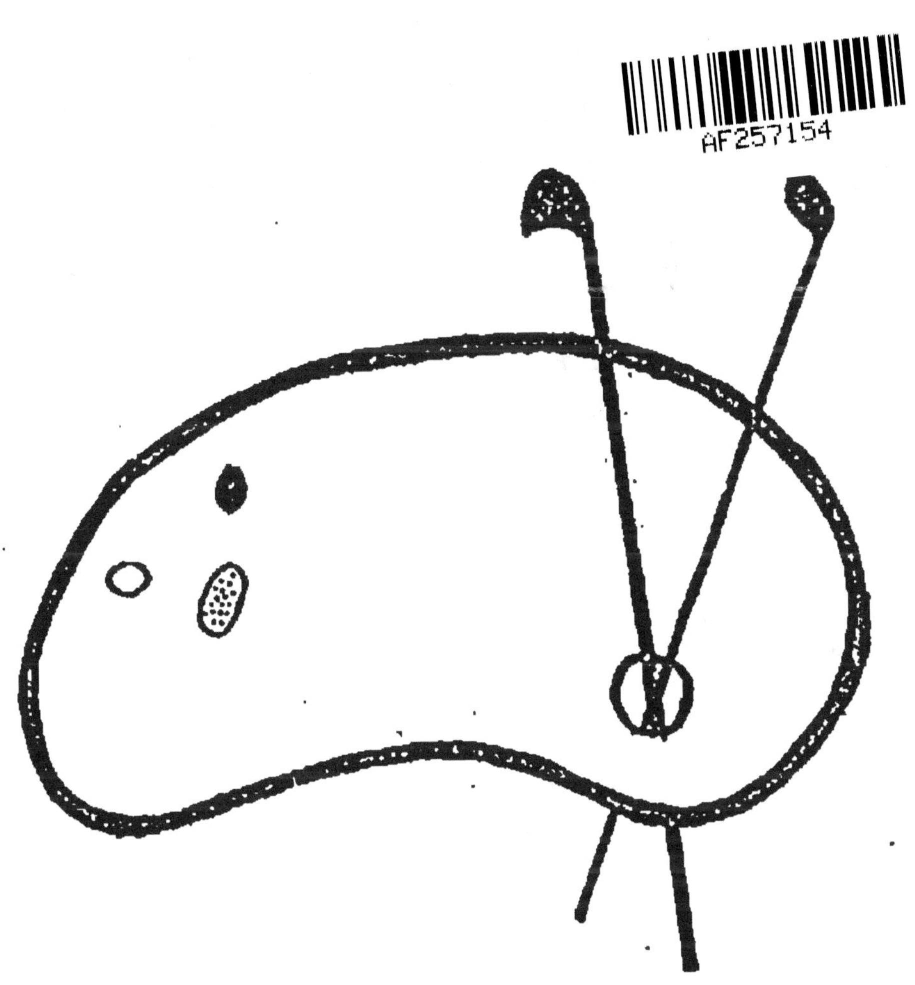

COUVERTURE SUPERIEURE ET INFERIEURE
EN COULEUR

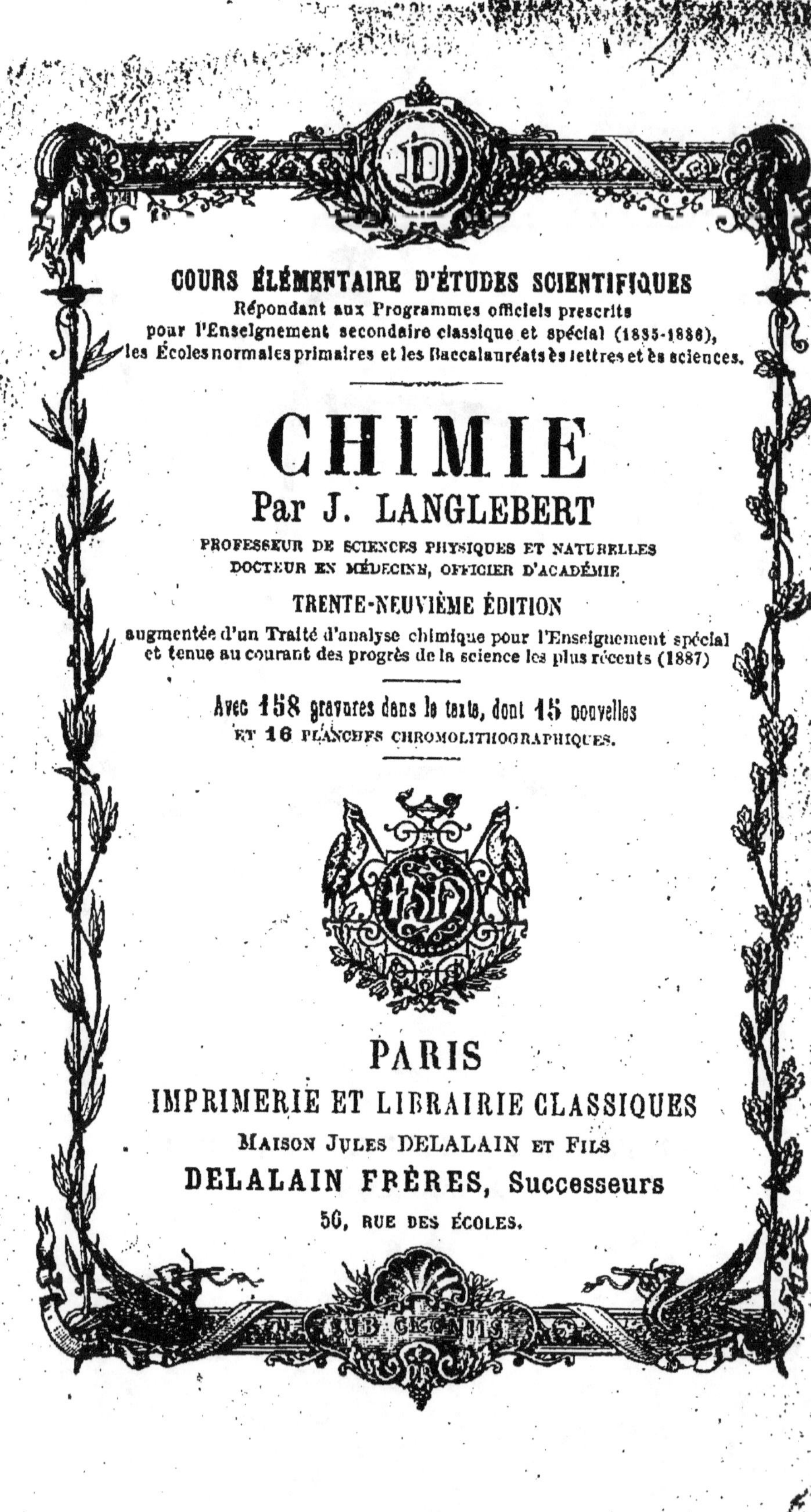

CHIMIE

Par J. LANGLEBERT

TRENTE-NEUVIÈME ÉDITION

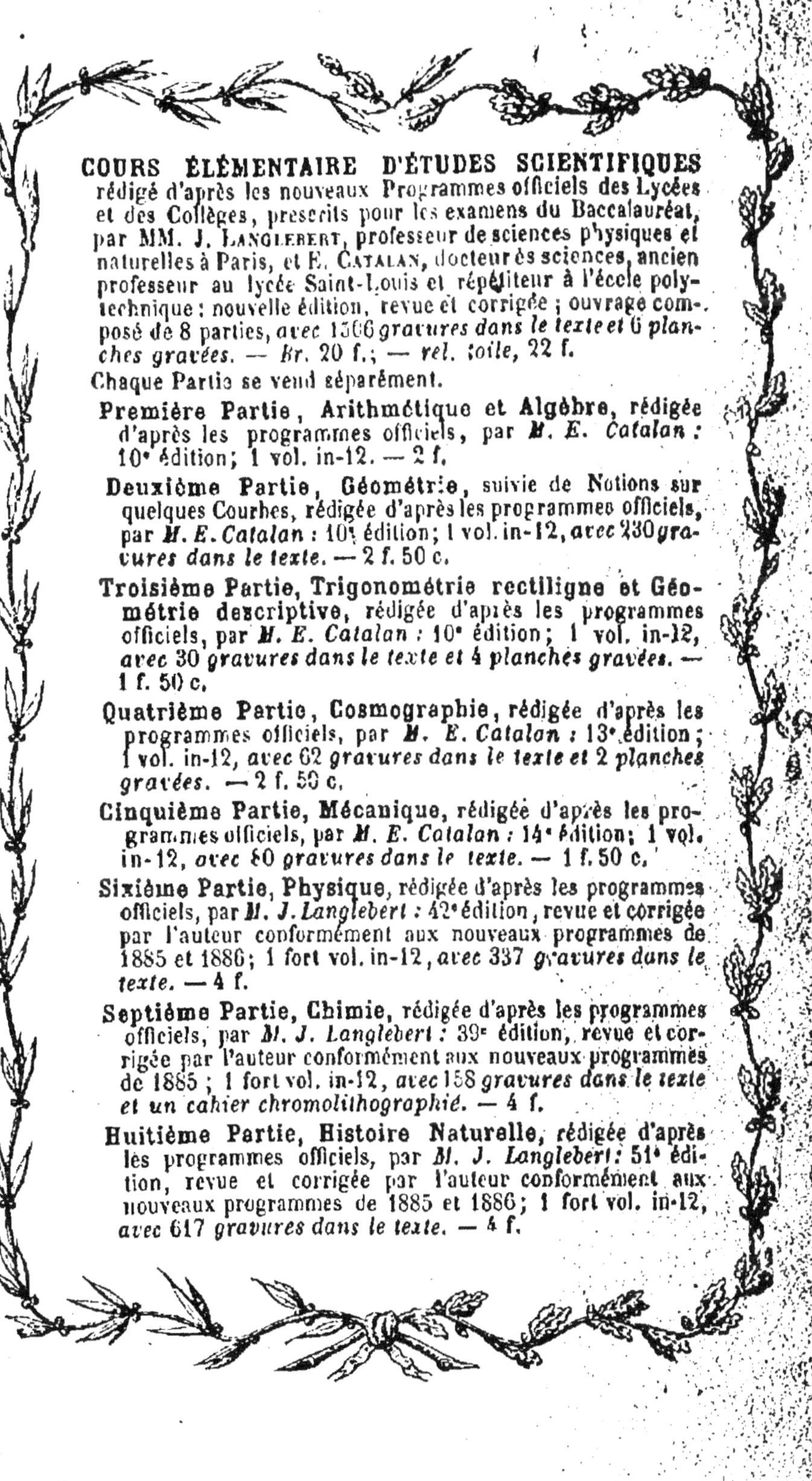

COURS ÉLÉMENTAIRE D'ÉTUDES SCIENTIFIQUES

rédigé d'après les nouveaux Programmes officiels des Lycées et des Collèges, prescrits pour les examens du Baccalauréat, par MM. J. LANGLEBERT, professeur de sciences physiques et naturelles à Paris, et E. CATALAN, docteur ès sciences, ancien professeur au lycée Saint-Louis et répétiteur à l'école polytechnique : nouvelle édition, revue et corrigée ; ouvrage composé de 8 parties, *avec 1366 gravures dans le texte et 6 planches gravées.* — Br. 20 f.; — *rel. toile*, 22 f.

Chaque Partie se vend séparément.

Première Partie, **Arithmétique et Algèbre**, rédigée d'après les programmes officiels, par *M. E. Catalan* : 10ᵉ édition; 1 vol. in-12. — 2 f.

Deuxième Partie, **Géométrie**, suivie de Notions sur quelques Courbes, rédigée d'après les programmes officiels, par *M. E. Catalan* : 10ᵗ édition; 1 vol. in-12, *avec 230 gravures dans le texte.* — 2 f. 50 c.

Troisième Partie, **Trigonométrie rectiligne et Géométrie descriptive**, rédigée d'après les programmes officiels, par *M. E. Catalan* : 10ᵉ édition; 1 vol. in-12, *avec 30 gravures dans le texte et 4 planches gravées.* — 1 f. 50 c.

Quatrième Partie, **Cosmographie**, rédigée d'après les programmes officiels, par *M. E. Catalan* : 13ᵉ édition; 1 vol. in-12, *avec 62 gravures dans le texte et 2 planches gravées.* — 2 f. 50 c.

Cinquième Partie, **Mécanique**, rédigée d'après les programmes officiels, par *M. E. Catalan* : 14ᵉ édition; 1 vol. in-12, *avec 80 gravures dans le texte.* — 1 f. 50 c.

Sixième Partie, **Physique**, rédigée d'après les programmes officiels, par *M. J. Langlebert* : 42ᵉ édition, revue et corrigée par l'auteur conformément aux nouveaux programmes de 1885 et 1886; 1 fort vol. in-12, *avec 337 gravures dans le texte.* — 4 f.

Septième Partie, **Chimie**, rédigée d'après les programmes officiels, par *M. J. Langlebert* : 39ᵉ édition, revue et corrigée par l'auteur conformément aux nouveaux programmes de 1885 ; 1 fort vol. in-12, *avec 158 gravures dans le texte et un cahier chromolithographié.* — 4 f.

Huitième Partie, **Histoire Naturelle**, rédigée d'après les programmes officiels, par *M. J. Langlebert* : 51ᵉ édition, revue et corrigée par l'auteur conformément aux nouveaux programmes de 1885 et 1886; 1 fort vol. in-12, *avec 617 gravures dans le texte.* — 4 f.

J. LANGLEBERT

CHIMIE

8° R
8371

COURS ÉLÉMENTAIRE D'ÉTUDES SCIENTIFIQUES, rédigé d'après les nouveaux Programmes officiels des Lycées et des Collèges prescrits pour les examens du Baccalauréat, par MM. J. LANGLEBERT, professeur de sciences physiques et naturelles à Paris, et E. CATALAN, docteur ès sciences, ancien professeur au lycée Saint-Louis et répétiteur à l'École polytechnique, professeur d'analyse à l'Université de Liège : nouvelle édition, revue et corrigée ; ouvrage composé de 8 parties, avec 1506 *gravures dans le texte et 6 planches gravées,*   br. 20 f.; — *rel. toile* 22 f.

Chaque Partie se vend séparément.

Première Partie, Arithmétique et Algèbre, rédigée d'après les programmes officiels, par *M. E. Catalan :* 10° édition; 1 vol. in-12,   br. 2 f.

Deuxième Partie, Géométrie, suivie de Notions sur quelques Courbes, rédigée d'après les programmes officiels, par *M. E. Catalan :* 10° édition ; 1 vol. in-12, *avec 230 gravures dans le texte,*   br. 2 f. 50 c.

Troisième Partie, Trigonométrie rectiligne et Géométrie descriptive, rédigée d'après les programmes officiels, par *M. E. Catalan :* 10° édition ; 1 vol. in-12, *avec 30 gravures dans le texte et 4 planches gravées,*   br. 1 f. 50 c.

Quatrième Partie, Cosmographie, rédigée d'après les programmes officiels, par *M. E. Catalan :* 13° édition ; 1 vol. in-12, *avec 62 gravures dans le texte et 2 planches gravées,*
    br. 2 f. 50 c.

Cinquième Partie, Mécanique, rédigée d'après les programmes officiels, par *M. E. Catalan :* 14° édition ; 1 vol. in-12, *avec 80 gravures dans le texte,*   br. 1 f. 50 c.

Sixième Partie, Physique, rédigée d'après les programmes officiels, par *M. J. Langlebert :* 42° édition, revue et corrigée par l'auteur conformément aux nouveaux programmes de 1885 et 1886; 1 fort vol. in-12, *avec 337 gravures dans le texte et une planche en couleurs,*   br. 4 f.

Septième Partie, Chimie, rédigée d'après les programmes officiels, par *M. J. Langlebert :* 39° édition, revue et corrigée par l'auteur conformément aux nouveaux programmes de 1885 et 1886; 1 fort vol. in-12, *avec 158 gravures dans le texte et un cahier chromolithographique,*   br. 4 f.

Huitième Partie, Histoire Naturelle, rédigée d'après les programmes officiels, par *M. J. Langlebert :* 51° édition, revue et corrigée par l'auteur conformément aux nouveaux programmes de 1885 et 1886; 1 fort vol. in-12, *avec 617 gravures dans le texte,*   br. 4 f.

Ce Cours d'enseignement répond aux nouveaux programmes officiels de l'Enseignement secondaire classique et de l'Enseignement secondaire spécial des Lycées et des Collèges.

Résumé de Philosophie (Éléments de la Méthode et Principes de la Morale), rédigés conformément au programme de philosophie prescrit pour les examens du baccalauréat ès sciences, par *M. H. Joly,* professeur suppléant de *Philosophie* au collège de France : 2° édition; 1 vol. in-12,   br. 1 f.

Applications modernes de l'Électricité, par *M. J. Langlebert;* in-12, *avec 41 vignettes,*   br. 1 f. 50 c.

COURS ÉLÉMENTAIRE D'ÉTUDES SCIENTIFIQUES

Répondant aux Programmes prescrits
pour l'Enseignement secondaire, classique et spécial (1885-1886),
les Écoles normales primaires
et les Baccalauréats ès lettres et ès sciences.

CHIMIE

Par J. LANGLEBERT

PROFESSEUR DE SCIENCES PHYSIQUES ET NATURELLES
DOCTEUR EN MÉDECINE, OFFICIER D'ACADÉMIE.

TRENTE-NEUVIÈME ÉDITION

AUGMENTÉE D'UN TRAITÉ D'ANALYSE CHIMIQUE
ET TENUE AU COURANT DES PROGRÈS DE LA SCIENCE LES PLUS RÉCENTS (1887)

Avec 158 gravures dans le texte dont 15 nouvelles
ET 16 PLANCHES CHROMOLITHOGRAPHIQUES.

PARIS

IMPRIMERIE ET LIBRAIRIE CLASSIQUES

MAISON JULES DELALAIN ET FILS

DELALAIN FRÈRES, Successeurs

56, RUE DES ÉCOLES.

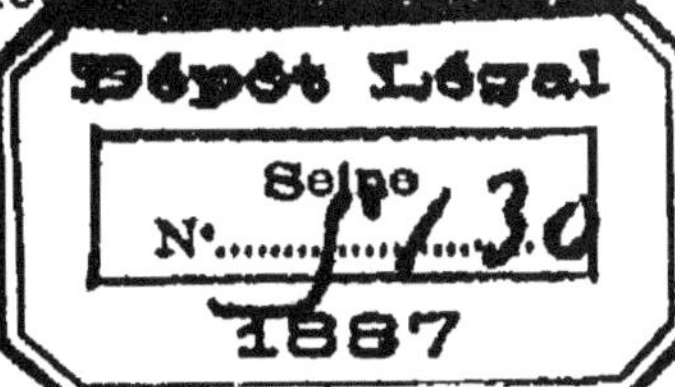

Aux termes d'un décret en date du 27 novembre 1864, l'Examen du Baccalauréat ès Sciences complet porte sur les matières enseignées dans la classe de mathématiques élémentaires des Lycées; il comprend, à l'épreuve orale, des interrogations sur la chimie. L'Examen du Baccalauréat ès Sciences restreint pour la partie mathématique comprend également des interrogations orales sur des questions de chimie.

Aux termes des décret et arrêté du 19 juin 1880 et des circulaires des 20 avril et 24 juin 1885, les candidats au Baccalauréat ès Lettres ont à répondre, dans l'épreuve orale de la deuxième partie de l'Examen, à des interrogations sur les sciences physiques, qui comprennent la chimie étudiée dans la classe de rhétorique et revisée dans la classe de philosophie. Les épreuves écrites de la seconde partie de l'Examen comprennent une composition sur un sujet scientifique d'un caractère élémentaire; ce sujet peut être choisi dans le programme de chimie.

Toute contrefaçon sera poursuivie conformément aux lois; tous les exemplaires sont revêtus de notre griffe.

Tous droits de traduction réservés.

1887.

CHIMIE.

PROGRAMMES D'ENSEIGNEMENT CLASSIQUE DES LYCÉES.

CLASSE DE MATHÉMATIQUES ÉLÉMENTAIRES.

Programme du Cours de Chimie.

(Les chiffres sont ceux des paragraphes où la question est traitée.)

Cohésion et ses effets, 4. — Cristallisation, 5. — Isomorphisme et dimor-phisme, 6, 7.

Formation des corps composés : synthèse, 12. — Leur décomposition : analyse, 11.

Affinité et ses modifications, 9.

Corps simples, 3. — Métalloïdes et métaux, 14.

Corps composés, 15. — Acides, bases, corps neutres, sels, 15.

Principes de la nomenclature, 16-24.

Proportions multiples, 18.

Oxygène, 25-31. — Combustion, 33-35. — Exemples de combustion vive et de combustion lente, 33. — Chaleur dégagée par la combustion des principaux corps combustibles, 36.

Hydrogène, 37-45. — Eau, 46-48. — Analyse et synthèse de l'eau, 50, 51. — Eaux potables, 53.

Azote, 55-60. — Air atmosphérique, 61-63. — Analyse qualitative et quantita-tive de l'air, 64-66.

Équivalents chimiques, 19-24.

Carbone, 68-71. — Acide carbonique, 72-76. — Synthèse de cet acide, 77. — Sa formation par les animaux, 79. — Sa décomposition par les plantes, 80. — Oxyde de carbone, 81-86. — Hydrogène bicarboné, 94-99. — Gaz de l'éclai-rage, 100-102. — Flamme, 103, 104. — Lampe de sûreté, 105, 106.

Oxydes d'azote, 118-129. — Acide azotique, 137-146. — Ammoniaque, 147-154.

Soufre, 155-161. — Acide sulfureux, 162-168. — Acide sulfurique, 169-179. — Hydrogène sulfuré, 180-186.

Phosphore, 196-204. — Acide phosphorique, 206-210. — Hydrogène phosphoré, 211-216.

Chlore, 227-233. — Acide chlorhydrique, 236-241. — Eau régale, 242.

Classification des métalloïdes en familles naturelles, 264. — Rappeler les prin-cipaux composés qu'ils forment entre eux ; donner leur formule, 265.

Métaux en général, 269. — Leurs propriétés et leur classification, 270, 271.

Alliages, 274-287.

Action de l'oxygène, de l'air sec et de l'air humide sur les métaux, 288-290. — Action du soufre et du chlore, 306-304.

Oxydes métalliques, 291-293. — Action de la chaleur, 294 ; — du carbone, 299 ; — de l'eau, 296. — Préparation générale des oxydes métalliques, 305. — Po-tasse, 342-346 ; — soude, 354-359 ; — et chaux, 379-381.

Sulfures, 188-192 ; 306-313. — Chlorures, 314-318. — Sel marin, 364.

Notions sommaires de métallurgie, 272, 273, 411, 428, 445, 453, 464, 474. — Fer, fontes et acier, 408-414. — Plomb, 451, 452 ; — et cuivre, 443, 444. — Étain et zinc, 433, 434 ; 425-427. — Argent, 473.

Sels, leurs propriétés générales, 319-327. — Lois de leur composition 328. — Lois de Berthollet, 332.

Principaux genres de sels, 328-331. — Carbonates, 333. — Carbonate de potasse, 315 ; de soude, 356-359, et de chaux, 385. — Sulfates, 334. — Aluns, 405, 406. — Azotates, 335. — Nitre et poudre, 347, 348.

Un sel étant donné parmi les sels usuels, montrer comment on en reconnaît le genre et l'espèce, 495, 496.

CLASSE DE RHÉTORIQUE[1].

Programme de Chimie.

(Les chiffres sont ceux des paragraphes où la question est traitée.)

Corps composés et corps simples, 5, 15. — Eau : analyse et synthèse, 50, 51. —
Hydrogène, 37. — Oxygène, 25.
Air : analyse, 61. — Azote, 55.
Combustion, 33. — Notions générales sur la combinaison chimique, 12. — Chaleur dégagée, 36. — Changement de propriétés, 12.
Principes de la nomenclature et de la notation chimiques, 16, 24.
Acides, 15. — Bases, 15.
Oxydes de l'azote, 118. — Acide azotique, 137. — Ammoniaque, 147.
Lois des combinaisons en poids et en volume, 17, 18.
Chlore, 227. — Acide chlorhydrique, 236. — Eau régale, 242.
Iode, 243.
Soufre, 155. — Acide sulfureux, 162. — Acide sulfurique, 169. — Acide sulfhydrique, 180.
Phosphore, 196. — Acide phosphorique, 205. — Hydrogène phosphoré, 211
Carbone, 68. — Acide carbonique, 72. — Oxyde de carbone, 81. — Sulfure de carbone, 188. — Cyanogène et acide cyanhydrique, 254, 279.
Carbure d'hydrogène, 87. — Acétylène, 87. — Gaz oléfiant, 94. — Gaz des marais, 88. — Benzine, 582.
Gaz de la houille, 100. — Flamme, 103.
Silice, 116.
Généralités sur les métaux, les oxydes et les sels, 269, 291, 319.
Généralités sur les principales matières organiques, au double point de vue de leur existence dans les végétaux et de leur formation artificielle, 507 et suiv.

PROGRAMMES DE L'ENSEIGNEMENT SPÉCIAL DES LYCÉES.

TROISIÈME ANNÉE.

(Les chiffres sont ceux des paragraphes où la question est traitée.
On n'indique en général que le numéro du premier paragraphe.)

Métalloïdes.

Eau ; analyse et synthèse, 49. — Hydrogène, 37. — Oxygène, 25.
Air ; analyse, 61. — Azote, 55. — Combustion, 33.
États divers de la matière, 2. — Notions générales sur la combinaison chimique, 9.
— Corps simples et corps composés, 3.
Acides, bases, sels, 15. — Nomenclature parlée et écrite, 16.
Oxydes de l'azote, 118. — Acide azotique, 137. — Ammoniaque, 147.
Quelques mots sur l'ozone et l'eau oxygénée, 32, 54.
Chlore, 227. — Acide chlorhydrique, 236. — Eau régale, 242. — Iode, 243. —
Brome, 247. — Acide fluorhydrique, 251.

1. « Le programme du baccalauréat, en ce qui concerne la *Physique* et la *Chimie*, ne saurait être limité aux questions particulières de physique énoncées dans le programme de la classe de Philosophie : il comprend, en outre, *toutes celles qui ont été traitées en Troisième, Seconde et Rhétorique,* et qui sont l'objet d'une révision en Philosophie. » *Circulaire du 21 juin 1865.* — Le cours de *Chimie* doit être révisé en Philosophie.

QUATRIÈME ANNÉE.

Métaux et Sels.

CINQUIÈME ANNÉE.

Chimie organique.

SIXIÈME ANNÉE.

Chimie générale.

Chimie appliquée.

Analyse chimique.

(Les chiffres sont ceux des pages où la question est traitée.)

CHIMIE.

CHIMIE MINÉRALE.

CHAPITRE I.

Préliminaires. — Corps simples et corps composés. — Cohésion et ses effets. — Cristallisation. — Isomorphisme, dimorphisme. — Allotropie, isomérie.— Affinité et ses modifications.— Analyse et synthèse.

Préliminaires.

1. *Définition de la chimie.* — La *chimie* a pour objet l'étude des propriétés particulières des corps, de leur constitution intime, des actions que leurs molécules exercent les unes sur les autres, et des lois qui président à leurs combinaisons. Elle enseigne les moyens d'extraire, de préparer et de purifier toutes les substances d'origine minérale ou organique ; elle fait connaître leurs applications industrielles. Aucune science ne présente un plus haut caractère d'utilité pratique : la médecine, l'agriculture, l'hygiène publique, la métallurgie, la photographie et la plupart de nos industries modernes viennent à l'envi réclamer son aide et s'éclairer de ses lumières. L'étude des sciences n'a pas seulement pour but d'élever et de fortifier l'esprit, mais encore de concourir au bien-être matériel de l'homme. A ce titre, la chimie est peut-être, de toutes les connaissances humaines, celle qui offre le plus d'intérêt et qui mérite le plus d'être étudiée et cultivée avec soin.

On divise généralement la chimie en *chimie minérale* et en *chimie organique.* La première comprend l'étude des corps bruts ou inorganiques ; la seconde s'occupe des matières d'origine organique, végétale ou animale. Toutefois cette division, qui semble naturelle, est loin d'être conforme aux lois fondamentales de la constitution des corps, lois qui forment nécessairement la base des études chimiques : sous ce point de vue, la chimie minérale et la chimie dite organique se confondent en une seule science, qu'on ne saurait scinder en deux divisions

sans briser la chaîne des rapports et des analogies qui unissent
entre eux tous les corps, quelles que soient leur nature et leur
origine. La chimie se divise encore en *chimie générale* ou philosophique et en *chimie appliquée :* cette dernière comprend la
chimie médicale, la chimie agricole, la chimie manufacturière,
la chimie physiologique, analytique, etc., selon ses applications
à telle ou telle branche scientifique ou industrielle.

2. *Divers états de la matière. Actions diverses résultant du
contact des corps.* — La matière se présente à nous sous trois
états différents : l'*état solide*, l'*état liquide* et l'*état gazeux*. Quelques corps peuvent affecter ces trois états ; exemple : l'eau,
l'acide carbonique, le soufre, l'acide acétique, etc. ; d'autres ne
peuvent se maintenir qu'à l'état solide ou à l'état liquide,
comme le platine parmi les métaux et la cire parmi les
corps organiques. Enfin, il existe certains corps qui ne se
présentent jamais qu'à l'état solide : tels sont le carbone, la
chaux, le ligneux, etc. Tous les gaz, lorsqu'on les soumet à une
forte pression ou à une température suffisamment basse, peuvent
passer à l'état liquide, et quelques-uns même à l'état solide. Deux
savants distingués, MM. Cailletet et Raoul Pictet, sont, en effet,
parvenus, en 1877, à liquéfier, et même à solidifier en partie
l'oxygène, l'hydrogène, l'azote et l'oxyde de carbone, que l'on
considérait avant eux comme des *gaz permanents*, parce qu'ils
avaient résisté jusque-là à tous les moyens employés pour amener
leur changement d'état (voyez la *Physique*, page 74). On a remarqué que les gaz se liquéfient d'autant plus facilement qu'ils
sont plus solubles dans l'eau.

Corps simples et corps composés.

3. *Corps simples et corps composés.* — Les chimistes divisent
les corps en *corps simples* ou *éléments* et en *corps composés*. Les
corps simples sont ceux dont on ne peut retirer qu'une seule
espèce de matière ; exemple : l'oxygène, le soufre, le fer, le plomb,
le cuivre, l'or, le platine, etc. Les corps composés sont ceux dont
on peut extraire plusieurs substances de nature différente : tels
sont, par exemple, le sel marin, dont on peut extraire deux
substances, le chlore et le sodium ; le marbre, dont on peut tirer
de l'oxygène, du carbone, et un métal, le calcium.

Les corps, mis en contact, exercent les uns sur les autres
des actions très variées, dont la connaissance est le principal

1.

objet de la chimie. Ces actions consistent soit en des combinaisons de corps simples entre eux, soit en des décompositions de corps composés. Elles sont sous la dépendance de deux forces : la *cohésion* et l'*affinité*.

Atomes et molécules. — On admet que les corps sont constitués par l'assemblage de particules infiniment petites, invisibles et insécables, que l'on désigne sous le nom d'*atomes* (de α privatif et τέμνειν couper). Ces atomes en se groupant entre eux forment des *molécules* ou petites masses de matière, auxquelles on attribue des formes déterminées, et que l'on regarde comme de même nature que les corps dont elles font partie, simples dans les corps simples, composées dans les corps composés. Par exemple, deux atomes d'oxygène forment une molécule simple de ce corps; un atome de soufre en s'unissant à un atome de fer forme une molécule composée, constituant le sulfure de fer; deux atomes d'hydrogène et un atome d'oxygène donnent une molécule d'eau, etc. Nous verrons dans le cours de cet ouvrage le rôle important que la théorie des atomes et des molécules joue dans l'interprétation des phénomènes chimiques.

Cohésion et ses effets. Cristallisation.

4. *Cohésion et ses effets.* — On a donné le nom de *cohésion* à la force qui unit entre eux les atomes ou les molécules similaires des corps. Cette force, très énergique dans les solides, est extrêmement faible dans les liquides et nulle dans les gaz. Dans ces derniers corps, les molécules, loin de s'attirer, se repoussent sans cesse, et ne sont maintenues en présence les unes des autres que par les pressions extérieures qu'elles supportent.

La chaleur tend à détruire la cohésion; dans tous les cas, elle la diminue : ce que démontrent les phénomènes de la fusion et de la volatilisation. Il en est de même de l'électricité. On peut encore diminuer la force de cohésion d'un corps en le mettant en contact avec un liquide capable de le dissoudre.

La cristallisation, la dureté, la ténacité, la ductilité, la malléabilité et la plupart des caractères physiques des corps sont des effets de la cohésion.

5. *Cristallisation.* —Lorsqu'un corps passe lentement de l'état liquide ou de vapeur à l'état solide, il prend le plus souvent une

forme régulière, géométrique, à laquelle on a donné le nom de *cristal*. Les formes cristallines sont extrêmement nombreuses ; mais quelque variées qu'elles soient, elles peuvent toutes être ramenées à un petit nombre de types ou formes primitives dont elles ne sont que des dérivés.

L'étude des formes cristallines ou *cristallographie* appartient à la minéralogie. Cependant le phénomène de la cristallisation occupe une place assez importante en chimie pour qu'il soit nécessaire de faire connaître au moins les principes généraux sur lesquels repose ce phénomène.

1° *Les cristaux sont toujours terminés par des faces planes, et généralement ces faces sont parallèles deux à deux : c'est-à-dire qu'à chaque face d'un cristal correspond une autre face qui lui est rigoureusement parallèle.* Ce principe peut se vérifier facilement sur des cristaux isolés et complets. Mais il arrive souvent que les cristaux sont implantés sur d'autres substances, ou groupés entre eux de manière à ne montrer qu'une partie de leurs formes, comme le représente la *fig.* 1 (cristaux d'alun octaédrique). Dans ce cas, on ne peut établir le principe en question que par analogie ou par des considérations mathématiques.

Fig. 1.

2° *Les cristaux ont toujours leurs angles saillants.* Les angles rentrants que l'on observe dans les agglomérations des cristaux sont toujours formés par la rencontre de deux cristaux individuels ; jamais on ne les trouve sur un cristal isolé.

3° *La cassure d'un cristal a toujours lieu dans un sens déterminé, et généralement suivant des faces planes dont les inclinaisons sont fixes.* Ce fait a conduit les minéralogistes à considérer les cristaux comme étant composés de *molécules cristallines intégrantes,* disposées symétriquement en couches ou rangées rectilignes et superposées comme les pierres d'un édifice (*fig. 2*). L'opération qui consiste à diviser un cristal suivant ses plans naturels de séparation s'appelle *clivage*. Le même mot désigne encore les faces que met à nu la cassure d'un corps cristallisé, et on nomme *solide de clivage* la forme géométrique que détermine la réunion de ces différentes faces. Cette forme est, en général, différente de celle du cristal primitif; mais elle s'y rattache par des modifications géométriques. Si l'on prend, par exemple, un cristal octaédrique de galène (sulfure de plomb), et qu'on le brise, on obtient des fragments qui tous ont la forme cubique, laquelle n'est autre chose qu'une modification très simple de l'octaèdre.

Fig. 2.

4° *Les solides de clivage ont une forme géométrique constante pour tous les individus d'une même substance cristallisée.* Nous venons de voir que la galène octaédrique se divise, par le clivage, en cristaux cubiques; il en est de même de la galène cristallisée en cubes, en tétraèdres, en dodécaèdres, en lames, etc. Quelle que soit sa forme, elle donne toujours lieu, lorsqu'on la brise, au même solide de clivage. Cet exemple s'applique à tous les corps cristallins.

5° *Les solides de clivage et toutes les formes cristallines simples présentent certaines lignes passant par le centre du cristal et autour desquelles les faces sont disposées symétriquement.* On donne à ces lignes le nom d'*axes du cristal*. Un même cristal peut présenter plusieurs systèmes d'axes : tel est l'hexaèdre régulier, qui donne deux systèmes différents, selon que l'on joint par des lignes ses faces parallèles ou ses angles opposés (*fig. 3 et 4*).

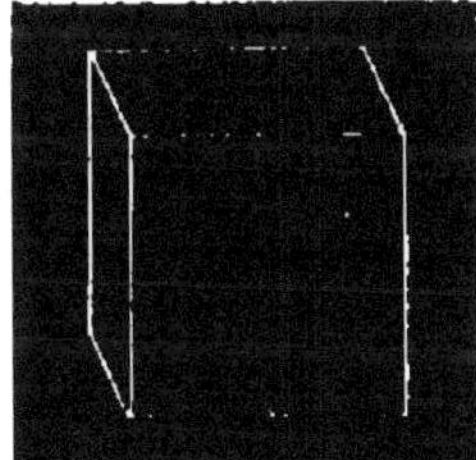

Fig. 3 et 4.

6° *Les formes cristallines affectées par une même substance ont, en général, des systèmes d'axes identiques.* On donne le nom de *système cristallin* à la réunion des différentes formes qui ont des systèmes d'axes semblables.

7° *On distingue en cristallographie six systèmes cristallins, dont les types ou formes fondamentales sont :* 1° le cube (*fig.* 5); 2° le prisme droit à base carrée (*fig.* 6); 3° le prisme droit à

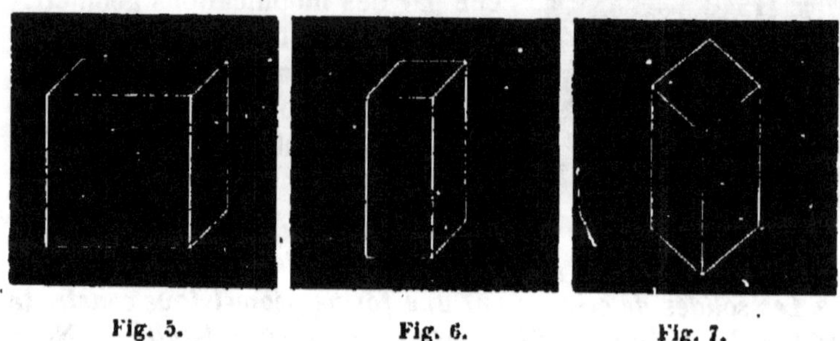

Fig. 5.　　　　Fig. 6.　　　　Fig. 7.

base rectangle (*fig.* 7); 4° le rhomboèdre (*fig.* 8); 5° le prisme oblique à base rectangle ou rhombe (*fig.* 9); 6° le prisme oblique à base parallélogramme (*fig.* 10).

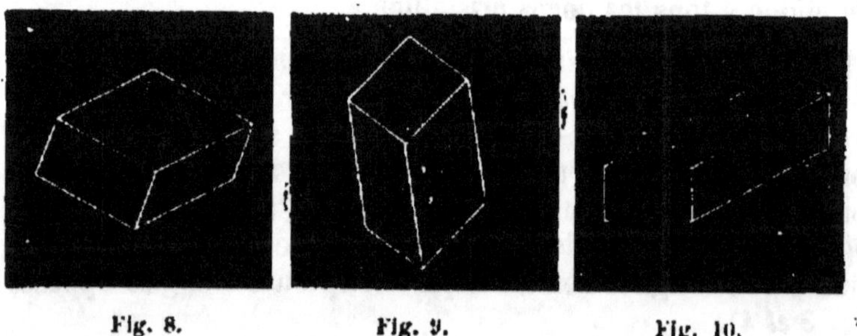

Fig. 8.　　　　Fig. 9.　　　　Fig. 10.

Chacun de ces systèmes comprend un grand nombre de formes secondaires. Mais toutes ces formes, quelque nombreuses et variées qu'elles soient, peuvent toujours, ainsi que nous l'avons dit en commençant, être ramenées par le clivage ou par des considérations géométriques à la forme primitive ou fondamentale du système auquel elles appartiennent. Ainsi le premier système ou système cubique comprend l'octaèdre régulier, le dodécaèdre rhomboïdal, le tétraèdre, l'hexaèdre pyramidal, etc., toutes formes qui dérivent du cube d'une manière plus ou moins directe, et auquel il est facile de les rattacher.

Ces principes posés, revenons à la cristallisation des corps. Les chimistes exécutent cette opération par deux méthodes générales : la *voie sèche* et la *voie humide.*

1ʳᵉ *Méthode : cristallisation par voie sèche.* Cette méthode comprend elle-même deux procédés : la *fusion* et la *volatilisation.*

Lorsqu'on veut faire cristalliser un corps par fusion, on le place, après l'avoir fondu, dans un endroit où il puisse se refroidir lentement et à l'abri de toute agitation. La surface du liquide et les couches en contact avec les parois du vase où la fusion s'est opérée se refroidissant plus promptement que les parties centrales, cristallisent les premières. Or, en perçant la croûte au moment où elle vient de se former à la surface, et en renversant le vase, le liquide intérieur s'écoule et laisse une couche cristalline plus ou moins épaisse, adhérente aux parois du vase. C'est ainsi que l'on fait cristalliser le soufre, le bismuth et un grand nombre de métaux et d'alliages.

Pour faire cristalliser un corps par volatilisation, il suffit de le chauffer dans une cornue dont le col communique avec un récipient convenablement refroidi. La vapeur, en se refroidissant, repasse à l'état solide et forme des cristaux qui se déposent dans le col de la cornue et sur les parois du récipient. C'est de cette manière que l'on obtient la cristallisation de l'arsenic, de certains chlorures et de la plupart des sels d'ammoniaque et de mercure.

2ᵉ *Méthode : cristallisation par voie humide.* Cette méthode comprend également deux procédés. Le premier consiste à faire dissoudre dans un liquide le corps que l'on veut faire cristalliser et à laisser évaporer lentement la dissolution. Le second procédé repose sur l'inégale solubilité des corps dans les liquides selon la température. Généralement les corps sont beaucoup plus solubles à chaud qu'à froid : par exemple, si l'on fait dissoudre de l'azotate de potasse dans de l'eau bouillante jusqu'à saturation, et qu'on laisse ensuite refroidir lentement la dissolution, l'eau abandonnera une partie du sel, qui se déposera au fond du vase sous forme de cristaux. C'est par la voie humide que l'on fait cristalliser presque tous les sels.

Il existe encore une autre méthode par laquelle on peut obtenir la cristallisation de certains corps. Cette méthode consiste dans le déplacement moléculaire que produisent des courants électriques très faibles. C'est ainsi que si l'on plonge les deux électrodes d'une pile de Daniel dans une dissolution de sulfate de cuivre, on voit bientôt se déposer sur l'électrode correspondant au pôle négatif des petits cristaux octaédriques du métal en dissolution. C'est encore par cette méthode que l'on obtient ces belles cristallisations de plomb et d'argent connues sous les noms d'*arbre de Saturne* et d'*arbre de Diane*.

Isomorphisme, dimorphisme. Allotropie, isomérie.

6. *Isomorphisme*. — On désigne sous ce nom la propriété que présentent certains corps ayant une composition chimique différente, de prendre la même forme cristalline, et de pouvoir se remplacer dans un même cristal sans le modifier sensiblement. Les corps qui possèdent cette propriété sont appelés *corps isomorphes*. Par exemple, l'alun à base de potasse et l'alun à base d'ammoniaque sont isomorphes, car ils peuvent cristalliser ensemble sans que la forme de leurs cristaux soit altérée. Il en est de même de l'alumine et du sesquioxyde de fer, de l'acide arsénique et de l'acide phosphorique, de la magnésie et de la chaux, et en général de tous les corps ayant une composition analogue.

7. *Dimorphisme, polymorphisme*. — On appelle ainsi la propriété que possèdent quelques corps d'affecter, lorsqu'on les place dans des conditions différentes de cristallisation, deux ou plusieurs formes cristallines incompatibles entre elles, c'est-à-dire que l'on ne peut déduire géométriquement l'une de l'autre. Ainsi le soufre dissous dans le sulfure de carbone donne, par l'évaporation à froid, des octaèdres droits à base rectangle, tandis que le même corps, fondu dans un creuset et soumis à un refroidissement lent, cristallise en prismes obliques. Citons encore, parmi les substances susceptibles de dimorphisme, le carbonate de chaux, l'acide arsénieux et l'oxyde d'antimoine. Comme exemples de substances polymorphes, assez rares d'ailleurs, nous citerons le bioxyde d'étain et l'oxyde de titane, qui peuvent l'un et l'autre cristalliser sous trois formes incompatibles.

8. *Allotropie, isomérie.* — Certains corps peuvent se présenter sous des formes et avec des propriétés physiques et chimiques différentes : on dit alors qu'ils sont *allotropes*. Le phosphore, par exemple, est tantôt sous la forme d'un corps translucide, soluble dans le sulfure de carbone ; tantôt, au contraire, il se présente sous la forme d'une masse rouge et opaque, insoluble dans ce même liquide ; le carbone également peut exister à l'état de diamant, de graphite ou de charbon amorphe.

On donne le nom de corps *isomères* à des substances composées, formées des mêmes éléments unis dans les mêmes proportions, mais qui diffèrent entre elles par leurs propriétés physiques et chimiques : tels sont, par exemple, l'essence de térébenthine et l'essence de citron. L'*isomérie* s'observe particulièrement dans les substances d'origine organique.

Affinité et ses modifications.

9. *Affinité et ses modifications.* — On appelle *affinité* la force ou plutôt, d'après M. Berthelot, *la résultante des actions* qui tiennent unis les atomes ou les molécules des corps simples pour constituer la molécule d'un corps composé [*]. Ainsi, c'est l'affinité qui, dans le sel marin ou chlorure de sodium, maintient unis les atomes du chlore à ceux du sodium pour former ce corps. L'affinité joue le plus grand rôle dans tous les phénomènes chimiques : c'est elle qui préside aux combinaisons des corps, et qui détermine la plupart des décompositions. Cette force peut être modifiée dans ses résultats par plusieurs circonstances, dont les principales sont la *cohésion*, la *chaleur*, la *lumière*, l'*électricité*, la *pression*, l'*état naissant* et la *force* dite *catalytique*.

Cohésion. La *cohésion* est un obstacle à l'affinité. Les corps à l'état solide ne se combinent que très rarement entre eux. Il faut, pour que l'affinité puisse librement s'exercer entre leurs molécules, qu'ils soient amenés à l'état liquide ou à l'état gazeux. C'est ce que les anciens chimistes exprimaient par cet adage bien connu : *corpora non agunt nisi soluta.*

Chaleur. La *chaleur*, en diminuant la cohésion des corps, favorise généralement l'affinité. Cependant, lorsqu'elle est portée à un degré trop élevé, elle peut, dans beaucoup de cas, la dé-

[*] Berthelot, *Essai de Mécanique chimique*, 2 vol. in-8°, 1879.

truire. Ainsi, une chaleur modérée favorise la combinaison du mercure et de l'oxygène, tandis qu'une chaleur intense détruit la combinaison de ces deux corps.

Lumière. L'influence de la lumière sur l'affinité est mise en évidence par un très grand nombre de faits. Par exemple, un mélange de chlore et d'hydrogène secs peut se conserver indéfiniment dans l'obscurité, tandis qu'il fait immédiatement explosion si l'on dirige sur lui quelques rayons solaires. Les changements de couleur que subissent, par leur exposition à la lumière, certaines étoffes teintes, la coloration des sels d'argent, sur laquelle repose en grande partie l'art de la photographie, sont autant de preuves de l'influence de cet agent sur l'affinité.

Électricité. L'*électricité* statique exerce une influence très variable sur l'affinité : tantôt elle la favorise; tantôt, au contraire, elle la détruit. Ainsi, l'étincelle électrique détermine la combinaison d'un mélange d'oxygène et d'hydrogène, tandis que l'ammoniaque se décompose par une série d'étincelles. L'électricité dynamique est le plus puissant agent de décomposition : l'eau, les acides, les sels, presque tous les corps composés, en un mot, sont détruits lorsqu'ils sont soumis à des courants suffisamment énergiques.

Pression. La *pression* favorise l'affinité dans les combinaisons des gaz soit entre eux, soit avec les liquides ou les solides. Ainsi, la craie chauffée dans un vase ouvert se décompose en acide carbonique et en chaux, tandis que dans un vase fermé elle résiste à la décomposition.

État naissant. L'expérience prouve qu'au *moment même* où un corps vient de naître, ou, pour mieux dire, vient de se dégager d'une combinaison, son affinité pour les autres corps est plus grande qu'à tout autre moment. Un savant italien, M. Tommasi, a démontré que cette activité spéciale des corps à l'état naissant a pour cause unique la chaleur provenant de la réaction même d'où le corps se dégage, et n'est autre chose, par conséquent, qu'un phénomène de thermochimie.

Force catalytique. Certains corps peuvent par leur simple présence déterminer des combinaisons ou des décompositions

qui, sans eux, ne se seraient pas produites. C'est ainsi que
l'*éponge* ou *mousse de platine* provoque la combinaison presque
immédiate de l'oxygène avec l'hydrogène, sans subir elle-même
aucune modification apparente. Ce fait et plusieurs autres du
même genre, que Berzelius expliquait par l'intervention d'une
force particulière, qu'il nommait et que l'on nomme encore
catalyse ou *force catalytique*, résulte exclusivement de la chaleur développée par la condensation des gaz dans les corps
poreux, chaleur qui, pour l'hydrogène et l'éponge de platine,
peut aller jusqu'à l'incandescence (voyez page 384).

10. *Dissociation.* — Lorsqu'on chauffe fortement, dans un
espace vide, certains corps composés, tels que de la vapeur
d'eau, de l'acide carbonique, de l'oxyde de carbone, de l'acide
chlorhydrique, etc., on observe que ces corps subissent une
décomposition partielle, à laquelle H. Sainte-Claire-Deville,
qui, le premier, a constaté ce phénomène, a donné le nom
de *dissociation*. Ainsi la vapeur d'eau chauffée à 1000°, par
exemple, se décompose partiellement en oxygène et en hydrogène; mais cette décomposition s'arrête spontanément dès que
le mélange des deux gaz a acquis une certaine tension. Si l'on
élève davantage la température, une nouvelle quantité de
vapeur d'eau est décomposée; mais cette décomposition s'arrête
encore quand la tension du mélange atteint une certaine valeur.
En laissant ensuite refroidir l'appareil, l'oxygène et l'hydrogène
mis en liberté par l'échauffement se recombinent peu à peu,
à mesure que la tension de ces gaz, désignée, dans ce cas, sous
le nom de *tension de dissociation*, diminue par le refroidissement.

Analyse et synthèse.

11. *Analyse.* — L'*analyse* est une opération chimique qui
consiste à décomposer un corps en ses éléments. On distingue
deux sortes d'analyses : l'*analyse qualitative*, qui a pour but de
reconnaître simplement les différentes espèces de substances
qui existent dans un corps composé, et l'*analyse quantitative*,
qui a pour objet de déterminer les proportions exactes des
substances indiquées par l'analyse qualitative.

Les principaux agents de l'analyse sont la *chaleur*, l'*électricité*, et divers corps connus sous le nom de *réactifs*. Comme
exemples d'analyses, nous citerons la décomposition de l'eau
par la pile, de l'ammoniaque par une série d'étincelles électriques, de l'acide chlorhydrique par le potassium, etc.

12. *Synthèse*.—La *synthèse* est l'inverse de l'analyse, dont elle est souvent la contre-épreuve. Elle réunit les éléments que l'analyse a séparés, pour les combiner de nouveau et reconstituer ainsi le corps composé. Par exemple, lorsque, au moyen de la pile, on a décomposé l'eau en oxygène et en hydrogène, on peut, avec l'étincelle électrique, combiner de nouveau ces deux éléments et reconstituer l'eau que l'analyse avait décomposée.

13. *Corps électro-positifs, corps électro-négatifs*.— La plupart des corps composés peuvent être analysés, c'est-à-dire décomposés au moyen de la pile. On désigne sous le nom d'*électro-négatif* celui des éléments qui se rend au pôle positif, et sous le nom d'*électro-positif* celui qui se rend au pôle négatif. Ainsi dans la décomposition de l'eau par la pile, on voit que l'oxygène est le corps électro-négatif et l'hydrogène le corps électro-positif.

Toutefois, ces dénominations n'indiquent que des propriétés relatives. Par exemple, le soufre, qui est électro-positif dans ses combinaisons avec l'oxygène, devient électro-négatif quand il se combine avec d'autres corps, tels que le carbone, le fer, le plomb, etc.

L'oxygène est le plus électro-négatif de tous les corps. Après lui viennent, par ordre, le fluor, le chlore, le brome, l'iode, le soufre, le sélénium, l'azote, le phosphore, l'arsenic, le bore, le carbone, l'hydrogène et tous les métaux. Chacun des corps de cette liste est électro-négatif par rapport à ceux qui le suivent, et électro-positif par rapport à ceux qui le précèdent.

Résumé.

I. La *chimie* a pour objet l'étude des propriétés particulières des corps, de leur constitution intime, de leurs actions moléculaires et des lois qui président à leurs combinaisons.

II. La *matière* se présente à nous sous trois états différents : l'*état solide*, l'*état liquide* et l'*état gazeux*.

III. On appelle *cohésion* la force qui unit entre eux les atomes ou les molécules similaires des corps.

IV. La *cristallisation* est la propriété que possèdent un grand nombre de corps de prendre des formes géométriques lorsqu'ils passent lentement de l'état liquide ou gazeux à l'état solide.

V. La cristallisation s'obtient par deux méthodes générales : la voie sèche et la voie humide.

VI. Toutes les formes cristallines peuvent être rapportées à six types fondamentaux, savoir : le cube, le prisme droit à base carrée, le prisme droit à base rectangle, le rhomboèdre, le prisme oblique à base rectangle ou rhombe, et le prisme oblique à base parallélogramme.

VII. L'*isomorphisme* est la propriété que possèdent certains corps de présenter la même forme cristalline, quoique n'ayant pas la même composition chimique.

VIII. Le *dimorphisme* et le *polymorphisme* sont la propriété que possèdent quelques corps d'affecter, en cristallisant, deux ou plusieurs formes géométriquement incompatibles.

IX. On donne le nom d'*allotropie* à la propriété que possèdent certains corps, tels que le phosphore, le carbone, etc., de se présenter sous des aspects variables et avec des propriétés physiques et chimiques différentes.

X. Quand deux ou plusieurs corps composés, formés des mêmes éléments unis dans les mêmes proportions, diffèrent entre eux par leurs propriétés physiques et chimiques, on dit que ces corps sont *isomères*. L'isomérie appartient plus particulièrement aux composés d'origine organique.

XI. On entend par *affinité* la force qui réunit les atomes ou les molécules des corps simples pour constituer la molécule d'un corps composé.

XII. L'affinité peut être modifiée dans ses résultats par plusieurs circonstances dont les principales sont : la cohésion, la chaleur, l'électricité, la pression.

XIII. L'*analyse* est une opération chimique qui consiste à décomposer un corps en ses éléments. On la distingue en analyse *qualitative* et en analyse *quantitative*.

XIV. La *synthèse* est l'inverse de l'analyse. Elle réunit les éléments que l'analyse a séparés pour les combiner de nouveau, et reconstituer ainsi le corps composé.

CHAPITRE II.

Corps simples : métalloïdes et métaux. — Corps composés :
acides, bases, corps neutres, sels. — Nomenclature chimique.
— Proportions multiples. — Équivalents chimiques.

Corps simples : métalloïdes, métaux.

14. *Corps simples.* — Les *corps simples*, avons-nous dit,
sont ceux dont on ne peut extraire qu'une seule espèce de matière. Le nombre des corps simples connus jusqu'à présent
s'élève à 70, en y comprenant trois nouveaux métaux découverts en
1880. On les divise en deux classes : les *métalloïdes* et les *métaux*.

1º *Métalloïdes.* Les *métalloïdes* sont des corps généralement
privés de l'éclat métallique, mauvais conducteurs de la chaleur et de l'électricité, et dont les composés avec l'oxygène
sont des *acides* ou des *oxydes neutres*. Ils sont au nombre de 15.
Voici leurs noms avec les symboles ou signes abrégés par lesquels on est convenu de les représenter :

1. Oxygène,	O.		9. Tellure,	Te.
2. Azote,	Az.		10. Phosphore, .	Ph.
3. Hydrogène,	H.		11. Arsenic,	As.
4. Carbone,	C.		12. Chlore,	Cl.
5. Bore,	B.		13. Brome,	Br.
6. Silicium,	Si.		14. Iode,	I.
7. Soufre,	S.		15. Fluor,	Fl *.
8. Sélénium,	Se.			

2º *Métaux.* Les *métaux* sont des corps bons conducteurs de
la chaleur et de l'électricité, doués d'un éclat particulier que
l'on appelle éclat métallique. Ils se distinguent surtout des métalloïdes parce qu'ils forment, en s'unissant à l'oxygène, des
oxydes basiques, c'est-à-dire des composés capables de *se combiner avec les acides pour former des sels*. Ils sont au nombre
de 52 ; voici leurs noms, avec leurs signes abrégés :

* Voyez chap. XIII la classification des métalloïdes.

1. Potassium,	K.	27. Fer,	Fe.
2. Sodium,	Na.	28. Cobalt,	Co.
3. Lithium.	Li.	29. Nickel,	Ni.
4. Thallium*,	Th.	30. Zinc,	Zn.
5. Cæsium,	Cæ.	31. Cadmium,	Cd.
6. Rubidium,	Rb.	32. Indium,	In.
7. Barium,	Ba.	33. Cuivre,	Cu.
8. Strontium,	St.	34. Plomb,	Pb.
9. Calcium,	Ca.	35. Bismuth,	Bi.
10. Magnésium,	Mg.	36. Etain.	Sn.
11. Glucinium,	Gl.	37. Antimoine,	Sb.
12. Aluminium,	Al.	38. Titane,	Ti.
13. Gallium,	Ga.	39. Tantale,	Ta.
14. Zirconium,	Zr.	40. Niobium,	Nb.
15. Thorium,	To.	41. Pélopium.	Pp.
16. Yttrium,	Yt.	42. Ilménium,	Il.
17. Cérium,	Ce.	43. Uranium,	U.
18. Lanthane,	La.	44. Ruthénium,	Ru.
19. Didyme,	Di.	45. Osmium,	Os.
20. Erbium,	Er.	46. Mercure,	Hg
21. Terbium.	Tr.	47. Argent,	Ag.
22. Manganèse,	Mn.	48. Or,	Au.
23. Chrome.	Cr.	49. Platine,	Pt.
24. Tungstène,	Tg.	50. Palladium,	Pd.
25. Molybdène,	Mo.	51. Rhodium,	Rh.
26. Vanadium,	Vd.	52. Iridium**,	Ir.

Corps composés : acides, bases, corps neutres, sels.

15. *Corps composés.* — Les *corps composés* sont ceux dont on peut extraire plusieurs substances de nature différente. Selon le nombre des corps simples qui entrent dans leur composition, on dit qu'ils sont *binaires, ternaires, quaternaires, etc.*

On distingue dans les corps composés des *acides*, des *bases*, des *corps neutres* et des *sels*.

1° *Acides.* On donne le nom d'*acides* à des corps qui ont, en général, une saveur aigre, et qui jouissent de la propriété de

---

* Le thallium, le cæsium, le rubidium, le gallium et l'indium ont été découverts dans ces dernières années, le gallium en 1875, au moyen de l'*analyse spectrale* (voyez la *Physique*, chap. XXVII, page 438).

** Nous n'avons pu comprendre dans cette liste les trois nouveaux métaux récemment découverts (1880), leurs propriétés chimiques n'étant pas encore assez connues pour en marquer la place. Ces trois métaux sont le *samarum*, découvert par M. Lecoq de Boisbaudran, le *norvégium* par M. Telly Dahll, de l'Université de Norvège, et le *scandium*, par M. Nilson.

rougir la teinture bleue de tournesol ; exemple : les acides sulfurique, phosphorique, azotique, etc.

2° *Bases.* Les *bases,* lorsqu'elles sont solubles, ramènent au bleu la teinture de tournesol rougie par les acides ; leur saveur est âcre et urineuse. Les bases insolubles n'ont généralement pas de saveur et n'exercent aucune action sur la teinture de tournesol. La plupart de ces corps sont des composés connus sous le nom d'*oxydes ;* exemple : la potasse, la soude, la magnésie, etc.

3° *Corps neutres.* Les *corps neutres* sont ceux qui ne sont ni acides ni basiques; exemples : l'hydrogène carboné, l'oxyde de carbone, les alliages métalliques, etc.

4° *Sels.* Les sels sont des composés qui résultent de la combinaison des acides avec les bases, combinaison dans laquelle les propriétés des acides et celles des bases se neutralisent mutuellement d'une manière plus ou moins complète ; exemple : carbonate de chaux, sulfate de soude, azotate de potasse, etc.

Nomenclature chimique.

16. *Nomenclature chimique.* — La nomenclature chimique a pour but de désigner les corps composés par des noms qui indiquent leur composition. Il suffit pour cela de former le nom de chaque composé avec les noms des corps simples qui le constituent, en ayant soin d'énoncer d'abord le corps le plus *électro-négatif,* c'est-à-dire celui qui, dans la décomposition par la pile, se rend au pôle positif. Cette nomenclature, qui a exercé une si heureuse influence sur les progrès de la chimie moderne, est l'œuvre des illustres chimistes Guyton de Morveau, Lavoisier, Berthollet et Fourcroy.

ACIDES. — Les acides se divisent en deux classes principales les *oxacides* et les *hydracides.*

1° *Oxacides.* Les oxacides résultent de la combinaison de l'*oxygène* avec un *corps simple.* Voici d'après quelles règles on compose leurs noms.

Lorsqu'un corps simple ne se combine avec l'oxygène qu'en une seule proportion, pour former un acide, on désigne cet acide par le nom du corps simple terminé en *ique;* exemple :

l'*acide borique*, qui résulte de la combinaison de l'*oxygène* avec le *bore*.

Lorsqu'un corps simple forme avec l'oxygène deux acides, celui de ces deux acides qui contient le plus d'oxygène conserve la terminaison *ique*, tandis que celui qui en contient le moins prend la terminaison *eux; exemple :

Acide arsénique,   Acide arsénieux,

formés par la combinaison de l'*oxygène* avec l'*arsenic*.

Lorsqu'un corps simple forme avec l'oxygène plus de deux acides, on se sert pour les distinguer de la préposition *hypo*, que l'on place devant les noms des acides terminés en *eux* ou en *ique*; exemple :

Acide hypochloreux,   Acide hypochlorique,
— chloreux,   — chlorique,

formés par la combinaison du *chlore* avec l'*oxygène*, et dans lesquels la proportion d'oxygène va en augmentant de l'acide hypochloreux à l'acide chlorique.

Il existe un cinquième acide du chlore encore plus oxygéné que l'acide chlorique. On le distingue de ce dernier par la préposition *per* ou *hyper*, dont on fait précéder le mot *chlorique*. C'est ainsi que l'on dit *acide perchlorique* ou *hyperchlorique*, pour désigner celui des cinq acides du chlore qui contient le plus d'oxygène. Cette règle s'applique à quelques autres acides; exemple : les acides *hyperiodique* et *hypermanganique*.

2° *Hydracides*. Les hydracides résultent de la combinaison de certains métalloïdes, tels que le soufre, le chlore, l'iode, le brôme, etc., avec l'*hydrogène*.

Pour désigner ces acides, on prend le nom du métalloïde avec lequel l'hydrogène est combiné, et on fait suivre ce nom de la terminaison *hydrique ;* exemple :

Acide sulfhydrique,   Acide iodhydrique.
Acide chlorhydrique,   Acide bromhydrique.

Remarque. — Dans les hydracides, le corps simple avec lequel l'hydrogène est combiné est quelquefois appelé le *radical* de l'acide. Ce radical peut être un corps composé, comme dans l'acide cyanhydrique, dont le radical est le *cyanogène*, composé de carbone et d'azote.

Oxydes. — Les oxydes sont des composés basiques ou neutres qui résultent de la combinaison d'un *corps simple* avec l'*oxygène*. Voici quelles sont les règles de leur nomenclature :

Lorsqu'un corps simple, en se combinant avec l'oxygène, ne forme qu'un seul oxyde, on désigne ce composé en faisant suivre le mot *oxyde* du nom du corps simple; exemple : l'*oxyde de carbone*, formé par le *carbone* et par l'*oxygène*.

Lorsque le corps simple peut se combiner en plusieurs proportions avec l'oxygène, et donner ainsi naissance à plusieurs oxydes, on les distingue en faisant précéder le mot *oxyde* des prépositions *proto, sesqui, bi, per*, qui indiquent des proportions croissantes d'oxygène; exemple :

Protoxyde de manganèse,	Bioxyde de manganèse, ou
Sesquioxyde de manganèse,	Peroxyde de manganèse,

dans lesquels les proportions d'oxygène sont entre elles comme un, un et demi, deux. Le bioxyde de manganèse est aussi désigné sous le nom de *peroxyde*, comme étant celui qui renferme le plus d'oxygène, la préposition *per* indiquant toujours l'oxyde le plus oxygéné, quelle que soit la proportion d'oxygène que contienne cet oxyde.

Remarque. — L'usage a conservé à quelques oxydes les noms anciens sous lesquels ils ont été primitivement désignés: c'est ainsi que l'on dit *potasse* pour protoxyde de potassium; *soude, chaux, baryte, strontiane*, au lieu de protoxyde de sodium, de calcium, de barium, de strontium; *magnésie* et *alumine*, au lieu d'oxyde de magnésium et de sesquioxyde d'aluminium.

Sels. — Les sels étant généralement formés par la combinaison des acides avec les bases, doivent être désignés d'après la nature de l'acide et celle de la base qui constituent chacun d'eux, en ayant égard aux proportions suivant lesquelles a lieu la combinaison.

1° Lorsque le nom de l'acide qui entre dans la composition d'un sel se termine en *ique*, le nom générique du sel se termine en *ate :* ainsi

2.

L'acide *carbonique* forme des *carbonates;*
L'acide *sulfurique,* — des *sulfates;*
L'acide *azotique,* — des *azotates.*

2º Lorsque le nom de l'acide qui entre dans la composition
d'un sel se termine en *eux,* le nom générique du sel se termine
en *ite,* ainsi

L'acide *sulfureux* forme des *sulfites;*
L'acide *azoteux* — des *azotites,*
L'acide *chloreux* — des *chlorites.*

Ensuite, pour désigner chaque espèce de sel, on fait suivre
le nom générique du nom de la base ou de l'oxyde qui entre
dans sa composition; exemple :

Carbonate d'oxyde de plomb,
Sulfate d'oxyde de zinc,
Sulfate d'oxyde de cuivre.

Toutefois, quand le métal ne forme qu'un oxyde basique, on
supprime par abréviation le mot oxyde, qui reste toujours sous-
entendu, et l'on dit :

Carbonate de plomb,
Sulfate de zinc,
Sulfate de cuivre,

Mais si le métal forme deux ou plusieurs oxydes basiques, il
faut, pour éviter toute confusion, laisser le nom de l'oxyde;
exemple :

Sulfate de protoxyde de fer,
Sulfate de sesquioxyde de fer.

Quant aux sels formés par les oxydes qui ont conservé leurs
anciens noms, on les désigne par ces mêmes noms; exemple :
*sulfate de potasse, sulfite de soude, carbonate de chaux, azotate
de baryte, sulfate de magnésie, d'alumine, etc.*

L'acide et la base se combinent souvent en plusieurs proportions, pour former différentes espèces de sels.

Lorsque la proportion de l'acide est plus grande que celle
qui entre dans le sel neutre, on distingue les sels ainsi formés
par les mots *sesqui, bi, tri,* que l'on place devant le nom gé-

nérique pour indiquer les proportions croissantes de l'acide relativement à la même quantité de base; exemple :

Carbonate de soude, Sulfate de potasse,
Sesquicarbonate de soude, Bisulfate de potasse.

Ces derniers sels sont encore appelés *sels acides;* c'est ainsi que l'on dit *sulfate acide de potasse,* pour bisulfate de potasse.

Lorsque, au contraire, la base est en excès, les sels qui en résultent portent le nom de *sels basiques,* et on les distingue par les mots *sesquibasique, bibasique, tribasique,* dont on fait suivre le nom générique du sel, et qui indiquent que les proportions de base, relativement à celle qui entre dans le sel neutre, sont entre elles comme un, un et demi, deux, trois; exemple :

Azotate bibasique de mercure,
Azotate tribasique de mercure.

Il peut arriver que deux sels ayant le même acide se combinent entre eux en proportions définies. Le composé qui en résulte porte le nom de *sel double;* exemple :

Sulfate double d'alumine et de potasse,
Tartrate double de potasse et d'antimoine.

Remarque. — L'eau joue quelquefois, relativement aux bases énergiques, le rôle d'acide. On donne le nom générique d'*hydrates* à ces composés. C'est ainsi que l'on dit

Hydrate de potasse,
Hydrate de protoxyde de fer,

pour indiquer les combinaisons de l'eau avec la potasse et avec le protoxyde de fer.

COMPOSÉS BINAIRES DES MÉTALLOÏDES AVEC LES CORPS SIMPLES, AUTRES QUE L'OXYGÈNE ET L'HYDROGÈNE. — 1° Lorsqu'un métalloïde se combine avec un métal, le composé se désigne par le nom du métalloïde terminé en *ure,* suivi du nom du métal. Ainsi la combinaison du chlore avec le cuivre s'appelle *chlorure de cuivre;* celle du soufre avec le plomb s'appelle *sulfure de plomb.*

Si un métalloïde se combine en plusieurs proportions avec

une même quantité de métal, on distingue les composés qui en résultent en faisant précéder leur nom générique par les mots *proto, sesqui, bi, tri, quadri, penta, etc., per,* qui indiquent les proportions dans lesquelles la combinaison a lieu ; exemple : *protosulfure, sesquisulfure, bisulfure, trisulfure, quadrisulfure, pentasulfure* ou *persulfure de potassium ; protochlorure, bichlorure de mercure, etc.*

2° Lorsque deux métalloïdes se combinent entre eux, on forme encore le nom du composé des noms des deux corps simples, en donnant, comme précédemment, à l'un des deux la terminaison *ure ;* exemple :

Sulfure de carbone,	Carbure d'hydrogène,
Chlorure de soufre,	Iodure d'azote.

Ainsi que nous l'avons dit, on prend toujours pour le nom générique celui du métalloïde qui se rend au pôle positif lorsque le composé est soumis à l'action de la pile.

Remarque. — Le soufre, le chlore et quelques autres métalloïdes peuvent former des composés binaires, qui participent des propriétés des acides, et d'autres qui possèdent les propriétés des bases. Ces composés s'unissent entre eux pour former des sels, que l'on désigne sous les noms de *sulfosels, chlorosels, etc.* Ainsi le sulfure de carbone peut se combiner avec le protosulfure de potassium, comme l'acide carbonique se combine avec le protoxyde de potassium. Le sel qui en résulte, et dans lequel le sulfure de carbone joue le rôle d'acide, tandis que le sulfure de potassium joue celui de base, porte le nom de *sulfo-carbonate de sulfure de potassium.*

ALLIAGES. — On donne le nom d'*alliage* aux combinaisons et même aux simples mélanges des métaux entre eux. Leur nomenclature est très simple : il suffit de faire suivre le mot *alliage* des noms des métaux combinés ; exemple :

Alliage de plomb et d'étain,
Alliage de cuivre et de zinc.

Beaucoup d'alliages sont encore désignés par leurs noms usuels. Ainsi l'alliage de cuivre et de zinc est connu sous le nom de *laiton;* celui de cuivre et d'étain sous le nom de *bronze, etc.*

Remarque. —Quand le mercure fait partie d'un alliage, on donne à celui-ci le nom d'*amalgame :* c'est ainsi que l'on dit *amalgame d'or, amalgame de cuivre,* pour désigner les combinaisons du mercure avec l'or et avec le cuivre.

Lois des proportions définies et des proportions multiples.

17. *Loi des proportions définies ou de Proust.* — Deux corps qui se combinent pour former un même composé *s'unissent toujours dans des proportions invariables.* Ainsi l'expérience prouve que 1 gr. d'hydrogène se combine toujours avec 8 gr. d'oxygène pour former de l'eau. Or, si l'on mêle, par exemple, 1 gr. d'hydrogène avec 10 gr. d'oxygène et qu'on fasse passer dans le mélange une étincelle électrique, il restera, après la combinaison des deux gaz, 2 gr. d'oxygène libre; il resterait 1 gr. d'hydrogène libre, si le mélange était formé de 2 gr. de ce gaz et de 8 gr. d'oxygène. De même, 1 gr. d'hydrogène se combine toujours avec 35^{gr},5 de chlore pour former l'acide chlorhydrique; 14 gr. d'azote se combinent toujours avec 8 gr. d'oxygène pour former le protoxyde d'azote; 16 gr. de soufre avec 28 gr. de fer pour former le sulfure de fer, etc.

Cette loi s'applique également aux corps composés qui se combinent entre eux. Ainsi, 54 gr. d'acide azotique exigent invariablement 47 gr. de potasse pour former l'azotate de potasse; 40 gr. d'acide sulfurique s'unissent toujours à 31 gr. de soude pour former le sulfate de soude.

18. *Loi des proportions multiples ou de Dalton.* —Cette loi, découverte en 1807 par Dalton, chimiste anglais, peut se formuler ainsi :

Lorsque deux corps s'unissent en plusieurs proportions, les poids de l'un de ces corps, susceptibles de se combiner avec un même poids de l'autre corps, sont toujours entre eux dans des rapports simples.

Ainsi l'azote et l'oxygène se combinant en cinq proportions, l'analyse des cinq composés qui en résultent démontre que

14ᵍʳ d'azote se combinent avec   8ᵍʳ d'oxygène.
14 16   —
14 24   —
14 32   —
14 40   —

C'est-à-dire que, pour un même poids d'azote, les poids de l'oxygène sont entre eux comme 1, 2, 3, 4, 5.

De même, si nous prenons pour exemple les deux composés que l'étain forme avec le chlore (protochlorure et bichlorure d'étain), nous trouvons que

59 d'étain se combinent avec 35,50 de chlore,
59 71,00   —

nombres qui sont dans le rapport de 1 à 2.

Assez souvent on trouve encore le rapport de 1 à 1 $\frac{1}{2}$, par exemple, dans les combinaisons du fer avec l'oxygène, où nous voyons

28 de fer se combiner avec 8 d'oxygène,
28 12   —

La loi des proportions multiples ne s'applique pas seulement aux composés binaires : on l'observe encore dans des composés d'un ordre plus élevé. Ainsi lorsqu'une base et un acide se combinent en plusieurs proportions, on reconnaît que, pour un même poids de base, les poids de l'acide sont constamment entre eux dans des rapports simples.

Par exemple, l'acide carbonique forme avec la soude trois sels, dans lesquels nous trouvons que

31ᵍʳ de soude se combinent avec 22ᵍʳ d'acide carbonique,
31 33   —   —
31 44   —   —

nombres qui sont dans les rapports de 1, 1 $\frac{1}{2}$, 2.

Lois de Gay-Lussac ou lois des volumes. — Lorsque les corps qui se combinent sont gazeux ou susceptibles d'être amenés à l'état de vapeur, la même simplicité de rapports s'observe encore entre leurs *volumes* respectifs. Cette loi, découverte par Gay-Lussac, peut se formuler ainsi :

Lorsque deux gaz se combinent, les volumes gazeux pris à la même température et à la même pression sont toujours entre eux dans un rapport simple; exemple :

1 volume de chlore et 1 volume d'hydrogène donnent, en se combinant, 2 volumes d'acide chlorhydrique ;

1 volume d'oxygène et 2 volumes d'hydrogène donnent, en se combinant, 2 volumes de vapeur d'eau ;

1 volume d'azote et 3 volumes d'hydrogène donnent, en se combinant, 2 volumes de gaz ammoniac.

Dans ces exemples, les volumes des gaz combinés sont, comme on le voit, dans les rapports très simples de 1 à 1, de 1 à 2 et de 1 à 3.

Remarquons encore que *les volumes des composés, considérés à l'état gazeux, sont aussi en rapport simple avec les volumes des composants.* De plus, quand les volumes des composants sont inégaux, il y a toujours condensation, c'est-à-dire que le volume du composé est plus petit que la somme des volumes des composants. Ainsi,

2 volumes d'hydrogène et 1 volume d'oxygène ne donnent que 2 volumes de vapeur d'eau ;

1 volume d'azote et 3 volumes d'hydrogène ne donnent que 2 volumes de gaz ammoniac.

Cette contraction de volume ne se produit généralement pas quand les gaz se combinent à volumes égaux. Ainsi,

1 volume de chlore et 1 volume d'hydrogène fournissent 2 volumes de gaz acide chlorhydrique.

Nombres proportionnels. Équivalents.

19. *Nombres proportionnels.* — Les corps simples se combinant toujours entre eux en proportions définies, il en résulte nécessairement que *le même poids d'un corps composé contien invariablement les mêmes poids des corps composants,* ou, en d'autres termes, que dans un corps composé les poids des corps composants *sont dans un rapport constant.* Les nombres qui expriment ces poids sont, pour cette raison, nommés *nom-*

bres proportionnels. Ainsi dans l'eau, par exemple, les poids de l'oxygène et de l'hydrogène sont toujours dans le rapport de 8 à 1 ; dans l'acide chlorhydrique, les poids du chlore et de l'hydrogène sont toujours dans le rapport de 35,5 à 1 ; dans le sulfure de carbone, les poids du soufre et du carbone sont toujours dans le rapport de 32 à 6, etc.

Les nombres proportionnels ne représentent pas, comme on le voit, des quantités absolues, mais bien les *poids relatifs* suivant lesquels les corps se combinent. Mais il est facile, au moyen de ces nombres, de trouver les poids absolus des corps composants que contient un poids donné d'un corps composé. Si l'on voulait savoir, par exemple, les poids de l'oxygène et de l'hydrogène que renferment 36 gr. d'eau, il suffirait de partager le nombre 36 en deux nombres qui soient entre eux comme 8 est à 1. On trouverait ainsi que 36 gr. d'eau contiennent 32 gr. d'oxygène et 4 gr. d'hydrogène. On trouverait de même que 190 gr. de sulfure de carbone renferment 160 gr. de soufre et 30 gr. de carbone.

20. *Équivalents.* — On désigne sous le nom d'*équivalents* les nombres qui expriment les poids relatifs ou proportionnels des divers corps susceptibles d'entrer, eux ou leurs multiples, dans les combinaisons chimiques, et de s'y *remplacer* mutuellement pour former des composés chimiquement analogues. Un exemple fera facilement comprendre cette définition :

1 d'hydrogène en poids se combine avec 8 d'oxygène pour former de l'eau ou protoxyde d'hydrogène ;

6 de carbone se combinent avec 8 d'oxygène pour former de l'oxyde de carbone ;

35,50 de chlore se combinent avec 8 d'oxygène pour former de l'acide hypochloreux ;

28 de fer, 31,50 de cuivre, 108 d'argent, etc., se combinent avec 8 d'oxygène pour former du protoxyde de fer, du protoxyde de cuivre, de l'oxyde d'argent, etc.

Donc, avec un même poids d'oxygène, 8, se combinent 1 d'hydrogène, 6 de carbone, 35,50 de chlore, 28 de fer, 31,50 de cuivre, 108 d'argent, pour donner naissance à des composés de même ordre ou chimiquement analogues : eau, oxyde de carbone, acide hypochloreux, protoxyde de fer, protoxyde de cuivre et oxyde d'argent.

Or, si l'on prend 1, en poids, pour l'équivalent de l'HYDROGÈNE, et 8 pour l'équivalent de l'oxygène, il est évident que les nombres 6, 35,50, 28, 31,50, 108, représenteront les équivalents du carbone, du chlore, du fer, du cuivre, de l'argent, par rapport à l'hydrogène, puisque ces quantités *équivalent* à 1 d'hydrogène et peuvent se remplacer mutuellement pour former, en se combinant avec la même quantité d'oxygène, des composés chimiquement analogues.

Mais ce qu'il y a surtout de remarquable, et ce qui donne à la notion des équivalents chimiques une importance capitale, c'est que les nombres qui les représentent ne conviennent pas seulement aux combinaisons oxygénées, mais qu'ils s'appliquent encore, eux ou leurs multiples, à toutes les combinaisons de deux corps simples quelconques. Nous venons de voir, en effet, que

8 d'*oxygène*, en poids, se combinent avec 1 d'*hydrogène* (eau) et avec 35,50 de *chlore* (acide hypochloreux).

Or, les deux nombres 1 et 35,50 représentent précisément les poids d'hydrogène et de chlore *capables de se combiner entre eux pour former l'acide chlorhydrique*. De même le chlore et le fer, le chlore et le cuivre, le chlore et l'argent, s'unissent toujours dans les rapports de 35,50 à 28, 31,50 et 108 pour donner naissance au protochlorure de fer, au chlorure de cuivre et au chlorure d'argent, c'est-à-dire aux mêmes poids de ces métaux qui, en s'unissant à 8 d'oxygène, forment les oxydes correspondants. Un dernier exemple complétera cette démonstration :

Lorsqu'on plonge une lame de cuivre dans une dissolution d'azotate d'argent parfaitement neutre, tout l'argent se précipite, et une quantité correspondante de cuivre se dissout pour former de l'azotate de cuivre. Or l'analyse démontre que les quantités d'argent précipité et de cuivre dissous sont entre elles comme 108 et 31,50, nombres qui expriment encore les quantités pondérables suivant lesquelles l'argent et le cuivre se combinent avec 8 d'oxygène ou avec 35,50 de chlore. C'est donc avec raison que l'on prend pour équivalents de l'argent et du cuivre 108 et 31,50 : ces quantités s'équivalent en effet, puisqu'elles peuvent se remplacer mutuellement pour produire, avec un même poids d'acide azotique, deux composés analogues, azotate d'argent et azotate de cuivre.

Le tableau suivant contient les équivalents de tous les corps
simples rapportés à 1 d'hydrogène. En regard de chaque corps
se trouve son symbole ou la lettre initiale par laquelle on représente son équivalent.

Tableau des équivalents des corps simples rapportés à 1 d'hydrogène.

HYDROGÈNE H = 1.

Aluminium,	Al =	14,00	Molybdène,	Mo	48,00
Antimoine,	Sb	120,00	Nickel,	Ni	29,50
Argent,	Ag	108,00	Niobium,	Nb	10,00
Arsenic,	As	75,00	Or,	Au	98,20
Azote,	Az	14,00	Osmium,	Os	99,50
Barium,	Ba	68,50	Oxygène,	O	8,00
Bismuth,	Bi	106,00	Palladium,	Pd	53,25
Bore,	B	11,00	Pélopium,	Pp	» »
Brome,	Br	80,00	Phosphore,	Ph	31,00
Cadmium,	Cd	56,00	Platine,	Pt	98,50
Cæsium,	Cæ	133,00	Plomb,	Pb	103,50
Calcium,	Ca	20,00	Potassium,	K	39,00
Carbone,	C	6,00	Rhodium,	Ro	52,00
Cérium,	Ce	47,25	Rubidium,	Rb	85,00
Chlore,	Cl	35,50	Ruthénium,	Ru	52,00
Chrome,	Cr	26,00	Sélénium,	Se	39,75
Cobalt,	Co	29,50	Silicium,	Si	14,00
Cuivre,	Cu	31,50	Sodium,	Na	23,00
Didyme,	Di	49,50	Soufre,	S	16,00
Erbium,	Er	» »	Strontium,	St	43,75
Étain,	Sn	59,00	Tantale,	Ta	92,00
Fer,	Fe	28,00	Thallium,	Th	204,00
Fluor,	Fl	19,00	Tellure,	Te	64,50
Glucinium,	Gl	7,00	Terbium,	Tr	» »
Ilménium,	Il	» »	Thorium,	To	59,50
Indium,	In	» »	Titane,	Ti	25,00
Iode,	I	127,00	Tungstène,	Tg	92,00
Iridium,	Ir	98,50	Uranium,	U	60,00
Lantane,	La	48,00	Vanadium,	Vd	68,50
Lithium,	Li	7,00	Yttrium,	Yt	32,00
Magnésium,	Mg	12,00	Zinc,	Zn	33,00
Manganèse,	Mn	27,50	Zirconium,	Zr	33,50
Mercure,	Hg	100,00			

21. *Détermination des équivalents.* — Des faits et considérations qui précèdent il résulte que, pour déterminer l'équivalent

d'un corps simple quelconque, il suffit de rechercher, au moyen de l'analyse ou de la synthèse, la quantité de ce corps qui se combine, soit avec 1 d'hydrogène, soit avec une quantité de tout autre corps équivalant à 1 d'hydrogène, par exemple, 8 d'oxygène, 16 de soufre, 35,5 de chlore, etc.

22. *Équivalents des corps composés : bases, acides et sels.* — 1° On prend pour équivalent des *bases* ou *oxydes basiques* le poids de chacun de ces corps qui contient 8 d'oxygène; exemples :

47 de potasse (protoxyde de potassium) renfermant un équivalent de potassium 39 et un équivalent d'oxygène 8, l'équivalent de la potasse est 47,

31 de soude (protoxyde de sodium) renfermant un équivalent de sodium 23 et un équivalent d'oxygène 8, l'équivalent de la soude est 31,

36 de protoxyde de fer renfermant un équivalent de fer 28 et un équivalent d'oxygène 8, l'équivalent du protoxyde de fer est 36.

2° On prend pour équivalent des *acides* le poids de chacun de ces corps qui, en se combinant avec un équivalent de base, forme un sel neutre; exemples :

40 d'acide sulfurique se combinant toujours avec 47 de potasse, 31 de soude, 36 de protoxyde de fer, etc., pour former les sulfates neutres de potasse, de soude, de fer, etc., l'équivalent de l'acide sulfurique est 40;

51 d'acide azotique se combinant toujours avec 47 de potasse, 31 de soude et 36 de protoxyde de fer, pour former des azotates neutres, l'équivalent de l'acide azotique est 54.

Ces quantités, comme on le voit, s'équivalent, puisque, d'une part, 47 de potasse, 31 de soude et 28 de protoxyde de fer peuvent se remplacer mutuellement dans leurs combinaisons avec une même quantité d'acide pour former autant de sels neutres, et que, d'autre part, 40 d'acide sulfurique et 54 d'acide azotique se remplacent mutuellement dans leurs combinaisons avec une même quantité de base (47 de potasse, 31 de soude, 36 de peroxyde de fer, etc.) pour former également autant de sels neutres.

Remarquons encore que, conformément à la loi générale de

composition des sels que nous exposerons plus loin, l'équivalent
de l'acide sulfurique 40 contient juste un équivalent de soufre 16
et trois équivalents d'oxygène 24 ; que l'équivalent de l'acide
azotique 54 contient juste un équivalent d'azote 14 et cinq
équivalents d'oxygène 40. On trouverait de même que l'équivalent de l'acide carbonique contient 2 équivalents d'oxygène,
que l'équivalent de l'acide perchlorique en contient 7, etc. :
d'où il résulte que l'équivalent d'un acide contient toujours un
poids d'oxygène qui est dans un rapport simple et constant
avec le poids d'oxygène contenu dans les équivalents des divers
oxydes avec lesquels il est susceptible de se combiner. Ce fait
n'est d'ailleurs qu'une conséquence de la loi des proportions
multiples (18).

3° L'équivalent des *sels* s'obtient, pour chaque sel, en faisant
la somme de l'équivalent de l'acide et de l'équivalent de la base.
Ainsi,

L'équivalent du sulfate de potasse est $40 + 47 = 87$; l'équivalent du sulfate de fer, $40 + 36 = 76$; l'équivalent de l'azotate de
soude, $54 + 31 = 85$, etc.

23. *Emploi des équivalents.* — On emploie les équivalents
chimiques pour connaître les proportions relatives des éléments
qui entrent dans un corps composé. Supposons, par exemple,
que l'on veuille savoir quelles sont les quantités, en poids,
d'azote et d'oxygène que contiennent 100 grammes d'acide azotique. Il est évident qu'il faudra diviser 100 en deux parties qui
soient entre elles comme 14, équivalent de l'azote, est à 40,
somme des cinq équivalents d'oxygène que renferme l'acide
azotique ; ce qui donnera 25^{gr},92 d'azote et 74^{gr},08 d'oxygène.
On comprend l'importance des équivalents dans les analyses ;
quelques problèmes que l'on trouvera plus loin feront mieux
sentir encore leur utilité.

Remarque. — Les nombres qui représentent les équivalents
n'exprimant que des rapports, il est évident que l'on pourrait
prendre pour point de départ tout autre corps simple que
l'hydrogène. C'est ainsi qu'on rapportait naguère tous les équivalents à 100 d'oxygène. Mais il est préférable de prendre l'hydrogène pour unité, les nombres qui s'y rapportent étant beaucoup plus simples, plus faciles à retenir et à mettre en calcul.

24. *Notation chimique.* — Les équivalents servent aussi à former par la réunion de leurs symboles ces formules si simples à l'aide desquelles nous représentons la composition des corps composés, ainsi que les réactions qu'ils exercent les uns sur les autres. C'est ce qu'on appelle la *notation chimique,* dont voici les principales règles :

Lorsqu'un composé est formé par l'union de deux équivalents simples, sa formule se compose des deux symboles des éléments qui le constituent, en commençant par celui qui est le plus *électro-positif :* ainsi

Le protoxyde de plomb aura pour formule PbO;

L'eau sera représentée par HO, etc.

Si le composé est formé d'un équivalent d'un corps et de plusieurs équivalents d'un autre corps, on place à la droite et en haut du symbole de ce dernier un chiffre qui indique le nombre des équivalents qui entrent dans la combinaison : ainsi,

L'acide carbonique étant formé d'un équivalent de carbone et de deux équivalents d'oxygène, aura pour formule CO^2;

Le sesquioxyde de fer étant composé de deux équivalents de fer et de trois équivalents d'oxygène sera représenté par la formule Fe^2O^3.

Lorsqu'on veut représenter plusieurs équivalents d'un corps composé, on place à sa gauche un chiffre qui en indique le nombre : ainsi,

4 équivalents d'acide sulfurique s'écriront $4\ SO^3$;

La formule $6\ AzO^5 + 2\ KO$ indique 6 équivalents d'acide azotique, plus 2 équivalents de potasse.

Pour formuler la combinaison d'un acide avec une base, on écrit d'abord la base, que l'on sépare de l'acide au moyen d'une virgule : ainsi,

Le carbonate de potasse aura pour formule KO,CO^2.

S'il s'agit de représenter deux ou plusieurs équivalents d'un sel, on écrit la formule du sel entre deux parenthèses, et on place à gauche le chiffre qui indique le nombre des équivalents : ainsi,

La formule 4 (KO,CO²) représente quatre équivalents de carbonate de potasse.

Remarque. — Les équivalents n'étant, comme nous l'avons dit, que des nombres proportionnels, ils expriment simplement les quantités relatives des corps simples qui entrent dans la composition des corps composés, abstraction faite de toute hypothèse sur la constitution moléculaire de ces derniers. Ainsi la formule KO,CO² n'indique pas que, dans le corps composé que l'on nomme carbonate de potasse, l'acide carbonique CO² et la potasse KO y existent tout formés; elle exprime seulement que ce corps renferme 1 équivalent de carbone, 1 équivalent de potassium et 3 équivalents d'oxygène. Le carbonate de potasse pourrait tout aussi bien être représenté par la formule KCO³; le carbonate de plomb PbO,CO², par la formule PbCO³; l'azotate de soude NaO,AzO⁵, par la formule NaAzO⁶, etc. Nous continuerons néanmoins à nous servir des formules ordinaires KO,CO², PbO,CO², NaO,AzO⁵, etc., dont le temps a consacré l'usage, et qui symbolisent en quelque sorte les réactions auxquelles les corps qu'elles représentent doivent généralement leur formation.

Résumé.

I. On divise les corps en *corps simples* et en *corps composés.* Les corps simples sont ceux dont on ne peut retirer qu'une seule espèce de matière. Les corps composés sont ceux dont on peut extraire plusieurs substances de nature différente.

II. Le nombre des corps simples actuellement connus est de 66. On les divise en *métalloïdes* et en *métaux.*

III. Les *métalloïdes* sont des corps généralement privés de l'éclat métallique, mauvais conducteurs de la chaleur et de l'électricité, et dont les composés avec l'oxygène sont incapables de neutraliser les acides. Ils sont au nombre de 15.

IV. Les *métaux* sont des corps bons conducteurs de la chaleur et de l'électricité, doués de l'éclat métallique, et qui se distinguent surtout des métalloïdes, parce que, en s'unissant à l'oxygène, ils forment des bases salifiables, c'est-à-dire des composés capables de neutraliser les acides. Ils sont au nombre de 51.

V. On distingue dans les corps composés des *acides,* des *bases,* des *corps neutres* et des *sels.*

VI. La nomenclature chimique a pour but de désigner les corps composés par des noms qui indiquent leur composition.

VII. Deux corps, pour former un même composé, se combinent toujours dans des proportions invariables, soit en poids, soit en volume (loi des proportions définies).

VIII. Lorsque deux corps s'unissent en plusieurs proportions, les quantités pondérables de l'un d'eux, combinées avec une même quantité du second, sont toujours entre elles dans des rapports simples. Ainsi, dans les cinq composés que forme l'azote avec l'oxygène, les poids de ce dernier, pour un même poids d'azote, sont entre eux comme 1, 2, 3, 4, 5 (loi des proportions multiples).

IX. Lorsque deux gaz se combinent, les volumes gazeux, pris à la même température et à la même pression, sont toujours entre eux dans un rapport simple. Ainsi, deux volumes d'acide chlorhydrique renferment un volume de chlore et un volume d'hydrogène ; deux volumes de vapeur d'eau renferment un volume d'oxygène et deux volumes d'hydrogène, etc.

X. Quand deux gaz se combinent à volumes égaux, le volume du gaz composé qui en résulte est généralement égal à la somme des volumes des composants : 1 volume de chlore et 1 volume d'hydrogène = 2 volumes d'acide chlorhydrique. Le volume du composé est toujours plus petit quand les volumes des composants sont inégaux : 1 volume d'oxygène et 2 volumes d'hydrogène = 2 volumes de vapeur d'eau.

XI. On appelle *équivalents chimiques* les nombres qui représentent les poids relatifs ou proportionnels des différents corps qui peuvent se remplacer mutuellement dans des combinaisons de même ordre ; exemple :

8 d'oxygène s'unissent à 1 d'hydrogène pour former de l'eau HO ;

16 de soufre s'unissent à 1 d'hydrogène pour former de l'acide sulfhydrique HS ;

35,5 de chlore s'unissent à 1 d'hydrogène pour former l'acide chlorhydrique HCl.

Donc 8, 16 et 35,5 sont les équivalents de l'oxygène, du soufre et du chlore par rapport à 1 d'hydrogène.

XII. Pour déterminer l'équivalent d'un corps simple quelconque, il suffit de rechercher, au moyen de l'analyse ou de la synthèse, le poids de ce corps susceptible de se combiner soit avec 1 d'hydrogène, soit avec un poids équivalent de tout autre corps, par exemple, avec 8 d'oxygène, 16 de soufre, 35,5 de chlore, etc.

CHAPITRE III.

MÉTALLOÏDES.

Oxygène et ozone. — Combustion. Exemples de combustion vive
et de combustion lente. — Chaleur dégagée par la combustion
des principaux corps combustibles.

OXYGÈNE.

Équivalent O = 8[*].

25. *Historique*. — La découverte de l'oxygène remonte à
l'année 1774; elle est due aux chimistes Schéele et Priestley,
qui parvinrent à isoler ce corps en soumettant à la chaleur du
soleil, concentrée par une forte lentille, l'oxyde rouge de mercure. Mais l'oxygène ne fut bien connu qu'après les travaux de
Lavoisier, qui en étudia les principales propriétés. L'oxygène a
été successivement appelé *air déphlogistiqué, air du feu, air
pur, air vital, corps comburant*. Le nom qu'il porte actuellement lui fut donné à l'époque de la création de la nomenclature chimique : il est formé des deux mots grecs ὀξύς, *acide*, et
γεννάω, *j'engendre*, parce que l'on croyait alors qu'il était le seul
corps capable de former des acides.

26. *Propriétés physiques*. — L'oxygène est un gaz incolore,
inodore et sans saveur. Sa densité est égale à 1,1056, la densité
de l'air étant prise pour unité. Ce gaz est très peu soluble dans
l'eau, qui ne peut en dissoudre, à la température de 0°, que la
vingt-quatrième partie de son volume. Lorsqu'on décompose au
moyen de la pile un corps quelconque contenant de l'oxygène,
celui-ci se rend constamment au pôle positif, ce qui prouve que
l'oxygène est le plus électro-négatif de tous les corps. Soumis à une
pression d'environ 300 atmosphères, et subitement détendu, l'oxygène se liquéfie et peut même être momentanément solidifié (Expériences de MM. Cailletet et R. Pictet).

---

[*] Nous rappelons que ce chiffre 8 indique l'équivalent de l'oxygène rapporté
à celui de l'hydrogène, pris comme unité.

Langl. Chimie.   3

27. *Propriétés chimiques.* — L'oxygène est l'agent principal de la combustion et de la respiration chez les animaux, ce qui justifie les noms de *corps comburant*, *air vital*, qui lui ont été donnés. Il peut se combiner directement avec la plupart des corps simples, en dégageant de la chaleur et de la lumière. On démontre cette propriété fondamentale de l'oxygène en plongeant dans une éprouvette qui en est remplie une allumette que l'on vient d'éteindre, et dont la partie charbonneuse présente encore quelques points incandescents; on voit aussitôt l'allumette s'enflammer de nouveau et brûler avec une grande énergie. Cette propriété est souvent mise à profit dans les laboratoires pour reconnaître l'oxygène, bien qu'elle appartienne encore à un autre gaz, le protoxyde d'azote (voyez chap. VIII).

Quelques expériences bien connues servent encore à mettre en évidence la vivacité de la combustion dans l'oxygène.

1° On sait qu'un morceau de charbon incandescent s'éteint promptement dans l'air lorsqu'on le tient isolé. Si on le plonge dans un flacon rempli d'oxygène, on le voit aussitôt brûler avec un vif éclat et se consumer rapidement (*fig.* 11). Le produit de cette combustion est de l'acide *carbonique* CO^2.

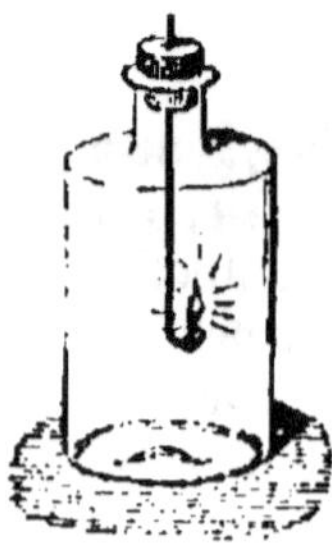

Fig. 11.

2° Le soufre, le phosphore, enflammés et introduits de même dans un flacon rempli d'oxygène, y brûlent avec une grande énergie. Le soufre se transforme en acide *sulfureux* SO^2; le phosphore, en acide *phosphorique* PhO^5.

3° Si on plonge dans un flacon plein d'oxygène un fil de fer roulé en spirale et portant à son extrémité libre un morceau d'amadou incandescent, on voit le fer (*fig.* 12) s'enflammer aussitôt et briller en faisant jaillir de tous côtés de nombreuses et vives étincelles. Des globules fondus d'*oxyde de fer* Fe^3O^4 se détachent de temps en temps et tombent au fond du flacon, dans les parois duquel ils s'incrustent profondément, malgré une légère couche d'eau que l'on a soin d'y laisser pour empêcher la rupture du verre.

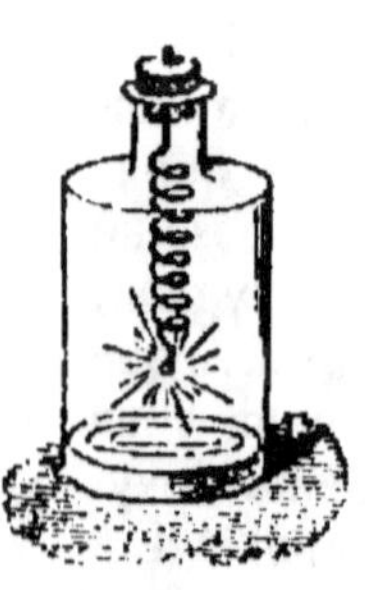

Fig. 12.

28. *État naturel de l'oxygène.* — L'oxygène existe dans la nature à l'état de mélange et à l'état de combinaison. A l'état

3.

de mélange avec l'azote, il se trouve dans l'air atmosphérique, dont il forme à peu près les 21 centièmes en volume; il existe également en dissolution dans l'eau. Les plantes, en décomposant sous l'influence de la lumière le gaz acide carbonique, en dégagent une grande quantité. A l'état de combinaison, l'oxygène est le corps le plus universellement répandu dans la nature. Presque toutes les substances minérales en contiennent; l'eau en renferme les huit neuvièmes de son poids. Combiné avec le carbone, l'hydrogène et l'azote, il fait partie de la plupart des matières animales.

29. *Préparation de l'oxygène.* — On peut obtenir l'oxygène par un assez grand nombre de procédés, principalement en décomposant par la chaleur certains oxydes métalliques. Ainsi, lorsqu'on chauffe les oxydes d'argent ou de mercure, l'oxygène se dégage en se séparant de ces deux métaux. Dans les laboratoires, on prépare l'oxygène par les trois procédés suivants : 1° on décompose par la chaleur le bioxyde de manganèse MnO^2; 2° on décompose le même oxyde par l'action combinée de la chaleur et de l'acide sulfurique; 3° on calcine le chlorate de potasse KO,ClO^5.

1° Décomposition par la chaleur du bioxyde de manganèse. — L'appareil dont on se sert pour faire cette préparation se compose (*fig.* 13) d'un fourneau à réverbère, d'une cornue en grès, d'un tube à dégagement ou tube abducteur, d'une cuve à eau et d'une éprouvette. Le fourneau à réverbère est en terre; il est formé d'un foyer F, surmonté du *laboratoire* L et de son réverbère R; la cornue est en grès; on y introduit environ 500 grammes de bioxyde de manganèse, puis on la place dans le fourneau, comme le représente la figure. Au col de la cornue est adapté, au moyen d'un bouchon, le tube à dégagement T, muni d'un appareil de sûreté S pour éviter les absorptions; l'extrémité de ce tube, convenablement recourbée, plonge dans la cuve à eau C, et s'engage sous une éprouvette remplie d'eau et reposant sur une planche trouée que contient la cuve.

L'appareil étant ainsi disposé, on place sur la grille du fourneau quelques charbons allumés, puis on entoure la cornue de charbon noir, afin de la porter lentement à la température rouge. L'air atmosphérique que contient la cornue se dégage d'abord avec un peu d'azote et d'acide carbonique provenant de la décomposition de quelques traces d'azotate et de carbonate de chaux que renferme presque toujours le bioxyde de man-

ganèse. On laisse donc perdre les premières portions du gaz,
afin de ne recueillir que de l'oxygène pur. S'il contenait encore
un peu d'acide carbonique, on l'en débarrasserait en le faisant
passer au travers d'une dissolution de potasse.

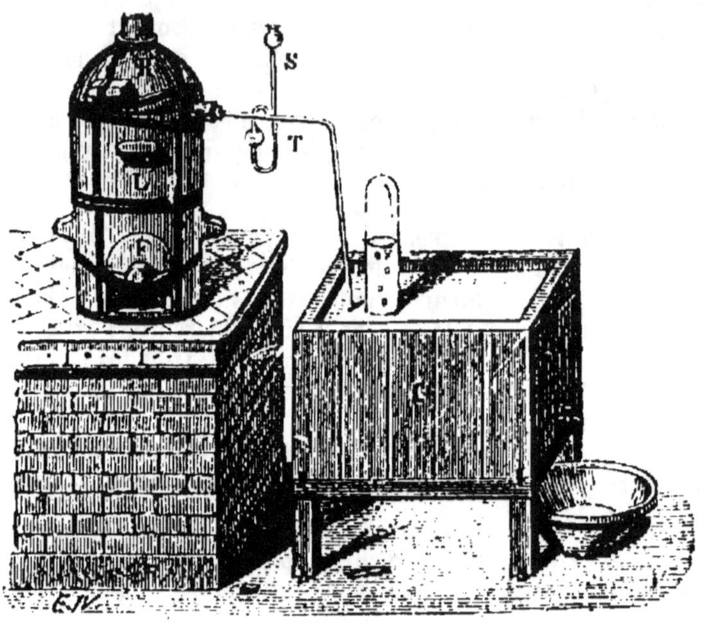

Fig. 13.

Théorie. — Quelle que soit la température à laquelle on porte
le bioxyde de manganèse, on ne peut obtenir que le tiers de
l'oxygène qu'il renferme : ainsi, sur 100 parties de bioxyde qui
contiennent 36 d'oxygène, on recueille seulement 12 parties
de ce gaz. Il reste dans la cornue un oxyde brun de manganèse
qui a pour formule Mn^3O^4, et que l'on considère comme un
oxyde salin, c'est-à-dire comme résultant de la combinaison du
protoxyde MnO jouant le rôle de base, avec le sesquioxyde
Mn^2O^3 qui jouerait le rôle d'acide. Ainsi, si l'on prend 3 équivalents de bioxyde de manganèse, on obtient 2 équivalents
d'oxygène, et il reste dans la cornue 1 équivalent de protoxyde et 1 équivalent de sesquioxyde ; ce que représente la
formule

$$3\ MnO^2 = 2\ O + MnO,Mn^2O^3 \text{ ou } Mn^3O^4.$$

2° *Décomposition du bioxyde de manganèse par l'action combinée de la chaleur et de l'acide sulfurique.* Pour préparer l'oxygène de cette manière, on prend (*fig. 14*) un petit ballon de verre dans lequel on met le bioxyde de manganèse et l'acide sulfurique SO^3,HO. A ce ballon est adapté un tube à dégagement qui se rend sous une éprouvette placée dans la cuve à eau ou dans une terrine en grès remplie d'eau. Dans ce dernier cas, l'éprouvette repose sur une petite capsule en terre percée d'une ouverture centrale et d'une ouverture latérale pour le passage du tube à dégagement. L'appareil étant ainsi disposé, il suffit de chauffer légèrement, avec une simple lampe à alcool, pour obtenir presque immédiatement un dégagement d'oxygène.

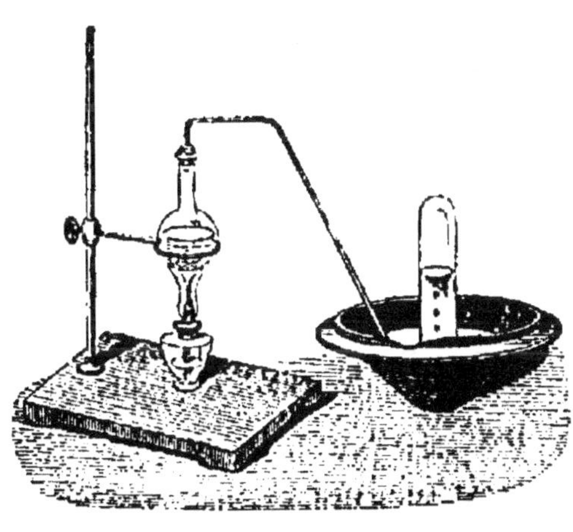

Fig. 14.

Théorie. — Le bioxyde de manganèse est un corps indifférent pour les acides, c'est-à-dire sans tendance à se combiner avec eux. Mais il existe un autre oxyde de manganèse qui est une base énergique : c'est le protoxyde MnO. La plupart des auteurs expliquent le dégagement de l'oxygène dans ce mode de préparation, rarement employé d'ailleurs, par la réduction du bioxyde en protoxyde sous l'influence de l'acide sulfurique. Mais il paraît aujourd'hui démontré que le bioxyde de manganèse anhydre est indécomposable par l'acide sulfurique, et que l'oxygène dégagé dans cette réaction serait dû simplement à la décomposition de certains hydrates de manganèse que le bioxyde de manganèse naturel contient toujours en quantités variables.

Remarque. — On pourrait remplacer le bioxyde de manganèse par d'autres bioxydes hydratés, tels que les bioxydes de barium, de plomb, etc., qui, chauffés légèrement avec l'acide sulfurique, produiraient la même réaction.

3° *Décomposition par la chaleur du chlorate de potasse.* C'est le moyen le plus simple et le plus facile pour se procurer de l'oxygène pur. On introduit le chlorate de potasse dans une cornue de verre placée sur un fourneau (*fig.* 15), et à laquelle est adapté un tube à dégagement qui se rend sous une éprouvette

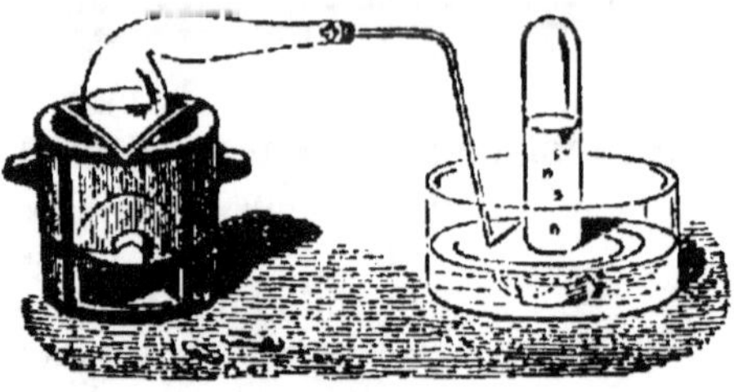

remplie d'eau. La décomposition s'opère à la température du rouge sombre. Le chlorate de potasse entre d'abord en fusion, et bientôt on voit se dégager des bulles d'oxygène qui se réunissent dans l'éprouvette.

Fig. 15.

Théorie. — Le chlorate de potasse est un sel composé d'acide chlorique ClO^3 et de potasse KO. Ce sel, étant peu stable, se décompose facilement en oxygène qui se dégage et en chlorure de potassium qui reste dans la cornue. Un équivalent de chlorate de potasse donnera donc six équivalents d'oxygène.

$$KO, ClO^3 = 6\,O + KCl.$$

Remarque. — Au commencement de l'opération, le dégagement de l'oxygène est peu considérable, ce qui tient à ce qu'une partie du gaz mis en liberté se porte sur le chlorate de potasse qui n'est pas encore décomposé, pour former du perchlorate de potasse KO, ClO^7, lequel se décompose à son tour lorsque la température devient un peu plus haute. On peut rendre la décomposition beaucoup plus facile et empêcher la formation de ce perchlorate, en mélangeant le chlorate de potasse avec la moitié de son poids de bioxyde de manganèse ou de bioxyde de cuivre. Ces substances ne paraissent éprouver aucune altération; elles n'agissent que par leur simple présence, en vertu d'une loi qui jusqu'à présent n'est pas connue.

30. *Extraction de l'oxygène de l'air.* — L'air étant, comme nous le savons déjà, un mélange d'oxygène et d'azote, plusieurs chimistes ont cherché à en séparer l'oxygène, dans l'espoir d'obtenir ce gaz en grande quantité et à peu de frais. Mais, malgré beaucoup d'efforts, l'extraction de l'oxygène de l'air n'a pu jusqu'à présent être réalisé d'une manière suffisamment économique pour en permettre l'emploi dans l'industrie.

M. Boussingault a le premier proposé d'extraire l'oxygène de l'air au moyen de la baryte ou protoxyde de barium BaO. En

chauffant ce corps au *rouge sombre* dans un tube de porcelaine
traversé par un courant d'air, il absorbe l'oxygène et se transforme en bioxyde de barium BaO^2. Ce bioxyde, chauffé ensuite
au *rouge blanc*, abandonne la moitié de son oxygène et repasse
à l'état de baryte, avec laquelle on peut recommencer la même
opération. Mais après un certain nombre d'opérations semblables,
la baryte se désagrége, tombe en poussière et n'absorbe plus
alors que des quantités insignifiantes d'oxygène.

MM. H. Sainte-Claire Deville et Debray ont eu récemment
l'idée d'extraire l'oxygène en décomposant par la chaleur l'a-
cide sulfurique SO^3,HO, dont tout l'oxygène, comme nous le
verrons plus loin en étudiant sa préparation, est emprunté à
l'air. Il en résulte un mélange d'acide sulfureux, d'oxygène et
de vapeur d'eau, que l'on fait passer sur de la pierre ponce
imbibée d'eau, laquelle dissout l'acide sulfureux et met l'oxygène en liberté.

$$SO^3HO = SO^3 + O + HO.$$

Enfin, dans ces derniers temps, M. Tessié du Mothay a fait
connaître un procédé qui consiste à faire passer de l'air sur un
mélange de bioxyde de manganèse et de soude chauffé au rouge
sombre dans une cornue cylindrique en grès. La masse absorbant l'oxygène de l'air se transforme en manganate de soude,
que l'on décompose ensuite en injectant dans la cornue un
courant de vapeur d'eau. L'oxygène qui avait été absorbé se
dégage, et la matière se trouve ainsi ramenée à son premier
état, c'est-à-dire à un mélange de bioxyde de manganèse et de
soude hydratée, susceptible d'absorber de nouveau l'oxygène de
l'air, et ainsi de suite. Ce procédé est jusqu'à présent le meilleur que nous connaissions; il a fonctionné avec succès à
l'Exposition universelle de 1867 et, plus tard, sur divers points
de Paris pour fournir de l'oxygène à des becs de gaz dont le
pouvoir éclairant se trouvait ainsi considérablement augmenté.

31. *Usages de l'oxygène.* — L'oxygène est de tous les corps
celui qui joue le plus grand rôle dans la nature. Il suffit, pour
en donner la preuve, de rappeler que c'est lui qui, mélangé à
l'azote dans l'air atmosphérique, préside aux phénomènes chimiques de la respiration des animaux et des plantes, et qui
entretient la plupart des combustions ordinaires. L'oxygène pur
est resté jusqu'à présent sans emploi dans l'industrie; mais il
est facile de prévoir le rôle important qu'il pourra y remplir,

si l'on parvient un jour à l'extraire abondamment et à bon marché. En médecine, on l'a utilisé dans ces derniers temps pour le traitement local de certaines affections gangréneuses.

Problèmes. — 1° Un litre d'air pèse, à la température de 0° et sous la pression ordinaire, 1^{gr},30. On demande le poids d'un litre d'oxygène.

Comme à volumes égaux les poids des corps sont proportionnels à leurs densités, on aura

$$\frac{1}{1,1056} = \frac{1,30}{x};$$

d'où

$$x = 1,30 \times 1,1056 = 1^{gr},43.$$

2° On demande combien de litres d'oxygène donnerait 1 kilogramme de bioxyde de manganèse, sachant que le litre d'oxygène pèse, à la température de 0° et sous la pression ordinaire, 1^{gr},43.

Posons la formule : $3\,MnO^2 = 2\,O + Mn^3O^4$;

remplaçant les lettres par leur valeur numérique que nous trouvons à la table des équivalents (p. 27), nous aurons

$$130,50 = 16 + 114,50,$$

ce qui veut dire que 130,50 kilogrammes de bioxyde de manganèse donneraient 16 kilogrammes d'oxygène.

Un kilogramme de ce corps donnera donc

$$\frac{16}{130,50} = 123 \text{ grammes d'oxygène.}$$

Or, en divisant 123 par 1,43, poids d'un litre d'oxygène à 0°, on trouvera 86^{litres},01.

3° On demande combien de litres d'oxygène donneraient, à 0° et sous la pression ordinaire, 100 grammes de chlorate de potasse.

Posons la formule : $KO,ClO^5 = 6\,O + KCl$;
remplaçant les lettres par leur valeur numérique, nous trouvons

$$122,50 = 48 + 74,50,$$

ce qui veut dire que 122gr,50 de chlorate de potasse donneraient 18 grammes d'oxygène.

100 grammes de ce corps donneront donc

$$\frac{18 \times 100}{122,50} = 39^{gr},18 \text{ d'oxygène.}$$

Or, en divisant 39,18 par 1,43, poids d'un litre d'oxygène à 0° on trouvera 27^{litres},39.

4° On demande quelle quantité de bioxyde de manganèse il faudrait employer pour avoir 25 litres d'oxygène à 0° et sous la pression ordinaire.

D'après la formule $3 \, MnO^2 = 2 \, O + Mn^3O^4$, 130gr,50 de bioxyde de manganèse donnent 16 grammes d'oxygène.

L'oxygène pesant 1gr,43 le litre, 25 litres pèseront 35gr,75 : donc

$$\frac{130,50}{16} = \frac{x}{35,75},$$

d'où

$$x = \frac{130,50 \times 35,75}{16} = 291^{gr},585.$$

Ozone.

32. *Ozone.* — Lorsqu'on fait passer à travers un tube rempli d'oxygène une série d'étincelles électriques, ce gaz prend une odeur particulière qui rappelle à la fois celle du chlore mêlé à l'air, du phosphore, et principalement du soufre en combustion. C'est cette odeur qui se développe dans l'atmosphère quand la foudre éclate, ou par suite des décharges multipliées d'une bouteille de Leyde ou d'une forte machine électrique. L'oxygène ainsi électrisé a reçu le nom d'*ozone* (de ὄζω, je sens).

Mais là ne se borne pas cette action remarquable de l'électricité sur l'oxygène : elle modifie profondément ses propriétés chimiques et *augmente son pouvoir oxydant* à tel point qu'une foule de corps qui, à la température ordinaire, ne se combinent pas ou ne se combinent que difficilement avec l'oxygène simple, s'unissent rapidement avec l'ozone. Ainsi l'ozone oxyde l'azote en présence des bases et forme de l'acide azotique; en présence de l'eau, il oxyde directement le chlore, le brome, l'iode et certains métaux, tels que le mercure et l'argent, sur lesquels l'oxygène est sans action à la température ordinaire. L'ozone humide décompose l'iodure de potassium ; il s'unit au potassium pour former de la potasse et met l'iode en liberté.

On a cru pendant longtemps que l'ozone était un corps parculier, d'une nature subtile et inconnue, que produisait dans l'air le passage de la foudre. Ce n'est qu'en 1851 que deux savants de Genève, MM. Marignac et de la Rive, démontrèrent, par une suite d'expériences ingénieuses, que l'ozone n'est que *de l'oxygène dans un état spécial d'activité chimique que lui imprime l'électricité.*

MM. Andrews et Tait ont de plus constaté que lorsqu'on fait passer une série d'étincelles électriques dans de l'oxygène, le volume du gaz diminue à mesure que la quantité d'ozone ainsi formée augmente, tandis qu'au contraire le gaz reprend son volume primitif quand on en fait disparaître l'ozone au moyen de la chaleur ; d'où il résulterait que l'ozone serait de l'oxygène condensé, dont la densité, d'après des expériences récentes de M. Soret, serait égale à 1,66, c'est-à-dire à environ une fois et demie celle de l'oxygène ordinaire.

De ces expériences il est facile de conclure que l'ozone doit nécessairement exister dans l'atmosphère, si fréquemment sillonnée par les orages. C'est, en effet, ce qu'a démontré M. Schœnbein : une bande de papier amidonné, imprégnée d'une faible quantité d'iodure de potassium et exposée à l'air, ne tarde pas à prendre une teinte bleue plus ou moins foncée ; l'ozone, décomposant l'iodure de potassium, s'empare, comme nous venons de le dire, du métal qu'il oxyde, et l'iode, mis en liberté, forme avec l'amidon un iodure d'une couleur bleue caractéristique. On peut même, d'après l'intensité de la coloration, apprécier les quantités relatives de l'ozone atmosphérique. Il est probable que la présence de l'ozone dans l'air exerce une certaine influence sur les phénomènes de la vie des plantes et des animaux qui le respirent.

L'ozone, ou, pour mieux dire, l'oxygène modifié par l'électricité, perd ses propriétés et revient à l'état d'oxygène ordinaire quand on le chauffe à 240° ou même à 100° en présence de la vapeur d'eau. Certains corps, tels que le charbon en poudre et le bioxyde de manganèse, détruisent également l'ozone et le ramènent à l'état d'oxygène simple par leur seul contact, et sans subir eux-mêmes aucune modification sensible.

Combustion.

33. *Combustion.* — Le phénomène de la *combustion* a été pour la première fois bien étudié, en 1775, par Lavoisier. Voici comment ce grand chimiste le définit : *Un phénomène qui résulte de la combinaison d'un corps combustible avec l'oxygène.* C'est en effet ce qui a lieu dans la combustion ordinaire : quand le charbon, le soufre, le phosphore, etc., brûlent dans l'air, ils se combinent avec l'oxygène pour former de l'acide carbonique, de l'acide sulfureux, de l'acide phosphorique, etc.

Toutefois, la définition donnée par Lavoisier est aujourd'hui trop restreinte : car nous connaissons beaucoup d'autres corps qui peuvent, comme l'oxygène, donner naissance à des combustions très vives. Ainsi, si l'on projette de l'antimoine en poudre dans un flacon rempli de chlore, on voit ce métal brûler avec un vif éclat en se combinant avec le chlore; de même, si l'on chauffe légèrement dans un ballon de verre un mélange de soufre en poudre et de limaille de fer ou de cuivre, on voit encore le mélange devenir tout à coup incandescent par la combinaison qui s'effectue entre le soufre et ces métaux. Dans les deux exemples que nous venons de citer, le chlore et le soufre remplacent l'oxygène, c'est-à-dire qu'ils jouent le rôle de *corps comburants* relativement aux *corps combustibles* avec lesquels ils se combinent. On doit donc, dans l'état actuel de la science, définir la combustion : *Un phénomène qui résulte de la combinaison de deux ou plusieurs corps quelconques, avec dégagement de chaleur et de lumière.*

Quelques chimistes admettent encore une *combustion lente,* sans dégagement de lumière et de chaleur sensible, celle-ci se produisant alors en trop petite quantité dans un temps donné pour élever sensiblement la température : telle est, par exemple, l'oxydation du fer au contact de l'air humide. Bien que le résultat soit le même, c'est-à-dire une oxydation du corps combustible, nous pensons que c'est à tort que l'on emploie dans ce cas le mot *combustion,* attendu que ce mot, dans le langage reçu, implique toujours l'idée d'une production de chaleur portée jusqu'à l'incandescence.

34. *Circonstances qui favorisent le phénomène de la combustion ordinaire.* — Nous entendons par *combustion ordinaire* celle qui se produit dans l'air atmosphérique aux dépens de l'oxygène.

Les circonstances qui favorisent ce phénomène sont au nombre de quatre : 1° l'enlèvement rapide des produits de la combustion ; 2° les courants d'air ; 3° l'état de division des corps combustibles ; 4° l'élévation de la température.

1° *Enlèvement rapide des produits de la combustion.* Ces produits étant par eux-mêmes impropres à la combustion, l'arrêteraient bientôt s'ils n'étaient rapidement remplacés par une nouvelle quantité d'air. On sait qu'une bougie allumée sous une cloche de verre dans laquelle l'air ne peut se renouveler s'éteint très promptement. De là la nécessité, pour entretenir la combustion dans un foyer, d'y établir un *tirage* au moyen d'une cheminée *.

2° *Courants d'air.* Il est facile de concevoir que la combustion sera d'autant plus énergique et plus rapide que la quantité d'oxygène projeté dans un temps donné sur le corps combustible sera plus grande. C'est sur ce principe que repose l'emploi des soufflets ordinaires et des machines soufflantes en usage dans l'industrie métallurgique.

3° *État de division des corps.* Les corps combustibles brûlent d'autant plus facilement qu'ils sont dans un plus grand état de division. Ainsi le fer, le charbon, certains sulfures, peuvent s'enflammer à la température ordinaire, lorsqu'ils sont exposés au contact de l'air en poudres impalpables : ils forment alors ce qu'on appelle des *pyrophores* ou des corps *pyrophoriques*. On pense que ce phénomène est dû au dégagement de chaleur qui résulte de l'absorption de l'air dans leurs pores.

4° *Élévation de la température.* Pour que la combustion d'un corps continue, il faut que sa température se maintienne au degré nécessaire à sa combinaison avec l'oxygène Si la température du corps s'abaisse au-dessous de ce degré, la combustion s'arrête. Ainsi un morceau de charbon allumé s'éteint très rapidement si on le place sur une plaque métallique qui le refroidit. C'est encore pour cette raison qu'un courant d'air trop rapide éteint la flamme d'une bougie.

35. *Théorie de la combustion.* — La cause qui produit le phénomène de la combustion est évidemment l'affinité chi-

* Voyez la *Physique.*

mique. Une théorie déjà ancienne, celle de Berzelius, attribuait le dégagement de la chaleur et de la lumière à la neutralisation des fluides électriques qui a lieu dans toutes les combinaisons. On sait, en effet, que les molécules de deux corps placés dans des conditions favorables à leur combinaison sont toujours dans un état électrique opposé. Or, quand deux corps se combinent, leurs électricités se neutralisent et produisent, comme les fluides contraires que dégagent les deux pôles de la pile, les phénomènes de chaleur et de lumière qui accompagnent la combustion.

La théorie de Berzelius a été abandonnée de nos jours par la plupart des physiciens et remplacée par une hypothèse se rattachant à la *théorie mécanique de la chaleur*. Nous savons tous que le choc d'un marteau sur une enclume ou tout autre corps résistant a pour effet d'échauffer le marteau ainsi que l'enclume. Qu'arrive-t-il alors? Au moment du choc, le mouvement mécanique du marteau est arrêté; mais ce mouvement se transforme aussitôt en un mouvement vibratoire des molécules qui constituent la masse du marteau et celle de l'enclume. De ce mouvement vibratoire naît la chaleur, laquelle se reproduira indéfiniment à chaque nouveau choc du marteau *.

Cette théorie, ou pour mieux dire ce grand fait, aujourd'hui reconnu et admis par tous les physiciens, permet de se rendre compte très simplement de la chaleur produite par la combustion, qui en réalité n'est autre que l'action chimique d'un corps sur un autre. Dans cette action chimique, les atomes qui constituent les molécules de l'un de ces corps se séparent et se précipitent sur les atomes de l'autre corps pour former de nouvelles molécules. Il en résulte un choc et, par suite, un mouvement vibratoire des atomes qui engendre la chaleur observée, laquelle est d'autant plus forte que la collision entre les atomes est elle-même plus énergique et plus prompte.

36. *Chaleur dégagée par la combustion des principaux corps combustibles.* — La quantité de chaleur que dégage en brûlant dans l'oxygène un poids constant des principaux corps combustibles a été déterminée par Dulong, et plus récemment par MM. Fabre et Silberman, au moyen d'un calorimètre à mercure qui permet de la mesurer avec la plus grande précision. Voici, d'après ces derniers expérimentateurs, le nombre d'unités de

* Voyez pour plus de développements la *Physique* (page 181 et suiv.).

chaleur ou de calories que produit la combustion dans l'oxygène d'un kilogramme des matières suivantes :

Hydrogène.	31462 calories.
Essence de térébenthine.	10852 —
Éther sulfurique. . . .	9027 —
Charbon.	8000 —
Alcool.	7184 —
Oxyde de carbone. . .	2402 —
Soufre.	2221 —

Résumé.

I. L'oxygène est un gaz permanent, incolore, inodore et sans saveur. Sa densité est 1,1056; son équivalent $O = 8$, l'hydrogène étant pris pour unité.

II. L'oxygène est l'agent principal de la combustion et de la respiration des animaux. On le reconnaît à la propriété qu'il possède de rallumer instantanément une allumette ou une bougie présentant encore quelques points en ignition.

III. Le charbon, le soufre, le fer, le phosphore, enflammés et plongés dans l'oxygène, brûlent avec une grande énergie.

IV. L'*oxygène* existe dans l'air atmosphérique, dont il forme les 21 centièmes du volume, dans l'eau, ainsi que dans la plupart des substances minérales ou organiques.

V. On prépare l'oxygène de trois manières :

1° En décomposant par la chaleur le bioxyde de manganèse :

$$3\,MnO^2 = 2\,O + Mn^3O^4.$$

2° En décomposant ce même oxyde par l'action combinée de la chaleur et de l'acide sulfurique :

$$MnO^2 + SO^3,HO = O + MnO,SO^3 + HO.$$

3° En décomposant par la chaleur le chlorate de potasse :

$$KO,ClO^5 = 6\,O + KCl.$$

VI. L'oxygène peut être extrait de l'air atmosphérique par plusieurs procédés, savoir : au moyen de la baryte ou protoxyde de barium BaO (Boussingault); en décomposant par la chaleur l'acide sulfurique SO^3,HO (H. Sainte-Claire Deville et Debray); au moyen du bioxyde de manganèse MnO^2 et de la soude hydratée NaO,HO (Tessié du Mothay).

VII. L'oxygène pur est sans usages dans l'industrie, à cause du prix élevé de son extraction par les procédés actuels. Mélangé à l'azote dans l'air atmosphérique, c'est lui qui préside aux phénomènes de la respiration des animaux, de la végétation et de la combustion ordinaire.

VIII. L'*ozone* n'est autre chose que de l'oxygène dans un état spécial d'activité chimique que lui communique l'électricité. La chaleur lui fait perdre ses propriétés caractéristiques et le ramène à l'état d'oxygène ordinaire. Certains corps, tels que le charbon en poudre et le bioxyde de manganèse, produisent sur lui le même effet par leur simple contact et sans se modifier eux-mêmes d'une manière sensible.

IX. On entend par *combustion* la combinaison de deux corps quelconques avec dégagement de chaleur et de lumière. Quelques chimistes admettent encore une combustion lente, sans dégagement de chaleur sensible et de lumière; exemple : l'oxydation du fer à l'air libre.

X. Les circonstances qui favorisent la combustion des corps dans l'air sont au nombre de quatre : 1° l'enlèvement rapide des produits de la combustion; 2° les courants d'air; 3° l'état de division des corps combustibles; 4° l'élévation de la température.

XI. Berzelius attribuait à l'électricité la production de la chaleur et de la lumière qui se dégagent dans la combustion. On considère aujourd'hui ce phénomène comme résultant de la collision des atomes qui, en se combinant, se précipitent les uns sur les autres et prennent alors un mouvement vibratoire qui engendre de la chaleur, de la même manière que le choc d'un marteau ou de tout autre corps en mouvement rencontrant un obstacle qui l'arrête subitement.

CHAPITRE IV.

Hydrogène. — Eau. — Analyse et synthèse de l'eau. — Eaux potables.

HYDROGÈNE.

Équivalent H = 1.

37. *Historique.* La découverte de l'*hydrogène* remonte au commencement du dix-septième siècle; mais ce n'est qu'en 1776 qu'il fut étudié par Cavendish, physicien anglais, qui en

lit connaître les principales propriétés. Désigné d'abord sous le nom d'*air inflammable*, il reçut à l'époque de la réforme de la nomenclature chimique celui qu'il porte aujourd'hui. Ce nom vient de deux mots grecs, ὕδωρ, *eau*, et γεννάω, *j'engendre*, parce que l'hydrogène entre dans la composition de l'eau.

58. *Propriétés physiques.* — L'hydrogène est un gaz incolore, sans saveur et inodore. C'est le plus léger de tous les corps ; sa densité, à la température de 0° et sous la pression de 0^m,76, est de 0,0692, la densité de l'air étant prise pour unité : l'hydrogène est donc environ 14 fois ½ plus léger que l'air ; l'eau n'en dissout qu'un centième et demi de son volume. Soumis dans l'appareil Cailletet à une pression de 280 atmosphères et subitement détendu, l'hydrogène se liquéfie et peut même être en partie solidifié.

L'hydrogène est le seul gaz qui conduise la chaleur d'une manière sensible, à ce point que M. Dumas a pu dire, sans forcer l'analogie, que l'hydrogène est un *métal gazeux*. L'extrême légèreté de l'hydrogène lui permet de traverser les enveloppes poreuses beaucoup plus facilement que ne le font les autres gaz ; on sait avec quelle rapidité se dégonflent les petits ballons en baudruche ou en caoutchouc qui en sont remplis. MM. H. Sainte-Claire Deville et Troost ont même reconnu que l'hydrogène est capable de traverser certains métaux, tels que le fer et le platine, chauffés au rouge blanc.

59. *Propriétés chimiques.* — L'hydrogène est un gaz éminemment combustible et inflammable : il brûle au contact de l'air avec une flamme pâle et très peu éclairante, mais il n'entretient pas la combustion. Si on plonge, en effet, une bougie allumée dans une éprouvette renversée et remplie d'hydrogène (*fig.* 16), la couche extérieure de ce gaz s'enflamme au passage de la bougie, mais celle-ci s'éteint en pénétrant dans l'intérieur de l'éprouvette.

La combustion de l'hydrogène au contact de l'air est due à la combinaison de ce gaz avec l'oxygène. Cette combinaison donne naissance à de l'eau. Pour le démontrer, on fait passer un courant d'hydrogène, préparé comme nous l'indiquerons bientôt, à travers un tube AB (*fig.* 17) rempli de chlorure de calcium, puis on allume le gaz ainsi desséché à l'extrémité d'un second tube effilé. En plaçant au-dessus de la flamme une cloche tubulée et légèrement inclinée, on voit des gouttelettes d'eau produites par la combustion ruisseler sur les parois ; on peut

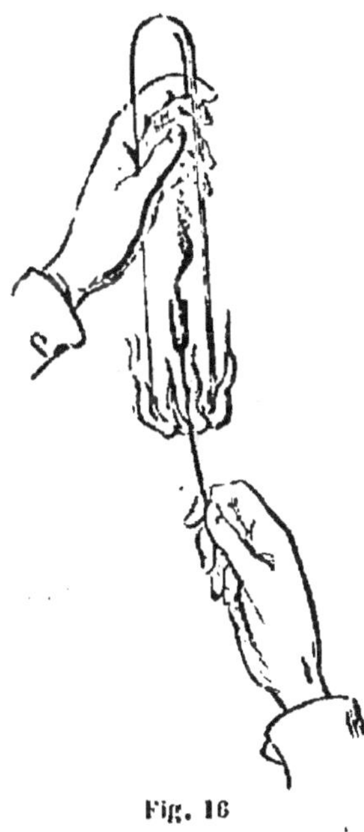

Fig. 16

même recueillir cette eau dans une capsule placée au-dessous de la cloche. Pour que cette expérience soit concluante, il est nécessaire de dessécher complètement le gaz hydrogène avant de le brûler; car, sans cette précaution, on pourrait croire que l'eau qui se dépose sur les parois de la cloche a été entraînée par le gaz, et qu'elle provient du liquide employé pour le préparer.

La combinaison de l'hydrogène avec l'oxygène ne s'effectue jamais directement à la température ordinaire; mais elle se produit sous l'influence d'une température élevée, d'une étincelle électrique, et au contact de *l'éponge* ou *mousse* de platine, laquelle possède, avec quelques autres corps du même genre, la propriété de condenser le gaz dans ses pores et d'en élever subitement la température.

Cette combinaison a constamment lieu dans le rapport, en volumes, de deux parties d'hydrogène et d'une partie d'oxygène, ce que l'on démontre au moyen de l'eudiomètre. Si l'on mélange en effet, dans cet instrument (voy. page 78), *deux volumes* d'hydrogène avec *un volume* d'oxygène, et qu'on y fasse passer l'étincelle électrique, les deux gaz se combinent et disparaissent

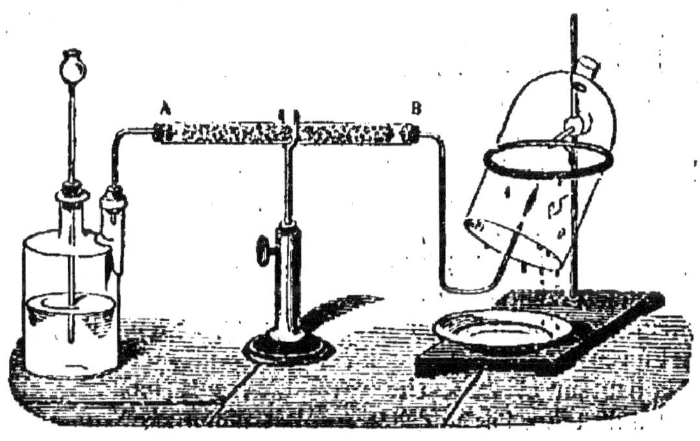

Fig. 17.

totalement. Si l'un des deux est en excès, il reste toujours, après la combinaison, la portion de gaz qui dépassait le rapport indiqué.

L'oxygène et l'hydrogène forment un *mélange détonant.* Ainsi, lorsqu'on met dans un flacon deux volumes d'hydrogène et un volume d'oxygène et qu'on approche ensuite de l'orifice la flamme d'une bougie, on voit aussitôt un jet de lumière s'élancer du flacon, et une violente détonation se fait entendre. Cette détonation est produite par une double cause : l'expansion de la vapeur d'eau et sa condensation immédiate, d'où résulte le vide et la rentrée subite de l'air dans le flacon, lequel peut être brisé par la secousse. Aussi doit-on toujours, dans cette expérience, entourer les parois du vase d'une serviette mouillée, afin de prévenir tout accident.

Un mélange d'hydrogène et d'air atmosphérique est également explosif ; ce mélange doit être dans les proportions de deux volumes d'hydrogène et de cinq volumes d'air pour produire l'explosion la plus forte possible.

La combustion de l'hydrogène dans l'air atmosphérique développe beaucoup de chaleur. Il suffit, pour s'en assurer, d'enflammer ce gaz à l'extrémité d'un tube effilé et fixé dans la tubulure d'un flacon d'où se dégage de l'hydrogène (*fig.* 18).

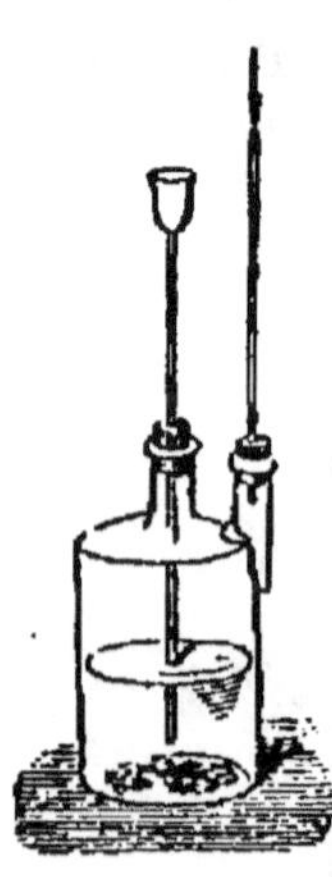

Fig. 18.

Un morceau de verre, plongé dans la flamme, entre en fusion très rapidement. Cet appareil est connu sous le nom de *lampe philosophique.* La flamme qu'il donne est pâle et peu éclairante ; mais on peut la rendre très brillante en la mettant en contact avec un petit morceau de craie ou de chaux ; ce corps devient bientôt incandescent et projette alors une lumière vive et éblouissante.

Certains sels peuvent colorer la flamme de l'hydrogène de différentes manières : ainsi, les sels de potasse la colorent en violet ; les sels de soude en jaune intense ; les sels de baryte, en vert clair ; les sels de strontiane, en rouge très intense ; les sels de chaux en rose ; les sels de cuivre en vert.

Lorsqu'on entoure la flamme de l'hydrogène d'un large tube ouvert à ses deux extrémités, on entend bientôt un son musical dont la hauteur et l'intensité varient avec la longueur et le diamètre du tube. Ce son est le résultat d'une série de petites détonations qui font entrer en vibration la colonne d'air que

4.

renferme le tube. L'appareil avec lequel on fait cette expérience porte le nom d'*harmonica chimique*.

40. *Chalumeau à gaz hydrogène*. — La chaleur produite par la combustion de l'hydrogène acquiert un très haut degré d'intensité lorsque cette combustion est alimentée par de l'oxygène pur. On remplit cette condition au moyen d'un petit instrument connu sous le nom de *chalumeau à gaz hydrogène*. Cet instrument se compose (*fig.* 19) d'un tube en laiton T communiquant par deux tubes *a* et *b* avec deux réservoirs séparés et remplis, l'un de gaz hydrogène et l'autre d'oxygène ; ces réservoirs sont ou des gazomètres ou de simples vessies que l'on comprime. Dans ces

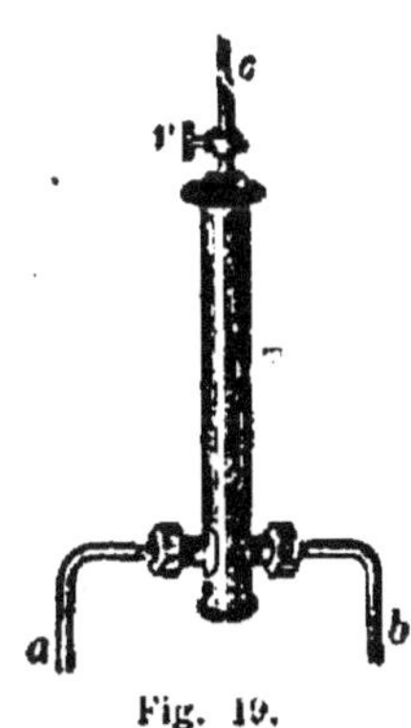

Fig. 19.

deux cas, les dispositions sont prises pour que les volumes d'hydrogène et d'oxygène qui arrivent dans le tube T par les tubes *a* et *b* soient dans le rapport exact de 2 à 1. Le tube T est rempli de rondelles de toiles métalliques superposées pour empêcher l'explosion du mélange dans son intérieur. A l'extrémité de ce tube est vissé le bec du chalumeau *c*, lequel est en platine et porte un robinet *r*. Ce robinet étant ouvert, on enflamme le mélange et on obtient un jet lumineux dont la température est la plus haute de toutes celles que l'on peut obtenir par la combustion.

L'hydrogène est, en effet, de tous les combustibles connus celui qui, à poids égal, dégage le plus de chaleur : 1 gramme de ce gaz, en brûlant dans l'oxygène, dégage 34,5 calories, c'est-à-dire une quantité de chaleur capable de porter 1 kilogramme d'eau de $0°$ à $34°,5$. Cette propriété a été utilisée pour obtenir la fusion du platine et d'autres corps réfractaires qui résistent à la température des feux de forge. Un morceau de craie sur lequel on dirige le jet enflammé, et à peine visible, d'un mélange d'hydrogène et d'oxygène lui communique un éclat que l'œil peut à peine supporter et qui a été employé, sous le nom de *lumière Drummond*, pour l'éclairage des microscopes.

41. *Propriétés réductrices de l'hydrogène*. — L'hydrogène produisant beaucoup de chaleur en se combinant avec l'oxygène, enlève ce dernier gaz aux oxydes dont la formation donne lieu à un dégagement de chaleur moindre. C'est ainsi qu'il *réduit* les oxydes de fer, de cuivre, etc., en s'emparant de leur oxygène pour former de l'eau et en mettant le métal en liberté.

L'hydrogène se combine avec la plupart des métalloïdes ; il donne naissance à des composés que l'on peut diviser en trois classes bien tranchées. Dans la première sont des composés neutres, l'eau, le bioxyde d'hydrogène, l'hydrogène protocarboné, bicarboné, etc. ; dans la seconde, sont des composés acides, acides chlorhydrique, iodhydrique, bromhydrique, etc. ; dans la troisième est un composé alcalin connu sous le nom d'ammoniaque.

42. *État naturel.* — Les éruptions volcaniques dégagent quelquefois de l'hydrogène, qui très probablement résulte de la décomposition des eaux souterraines. En dehors de cette circonstance l'hydrogène ne se trouve jamais dans la nature à l'état de liberté, mais il est très répandu à l'état de combinaison. Avec l'oxygène, il forme l'eau ; uni au carbone, à l'oxygène et à l'azote, il constitue toutes les matières d'origine organique, végétales et animales.

43. *Préparation de l'hydrogène.* — On prépare l'hydrogène en décomposant l'eau au moyen du zinc et de l'acide sulfurique. On prend un flacon à deux tubulures, dont l'une (*fig.* 20) porte un tube droit à entonnoir qui plonge jusqu'au fond du flacon et dont l'autre est munie d'un tube recourbé qui se rend sous une éprouvette destinée à recueillir le gaz. On remplit le flacon à moitié d'eau ; on y ajoute ensuite une certaine quantité de grenailles ou de lames de zinc, puis on y verse par le

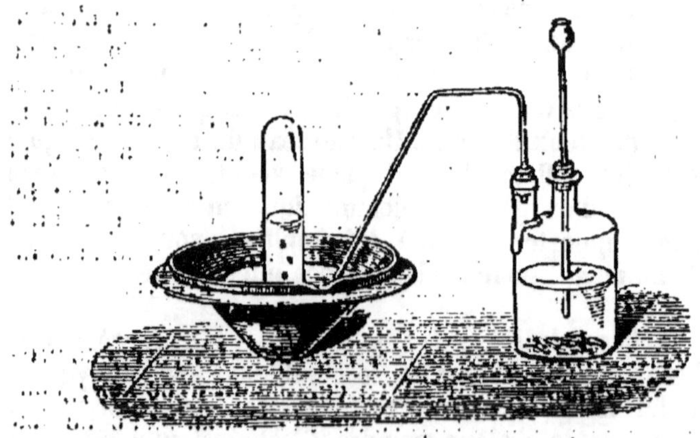

Fig. 20.

tube droit de l'acide sulfurique. La réaction se fait aussitôt; une vive effervescence, due au dégagement du gaz, se produit dans le flacon, et en quelques instants on peut remplir d'hydrogène plusieurs éprouvettes.

Théorie. — Il est très facile de se rendre compte de cette réaction. L'eau est décomposée par le zinc, sous l'influence de l'acide sulfurique; son hydrogène se dégage, tandis que son oxygène se porte sur le métal pour former de l'oxyde de zinc, lequel se combine aussitôt avec l'acide sulfurique et donne naissance à du sulfate de zinc qui reste en dissolution dans l'eau :

$$Zn + SO^3,HO = H + ZnO,SO^3.$$

Le zinc seul, à la température ordinaire, ne pourrait pas décomposer l'eau; mais, au moyen de l'acide sulfurique, son affinité pour l'oxygène est augmentée en raison de l'affinité de cet acide pour l'oxyde qui doit se former.

Quelques chimistes formulent cette réaction de la manière suivante :

L'acide sulfurique hydraté SO^3,HO peut être représenté par la formule brute SHO^4; le sulfate de zinc ZnO,SO^3, par la formule $SZnO^4$ (24). D'où l'équation

$$SHO^4 + Zn = SZnO^4 + H,$$

dans laquelle on voit qu'un équivalent du zinc déplace simplement l'équivalent d'hydrogène que renferme l'acide sulfurique hydraté pour former du sulfate de zinc.

Le fer, mis à la place du zinc, se comporte exactement de même; l'eau est décomposée, l'hydrogène se dégage, et il reste dans la liqueur du sulfate de protoxyde de fer :

$$Fe + SO^3,HO = H + FeO,SO^3,$$

On peut encore obtenir de l'hydrogène par d'autres procédés :

1° En décomposant l'eau au moyen de la pile;

2° En introduisant un petit fragment de potassium ou de sodium dans une éprouvette remplie de mercure et contenant une petite quantité d'eau à sa partie supérieure : l'eau se décompose; son hydrogène se dégage en même temps qu'il se forme du protoxyde de potassium ou de sodium (potasse ou soude);

3º En faisant passer de la vapeur d'eau sur du fer chauffé au rouge dans un tube de porcelaine. Le fer s'empare de l'oxygène de l'eau pour former un oxyde dont la composition est identique à celle de l'oxyde de fer magnétique Fe^3O^4, et l'hydrogène est mis en liberté :

$$3\,Fe + 4\,HO = 4\,H + Fe^3O^4;$$

4º En mettant du zinc en contact avec de l'acide chlorhydrique. La réaction est extrêmement vive ; le zinc s'empare du chlore de l'acide chlorhydrique pour former du chlorure de zinc qui reste dans la liqueur, et l'hydrogène se dégage :

$$Zn + HCl = H + ZnCl.$$

Remarque. — L'hydrogène que l'on obtient dans la préparation ordinaire de ce gaz, au moyen de l'eau, du zinc et de l'acide sulfurique, n'est jamais pur. Il contient un carbure d'hydrogène qui lui communique une odeur désagréable, ainsi que des traces d'hydrogène sulfuré et arsénié. Cela tient à ce que le zinc du commerce renferme toujours une petite quantité de carbone et quelquefois un peu de soufre et d'arsenic. Pour débarrasser l'hydrogène de ces matières étrangères, on lui fait d'abord traverser deux longs tubes recourbés en U, contenant, le premier, de l'azotate de plomb qui retient l'acide sulfhydrique ; le second, du sulfate d'argent qui absorbe l'hydrogène arsénié. Un troisième tube rempli de potasse caustique dessèche le gaz et s'empare, en outre, du carbure d'hydrogène. On reçoit ensuite le gaz, ainsi desséché et purifié, dans des éprouvettes placées sur une cuve à mercure.

14. *Usages de l'hydrogène.* — L'hydrogène, en raison de sa grande légèreté spécifique, est employé pour gonfler les aérostats. La propriété qu'il possède de s'enflammer dans l'air au contact de l'éponge ou mousse de platine a servi à la construction d'un briquet particulier inventé par Gay-Lussac et connu sous le nom de *briquet à gaz hydrogène.* On emploie encore l'hydrogène dans les laboratoires pour réduire certains oxydes et pour faire quelques analyses chimiques. L'hydrogène est impropre à la respiration, bien qu'il ne soit pas vénéneux. Schéele a démontré que l'homme peut respirer sans danger, pendant quelques instants, un mélange d'hydrogène et d'air atmosphérique ; il a constaté qu'après plusieurs inspirations le timbre de la voix est tout à fait changé.

Problème. — On demande les quantités de zinc et d'acide sulfurique concentré (SO^3,HO) qu'il faudrait employer pour remplir d'hydrogène, à 0° et sous la pression de 0^m,76, un ballon sphérique de 2 mètres de rayon, sachant que 1 mètre cube d'hydrogène, à cette température et sous cette pression, pèse 90 grammes.

Cherchons d'abord la capacité du ballon ou le volume V du gaz qu'il peut contenir.

La formule de la sphère $V = \frac{4}{3}\pi R^3$ nous donnera, en remplaçant les lettres par leur valeur,

$$V = \frac{4}{3} \times 3,1416 \times 8,$$

dont le poids p sera

$$p = \frac{4}{3} \times 3,1416 \times 8 \times 92 = 3016^{gr}.$$

Prenons la formule $Zn + SO^3,HO = H + ZnO,SO^3$; remplaçant les symboles par leur valeur numérique que nous trouvons dans la table des équivalents (p. 27), nous avons

$$33 + 49 = 1 + 81.$$

Donc 33^{gr} de zinc et 49^{gr} d'acide sulfurique donnent 1^{gr} d'hydrogène.

Or, si nous désignons par x la quantité de zinc nécessaire pour obtenir 3016^{gr} d'hydrogène et par y la quantité d'acide sulfurique, nous aurons

$$x = 3016 \times 33 = 99^{kilogr},528^{gr};$$

$$y = 3016 \times 49 = 147^{kilogr},784^{gr}.$$

Composés oxygénés de l'hydrogène.

15. *Combinaisons de l'hydrogène avec l'oxygène.* — L'hydrogène forme avec l'oxygène deux combinaisons :

L'eau ordinaire ou protoxyde d'hydrogène HO,
L'eau oxygénée ou bioxyde d'hydrogène HO^2.

Eau ou protoxyde d'hydrogène HO.

46. *Historique.* — L'eau était considérée par les anciens chimistes comme un des quatre éléments de la nature. Ce n'est que vers la fin du dernier siècle que sa composition fut connue. Priestley, en 1781, avait remarqué que la combustion de l'hydrogène aux dépens de l'air produit de l'eau. Mais la véritable composition de ce liquide ne fut réellement découverte qu'en 1789 par Lavoisier, qui le premier parvint à faire de l'eau en combinant directement dans un ballon de verre de l'oxygène et de l'hydrogène, au moyen d'une série d'étincelles électriques.

47. *Propriétés physiques.* — L'eau pure, à la température ordinaire, est un liquide sans saveur ni odeur; sous une petite épaisseur, elle est parfaitement transparente et incolore; mais considérée en grande masse et à l'abri de toutes les causes qui peuvent altérer sa couleur, elle présente une teinte bleue très prononcée.

L'eau se solidifie à la température de 0°. Dans quelques cas, cependant, elle peut descendre, sans se congeler, à une température beaucoup plus basse : c'est ce qui arrive lorsqu'on la laisse refroidir lentement dans un vase en verre, mis à l'abri de toute agitation et dont la surface intérieure ne présente aucune aspérité; l'eau peut, dans ce cas, rester liquide jusqu'à 10 et même 12 degrés au-dessous de zéro. Mais alors le moindre ébranlement suffit pour déterminer subitement sa congélation en masse et faire remonter sa température à zéro.

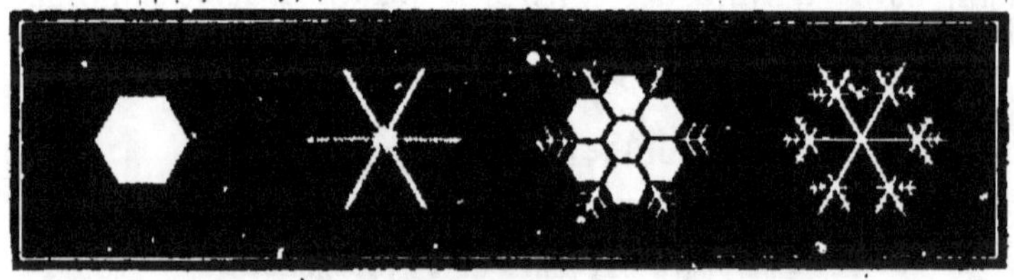

Fig. 21.

La congélation de l'eau est une véritable cristallisation. Les cristaux qu'elle forme sont faciles à observer dans les flocons de neige. Ce sont presque toujours des aiguilles hexaédriques groupées symétriquement autour d'un centre, de manière à former six rayons inclinés les uns aux autres de 60 degrés, et

sur chacun desquels s'implantent, en faisant le même angle,
d'autres petites aiguilles de forme identique. La glace cristallise donc dans le système rhomboédrique. Cette forme type se
modifie très souvent et donne naissance à une infinité de formes
secondaires dans lesquelles on retrouve toujours l'hexagone
régulier comme figure fondamentale. La *fig.* 21 représente
quelques-unes de ces formes les plus communes.

L'eau, en se congelant, augmente considérablement de
volume. Sa force d'expansion est telle, qu'elle brise et fait
éclater les vases qui la renferment. Par suite de son augmentation de volume, la glace devient beaucoup plus légère que
l'eau liquide; sa densité n'est plus égale qu'à 0,916.

A la température de 100 degrés et sous la pression barométrique de $0^m,76$, l'eau entre en ébullition et passe à l'état de
vapeur. Cette vapeur est inodore, incolore et transparente;
elle est plus légère que l'air atmosphérique : sa densité est, en
effet, représentée par la fraction 0,622, celle de l'air étant
prise pour unité. L'eau, en se réduisant en vapeur, prend donc
un volume environ 1700 fois plus grand.

L'air atmosphérique contient toujours, comme nous l'avons
vu précédemment, une certaine quantité de vapeur d'eau dont
la condensation produit les phénomènes de la rosée, des brouil-
lards, de la neige, du givre, de la pluie et autres accidents mé-
téorologiques.

L'eau présente, dans une partie de l'échelle thermométrique,
une exception remarquable aux lois générales de la dilatation. Si
l'on prend une masse d'eau à 100^u par exemple, et qu'on la refroi-
disse progressivement, on voit, conformément aux lois générales
de la dilatation, que son volume diminue de plus en plus jusqu'à
la température de 4° au dessus de zéro. Mais à partir de cette
température, si l'on continue à la refroidir, loin de se contracter,
elle se dilate et diminue de densité jusqu'au point de congélation, qui a lieu à zéro. L'eau à 4° est donc à son *maximum de
densité*. C'est ce maximum de densité de l'eau que l'on est convenu de prendre pour unité dans l'évaluation de la densité de
tous les autres corps solides ou liquides. Ainsi, quand nous disons
que le platine a une densité égale à 22, nous voulons exprimer
qu'à volume égal le platine pèse 22 fois plus que l'eau pure à 4°.

. *Remarque.* — La légèreté spécifique de la glace et le maximum de densité de l'eau sont des faits providentiels. Ces deux
phénomènes, qui sont l'inverse de ce que l'on remarque ordi-

nairement, ont pour effet de permettre aux eaux des fleuves, des lacs, des étangs, de ne se congeler qu'à leur surface, et de conserver ainsi pendant l'hiver, au-dessous de la couche glacée qui les recouvre et les protège contre le refroidissement, la fluidité nécessaire à l'existence des êtres organisés qui vivent dans leurs profondeurs. De plus, comme le fait remarquer avec raison M. Alfred Riche dans son excellent *Traité de chimie*, si la glace était plus dense que l'eau, elle tomberait au fond de nos fleuves, et ceux-ci ne tarderaient pas à déborder. Dans ceux qui sont profonds, les chaleurs de l'été ne suffiraient pas pour fondre les blocs de glace accumulés dans leur lit, et les inondations reparaîtraient plus fréquentes les hivers suivants.

48. *Propriétés chimiques de l'eau.* — L'eau peut être considérée comme un corps neutre, en ce sens qu'elle n'exerce aucune action sur les réactifs colorés. Cependant elle est susceptible de se combiner en proportions définies, soit avec les acides, soit avec les bases. Lorsqu'elle s'unit aux bases, elle forme des composés qui ont reçu le nom d'*hydrates*.

L'eau est décomposable par la chaleur. Grove a, en effet, démontré le premier qu'en coulant lentement, dans un mortier de fonte contenant de l'eau, du platine fondu à environ 2000°, on voit aussitôt se dégager des bulles de gaz formées d'un mélange détonant d'oxygène et d'hydrogène. A une température moins élevée (environ 1200°), la vapeur d'eau subit une décomposition partielle, à laquelle M. H. Sainte-Claire Déville a donné le nom de *dissociation*.

Parmi les métalloïdes, les uns, comme l'oxygène, l'hydrogène, l'azote, sont sans action sur l'eau; d'autres, au contraire, la décomposent, tantôt en s'emparant de son oxygène, tantôt en s'emparant de son hydrogène.

Ainsi, quand on fait passer de la vapeur d'eau sur du charbon contenu dans un tube de porcelaine chauffé au rouge, le charbon s'empare de l'oxygène pour former de l'oxyde de carbone, qui se dégage avec l'hydrogène mis en liberté :

$$HO + C = CO + H.$$

Au contraire, si l'on fait passer un mélange de chlore et de vapeur d'eau dans un tube de porcelaine chauffé au rouge, le chlore s'empare de l'hydrogène pour former de l'acide chlorhydrique qui se dégage avec l'oxygène mis en liberté :

$$HO + Cl = HCl + O.$$

La plupart des métaux décomposent l'eau, les uns à froid, les autres à une température plus ou moins élevée; ils s'emparent de son oxygène pour former des oxydes et mettent l'hydrogène en liberté. Parmi les métaux qui sont sans action chimique sur l'eau, nous citerons l'argent, le mercure, l'or, le platine, le palladium, le rhodium et l'iridium.

Composition, analyse et synthèse de l'eau.

49. *Composition de l'eau.* — L'eau, comme nous l'avons dit déjà, est composée d'oxygène et d'hydrogène dans les proportions suivantes :

En volume :		*En poids :*	
Oxygène,	1;	Oxygène,	8;
Hydrogène,	2;	Hydrogène,	1.

Elle contient donc un équivalent d'oxygène et un équivalent d'hydrogène, ce qui donne pour formule HO.

On démontre cette composition par l'*analyse* et par la *synthèse*.

50. *Analyse de l'eau.* —L'analyse de l'eau se fait soit au moyen de la pile, soit en décomposant ce liquide par le fer chauffé au rouge.

1° *Analyse de l'eau par la pile.* — L'appareil dont on se sert pour faire cette analyse est connu sous le nom de *voltamètre*, parce qu'il sert en physique pour mesurer l'intensité des courants électriques *. Il se compose (*fig.* **22**) d'un vase en verre, dont le fond est traversé par deux tiges de platine qui s'élèvent dans l'intérieur du vase à 3 ou 4 centimètres de hauteur, et qui se terminent extérieurement par deux crochets destinés à recevoir les fils conducteurs de la pile. Le vase étant rempli d'eau légèrement acidulée, on pose sur les tiges de platine deux petites éprouvettes *a* et *b*, graduées et remplies du même liquide. Dès que le courant voltaïque est établi, on voit de petites bulles de gaz se déta-

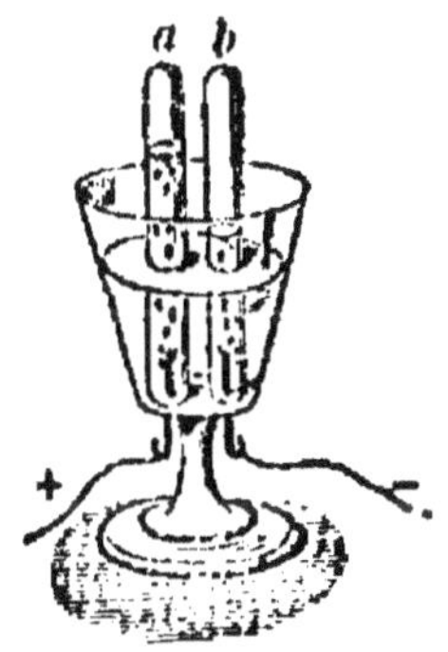

Fig. 22.

cher de toute la surface des tiges de platine et s'élever dans les éprouvettes. Le gaz qui se dégage au pôle positif, et qui se rend dans l'éprouvette *a*, est de l'oxygène pur; celui qui se produit au pôle négatif, et qui se rassemble dans l'éprouvette *b*, est de l'hydrogène également pur. Au bout de quelque temps, il est facile de constater que *le volume de l'hydrogène est double de celui de l'oxygène.*

Remarque. — Si l'on plaçait dans le vase de l'eau pure, la décomposition n'aurait pas lieu, parce que l'eau pure ne conduit pas suffisamment l'électricité: voilà pourquoi il est nécessaire de l'aciduler, afin de la rendre conductrice. On emploie pour cela l'acide sulfurique, dont les éléments SO^3 ne sont pas décomposés par le courant.

2° *Analyse de l'eau par le fer.* — Cette expérience a été faite pour la première fois par Lavoisier. Dans un tube en porcelaine AB (*fig.* 23), on introduit plusieurs faisceaux de fils de fer fins, puis on dispose ce tube dans un fourneau long et à réverbère. L'un des bouts A du tube communique avec une petite cornue en verre C, remplie d'eau; l'autre bout B communique, au moyen d'un tube recourbé, avec une cloche graduée D, également remplie d'eau et reposant sur la cuve.

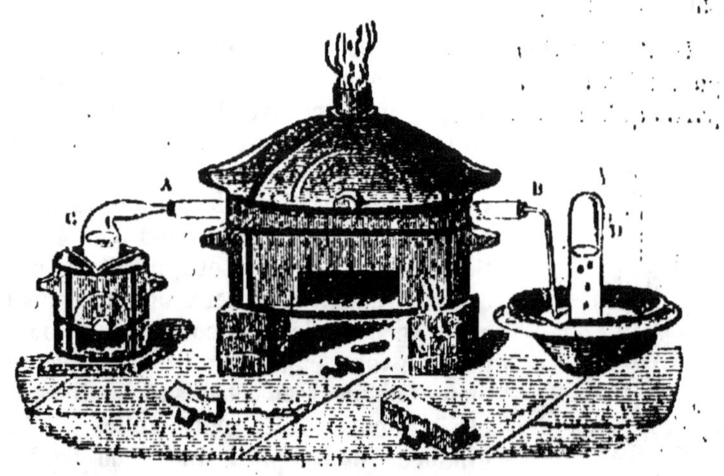

Fig. 23.

Le tube de porcelaine étant chauffé au rouge, on porte à l'ébullition l'eau contenue dans le ballon. La vapeur passe alors sur le fer incandescent, qui lui enlève son oxygène, et l'hydrogène, mis en liberté, se rend dans la cloche. Il suffit ensuite de mesurer le volume de l'hydrogène obtenu et le poids de l'oxygène absorbé par le fer pour déterminer la composition de l'eau. Rappelons que l'oxyde de fer qui se forme dans cette expérience a une composition identique à celle de l'oxyde magnétique Fe^3O^4. La réaction est représentée par la formule suivante :

$$4\,HO + 3\,Fe = Fe^3O^4 + 4\,H.$$

51. *Synthèse de l'eau.* — La synthèse de l'eau, exécutée pour la première fois par Lavoisier, peut se faire, soit au moyen de l'eudiomètre, soit en réduisant un poids connu d'oxyde de cuivre par de l'hydrogène pur et sec.

1° *Synthèse de l'eau par l'eudiomètre.* Pour faire cette expérience, on introduit dans l'eudiomètre à mercure (voy. p. 78) 200 volumes d'hydrogène et 200 volumes d'oxygène, puis on fait passer dans le mélange une étincelle électrique. La combinaison se fait aussitôt : on voit les parois de l'instrument se recouvrir intérieurement d'une couche d'humidité, et il reste dans l'eudiomètre 100 volumes d'oxygène pur; ce qui prouve que les deux gaz se sont combinés, pour former de l'eau, dans le rapport de 2 volumes d'hydrogène à 1 volume d'oxygène.

2° *Synthèse de l'eau par la réduction de l'oxyde de cuivre.* Cette méthode, imaginée par Berzelius et Dulong, est susceptible d'une plus grande précision que la précédente. Elle consiste à faire passer un courant d'hydrogène pur et sec, obtenu, comme nous l'avons indiqué plus haut, sur un poids connu d'oxyde de cuivre chauffé au rouge dans un ballon de verre. L'hydrogène s'empare de l'oxygène de l'oxyde de cuivre pour former de l'eau, que l'on recueille dans un second ballon, où elle se dépose en grande partie, et dans un tube en U rempli d'acide phosphorique anhydre, qui absorbe la petite quantité d'eau qui ne s'est pas condensée dans le ballon.

Rien n'est plus facile que de déterminer par ce moyen la composition de l'eau en poids. On pèse l'oxyde de cuivre avant et après l'expérience, c'est-à-dire lorsqu'il est réduit à l'état de cuivre métallique; la différence entre les deux pesées représentera le poids de l'oxygène que contenait l'oxyde. En pesant exactement l'eau qui s'est formée, et en retranchant de son poids celui de l'oxygène abandonné par l'oxyde de cuivre, on aura le poids de l'hydrogène qui s'est combiné avec cet oxygène pour former la quantité d'eau obtenue. On obtiendra donc, par ce procédé, les poids relatifs des deux éléments de l'eau. C'est ainsi que M. Dumas a trouvé que l'eau est composée en poids de

$$\text{Hydrogène,} \qquad 1\,;$$
$$\text{Oxygène,} \qquad 8,$$

c'est-à-dire de 1 équivalent d'hydrogène et de 1 équivalent d'oxygène=HO, représentant deux volumes de vapeur.

La composition de l'eau peut être facilement vérifiée par la comparaison des densités de la vapeur d'eau, de l'hydrogène et de l'oxygène. En effet,

$$\text{Si à la densité de l'hydrogène.} \ldots \ldots \ldots \ldots \quad 0,069$$
$$\text{On ajoute la demi-densité de l'oxygène.} \ldots \ldots \ldots \quad 0,553$$
$$\overline{\text{On obtient le nombre.} \ldots \ldots \quad 0,622}$$

qui représente exactement la densité de la vapeur d'eau.

Nous avons donc ici une nouvelle preuve que l'eau est formée *d'un volume d'hydrogène et d'un demi-volume d'oxygène, condensés en un volume de vapeur d'eau.*

Remarque. — Si l'on admet, avec Ampère, que deux volumes égaux de gaz, à égalité de pression et de température, contiennent le même nombre d'atomes, on voit qu'une molécule d'eau renferme deux atomes d'hydrogène et un atome d'oxygène; d'où la formule *atomique* de l'eau H^2O, qui exprime, en volumes, la composition de sa vapeur.

Il importe donc de ne pas confondre les *équivalents* des gaz et des vapeurs avec leurs *volumes*. Ainsi, dans la formule en équivalents de l'eau HO, l'équivalent de l'hydrogène H représente deux volumes de ce gaz, tandis que l'équivalent de l'oxygène O ne représente qu'un volume. De même nous verrons plus loin que les équivalents de l'azote Az, du chlore Cl, des vapeurs du brome Br, de l'iode I, correspondent à deux volumes; ceux de la vapeur de carbone C, du soufre S, à un volume, etc.

52. *Composition de l'eau à l'état naturel.* — La composition que nous venons d'indiquer est celle de l'eau pure. Mais, dans la nature, jamais ce liquide ne se rencontre à cet état de pureté parfaite. L'eau de pluie, l'eau des mers, des fleuves, des

rivières, des sources, contient toujours en dissolution de l'air,
de l'acide carbonique et des substances salines. D'après des
analyses très précises publiées en mars 1881 par un chimiste
distingué, M. A. Müntz, ces mêmes eaux contiendraient encore
des traces d'alcool. Nous reviendrons plus loin (page 444) sur
cette découverte intéressante et tout à fait inattendue.

Air dissous dans l'eau. — Cet air n'a pas la même composition que l'air atmosphérique ordinaire; il contient, en volume,
33 pour 100 d'oxygène au lieu de 20,8, et 67 d'azote au lieu de
79,2. Il est donc beaucoup plus riche en oxygène, ce qui tient
à la solubilité relativement plus grande de ce dernier gaz.

Pour recueillir l'air que l'eau tient en dissolution, on remplit d'eau très exactement un ballon de verre (*fig.* 24), communiquant par un tube recourbé, également rempli d'eau,
avec une éprouvette pleine de mercure.

Fig. 24.

On chauffe peu à peu cette eau jusqu'à l'ébullition. Lorsque
la température arrive vers 45 degrés, on voit une foule de
petites bulles se former sur les parois du ballon et se rendre
ensuite dans l'éprouvette, où les entraîne la vapeur qui se
dégage pendant l'ébullition.

Un litre d'eau de pluie analysée par M. Péligot lui a donné
23 cent. cubes de gaz formés de : 7cc,4 d'oxygène, 15cc,4 d'a-
zote et 0cc,5 d'acide carbonique.

Un litre d'eau de Seine lui a donné 54 cent. cubes de gaz formés de : $10^{cc},1$ d'oxygène, $24^{cc},3$ d'azote, $22^{cc},6$ d'acide carbonique.

L'eau qui a séjourné sur le sol contient donc beaucoup plus d'acide carbonique que l'eau de pluie, ce qui tient à la décomposition des matières organiques dont le carbone s'élimine à l'état d'acide carbonique.

C'est l'air en dissolution dans l'eau qui entretient la respiration des poissons, des mollusques et d'un grand nombre de zoophytes. Il sert aussi à la végétation des plantes aquatiques.

Substances salines en dissolution dans l'eau. — Les substances salines tenues en dissolution dans les eaux que l'on trouve soit à la surface, soit dans l'intérieur de la terre, sont très nombreuses, les principales sont : le *carbonate de chaux*, le *sulfate de chaux* et divers *chlorures*, dont le plus important est le *chlorure de sodium.*

Le *carbonate de chaux*, insoluble dans l'eau pure, ne se dissout dans l'eau ordinaire que parce qu'elle renferme de l'acide carbonique. On reconnaît sa présence en versant dans l'eau quelques gouttes d'une dissolution alcoolique de *bois de campêche.* L'eau prend alors une teinte violette plus ou moins foncée, selon que la proportion du carbonate dissous est plus ou moins considérable.

Le *sulfate de chaux* se reconnaît au moyen de l'azotate de baryte et de l'oxalate d'ammoniaque. Le premier réactif, versé en petite quantité dans l'eau, y forme un précipité blanc de sulfate de baryte, et le second un précipité blanc d'oxalate de chaux.

Les *chlorures* se reconnaissent au moyen de l'azotate d'argent, lequel forme dans l'eau ordinaire un précipité blanc de chlorure d'argent, insoluble dans l'acide azotique et soluble dans l'ammoniaque. Ce précipité bleuit d'abord et noircit ensuite au contact de la lumière.

Remarque. — Lorsque les substances salines que les eaux tiennent en dissolution sont en assez faible proportion pour ne leur communiquer aucune saveur, ces eaux portent le nom d'*eaux douces.* Lorsque les eaux contiennent une forte proportion de chlorure de sodium, on les désigne sous le nom d'*eaux salées* : telles sont les eaux des mers et de certains lacs. Enfin il existe certaines eaux naturelles qui renferment des substances dont les propriétés sont utilisées en médecine ; on les appelle *eaux minérales* : telles sont les eaux sulfureuses, alcalines, ferrugineuses, etc. *. L'eau de pluie est la plus pure des eaux naturelles; elle ne contient ordinairement que de l'air et de l'acide carbonique. Dans les pluies d'orage on trouve quelquefois des traces d'acide azotique, de carbonate et d'azotate d'ammoniaque.

Eaux potables.

53. *Caractères des eaux potables.*—Une eau, pour être bonne à boire, doit être vive, limpide, aérée, sans odeur et sans saveur. Elle doit bien dissoudre le savon et cuire facilement les légumes. La présence d'une petite quantité de sels calcaires est nécessaire pour le développement et la nutrition du système osseux.

Lorsque la quantité de sulfate de chaux qu'une eau renferme est trop considérable, comme cela a lieu dans l'eau des puits de Paris, cette eau devient difficile à digérer et cesse par conséquent d'être potable. Elle cesse également d'être propre à la cuisson des légumes, parce qu'elle forme avec quelques-uns de leurs éléments des composés qui les durcissent. Le savon y produit un précipité grumeleux résultant d'une double décomposition entre le sulfate de chaux et le savon, lequel n'est autre chose qu'un mélange d'acides gras (acides stéarique, margarique et oléique) combinés avec la soude ou la potasse.

Distillation de l'eau. — Lorsqu'on veut obtenir de l'eau parfaitement pure, on la soumet à la *distillation.* L'appareil nommé *alambic,* dont on fait ordinairement usage pour cette opération se compose (*fig.* 25) de trois parties essentielles : la *cucurbite,* le *chapiteau* et le *serpentin* ou réfrigérant. La cucurbite ou chaudière C reçoit l'eau que l'on veut distiller et repose sur un fourneau FF ; le chapiteau D recouvre immédiatement la cucurbite et communique par un tuyau incliné EK avec le serpentin S. Ce serpentin, formé d'un tuyau tourné en spirale, est placé dans un vase métallique ABGH, qui contient de l'eau froide, afin de maintenir ses parois à une basse température.

Pour opérer la distillation, on porte à l'ébullition l'eau contenue dans la cucurbite; la vapeur se rend dans le chapiteau

* Voyez l'*Histoire naturelle,* page 123.

et de là dans le serpentin, où elle se condense par le refroidissement qu'elle éprouve. On recueille le liquide par l'extrémité
R du réfrigérant. L'eau qui entoure le serpentin s'échauffant
très vite par la chaleur qu'abandonne la vapeur en se condensant, il est nécessaire de la renouveler plusieurs fois quand la
distillation doit durer un certain temps; ce qui se fait à l'aide
d'un tuyau *tt'* surmonté d'un entonnoir et dont l'extrémité inférieure arrive au fond du vase ABGH. On peut se servir de
l'eau échauffée par la condensation de la vapeur pour alimenter
la chaudière de l'alambic.

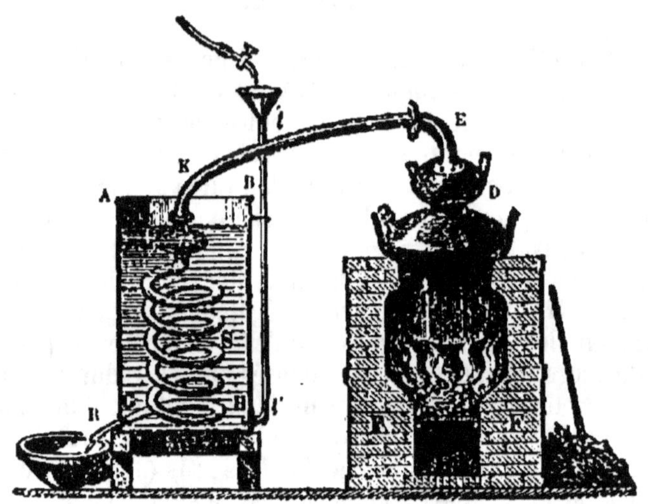

Fig. 25.

Lorsque l'on n'a besoin que d'une petite quantité d'eau distillée, on peut l'obtenir plus simplement au moyen d'une cornue
(*fig.* 26) dont le col
s'engage dans un ballon
de verre qui plonge au
milieu d'un vase conte-
nant de l'eau et de la
glace. L'eau que l'on
veut distiller est mise
en ébullition dans la
cornue, et sa vapeur va
se refroidir et se con-
denser dans le ballon
entouré de glace.

Fig. 26.

5.

Remarque. — On doit laisser perdre les premières quantités, environ un vingtième, de l'eau que l'on distille, parce qu'elles contiennent de l'air et souvent aussi des traces de carbonate d'ammoniaque provenant de la décomposition des matières animales que l'eau renferme quelquefois. L'opération doit être arrêtée lorsqu'elle est arrivée aux trois quarts, afin d'éviter que les sels de chaux et le chlorure de sodium, que l'eau tient en dissolution, soient entraînés mécaniquement par les dernières parties de ce liquide.

On reconnaît que l'eau distillée est parfaitement pure lorsqu'elle ne précipite avec aucun des réactifs que nous avons précédemment indiqués. L'eau distillée a de nombreux usages en pharmacie; dans les laboratoires de chimie, on l'emploie surtout comme véhicule des divers réactifs dont on se sert pour les analyses.

Problème. — Sur 40 grammes de fer chauffé au rouge dans un tube de porcelaine, on fait passer de la vapeur d'eau : on demande quels seront le poids de l'eau décomposée et le volume de l'hydrogène mis en liberté, sachant que 1 litre de ce gaz à 0° et sous la pression de $0^m,76$, pèse $0^{gr},090$.

1° Le fer en s'emparant de l'oxygène de l'eau, se transforme en un oxyde qui a pour formule Fe^3O^4 (50). Or,

$$Fe^3O^4 = 84 + 32.$$

Soit x la quantité d'oxygène fixée par 40 grammes de fer, nous aurons

$$\frac{40}{84} = \frac{x}{32}, \text{ d'où } x = \frac{40 \times 32}{84} = 15^{gr},238.$$

Soit y la quantité d'hydrogène mis en liberté, nous aurons

$$\frac{1}{8} = \frac{y}{15,238}, \text{ d'où } y = \frac{15,238}{8} = 1^{gr},903.$$

Le poids de l'eau décomposée sera donc

$$15^{gr},238 + 1^{gr},903 = 17^{gr},141.$$

2° Pour connaître le volume de l'hydrogène mis en liberté, il suffit de diviser $1^{gr},903$ par $0^{gr},090$, poids d'un litre de ce gaz, ce qui donne, à 0° et sous la pression de $0^m,76$, $21^{lit},144$.

Eau oxygénée ou bioxyde d'hydrogène HO^2.

54. *Propriétés physiques*. — L'eau oxygénée, découverte par Thénard en 1818, est un liquide incolore, légèrement sirupeux, de saveur métallique; sa densité est 1,452. Entre 50° et 100°, elle se décompose en eau et en oxygène : $HO^2 = HO + O$.

Propriétés chimiques — L'eau oxygénée décolore la teinture de tournesol; elle blanchit la peau en produisant une sensation de brûlure. Son caractère principal est de céder très facilement la moitié de son oxygène, et de produire ainsi des phénomènes très énergiques d'oxydation. Plusieurs métaux, tels que le fer, le zinc, le magnésium, etc., la décomposent immédiatement pour former des oxydes hydratés. Les protoxydes de barium, de strontium, de calcium et d'étain, mis en contact avec elle, se transforment en bioxydes. Elle change de la même façon les sulfures en sulfates.

D'autres corps, tels que le charbon divisé, le bioxyde de manganèse, l'argent, l'or et le platine pulvérulents, décomposent rapidement l'eau oxygénée en eau et en oxygène, mais sans se combiner avec ce gaz.

Préparation. — On prépare l'eau oxygénée en faisant réagir dans de l'eau, et à la température ordinaire, de l'acide chlorhydrique et du bioxyde de barium; il en résulte du chlorure de barium et de l'eau oxygénée, qui restent en dissolution, et que l'on sépare en versant dans le mélange de l'acide sulfurique, lequel précipite le bioxyde de barium à l'état de sulfate de baryte. Le liquide restant est ensuite évaporé dans le vide jusqu'à consistance sirupeuse : $HCl + BaO^2 = BaCl + HO^2$.

La propriété que possède l'eau oxygénée de convertir le sulfure noir de plomb en sulfate blanc a été utilisée pour la restauration des vieilles peintures noircies par l'action prolongée de l'hydrogène sulfuré contenu dans l'air sur leurs couleurs à base de plomb. L'eau oxygénée sert encore à préparer les bioxydes de strontium SrO^2 et de calcium CaO^2.

Résumé.

I. L'*hydrogène* est un gaz permanent, incolore, sans saveur et sans odeur lorsqu'il est pur. Sa densité est 0,0692, environ 14 fois et demie moindre que celle de l'air.

II. L'hydrogène est éminemment combustible et inflammable. Sa flamme est pâle et peu éclairante.

III. En brûlant au contact de l'air ou de l'oxygène, l'hydrogène forme de l'eau. La combinaison des deux gaz a constamment lieu dans le rapport, en volumes, de deux parties d'hydrogène et d'une partie d'oxygène.

IV. L'oxygène et l'hydrogène forment un mélange détonant. Pour déterminer l'explosion de ce mélange, il faut, soit la flamme d'une bougie, soit une étincelle électrique, soit le contact de certains corps poreux, tels que l'éponge ou mousse de platine, dans lesquels le gaz se condense, et s'échauffe au degré nécessaire à sa combustion.

V. L'hydrogène en se combinant avec les autres métalloïdes, forme tantôt des composés neutres (hydrogène protocarboné, bicarboné); tantôt des composés acides (acides chlorhydrique, iodhydrique, etc.); tantôt des composés alcalins (ammoniaque).

VI. On prépare l'hydrogène en décomposant l'eau au moyen du zinc et de l'acide sulfurique :

$$Zn + SO^3, HO = H + ZnO, SO^3.$$

On peut encore l'obtenir en décomposant l'eau au moyen de la pile ou du fer chauffé au rouge.

VII. L'*eau* ou protoxyde d'hydrogène HO est un liquide sans saveur ni odeur, incolore sous une petite épaisseur, de couleur bleue lorsqu'elle est en grande masse. Elle se congèle à 0°, et se vaporise par ébullition à la température de 100° et sous la pression de $0^m,76$.

VIII. L'eau est composée d'oxygène et d'hydrogène, dans les proportions suivantes :

En volume :		*En poids :*	
Oxygène,	1;	Oxygène,	8;
Hydrogène,	2;	Hydrogène,	1.

On le démontre au moyen de l'analyse et de la synthèse.

IX. L'analyse de l'eau se fait, soit par la pile, soit en la décomposant par le fer chauffé au rouge. La synthèse de l'eau s'exécute au moyen de l'eudiomètre ou par la réduction de l'oxyde de cuivre.

X. L'eau à l'état naturel tient toujours en dissolution certaines substances dont les plus communes sont l'air, l'acide carbonique, le carbonate de chaux, le sulfate de chaux et le chlorure de sodium. On sépare l'eau de ces matières au moyen de la *distillation*.

XI. L'*eau oxygénée* ou *bioxyde d'hydrogène* HO^2 s'obtient en faisant réagir, en présence de l'eau, de l'acide chlorhydrique et du bioxyde de barium : $HCl + BaO^2 = HO^2 + BaCl$. La chaleur et certains corps la décomposent en eau et en oxygène.

CHAPITRE V.

Azote. — Air atmosphérique; analyse qualitative et quantitative de l'air.

AZOTE.

Équivalent Az = 14.

85. *Historique.* — L'*azote*, autrefois nommé *nitrogène* (qui engendre le nitre) parce qu'il entre dans la composition du *nitre* ou salpêtre (azotate de potasse), a été découvert en 1772 par le docteur Rutherford. C'est Lavoisier qui le premier, en 1777, reconnut qu'il existe à l'état de liberté dans l'air atmosphérique, dont il représente environ les 79 centièmes. Quelques chimistes l'ont encore désigné sous les noms d'*alcaligène, air vicié, mofette atmosphérique, etc.* Le nom qu'il porte actuellement lui a été donné par Guyton de Morveau, l'un des réformateurs de la nomenclature chimique; ce nom vient de deux mots grecs, α privatif et ζωή, *vie*, parce qu'il est incapable d'entretenir la vie des animaux qui le respirent.

86. *Propriétés physiques.* — L'azote est un gaz incolore, inodore, sans saveur; il est un peu plus léger que l'air, dont il fait partie; sa densité, d'après Regnault, est 0,971. Sa solubilité dans l'eau est très faible; ce liquide ne peut en dissoudre que les vingt millièmes environ de son volume. Soumis au moyen de l'appareil Cailletet à une pression de 200 atmosphères et subitement détendu, l'azote se liquéfie.

57. *Propriétés chimiques.* — Les propriétés chimiques de l'azote sont très peu caractéristiques; elles sont, pour ainsi dire, négatives. En effet, l'azote est impropre à la combustion, ce que l'on démontre en plongeant une bougie allumée dans une éprouvette qui en est remplie ; on voit la bougie s'éteindre aussitôt. Le gaz acide carbonique, il est vrai, éteint également les corps enflammés que l'on y plonge, mais on distingue l'azote de ce gaz, parce qu'il ne trouble pas l'eau de chaux et qu'il ne rougit pas la teinture de tournesol.

A la température ordinaire, et sous l'influence de l'électricité, l'azote peut s'unir directement, soit avec l'oxygène, soit avec l'hydrogène. En faisant passer une série de fortes étincelles électriques dans un mélange d'azote et d'oxygène, on voit en effet le mélange prendre une teinte jaunâtre due à la formation de l'acide *hypoazotique* AzO^4. Un mélange d'azote et d'hydrogène placé dans les mêmes conditions donne de l'ammoniaque AzH^3.

L'électricité atmosphérique, en présence de la vapeur d'eau, détermine la combinaison de l'azote et de l'oxygène de l'air, de manière à former de l'acide *azotique* AzO^5,HO, lequel se combine alors avec l'ammoniaque que l'air contient toujours en petite quantité : de là la formation de l'azotate d'ammoniaque, dont on a pu constater l'existence dans les pluies d'orage.

A une température élevée, l'azote se combine directement avec le bore. Ce métalloïde, chauffé fortement dans un courant d'azote, s'enflamme et se transforme en azoture de bore, composé remarquable par sa stabilité. M. H. Sainte-Claire Deville a démontré que l'azote peut se combiner également, sous l'action de la chaleur rouge, avec le magnésium, le titane et quelques autres métaux.

58. *État naturel.* — L'azote est très répandu dans la nature; il existe non seulement dans l'air atmosphérique, dont il forme, avons-nous dit, les quatre cinquièmes environ, mais encore dans plusieurs autres substances minérales, où il se trouve à l'état de combinaison, par exemple dans l'acide nitrique ou azotique, dans l'ammoniaque, etc. L'azote entre également dans la composition de la plupart des substances animales et d'un grand nombre de substances végétales, telles que le gluten, certaines huiles essentielles, les alcalis végétaux, la quinine, la morphine, la strychnine, etc.

59. *Préparatioɴ de l'azote.* — On prépare l'azote par trois procédés différeɴɪs : 1° en enlevant l'oxygène à l'air atmosphérique ; 2° en décomposant l'ammoniaque par le chlore ; 3° en décomposant par la chaleur l'azotite d'ammoniaque.

1ᵉʳ *Procédé.* Pour séparer de l'oxygène l'azote que contient l'air atmosphérique, il suffit de faire brûler un corps très combustible dans un volume d'air limité. Le corps que l'on emploie le plus souvent dans cette préparation est le phosphore. On place (*fig.* 27) un large bouchon de liège sur la surface de l'eau que renferme une cuve ordinaire ou un vase quelconque d'assez grande dimension ; sur ce bouchon de liège est une petite capsule en terre ou en porcelaine, dans laquelle on dépose un petit fragment de phosphore que l'on enflamme au moyen d'une allumette ; puis on recouvre le tout d'une grande cloche en verre que l'on enfonce de quelques millimètres dans l'eau. Le phosphore, en brûlant, absorbe rapidement l'oxygène de l'air que contient la cloche, pour former des vapeurs blanches et très épaisses d'acide phosphorique qui se dissolvent rapidement dans l'eau ; de sorte qu'il ne reste bientôt plus que de l'azote, dont le volume représente environ les 4 cinquièmes de l'air employé.

Fig. 27.

Toutefois, l'azote ainsi obtenu n'est pas parfaitement pur ; il contient encore des traces d'oxygène et un peu d'acide carbonique qui existait dans l'air. Pour le débarrasser de ces corps, on commence par absorber l'oxygène en laissant séjourner dans la cloche des bâtons de phosphore, jusqu'à ce qu'ils cessent d'être lumineux dans l'obscurité, puis on s'empare de l'acide carbonique au moyen d'un morceau de potasse caustique que l'on introduit dans la cloche.

On peut encore séparer l'azote de l'oxygène en faisant passer un courant d'air desséché et privé de son acide carbonique sur du cuivre chauffé au rouge dans un tube de verre ou de porcelaine. Le cuivre absorbe l'oxygène de l'air, et on obtient ainsi de l'azote pur. L'appareil dont on fait usage pour cette préparation est représenté par la *fig.* 28. CC' est le tube en porcelaine ou en verre dans lequel on met des rognures ou de la tournure de cuivre ; ce tube repose sur un petit fourneau en

tôle F qui permet de le porter à une chaleur rouge. Son extrémité C communique avec deux tubes T et T', dont le premier T
contient de la pierre ponce imbibée de potasse caustique pour
absorber l'acide carbonique de l'air, et dont le second T' est
également rempli de pierre ponce imbibée d'acide sulfurique
concentré pour retenir la vapeur d'eau ; ces deux tubes sont
eux-mêmes en communication avec un grand vase en verre V,
à deux tubulures, lequel vase renferme de l'air que l'on fait
passer dans tout l'appareil en le déplaçant par un courant
d'eau que fournit un réservoir supérieur r. Enfin, à l'extrémité C' du tube CC' est adapté un petit tube à dégagement qui
conduit l'azote dans une éprouvette E. Voici maintenant ce qui
se passe : l'air du flacon V, déplacé par l'eau du réservoir r,
traverse d'abord le tube T, où il se dépouille de la petite quantité d'acide carbonique qu'il contient toujours; puis il passe
dans le tube T', où la vapeur d'eau qu'il entraine est absorbée.
Il arrive alors dans le tube CC' qui renferme le cuivre chauffé
au rouge; ce métal, comme nous l'avons dit, s'empare de l'oxygène pour former de l'oxyde de cuivre, et l'azote se rend ainsi
à l'état de pureté parfaite dans l'éprouvette destinée à le recueillir.

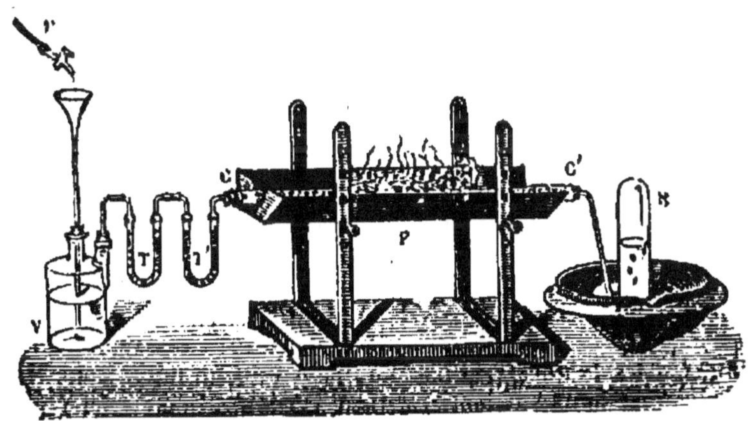

Fig. 28.

2ᵉ Procédé. Ce procédé repose, avons-nous dit, sur la décomposition de l'ammoniaque par le chlore. On prend un tube d'environ un mètre de longueur et fermé par un bout. On verse
dans ce tube une dissolution aqueuse de chlore jusqu'à ce
qu'elle occupe les 9 dixièmes environ de sa longueur; puis on

achève de le remplir avec une dissolution d'ammoniaque. On bouche alors l'extrémité du tube avec le pouce, et on le renverse sur une cuve à eau ; on voit aussitôt de nombreuses bulles d'azote prendre naissance dans le liquide et se réunir à la partie supérieure du tube.

Théorie. — L'ammoniaque AzH^3 est un composé de 3 équivalents d'hydrogène et de 1 équivalent d'azote AzH^3 ; le chlore, ayant beaucoup d'affinité pour l'hydrogène, décompose l'ammoniaque en s'emparant de son hydrogène pour former 3 équivalents d'acide chlorhydrique, $3HCl$, de sorte que 1 équivalent d'azote est mis en liberté :

$$AzH^3 + 3\,Cl = Az + 3\,HCl.$$

Mais l'acide chlorhydrique étant un acide puissant et l'ammoniaque une base énergique, ces deux corps se combinent pour former du chlorhydrate d'ammoniaque AzH^3,HCl, qui reste en dissolution dans la liqueur. De sorte que l'on a en réalité ·

$$4\,AzH^3 + 3\,Cl = Az + 3\,(AzH^3,HCl).$$

3e Procédé. On obtient encore du gaz azote en faisant bouillir dans un ballon de verre une dissolution concentrée d'azotite d'ammoniaque. Au col du ballon est adapté un tube qui se rend sous une éprouvette remplie d'eau.

Théorie. — L'azotite d'ammoniaque est un sel dont la composition AzH^3HO,AzO^3 contient les éléments de 4 équivalents d'eau et de 2 équivalents d'azote ; ce sel se décompose donc tout entier en eau et en azote :

$$AzH^3HO,AzO^3 = 2\,Az + 4\,HO.$$

60. *Usages de l'azote.* — L'azote pur n'a aucun usage dans les arts ni dans la médecine : on l'emploie quelquefois dans les laboratoires pour mettre certaines réactions à l'abri du contact de l'air. Mais ce corps joue un très grand rôle dans la nature, particulièrement dans la nutrition des animaux, dont il forme l'élément le plus essentiel. L'azote est, en effet, un des éléments constitutifs de plusieurs matières végétales et de presque toutes les matières animales. Les végétaux l'empruntent soit directement à l'air atmosphérique, soit indirectement aux produits azotés, particulièrement au carbonate et à l'azotate d'ammoniaque que contient le sol, et qui représentent la partie la plus essentielle des engrais. Les animaux herbivores le trouvent donc dans les matières végétales dont ils se nourrissent, et les carnivores dans la chair des animaux dont ils font leur proie.

Air atmosphérique.

61. *Historique.* — Les anciens considéraient l'*air* comme un élément impondérable. C'est Galilée qui, le premier, démontra, en 1640, que l'air est pesant, en mesurant successivement le poids d'un ballon d'abord plein d'air à la pression ordinaire, puis rempli d'air comprimé. La découverte du baromètre, faite peu de temps après par Torricelli, mit hors de doute la pesanteur de l'air. Vers la même époque, Jean Rey publia des expériences qui prouvaient que l'air contient un corps susceptible de se fixer sur l'étain pendant sa calcination et d'en augmenter le poids. Mais la véritable composition de l'air ne fut découverte qu'un siècle et demi plus tard, vers 1786, par Lavoisier.

Cet illustre chimiste, l'un des créateurs de la chimie moderne, ayant chauffé du mercure à une température voisine de son ébullition, dans un ballon de verre (*fig.* 29) dont le col, recourbé en S, s'engageait sous une cloche graduée, aux trois quarts remplie d'air et placée sur une cuve à mercure, reconnut, au bout de douze jours que dura cette mémorable expérience, qu'une partie de l'air contenu dans l'appareil, environ un sixième, avait disparu, et qu'il s'était formé un grand nombre de pellicules rouges nageant à la surface du mercure. Le gaz qui restait dans l'appareil était impropre à la respiration et à la combustion : ce gaz était l'azote. Quant aux pellicules rouges (oxyde de mercure), recueillies et fortement chauffées dans une cornue de verre, elles

Fig. 29.

donnèrent du mercure métallique et un gaz qui, selon les expressions de Lavoisier, était beaucoup plus propre que l'air atmosphérique à entretenir la combustion et la respiration des animaux : ce gaz était l'oxygène.

Ainsi les éléments de l'air avaient été pour la première fois reconnus et analysés. Mais laissons parler Lavoisier lui-même : « En réfléchissant, dit-il, sur les circonstances de cette expérience, on voit que le mercure, en se calcinant, absorbe la partie salubre et respirable de l'air (l'oxygène), que la portion d'air qui reste est une espèce de mofette (azote) incapable d'entretenir la combustion et la respiration. L'air de l'atmosphère est donc composé de deux fluides élastiques de nature différente et, pour ainsi dire, opposée. » (*Traité élémentaire de chimie.*)

Toutefois, le procédé à l'aide duquel Lavoisier avait reconnu les deux éléments de l'air était peu propre à en déterminer rigoureusement les proportions, parce que le mercure n'absorbe jamais tout l'oxygène. Il en fut de même des procédés d'analyse imaginés à la même époque par Schèele, chimiste suédois, et dans lesquels l'absorption de l'oxygène était obtenue par des sulfures alcalins. Aussi ces deux illustres chimistes avaient-ils trouvé dans l'air plus de 27 pour 100 d'oxygène, quantité beaucoup trop forte, comme nous le verrons bientôt, lorsque nous ferons connaître les procédés plus exacts de l'analyse moderne.

62. *Propriétés physiques.* — L'air est un gaz permanent, transparent et incolore sous une petite épaisseur, inodore et insipide; vu en masse, c'est-à-dire sous toute l'épaisseur de la couche atmosphérique, il paraît bleuâtre. Un litre d'air, débarrassé d'acide carbonique et de vapeur d'eau, pèse $1^{gr},293$ à la température de 0° et sous la pression de $0^{m},76$: l'air est donc 770 fois plus léger que l'eau à 4°, c'est-à-dire à son maximum de densité. L'air sec est mauvais conducteur de la chaleur et de l'électricité.

63. *Propriétés chimiques.* — Les propriétés chimiques de l'air atmosphérique sont les mêmes que celles de l'oxygène, moins l'intensité. Ainsi l'air atmosphérique entretient la combustion dans nos foyers et la respiration des animaux; il oxyde la plupart des métaux et produit beaucoup d'autres phénomènes que nous étudierons successivement.

Composition et analyse de l'air atmosphérique.

64. *Composition et analyse de l'air atmosphérique.* — D'après les analyses les plus exactes qui ont été faites, l'air atmosphérique est composé en volume :

de 20,8 d'oxygène,
de 79,2 d'azote,
de 2 à 4 dix-millièmes d'acide carbonique,
de 10 à 15 millièmes de vapeur d'eau.

Plusieurs procédés ont été successivement employés pour reconnaître et doser les principes constituants de l'air atmosphérique. Pour mettre de l'ordre et de la clarté dans l'explication que nous allons en faire, nous examinerons séparément les méthodes employées pour déterminer les proportions : 1° de l'oxygène et de l'azote ; 2° de l'acide carbonique ; 3° de la vapeur d'eau.

1° *Détermination de l'oxygène et de l'azote.* La détermination des quantités relatives d'oxygène et d'azote qui entrent dans la composition de l'air atmosphérique peut se faire par trois méthodes principales : la première consiste à absorber l'oxygène au moyen du phosphore ; la seconde, à faire détoner dans un eudiomètre un mélange d'air et d'hydrogène en excès ; la troisième, qui est celle de MM. Dumas et Boussingault, consiste à faire passer un courant d'air dépouillé de sa vapeur d'eau et de son acide carbonique sur du cuivre chauffé au rouge.

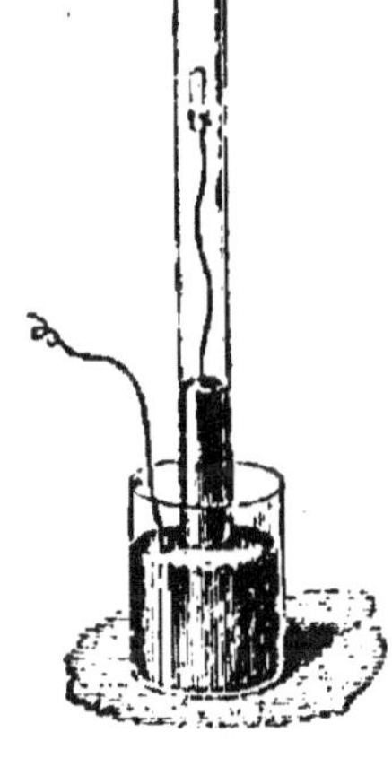

Fig. 30.

Première méthode : analyse par le phosphore. — On introduit dans une éprouvette graduée et reposant sur le mercure (*fig.* 30) un volume d'air que l'on mesure exactement, puis on engage dans cette éprouvette un morceau de phosphore attaché à un fil de platine. Le phosphore absorbant l'oxygène à la température ordinaire, on voit le volume d'air diminuer peu à peu et le niveau du mercure s'élever dans l'éprouvette. Il faut environ vingt-quatre heures pour que l'absorption de l'oxygène soit complète.

On retire alors le morceau de phosphore, et on mesure le volume du gaz azote restant, lequel représente environ les 79 centièmes du volume d'air introduit dans l'éprouvette : 21 parties d'oxygène ont donc été absorbées par le phosphore.

Deuxième méthode : analyse eudiométrique. — On emploie pour cette méthode un instrument qui porte le nom d'*eudiomètre*, et dans lequel on peut faire détoner un mélange gazeux au moyen de l'étincelle électrique. Il y a deux espèces d'eudiomètres : l'*eudiomètre à mercure* et l'*eudiomètre à eau*, selon que l'instrument doit être employé sur la cuve à mercure ou sur la cuve à eau.

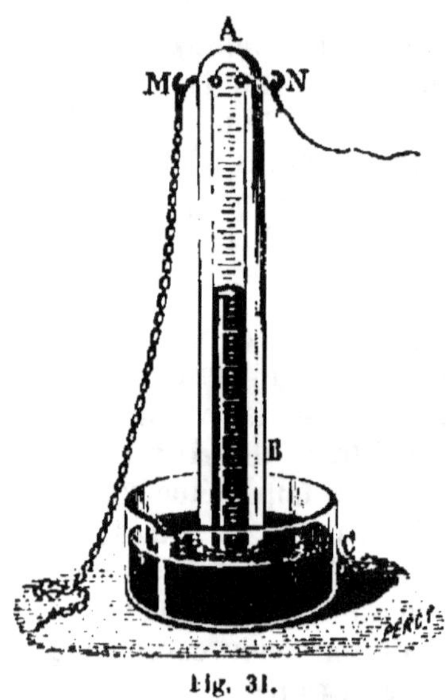

Fig. 31.

L'*eudiomètre à mercure* est le plus simple. Il consiste (*fig.* 31) en un tube de cristal B divisé en parties d'égale capacité, et dont l'extrémité supérieure A est traversée par deux petites tiges de platine M N, terminées chacune par une boule du même métal. La tige M étant mise en communication avec le sol, et la tige N avec une bouteille de Leyde ou un électrophore, on peut ainsi faire jaillir entre les deux boules une ou plusieurs étincelles, dont le passage à travers le mélange gazeux détermine l'explosion.

L'*eudiomètre à eau* (*fig.* 32) se compose également d'un gros tube en verre A, dont les deux extrémités portent chacune une monture en laiton, munie d'un robinet et d'une cuvette du même métal. Les deux montures sont réunies par une tige métallique graduée *l*, qui sert à la fois pour conduire l'électricité et pour mesurer le volume des gaz avant l'explosion. La monture supérieure est traversée par une petite tige en cuivre *b*, laquelle se termine intérieurement, pour le passage de l'étincelle, à une petite distance de la paroi métallique. La cuvette inférieure forme le pied de l'instrument et sert d'entonnoir pour y introduire le mélange gazeux. Enfin la cuvette supérieure porte un pas de vis qui permet d'y fixer un tube gradué T, dans lequel on mesure exactement le volume du gaz restant après l'explosion.

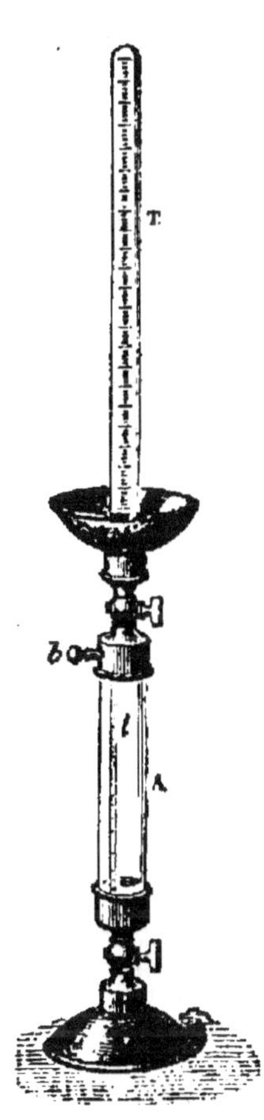

Fig. 32.

Pour faire l'analyse de l'air atmosphérique au moyen de l'eudiomètre à mercure ou de l'eudiomètre à eau, on introduit dans l'un de ces deux instruments, reposant soit sur la cuve à mercure, soit sur la cuve à eau, un mélange de 100 *volumes d'air et de 100 volumes d'hydrogène pur*. Cela fait, on approche du bouton supérieur de l'eudiomètre une bouteille de Leyde ou le plateau d'un électrophore, et on fait ainsi passer une étincelle à travers le mélange. L'explosion se produit à l'instant avec dégagement d'une lueur très vive, puis on voit le mercure ou l'eau s'élever dans l'appareil pour remplir le vide formé.

Si l'on mesure alors le gaz qui reste dans l'eudiomètre, on ne trouve plus que 137 *volumes au lieu de* 200 : 63 volumes du mélange ont donc été absorbés. Or, on sait que l'hydrogène et l'oxygène, en se combinant pour former de l'eau, s'unissent dans le rapport, en volume, de 2 d'hydrogène et de 1 d'oxygène. Par conséquent, le tiers des 63 volumes du mélange qui ont disparu pendant l'explosion représente la quantité d'oxygène qui se trouvait dans les 100 volumes d'air introduits dans l'eudiomètre. L'air soumis à l'expérience était donc formé en volume de 21 *pour 100 d'oxygène et de* 79 *d'azote.*

Si l'on voulait obtenir ce dernier gaz, il faudrait introduire un excès d'oxygène, 100 volumes par exemple, dans les 137 volumes du mélange d'azote et d'hydrogène restant dans l'eudiomètre après l'explosion et faire détoner de nouveau. Il ne resterait plus alors dans l'instrument qu'un mélange d'azote et d'oxygène dont on isolerait facilement l'azote en absorbant l'oxygène au moyen d'un morceau de phosphore.

Troisième méthode. Procédé Dumas et Boussingault. Cette méthode, beaucoup plus rigoureuse que les deux précédentes, a été imaginée par MM. Dumas et Boussingault. Elle permet de peser les quantités relatives d'oxygène et d'azote que contient l'air atmosphérique, ce qui donne des résultats beaucoup plus exacts que la mesure des volumes, toujours très petits, des gaz employés dans les autres méthodes. L'appareil dont on fait usage se compose : 1° d'un tube A (*fig.* 33), allant puiser l'air hors de la chambre où l'on opère; 2° d'un appareil à boules B de Liebig, contenant une dissolution concentrée de potasse caustique; 3° d'un tube C, ayant la forme d'un U et rempli de fragments de potasse caustique; 4° d'un second appareil à boules D, contenant de l'acide sulfurique concentré; 5° d'un second tube E de même forme que le précédent, rempli de pierre ponce imbibée d'acide sulfurique concentré; 6° d'un tube droit TT' en verre réfractaire: ce tube est rempli de tournure de cuivre et est disposé sur un fourneau long en tôle F, de manière à pouvoir être chauffé dans toute sa longueur; il porte en outre à ses extrémités deux robinets S et S', qui permettent d'y faire le vide; 7° d'un ballon de verre V, de 10 à 15 litres de capacité, et dont le col est muni d'un robinet R. L'appareil étant ainsi disposé, on fait le vide aussi complètement que possible dans le tube TT', et on le pèse avec tout le soin nécessaire. On fait ensuite le vide dans le ballon V, que l'on pèse également.

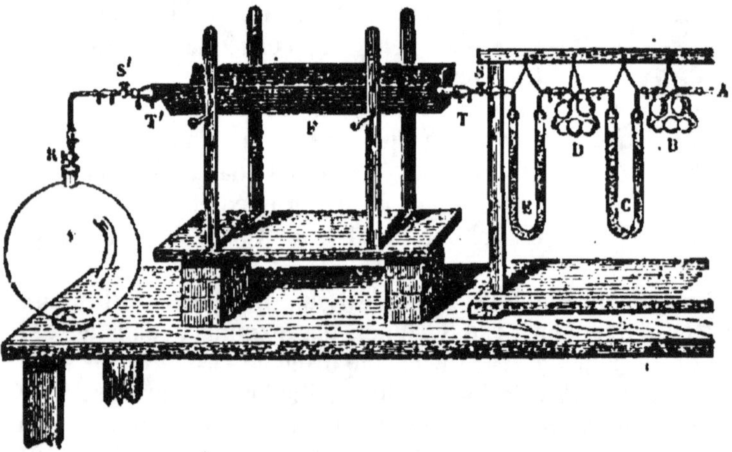

Fig. 33.

On ajuste alors l'appareil dans l'ordre où nous l'avons décrit, et l'on chauffe au rouge le tube TT'; puis on ouvre successivement les robinets S, S', du tube et le robinet R du ballon. L'air, entrant par le tube aspirateur A, traverse d'abord l'ap-

pareil à boules B et le tube C, où il se dépouille de son acide
carbonique ; puis il passe dans le second appareil à boules D et
dans le tube E, où il abandonne à l'acide sulfurique la totalité
de sa vapeur d'eau. Ainsi débarrassé de son acide carbonique
et de sa vapeur d'eau, l'air arrive dans le tube TT′, qui contient
le cuivre chauffé au rouge ; il abandonne alors son oxygène au
métal, et se précipite dans le ballon vide à l'état d'azote pur.

Lorsque l'opération est terminée, ce que l'on reconnaît à ce
qu'il ne passe plus de bulles d'air dans les appareils à boules,
on ferme exactement les robinets S, S′, du tube et le robinet R
du ballon, puis on démonte l'appareil ; on attend que le tube et
le ballon soient refroidis, et on les pèse ensuite séparément.
L'augmentation de poids que le tube a subie donne évidemment
le poids de l'oxygène qui s'est fixé sur le cuivre ; la différence
entre le poids du ballon vide et le poids du ballon plein d'azote
représente évidemment aussi le poids de ce gaz. C'est au moyen
de cette analyse, faite avec toutes les précautions convena-
bles, que MM. Dumas et Boussingault ont constaté que 100 parties d'air contiennent :

Oxygène,	23 en poids;	20,8 en volume.
Azote,	77	79,2

L'air atmosphérique, pris sur divers points du globe, a différentes hauteurs jusqu'à 3,000 mètres au-dessus du niveau de
la mer, et analysé par cette méthode, a constamment donné,
à un millième près, la même composition. D'après M. Lewy,
l'air qui recouvre la surface de la mer contiendrait un peu
moins d'oxygène que l'air des continents, ce qui n'aurait rien
d'étonnant, puisque l'oxygène doit être sans cesse absorbé par
l'eau de la mer pour entretenir la respiration des poissons et
autres animaux dont elle est peuplée.

2° Détermination de l'acide carbonique. Lorsqu'on expose pendant quelque temps au contact de l'air une certaine quantité
d'eau de chaux, on voit la surface de cette eau se recouvrir
d'une pellicule solide qui est entièrement composée de carbonate de chaux. Cette simple expérience démontre que l'air
contient de l'acide carbonique.

Pour mesurer la proportion d'acide carbonique contenue
dans l'air, il suffit de faire passer, à l'aide de l'aspiration produite par l'écoulement d'un liquide, un volume déterminé
d'air sec dans un système de tubes et de boules de Liebig

semblables à ceux que représente la figure précédente, et remplis de potasse caustique en solution et en fragments. La différence entre les poids des tubes et des boules, avant et après l'expérience, donne le poids de l'acide carbonique contenu dans le volume d'air employé.

On a trouvé de cette manière que la proportion en volume de l'acide carbonique que l'air renferme varie entre 2 et 4 dix-millièmes : à Paris, elle est généralement de 3 dix-millièmes. Après de longues pluies, il y a toujours moins d'acide carbonique dans l'air que dans les temps de sécheresse, parce que cet acide est soluble dans l'eau.

3° *Détermination de la vapeur d'eau.* — Pour constater la présence de la vapeur d'eau dans l'atmosphère, il suffit d'exposer au contact de l'air un vase rempli d'un mélange réfrigérant. On voit bientôt la vapeur se condenser sur ses parois et y former une légère couche de glace.

On mesure la quantité de vapeur d'eau contenue dans l'air, en faisant passer un volume d'air déterminé dans un long tube recourbé en U et rempli de pierre ponce ou d'amiante imbibée d'acide sulfurique concentré. La différence entre les poids du tube, avant et après l'expérience, donne le poids de la vapeur d'eau que contenait le volume d'air employé.

Procédé de M. Boussingault pour déterminer simultanément l'acide carbonique et la vapeur d'eau.—M. Boussingault a imaginé un appareil fort simple, à l'aide duquel on détermine en même temps les proportions d'acide carbonique et de vapeur d'eau que l'air renferme.

Cet appareil se compose (*fig.* 34) d'une suite de tubes recourbés A, B, C, D, E, F, communiquant avec un grand vase aspirateur V au moyen d'un tube coudé HIK, dont la branche verticale IK plonge jusqu'à sa partie inférieure. Ce vase, qui réalise ainsi les conditions du *vase de Mariotte**, est en tôle galvanisée, de 50 à 100 litres de capacité. Il est terminé à sa partie inférieure par une tubulure munie d'un robinet R; un second robinet S permet d'établir ou d'interrompre à volonté la communication avec les tubes recourbés. Ce vase porte, en outre, un thermomètre T dont le réservoir plonge dans son intérieur.

Pour faire l'expérience, on remplit d'eau le vase V, dont on connaît exactement la capacité. Les tubes A, B, E, F, sont

* Voyez la *Physique*, page 150.

remplis de pierre ponce grossièrement concassée et imbibée d'acide sulfurique concentré; les tubes C, D, sont remplis de fragments de pierre ponce imbibée d'une solution concentrée de potasse caustique. Les deux tubes A et B sont pesés ensemble; on pèse de même les trois tubes C, D, E. Quant au tube F, on n'a pas besoin de le peser : il a seulement pour but d'éviter l'arrivée dans le tube E de la vapeur d'eau qui se dégage du vase V.

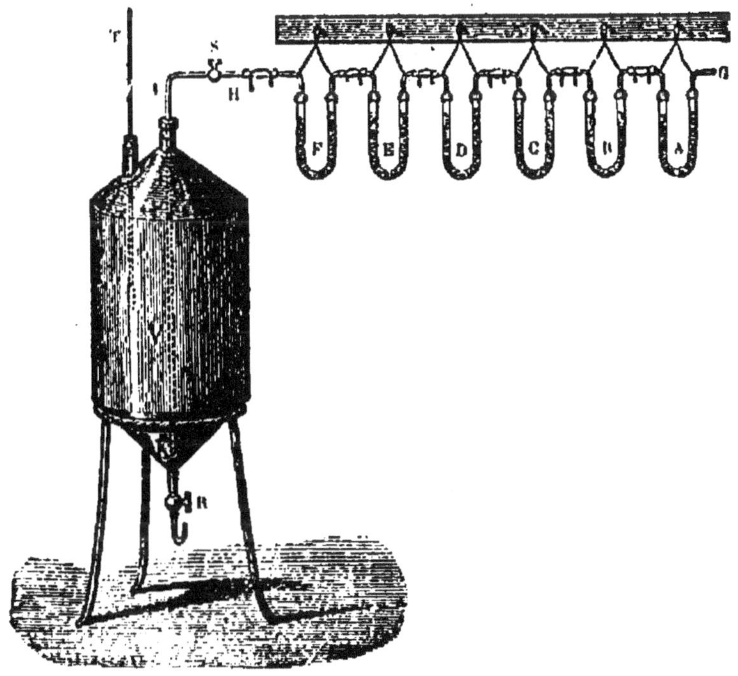

Fig. 31.

L'appareil étant ainsi disposé, on ouvre les robinets R et S : l'eau du vase V s'écoule avec une vitesse constante, et l'air extérieur entre par le tube G, lequel plonge dans l'espace dont on veut analyser l'air. Cet air, avant de pénétrer dans le vase V, pour remplacer l'eau qui s'écoule, traverse les tubes A, B, C, D, E, F. Dans les deux premiers tubes A et B, qui renferment l'acide sulfurique, il dépose son humidité; dans les tubes C et D, qui contiennent la potasse caustique, il abandonne son acide carbonique. Le tube E, qui contient de l'acide sulfurique, a pour but de retenir la petite quantité de vapeur d'eau que la solution de potasse caustique renfermée dans les deux tubes précédents peut céder à l'air.

Quand le vase aspirateur V est entièrement vidé, on détache les tubes recourbés et on pèse de nouveau l'ensemble des tubes A, B, et l'ensemble des tubes C, D, E. L'augmentation de poids que ces deux systèmes de tubes ont subie pendant l'expérience donne, pour les tubes A et B, la quantité de vapeur d'eau, et pour les tubes C, D, E, la quantité d'acide carbonique existant dans le volume d'air qui a traversé l'appareil.

Cette analyse, répétée un grand nombre de fois, a démontré, comme nous l'avons dit déjà, 1° que l'air renferme des quantités très variables de vapeur d'eau, dont la moyenne peut être évaluée en volume à environ 10 à 15 millièmes; 2° que la proportion d'acide carbonique, en volume, est constamment comprise entre 2 et 4 dix-millièmes.

Remarque.—Nous avons dit plus haut que l'air atmosphérique pris sur divers points du globe, et analysé avec le plus grand soin, a constamment présenté la même composition. Ce résultat peut de prime abord paraître surprenant, si l'on considère l'énorme quantité d'oxygène que la respiration de l'homme et des animaux, la combustion du charbon employé pour le chauffage et dans l'industrie, la décomposition des corps organisés, absorbent incessamment et transforment en acide carbonique qui se répand ensuite dans l'atmosphère. Mais à côté de ces causes, qui tendent à diminuer la proportion de l'oxygène, et à augmenter celle de l'acide carbonique, il en est d'autres qui agissent en sens inverse, de manière à ramener sans cesse la composition de l'air à son équilibre normal. Citons d'abord la respiration des végétaux, qui, ainsi que nous le verrons plus loin, a pour effet de détruire l'acide carbonique et de restituer l'oxygène à l'atmosphère; puis l'absorption de l'acide carbonique par les eaux pluviales qui l'entraînent ensuite dans les fleuves et dans la mer, d'où il s'élimine à l'état de carbonate de chaux pour former en grande partie les coquilles ou autres enveloppes calcaires des mollusques et d'un grand nombre de zoophytes. Ainsi se perpétue au sein de l'atmosphère, entre les animaux et les végétaux, cet admirable échange en vertu duquel se maintient la pureté de l'air nécessaire à leur existence.

65. *Diverses autres substances contenues dans l'air.* — Indépendamment de l'oxygène, de l'azote, de l'acide carbonique et de la vapeur d'eau, l'air contient encore des traces d'hydrogène carboné, qui se dégage, comme nous le verrons plus loin, des eaux stagnantes où se décomposent des matières végétales. M. Chatain y a démontré la présence de l'iode en **très** petite quantité. On y trouve encore de l'hydrogène sulfuré, de l'ammoniaque, provenant de la décomposition des matières animales à la surface du sol; de l'acide azotique, résultant de la combinaison directe de l'azote et de l'oxygène pendant les orages. L'ammoniaque, en s'unissant à l'acide carbonique et à l'acide azotique, forme du carbonate et de l'azotate d'ammoniaque qui, entraînés par les eaux pluviales, pénètrent dans le sol et fournissent aux plantes l'azote dont elles ont besoin. Enfin, l'air renferme de nombreuses matières organiques qu'il tient en suspension, parmi lesquelles sont les *miasmes* qui s'échappent des marécages, et une multitude de germes qui, d'après les expériences de MM. Pasteur et Cl. Bernard, engendrent les moisissures et autres produits organisés que l'on observe dans les liquides fermentescibles exposés à l'air libre.

66. *L'air est un mélange.* —L'air atmosphérique n'est pas une *combinaison* d'oxygène et d'azote, comme l'ont cru quelques chimistes; il est simplement un *mélange* de ces deux gaz. Ce qui le prouve, c'est qu'en se dissolvant dans l'eau, l'air est altéré dans sa composition; l'oxygène et l'azote se dissolvent selon leur degré de solubilité respective. Voilà pourquoi l'air dissous dans l'eau contient plus d'oxygène que l'air atmosphérique ordinaire (52). Une autre preuve encore que l'air est un simple mélange, c'est que son pouvoir réfringent est précisément égal à celui que possède un mélange d'oxygène et d'azote dans les mêmes proportions, ce qui n'a jamais lieu pour les gaz composés, dont le pouvoir réfringent est toujours plus grand ou plus petit que celui que présenteraient leurs éléments simplement mélangés. Enfin, on sait que les gaz se combinent toujours, en volumes, dans des rapports très simples: l'air atmosphérique, s'il était une combinaison, ferait donc exception à cette loi générale.

67. *Usages de l'air atmosphérique.* — Tout le monde connaît les nombreux usages de l'air atmosphérique. C'est ce gaz qui fournit l'oxygène nécessaire à la combustion des charbons, des bois, des huiles, etc., et à la respiration des animaux. Dans l'industrie, on l'emploie pour extraire divers métaux et pour préparer un grand nombre de produits chimiques. Personne n'ignore ses usages comme force motrice ; c'est au moyen de l'air comprimé qu'il a été possible d'entreprendre et de mener à bonne fin le tunnel du mont Cenis, qui aujourd'hui met en communication directe la France et l'Italie.

Résumé.

I. L'*azote*, autrefois appelé *nitrogène*, est un gaz permanent, incolore, inodore, sans saveur. Sa densité est 0,971 ; il est très peu soluble dans l'eau.

II. Ce gaz est impropre à la combustion et à la respiration des animaux ; il éteint immédiatement une bougie allumée. On le distingue de l'acide carbonique, qui possède la même propriété, parce qu'il ne trouble pas l'eau de chaux et qu'il ne rougit pas la teinture de tournesol.

III. Sous l'influence de l'électricité, l'azote peut se combiner directement avec l'oxygène pour former de l'acide azotique. A une température élevée il peut également se combiner avec le bore, le magnésium, le titane et quelques autres métaux.

IV. L'azote est très répandu dans la nature ; il existe dans l'air atmosphérique, dans l'ammoniaque, dans l'acide nitrique ou azotique, etc. Il entre également dans la composition de presque toutes les matières animales et d'un grand nombre de substances végétales.

V. On prépare l'azote de trois manières différentes :

1° En absorbant l'oxygène de l'air atmosphérique au moyen du phosphore : il se forme de l'acide phosphorique, et il reste de l'azote. Le phosphore peut être remplacé par du cuivre.

2° En décomposant l'ammoniaque par le chlore :

$$4\,AzH^3 + 3\,Cl = Az + 3\,(AzH^3,HCl).$$

3° En décomposant par la chaleur l'azotite d'ammoniaque :

$$AzH^3HO,AzO^3 = 2\,Az + 4\,HO.$$

VI. L'azote pur est sans usage. Dans la nature, il joue un très grand rôle, particulièrement dans la nutrition des animaux.

VII. L'*air atmosphérique* est un gaz permanent, inodore, incolore, insipide. Ses propriétés chimiques sont les mêmes que celles de l'oxygène, moins l'intensité.

VIII. L'air atmosphérique est composé en volume

de 20,8 d'oxygène,
de 79,2 d'azote,
de 2 à 4 dix-millièmes d'acide carbonique,
de 10 à 12 millièmes de vapeur d'eau.

Il contient, en outre, mais en très petite proportion, de l'hydrogène carboné, de l'hydrogène sulfuré, de l'ammoniaque, de l'acide azotique, du carbonate et de l'azotate d'ammoniaque, des traces d'iode et de nombreuses matières organiques qu'il tient en suspension.

IX. Les méthodes employées pour déterminer les quantités relatives d'oxygène et d'azote qui entrent dans la composition de l'air atmosphérique sont au nombre de trois :
La première consiste à absorber l'oxygène au moyen du phosphore ;
La deuxième consiste à faire détoner dans un eudiomètre un mélange d'air et d'hydrogène en excès ;
La troisième consiste à faire passer un courant d'air, dépouillé de sa vapeur d'eau et de son acide carbonique, sur du cuivre chauffé au rouge.

X. On démontre la présence de l'acide carbonique dans l'air au moyen de l'eau de chaux. Pour mesurer la quantité de cet acide, on fait passer un volume déterminé d'air sec dans un système de tubes en U remplis d'une solution de potasse caustique.

XI. Pour constater la présence de la vapeur d'eau dans l'atmosphère, on expose au contact de l'air un vase rempli d'un mélange réfrigérant. On mesure la quantité de cette vapeur en faisant passer un volume d'air déterminé dans un long tube recourbé en U et rempli de pierre ponce imbibée d'acide sulfurique concentré.

XII. L'appareil de M. Regnault sert à déterminer en même temps les proportions d'acide carbonique et de vapeur d'eau que l'air renferme.

XIII. L'air atmosphérique n'est pas une combinaison : c'est un simple mélange des éléments qui le constituent. La preuve en est donnée par son pouvoir réfringent et par le changement de composition qu'il subit quand on le dissout dans l'eau : 33 pour 100 d'oxygène en volume au lieu de 20,3, et 67 d'azote au lieu de 79,2.

XIV. L'air atmosphérique a de nombreux usages. Il fournit l'oxygène nécessaire à la combustion ainsi qu'à la respiration des animaux ; il sert dans l'industrie comme force motrice, pour extraire divers métaux et pour préparer une foule de produits chimiques.

CHAPITRE VI.

Carbone. — Acide carbonique. — Synthèse de cet acide. — Sa formation dans la respiration des animaux. — Sa décomposition dans la respiration des plantes.

CARBONE.

Équivalent C = 6.

68. *Propriétés physiques.* — Le carbone est un corps solide, inodore, insipide, infusible et fixe aux plus hautes températures que nous puissions produire par les procédés ordinaires. Despretz a cependant démontré que ce corps peut être fondu et même volatilisé, lorsqu'on le soumet à l'action d'une pile très énergique; il prend alors l'aspect et tous les caractères du graphite. Le carbone est insoluble dans tous les liquides, excepté cependant dans la fonte de fer en fusion, qui, en se refroidissant, le laisse déposer en paillettes d'un gris noirâtre. Quant à ses autres propriétés, telles que la couleur, la dureté, la densité, la conductibilité pour la chaleur ou l'électricité, etc., elles diffèrent selon les variétés de carbone, que nous allons bientôt décrire.

69. *Propriétés chimiques.* — Le carbone, à la température ordinaire, est inaltérable au contact de l'air; mais à une température élevée, il se combine directement avec l'oxygène et donne naissance, en brûlant, à deux composés gazeux, l'oxyde de carbone CO et l'acide carbonique CO^2; le premier se forme quand le carbone est en excès, le second prend naissance quand c'est l'oxygène qui domine. Le carbone se combine aussi directement avec le soufre pour former un produit liquide connu sous le nom de sulfure de carbone. Plusieurs autres corps, tels que l'hydrogène, l'azote, le chlore, le fer, forment avec le carbone des combinaisons très importantes.

70. *Différentes variétés du carbone.* — Le carbone se présente dans la nature et dans les arts sous les aspects les plus divers, et forme ainsi de nombreuses variétés que l'on peut réunir en deux groupes : 1° les charbons naturels, tels que le *diamant*, le *graphite*, la *houille*, l'*anthracite*, les *lignites*, la *tourbe*; 2° les charbons artificiels, tels que le *charbon de bois*, le *charbon animal*, le *coke*, le *charbon des cornues* et le *noir de fumée*.

Ces diverses variétés de charbon, malgré leurs différences d'aspect, possèdent toutes un caractère commun qui prouve qu'elles ne sont qu'un seul et même corps, tantôt à l'état de pureté, tantôt mêlé à d'autres substances : *en brûlant dans un excès d'oxygène, elles donnent de l'acide carbonique* CO^2; 6 grammes de carbone fournissent ainsi 22 grammes de cet acide.

Charbons naturels.

Diamant. — Le *diamant* est le plus dur de tous les corps connus, c'est-à-dire qu'il peut les rayer tous sans être rayé par aucun. Il est généralement limpide et incolore ; quelquefois cependant il est rose, bleu clair, vert, jaune et même noirâtre. On le trouve toujours cristallisé sous différentes formes, dont les plus communes sont l'octaèdre régulier, le dodécaèdre rhomboïdal à faces courbes et leurs dérivés (*fig.* 35, A et B). Le diamant possède un pouvoir réfringent très considérable ; sa densité varie de 3,50 à 3,55.

Fig. 35.

On trouve le diamant dans les sables d'alluvion, aux Indes, au Brésil, en Sibérie et dans les monts Ourals.

Ce furent Guyton de Morveau, en France, et Davy, en Angleterre, qui, les premiers, déterminèrent la véritable nature du diamant en démontrant que ce corps brûle dans l'oxygène et qu'il forme, comme le charbon ordinaire, de l'acide carbonique. Despretz est parvenu à obtenir des cristaux microscopiques de carbone en soumettant à une volatilisation lente, au moyen de la pile, un fragment de charbon des cornues.

Aucun corps ne pouvant entamer le diamant, ce n'est qu'avec sa propre poussière, répandue à la surface d'une meule horizontale et épaissie avec de l'huile, que l'on parvient à le polir et à lui donner tout son éclat. On taille le diamant en *rose* ou en *brillant* (*fig.* 35, C et D). Dans la rose, le dessous du diamant est plat ; dans le brillant, le dessous, que l'on nomme la culasse, est taillé en pointe. Indépendamment de son emploi en bijouterie, le diamant sert à faire des pivots pour l'horlogerie et des pointes d'outils pour graver les pierres dures et pour couper le verre.

L'unité de poids qui sert à estimer la valeur du diamant est le *carat* (environ 20 centigrammes). Le plus gros diamant connu est celui du rajah de Bornéo : il pèse 300 carats. Le *Régent* de la couronne de France, ainsi nommé parce qu'il fut acheté par le régent Philippe d'Orléans, pèse 137 carats; sa valeur est actuellement estimée à 8 ou 10 millions.

Graphite. -- C'est cette variété de carbone que l'on emploie pour faire des crayons : on la désigne encore sous le nom de *plombagine* ou *mine de plomb*, bien qu'elle ne contienne pas la moindre trace de ce métal.

Le graphite est ordinairement cristallisé en lamelles brillantes d'une teinte sombre, souvent noire ; il est doux, onctueux au toucher, et laisse sur les doigts et sur le papier des taches d'un gris de plomb. Sa densité est de 2,5 ; c'est le moins combustible de tous les charbons, sans en excepter le diamant. On le trouve dans les terrains primitifs, en France, en Angleterre, en Sibérie et dans l'île de Ceylan.

Le graphite conduisant assez bien l'électricité, est encore utilisé dans la galvanoplastie pour *métalliser* les surfaces des corps mauvais conducteurs, c'est-à-dire pour leur donner la conductibilité nécessaire au succès de l'opération. Dans les usages domestiques, on s'en sert pour préserver de l'oxydation les poêles en fonte, les tuyaux, trappes de cheminées, etc. On l'emploie également pour adoucir les frottements dans les engrenages.

Houille. — La *houille* ou *charbon de terre* est opaque, d'un noir brillant, à surface quelquefois irisée. Elle est composée de carbone mélangé à des matières bitumineuses et salines. Elle brûle avec flamme et fumée, en répandant une odeur particulière. Chauffé en vases clos, elle se ramollit, se boursoufle et laisse dégager le gaz qui sert à l'éclairage. On trouve la houille en amas considérables dans le terrain carbonifère.

Anthracite. — L'anthracite ou *charbon de pierre* ressemble assez à la houille. Elle s'en distingue parce qu'elle ne contient pas de matières bitumineuses, qu'elle est beaucoup moins combustible et qu'elle brûle avec une flamme très courte, sans fumée et sans odeur. Elle est presque entièrement formée de carbone pur mélangé à une petite quantité de silice, d'alumine et d'oxyde de fer. On rencontre l'anthracite dans les terrains de sédiment anciens, antérieurs au terrain carbonifère.

Lignites et tourbe.—Les lignites, que l'on trouve à la base des terrains tertiaires, proviennent de végétaux carbonisés, dont ils ont conservé la forme et la structure. Le *jais*, dont on se sert pour fabriquer des ornements de deuil, est une espèce de lignite assez dure pour être taillée et polie. La *tourbe* est formée par les débris plus ou moins carbonisés de plantes marécageuses. Elle est très commune en France, principalement dans les départements de la Somme et du Pas-de-Calais, où elle sert de combustible.

Charbons artificiels.

Charbon de bois. — Le *charbon de bois* est le résidu de la distillation du bois ou de sa combustion incomplète. Il est noir, inodore, insipide, assez fragile et plus ou moins poreux. Il est très mauvais conducteur de l'électricité, à moins qu'il n'ait été calciné à une haute température, c'est-à-dire transformé en *braise*. Le charbon de bois contient toujours un peu d'hydrogène et quelques autres matières, telles que de la silice, de l'oxyde de fer, du carbonate de potasse. Ce sont ces matières qui forment la cendre après la combustion du charbon.

La propriété la plus remarquable du charbon de bois est l'absorption des gaz. Si l'on éteint un morceau de charbon dans du mercure et qu'on l'introduise immédiatement dans une éprouvette remplie d'ammoniaque, d'acide chlorhydrique ou d'hydrogène sulfuré, on voit presque aussitôt le gaz disparaître entièrement et le mercure se précipiter dans l'éprouvette. Tous les gaz sont absorbés par le charbon de bois, mais d'une manière variable selon leur nature. On peut dire en général que l'absorption est d'autant plus facile et plus grande que le gaz est plus soluble dans l'eau. On utilise dans l'industrie cette propriété absorbante du charbon pour désinfecter les eaux corrompues par des gaz délétères et pour s'opposer à la putréfaction des matières animales.

Le charbon de bois décompose l'eau à une température rouge en s'emparant de son oxygène et en mettant l'hydrogène en liberté. Pour opérer cette décomposition on fait passer un courant de vapeur d'eau à travers un tube de porcelaine chauffé au rouge et rempli de braise. Le gaz que l'on recueille dans une éprouvette est un mélange, en proportions variables, d'oxyde de carbone, d'acide carbonique, d'hydrogène pur, et d'une très petite quantité d'hydrogène carboné.

On prépare cette variété de charbon soit par la calcination du bois à l'abri du contact de l'air, soit par sa combustion imparfaite, comme cela se pratique dans les forêts. Ce dernier procédé, connu sous le nom de *carbonisation en meules*, est le plus ordinairement employé.

On commence par établir (*fig. 36*) une espèce de cheminée verticale au moyen de quatre montants enfoncés dans la terre. Autour de cette cheminée on place circulairement des morceaux de bois d'un à deux mètres de longueur et superposés de manière à former un cône tronqué ou une espèce de meule sous laquelle on ménage plusieurs conduits horizontaux communiquant avec la cheminée. On recouvre le tout d'une légère couche de terre, afin d'abriter la meule du contact de l'air ; puis on y met le feu en jetant dans la cheminée du charbon em-

Fig. 36.

brasé et du menu bois. Lorsque la combustion est en activité, on bouche la cheminée avec de la terre. Bientôt on voit des fumées blanches se dégager de toute la surface de la meule, qui peu à peu s'affaisse sur elle-même. On arrête la combustion dès que la fumée devient bleuâtre et presque transparente, ce qui indique que la carbonisation est achevée. On obtient par ce procédé 17 à 18 pour 100 de charbon, quantité qui ne représente que la moitié environ du carbone que le bois renferme.

Charbon animal. — Le *charbon animal,* que l'on désigne encore sous les noms de *noir animal, noir d'ivoire,* provient de la calcination des os en vases clos. Il est ordinairement en poudre impalpable ou en grains d'un très beau noir. Ce charbon ne contient que 12 centièmes de son poids de carbone pur mélangé à 88 centièmes de phosphate et de carbonate de chaux.

La propriété la plus remarquable du charbon animal est son pouvoir décolorant à l'égard de certains liquides. Si l'on agite pendant quelque temps du vin rouge avec ce charbon, et qu'on filtre ensuite, on obtient un liquide parfaitement incolore. Cette propriété est utilisée dans l'industrie pour dépouiller de leur matière colorante une foule de produits organiques, tels que le sucre, les sirops, les alcalis végétaux, etc.

Coke et charbon des cornues. — Le coke est le résidu de la distillation de la houille pour la préparation du gaz d'éclairage. Il est léger, gris noirâtre, poreux et boursouflé comme la pierre ponce. Le coke est moins combustible que la houille; il brûle sans flamme ni fumée et en donnant beaucoup de chaleur. On trouve encore sur les parois des cylindres ou cornues à gaz un dépôt de charbon très dur, dit *charbon des cornues,* que l'on utilise dans la construction de la pile de Bunsen et pour obtenir la lumière électrique.

Noir de fumée. — Cette variété de carbone se présente sous la forme d'une poussière noire extrêmement fine, contenant au moins 20 pour 100 de matières résineuses et huileuses dont on peut la débarrasser par la calcination. Elle provient de la combustion incomplète de certaines matières organiques riches en carbone, telles que les résines, les huiles, les graisses, etc.

Pour obtenir le noir de fumée, il suffit d'exposer un morceau de porcelaine ou une lame métallique au-dessus de la flamme d'une bougie. Dans les arts on le prépare en brûlant des matières résineuses dans de vastes chambres dont les parois sont recouvertes de toiles grossières sur lesquelles il se dépose peu à peu. Le noir de fumée est employé dans la peinture et pour fabriquer l'encre d'imprimerie et l'encre de Chine.

71. *Usages du carbone.* — Les usages du carbone sont très nombreux. Nous avons vu qu'à l'état de diamant il sert non seulement comme objet de parure, mais encore pour couper le verre, pour tailler et polir les pierres précieuses. Tout le monde connaît l'emploi de la houille, de l'anthracite, du coke, du charbon de bois comme combustibles. En métallurgie, le charbon sert à l'extraction d'un grand nombre de métaux.

Composés oxygénés du carbone. — Le carbone forme avec l'oxygène plusieurs composés dont les plus importants sont :

$$L'oxyde\ de\ carbone\ CO,$$
$$L'acide\ carbonique\ CO^2,$$
$$L'acide\ oxalique\ C^2O^3,HO.$$

Ce dernier appartenant à la chimie organique, nous ne nous occuperons ici que de l'acide carbonique et de l'oxyde de carbone.

Acide carbonique CO².

72. *Historique.* — L'acide carbonique est le premier gaz que l'on ait distingué de l'air atmosphérique. C'est Vanhelmont qui en fit la découverte en 1644. Ce médecin, ayant chauffé fortement des pierres calcaires, reconnut qu'il s'en dégageait un air auquel il donna le nom de *gaz*. Black et Priestley en étudièrent avec soin les propriétés. Mais c'est Lavoisier qui en fit connaître exactement la nature et la composition. L'acide carbonique a été successivement nommé *air fixe, air méphitique, acide crayeux.*

73. *Propriétés physiques.* — L'acide carbonique est un gaz incolore, transparent, d'une saveur aigrelette et d'une odeur légèrement piquante. Sa densité est représentée par 1,529. L'eau en dissout environ son volume sous la pression ordinaire; mais sous une pression plus forte, elle peut en dissoudre une quantité qui augmente proportionnellement avec la pression. C'est sur cette propriété que repose la fabrication de l'eau de Seltz artificielle.

L'acide carbonique, à la température de 0° et sous la pression de 36 atmosphères, se liquéfie. Il forme alors un liquide incolore, très fluide, soluble dans l'alcool et dans l'éther, insoluble dans l'eau. Ce liquide, en passant à l'état gazeux, produit un froid considérable que l'on évalue à environ 70 degrés au-dessous de zéro.

Lorsqu'on dirige un jet d'acide carbonique liquide sur une capsule de verre ou dans une boîte métallique, une portion du liquide se condense sur les parois de la capsule ou de la boîte, et l'on obtient ainsi de l'acide carbonique solide sous la forme de flocons neigeux. La température de ce corps est d'environ 78 degrés au-dessous de zéro; mais on peut l'abaisser davantage en le mélangeant avec de l'éther. L'intensité du froid produit par ce mélange est telle, que des masses considérables de mercure peuvent être congelées en quelques secondes; c'est ainsi que l'on est parvenu à reproduire avec du mercure solidifié des pièces de monnaie, des médailles, des statuettes, etc. L'acide carbonique solide, mis en contact avec nos organes, y produit des effets entièrement semblables à ceux de la brûlure.

74. *Propriétés chimiques.* — L'acide carbonique est un acide faible; il colore en rouge vineux la teinture de tournesol. Il éteint les corps en combustion et asphyxie les animaux qui le respirent. Il forme avec l'eau de chaux un précipité blanc de carbonate de chaux, ce qui le distingue de l'azote, qui, comme lui, éteint les corps en combustion mais ne trouble pas l'eau de chaux.

A une haute température (environ 1500°), l'acide carbonique se *dissocie*, c'est-à-dire se décompose partiellement en oxygène et en oxyde de carbone. Une série d'étincelles électriques lui fait éprouver la même décomposition.

Parmi les métalloïdes, le soufre, le chlore, l'iode, le brome et l'azote sont sans action sur l'acide carbonique; mais il est décomposé par l'hydrogène et par le carbone à une température élevée. L'hydrogène le transforme en oxyde de carbone en lui enlevant la moitié de son oxygène pour former de l'eau

$$H + CO^2 = CO + HO.$$

Le carbone le convertit tout entier en un volume double d'oxyde de carbone

$$C + CO^2 = 2CO.$$

Tous les métaux des deux premières sections et quelques-uns de la troisième, tels que le fer, le zinc, etc., enlèvent à l'acide carbonique la moitié de son oxygène et le convertissent en oxyde de carbone, pour former eux-mêmes des oxydes.

L'acide carbonique est impropre à la respiration. La plupart des animaux périssent rapidement lorsqu'ils respirent de l'air contenant un cinquième de son volume d'acide carbonique. Les

accidents que produisent quelquefois les émanations des fours
à chaux et des cuves dans lesquelles fermente le raisin sont
dus à l'accumulation de ce gaz en trop grande quantité.

75. *Composition de l'acide carbonique.* — La composition de
l'acide carbonique a été déterminée pour la première fois par
Lavoisier, en faisant brûler du carbone dans de l'oxygène
pur.

Pour faire cette expérience, on prend un ballon d'environ
un litre de capacité que l'on remplit d'oxygène sur une cuve à
mercure, et que l'on dispose comme le représente la *fig.* 37.
Au moyen d'un fil de platine, on introduit au centre du ballon un petit fragment de charbon que l'on allume ensuite, en
concentrant sur lui des rayons solaires à l'aide d'une forte lentille

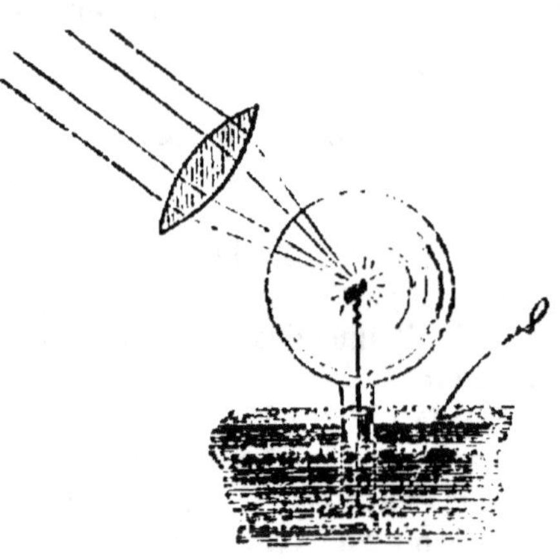

Fig. 37.

ou d'un miroir concave.
Le charbon brûle rapide-
ment et se transforme en
acide carbonique. Lors-
que la combustion est
achevée et que le gaz a
repris sa température primitive, on reconnaît que
son volume est resté sen-
siblement le même, c'est-
à-dire que *le volume de
l'acide carbonique formé
par la combustion du charbon est égal au volume de
l'oxygène introduit dans
le ballon.*

On en conclut que le gaz acide carbonique renferme un *volume d'oxygène égal au sien.* MM. Dumas et Stas, en brûlant du
diamant dans un courant d'oxygène pur, ont reconnu que 100
parties en poids d'acide carbonique contiennent

Carbone.	27,27
Oxygène.	72,73
	100,00.

Ces deux nombres étant dans le rapport de 6, équivalent du
carbone, à 16 ou deux équivalents d'oxygène, on voit que
l'acide carbonique est formé de

1 équivalent de carbone. . . . 6
2 équivalents d'oxygène. . . . 16
                                 ——
                                 22.

L'acide carbonique a donc pour formule CO_2. Le poids de son équivalent 22 représente la quantité de cet acide qui, en s'unissant à un équivalent de potasse, de soude ou de tout autre oxyde basique contenant 8 d'oxygène, forme des carbonates neutres.

Remarque. — D'après la loi de Gay-Lussac sur les volumes des gaz qui se combinent (18), il est rationnel d'admettre que l'acide carbonique est formé *d'un volume d'oxygène et d'un demi-volume de vapeur de carbone* condensés en un volume. La formule CO_2 représente donc deux volumes d'acide carbonique résultant de la combinaison de deux volumes d'oxygène avec un volume de vapeur de carbone, dont il est facile de déterminer la densité.

En effet, les densités, à volume égal, étant proportionnelles aux poids, si nous désignons par x la densité de la vapeur de carbone, 1,1056 étant celle de l'oxygène, nous aurons

$$\frac{x}{(1,1056)\times 2} = \frac{6}{16}, \text{ d'où } x = 0,829.$$

76. *État naturel.* — L'acide carbonique est très répandu dans la nature. Il fait partie, comme nous l'avons vu, de l'air atmosphérique; on le trouve en dissolution dans plusieurs espèces d'eaux minérales, dont la plus connue est l'eau de Seltz. Il existe à l'état de pureté dans un grand nombre de grottes, entre autres dans la grotte dite du Chien, près de Naples. Cette grotte est ainsi nommée parce qu'elle contient à sa partie inférieure une couche de cinq à six décimètres d'acide carbonique dans laquelle un chien ou tout autre animal de petite taille est promptement asphyxié, tandis qu'un homme peut y respirer sans danger l'air qui est au-dessus.

L'acide carbonique se produit dans la combustion du bois, du charbon, dans la fermentation alcoolique, dans la décomposition spontanée des matières organiques, dans la respiration des animaux. On le trouve en plus grande abondance à l'état de combinaison dans le carbonate de chaux, qui forme la presque totalité des terrains de sédiment. Ainsi toutes les pierres calcaires, les marbres, la craie, les coquilles des mollusques, renferment cet acide combiné avec la chaux. Enfin, il existe encore en combinaison avec quelques autres bases, telles que la baryte, la strontiane, les oxydes de fer, de cuivre, etc.

77. *Préparation de l'acide carbonique.* — On pourrait préparer directement l'acide carbonique en faisant brûler du charbon dans de l'oxygène pur; mais ce procédé est d'une exécution difficile et ne donnerait que de petites quantités de ce gaz. On préfère, dans les laboratoires, décomposer le carbonate de chaux par un acide énergique. Pour cela, on prend des fragments de marbre blanc que l'on introduit dans un flacon à deux tubulures et à moitié rempli d'eau (*fig.* 38). L'une des tubulures porte un tube droit surmonté d'un entonnoir, et dont l'extrémité inférieure plonge dans le liquide ; l'autre est munie d'un tube recourbé qui se rend dans une éprouvette propre à recueillir le gaz et reposant sur l'eau. On verse par le tube droit de l'acide chlorhydrique, et l'on voit aussitôt une vive effervescence se produire par suite du dégagement de l'acide carbonique qui se rend dans l'éprouvette. On peut ainsi recueillir en très peu de temps un volume considérable de ce gaz.

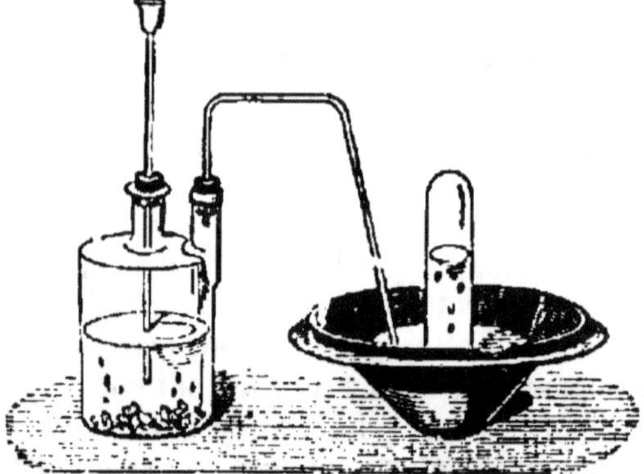

Fig. 38.

Théorie. — Le carbonate de chaux CaO,CO^2 est composé d'acide carbonique et de chaux. L'acide chlorhydrique HCl chasse l'acide carbonique, et s'empare de la chaux avec laquelle il forme, par double décomposition, du chlorure de calcium, qui reste dissous dans l'eau du flacon, et de l'eau, qui se mélange avec celle-ci.

7.

La formule suivante représente cette réaction :

$$CaO,CO^2 + HCl = CO^2 + CaCl + HO.$$

Remarque. — On pourrait remplacer l'acide chlorhydrique par l'acide sulfurique. Il se formerait alors de l'acide carbonique et du sulfate de chaux.

$$CaO,CO^2 + SO^3,HO = CO^2 + CaO,SO^3 + HO.$$

Mais le sulfate de chaux, étant très peu soluble dans l'eau, se dépose sur les fragments de marbre, autour desquels il forme bientôt une croûte qui arrête la réaction. Pour éviter cet inconvénient, il faudrait employer, comme on le fait dans les fabriques d'eau de Seltz artificielle, de la craie pulvérisée ou du bicarbonate de soude.

78. *Usages de l'acide carbonique.* — L'acide carbonique s'emploie en dissolution dans l'eau. Il forme alors les eaux gazeuses naturelles ou artificielles connues sous le nom d'eau de Seltz. On obtient l'eau de Seltz artificielle en comprimant le gaz acide carbonique dans de l'eau pure, au moyen d'une pompe foulante. On fait encore usage de petits appareils en verre épais, dans lesquels on peut préparer chez soi l'eau gazeuse avec de l'acide tartrique et du bicarbonate de soude pulvérisés. L'acide carbonique existe à l'état de liberté dans un grand nombre d'eaux minérales : telles sont les eaux de Saint-Galmier, de Condillac, de Vals, de Vichy, etc.

Problème. — Sur 125 grammes de carbonate de chaux placés dans un flacon à moitié rempli d'eau on verse une quantité suffisante d'acide chlorhydrique pour obtenir une décomposition complète : on demande le volume x de l'acide carbonique mis en liberté, sachant que 1 litre de ce gaz, à 0° et sous la pression ordinaire, pèse $1^{gr},98$.

$$CaO,CO^2 = 28 + 22 = 50.$$

Donc 50 grammes de carbonate de chaux donneraient 22 grammes d'acide carbonique ; 125 grammes donneront, par conséquent,

$$\frac{125 \times 22}{50} = 55 \text{ grammes.}$$

Or, comme 1 litre d'acide carbonique pèse 1^{gr},98, nous aurons, à 0° et sous la pression de 0^m,76,

$$x = \frac{55}{1,98} = 27^{lit},77.$$

Production de l'acide carbonique dans la respiration des animaux.

79. *Production de l'acide carbonique dans la respiration des animaux.* — Le phénomène principal de la respiration chez l'homme et chez les animaux est le déga-

Fig. 39.

gement constant d'une certaine quantité d'acide carbonique et de vapeur d'eau. Si l'on fait l'analyse de l'air expiré, on trouve en effet qu'il contient plus de vapeur d'eau, un peu moins d'oxygène et plus d'acide carbonique que l'air inspiré. La présence de cet excès d'acide carbonique peut se démontrer facilement en soufflant au moyen d'un tube de verre tenu entre les lèvres, dans une dissolution d'eau de chaux (*fig.* 39). On voit bientôt cette dissolution se troubler beaucoup plus qu'elle ne le ferait, dans le même temps, avec la même quantité d'air ordinaire.

Pour expliquer la formation de l'acide carbonique et de la vapeur d'eau dans la respiration des animaux, Lavoisier et Lagrange avaient admis que l'oxygène de l'air, mis en présence du sang veineux dans les cellules du poumon, lui enlevait une portion de son carbone et de son hydrogène, qu'il convertissait sur place en acide carbonique et en vapeur d'eau: de là la transformation du sang veineux en sang artériel, et la production de la *chaleur animale*. Pour mieux faire comprendre cette grande et belle théorie de la respiration, nous pensons devoir rapporter ici l'éloquent passage consacré par Lavoisier lui-même à son exposition.

« En partant des connaissances acquises et en nous réduisant à des idées simples que chacun puisse facilement saisir, nous dirons d'abord que la respiration n'est qu'une combustion lente de carbone et d'hydrogène qui est semblable en tout à

celle qui s'opère dans une lampe ou dans une bougie qui
brûle, et que, sous ce point de vue, les animaux qui respirent
sont de véritables corps combustibles qui brûlent et se con-
sument.

« Dans la respiration comme dans la combustion, c'est l'air
de l'atmosphère qui fournit l'oxygène et le calorique; mais
comme dans la respiration c'est la substance même de l'animal, c'est le sang qui fournit le combustible, si les animaux
ne réparaient pas habituellement par les aliments ce qu'ils perdent par la respiration, l'huile manquerait bientôt à la lampe,
et l'animal périrait comme une lampe qui s'éteint lorsqu'elle
manque de nourriture.

« Les preuves de cette identité d'effets entre la respiration
et la combustion de l'huile se déduisent immédiatement de
l'expérience. En effet, l'air qui a servi à la respiration ne contient plus, à la sortie du poumon, la même quantité d'oxygène;
il renferme non seulement du gaz acide carbonique, mais
encore beaucoup plus d'eau qu'il n'en contenait avant l'inspiration : or, comme l'air vital ne peut se convertir en eau que
par une addition d'hydrogène, comme cette double combinaison
ne peut s'opérer sans que l'air vital ne perde une partie de son
calorique spécifique, il en résulte que l'effet de la respiration
est d'extraire du sang une portion de carbone et d'hydrogène,
et d'y déposer à la place une portion de son calorique spécifique, qui, pendant la circulation, se distribue avec le sang
dans toutes les parties de l'économie animale et entretient
cette température à peu près constante que l'on observe dans
tous les animaux qui respirent.

« On dirait que cette analogie qui existe entre la respiration
et la combustion n'avait point échappé aux poètes ou plutôt
aux philosophes de l'antiquité, dont ils étaient les interprètes et
les organes. Ce feu dérobé du ciel, ce flambeau de Prométhée,
ne présente pas seulement une idée ingénieuse et poétique,
c'est la peinture fidèle des opérations de la nature. On peut
donc dire, avec les anciens, que le flambeau de la vie s'allume
au moment où l'enfant respire pour la première fois, et qu'il ne
s'éteint qu'à la mort.

« En considérant des rapports si heureux, on serait quelquefois tenté de croire qu'en effet les anciens avaient pénétré plus
avant que nous ne le pensons dans le sanctuaire des connaissances, et que la Fable, comme quelques auteurs l'ont pensé,
n'est qu'une allégorie sous laquelle ils cachaient les vérités de

la médecine et de la physique. » (LAVOISIER, *Mémoires de chimie*.)

Ainsi le phénomène de la respiration est une véritable combustion entièrement analogue aux combustions ordinaires. Cette grande idée de Lavoisier n'a été que de plus en plus confirmée par les travaux modernes. Toutefois l'illustre chimiste plaçait le siège de cette combustion dans les poumons. MM. Edwards et Magnus ont démontré depuis que ce n'est pas dans le poumon seulement qu'elle s'opère, mais dans tout l'appareil circulatoire. Le sang veineux arrivé dans le poumon absorbe l'oxygène inspiré et dégage l'acide carbonique dont il est chargé pour se transformer en sang artériel. Ainsi pourvu d'oxygène, le sang artériel retourne au cœur, qui le lance dans les artères et de là dans les vaisseaux capillaires, où s'opère la formation de l'acide carbonique que dissout et qu'entraîne le sang veineux.

D'après MM. Dulong et Despretz, la *combustion respiratoire* ne représenterait que les neuf dixièmes de la chaleur animale produite; mais M. Dumas a démontré depuis que, conformément aux idées de Lavoisier, toute la chaleur animale provient de la respiration et qu'elle peut se mesurer d'après les quantités de carbone et d'hydrogène brûlés pendant cet acte.

Il résulte d'analyses récentes qu'un homme de force moyenne consomme en 24 heures 592 grammes d'oxygène pour brûler 166 grammes de carbone et 19 grammes d'hydrogène, ce qui donne environ 307 litres d'acide carbonique et 171 grammes d'eau. Le volume d'acide carbonique expulsé dans chaque expiration représente les 4 centièmes du volume d'air expiré.

Décomposition de l'acide carbonique dans la respiration des végétaux.

80. *Décomposition de l'acide carbonique dans la respiration des végétaux.* — Si, d'une manière générale, on doit entendre par respiration les échanges de gaz que l'organisme, animal ou végétal, fait avec l'atmosphère, on peut dire que les plantes ont deux modes différents de respiration :

1° Une *respiration générale*, pareille à celle des animaux, en vertu de laquelle les plantes absorbent de l'oxygène et exhalent de l'acide carbonique;

2° Une *respiration spéciale* dite *chlorophyllienne*, qui est exactement l'inverse de la première, puisqu'elle consiste dans l'absorption de l'acide carbonique contenu dans l'air et une exhalation corrélative d'oxygène.

La *respiration générale* des végétaux se fait, comme chez les animaux, dans toutes les parties de la plante et d'une manière continue, aussi bien pendant la nuit que pendant le jour.

La *respiration spéciale* ou *chlorophyllienne* des végétaux, c'est-à-dire la décomposition de l'acide carbonique absorbé par la plante et le dégagement correspondant d'oxygène, ne s'opère que dans les parties vertes, celles qui renferment de la *chlorophylle* ou matière colorante verte (feuilles, stipules, écorce des jeunes rameaux, etc.), et seulement pendant le jour, sous l'influence de la lumière solaire, directe ou diffuse.

Rien de plus facile que de démontrer expérimentalement le dégagement d'oxygène par les parties vertes des plantes sous l'action de la lumière solaire. Il suffit pour cela de placer des feuilles vivantes sous une cloche exactement remplie d'eau (*fig.* 40) et de les exposer ensuite au soleil. On voit bientôt des bulles de gaz se détacher de leur surface et se réunir à la partie supérieure de la cloche. En recueillant ce gaz et en l'analysant, on constate qu'il est presque entièrement formé d'oxygène pur.

Fig. 40.

Le même phénomène se produit encore à l'ombre, dans la lumière diffuse; mais avec d'autant moins d'intensité que celle-ci est plus faible. Pendant la nuit ou dans une obscurité complète, c'est le contraire qui a lieu : la plante respire alors comme les animaux; elle absorbe de l'oxygène et exhale de l'acide carbonique, mais en quantité beaucoup plus petite que celle qu'elle absorbe pendant le jour.

La respiration chlorophyllienne, c'est-à-dire *la décomposition, par les parties vertes des végétaux, de l'acide carbonique contenu dans l'air*, doit donc être considérée comme un fait d'ordre général, ayant pour but non seulement de fournir à la plante le carbone dont elle a besoin pour former ses tissus, mais encore de purifier l'atmosphère en lui restituant l'oxygène que la respiration des animaux lui enlève à chaque instant. (Voyez, pour plus de détails, notre *Histoire Naturelle*.)

Oxyde de carbone CO.

81. *Historique.* — La découverte de l'*oxyde de carbone* a été faite par Priestley vers la fin du dernier siècle. En chauffant fortement un mélange d'oxyde de zinc et de charbon, ce chimiste obtint un gaz inflammable qu'il prit pour de l'hydrogène carboné. C'est Clément Desormes qui démontra plus tard que ce gaz est formé de carbone et d'oxygène.

82. *Propriétés physiques.* — L'oxyde de carbone est un gaz incolore, inodore, insipide, très peu soluble dans l'eau : 1 litre d'eau n'en dissout, à 15°, que 25 centilitres. Sa densité est 0,967. Il peut être liquéfié au moyen de l'appareil Cailletet.

83. *Propriétés chimiques.* — A une très haute température l'oxyde de carbone se dissocie, ainsi que l'a démontré M. H. Sainte-Claire Deville, en donnant du charbon et de l'acide carbonique . $2CO = C + CO^2$. L'oxyde de carbone est un corps complètement neutre; sa propriété caractéristique est de brûler au contact de l'air ou de l'oxygène avec une *flamme bleue* et de se transformer ainsi en acide carbonique : $CO + O = CO^2$.

L'oxyde de carbone est un des agents de réduction les plus énergiques, ce qui s'explique aisément par la facilité avec laquelle il absorbe l'oxygène. C'est en raison de cette propriété qu'on l'emploie en métallurgie pour extraire certains métaux de leurs oxydes.

Le chlore agit d'une manière très remarquable sur l'oxyde de carbone. Lorsqu'on mélange dans une éprouvette des volumes égaux de ces deux gaz et qu'on expose ce mélange à l'action directe de la lumière solaire, on voit le gaz diminuer de moitié et se transformer en un nouveau corps gazeux d'une odeur suffocante, d'une saveur fortement acide, et que l'on désigne sous le nom d'*acide chloroxycarbonique.* Cet acide a pour formule CO,Cl; il représente exactement la composition de l'acide carbonique, dans lequel un équivalent d'oxygène serait remplacé par un équivalent de chlore. L'eau le décompose instantanément avec formation d'acide carbonique et d'acide chlorhydrique : $CO,Cl + HO = CO^2 + HCl$.

Les autres métalloïdes et tous les métaux, à l'exception du

potassium et du sodium, sont sans action sur l'oxyde de carbone. C'est donc, comme on le voit, un corps très stable.

84. *Effets vénéneux de l'oxyde de carbone.* — On a cru pendant longtemps que l'asphyxie produite par la *vapeur du charbon*, c'est-à-dire par le gaz qui se dégage lorsque le charbon brûle au contact de l'air, était due à l'acide carbonique seul. Des expériences de M. F. Le Blanc ont prouvé que l'oxyde de carbone, qui se forme toujours en plus ou moins grande quantité dans la combustion du charbon à l'air libre, est l'agent principal de l'asphyxie. L'oxyde de carbone est, en effet, beaucoup plus vénéneux que l'acide carbonique. Un oiseau périt dans une atmosphère qui n'en contient qu'un centième. Le malaise, les vertiges, les douleurs de tête que l'on ressent dans une chambre mal ventilée où l'on brûle du charbon, sont dus principalement à l'oxyde de carbone.

Remarque. — On a reconnu dans ces derniers temps que les poêles en fonte que l'on fait rougir constituent un mode de chauffage malsain, en ce sens qu'ils répandent dans l'air une proportion notable d'oxyde de carbone. Ce gaz provient, dans ce cas, de deux sources différentes : d'une part, la décomposition par la fonte de l'acide carbonique contenu dans l'air ambiant; d'autre part, la perméabilité de la fonte rougie, qui livre passage à l'oxyde de carbone développé dans le foyer. Il est facile de remédier à cet inconvénient en doublant la fonte avec des briques réfractaires, qui empêchent le métal d'atteindre la température rouge.

85. *Composition de l'oxyde de carbone.* — On détermine la composition de l'oxyde de carbone en enflammant un mélange de ce gaz et d'oxygène dans un eudiomètre à mercure. Supposons que l'on introduise dans cet instrument 100 volumes d'oxyde de carbone et 100 volumes d'oxygène, et qu'on fasse passer l'étincelle électrique; le volume du gaz, après l'explosion, sera réduit à 150 volumes. En traitant ce résidu par la potasse, on reconnaît qu'il est alors formé de 100 volumes d'acide carbonique et de 50 volumes d'oxygène.

Donc 100 volumes d'oxyde de carbone absorbent 50 volumes d'oxygène pour former 100 volumes d'acide carbonique. Or, comme l'acide carbonique contient un volume d'oxygène égal au sien, il en résulte que l'oxyde de carbone ne contient que

la moitié de son volume d'oxygène ou, en d'autres termes, que
1 volume d'oxyde de carbone renferme

> Un demi-volume d'oxygène.
> Un demi-volume de vapeur de carbone,

Or, si de la densité de l'oxyde de carbone. 0,967
On retranche la demi-densité de l'oxygène. 0,553
                                                  ———————
                              Il reste. . . 0,414

qui représente exactement la demi-densité de la vapeur de carbone (75).

Les deux nombres 0,414 et 0,553 sont dans le rapport de
6 à 8. Donc l'oxyde de carbone contient

> 1 équivalent de carbone C = 6;
> 1 équivalent d'oxygène O = 8.

La formule de l'oxyde de carbone est donc CO = 14. Elle représente deux volumes d'oxyde de carbone, formés d'un volume
de vapeur de carbone et d'un volume d'oxygène combinés sans
condensation, ainsi qu'il arrive généralement quand deux gaz
simples se combinent entre eux à volumes égaux. (Loi de Gay-
Lussac, 18.)

86. *Préparation de l'oxyde de carbone.* —L'oxyde de carbone
n'existe pas dans la nature. Il se forme, comme nous l'avons
déjà dit, toutes les fois que le charbon brûle en excès au contact de l'air, c'est-à-dire avec une quantité insuffisante d'oxygène. On le prépare dans les laboratoires par trois procédés
différents : 1º en traitant l'acide oxalique par l'acide sulfurique
concentré; 2º en faisant passer un courant d'acide carbonique
sur des charbons chauffés au rouge; 3º en chauffant fortement
un mélange d'oxyde de zinc et de charbon.

1er *Procédé.* On introduit dans une cornue (*fig.* 41) de l'acide
oxalique cristallisé sur lequel on verse cinq ou six fois son poids
d'acide sulfurique concentré. Entre la cornue et l'éprouvette
dans laquelle l'oxyde de carbone doit être recueilli se trouve
un flacon laveur qui contient une dissolution de potasse caustique, à travers laquelle doit passer le gaz avant de se rendre
dans l'éprouvette.

Fig. 41.

Théorie. — L'acide oxalique C^4O^6, $2HO$ peut être considéré comme formé de deux équivalents d'oxyde de carbone CO et de deux équivalents d'acide carbonique CO^2, unis à deux équivalents d'eau HO. Or, l'acide sulfurique, étant très avide d'eau, décompose l'acide oxalique en s'emparant de ses deux équivalents d'eau, et l'on obtient ainsi un mélange d'oxyde de carbone et d'acide carbonique:

$$C^4O^6, 2HO + SO^3, HO = 2CO + 2CO^2 + SO^3, 3HO.$$

L'acide carbonique est absorbé par la potasse que contient le flacon laveur, et l'oxyde de carbone seul se rend dans l'éprouvette.

2e *Procédé.* On fait passer un courant d'acide carbonique sur des charbons chauffés au rouge dans un tube de porcelaine : l'acide carbonique s'empare d'un équivalent de carbone, et se transforme tout entier en oxyde de carbone :

$$CO^2 + C = 2CO.$$

3e *Procédé.* La plupart des oxydes métalliques sont décomposables par le carbone à une température plus ou moins élevée, et fournissent de l'acide carbonique ou de l'oxyde de carbone, selon la facilité plus ou moins grande avec laquelle l'oxyde cède son oxygène au charbon. Si donc on prend un oxyde difficile à réduire, tel que l'oxyde de zinc, et qu'on le chauffe au rouge dans une cornue de grès avec du charbon, on obtiendra de l'oxyde de carbone et du zinc à l'état métallique.

$$ZnO + C = CO + Zn.$$

Résumé.

I. Le *carbone* est un corps solide, inodore, insipide, infusible et fixe aux plus hautes températures que nous puissions produire.

II. Ce corps, à une température élevée, se combine directement avec l'oxygène et forme deux composés gazeux : l'oxyde de carbone CO et l'acide carbonique CO^2.

III. Le carbone présente de nombreuses variétés naturelles ou artificielles, dont les principales sont : le *diamant*, le *graphite*, la *houille*, l'*anthracite*, le *coke*, le *noir de fumée*, le *charbon de bois* et le *charbon animal*. Ces variétés, distinctes les unes des autres par leurs caractères physiques, sont identiques au point de vue de leurs propriétés chimiques.

IV. L'*acide carbonique* CO^2 est un gaz incolore, d'une odeur légèrement piquante et d'une saveur aigrelette. Sa densité est 1,516. Sous une pression de 36 atmosphères, l'acide carbonique peut être liquéfié et ensuite solidifié.

V. L'acide carbonique est un acide faible; il éteint les corps en combustion et forme un précipité blanc avec l'eau de chaux. L'hydrogène, le carbone et quelques métaux, tels que le potassium, le fer, le zinc, le manganèse, etc., le décomposent.

VI. Lorsqu'on brûle du charbon dans de l'oxygène pur, on obtient un volume d'acide carbonique égal à celui de l'oxygène employé. D'après les analyses de MM. Dumas et Stas, l'acide carbonique contient 27,27 de carbone et 72,73 d'oxygène.

VII. L'acide carbonique est très répandu dans la nature, à l'état de liberté et à l'état de combinaison. On le prépare en décomposant le carbonate de chaux par l'acide chlorhydrique :

$$CaO,CO^2 + HCl = CO^2 + CaCl + HO.$$

VIII. Le phénomène principal de la respiration des animaux consiste dans la production d'une certaine quantité d'acide carbonique et de vapeur d'eau, lesquels proviennent de la combustion du carbone et de l'hydrogène au sein de l'organisme.

IX. La chaleur animale est le résultat de cette combustion incessante de carbone et d'hydrogène aux dépens de l'oxygène absorbé dans la respiration.

X. La respiration des végétaux se fait en sens inverse de celle des animaux. Les plantes absorbent l'acide carbonique et le décomposent sous l'influence de la lumière solaire pour fixer dans leurs tissus le carbone et dégager l'oxygène.

XI. L'*oxyde de carbone* CO est un gaz incolore, inodore, insipide et insoluble dans l'eau. Sa densité est 0,967.

XII. L'oxyde de carbone brûle au contact de l'air avec une flamme bleue caractéristique et se transforme en acide carbonique.

XIII. Ce gaz est très vénéneux : c'est lui qui joue le rôle principal dans l'asphyxie produite par la combustion du carbone.

XIV. On prépare l'oxyde de carbone par trois procédés différents :

1° En traitant l'acide oxalique par l'acide sulfurique concentré :

$$C^4O^6, 2HO + SO^3, HO = 2CO + 2CO^2 + SO^3, 3HO ;$$

2° En faisant passer un courant d'acide carbonique sur des charbons chauffés au rouge :

$$CO^2 + C = 2CO ;$$

3° En chauffant fortement un mélange de charbon et d'oxyde de zinc :

$$ZnO + C = CO + Zn.$$

CHAPITRE VII.

Composés hydrogénés du carbone. — Hydrogène carboné. — Gaz de la houille ou de l'éclairage. — Flammes. — Lampe de sûreté. — Bore et silicium. — Acides borique et silicique.

Composés hydrogénés du carbone.

87. *Combinaisons du carbone avec l'hydrogène.* — Le carbone forme avec l'hydrogène un grand nombre de combinaisons naturelles. Le caoutchouc, la gutta-percha, plusieurs huiles essentielles, telles que les essences de térébenthine, de citron, etc., sont exclusivement formés de carbone et d'hydrogène.

En dirigeant un courant d'hydrogène sur les charbons incandescents de l'arc voltaïque, M. Berthelot est parvenu à combiner directement le carbone et l'hydrogène et à produire ainsi un gaz nommé *acétylène*, dont la composition est représentée par la formule C^4H^2. Ce gaz prend également naissance par l'action de la chaleur sur les matières organiques, dans le cas de combustions incomplètes.

Mais de tous les composés du carbone et de l'hydrogène, les plus remarquables sont les deux gaz connus sous les noms d'*hydrogène protocarboné* et d'*hydrogène bicarboné*, dont nous allons maintenant nous occuper.

Hydrogène protocarboné, C^2H^4.

88. *Propriétés physiques.* — L'*hydrogène protocarboné* ou *protocarbure d'hydrogène*, que l'on désigne encore sous les noms de *formène, gaz des marais*, parce qu'il se dégage naturellement de la vase des eaux stagnantes, est un gaz incolore, inodore, insipide, très peu soluble dans l'eau. Sa densité est 0,559.

89. *Propriétés chimiques.* — L'hydrogène protocarboné brûle au contact de l'air avec une flamme jaunâtre, en formant de l'acide carbonique et de l'eau :

$$C^2H^4 + 8O = 2CO^2 + 4HO.$$

Un mélange de chlore et d'hydrogène protocarboné détone violemment sous l'action directe des rayons solaires, et souvent même à la lumière diffuse. Le chlore s'unit à l'hydrogène pour former de l'acide chlorhydrique, et il reste un dépôt de charbon [*]

$$C^2H^4 + 4Cl = 4HCl + 2C.$$

Lorsque le mélange de chlore et d'hydrogène protocarboné est humide, et qu'on l'expose à la lumière diffuse, l'eau est elle-même décomposée, et il se forme à la longue de l'acide chlorhydrique, de l'acide carbonique et de l'oxyde de carbone :

$$C^2H^4 + 7Cl + 3HO = 7HCl + CO^2 + CO.$$

[*] Voyez la chimie organique, chap. XXIX.

A la température du rouge blanc et sous l'influence d'une longue série d'étincelles électriques l'hydrogène protocarboné se décompose en acétylène et en hydrogène pur :

$$2\,C^2H^4 = C^4H^2 + 6\,H.$$

90. *Composition.* — Pour déterminer la composition de l'hydrogène protocarboné, on introduit dans l'eudiomètre à mercure 100 volumes de ce gaz et 300 volumes d'oxygène ; puis on fait passer l'étincelle électrique. Il reste après l'explosion 200 volumes de gaz composés de 100 d'acide carbonique et de 100 d'oxygène.

Les 100 volumes d'acide carbonique renfermant 50 de vapeur de carbone et 100 d'oxygène, il en résulte que 100 volumes d'oxygène ont disparu pour former de l'eau, ce qui prouve que *100 volumes d'hydrogène protocarboné contiennent 200 volumes d'hydrogène et 50 volumes de vapeur de carbone.* Donc 1 volume de ce gaz contient :

> Deux volumes d'hydrogène,
> Un demi-volume de vapeur de carbone.

On peut vérifier ce résultat par la comparaison des densités. En effet, si l'on additionne

Le double de la densité de l'hydrogène. . . . . . ,	0,139
Avec la demi-densité de la vapeur de carbone. . .	0,114
On obtient le nombre. . . .	0,553

qui représente à très peu près la densité de l'hydrogène protocarboné.

La formule la plus simple de ce gaz serait donc CH^2 (l'équivalent H de l'hydrogène représentant 2 volumes). On préfère lui donner la formule C^2H^4, qui se prête mieux à l'étude de ses diverses réactions avec les autres corps. Cette formule représente 4 volumes de gaz.

91. *État naturel.* — L'hydrogène protocarboné se forme, comme nous l'avons dit, dans la vase des marais et de toutes les eaux stagnantes ; il provient de la décomposition des matières organiques que ces eaux renferment en grande quantité. Ce gaz se dégage même de la terre en différents points du globe, où il sert à entretenir des feux naturels que l'on utilise quelquefois pour la fabrication de la chaux et des poteries. L'hydrogène protocarboné se dégage encore dans certaines mines de houille. Comme il est plus léger que l'air, il tend à s'accumuler dans la partie supérieure des galeries, où il forme ces mélanges explosibles qui donnent si souvent lieu à de graves accidents ; les mineurs le désignent sous le nom de *grisou*. On trouve quelquefois ce gaz emprisonné dans certains échantillons de sel gemme. Toutes les substances riches en hydrogène et en carbone, comme la houille, les corps gras et les résines, en laissent dégager par la calcination.

92. *Préparation.* — On peut se procurer facilement de l'hydrogène protocarboné en agitant avec un bâton la vase des marais et en recueillant dans un flacon plein d'eau et muni d'un large entonnoir (*fig.* 42) les bulles de gaz qui s'en dégagent. Mais le gaz que l'on obtient ainsi n'est jamais pur ; il contient toujours une certaine quantité d'azote et d'acide carbonique.

Fig. 42.

On prépare dans les laboratoires l'hydrogène protocarboné en chauffant légèrement dans un matras ou dans une cornue en verre 1 partie d'acétate de soude cristallisé, une partie de potasse caustique et une partie et demie de chaux vive en poudre. L'hydrogène protocarboné se dégage, et il reste dans le matras un mélange de carbonate de soude et de carbonate de potasse, plus la chaux vive qui ne subit aucune altération et n'a d'autre effet que de faciliter la réaction en empêchant la potasse de couler et par suite d'attaquer le verre.

Théorie. — L'acétate de soude a pour formule $NaO,C^4H^3O^3$; la potasse caustique a pour formule KO,HO. Ces deux corps en réagissant l'un sur l'autre forment du carbonate de soude et du carbonate de potasse, plus de l'hydrogène protocarboné qui se dégage. L'équation suivante représente cette réaction :

$$NaO,C^4H^3O^3 + KO,HO = NaO,CO^2 + KO,CO^2 + C^2H^4.$$

93. *Usages.* — L'hydrogène protocarboné n'a pas d'usage à l'état de pureté; mais il fait partie du gaz de l'éclairage, dont nous allons bientôt nous occuper.

Hydrogène bicarboné C⁴H⁴.

94. *Historique.* — L'hydrogène bicarboné ou *bicarbure d'hydrogène*, que l'on désigne encore sous le nom d'*éthylène*, a été découvert à la fin du dernier siècle par des chimistes hollandais. Il portait autrefois le nom de *gaz oléfiant*, parce qu'il forme avec le chlore une matière huileuse qu'on appelle *liqueur des Hollandais*.

95. *Propriétés physiques.* — L'hydrogène bicarboné est un gaz incolore, d'une odeur empyreumatique et éthérée, très peu soluble dans l'eau; sa densité est 0,970. On peut le liquéfier au moyen d'une pression de plusieurs atmosphères, ou par le refroidissement que produit le mélange d'acide carbonique solide et d'éther. Il résulte d'expériences faites en 1883 par M. Wroblowski qu'en évaporant brusquement dans le vide de l'éthylène ainsi liquéfié, on obtient un refroidissement capable de congeler le sulfure de carbone et l'alcool, qui jusqu'alors avaient résisté à toutes les tentatives faites pour les solidifier. Ce froid est évalué à environ −130°.

96. *Propriétés chimiques.* — L'hydrogène bicarboné se décompose par l'action de la chaleur ou d'une série d'étincelles électriques; il donne alors, selon que la température est plus ou moins élevée, soit de l'hydrogène protocarboné, soit de l'hydrogène pur et un dépôt de charbon. Ce gaz est éminemment combustible; il brûle au contact de l'air avec une belle flamme blanche très éclairante, en produisant de l'acide carbonique et de la vapeur d'eau :

$$C^4H^4 + 12\,O = 4\,CO^2 + 4\,HO.$$

Si l'air n'arrive pas assez rapidement pour que la combustion soit complète, il se forme un dépôt de charbon.

Un volume d'hydrogène bicarboné et 3 volumes d'oxygène forment un mélange qui détone avec une extrême violence, soit à l'approche d'une bougie allumée, soit sous l'influence de l'étincelle électrique : il se forme de l'eau et de l'acide carbonique.

Le soufre, à la chaleur rouge, décompose l'hydrogène bicarboné ; il se forme de l'acide sulfhydrique, et du charbon se dépose.

Le chlore agit de deux manières différentes sur l'hydrogène bicarboné, selon la température à laquelle se produit la réaction entre ces deux corps :

1° Si l'on mélange 1 volume d'hydrogène bicarboné avec 2 volumes de chlore, et qu'on porte dans ce mélange une bougie allumée, le gaz s'enflamme aussitôt, et l'on obtient 4 volumes d'acide chlorhydrique et un abondant dépôt de charbon :

$$C^4H^4 + 4Cl = 4 HCl + 4 C.$$

2° Si l'on expose à la lumière diffuse et à la température ordinaire un mélange à volumes égaux d'hydrogène bicarboné et de chlore, les deux gaz se combinent presque immédiatement et donnent naissance à un liquide huileux, volatil, d'une odeur éthérée, connu sous le nom de *liqueur* ou *huile des Hollandais*. Ce liquide a pour formule $C^4H^4Cl^2$.

97. *Composition.* — L'analyse de l'hydrogène bicarboné se fait de la même manière que celle de l'hydrogène protocarboné, c'est-à-dire en cherchant combien il faut d'oxygène pour faire passer un volume connu d'hydrogène bicarboné à l'état d'eau et d'acide carbonique. On introduit dans l'eudiomètre 100 volumes de ce gaz et 500 volumes d'oxygène : après le passage de l'étincelle électrique, il reste 300 volumes de gaz, composés de 200 d'acide carbonique et de 100 d'oxygène.

Les 200 volumes d'acide carbonique renfermant 100 de vapeur de carbone et 200 d'oxygène, il en résulte que 100 volumes d'oxygène ont disparu pour former de l'eau, ce qui démontre que *100 volumes d'hydrogène bicarboné contiennent 200 volumes d'hydrogène et 100 volumes de vapeur de carbone.* Donc 1 volume d'hydrogène bicarboné renferme

> 2 volumes d'hydrogène,
> 1 volume de vapeur de carbone.

Ce résultat se vérifie par la comparaison des densités. En effet, si l'on additionne

8.

Le double de la densité de l'hydrogène. 0,138
Avec la densité de la vapeur de carbone. 0,829
                       On obtient le nombre. 0,967

qui diffère très peu de la densité de l'hydrogène bicarboné.

La formule la plus simple de ce corps serait donc CH (H représentant 2 volumes d'hydrogène). On lui donne pour formule C^4H^4 qui se prête mieux à l'étude des divers composés qui en dérivent. Cette formule représente 4 volumes.

98. *Préparation.*—L'hydrogène bicarboné n'existe pas dans la nature : on l'obtient à l'état de pureté, en chauffant dans un petit matras (*fig.* 43) un mélange de 1 partie en poids d'alcool et de 4 parties d'acide sulfurique concentré. La température doit être élevée jusqu'à l'ébullition du mélange, c'est-à-dire jusqu'à 160 ou 180 degrés.

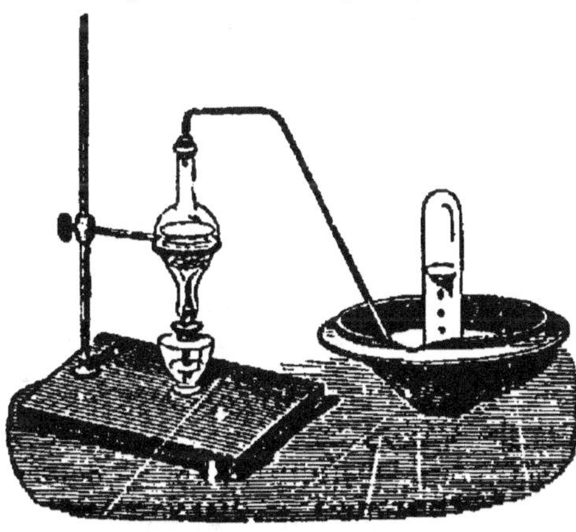

Fig. 43.

Théorie.— L'alcool, dont la formule est $C^4H^6O^2$, peut être considéré comme formé de 1 équivalent d'hydrogène bicarboné C^4H^4 et de deux équivalents d'eau 2 HO ; l'acide sulfurique sépare de l'alcool les deux équivalents d'eau, et le transforme ainsi en hydrogène bicarboné.

$$C^4H^6O^2 + SO^3,HO = C^4H^4 + SO^3,3HO.$$

Remarque. — Il se produit presque toujours dans cette préparation une certaine quantité d'éther, de vapeur d'eau, d'acide carbonique et d'acide sulfureux. Ces deux derniers gaz résultent de la réaction réciproque du carbone que contient l'alcool et de l'acide sulfurique. Quant à l'éther, il est facile de comprendre sa formation : ce corps, ayant pour formule C^4H^5O, ne diffère, comme on le voit, de l'alcool $C^4H^6O^2$ que par un équi-

valent d'eau HO. Au commencement de l'expérience, lorsque
la température n'est pas encore assez élevée, l'acide sulfurique,
au lieu de séparer de l'alcool deux équivalents d'eau, n'en sépare qu'un seul; ce qui donne lieu à la production de l'éther,
comme le représente la formule suivante :

$$C^4H^6O^2 + SO^3,HO = C^4H^5O + SO^3,2 HO.$$

99. *Usages.* — L'hydrogène bicarboné fait partie du gaz de
l'éclairage, dont nous allons maintenant nous occuper.

Gaz de la houille ou gaz de l'éclairage.

100. *Historique.* — La découverte de l'éclairage au gaz appartient à Philippe Lebon, ingénieur français. Dans un mémoire qu'il publia en 1801, il annonça la possibilité d'obtenir
par la distillation du bois et des matières grasses un gaz inflammable avec lequel on pouvait produire une belle et forte
lumière. Philippe Lebon eut le sort de la plupart des grands
inventeurs : ses idées furent accueillies avec indifférence, et il
mourut sans avoir pu les réaliser dans sa patrie. Mais l'Angleterre sut bientôt en profiter : en 1805 plusieurs fabriques de
Birmingham, entre autres les ateliers du célèbre Watt, furent
éclairées par le gaz provenant de la distillation de la houille.
La première usine pour l'éclairage public fut établie à Londres
en 1810. Ce fut seulement huit ans plus tard, en 1818, que ce
mode d'éclairage fut introduit en France.

101. *Composition.* — Le gaz de l'éclairage provenant de la
distillation de la houille est essentiellement formé d'hydrogène
protocarboné (environ 50 pour 100), d'hydrogène pur (30 à
35 pour 100) et d'une petite quantité d'hydrogène bicarboné. Il
contient en outre un peu d'oxyde de carbone, de l'azote, des
traces d'acide sulfhydrique, du sulfure de carbone, et quelques
carbures volatils (benzine surtout) qui lui communiquent une
odeur particulière dont il est impossible de le débarrasser
complètement.

102. *Préparation.*—On peut obtenir le gaz de l'éclairage par
la distillation d'un grand nombre de matières organiques riches
en carbone et en hydrogène, telles que les graisses, les huiles,
la cire, les résines, le marc de raisin, etc. On préfère généra-

lement l'extraire de la houille, parce que cette matière est très
commune, d'un prix peu élevé, et qu'elle fournit, indépendamment du gaz, un combustible très précieux, le coke.

Les appareils dont on fait usage pour extraire de la houille
le gaz de l'éclairage se composent de cylindres en fonte placés
horizontalement dans un four en maçonnerie. On introduit dans
ces cylindres des morceaux de houille que l'on chauffe à la
température du rouge cerise. Le gaz qui se dégage va d'abord
se rendre, par une série de tubes placés à la partie antérieure
des cylindres, dans un condensateur rempli d'eau, où il se dépouille du goudron et des gaz ammoniacaux qu'il renferme,
puis dans un dépurateur formé de claies superposées et recouvertes d'un mélange de chaux et de sulfate de fer divisé par
de la sciure de bois. Ce mélange a pour effet de retenir ce qui
reste d'ammoniaque et d'absorber la plus grande partie de
l'acide sulfhydrique, qui passe à l'état de sulfure de fer. De là,
le gaz se rend dans le *gazomètre* (*fig.* 44), où il s'accumule,
pour être ensuite distribué aux différents becs de consommation.

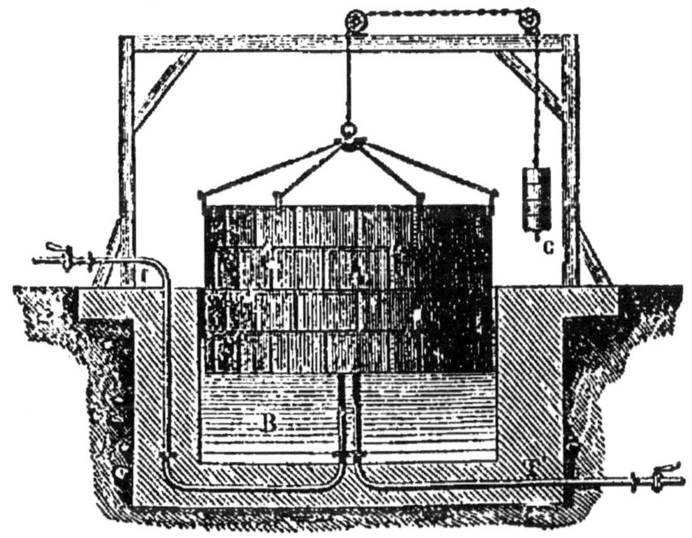

Fig. 41.

Cet appareil est formé d'une grande cloche cylindrique en
tôle A, ouverte en bas et fermée en haut, reposant sur l'eau
que contient un bassin B construit en maçonnerie. Deux gros

tubes en fonte **T** et **T'** communiquent avec l'intérieur de la cloche, dans laquelle ils s'élèvent un peu au-dessus du niveau de l'eau extérieure. Le tube **T**, en communication avec l'appareil où le gaz se produit, amène celui-ci dans le gazomètre ; l'autre tube **T'** forme l'artère principale qui doit porter le gaz dans toutes les ramifications des tuyaux de conduite servant à la distribution. Ces deux tubes sont munis de robinets qui s'ouvrent et se ferment tour à tour. Lorsqu'on charge le gazomètre, le robinet du tube de distribution **T'** est fermé, tandis que celui du tube de réception **T** communiquant avec l'appareil est ouvert ; un contre-poids **C** soutient la cloche, afin de diminuer la pression intérieure.

Lorsqu'il s'agit de distribuer le gaz, on ferme le robinet du tube de réception et l'on ouvre celui du tube de distribution. L'excès de poids de la cloche sur son contre-poids, convenablement calculé, suffit alors pour lancer le gaz avec une vitesse constante dans tous les tuyaux de conduite jusqu'aux becs d'éclairage où on l'allume.

Le charbon que l'on trouve dans les cylindres après la distillation de la houille porte le nom de *coke*. Nous en avons fait connaître précédemment les propriétés (70).

Flamme ; effets des toiles métalliques ; lampe de sûreté.

105. *Flamme.*— La *flamme* est le résultat de la combustion vive d'un gaz ou d'une vapeur. Son pouvoir éclairant varie avec les produits de cette combustion. Lorsqu'une flamme ne renferme aucune matière solide, sa lumière est faible, sans éclat et comme transparente : telles sont les flammes de l'hydrogène, de l'oxyde de carbone, de l'alcool, du soufre brûlant dans l'oxygène. Lorsqu'au contraire il se forme dans la flamme une matière solide et fixe qui peut devenir incandescente, la lumière que donne cette flamme est vive et très éclairante. Ainsi le phosphore, qui donne, en brûlant à l'air, de l'acide phosphorique solide, produit une flamme très vive ; il en est même du zinc, qui par la combustion se change en oxyde de zinc. C'est encore pour cette raison que les flammes du gaz de l'éclairage, des bougies et des lampes sont très éclairantes. Ces flammes sont, en effet, formées par de l'hydrogène carboné, lequel éprouve une combustion incomplète et abandonne du charbon très divisé qui devient incandescent. On peut artificiellement rendre une flamme très brillante en y plaçant des corps solides, tels que des fragments de chaux vive, des fils de platine ou d'amiante.

Remarque. — La température d'une flamme n'est pas en rapport avec son pouvoir éclairant : ainsi, la flamme de l'hydrogène, qui produit beaucoup de chaleur, est à peine visible. Cependant on a constaté que la flamme du chalumeau à gaz oxygène et hydrogène, qui est peu éclairante sous la pression atmosphérique, acquiert un grand éclat dans un milieu comprimé à plusieurs atmosphères, et que cette augmentation d'éclat tient à ce que la température de la flamme s'élève à mesure que la pression devient plus forte.

104. *Composition de la flamme ; chalumeau.*—La flamme que produit un corps simple en combustion est homogène dans toutes ses parties; il n'en est pas de même de celle d'un corps composé. Si nous considérons attentivement la flamme d'une bougie, nous y voyons en effet quatre parties distinctes :

1° A la base se trouve une zone *a* (*fig.* 45) d'un bleu sombre, qui s'amincit en s'éloignant de la mèche ; cette zone résulte de la combustion de l'hydrogène carboné et surtout de l'oxyde de carbone, premiers produits de la décomposition de la bougie par la chaleur;

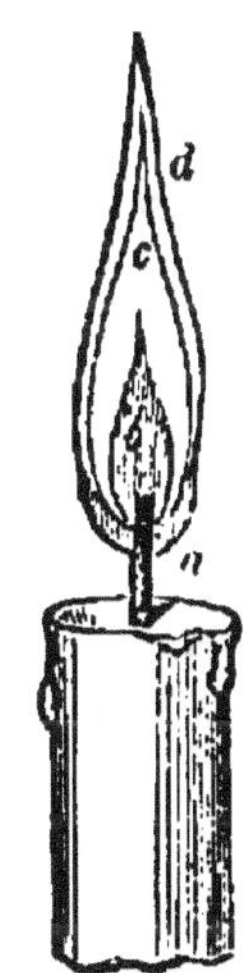

2° Au milieu est un cône obscur et jaunâtre *b*, dans lequel la combustion du gaz n'a pas lieu, faute d'oxygène ;

3° Autour de ce cône obscur est une *zone lumineuse* très brillante *c*, qui constitue la partie éclairante de la flamme, partie dans laquelle la combustion est incomplète et se fait avec un dépôt de charbon ;

4° Cette zone brillante est elle-même entourée d'une couche extérieure *d* très peu lumineuse, et dont la plus grande épaisseur correspond au sommet de la flamme; dans cette couche la combustion est complète, et la température qui s'y développe est très élevée.

Fig. 45.

Ces diverses parties de la flamme présentent des propriétés différentes que l'on utilise en minéralogie pour l'analyse au *chalumeau*, petit instrument bien connu, formé d'un tube recourbé au moyen duquel on souffle de l'air dans la flamme pour en activer la combustion. La zone lumineuse *c*, qui contient des parcelles de charbon incandescentes, sert à désoxyder les corps que l'on y place, et porte pour cette raison le nom de *flamme réductrice*. La couche extérieure *d* est, au contraire, nommée *flamme oxydante*, parce qu'elle jouit de la propriété d'oxyder, en les brûlant, des fragments de métaux ou autres corps combustibles qu'on y introduit.

Les flammes du gaz d'éclairage et des lampes à l'huile ont la même constitution.

On peut communiquer à la flamme des teintes variées en y introduisant certaines substances salines. Ainsi les sels de strontiane la colorent en rouge, ceux de baryte en vert, ceux de cuivre en bleu, etc. C'est de cette manière que l'on colore les feux d'artifice et de Bengale, qui ne sont autre chose qu'un mélange de poudre à tirer avec ces diverses substances.

105. *Effet des toiles métalliques.* — Lorsqu'on fait passer une flamme à travers une toile métallique très serrée, la matière gazeuse qui constitue la flamme se refroidit immédiatement et cesse de brûler au delà de la toile métallique. Si l'on met, par exemple, une toile métallique au milieu de la flamme d'une lampe à hydrogène, on verra celle-ci s'éteindre au-dessus de la toile, bien que la combustion continue au-dessous. Ainsi, *aucune flamme ne peut traverser une toile métallique à mailles suffisamment serrées.* Ce principe est la conséquence de la grande conductibilité des métaux pour la chaleur.

106. *Lampe de sûreté.* — La lampe de sûreté, imaginée par H. Davy, repose sur le principe précédent. Elle a pour but de prévenir ces explosions terribles que produit, dans les mines de houille, l'hydrogène protocarboné mélangé à l'air, lorsqu'il est directement en contact avec les lumières qui servent à éclairer les travailleurs.

Cet instrument se compose (*fig.* 46) d'une lampe ordinaire à huile L, entourée d'un cylindre A en toile métallique très fine. Lorsqu'on porte cette lampe dans un mélange explosible, la détonation se fait dans l'intérieur du cylindre ; mais comme

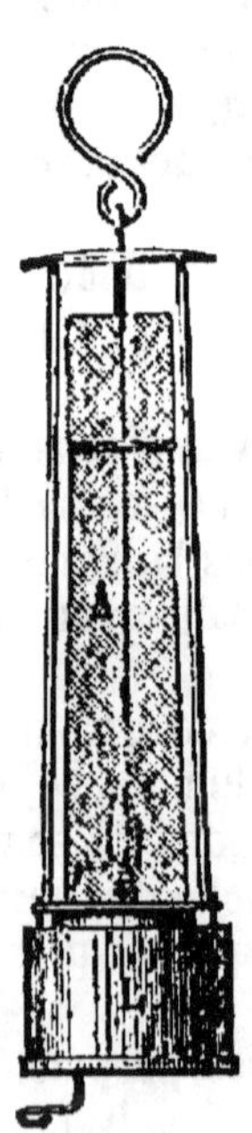

Fig. 46.

la flamme est arrêtée par la toile métallique, l'explosion ne
peut s'étendre au dehors : l'ouvrier mineur est donc à l'abri
de tout danger.

Remarque. — Lorsqu'une explosion se produit dans l'intérieur
de la lampe, la flamme s'éteint et le mineur pourrait rester
plongé dans une obscurité complète. Pour parer à cet inconvénient, on place à une très petite distance de la flamme un
fil de platine qui reste rouge après la détonation, et dont la
lueur suffit à l'ouvrier pour se conduire.

107. *Bore et silicium.* — A côté du carbone se placent deux
autres métalloïdes, le *bore* et le *silicium*, qui présentent avec
le carbone de très grandes analogies, et qui forment avec l'oxygène deux composés importants, l'acide borique et l'acide silicique.

BORE

Équivalent BO = 11.

108. *Propriétés physiques.*— Le bore se présente sous deux
états différents : le *bore amorphe* et le *bore cristallisé*. Le bore
amorphe est une poudre verdâtre, infusible et fixe aux plus
hautes températures dont nous disposons. Le bore cristallisé
est transparent, incolore ou coloré en jaune clair ou en rouge
grenat. Sa densité est 2,69. Il est presque aussi dur que le
diamant, et peut être utilisé pour polir ce dernier.

109. *Propriétés chimiques.*— A l'état amorphe, le bore brûle
rapidement dans l'air ou dans l'oxygène et se transforme en
acide borique BoO^3. Il décompose l'eau au rouge en donnant
de l'acide borique et de l'hydrogène. Chauffé au rouge sombre
dans un courant d'azote, il absorbe ce gaz avec dégagement
de chaleur et de lumière et produit de l'azoture de bore susceptible de cristalliser. Le bore amorphe ou cristallisé n'est
soluble dans aucun liquide connu. Comme le carbone, il ne se
dissout que dans certains métaux en fusion, et particulièrement
dans l'aluminium.
Le bore est, au même titre que le carbone, un agent de réduction énergique, non seulement pour les composés oxygénés,
mais encore pour les sulfures, chlorures, iodures métalliques, etc., qu'il décompose pour la plupart, avec l'aide de
la chaleur, en s'emparant de leur radical et en mettant le
métal en liberté.

110. *Préparation.*—On obtient le bore amorphe en chauffant fortement dans un creuset de fonte un mélange d'acide borique et de sodium, recouvert d'une légère couche de chlorure de sodium qui protège le tout contre l'action de l'air. L'acide borique est réduit en partie par le sodium, qui s'empare de son oxygène pour former de la soude NaO, laquelle se combine avec la partie d'acide borique non décomposée. Il en résulte une masse fondue, composée de bore amorphe, de borate de soude et de chlorure de sodium, que l'on traite ensuite par de l'eau légèrement acidulée avec de l'acide chlorhydrique. Le borate de soude et le chlorure de sodium se dissolvent, puis on fait passer la liqueur à travers un filtre qui retient le bore :

$$4\,BoO^3 + 3\,Na = 3\,(NaO,BoO^3) + Bo.$$

Pour obtenir le bore cristallisé, on chauffe fortement pendant quelques heures un mélange de 10 parties d'acide borique et de 8 parties d'aluminium. L'acide borique est réduit en partie, et il en résulte du borate d'alumine et du bore, lequel se dissout d'abord dans l'aluminium et cristallise ensuite dès qu'il est en excès. En traitant successivement la masse par des solutions de soude, d'acide chlorhydrique, d'acide azotique et d'acide fluorhydrique, qui enlèvent l'aluminium ainsi que le borate d'alumine, on met en liberté les cristaux de bore, qu'aucun de ces réactifs ne peut attaquer.

Acide borique BoO³.

111. *Propriétés physiques.* — L'acide borique est un corps solide qui cristallise en lamelles incolores contenant trois équivalents d'eau $BoO^3,3HO$. Chauffé au rouge sombre, il perd son eau de cristallisation, devient anhydre, et se transforme par le refroidissement en une masse vitreuse. Cette masse, exposée à l'eau, perd peu à peu sa transparence en se recouvrant d'une couche d'acide borique hydraté. L'acide borique est un des acides les plus fixes que l'on connaisse ; il ne se volatilise qu'au rouge vif et très lentement.

L'acide borique cristallisé a pour densité 1,48. Il est soluble dans l'eau, mais beaucoup plus à chaud qu'à froid. Il est également soluble dans l'alcool, auquel il communique la propriété de brûler avec une flamme verte (éther borique).

112. *Propriétés chimiques.* — L'acide borique est un acide faible ; sa dissolution à froid ne colore la teinture de tournesol qu'en rouge vineux. Il forme, avec les bases, des sels nommés *borates,* qui jouissent comme lui d'une grande fixité. Aucun métalloïde ne peut le décomposer isolément ; mais si l'on fait agir en même temps sur lui le chlore et le charbon, il se décompose avec formation de chlorure de bore et d'oxyde de carbone.

Le potassium, le sodium et l'aluminium s'emparent de son oxygène à une température élevée et le réduisent, les deux premiers en bore amorphe et le troisième en bore cristallisé.

113. *État naturel et préparation.* — L'acide borique existe dans la nature à l'état de borate de soude et de borate de magnésie dans un grand nombre de lacs et de sources minérales. Le sol de la Toscane présente en certains endroits des crevasses d'où s'échappent sans cesse des jets de gaz et de vapeur d'eau (*suffioni*), dont la température est voisine de 100°. Autour de ces jets gazeux se sont formés de petits lacs (*lagoni*) dont les eaux contiennent de l'acide borique libre.

Pour extraire de ces eaux l'acide borique, on les recueille dans des bassins en maçonnerie (*fig.* 47), où elles se concentrent

Fig. 47.

par évaporation, après quoi elles sont dirigées dans de grands réservoirs en plomb, où s'opère la cristallisation. On purifie l'acide borique ainsi obtenu en le traitant à chaud par une dissolution de carbonate de soude. L'acide carbonique se dégage et on obtient, en faisant évaporer la liqueur, du borate de soude que l'on fait dissoudre de nouveau dans de l'eau bouillante. On y verse ensuite de l'acide chlorhydrique, qui s'empare de la soude, et l'acide borique cristallise par le refroidissement.

L'acide borique est principalement employé pour préparer le borate de soude ou *borax*. Il sert à fabriquer certaines espèces de verres et quelques pierres précieuses artificielles. On en imprègne les mèches des bougies stéariques, ce qui a pour effet de forcer leur extrémité à se courber en dehors de la flamme et à se mettre ainsi en contact avec l'air, où elle se consume à mesure que s'opère la combustion de la bougie.

SILICIUM.

Équivalent Si = 14.

114. *Propriétés physiques et chimiques.* — Ce métalloïde se présente ordinairement sous la forme d'une poudre brune, susceptible d'entrer en fusion à une haute température et de cristalliser par le refroidissement en petits globules octaédriques. Il brûle au contact de l'air avec assez de facilité et se convertit en acide silicique SiO^2. Le chlore l'attaque également et le transforme en un liquide volatil, le chlorure de silicium. Les acides oxygénés les plus énergiques sont sans action sur lui; mais il est attaqué par les acides chlorhydrique et fluorhydrique.

115. *Préparation.* — On prépare le silicium en dirigeant un courant de vapeur de chlorure de silicium $SiCl^2$ sur des fragments de sodium placés dans des nacelles en porcelaine chauffées dans un tube de verre peu fusible. Il se forme du silicium et du chlorure de sodium, que l'on sépare en lavant le mélange dans de l'eau qui dissout le chlorure de sodium:

$$SiCl^2 + 2\,Na = Si + 2\,NaCl.$$

Le silicium forme avec les autres métalloïdes plusieurs composés : acide silicique SiO^2, hydrogène silicié Si^2H^4, chlorure de silicium $SiCl^2$, fluorure de silicium $SiFl^2$, acide hydro-fluosilicique $SiFl^2,HFl$. Nous n'étudierons ici que l'acide silicique, qui est un des corps les plus intéressants de la chimie minérale.

Acide silicique ou silice SiO^2.

116. *État naturel et propriétés.* — L'acide silicique, que l'on désigne vulgairement sous le nom de *silice*, est, avec le carbonate de chaux, une des matières les plus répandues dans les couches du sol. A l'état de liberté, la silice forme le quartz ou cristal de roche, cristallisé en prismes hexagonaux, terminés par des pyramides à six faces, (*fig.* 48) le silex, la pierre meulière, les grès, le sable, l'agate et l'opale. On la trouve en combinaison avec l'alumine, la potasse, la soude, la chaux, l'oxyde de fer, dans un grand nombre de roches ignées ou de sédiment, telles que les granits, les schistes, les argiles, etc. Sous ces différentes formes, la silice représente au moins les trois dixièmes de l'écorce terrestre.

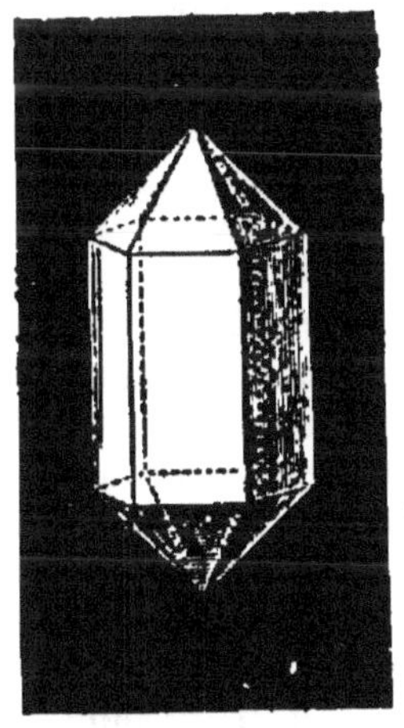

Fig. 48.

La silice se trouve encore, mais en très petite quantité, dans les eaux courantes. Il existe en Islande plusieurs sources jaillissantes, nommées *geysers* (*fig.* 49), dont les eaux presque bouillantes sont fortement chargées de silice, qui s'en sépare par le refroidissement et forme autour des ouvertures d'où s'échappe le liquide des monticules de plus en plus élevés et étendus.

Fig. 49.

La silice n'est fusible qu'à une température excessivement élevée; elle se change alors en un verre transparent. Aucun métalloïde ni aucun métal ne peut la décomposer en agissant sur elle isolément; mais un mélange de silice et de charbon, chauffé dans un courant de chlore, donne du chlorure de silicium.

L'acide fluorhydrique est le seul acide qui attaque la silice pour former un composé gazeux, le fluorure de silicium, et de l'eau :

$$2\,HFl + SiO^2 = SiFl^2 + 2\,HO.$$

Cette propriété est utilisée, comme nous le verrons plus loin, pour la gravure sur verre.

117. *Préparation.* — L'acide silicique peut être obtenu artificiellement. Pour cela, on chauffe dans un creuset de platine 1 partie de sable ou de grès pulvérisé et 2 parties de potasse. Le mélange entre en fusion et se transforme en un silicate de potasse soluble dans l'eau (*liqueur des cailloux*). On dissout la matière dans l'eau bouillante, et l'on verse dans la dissolution de l'acide chlorhydrique concentré. Cet acide s'empare de la potasse et précipite l'acide silicique sous la forme de flocons gélatineux. L'acide silicique ainsi obtenu est légèrement soluble dans l'eau; ce qui explique sa présence dans les eaux courantes, les geysers, ainsi que dans la sève de certaines plantes, telles que les graminées, les cypéracées, etc.

L'acide silicique a de nombreux usages. Il entre dans la composition du verre, du cristal, des émaux et des poteries. Nous verrons plus loin qu'il fait également partie des mortiers et autres matériaux de construction.

Résumé.

I. Le carbone forme avec l'hydrogène un grand nombre de composés dont les plus importants, en chimie minérale, sont *l'hydrogène protocarboné* et *l'hydrogène bicarboné*.

II. *L'hydrogène protocarboné* C^2H^4 ou *gaz des marais* est incolore, insipide et insoluble dans l'eau. Sa densité est 0,559.

III. Ce gaz brûle au contact de l'air avec une flamme bleuâtre, en formant de l'eau et de l'acide carbonique.

IV. L'hydrogène protocarboné existe dans la nature; on peut l'extraire directement de la vase des marais. Dans les laboratoires, on le prépare en chauffant un mélange d'acétate de soude cristallisé, de potasse caustique et de chaux vive en poudre, laquelle n'intervient que pour faciliter la réaction :

$$NaO,C^4H^3O^3 + KO,HO = NaO,CO^2 + KO,CO^2 + C^2H^4$$

V. L'*hydrogène bicarboné* C'II' ou *gaz oléfiant* est un gaz incolore, d'une odeur empyreumatique, peu soluble dans l'eau. Sa densité est 0,970.

VI. Ce gaz brûle au contact de l'air avec une flamme très brillante en formant de l'eau, de l'acide carbonique et un dépôt de charbon. Le chlore forme avec lui un liquide huileux connu sous le nom de *liqueur des Hollandais*.

VII. L'hydrogène bicarboné n'existe pas dans la nature. On le prépare en chauffant un mélange d'alcool et d'acide sulfurique :

$$C^4H^6O^2 + SO^3,HO = C^4H^4 + SO^3,3 HO.$$

VIII. Le gaz de l'éclairage se compose essentiellement d'hydrogène protocarboné; il contient, en outre, une certaine quantité d'hydrogène bicarboné, d'hydrogène pur, d'azote, d'oxyde de carbone, d'acide sulfhydrique, et quelques carbures volatils (benzine surtout). On l'obtient par la distillation de la houille.

IX. La flamme est le résultat de la combustion d'un gaz ou d'une vapeur. Sa lumière est faible lorsqu'elle ne renferme aucune matière solide; elle est éclatante dans le cas contraire.

X. Les toiles métalliques ont pour effet d'arrêter la flamme, en refroidissant le gaz ou la vapeur qui la forme.

XI. La lampe de sûreté de H. Davy repose sur le principe précédent. Elle se compose d'une lampe ordinaire entourée d'un cylindre en toile métallique.

XII. Le *bore* Bo est un métalloïde qui se présente sous deux états différents : le *bore amorphe*, en poudre verdâtre infusible et fixe aux plus hautes températures ; le *bore cristallisé*, incolore ou coloré en jaune clair ou rouge grenat, presque aussi dur que le diamant.

XIII. Les propriétés chimiques du bore le rapprochent du carbone; il brûle dans l'air ou dans l'oxygène et se transforme en *acide borique* BoO^3, lequel existe dans la nature à l'état de liberté ou en combinaison avec la soude et la magnésie, dans un grand nombre de lacs ou de sources minérales.

XIV. On prépare le bore en décomposant l'acide borique par le sodium, qui s'empare de l'oxygène de l'acide et met le bore en liberté.

XV. Le *silicium* Si est un métalloïde ordinairement sous la forme d'une poudre brune, susceptible d'entrer en fusion à une haute température et de cristalliser par le refroidissement.

XVI. Comme le bore, le silicium se rapproche beaucoup du carbone par ses propriétés chimiques. Il brûle assez facilement au contact de l'air et se transforme en *acide silicique* ou *silice* SiO², lequel est un des corps les plus abondamment répandus dans la nature, soit à l'état de liberté (quartz, silex, grès, sables, etc.), soit en combinaison avec l'alumine, la chaux, la potasse, etc. (granits, schistes, argiles, etc.).

XVII. On prépare le silicium en décomposant son chlorure SiCl² au moyen du sodium, lequel s'empare du chlore et met le silicium en liberté.

—◆◆◆—

CHAPITRE VIII.

Oxydes d'azote. — Acide azotique. — Ammoniaque.

Oxydes d'azote.

118. *Combinaisons de l'azote avec l'oxygène.* — L'azote, en se combinant avec l'oxygène, forme cinq composés dont la série nous offre un exemple remarquable de la loi de Dalton sur les proportions multiples. Ces cinq composés sont :

Le *protoxyde d'azote*	$AzO = 14Az + 8\,O.$
Le *bioxyde d'azote*	$AzO^2 = 14Az + 16\,O.$
L'*acide azoteux*	$AzO^3 = 14Az + 24\,O.$
L'*acide hypo-azotique.* . . .	$AzO^4 = 14Az + 32\,O.$
L'*acide azotique.*	$AzO^5 = 14Az + 40\,O.$

On voit que les quantités d'oxygène qui, dans ces cinq composés, sont combinées avec la même quantité d'azote sont dans les rapports de 1, 2, 3, 4, 5[1].

Protoxyde d'azote, AzO.

119. *Historique.* — Le *protoxyde d'azote* a été découvert, en 1772, par Priestley; on l'a nommé successivement *oxyde nitreux, oxydule d'azote, gaz hilariant.*

120. *Propriétés physiques.* — Le protoxyde d'azote est un gaz incolore, inodore, d'une saveur légèrement sucrée. Sa densité est 1,527. Soumis à la double influence d'un refroidis-

---

1. Un nouveau composé d'azote avec l'oxygène, *l'acide perazotique*, dont la formule serait AzO⁶, a été découvert en 1881, par MM. Hautefeuille et Chappuis. En faisant agir directement l'électricité sur un mélange des deux gaz, ces chimistes ont obtenu des cristaux très volatils, qui, dans l'air humide, se décomposent immédiatement en oxygène et en acide azotique.

sement considérable et d'une forte pression, il peut se liquéfier et même se solidifier. Dans ce dernier état, il se présente sous la forme de flocons de neige dont la température est évaluée à plus de 100 degrés au-dessous de zéro. A la température de 5°, l'eau peut dissoudre environ son volume de protoxyde d'azote.

121. *Propriétés chimiques.* — La chaleur décompose le protoxyde d'azote et le transforme en azote et en acide hypoazotique : $4 AzO = 3 Az + AzO^4$. La plupart des métalloïdes et des métaux le décomposent également en s'emparant de son oxygène et en mettant l'azote en liberté.

Le protoxyde d'azote peut, comme l'oxygène, entretenir la combustion; le charbon, le soufre, le phosphore, y brûlent avec une grande énergie. Une allumette présentant encore quelques points en ignition se rallume instantanément lorsqu'on la plonge dans ce gaz. Ce dernier caractère pourrait même faire confondre le protoxyde d'azote avec l'oxygène; mais il est facile de distinguer ces deux gaz en introduisant quelques bulles de l'un ou de l'autre dans une éprouvette remplie de bioxyde d'azote : avec l'oxygène, le bioxyde d'azote prend immédiatement une teinte orange, tandis qu'avec le protoxyde d'azote ce gaz reste incolore. Le protoxyde d'azote est, en outre, beaucoup plus soluble dans l'eau que l'oxygène.

Le protoxyde d'azote est impropre à la respiration. On prétend qu'il produit chez l'homme une sorte d'ivresse agréable, ce qui lui a fait donner le nom de *gaz hilariant*.

122. *Composition.* — Pour faire l'analyse du protoxyde d'azote, on fait brûler un fragment de potassium ou de sulfure de barium dans une cloche courbe reposant sur du mercure et contenant un volume déterminé de ce gaz (*fig.* 50). Le potassium ou le sulfure de barium s'emparent de l'oxygène du protoxyde d'azote et mettent l'azote en liberté.

Fig. 50.

Lorsque la combustion est achevée, et que l'appareil est refroidi, on reconnaît que le volume du gaz n'a pas changé : le protoxyde d'azote *renferme donc un volume d'azote égal au sien.* Or,

Si de la densité du protoxyde d'azote. 1,527
On retranche la densité de l'azote. 0,971
On obtient le nombre. 0,556

qui exprime à très peu de chose près la moitié de la densité de l'oxygène. *Un volume de protoxyde d'azote renferme donc un volume d'azote et un demi-volume d'oxygène.*

D'où la formule en équivalents du protoxyde d'azote AzO, représentant deux volumes d'azote et un volume d'oxygène condensés en deux volumes; en poids, 14 d'azote et 8 d'oxygène = 22. L'équivalent de l'azote Az, comme celui de l'hydrogène H, représente donc deux volumes (51, *remarque*).

123. *Préparation du protoxyde d'azote.* — Le protoxyde d'azote n'existe pas dans la nature. On le prépare en chauffant de l'azotate d'ammoniaque dans une petite cornue de verre munie d'un tube recourbé (*fig.* 51). L'azotate d'ammoniaque fond d'abord, puis entre en ébullition, et dégage une grande quantité de gaz que l'on recueille dans des éprouvettes reposant soit sur l'eau, soit sur le mercure. On voit en même temps de l'eau se condenser en gouttelettes sur les parois de la cornue.

Fig. 51.

Théorie. — L'azotate d'ammoniaque, dont la formule est AzH³HO,AzO⁵, se dédouble exactement en protoxyde d'azote et en eau, ce que représente l'équation suivante :

$$AzH^3HO,AzO^5 = 2\,AzO + 4\,HO.$$

On obtient donc **2** équivalents de protoxyde d'azote et **4** équivalents d'eau, de sorte qu'à la fin de l'opération il ne reste rien dans la cornue.

124. *Usages.* — Le protoxyde d'azote est quelquefois employé en chirurgie, au même titre que le chloroforme, comme agent anesthésique. Les dentistes en font aujourd'hui un fréquent usage dans l'extraction des dents, pour soustraire le patient à la douleur. On n'a signalé jusqu'à présent qu'un très petit nombre d'accidents produits par l'emploi de ce moyen.

Bioxyde d'azote, AzO^2.

125. *Historique.* — Le *bioxyde d'azote* a été découvert par Hales et étudié par Priestley, Davy et Gay-Lussac. On l'a désigné successivement sous les noms de *gaz nitreux, oxyde nitreux, oxyde nitrique.*

126. *Propriétés physiques.* — Le bioxyde d'azote est un gaz incolore, très peu soluble dans l'eau, qui n'en dissout guère qu'un vingtième de son volume. Sa densité est 1,039.

127. *Propriétés chimiques.* — La chaleur décompose le bioxyde d'azote en azote et en acide hypoazotique : $2\,AzO^2 = Az + AzO^4$. Il est également décomposé par presque tous les corps qui agissent sur le protoxyde. Ce gaz est impropre à la combustion ; il n'y a que des corps très avides d'oxygène, tels que le charbon, le phosphore, le potassium, qui puissent y brûler, ce qui montre que l'oxygène et l'azote sont combinés plus fortement dans le bioxyde que dans le protoxyde.

Mais de toutes les propriétés chimiques du bioxyde d'azote, la plus remarquable est celle qu'il présente lorsqu'il est mis en contact avec l'air atmosphérique ou avec l'oxygène : on le voit aussitôt devenir *rutilant,* c'est-à-dire prendre une teinte jaune orangé. Il absorbe alors 2 équivalents d'oxygène et se convertit tout entier en acide hypoazotique :

$$AzO^2 + 2\,O = AzO^4.$$

Cette propriété du bioxyde d'azote permet de le distinguer immédiatement de tous les autres gaz.

Le bioxyde d'azote ne peut être respiré ; ce qui se comprend facilement, puisque les poumons contiennent toujours assez d'air pour transformer immédiatement ce gaz en acide hypoazotique.

128. *Composition.* — L'analyse du bioxyde d'azote se fait de la même manière que celle du protoxyde, c'est-à-dire en faisant brûler un fragment de potassium dans un volume déterminé de ce gaz. Après l'opération on constate que le volume du gaz est réduit de moitié, et que ce résidu est de l'azote pur. Donc un volume de bioxyde d'azote *renferme un demi-volume d'azote.* Or,

Si de la densité du bioxyde d'azote. 1,039
On retranche la demi-densité de l'azote. 0,486
On obtient le nombre. 0,553

qui représente la demi-densité de l'oxygène. *Un volume de bioxyde d'azote contient donc un demi-volume d'azote et un demi-volume d'oxygène.*

D'où la formule en équivalents du bioxyde d'azote AzO^2, représentant deux volumes d'azote et deux volumes d'oxygène unis sans condensation; en poids, 14 d'azote et 16 d'oxygène = 30.

129. *Préparation du bioxyde d'azote.* — Le bioxyde d'azote n'existe pas dans la nature. On le prépare en faisant agir à la température ordinaire de l'acide azotique étendu sur de la

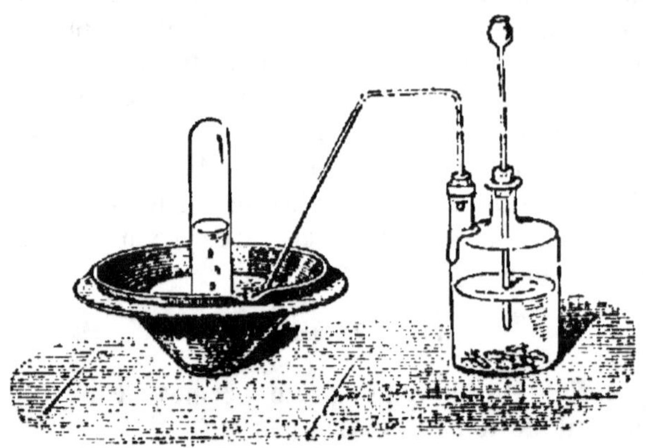

Fig. 52.

tournure de cuivre. L'appareil que l'on emploie (*fig.* 52) est le même que celui que nous avons déjà décrit pour la préparation de l'hydrogène. Le gaz peut être recueilli sur le mercure ou sur l'eau.

Théorie. — Une partie de l'acide azotique, dont la formule est AzO^5,HO, se décompose en bioxyde d'azote, qui se dégage, et en oxygène, qui se porte sur le cuivre. L'autre partie d'acide azotique se combine avec l'oxyde de cuivre à mesure qu'il se forme; de sorte qu'après l'opération il reste dans le ballon de l'azotate de cuivre. Ainsi, si l'on prend 4 équivalents d'acide azotique et 3 équivalents de cuivre, on obtient un équivalent de bioxyde d'azote et 3 équivalents d'azotate de cuivre: ce que représente la formule

$$4\,AzO^5,HO + 3\,Cu = AzO^2 + 3\,(CuO,AzO^5) + 4\,HO.$$

Remarque. — Au commencement de l'opération, l'air contenu dans le flacon prend une teinte orangée qui disparaît au bout de quelque temps. Ce phénomène est dû à la transformation en acide hypoazotique des premières bulles de bioxyde d'azote par l'oxygène que cet air renferme.

Acide azoteux, AzO³.

130. *Propriétés physiques et chimiques.* — *L'acide azoteux* est un liquide de couleur bleue, très fluide et très volatil. Il bout à une température inférieure à zéro. On peut le mélanger avec de l'eau très froide; mais aussitôt que la température s'élève de quelques degrés, il se décompose en bioxyde d'azote, qui se dégage, et en acide azotique qui reste dans la liqueur. L'acide azoteux est formé de *1 volume d'azote et de 1 volume et demi d'oxygène.*

Sa formule en équivalents est donc AzO³, représentant deux volumes d'azote et trois volumes d'oxygène; en poids, 14 d'azote et 24 d'oxygène = 38.

131. *Préparation.* — On prépare l'acide azoteux en faisant passer à travers un tube en U, plongeant dans un mélange réfrigérant, un courant de gaz composé de 4 volumes de bioxyde d'azote et de 1 volume d'oxygène. La combinaison s'effectue directement, et l'acide azoteux se condense dans le tube refroidi.

Acide hypoazotique, AzO⁴.

132. *Historique.* — *L'acide hypoazotique* a été découvert en même temps que l'acide azotique par Raymond Lulle, en 1225. C'est aux travaux de Dulong et de Gay-Lussac que nous devons la connaissance exacte de sa nature et de ses propriétés. On le désigne encore sous le nom d'*acide hyponitrique*.

133. *Propriétés physiques.* — L'acide hypoazotique est un liquide jaunâtre, très caustique. Il cristallise à —9° en prismes transparents et incolores, et il entre en ébullition à 22 degrés. A la température ordinaire, il répand dans l'air des vapeurs rutilantes, d'une odeur forte et caractéristique. Sa densité est 1,452.

134. *Propriétés chimiques.* — De tous les composés de l'azote et de l'oxygène, l'acide hypoazotique est celui qui résiste le mieux à l'action de la chaleur. Il rougit fortement la teinture de tournesol, tache la peau en jaune et la désorganise.

L'acide hypoazotique ne se combine pas directement avec les bases, mais en présence de celles-ci, par exemple avec la potasse, il se dédouble et donne naissance à un mélange d'azotate et d'azotite :

$$2\,AzO^4 + 2\,KO = KO,AzO^5 + KO,AzO^3.$$

C'est pourquoi beaucoup de chimistes considèrent aujourd'hui l'acide hypoazotique, non comme un acide particulier, mais comme une combinaison d'acide azotique anhydre et d'acide azoteux, qu'ils désignent sous le nom d'*hypoazotide*.

Mais le caractère le plus saillant de l'acide hypoazotique, c'est de se décomposer en acide azoteux et en acide azotique dès qu'il est mis en contact avec une petite quantité d'eau à la température ordinaire :

$$2\,AzO^4 + HO = AzO^3 + AzO^5,HO.$$

Si l'on augmente la quantité d'eau, il ne se forme que du bioxyde d'azote et de l'acide azotique :

$$3\,AzO^4 + 2\,HO = AzO^2 + 2\,AzO^5,HO.$$

135. *Composition.* — On détermine la composition de l'acide hypoazotique en faisant passer sa vapeur sur du cuivre chauffé au rouge dans un tube de porcelaine. Il se forme de l'oxyde de cuivre que l'on peut peser, et il se dégage de l'azote dont on mesure facilement le volume. On trouve ainsi que *1 volume d'acide hypoazotique contient un demi-volume d'azote et 1 vo-*

lume d'oxygène. Sa formule en équivalents est donc AzO⁴, représentant deux volumes d'azote et quatre volumes d'oxy-.
gène condensés en quatre volumes; en poids, 14 d'azote et
32 d'oxygène = 46.

156. *Préparation de l'acide hypoazotique.* — L'acide hypoazotique n'existe pas dans la nature. On le prépare en chauffant
fortement dans une cornue de grès de l'azotate de plomb.
Ce sel se décompose en oxygène, qui se dégage, en oxyde de
plomb, qui reste dans la cornue, et en acide hypoazotique, que
l'on recueille dans un tube en U entouré de glace :

$$PbO,AzO^5 = AzO^4 + O + PbO.$$

L'acide hypoazotique est sans usages.

Acide azotique, AzO⁵.

157. *Historique.* — L'acide azotique a été découvert en 1225
par Raymond Lulle. C'est en distillant un mélange d'argile et de
nitre (azotate de potasse) que le célèbre alchimiste obtint cet
important acide. Schéele fut le premier qui le distingua de
l'acide hypoazotique, avec lequel il avait toujours été con-
fondu. Mais sa nature chimique et sa composition ne furent
exactement fixées qu'en 1784, par les expériences de Cavendish. Il a été désigné sous les noms d'*esprit de nitre*, d'*eau forte*
et d'*acide nitrique*.

On distingue deux espèces d'acide azotique : l'*acide azotique
anhydre* et l'*acide azotique hydraté*.

158. *Acide azotique anhydre.* — L'acide azotique anhydre, découvert par M. H. Sainte-Claire Deville, est solide, cristallisé en
prismes rhomboïdaux incolores. Il fond à 30 degrés et bout à 47.
À une température un peu plus élevée, il se décompose en acide
hypoazotique et en oxygène. Mis en contact avec l'eau, il s'é-
chauffe et donne de l'acide azotique hydraté. Sa formule est AzO⁵.

Remarque. — L'acide azotique anhydre ne possède la propriété essentielle des acides, c'est-à-dire la *faculté de se combiner directement avec les bases pour former des sels,* qu'à la
condition d'être préalablement transformé en acide azotique
hydraté. Nous verrons plus loin qu'il en est de même pour
l'acide sulfurique anhydre.

139. *Acide azotique hydraté, propriétés physiques.* — L'acide azotique hydraté contient toujours au moins 1 équivalent d'eau et constitue alors l'acide azotique *monohydraté*, AzO^3,HO. C'est un liquide incolore quand il est pur, mais qui, dans le commerce, est généralement coloré en jaune par une certaine quantité d'acide hypoazotique qu'il retient en dissolution. Ce liquide répand à l'air d'abondantes fumées blanches; il bout à 86° et se solidifie à — 50°. Sa densité est 1,52.

Le plus souvent l'acide azotique du commerce renferme 4 équivalents d'eau, $AzO^3,4HO$. Ce dernier constitue l'acide azotique ordinaire ou *quadrihydraté*. C'est un liquide incolore, ne fumant que très légèrement à l'air, d'une saveur brûlante, d'une odeur vive, caractéristique. Il bout à 123 degrés et se congèle à — 50°. Sa densité est 1,422.

140. *Propriétés chimiques.* — L'acide azotique est un des acides les plus énergiques; il rougit fortement la teinture de tournesol et tache en jaune la peau, ainsi que la plupart des matières organiques, qu'il peut même détruire entièrement lorsque son action se prolonge. La chaleur le décompose en acide hypoazotique et en oxygène, quel que soit son degré d'hydratation; la lumière le décompose de la même façon quand il est monohydraté, mais elle est sans action sur l'acide quadrihydraté.

Action des métalloïdes. — Sous l'influence de la chaleur rouge, l'hydrogène décompose l'acide azotique; il en résulte de l'eau et de l'azote :

$$AzO^3,HO + 5H = 6HO + Az.$$

En faisant passer un mélange d'hydrogène libre et de vapeurs d'acide azotique dans un tube légèrement chauffé et contenant un peu de mousse de platine, l'hydrogène s'unit à la fois à l'oxygène et à l'azote, et il en résulte de l'eau et de l'ammoniaque :

$$AzO^3,HO + 8H = 6HO + AzH^3.$$

Le charbon et le phosphore décomposent à froid l'acide azotique, en s'emparant d'une partie de son oxygène, pour former de l'acide carbonique ou phosphorique, avec dégagement de bioxyde d'azote. La réaction est extrêmement vive et pourrait, si l'on n'y prenait garde, donner lieu à une explosion dangereuse.

A une température peu élevée, le soufre, l'arsenic et l'iode décomposent également l'acide azotique en produisant de l'acide sulfurique, arsénique ou iodique.

L'oxygène, l'azote, le chlore et le brome sont les seuls métalloïdes qui soient sans action directe sur l'acide azotique.

Action des métaux. — La plupart des métaux décomposent à froid l'acide azotique *étendu de son volume d'eau :* ainsi le cuivre, l'argent, le mercure, etc., mis en présence de cet acide, se transforment en azotates et dégagent du bioxyde d'azote. Les formules suivantes représentent cette réaction :

$$4\,AzO^5 + n\,HO + 3\,Cu = 3(CuO,AzO^5) + AzO^2 + n\,HO.$$
$$4\,AzO^5 + n\,HO + 3\,Ag = 3(AgO,AzO^5) + AzO^2 + n\,HO.$$
$$4\,AzO^5 + n\,HO + 3\,Hg = 3(HgO,AzO^5) + AzO^2 + n\,HO.$$

Les métaux plus oxydables, tels que le fer, le zinc, etc., donnent avec le même acide un azotate et du protoxyde d'azote :

$$5\,AzO^5 + n\,HO + 4\,Zn = 4(ZnO,AzO^5) + AzO + n\,HO.$$

Comme tous les azotates sont solubles, on peut dire que l'acide azotique *dissout* la plupart des métaux. Il est sans action sur l'or, le platine, le rhodium et quelques autres métaux très difficilement oxydables.

Cette action de l'acide azotique sur les métaux exige toujours la présence d'une certaine quantité d'eau, ce qui tient à ce que les azotates sont peu solubles dans l'acide concentré. Ainsi, dans l'acide azotique monohydraté AzO^5,HO, des pointes de fer restent parfaitement intactes, tandis qu'elles se dissolvent rapidement et avec effervescence dans l'acide azotique ordinaire AzO^5,4 HO. Ce qu'il y a de plus singulier, c'est que ces mêmes pointes de fer, après être restées pendant quelque temps en contact avec l'acide monohydraté, ne sont plus attaquées isolément par l'acide quadrihydraté : on dit alors que le fer est devenu *passif* ; mais il redevient *actif* dès qu'on le touche avec une tige de cuivre.

Si l'acide azotique est *très étendu d'eau*, son action sur les métaux change de forme, au moins pour le fer, le zinc et quelques autres métaux de la troisième section. Au lieu d'un dégagement de bioxyde d'azote, c'est de l'hydrogène que l'on obtient ; ce qui prouve que le métal s'oxyde alors, non plus aux dépens de l'acide, mais aux dépens de l'eau. Dans cette réaction, une partie de l'acide azotique est transformée par l'hy-

drogène en ammoniaque, qui, en s'unissant à l'acide non décomposé, donne de l'azotate d'ammoniaque.

Action des acides. — Les acides sulfureux, arsénieux, phosphoreux, etc., décomposent l'acide azotique en lui prenant une
partie de son oxygène pour se transformer en acides sulfurique,
arsénique, phosphorique, etc. Nous examinerons plus loin l'action des hydracides, et en particulier de l'acide chlorhydrique,
lorsque nous traiterons de l'*eau régale* (voy. le chap. XI).

141. *Composition.* — L'équivalent de l'argent étant 108, si
l'on fait dissoudre 108 grammes d'argent dans un excès d'acide
azotique, on obtient de l'azotate neutre d'argent, AgO,AzO^3,
qui, desséché et fondu, pèse 170 grammes.

Ces 170 grammes d'azotate d'argent se composent de 116
grammes d'oxyde d'argent, lesquels sont formés de 108 gr.
d'argent et 8 gr. d'oxygène, plus de 170—116 ou 54 gr. d'acide
azotique.

Or, comme dans les azotates neutres l'oxygène de l'acide et
l'oxygène de la base sont dans le rapport de 5 à 1, il en résulte que dans 54 gr. d'acide azotique il y a 8×5 ou 40 d'oxygène et 14 d'azote, c'est-à-dire 5 équivalents d'oxygène et
1 équivalent d'azote.

La formule de l'acide azotique réel ou anhydre est donc AzO^3,
représentant *deux volumes d'azote et cinq volumes d'oxygène ;*
en poids, 14 d'azote et 40 d'oxygène $= 54$.

142. *État naturel.* — L'acide azotique se forme quelquefois
au milieu de l'atmosphère, dans les temps d'orage: il provient
alors de la combinaison directe de l'azote et de l'oxygène
transformé en ozone, sous l'influence de l'électricité. On peut
reproduire artificiellement ce phénomène, en foudroyant par
une série d'étincelles électriques un mélange d'oxygène et
d'azote placé sur l'eau ; on obtient une petite quantité d'acide
azotique qui se dissout immédiatement dans le liquide. On
trouve assez abondamment dans la nature l'acide azotique
combiné avec la potasse, la soude, la chaux et la magnésie.
Nous avons vu (65) que l'atmosphère renferme fréquemment
de l'acide azotique libre ou en combinaison avec l'ammoniaque.

143. *Préparation de l'acide azotique hydraté.* — On prépare
dans les laboratoires l'acide azotique hydraté en décomposant
l'azotate de potasse par l'acide sulfurique.

L'appareil dont on fait usage se compose (*fig.* 53) d'une cornue en verre dont le col s'engage dans un matras que l'on refroidit par un courant continu d'eau fraîche. On introduit dans la cornue 6 parties d'azotate de potasse et 4 parties d'acide sulfurique, puis on chauffe peu à peu le mélange. Au commencement de l'opération, on voit la cornue et le matras se remplir de vapeurs rutilantes d'acide hypoazotique. Ces vapeurs proviennent de la décomposition, par l'acide sulfurique en excès, des premières portions d'acide azotique devenues libres. Mais bientôt l'acide azotique distille sans altération, et vient se condenser dans le matras. Vers la fin de l'opération, on voit reparaître les vapeurs rutilantes, qui sont encore dues cette fois à la prédominance de l'acide sulfurique.

Fig. 53.

Théorie. — La théorie de cette préparation est extrêmement simple. L'azotate de potasse KO,AzO^5, est formé d'acide azotique et de potasse. L'acide sulfurique, plus puissant et plus fixe que l'acide azotique, s'empare de la potasse et met cet acide en liberté. Il reste dans la cornue du bisulfate de potasse :

$$KO,AzO^5 + 2\,SO^3,HO = AzO^5,HO + KO,HO,2\,SO^3.$$

Pour obtenir l'acide azotique monohydraté, c'est-à-dire aussi concentré que possible, il faut avoir soin de bien dessécher l'azotate de potasse et de prendre de l'acide sulfurique marquant 66° à l'aréomètre. Sans ces précautions, on n'obtient que de l'acide azotique ordinaire ou quadrihydraté.

L'acide azotique monohydraté, préparé comme nous venons de l'indiquer, renferme toujours une certaine quantité d'acide hypoazotique dont il est impossible de le séparer. C'est pourquoi il est coloré en jaune et très fumant à l'air libre.

144. *Préparation industrielle.* — Dans les fabriques, on remplace ordinairement l'azotate de potasse par l'azotate de soude, qui est d'un prix moins élevé, et qui donne une quantité plus grande d'acide azotique. Le mélange d'azotate de soude et d'acide sulfurique est introduit dans un cylindre en fonte A (*fig.* 54) reposant sur un fourneau en maçonnerie F, et communiquant par des tubes T et T' avec une série de grosses bouteilles ou *bonbonnes* en grès c, c', placées les unes à la suite des autres, et dans lesquelles se condense l'acide azotique. Un entonnoir en fonte E sert à verser l'acide sulfurique sur l'azotate de soude.

Fig. 54.

Ainsi préparé, l'acide azotique du commerce est nécessairement impur. Il renferme toujours un peu d'acide sulfurique entraîné par la distillation et des traces de chlore qui proviennent de ce que les sels employés dans cette fabrication contiennent ordinairement des chlorures. Lorsqu'on veut avoir l'acide azotique à l'état de pureté parfaite, on y ajoute une petite quantité d'une dissolution concentrée d'azotate d'argent qui précipite le chlore; puis on le distille dans une cornue de verre communiquant avec un récipient convenablement refroidi.

145. *Préparation de l'acide azotique anhydre*. — On obtient l'acide azotique anhydre en décomposant, par un courant de chlore sec, de l'azotate d'argent chauffé à la température de 50 à 60 degrés. Le chlore s'empare de l'argent pour former du chlorure d'argent; l'acide azotique anhydre cristallise sur les parois de l'appareil, et l'oxygène de l'oxyde d'argent se dégage :

$$AgO,AzO^5 + Cl = AzO^5 + AgCl + O.$$

146. *Usages de l'acide azotique*. — Les usages de l'acide azotique sont fort nombreux dans la médecine et dans les arts. Dans la médecine, on l'emploie comme caustique pour modifier les plaies de mauvaise nature, pour détruire les verrues et certaines tumeurs. Dans les arts, il sert à la gravure sur cuivre et sur acier, à la préparation de l'acide oxalique, de l'acide benzoïque, du fulmicoton et d'une foule d'autres produits. On l'emploie encore pour essayer l'or et les monnaies, pour décaper les métaux et pour faire la plupart des dissolutions métalliques.

Ammoniaque ou gaz ammoniac, AzH³; ammonium, AzH⁴.

147. *Historique*.—Ce corps est connu depuis très longtemps; Schéele et Priestley en firent les premiers l'analyse et y constatèrent la présence de l'azote et de l'hydrogène. Berthollet détermina les proportions relatives de ces deux éléments. L'ammoniaque a été désignée sous les noms d'*alcali volatil*, d'*esprit de sel ammoniac* et d'*azoture d'hydrogène*. Bien que ce dernier nom soit conforme aux principes de la nomenclature, les chimistes modernes ont conservé à ce corps celui d'*ammoniaque*, qui lui a été donné par les Arabes.

148. *Propriétés physiques*. — L'ammoniaque ou *gaz ammoniac* est un gaz incolore, d'une odeur vive et piquante. L'inspiration de ce gaz irrite fortement les fosses nasales et produit le larmoiement. Sa densité est 0,596. Soumis à un refroidissement de — 40° sous la pression ordinaire, ou à une pression de 7 atmosphères à la température de 10 degrés, le gaz ammoniac se liquéfie ; il forme alors un liquide incolore, très fluide et très mobile, d'une densité de 0,73. Faraday est même parvenu à transformer ce liquide en une masse blanche, cristalline et transparente, en l'exposant dans le vide au froid produit par le mélange d'acide carbonique solide et d'éther.

Le gaz ammoniac est très soluble dans l'eau ; ce liquide, à la température ordinaire, en dissout environ 800 fois son volume. Lorsqu'on met une éprouvette remplie d'ammoniaque en contact avec de l'eau, le gaz est absorbé instantanément, et l'eau s'élance dans l'éprouvette comme dans le vide, avec une force suffisante pour la briser. Un morceau de glace introduit dans une cloche remplie d'ammoniaque absorbe ce gaz et fond aussitôt.

La dissolution aqueuse de gaz ammoniac, que l'on appelle improprement *ammoniaque liquide,* est plus légère que l'eau. Sa densité est 0,85. Elle exhale la même odeur que le gaz ammoniac et possède la plupart de ses propriétés chimiques. Elle se congèle à —40°; chauffée à 60 degrés ou placée dans le vide, elle abandonne tout le gaz qu'elle contient. Elle l'abandonne également peu à peu lorsqu'on l'expose au contact de l'air. Cette dissolution est très caustique; mise en contact avec la peau, elle produit rapidement la vésication.

149. *Propriétés chimiques.* — L'ammoniaque est une base alcaline très énergique. Sous ce rapport, elle ressemble à la potasse, à la soude, à la chaux, etc.; elle verdit le sirop de violettes, ramène au bleu la teinture de tournesol rougie par les acides, et se combine directement avec les acides pour former des sels*.

La chaleur et l'électricité décomposent l'ammoniaque en azote et en hydrogène. L'oxygène, le carbone, le chlore, l'iode et le brome la décomposent également.

L'oxygène et le gaz ammoniac, dans la proportion de 3 volumes de l'un et de 4 volumes de l'autre, forment un mélange qui détone avec violence quand on en approche une bougie allumée ou qu'on y fait passer une étincelle électrique; l'oxy-

---

* L'ammoniaque pure AzH^3 ne se combine directement qu'avec les acides hydrogénés ou hydracides. Pour entrer en combinaison avec les acides oxygénés ou oxacides, il faut qu'elle soit unie à un équivalent d'eau AzH^3HO (voyez le chapitre XXII).

gène s'empare de l'hydrogène de l'ammoniaque pour former de l'eau et met l'azote en liberté.

$$AzH^4 + 3\,O = Az + 3\,HO.$$

En faisant passer un mélange d'oxygène et de gaz ammoniac sur de la mousse de platine légèrement chauffée, on obtient de l'acide azotique :

$$AzH^3 + 8\,O = AzO^5,3\,HO.$$

Le carbone, à une température élevée, le transforme en hydrogène et en acide cyanhydrique C^2AzH, lequel se combine avec un équivalent d'ammoniaque non décomposée, et forme ainsi du cyanhydrate d'ammoniaque : $2\,AzH^3 + 2\,C = 2\,H + (AzH^3,C^2AzH)$.

Le chlore, le brome et l'iode s'emparent de son hydrogène et dégagent l'azote. Il en résulte des acides chlorhydrique, bromhydrique et iodhydrique, lesquels se transforment aussitôt en chlorhydrate, bromhydrate et iodhydrate d'ammoniaque : $4\,AzH^3 + 3\,Cl = 3\,(AzH^3,HCl) + Az$.

Si le chlore était en excès, il se formerait en outre un composé huileux très explosif, le *chlorure d'azote*, qui a pour formule $AzCl^3$.

L'iode forme également avec l'ammoniaque un produit explosif que nous étudierons plus loin sous le nom d'*iodure d'azote* $AzHI^2$.

Plusieurs métaux, tels que le fer, le cuivre, le platine, décomposent également le gaz ammoniac à une température élevée et le réduisent en ses éléments, c'est-à-dire en 1 volume d'azote et 3 volumes d'hydrogène.

Les chlorures, bromures et iodures métalliques absorbent le gaz ammoniac et se combinent avec lui en proportions définies. Ainsi le chlorure d'argent en absorbe 320 fois son volume à 0° et forme un composé qui a pour formule : $3\,AzH^3,AgCl$. Une chaleur peu élevée en sépare l'ammoniaque et ramène le chlorure d'argent à son premier état.

150. *Ammonium*.— L'ammoniaque peut, dans certaines circonstances, se combiner avec un équivalent d'hydrogène et constituer un corps qui a pour formule AzH^4. Ce composé particulier a reçu le nom d'*ammonium*, et se comporte comme les métaux dans toutes les combinaisons qu'il forme. Lorsqu'on verse une dissolution de chlorhydrate d'ammoniaque dans un verre au fond duquel se trouve un amalgame de potassium, on voit presque aussitôt se former une masse métallique volumineuse extrêmement brillante, d'une consistance molle, très analogue à du beurre. Cette masse métallique n'est autre chose qu'un *amalgame d'ammonium*. Il se produit en outre du chlorure de potassium qui reste dissous :

$$\text{AzH}^4,\text{HCl} + \text{HgK} = \text{AzH}^4,\text{Hg} + \text{KCl}.$$

Ce composé remarquable n'a pu jusqu'à présent être autrement isolé de ses combinaisons (Voy. le chap. xxi, 365).

131. *Composition de l'ammoniaque*. — Pour faire l'analyse du gaz ammoniac, on commence par le décomposer dans un eudiomètre au moyen d'une série d'étincelles électriques. On obtient ainsi un mélange d'azote et d'hydrogène, dont le volume est double de celui du gaz employé. On détermine ensuite les proportions de l'azote et de l'hydrogène, en ajoutant au mélange un volume déterminé d'oxygène et en faisant passer l'étincelle électrique. On trouve de cette manière que 50 *volumes de gaz ammoniac contiennent 25 volumes d'azote et 75 volumes d'hydrogène*. L'ammoniaque est donc formée par la combinaison de *1 volume d'azote et de 3 volumes d'hydrogène*, condensés en 2 volumes.

D'où la formule en équivalents de l'ammoniaque AzH³, représentant deux volumes d'azote et six volumes d'hydrogène condensés en quatre volumes; en poids, 14 d'azote et 3 d'hydrogène = 17.

132. *État naturel*. — L'ammoniaque se produit spontanément dans la décomposition des matières organiques qui renferment de l'azote (fumiers, débris organiques, immondices, etc.). Une partie de cette ammoniaque est entraînée par l'évaporation dans l'atmosphère, où on la retrouve, soit libre, soit à l'état de sels ammoniacaux (carbonate et azotate) que la pluie ramène à terre pour servir ensuite à la végétation. On trouve encore l'ammoniaque à l'état de phosphate dans les urines, à l'état de chlorhydrate dans les excréments des chameaux. Le carbonate d'ammoniaque se forme constamment dans la putréfaction des matières animales.

133. *Préparation de l'ammoniaque*. — On prépare le gaz ammoniac en décomposant le chlorhydrate d'ammoniaque au moyen de la chaux vive. On introduit dans un ballon (*fig. 55*) un mélange des deux corps à poids égaux. A ce ballon est adapté un tube recourbé qui se rend sous une éprouvette remplie de mercure.

Fig. 55.

Théorie. La chaux décompose le chlorhydrate; elle chasse l'ammoniaque et s'empare de son acide chlorhydrique, pour former du chlorure de calcium et de l'eau :

$$AzH^3,HCl + CaO = AzH^3 + CaCl + HO.$$

On pourrait remplacer le chlorhydrate d'ammoniaque par tout autre sel ammoniacal.

Préparation de la solution aqueuse d'ammoniaque. — On prépare cette solution au moyen de l'*appareil de Wolf* (*fig.* 56).

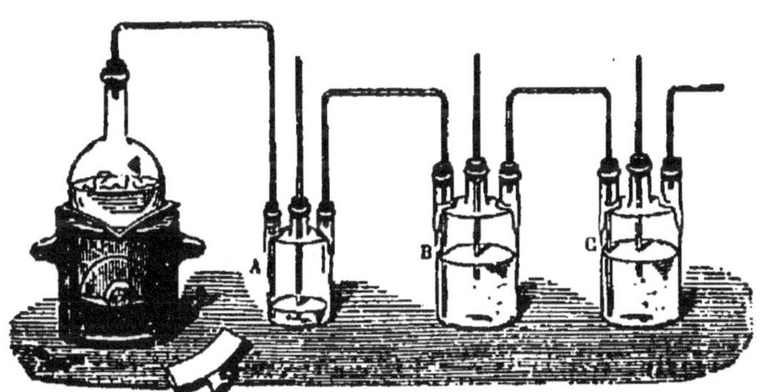

Fig. 56.

Le gaz obtenu comme précédemment, sauf qu'au lieu de chaux vive on emploie de la chaux éteinte, traverse d'abord un petit flacon laveur A qui ne contient que très peu d'eau, puis se rend successivement dans les flacons B et C remplis d'eau aux trois quarts. Les tubes recourbés qui amènent le gaz doivent plonger jusqu'au fond des flacons.

154. *Usages de l'ammoniaque.* — L'ammoniaque dissoute dans l'eau est employée en médecine comme caustique; dans l'art de la teinture, pour préparer certaines matières colorantes et pour dégraisser les étoffes de soie ou de laine. Dans les laboratoires on s'en sert fréquemment comme réactif. Le froid produit par l'évaporation de l'ammoniaque liquide est utilisé pour fabriquer de la glace artificielle au moyen de l'appareil Carré *.

Résumé.

I. L'azote forme avec l'oxygène cinq combinaisons dans lesquelles les proportions d'oxygène, pour une même quantité d'azote, sont dans les rapports de 1, 2, 3, 4, 5.

II. Le *protoxyde d'azote* AzO est un gaz incolore, pouvant, comme l'oxygène, entretenir la combustion. On le prépare en décomposant par la chaleur l'azotate d'ammoniaque :

$$AzH^3HO, AzO^5 = 2\,AzO + 4\,HO.$$

III. Le *bioxyde d'azote* AzO^2 est un gaz incolore qui se transforme au contact de l'air en acide hypoazotique. On le prépare au moyen du cuivre et de l'acide azotique légèrement étendu d'eau :

$$4\,AzO^5, HO + 3\,Cu = AzO^2 + 3\,(CuO, AzO^5) + 4\,HO.$$

IV. L'*acide azoteux* AzO^3 est un liquide bleu très volatil. On l'obtient en faisant passer dans un tube en U, plongeant dans un mélange réfrigérant, un courant de gaz composé de 4 vol. de bioxyde d'azote et de 1 vol. d'oxygène.

V. L'*acide hypoazotique* AzO^4 est un liquide jaune orangé, répandant à l'air des vapeurs rutilantes. On le prépare en décomposant par la chaleur l'azotate de plomb :

$$PbO, AzO^5 = AzO^4 + O + PbO.$$

* Voyez la *Physique*, chap. XV, page 232.

10.

VI. *L'acide azotique* peut être *anhydre* ou *hydraté*. L'acide *azotique anhydre* AzO^5 est solide, cristallisé en prismes rhomboïdaux incolores. On le prépare en décomposant l'azotate d'argent par un courant de chlore sec :

$$AgO,AzO^5 + Cl = AzO^5 + AgCl + O.$$

VII. *L'acide azotique hydraté* AzO^5,HO et $AzO^5,4HO$ est un liquide très caustique, fumant à l'air. On le prépare en décomposant l'azotate de potasse par l'acide sulfurique :

$$KO,AzO^5 + 2 SO^3,HO = AzO^5,HO + KO,HO,2 SO^3.$$

VIII. *L'ammoniaque* ou *gaz ammoniac* AzH^3 est un gaz incolore, d'une odeur vive et pénétrante, très-soluble dans l'eau. Sa densité est 0,596. Ce gaz peut être liquéfié et même solidifié.

IX. On prépare l'ammoniaque en chauffant un mélange de chlorhydrate d'ammoniaque et de chaux vive :

$$AzH^3,HCl + CaO = AzH^3 + CaCl + HO.$$

———◦◦———

CHAPITRE IX.

Soufre. — Acide sulfureux. — Acide sulfurique. — Acide sulfhydrique ou hydrogène sulfuré. — Sulfure de carbone. — Sélénium. — Tellure.

SOUFRE.

Équivalent S = 16.

155. *Historique.* — Le *soufre* est connu depuis la plus haute antiquité. Les alchimistes du moyen âge le regardaient comme un des éléments des métaux, témoin l'adage : *Omnia metalla ex sulfure et argento vivo consistunt.* Pendant très longtemps on confondit sous le nom générique de *soufre* toutes les matières inflammables et combustibles. Ce n'est qu'à la fin du dernier siècle que les chimistes français rangèrent le soufre parmi les corps simples.

156. *Propriétés physiques.* — Le soufre est un corps solide à la température ordinaire, d'une couleur jaune citron, insipide et inodore. Il est très mauvais conducteur de la chaleur et de l'électricité; lorsqu'on le frotte, il s'électrise résineusement et répand alors une légère odeur, celle de l'ozone. Ce corps est très friable ; lorsqu'on tient un bâton de soufre à la main, la partie extérieure s'échauffe et se dilate, tandis que la partie centrale ne recevant pas autant de chaleur résiste à la dilatation. Il en résulte une rupture d'équilibre entre les molécules, qui se traduit par de légers craquements, et finalement par la rupture totale du bâton si l'on continue à le tenir à la main. C'est de cette façon que le verre ou autres corps friables et mauvais conducteurs de la chaleur se brisent quand ils sont trop épais ou qu'on les chauffe inégalement.

Fig. 57.

Complètement insoluble dans l'eau, à peine soluble dans l'alcool et dans l'éther, le soufre se dissout assez bien dans l'essence de térébenthine ainsi que dans la plupart des huiles essentielles, dans la benzine, et particulièrement dans le sulfure de carbone. Lorsqu'on le dissout dans ce dernier liquide et qu'on laisse la dissolution s'évaporer lentement, il cristallise en octaèdres droits à base rhombe (*fig.* 57). Nous verrons tout à l'heure qu'il prend une forme toute différente, par un autre mode de cristallisation.

La chaleur exerce sur le soufre une action très remarquable. Lorsqu'on chauffe ce corps à 110 degrés, il entre en fusion et forme alors un liquide très fluide, de couleur citrine. On observe que les morceaux de soufre non fondus restent au fond du vase; ce qui prouve que le soufre se dilate en passant de l'état solide à l'état liquide, phénomène opposé à celui que présente l'eau dans les mêmes conditions. Si l'on continue à élever graduellement la température jusque vers 220 degrés, on voit le soufre fondu s'épaissir, devenir visqueux et prendre en même temps une teinte brune très foncée; il ressemble alors à un goudron très épais, et ne peut couler qu'avec une extrême lenteur. À une température plus haute, vers 300 degrés environ, il reprend sa fluidité en conservant sa couleur brune. Enfin, vers 400 degrés, il entre en ébullition et passe à l'état de vapeur. Cette vapeur est jaunâtre; sa densité, d'après M. Sainte-Claire Deville est 2,21, c'est-à-dire juste le double de celle de l'oxygène.

Lorsqu'on laisse refroidir lentement le soufre fondu, il reprend l'état solide et cristallise en prismes obliques à base rhombe (*fig.* 58), forme cristalline incompatible avec celle

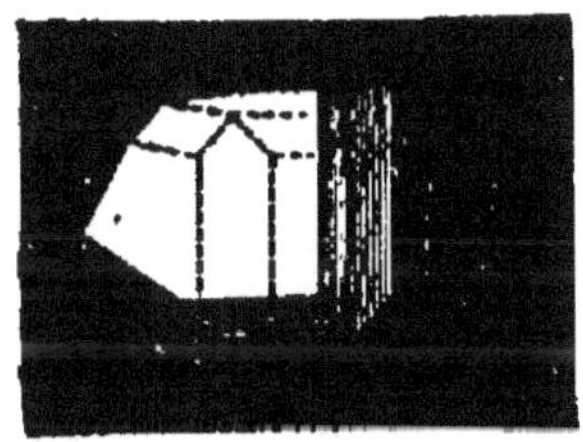

Fig. 58.

qu'il prend par voie de dissolution. Cette propriété du soufre et de quelques autres corps de présenter deux formes cristallines différentes et incompatibles a reçu le nom de *dimorphisme (6)*.

Le soufre fondu et refroidi brusquement en le versant dans de l'eau, au moment où il est encore très fluide, redevient jaune, dur et cassant. Il reste, au contraire, brun, visqueux, transparent, élastique comme du caoutchouc, lorsqu'on le verse dans l'eau froide au moment où il est épais, c'est-à-dire lorsque sa température est d'environ 220 degrés. Au bout d'un certain temps cependant il reprend sa couleur jaune et sa dureté primitives. D'après M. Dumas, cet état particulier du soufre proviendrait d'une certaine quantité de chaleur latente que retient ce corps en se refroidissant, et qu'il perd ensuite peu à peu.

La densité du soufre solide varie avec ses divers états. Le soufre octaédrique a pour densité 2,07; celle du soufre prismatique n'est que de 1,97.

157. *Propriétés chimiques.* — Le soufre possède une très grande affinité pour l'oxygène. A la température de 250 degrés, il brûle dans ce gaz ou dans l'air avec une flamme bleuâtre, et en répandant une odeur vive et pénétrante, tout à fait caractéristique. Cette odeur est due au dégagement d'un composé gazeux qui se forme dans cette combustion, et que l'on désigne sous le nom d'*acide sulfureux* SO^2.

Le soufre se combine encore avec l'hydrogène, avec le carbone, avec le chlore, le brome, l'iode, ainsi qu'avec la plupart des métaux. L'affinité du soufre pour certains métaux est même telle, que la combinaison se fait avec dégagement de chaleur et de lumière.

Remarque. — Le soufre, considéré chimiquement, a la plus grande analogie avec l'oxygène. Comme ce dernier, il *brûle* la plupart des corps simples, et il forme avec eux des sulfures qui, par leurs propriétés chimiques, se rapprochent entièrement des oxydes et des acides. Ainsi, pour n'en citer qu'un exemple, le soufre se combine directement avec le carbone pour donner un sulfure CS^2 qui non seulement a la même com-

position moléculaire que l'acide carbonique CO^2, mais encore
qui lui ressemble chimiquement au point qu'on l'a nommé *acide
sulfocarbonique*. (Voyez plus loin le sulfure de carbone.)

158. *État naturel.* — Le soufre est très répandu dans la
nature. On le trouve à l'*état natif*, c'est-à-dire à l'état de liberté, dans les terrains volcaniques, soit en couches plus ou
moins épaisses, soit le plus souvent en petits fragments disséminés dans certaines roches ; quelquefois même on le rencontre sous la forme de beaux cristaux octaédriques demi-
transparents. Ce corps existe à l'état de combinaison dans les
sulfures métalliques et les sulfates, dans un grand nombre
d'eaux minérales, ainsi que dans certaines substances organiques animales et végétales.

159. *Extraction du soufre.* — On extrait le soufre des terrains volcaniques appelés *solfatares,* où on le trouve à l'état
natif, mélangé avec des matières terreuses. On le sépare de ces
matières par deux distillations successives, dont l'une, qui se
fait sur le lieu même de l'exploitation, donne d'abord le *soufre
brut,* et dont l'autre, pratiquée sur les lieux de la consommation, a pour but de purifier exactement ce dernier.

La première distillation se fait au moyen de vases de terre
(*fig.* 59) placés dans un fourneau en briques, et communiquant

Fig. 59.

par des tuyaux inclinés avec d'autres vases semblables situés
extérieurement. On introduit dans les premiers la terre sulfu-
reuse extraite de la mine, et on bouche avec soin leur orifice
supérieur. Lorsque la température du fourneau est suffisamment élevée, le soufre distille et vient se condenser à l'état

liquide dans les vases extérieurs, d'où on le retire de temps en
temps en le faisant couler par une ouverture placée près du
fond. On le reçoit dans des baquets remplis d'eau froide, où il
se solidifie. Ce soufre brut est loin d'être pur : il contient
encore plus de 15 pour 100 de matières terreuses.

La seconde distillation se fait dans une vaste chambre en
maçonnerie A (*fig.* 60) dont la cheminée est munie d'une sou-
pape S pour le dégagement de l'air intérieur, et qui commu-

Fig. 60.

nique par un large conduit D avec une chaudière en fonte C
reposant sur un fourneau F. Au-dessus de cette chaudière est
un autre vase en fonte C′, que chauffe l'air chaud du foyer
avant de se rendre dans la cheminée. C'est dans ce vase que
l'on introduit le soufre brut. Dès que celui-ci est en fusion, il
coule par un tube de communication *t* et pénètre dans la
chaudière C, où il ne tarde pas à entrer en ébullition. Sa vapeur se répand alors dans la chambre A, où elle se condense
d'abord sous la forme d'une poussière très fine qui porte le
nom de *fleur de soufre*. Tant que la température des parois de
la chambre n'a pas atteint 110 degrés, cette condensation de

la vapeur de soufre à l'état solide se produit. Mais en continuant l'opération, la chaleur devient bientôt assez intense pour fondre le soufre, et alors la vapeur se transforme en soufre liquide qui se réunit sur le sol incliné de la chambre. On le retire au moyen d'une petite rigole r et on le reçoit dans une nouvelle chaudière qui le maintient liquide; on le coule ensuite dans des moules en bois B de forme conique. Ainsi préparé, il porte le nom de *soufre en canon*.

On voit que l'on peut à volonté obtenir du soufre en fleur ou du soufre en canon. Il suffit, dans le premier cas, d'interrompre de temps en temps la distillation, afin de maintenir les parois de la chambre à une température toujours inférieure à celle de la fusion du soufre.

C'est la Sicile qui fournit la presque totalité du soufre que l'on emploie en France. Si cette source venait à nous manquer, nous pourrions facilement tirer le soufre de notre propre sol, en employant les sulfures et en particulier le bisulfure de fer FeS^2 (*pyrite martiale*), comme cela se pratique dans quelques contrées de l'Allemagne. La pyrite martiale, qui contient un peu plus de la moitié de son poids de soufre, en abandonne le tiers par la calcination et se transforme en un autre sulfure Fe^3S^4 :

$$3\,FeS^2 = 2\,S + Fe^3S^4,$$

Cette réaction est, comme on le voit, entièrement semblable à celle que produit la calcination du bioxyde de manganèse dans la préparation de l'oxygène (29), et fournit un nouvel exemple de l'analogie du soufre avec ce dernier corps.

Remarque. — La fleur de soufre contient toujours des traces d'acide sulfureux et d'acide sulfurique. On la purifie en la soumettant à un lavage à l'eau chaude, et en la faisant sécher ensuite dans une étuve.

160. *Usages.* — Le soufre a de nombreux usages en médecine et dans l'industrie. En médecine, on l'emploie pour combattre la gale et quelques autres maladies de la peau ; dans l'industrie, il sert à la fabrication de la poudre à canon, de l'acide sulfureux et de l'acide sulfurique. On en fait usage également pour prendre des empreintes de médailles, pour sceller le fer dans la pierre, pour rendre les allumettes plus combustibles, pour vulcaniser le caoutchouc, etc.

Combinaisons du soufre avec l'oxygène.

161. Le soufre forme avec l'oxygène de nombreuses combinaisons, qui toutes sont acides. Celles que l'on connaît aujourd'hui sont au nombre de huit, savoir :

L'acide hyposulfureux,	S^2O^2;
L'acide sulfureux,	SO^2;
L'acide hyposulfurique,	S^2O^5;
L'acide hyposulfurique monosulfuré,	S^3O^5;
L'acide hyposulfurique bisulfuré,	S^4O^5;
L'acide hyposulfurique trisulfuré,	S^5O^5;
L'acide sulfurique,	SO^3;
L'acide persulfurique,	S^2O^7.

Ce dernier acide a été découvert en 1878 par M. Berthelot, qui l'a obtenu en faisant agir directement l'électricité sur un mélange d'acide sulfureux et d'oxygène secs. Nous ne nous occuperons ici que de l'acide sulfureux et de l'acide sulfurique, les seuls de ces composés qui soient employés dans l'industrie.

Acide sulfureux, SO².

162. *Historique.* — Cet acide a dû être connu de toute antiquité, puisqu'il se forme toutes les fois que le soufre brûle au contact de l'air. Lavoisier est le premier qui, en brûlant du soufre dans l'oxygène, détermina sa nature et sa composition.

163. *Propriétés physiques.* — L'acide sulfureux est un gaz incolore, d'une saveur forte et piquante; son odeur est celle du soufre qui brûle. Lorsqu'on le respire, même en très petite quantité, il provoque la toux, en irritant vivement les organes respiratoires. Ce gaz est très soluble dans l'eau, qui peut en dissoudre, à la température ordinaire, environ 50 fois son volume. Sa densité est 2,231.

Fig. 61.

L'acide sulfureux peut être liquéfié par le refroidissement sous la pression ordinaire ; il suffit pour cela de faire arriver le gaz dans un petit ballon de verre M (*fig.* 61), plongeant dans un mélange de 2 parties de glace et 1 partie de sel marin. Il forme alors un liquide incolore, très fluide, et très volatil, dont la densité est 1,45. Ce liquide entre en ébullition à —10 degrés et se congèle lorsqu'on l'expose au froid produit par le mélange d'éther et d'acide carbonique solide. L'évaporation subite dans l'air de l'acide sulfureux liquide détermine un abaissement de température considérable; dans le vide, le refroidissement peut aller jusqu'à 68 degrés au-dessous de zéro. On utilise cette propriété pour solidifier le mercure et pour liquéfier quelques gaz, comme le chlore, l'ammoniaque, le cyanogène, etc.

Remarque. — Lorsqu'on projette quelques gouttes d'acide sulfureux liquide dans une capsule de platine chauffée au rouge, on observe un phénomène très remarquable. Le liquide, au lieu de s'évaporer instantanément, comme on pourrait d'abord le supposer, prend une forme sphéroïdale, et se maintient pendant un temps assez long à une température inférieure à celle de son ébullition, c'est-à-dire à plus de 10 degrés au-dessous de zéro. Si l'on ajoute alors un peu d'eau, ce dernier liquide se congèle aussitôt, et l'on peut extraire des morceaux de glace de la capsule incandescente. Ce phénomène, découvert par M. Boutigny, a reçu le nom de *caléfaction de l'acide sulfureux.*

164. *Propriétés chimiques.* — L'acide sulfureux est le plus stable de tous les composés d'oxygène et de soufre.. Il est impropre à la combustion; une bougie allumée s'y éteint immédiatement, ce qui explique l'ancien usage de brûler du soufre pour éteindre les feux de cheminée. C'est un acide peu énergique; mis en contact avec de la teinture de tournesol, il la rougit d'abord et la décolore ensuite.

Ce pouvoir décolorant de l'acide sulfureux s'exerce sur la plupart des couleurs végétales. Ainsi, des violettes, plongées dans un flacon rempli de ce gaz, ne tardent pas à devenir entièrement blanches; mais leur couleur se régénère au contact d'une liqueur alcaline. Des pétales de rose, décolorés par l'acide sulfureux, reprennent également leur couleur quand on les plonge dans de l'acide sulfurique affaibli; ce qui prouve que l'acide sulfureux, en blanchissant les matières colorantes, ne les détruit pas.

L'oxygène sec n'exerce aucune action sur l'acide sulfureux dans les conditions ordinaires; mais sous l'influence combinée de la mousse de platine et de la chaleur, il le transforme en acide sulfurique anhydre SO^3.

En présence de l'eau, l'oxygène et l'acide sulfureux se combinent peu à peu, et il en résulte de l'acide sulfurique hydraté SO^3,HO. Aussi la dissolution aqueuse d'acide sulfureux doit-elle être faite avec de l'eau privée d'air par l'ébullition, et conservée ensuite dans des flacons pleins et bien bouchés.

L'hydrogène, à une température élevée, décompose l'acide sulfureux ; il s'empare de son oxygène pour former de l'eau et met le soufre en liberté :

$$SO^2 + 2\,H = S + 2\,HO.$$

Si l'hydrogène est à l'état naissant, il peut agir sur l'acide sulfureux à la température ordinaire ; mais alors il se forme de l'acide sulfhydrique HS et de l'eau :

$$SO^2 + 3\,H = HS + 2\,HO.$$

Le carbone décompose également l'acide sulfureux à une température élevée ; il en résulte du sulfure et de l'oxyde de carbone : $5\,C + 2\,SO^2 = CS^2 + 4\,CO.$

Le chlore agit de deux manières sur l'acide sulfureux :

1° Lorsque les deux gaz sont parfaitement secs, et qu'on les expose en présence l'un de l'autre à l'action directe des rayons solaires, il se forme un composé liquide et incolore que l'on désigne sous le nom d'*acide chlorosulfurique*. Cet acide a pour formule SO^2Cl.

2° Lorsque les deux gaz sont humides, l'eau est elle-même décomposée : le chlore s'empare de l'hydrogène pour produire de l'acide chlorhydrique, tandis que l'acide sulfureux se combine avec l'oxygène pour se transformer en acide sulfurique :

$$Cl + SO^2 + 2\,HO = HCl + SO^3,HO.$$

Le soufre et l'azote sont sans action sur l'acide sulfureux. Le potassium, le sodium et plusieurs autres métaux le décomposent à une température élevée.

L'acide azotique, à la température ordinaire, transforme l'acide sulfureux en acide sulfurique avec dégagement d'acide hypoazotique :

$$AzO^5,HO + SO^2 = SO^3HO + AzO^4.$$

Cette réaction, comme nous le verrons bientôt, est utilisée dans la préparation en grand de l'acide sulfurique.

165. *Composition.* — Pour déterminer la composition de l'acide sulfureux, on introduit dans un ballon rempli d'oxygène et placé sur du mercure (*fig.* 62), un petit fragment de soufre que l'on allume au moyen d'une lentille. Le soufre brûle et se transforme en un volume d'acide sulfureux, précisément égal à celui de l'oxygène employé. On en conclut que *l'acide sulfureux renferme un volume d'oxygène égal au sien.* Or,

Fig. 62.

Si de la densité de l'acide sulfureux. 2,231
On retranche la densité de l'oxygène, ... 1,106
Le reste. 1,128

représente sensiblement la moitié de la densité de la vapeur de soufre. Donc, *un volume de gaz acide sulfureux se compose d'un volume d'oxygène et d'un demi-volume de vapeur de soufre,* ou de poids égaux de soufre et d'oxygène, la densité de la vapeur de soufre étant le double de celle de l'oxygène.

L'acide sulfureux est donc formé de |uivalent de soufre (16) et de 2 équivalents d'oxygène ( )=SO^2, représentant un volume de vapeur de soufre et deux volumes d'oxygène condensés en deux volumes.

166. *État naturel.* — On rencontre l'acide sulfureux à l'état de liberté aux environs des volcans, des solfatares, et partout où il y a du soufre en combustion. On ne le trouve pas à l'état de combinaison, car il a peu de tendance à s'unir aux bases, et les sels qu'il formerait ne tarderaient pas d'ailleurs à se transformer en sulfates.

167. *Préparation de l'acide sulfureux.* — Dans l'industrie, l'acide sulfureux se prépare toujours en faisant brûler du soufre à l'air. Dans les laboratoires, on l'obtient en chauffant légèrement dans un ballon de verre (*fig.* 63) de l'acide sulfurique concentré sur de la tournure de cuivre. Le gaz, en raison de sa grande solubilité dans l'eau, doit être reçu sur le mercure; mais, avant de le recueillir, il est nécessaire de le faire passer dans un flacon laveur contenant un peu d'eau pour le débarrasser des vapeurs d'acide sulfurique qui se dégagent pendant l'opération.

Fig. 63.

Théorie. — Une partie de l'acide sulfurique se décompose en acide sulfureux, qui se dégage, et en oxygène, qui se porte sur le cuivre pour former un oxyde, lequel se combine avec l'acide sulfurique non décomposé; de sorte qu'il reste dans le ballon du sulfate de cuivre :

$$2\,SO^3,HO + Cu = SO^2 + CuO,SO^3 + 2\,HO.$$

On prépare encore l'acide sulfureux par deux autres procédés :

1° En chauffant dans une cornue un mélange de 4 parties de soufre et de 5 parties de bioxyde de manganèse : $3\,S + MnO^2 = SO^2 + MnS^2$;

2° En chauffant dans un ballon de verre un mélange d'acide sulfurique et de charbon. On obtient de l'acide sulfureux et de l'acide carbonique : $2\,SO^3,HO + C = 2\,SO^2 + CO^2 + 2\,HO$.

Ce dernier procédé est employé par économie lorsqu'on veut obtenir une solution aqueuse d'acide sulfureux.

168. *Usages.* — L'acide sulfureux est employé en médecine, sous forme de fumigations, dans le traitement des maladies de la peau. Dans l'industrie, on s'en sert pour blanchir les étoffes de laine et de soie, les éponges, la paille, la colle de poisson, etc. La solution de cet acide enlève les taches de fruits faites sur le linge. A défaut de cette solution, il suffit de mouiller la tache et de l'exposer au-dessus de quelques allumettes soufrées auxquelles on met le feu.

Acide sulfurique, SO^3.

169. *Historique.* — L'*acide sulfurique* a été découvert vers le milieu du xv⁰ siècle par Basile Valentin, célèbre alchimiste d'Erfurth et moine de l'ordre des bénédictins. Pendant longtemps on regarda cet acide comme préexistant dans le soufre : c'est Lavoisier qui le premier fit connaître sa nature et sa composition, en démontrant que, comme l'acide sulfureux, il est formé de soufre et d'oxygène. L'acide sulfurique a été désigné sous les noms d'*acide vitriolique*, d'*huile de vitriol*, parce qu'on l'obtenait en distillant du sulfate de fer appelé *vitriol vert*.

170. *Propriétés physiques.* — L'acide sulfurique se présente sous deux formes distinctes, l'*acide sulfurique anhydre* et l'*acide sulfurique hydraté*.

171. *Acide sulfurique anhydre.* — L'acide sulfurique anhydre SO^3 est solide, blanc, opaque, cristallisé en houppes soyeuses comme l'amiante. Il fond à 18° et se volatilise à environ 30°. Sa densité est 1,97, presque le double de celle de l'eau. Cet acide répand à l'air d'abondantes vapeurs qui résultent de sa combinaison avec l'humidité atmosphérique. Lorsqu'on le met en contact avec de l'eau, il se dissout aussitôt en faisant entendre un bruit semblable à celui que produit un fer rouge que l'on plonge dans ce liquide.

Remarque. — L'acide sulfurique anhydre, comme l'acide azotique anhydre, ne peut rougir la teinture de tournesol ou se combiner avec les bases que par l'intervention de l'eau, c'est-à-dire en passant d'abord à l'état d'acide sulfurique hydraté. Ce corps n'est donc pas par lui-même un véritable acide dans le sens que l'on attache chimiquement à ce mot. C'est pour cette raison que beaucoup de chimistes le désignent maintenant sous le nom d'*anhydride sulfurique*.

172. *Acide sulfurique hydraté. Propriétés physiques.* — L'acide sulfurique hydraté SO^3HO, ou *acide sulfurique ordinaire*, est un liquide incolore, inodore, d'une consistance oléagineuse, ce qui lui a fait donner le nom d'*huile de vitriol*. Sa densité, à la température de 15°, est 1,84. Soumis à un refroidissement de — 34°, il cristallise en prismes à 6 pans : à la température de 325°, il entre en ébullition, et peut alors être distillé. Cette distillation doit se faire dans une cornue de verre, dont le col s'engage librement dans un ballon où la vapeur vient se condenser (*fig.* 64). Pour éviter les soubresauts qui se produisent toujours pendant l'ébullition de cet acide, on place dans la cornue quelques fils de platine qui favorisent le dégagement de la vapeur.

Fig. 64.

175. *Propriétés chimiques.* — La chaleur décompose l'acide sulfurique, ainsi qu'il est facile de le démontrer, en faisant arriver sa vapeur dans un tube de porcelaine chauffé au rouge; il en résulte de l'acide sulfureux, de l'oxygène et de l'eau :

$$SO^3,HO = SO^2 + O + HO.$$

Action de l'hydrogène. — L'hydrogène, à la chaleur rouge, agit de trois manières sur l'acide sulfurique :

Si l'acide est en excès, il se forme de l'acide sulfureux et de l'eau : $SO^3,HO + H = SO^2 + 2 HO.$

Si c'est l'hydrogène qui est en excès, on obtient de l'eau et un dépôt de soufre : $SO^3,HO + 3H = 4 HO + S.$

A une température moins élevée, le dépôt de soufre est remplacé par de l'acide sulfhydrique : $SO^3,HO + 4H = 4HO + HS.$

Action du carbone et du soufre. — Le charbon, chauffé avec l'acide sulfurique, donne de l'acide sulfureux, de l'acide carbonique et de l'eau : $2(SO^3HO) + C = 2SO^2 + CO^2 + 2HO.$

Le soufre, également chauffé avec cet acide, le convertit tout entier en acide sulfureux et en eau : $2(SO^3HO) + S = 3SO^2 + 2HO$.

Action des métaux. — La plupart des métaux agissent sur l'acide sulfurique : les uns, comme le zinc et le fer, décomposent son équivalent d'eau en dégageant l'hydrogène et en se transformant en sulfates :

$$SO^3,HO + Zn = H + ZnO,SO^3.$$

Les autres, comme le cuivre et le mercure, décomposent une partie de l'acide sulfurique, qu'ils transforment en acide sulfureux, pour se convertir eux-mêmes en sulfates avec l'acide non décomposé :

$$2 SO^3,HO + Cu = SO^2 + CuO,SO^3 + 2 HO.$$

L'or, le platine, le palladium, le rhodium et l'iridium sont sans action sur l'acide sulfurique.

Action de l'acide sulfurique sur les matières organiques et sur l'eau. — L'acide sulfurique est un des acides les plus énergiques; il brûle et détruit un grand nombre des matières organiques. Ainsi, quand on plonge un morceau de bois dans cet acide, on le voit noircir presque aussitôt. Cet effet dépend surtout de l'extrême affinité de l'acide sulfurique pour l'eau: l'oxygène et l'hydrogène qui, avec le carbone, entrent dans la composition du bois, s'unissent pour former de l'eau, laquelle se combine avec l'acide, et met ainsi le carbone en liberté.

Lorsqu'on mélange de l'acide sulfurique avec de l'eau, leur température peut s'élever au delà de 100°. On observe en outre, après le refroidissement, que le volume du mélange a diminué. Il se forme dans ce cas de véritables hydrates à proportions définies, ayant pour formules $SO^3,2HO$ et $SO^3,3HO$. C'est encore en vertu de son affinité pour l'eau que l'acide sulfurique exposé à l'air humide augmente considérablement de volume et prend une teinte jaunâtre. Cette coloration est due aux parcelles de poussière qu'il reçoit et qu'il noircit en les carbonisant.

La glace mélangée avec l'acide sulfurique produit de la chaleur ou du froid, selon les proportions d'acide et de glace employées. Ainsi, 4 parties d'acide et une partie de glace dégagent de la chaleur, tandis que les proportions inverses donnent du froid. Ces deux effets contraires s'expliquent facilement : dans le premier cas, l'action chimique entre l'eau et l'acide sulfurique produit plus de chaleur que la glace n'en absorbe en fondant; dans le second cas, elle en produit moins.

174. *Composition.* — Lorsqu'on fait passer de l'acide sulfurique anhydre à l'état de vapeur dans un tube de porcelaine chauffé au rouge, on obtient un mélange d'acide sulfureux et d'oxygène. En introduisant dans ce mélange une dissolution de potasse qui absorbe l'acide sulfureux, le volume gazeux est réduit au tiers. Le mélange était donc formé de *deux volumes d'acide sulfureux* SO^2 *et d'un volume d'oxygène*, ce qui donne en poids, 1 équivalent de soufre 16 et 3 équivalents d'oxygène 24. L'acide sulfurique anhydre a donc pour formule SO^3, représentant 1 volume de vapeur de soufre et 3 volumes d'oxygène.

Pour connaître la quantité d'eau que renferme l'acide sulfurique hydraté, on combine un poids connu de cet acide avec un excès d'oxyde de plomb également connu. On évapore à sec le résidu et on le pèse. La différence entre son poids et la somme des poids de l'acide sulfurique et de l'oxyde de plomb employés représente la quantité d'eau que contenait l'acide hydraté.

175. *État naturel.* — L'acide sulfurique ne se rencontre que rarement dans la nature à l'état de liberté. On le trouve en petite quantité dans les eaux d'Aix-la-Chapelle, dans quelques lacs de l'Amérique méridionale et aux environs des volcans, où il se forme par le contact de l'acide sulfureux et de l'air sous l'influence des laves poreuses et incandescentes. L'eau de pluie qui tombe à proximité des grands centres manufacturiers en renferme souvent des quantités notables provenant de l'oxydation de l'acide sulfureux que répand dans l'air la combustion de la houille. A l'état de combinaison, l'acide sulfurique est, au contraire, très commun dans la nature : on le trouve presque partout en combinaison avec la chaux, la baryte, la strontiane, la magnésie, l'alumine, etc.

176. *Préparation dans les laboratoires de l'acide sulfurique hydraté.* — Dans les laboratoires, on prépare l'acide sulfurique ordinaire en faisant arriver dans un grand ballon de verre A (*fig.* 65) du bioxyde d'azote qui se dégage d'un flacon C, et de l'acide sulfureux provenant d'un petit ballon D placé sur un fourneau. Deux tubes *t* et *t'* servent à introduire et à renouveler l'air dans le grand ballon, dont les parois doivent être préalablement humectées.

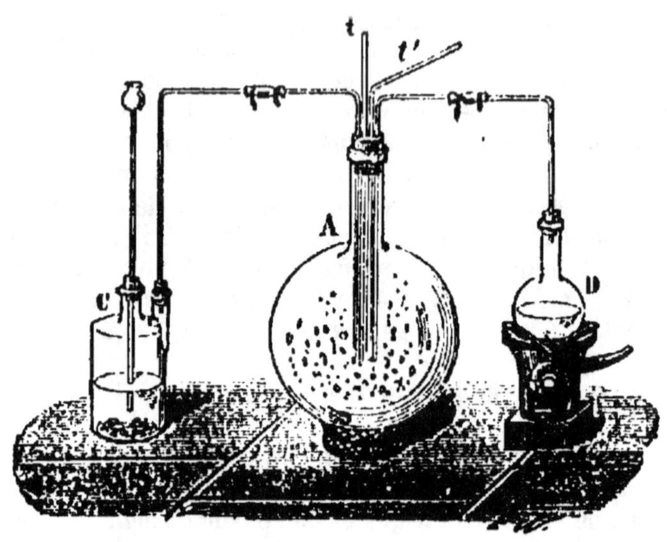

Fig. 65.

Théorie. — Nous avons en présence, dans le ballon, du bioxyde d'azote AzO^2, de l'acide sulfureux SO^2, de l'air et de l'eau. Le bioxyde d'azote, au contact de l'air, absorbe deux équivalents d'oxygène et se transforme en acide hypoazotique, qui apparaît sous forme de vapeurs rutilantes. Cet acide, ainsi formé, se convertit immédiatement, sous l'influence de l'eau, en bioxyde d'azote et en acide azotique (134), lequel cède aussitôt un équivalent d'oxygène à l'acide sulfureux et le transforme en acide sulfurique. En résumé :

1° Le bioxyde d'azote, en présence de l'air, se change en acide hypoazotique :

$$AzO^2 + 2\,O = AzO^4;$$

2° L'acide hypoazotique, en présence de l'eau, se dédouble en bioxyde d'azote et en acide azotique :

$$3\,AzO^4 + 2\,HO = AzO^2 + 2\,AzO^5,HO;$$

3° L'acide azotique, en présence de l'acide sulfureux, lui

11.

cède un équivalent d'oxygène, le convertit en acide sulfurique
et repasse à l'état d'acide hypoazotique :

$$AzO^4, HO + SO^2 = SO^3, HO + AzO^4.$$

Cet acide hypoazotique se transformera de nouveau, au contact de l'eau, en bioxyde d'azote et en acide azotique, lequel réa-
gira de la même manière sur une nouvelle proportion d'acide
sulfureux, et ainsi de suite ; de sorte que la même quantité de
bioxyde d'azote pourrait servir indéfiniment à convertir l'acide
sulfureux en acide sulfurique, si l'eau et l'oxygène qui ont disparu étaient constamment renouvelés.

Un phénomène que l'on remarque assez fréquemment dans
cette opération, c'est la formation de petits cristaux transparents qui se déposent sur les parois du ballon A. Ces cristaux,
dont la composition est représentée par la formule S^2AzO^9
prennent naissance toutes les fois que la vapeur d'eau répandue dans le ballon est en quantité insuffisante pour transformer complètement l'acide hypoazotique en acide azotique et
en bioxyde d'azote ; ils disparaissent au contact de l'eau, en
dégageant des vapeurs rutilantes, et en formant de l'acide sulfurique qui se dissout.

Le mode de préparation que nous venons d'indiquer est seulement destiné à mettre en évidence l'action réciproque de
l'acide sulfureux, du bioxyde d'azote, de l'air et de la vapeur
d'eau.

177. _Préparation industrielle de l'acide sulfurique._ — Dans
l'industrie, la fabrication de l'acide sulfurique s'effectue dans
de grandes chambres dont les parois sont garnies intérieurement de lames de plomb soudées entre elles. La figure 66 représente une coupe générale de cet appareil.

F et F′ sont deux fourneaux accouplés dans lesquels on brûle
du soufre brut sur une large plaque de tôle. Au-dessus sont
deux chaudières G et G′ destinées à fournir la quantité de
vapeur d'eau nécessaire à la réaction. Cette vapeur d'eau est
distribuée par un système de tuyaux _op_ dans les diverses parties de l'appareil. L'acide sulfureux produit par la combustion du soufre s'engage dans une cheminée _a_ avec de l'air
atmosphérique et se rend dans un tambour en plomb K, où se
trouvent des tablettes inclinées sur lesquelles coule en nappes
minces de l'acide sulfurique chargé de produits nitreux (acides

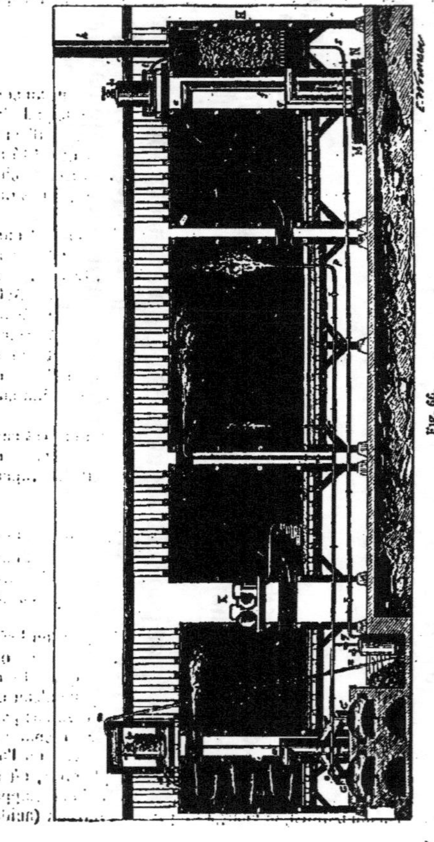

Fig. 66.

azotique, hypoazotique et bioxyde d'azote) dont nous dirons plus tard l'origine. Une partie de ces produits nitreux réagit sur une certaine quantité d'acide sulfureux, qu'elle transforme en acide sulfurique; le reste se dégage à l'état de vapeur et passe avec le mélange d'acide sulfureux et d'air en excès par un tuyau en fonte *k* qui le conduit dans une première chambre de plomb A. Cette chambre porte le nom de *dénitrificateur*; elle reçoit un jet de vapeur d'eau qui détermine la réaction entre les vapeurs nitreuses, l'acide sulfureux et l'oxygène, réaction d'où résulte la formation d'une petite quantité d'acide sulfurique qui se condense et tombe sur le sol de la chambre.

Les gaz se rendent ensuite dans une seconde chambre B par le tuyau *b*, devant lequel est placée une pièce en terre cuite I, ayant la forme d'un petit château d'eau, qui reçoit par un tube *l* et laisse tomber en cascade de l'acide azotique venant de deux vases extérieurs ou *touries* K. L'acide azotique est alors décomposé; il se forme de l'acide sulfurique, qui retourne dans la première chambre A, où il se débarrasse des produits nitreux dont il est chargé :

$$SO^2 + AzO^3HO = SO^3HO + AzO^4.$$

L'acide sulfureux et l'air en excès, ainsi que l'acide hypoazotique provenant de la décomposition de l'acide azotique, sont alors amenés par le tuyau *c* dans une troisième chambre C, beaucoup plus grande que les autres et qui reçoit plusieurs jets de vapeur d'eau. C'est dans cette chambre, où les gaz séjournent longtemps, que se passe la principale réaction entre l'acide sulfureux, l'acide hypoazotique, le bioxyde d'azote, l'oxygène et l'eau, et où se forme la majeure partie de l'acide sulfurique.

La température très élevée qui règne dans la chambre C ne permet pas à tout l'acide sulfurique formé de se condenser dans cette chambre. La condensation s'achève dans une dernière chambre D et dans un réfrigérant MN, avec lequel celle-ci communique par le tuyau *ef*. Quant aux vapeurs nitreuses qui échappent à la condensation, on les recueille en les faisant passer par un dernier tuyau *g* dans un grand cylindre H, rempli de coke, sur lequel tombe, au moyen d'un tube *i*, divisé en plusieurs branches, de l'acide sulfurique concentré contenu dans un vase supérieur V. L'acide sulfurique, en traversant la couche de coke, dissout complètement ces vapeurs; puis il se rend par un tube incliné *sq* dans un récipient O, d'où la pression de la vapeur d'eau contenue dans les chaudières l'élève et le pousse par le tube *nm* dans un vase supérieur V. C'est de ce vase que l'acide sulfurique, ainsi chargé de produits nitreux, s'échappe et tombe par le robinet *x* sur les tablettes inclinées du tambour en plomb E, dont nous avons parlé au commencement de cette description. On obtient de cette manière une grande économie dans la consommation de l'acide azotique, et il ne s'échappe par la cheminée *h* qu'une très petite quantité de produits utiles mêlés à l'azote de l'air atmosphérique, dont l'oxygène a été absorbé pendant l'opération.

Dans beaucoup d'usines, on remplace actuellement le soufre brut par des pyrites de fer qui, chauffées dans un four, en présence d'un courant d'air très actif, donnent de l'acide sulfureux à très bas prix.

En résumé, on peut dire que la préparation de l'acide sulfurique ordinaire repose essentiellement sur la décomposition, en présence de l'air et de la vapeur d'eau, de l'acide azotique par l'acide sulfureux, lequel, en prenant à l'acide azotique un équivalent d'oxygène et un équivalent d'eau, le convertit en acide hypo-azotique et se transforme lui-même en acide sulfurique :

$$AzO^5, HO + SO^2 = AzO^4 + SO^3, HO.$$

Purification. — L'acide sulfurique, préparé comme nous venons de le dire, contient toujours environ trois pour cent d'impuretés, qui sont principalement du sulfate de plomb des composés nitreux et de l'acide arsénique, si au lieu du soufre on a employé les pyrites qui sont toujours légèrement arsenicales. Pour le purifier, on y fait passer un courant d'acide sulfhydrique qui précipite d'abord le plomb, puis l'arsenic, à l'état de sulfures. On le débarrasse ensuite des composés nitreux (acides azotique, hypoazotique, bioxyde d'azote) en le chauffant avec une petite quantité de sulfate d'ammoniaque.

178. *Préparation de l'acide sulfurique anhydre.* — On pourrait préparer directement l'acide sulfurique anhydre en faisant arriver sur de la mousse de platine légèrement chauffée un mélange d'acide sulfureux et d'oxygène secs. Mais comme ce procédé est très lent, on préfère avoir recours à l'acide sulfurique de *Nordhausen*, ainsi appelé du nom de la ville où on le prépare. Cet acide, qui est le produit de la distillation du sulfate de fer, peut être considéré comme un mélange d'acide sulfurique monohydraté et d'acide sulfurique anhydre. En le chauffant doucement dans une cornue de verre dont le col communique avec un tube en U, entouré d'un mélange réfrigérant, l'acide sulfurique anhydre se dégage sous la forme d'abondantes vapeurs blanches, qui vont cristalliser dans le tube. Pour conserver cet acide, on ferme à la lampe les deux extrémités du tube qui le renferme, afin de le soustraire à l'humidité de l'air atmosphérique.

179. *Usages de l'acide sulfurique.* — L'acide sulfurique est de tous les acides celui dont les usages sont les plus nombreux. Il sert à la préparation de la soude artificielle, de l'alun, du chlore, de l'éther, de presque tous les acides; on l'emploie dans la fabrication du sucre d'amidon, des bougies stéariques, pour dissoudre l'indigo, etc. En médecine, on en fait usage comme caustique et pour préparer la limonade sulfurique que l'on prescrit dans certains cas. On consomme annuellement en France plus de 60 millions de kilogrammes d'acide sulfurique.

Acide sulfhydrique ou hydrogène sulfuré, HS.

180. *Historique.* — L'acide sulfhydrique a été découvert par Baumé, puis étudié par Schéele, qui en détermina la nature et la composition. On l'a nommé successivement *air puant, hydrogène sulfuré, acide hydrosulfurique.*

181. *Propriétés physiques.* — L'acide sulfhydrique est un gaz incolore, d'une odeur excessivement fétide, rappelant celle des œufs pourris. L'eau en dissout environ trois fois son volume à la température ordinaire; l'alcool en dissout 8 à 10 volumes. Sa densité est 1,191. Soumis à une pression de 15 à 16 atmosphères, ce gaz se liquéfie et se transforme en un liquide incolore, très mobile, plus léger que l'eau, et qui, sous la double influence d'un froid d'environ 80° et d'une forte pression, peut se solidifier en une masse blanche et transparente ayant l'aspect du camphre.

182. *Propriétés chimiques.* — La chaleur décompose en partie l'acide sulfhydrique : quand on fait passer un courant de ce gaz dans un tube de porcelaine chauffé au rouge, on obtient, à la sortie du tube, un mélange d'acide sulfhydrique, d'hydrogène et de vapeur de soufre.

Mis en présence de l'air et d'une bougie allumée, l'acide sulfhydrique prend feu et brûle avec une flamme bleuâtre, en formant de l'eau et de l'acide sulfureux :

$$HS + 3O = HO + SO^2.$$

Si l'éprouvette qui contient le gaz est étroite, une partie du soufre échappe à la combustion et se dépose sur ses parois.

L'oxygène et l'acide sulfhydrique secs n'ont aucune action l'un sur l'autre à la température ordinaire; mais en présence de l'eau, l'acide sulfhydrique est décomposé, et il en résulte de l'eau et un dépôt de soufre : $HS + O = HO + S$.

Si à l'action de l'humidité s'ajoute l'influence d'un corps poreux, l'oxygène finit par transformer l'acide sulfhydrique en acide sulfurique hydraté. Ainsi, si l'on expose à l'air une toile imbibée d'acide sulfhydrique dissous dans l'eau, on la verra peu à peu se carboniser par suite de la formation d'acide sulfurique : $HS + 4O = SO^3, HO$.

Le chlore, le brome et l'iode décomposent l'acide sulfhydrique à la température ordinaire. Il en résulte un dépôt de soufre et des acides chlorhydrique, bromhydrique et iodhydrique : $HS + Cl = HCl + S$.

Si ces corps étaient en excès, ils formeraient en outre des chlorure, bromure et iodure de soufre.

Le carbone, à une température élevée, transforme l'acide sulfhydrique en sulfure de carbone et en hydrogène : $2 HS + C = CS^2 + 2H$. Quant aux autres métalloïdes, ils n'exercent aucune action sur ce gaz.

La plupart des métaux décomposent aussi l'acide sulfhydrique, soit à froid, soit sous l'influence de la chaleur. Ils s'emparent du soufre pour former des sulfures et mettent l'hydrogène en liberté.

L'acide sulfureux et l'acide sulfhydrique, mis en présence l'un de l'autre, se décomposent mutuellement à froid quand ils sont humides, et seulement au rouge quand ils sont secs; il en résulte du soufre et de l'eau : $2 HS + SO^2 = 3S + 2HO$.

L'acide sulfhydrique est un des poisons les plus violents. Un centième de ce gaz répandu dans l'air fait périr un chien de forte taille. C'est à lui qu'il faut attribuer l'asphyxie connue sous le nom de *plomb*, à laquelle sont exposés les ouvriers employés au curage des fosses d'aisances et des égouts; on la combat au moyen du chlore, qui décompose instantanément l'acide sulfhydrique.

183. *Composition.* — Pour faire l'analyse de l'acide sulfhydrique, on décompose, au moyen d'un métal, l'étain par exemple, un volume déterminé de ce gaz dans une cloche courbe reposant sur le mercure (*fig.* 67). Il se forme un sulfure,

et l'hydrogène est mis en liberté. On constate par cette analyse que le volume de l'hydrogène qui reste est précisément le même que celui de l'acide sulfhydrique employé ; ce qui démontre que *l'acide sulfhydrique contient un volume d'hydrogène égal au sien.*

Fig. 67.

Or, si l'on retranche de la densité de ce gaz. . . . 1,1912
la densité de l'hydrogène. 0,0692

le reste. 1,1220

représente à très peu près la moitié de la densité de la vapeur de soufre; d'où l'on conclut que *un volume d'acide sulfhydrique est formé d'un volume d'hydrogène et d'un demi-volume de vapeur de soufre* dont les poids sont dans le rapport de 1 (équivalent de l'hydrogène) à 16 (équivalent du soufre). L'acide sulfhydrique a donc pour formule HS, représentant 2 volumes d'hydrogène et 1 volume de vapeur de soufre, condensés en deux volumes.

Remarque.—L'acide sulfhydrique est un corps chimiquement analogue à l'eau. Un volume de chacun de ces composés renferme, en effet, un volume d'hydrogène uni à un demi-volume d'oxygène ou de vapeur de soufre.

184. *État naturel.* — Toutes les substances organiques de nature animale ou végétale qui contiennent du soufre, telles

que les œufs, les matières fécales, la vase des marais, etc.,
produisent, en se décomposant, de l'acide sulfhydrique. On
trouve encore ce gaz en dissolution dans la plupart des eaux
minérales sulfureuses.

185. *Préparation de l'acide sulfhydrique.*—On prépare l'acide
sulfhydrique par deux procédés : 1° en chauffant un mélange
de sulfure d'antimoine SbS^3 et d'acide chlorhydrique ; 2° en
décomposant le sulfure de fer FeS par de l'acide sulfurique
étendu.

1er Procédé. On introduit dans une cornue de verre (*fig.* 68)
1 partie de sulfure d'antimoine et 6 parties d'acide chlorhy-

Fig. 68.

drique, puis on chauffe légèrement. Le sulfure d'antimoine est
décomposé ; il se forme de l'acide sulfhydrique, qui se dégage,
et du chlorure d'antimoine, qui reste dans le ballon :

$$SbS^3 + 3\,HCl = 3\,HS + SbCl^3.$$

Comme le gaz acide sulfhydrique entraîne toujours, en se dégageant, une certaine quantité d'acide chlorhydrique, il est nécessaire de le faire passer, avant de le recueillir, dans un flacon
laveur contenant un peu d'eau.

2° Procédé. On introduit dans un flacon à deux tubulures
(*fig.* 69) du sulfure de fer et de l'acide sulfurique étendu d'eau.
La réaction se fait à froid ; l'eau est décomposée : il se forme
de l'acide sulfhydrique, qui se dégage, et du sulfate de fer qui
reste en dissolution dans la liqueur :

$$FeS + SO^3,HO = HS + FeO,SO^3.$$

L'acide sulfhydrique préparé de cette manière n'est jamais pur; il contient toujours une certaine quantité d'hydrogène.

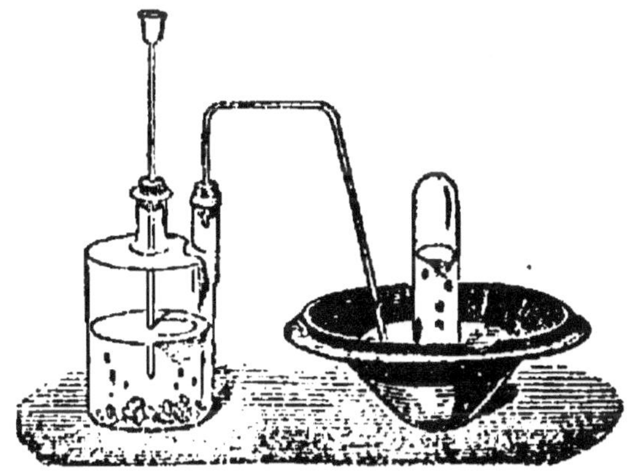

Fig. 60.

186. *Usages.* — L'acide sulfhydrique est employé comme réactif pour l'analyse des dissolutions métalliques. En médecine, on en fait usage pour combattre les maladies de la peau.

187. **Bisulfure d'hydrogène.* — Il existe un composé HS^2 formé d'un équivalent d'hydrogène uni à deux équivalents de soufre. Ce corps, que l'on désigne sous le nom de *bisulfure d'hydrogène*, est un liquide, jaunâtre, analogue, par ses propriétés chimiques, à l'eau oxygénée ou *bioxyde d'hydrogène* HO^2. On l'obtient en décomposant le bisulfure de calcium par l'acide chlorhydrique : $CaS^2 + HCl = CaCl + HS^2$.

Sulfure de carbone, CS^2.

188. *Propriétés physiques.* — Le *sulfure de carbone*, encore nommé *alcool de soufre*, *liqueur de Lampadius*, du nom du chimiste qui l'a découvert, est un liquide incolore, très mobile, d'une odeur fétide, analogue à celle du chou pourri. Ce liquide est insoluble dans l'eau; soluble, au contraire, en toutes proportions dans l'alcool et dans l'éther. Sa densité est 1,293; il bout à 45°. Soumis au refroidissement produit par l'évaporation dans le vide de l'éthylène liquide (95), le sulfure de carbone se solidifie en une masse blanche et translucide.

189. *Propriétés chimiques.* — Le sulfure de carbone est un corps très combustible ; il brûle au contact de l'air avec une belle flamme bleue, en produisant de l'acide sulfureux et de l'acide carbonique :

$$CS^2 + 6\,O = 2\,SO^2 + CO^2.$$

La vapeur de sulfure de carbone produit avec l'air ou avec l'oxygène des mélanges qui, à l'approche d'une flamme, détonent avec une extrême violence.

Plusieurs métaux, sous l'influence de la chaleur, décomposent le sulfure de carbone ; ils s'emparent du soufre pour former des sulfures et mettent le carbone en liberté.

Le sulfure de carbone dissout le soufre et le phosphore ; ces dissolutions, soumises à une évaporation lente, laissent déposer ces deux corps sous la forme de cristaux réguliers. Nous avons vu que c'est de cette manière que l'on obtient le soufre octaédrique.

190. *Composition.* — En faisant passer un poids connu de sulfure de carbone sur de l'oxyde de cuivre chauffé au rouge, on obtient un mélange d'acide sulfureux et d'acide carbonique, dont les quantités relatives prouvent que l'oxyde de carbone contient en poids 6 de carbone et 32 de soufre. Sa formule est donc CS^2, laquelle correspond à celle de l'acide carbonique CO^2.

191. *Préparation du sulfure de carbone.* — On obtient le sulfure de carbone en faisant passer de la vapeur de soufre sur du charbon chauffé au rouge. On place dans un fourneau incliné (*fig.* 70) un tube de porcelaine *ab* rempli de petits fragments de braise concassée. L'extrémité *a* du tube porte un bouchon que l'on peut enlever facilement, tandis que l'autre extrémité *b* communique, au moyen d'une allonge recourbée, avec un flacon récipient contenant une très petite quantité d'eau et convenablement refroidi. Lorsque le tube de porcelaine est à la température rouge, on introduit un fragment de soufre en *a* et l'on replace immédiatement le bouchon. Le soufre, entrant aussitôt en fusion, coule vers les parties plus chaudes du tube incliné et se vaporise. La vapeur de soufre se combine alors avec le charbon incandescent que contient le tube, et le sulfure de carbone qui en résulte va se condenser dans l'allonge ; il tombe ensuite goutte à goutte dans l'eau du récipient, au-dessous de laquelle il forme une couche jaunâtre et huileuse. Le sulfure de carbone ainsi obtenu n'est jamais pur ; il contient toujours une petite quantité de soufre en dissolution. Pour le séparer de ce corps on le distille au bain-marie dans une cornue de verre.

Fig. 70.

Remarque. — Le charbon, en brûlant dans l'oxygène, produit de l'acide carbonique CO^2 ;

En brûlant au contact du soufre, il produit du sulfure de carbone CS^2.

L'acide carbonique se combine avec les protoxydes métalliques (MO) pour former des carbonates MO,CO^2 ;

De même le sulfure de carbone se combine avec les protosulfures métalliques (MS) pour former de véritables sels MS,CS^2, correspondant aux carbonates, avec lesquels ils sont le plus souvent isomorphes.

De là le nom d'*acide sulfocarbonique* qui a été donné au sulfure de carbone, et celui de *sulfocarbonates* par lequel on désigne les combinaisons qu'il forme avec les sulfures métalliques. Le sulfure de carbone peut donc être comparé à l'acide carbonique dans lequel les deux équivalents d'oxygène sont remplacés par deux équivalents de soufre ; ce qui montre l'analogie du soufre et de l'oxygène dans leurs combinaisons avec les autres corps.

192. *Usages*. — Le sulfure de carbone est employé dans l'industrie pour *vulcaniser* le caoutchouc. Cette opération consiste à tremper le caoutchouc naturel dans un bain de sulfure de carbone contenant du soufre en dissolution. Le caoutchouc, en se combinant avec le soufre, acquiert ainsi la propriété de conserver sa souplesse et son élasticité, même aux plus basses températures.

193. *Sélénium et tellure.* — A côté du soufre se placent deux métalloïdes qui lui ressemblent beaucoup par leurs propriétés chimiques, le sélénium et le tellure, dont nous devons dire quelques mots.

SÉLÉNIUM.

Équivalent Se = 40.

194. *Propriétés et préparation.* — Ce métalloïde, découvert en 1817 par Berzelius, se rencontre toujours dans la nature mélangé avec le soufre. C'est un corps solide, insoluble dans l'eau, susceptible d'entrer en fusion vers 212°. Il bout vers 700° et donne une vapeur jaunâtre. Sa densité est 4,3.

Le sélénium, obtenu par précipitation, est sous la forme d'une poudre rouge, qui, fondue et refroidie lentement, se convertit en une masse vitreuse, noire par réflexion et rouge par transparence. Cette masse, à la température ordinaire, se transforme lentement en sélénium cristallin, d'un gris métallique. Le sélénium, comme le soufre, offre donc divers états allotropiques.

Le sélénium brûle à l'air avec une flamme bleuâtre, en dégageant une odeur fétide ; il se forme de l'acide sélénieux SeO^2 qui correspond à l'acide sulfureux. Il existe également un acide sélénique SeO^3, comparable à l'acide sulfurique, et que l'on obtient en oxydant le sélénium par l'azotate de potasse.

L'hydrogène forme avec le sélénium un acide gazeux, l'acide sélénhydrique HSe, plus vénéneux encore que l'acide sulfhydrique. Avec les métaux, le sélénium forme des séléniures analogues aux sulfures.

On obtient le sélénium en abandonnant à l'action de l'air une dissolution de séléniure de potassium : l'oxygène se combine avec le potassium pour former de la potasse, qui reste en dissolution, et le sélénium se dépose en poudre au fond du vase.

Le sélénium cristallin possède la singulière propriété de changer instantanément de résistance électrique sous l'influence de la lumière. C'est sur cette propriété que repose le curieux instrument, le *photophone d'articulation*, inventé par Graham Bell (1881), et dont nous avons donné la description détaillée dans notre *Physique* (42ᵉ éd., p. 489 et suiv.).

TELLURE.

Équivalent Te = 64.

195. *Propriétés et préparation.* — Le tellure a l'aspect d'un métal; il est gris d'acier, d'une texture cristalline, cassant, facile à pulvériser. Mais il ne conduit que difficilement la chaleur et l'électricité. Il fond vers 500° et se vaporise au rouge. Sa densité est 6,25.

Par ses propriétés chimiques, le tellure ressemble exactement au soufre et au sélénium. Ainsi, il forme avec l'oxygène deux acides, l'acide tellureux TeO^2 et l'acide tellurique TeO^3, analogues aux acides sulfureux et sulfurique, sélénieux et sélénique. Avec l'hydrogène, il donne un acide gazeux (l'acide tellurhydrique HTe) qui a la même composition et les propriétés générales des acides sulfhydrique et sélénhydrique.

Le tellure se rencontre, soit à l'état natif, soit en combinaison avec l'or, le plomb ou le bismuth, dans certains minerais aurifères. On peut l'obtenir dans le laboratoire en exposant à l'action de l'air une dissolution de tellurure de potassium qui, en absorbant l'oxygène, donne de la potasse et un dépôt de tellure pulvérulent. Ce corps est sans usages.

Résumé.

I. Le *soufre* est un corps solide, d'une couleur jaune citron, insipide, inodore, insoluble dans l'eau. Sa densité est 2,07. Il entre en fusion à 110° et se volatilise vers 400°.

II. L'affinité du soufre pour l'oxygène est très grande. A 250°, ce corps brûle à l'air avec une flamme bleuâtre, en donnant naissance à de l'acide sulfureux, dont l'odeur est caractéristique.

III. On extrait le soufre des terrains volcaniques nommés *solfatares*, où il existe à l'état natif mélangé avec des matières terreuses. On le sépare de ces matières au moyen de deux distillations successives.

IV. L'*acide sulfureux* SO^2 est un gaz incolore, d'une saveur forte, d'une odeur piquante, caractéristique. Sa densité est 2,234. Il se liquéfie à —15°, sous la pression ordinaire. L'eau en dissout 50 fois son volume.

V. L'acide sulfureux est le plus stable de tous les composés d'oxygène et de soufre. L'hydrogène et le carbone le décomposent en s'emparant de son oxygène et en mettant le soufre en liberté.

VI. On peut obtenir directement de l'acide sulfureux en brûlant du soufre dans l'air ou dans l'oxygène. Dans les laboratoires, on le prépare en décomposant de l'acide sulfurique concentré au moyen du cuivre :

$$2\,SO^3,HO + Cu = SO^2 + CuO,SO^3 + 2\,HO.$$

VII. L'acide *sulfurique* se présente sous deux formes différentes : l'acide sulfurique *anhydre* SO^3 et l'acide sulfurique *hydraté* SO^3,HO.

VIII. L'*acide sulfurique anhydre* est solide, blanc, cristallisé en houppes soyeuses. L'*acide sulfurique hydraté* est un liquide incolore, de consistance oléagineuse, très caustique. Il se congèle à —34° et bout à 325°. Sa densité est 1,842.

IX. L'acide sulfurique est un acide puissant. L'hydrogène, le carbone et le soufre le décomposent en s'emparant de son oxygène et le transforment en acide sulfureux.

X. On prépare l'acide sulfurique en faisant réagir dans un ballon de verre ou dans de vastes chambres recouvertes intérieurement de lames de plomb un mélange d'acide sulfureux, de bioxyde d'azote ou d'acide azotique, d'air et de vapeur d'eau.

XI. L'*acide sulfhydrique* HS est un gaz incolore, d'une odeur fétide, légèrement soluble dans l'eau. Il peut se liquéfier et se solidifier sous l'influence d'une forte pression et d'un refroidissement considérable.

XII. La chaleur décompose en partie cet acide ; le chlore, l'iode, le brome et la plupart des métaux le décomposent également. On le prépare par deux procédés :

1° En chauffant un mélange de sulfure d'antimoine et d'acide chlorhydrique :

$$SbS^3 + 3\,HCl = 3\,HS + SbCl^3;$$

2° En décomposant le sulfure de fer par de l'acide sulfurique étendu d'eau :

$$FeS + SO^3,HO = HS + FeO,SO^3.$$

XIII. Le *sulfure de carbone* CS^2 est un liquide incolore, très mobile, d'une odeur fétide. Il brûle à l'air avec une flamme bleue, en formant de l'acide sulfureux et de l'acide carbonique. On l'obtient en faisant passer de la vapeur de soufre sur du charbon chauffé au rouge.

XIV. A côté du soufre, qui a beaucoup d'analogie avec l'oxygène, se placent deux autres métalloïdes qui lui ressemblent chimiquement : le *sélénium* Se et le *tellure* Te.

CHAPITRE X.

Phosphore. — Acide phosphorique. — Hydrogène phosphoré. — Arsenic.

PHOSPHORE.

Équivalent Ph = 31.

196. *Historique.* — Le phosphore a été découvert en 1669 par un alchimiste de Hambourg, nommé Brandt, qui l'avait accidentellement extrait de l'urine. Un siècle plus tard, en 1769, Gahn et Schéele le découvrirent dans les os des animaux, et publièrent le procédé à l'aide duquel on le prépare encore aujourd'hui.

197. *Propriétés physiques.* — Le phosphore est un corps solide à la température ordinaire, assez mou pour être rayé par l'ongle, doué d'une odeur légèrement alliacée; il est incolore ou jaunâtre, translucide, lumineux dans l'obscurité, d'où lui vient son nom, dérivé des deux mots grecs, φῶς, *lumière*, et φέρω, *je porte*. Le phosphore est insoluble dans l'eau, légèrement soluble dans l'alcool et dans l'éther, beaucoup plus dans les essences, les huiles grasses, et dans le sulfure de carbone. Lorsqu'on le dissout dans ce dernier liquide et qu'on fait évaporer lentement la dissolution, il cristallise en dodécaèdres rhomboïdaux. Le phosphore fond à 44° et bout à 290°; sa densité est 1,83.

Soumis à l'influence des rayons solaires, soit dans le vide, soit dans tout autre milieu incapable de l'altérer chimiquement, le phosphore subit une modification moléculaire et devient rouge. Cette modification, qui ne s'opère que très lentement par la lumière, se produit assez rapidement sous l'influence de la chaleur portée à environ 240 degrés.

198. *Propriétés chimiques.* — Le phosphore a une très grande affinité pour l'oxygène. A la température ordinaire, il brûle dans l'air atmosphérique en répandant des vapeurs blanchâtres, qui sont lumineuses dans l'obscurité. Si l'on place un fragment de phosphore dans une éprouvette qui contient un volume d'air limité (*fig.* 71), on voit en effet le gaz diminuer

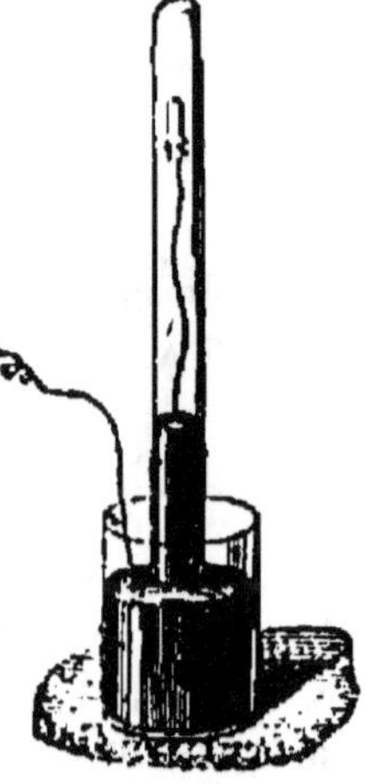

peu à peu par suite de l'absorption de l'oxygène, et il ne reste plus bientôt que de l'azote. Cette oxydation lente du phosphore a pour résultat la formation d'un mélange d'acide *phosphoreux* PhO^3 et d'acide *phosphorique* PhO^5.

A la température de 60° environ, et même par le simple frottement, le phosphore prend feu au contact de l'air et brûle avec une grande énergie, en répandant une fumée blanche et très épaisse. Cette fumée est entièrement formée d'acide phosphorique anhydre PhO^5, qui disparaît bientôt en absorbant, pour se combiner avec elle et s'y dissoudre, la vapeur d'eau atmosphérique.

Fig. 71.

La combustion du phosphore par l'oxygène peut même avoir lieu au milieu de l'eau; si l'on fait arriver ce gaz sur du phosphore placé sous de l'eau à 50°, on voit, en effet, de vives lueurs traverser le liquide; une partie du phosphore passe à l'état d'acide phosphorique, qui se dissout, tandis que l'autre partie se transforme en phosphore rouge, qui reste en suspension dans l'eau.

La facilité avec laquelle le phosphore prend feu au plus léger frottement, l'énergie avec laquelle il brûle, en font un corps très dangereux à manier. Aussi ne doit-on le couper que sous l'eau et ne le toucher qu'avec précaution. On conserve le phosphore dans des flacons remplis d'eau que l'on a fait bouillir pour la priver d'air. Ces flacons doivent être en verre noir ou recouverts de papier de même couleur, afin d'empêcher l'action de la lumière, qui lui ferait perdre sa transparence.

Le phosphore est un des corps dont les propriétés chimiques ont le plus d'énergie. Il s'enflamme spontanément dans le chlore pour former, soit un protochlorure $PhCl^3$, soit un perchlorure $PhCl^5$, suivant que le phosphore ou le chlore est en excès.

Le brome et l'iode se combinent de même directement avec le phosphore, en dégageant de la chaleur et de la lumière.

12.

Le soufre, vers son point de fusion, l'attaque aussi avec une grande violence.

Le phosphore prend feu au contact de l'acide azotique concentré et peut ainsi déterminer une explosion des plus dangereuses. Quand l'acide est étendu, l'action se produit à une douce chaleur, et il en résulte de l'acide phosphorique et du bioxyde d'azote.

Le phosphore est très vénéneux. On utilise cette propriété pour la destruction des rats au moyen d'une pâte, dite *pâte phosphorée*, dont ces animaux sont, dit-on, très friands.

199. *Phosphorescence.* — On a cru pendant longtemps que la propriété que possède le phosphore de luire dans l'obscurité était l'effet de l'oxydation lente de ce corps ; mais il n'en est rien. Le phosphore luit aussi bien dans l'azote et dans l'hydrogène purs que dans l'air atmosphérique ; il luit également dans le vide barométrique. Une circonstance singulière et inexplicable, c'est que le phosphore ne répand aucune lueur dans l'oxygène pur à la température et sous la pression ordinaires ; il faut, pour que sa combustion ait lieu dans ce gaz, élever la température au-dessus de 30 degrés ou réduire la pression à 12 ou 15 centimètres. On obtiendrait encore le même effet en ajoutant à l'oxygène de l'azote, de l'acide carbonique ou tout autre gaz sans action sur le phosphore. Il résulte de ces faits que la cause réelle du phénomène de la phosphorescence n'est pas encore nettement connue.

200. *Phosphore rouge.* — Le phosphore, soumis en vase clos à une température d'environ 240°, change complètement d'aspect et de propriétés. Il prend, ainsi que nous l'avons dit plus haut, une teinte rouge assez vive, d'où le nom de *phosphore rouge* par lequel on le désigne.

Le phosphore rouge est un peu plus dense que le phosphore ordinaire (1,96) ; il est dur, cassant et inodore. Il ne produit aucune lueur dans l'obscurité et est insoluble dans le sulfure de carbone. Il ne s'oxyde que très lentement à l'air et ne prend feu qu'à 260 degrés, température à laquelle il repasse, en vase clos, à l'état de phosphore ordinaire.

D'une manière générale, on peut dire que le phosphore rouge diffère du phosphore ordinaire par une diminution notable dans l'énergie de ses affinités. Son action sur les divers corps est moins vive, mais elle est chimiquement la même et donne lieu à des produits identiques.

Le phosphore rouge se forme dans une foule de réactions chimiques où le phosphore est en excès; ainsi, quand on fait brûler du phosphore dans l'air ou dans l'oxygène, une partie de ce corps passe à l'état de phosphore rouge, qui reste au fond de la capsule dans laquelle a eu lieu la combustion.

201. *État naturel.* — Le phosphore n'existe pas à l'état de liberté dans la nature; mais on le trouve en combinaison avec d'autres corps. Il existe dans l'urine à l'état de phosphate d'ammoniaque et de soude; dans les os, à l'état de phosphate de chaux; dans les graines de quelques céréales, à l'état de phosphate de magnésie. Il entre dans la composition de la substance cérébrale et nerveuse de tous les animaux mammifères, dans la laitance de la carpe, du hareng et de plusieurs autres poissons. Enfin, on le trouve encore dans certains terrains à l'état de phosphate de chaux, et dans quelques minerais à l'état de phosphate de fer et de phosphate de plomb.

202. *Préparation du phosphore.* — C'est du phosphate de chaux contenu dans les os que l'on extrait aujourd'hui le phosphore. On soumet d'abord les os à la calcination au contact de l'air, pour détruire la matière animale qu'ils renferment : ils deviennent alors blancs, friables, et ne sont plus formés que d'environ 80 parties de phosphate tribasique de chaux $(CaO)^3, PhO^5$, et de 20 parties de carbonate de chaux CaO, CO^2. On les pulvérise et on y ajoute de l'acide sulfurique étendu d'eau, de manière à former une bouillie très claire. Au bout de vingt-quatre heures, on filtre le mélange en le faisant passer à travers une toile serrée. La partie insoluble reste sur la toile et on recueille un liquide que l'on évapore dans une chaudière en cuivre jusqu'à consistance de sirop épais. On ajoute ensuite à ce liquide le tiers de son poids de charbon pulvérisé, puis on dessèche complètement la masse à la chaleur du rouge sombre.

Cette masse, ainsi privée d'eau, est alors introduite dans une cornue en grès, que l'on place ensuite dans un fourneau à réverbère A (*fig.* 72), et que l'on fait communiquer, au moyen d'une allonge en cuivre B, coudée à angle droit, avec un flacon C à moitié rempli d'eau. On chauffe peu à peu la cornue jusqu'au rouge blanc, et le phosphore vient se condenser dans l'eau du flacon. Un tube droit T sert au dégagement des gaz.

Théorie. — Les os calcinés renferment, avons-nous dit, environ 20 parties de carbonate de chaux CaO,CO^2, et 80 parties

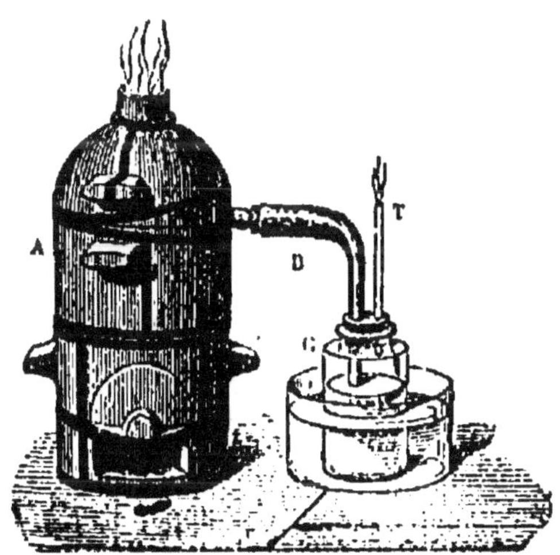

Fig. 72.

de phosphate tribasique de chaux $(CaO)^3,PhO^5$. L'acide sulfurique s'empare de la totalité de la chaux du carbonate et d'une partie seulement de la chaux du phosphate ; il en résulte de l'acide carbonique CO^2 qui se dégage, du sulfate de chaux CaO,SO^3 qui se précipite, et du phosphate acide de chaux $CaO,2HO,PhO^5$ qui se dissout dans l'eau :

$$CaO,CO^2 + (CaO)^3,PhO^5 + 3 SO^3,HO = 3 (CaO,SO^3)$$
$$+ CaO,2 HO,PhO^5 + CO^2 + HO.$$

En filtrant, le sulfate de chaux, qui est insoluble, se sépare du phosphate acide de chaux, qui reste en dissolution. Ce phosphate acide de chaux, mélangé avec du charbon, puis desséché et chauffé au rouge blanc, repasse à l'état de phosphate tribasique, qui reste dans la cornue, tandis qu'une partie de son acide phosphorique se décompose en phosphore et en oxyde de carbone :

$$3 (CaO,2 HO,PhO^5) + 10 C = (CaO)^3,PhO^5 + 6 HO + 2 Ph + 10 CO.$$

Mais, quelque bien desséché que soit le mélange de charbon et de phosphate acide de chaux, une certaine quantité d'hydrogène phosphoré se produit toujours par suite de la décomposition de l'eau de combinaison (2HO) du phosphate acide de chaux. C'est ce gaz, inflammable au contact de l'air, que l'on voit brûler à l'extrémité libre du tube T pendant le cours de l'opération.

Lorsque l'opération est terminée, on purifie le phosphore en le filtrant à travers une peau de chamois que l'on presse sous de l'eau à 50°. Puis on lui donne la forme de petits bâtons, sous laquelle on le trouve ordinairement dans le commerce, en le faisant pénétrer par pression ou par aspiration dans des tubes en verre, légèrement coniques, que l'on refroidit ensuite brusquement. Le phosphore se contracte, et une légère secousse suffit pour le faire sortir de son moule.

203. *Préparation industrielle du phosphore.* — Le mode de préparation que nous venons de décrire est celui que l'on emploie dans les laboratoires. Dans l'industrie, on se sert d'un appareil beaucoup plus grand. Cet appareil (*fig.* 73) se compose d'un fourneau en maçonnerie F dans lequel sont disposées huit à dix cornues B, B'... que chauffe un seul foyer. Le col de chaque cornue s'engage dans le bec relevé d'un récipient A, A', contenant une certaine quantité d'eau, dans laquelle vient se condenser le phosphore. Les gaz se dégagent de chaque récipient par les tubes d et d'. En c et en c' se trouvent des ouvertures qui restent toujours fermées pendant

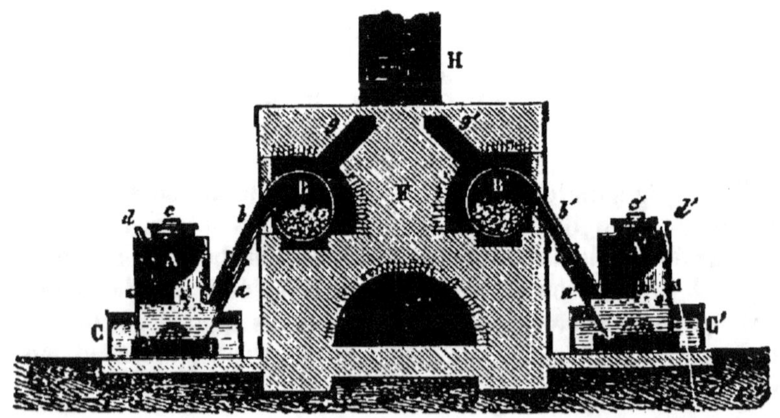

Fig. 73.

l'opération, et par lesquelles on retire le phosphore. C et C' sont des vases remplis d'eau qui servent à refroidir les récipients; *g* et *g'* sont les conduits par lesquels la flamme et la fumée du foyer se rendent dans la cheminée H, après avoir enveloppé les cornues.

204. *Usages.* — Le phosphore est employé dans les laboratoires de chimie pour faire l'analyse de l'air, pour préparer l'acide phosphorique et certains phosphures. Mais son principal usage repose sur la fabrication des allumettes phosphoriques, que l'on appelle vulgairement *allumettes chimiques.* Pour préparer ces allumettes, on fait une pâte composée d'un mélange de phosphore, de colle forte ou de gomme, d'eau et de sable fin. On colore cette pâte soit en bleu avec du bleu de Prusse, soit en rouge avec du vermillon, puis on y trempe l'extrémité préalablement soufrée des allumettes.

Les allumettes chimiques ainsi préparées présentent trois inconvénients graves : elles produisent très souvent des incendies, elles peuvent être la cause d'empoisonnements et elles exposent les ouvriers qui les fabriquent à une affection terrible, la carie et la nécrose des os du nez et de la mâchoire supérieure. On peut éviter ces dangers en remplaçant le phosphore ordinaire par le phosphore rouge, qui est beaucoup moins combustible et n'est pas vénéneux.

Les allumettes, préalablement soufrées, sont enduites d'un mélange de chlorate de potasse, de sulfure d'antimoine et de colle forte. Dans cet état, elles ne peuvent s'enflammer par le simple frottement sur un corps dur quelconque. Il faut, pour les enflammer, les frotter sur une planchette ou un carton recouvert d'un mélange de phosphore rouge, de bioxyde de manganèse, de sable et de colle. Malheureusement ces allumettes sont d'un usage moins commode que les allumettes ordinaires, ce qui, malgré leur innocuité, a empêché jusqu'à présent leur emploi de se généraliser.

Combinaisons du phosphore avec l'oxygène.

205. *Combinaisons du phosphore avec l'oxygène.* — Le phosphore forme avec l'oxygène les trois combinaisons suivantes :

    1° L'acide *hypophosphoreux,* PhO;

    2° L'acide *phosphoreux,* PhO^3;

    3° L'acide *phosphorique,* PhO^5.

On a admis pendant longtemps l'existence d'un oxyde de phosphore Ph^2O ; mais il est aujourd'hui démontré que ce corps n'est autre chose que du phosphore rouge.

Acide phosphorique, PhO^5.

206. *Propriétés physiques.*—L'acide phosphorique existe sous deux états différents : l'acide phosphorique *anhydre* et l'acide *phosphorique hydraté*.

L'acide phosphorique anhydre PhO^5 est solide, blanc, inodore, d'une saveur fortement acide. Il se présente ordinairement en flocons filamenteux, d'une pesanteur spécifique plus grande que celle de l'eau. Il fond et se volatilise à une température blanche. Cet acide est excessivement avide d'eau; exposé à l'air, il en absorbe presque instantanément l'humidité et tombe en déliquescence. Lorsqu'on le projette dans de l'eau, il produit un bruit semblable à celui que fait entendre un morceau de fer rouge que l'on plonge dans ce liquide. Son affinité pour l'eau est telle que, chauffé avec de l'acide sulfurique ordinaire. il le déshydrate et produit de l'acide sulfurique anhydre.

L'acide phosphorique anhydre, comme les acides azotique et sulfurique anhydres, ne se combine avec les bases que par l'intervention d'au moins un équivalent d'eau.

L'acide phosphorique hydraté ne contient pas toujours la même quantité d'eau. On en distingue trois variétés différentes, selon les proportions de ce liquide qui entrent dans sa composition :

1° *L'acide phosphorique monohydraté*, PhO^5,HO ;
2° *L'acide phosphorique bihydraté*, $PhO^5,2HO$;
3° *L'acide phosphorique trihydraté*, $PhO^5,3HO$.

1° *L'acide phosphorique monohydraté* ou *monobasique* PhO^5,HO est solide, incristallisable, et d'apparence vitreuse. Il précipite en blanc l'azotate d'argent et coagule l'albumine.

2° *L'acide phosphorique bihydraté* ou *bibasique* $PhO^5,2HO$ est vitreux et cristallisable. Il précipite en blanc l'azotate d'argent, mais il ne coagule pas l'albumine, ce qui le distingue du précédent.

3° *L'acide phosphorique trihydraté* ou *tribasique* PhO⁵.3HO est *l'acide phosphorique ordinaire*. Il ne coagule pas l'albumine, mais il diffère des deux autres en ce qu'il forme avec l'azotate d'argent un précipité jaune. Il cristallise en prismes rhomboïdaux incolores, d'une saveur très acide ; il rougit fortement la teinture de tournesol. Soumis à l'action de la chaleur rouge, il perd successivement deux équivalents d'eau et se transforme en acide phosphorique monohydraté, matière transparente, semi-fluide, qui prend en se refroidissant l'aspect d'une masse vitreuse. L'acide phosphorique trihydraté est très soluble dans l'eau, qui peut en dissoudre quatre ou cinq fois son poids. Cette dissolution porte le nom d'*acide phosphorique liquide*.

Remarque. — Dans ces trois acides, l'eau joue le rôle de *base*, et peut être remplacée, équivalent pour équivalent, par les oxydes métalliques. L'oxyde d'argent AgO, par exemple, forme avec eux trois sels :

Le phosphate *monobasique* d'argent,   AgO,PhO⁵ ;
Le phosphate *bibasique*,   2AgO,PhO⁵ ;
Le phosphate *tribasique*,   3AgO,PhO⁵.

207. *Propriétés chimiques.* — L'hydrogène décompose l'acide phosphorique anhydre ou hydraté : à la chaleur rouge il se forme de l'eau, de l'hydrogène phosphoré et du phosphore qui se volatilise.

Le charbon, sous l'influence de la chaleur, décompose également l'acide phosphorique. Si l'acide est anhydre, le phosphore est mis en liberté, et il se forme de l'oxyde de carbone et de l'acide carbonique. Lorsque l'acide est hydraté, il se produit en outre de l'hydrogène phosphoré et de l'hydrogène carboné, qui proviennent de la décomposition de l'eau.

L'oxygène, le soufre, le chlore, le brome, l'iode et l'azote n'ont aucune action sur l'acide phosphorique anhydre ou hydraté.

Beaucoup de métaux décomposent l'acide phosphorique. Avec le potassium et le sodium, il forme des phosphures et des phosphates ; avec les autres métaux, il donne des produits qui varient selon la nature de chacun d'eux.

208. *Composition.* — On détermine la composition de l'acide phosphorique anhydre en brûlant dans de l'oxygène un poids connu de phosphore et en pesant l'acide phosphorique qui en résulte. On reconnaît ainsi que 31 de phosphore en poids, c'est-à-dire un équivalent de phosphore, absorbent 40 ou cinq équivalents d'oxygène pour former l'acide phosphorique : la formule de cet acide est donc PhO^5.

Quant à la quantité d'eau que contiennent les acides hydratés, on la détermine de la même manière que pour l'acide sulfurique (171).

209. *Préparation de l'acide phosphorique anhydre.* — Nous avons vu précédemment que le phosphore, en brûlant dans l'air ou dans l'oxygène, produit de l'acide phosphorique qui se dégage sous la forme d'une fumée blanche et très épaisse. Pour obtenir de cette façon l'acide phosphorique anhydre, on prend une grande cloche en verre (*fig.* 74) que l'on pose sur une assiette. On dessèche d'abord l'air que contient la cloche au moyen de quelques fragments de chaux vive que l'on met sur l'assiette, puis on retire ces fragments et on les remplace par une petite capsule qui contient un morceau de phosphore préalablement enflammé. On voit aussitôt l'acide phosphorique anhydre se déposer en flocons lanugineux sur les parois de

Fig. 74.

la cloche et sur l'assiette. Quand la combustion du phosphore est achevée, on enlève rapidement l'acide phosphorique avec une spatule de platine, puis on le renferme dans un flacon bouché à l'émeri et bien desséché. Il reste au fond de la capsule une matière rouge qui n'est autre chose que du phosphore rouge.

210. *Préparation de l'acide phosphorique ordinaire ou trihydraté.* — On prépare l'acide phosphorique ordinaire ou trihydraté en chauffant du phosphore et de l'acide azotique légèrement étendu d'eau dans une cornue en verre (*fig.* 75) dont le col s'engage dans un récipient que refroidit un filet d'eau continu. Le phosphore disparaît bientôt et se transforme en acide phosphorique, qui reste dans la cornue sous la forme d'un liquide épais, tandis que d'abondantes vapeurs rutilantes se dégagent et se condensent dans le récipient refroidi, pour être utilisés de nouveau pendant l'opération.

Fig. 75.

Théorie.—La réaction est facile à comprendre; le phosphore s'empare d'une partie de l'oxygène de l'acide azotique, et il en résulte de l'acide phosphorique, du bioxyde d'azote et de l'eau :

$$3\,Ph + 5\,(AzO^5, 4\,HO) = 3\,(PhO^5, 3\,HO) + 5\,AzO^2 + 11\,HO.$$

En calcinant fortement dans un creuset de platine l'acide phosphorique ordinaire, on obtient l'acide phosphorique monohydraté.

Quant à l'acide phosphorique bihydraté, on le prépare en décomposant, au moyen de l'acide sulfhydrique, le phosphate bibasique de plomb.

Combinaisons du phosphore avec l'hydrogène.

211. *Combinaisons du phosphore avec l'hydrogène.*—Il existe trois combinaisons du phosphore avec l'hydrogène :

1° Un composé solide,		Ph^2H;
2° Un composé liquide,		PhH^2;
3° Un composé gazeux,		PhH^3.

Ce dernier est l'*hydrogène phosphoré* proprement dit.

Hydrogène phosphoré, PhH³.

212. *Propriétés physiques.* — L'hydrogène phosphoré ou *phosphure gazeux d'hydrogène* est un gaz incolore, d'une odeur fortement alliacée et caractéristique. Il est légèrement soluble dans l'eau, beaucoup plus soluble dans l'alcool, dans l'éther et dans quelques essences. Sa densité est 1,185.

213. *Propriétés chimiques.* — Ce gaz s'enflamme spontanément à l'air, à la température ordinaire. Lorsqu'on le fait passer bulle à bulle à travers une masse d'eau ou de mercure, chaque bulle qui sort de la surface du liquide s'enflamme aussitôt avec une légère explosion, et en donnant naissance à une couronne de fumée qui s'élève et s'élargit régulièrement quand l'air n'est pas agité. Cette fumée est composée d'acide phosphorique ordinaire :

$$\mathrm{PhH^3 + 8\,O = PhO^5, 3\,HO.}$$

Toutefois, cette propriété de s'enflammer spontanément au contact de l'air n'appartient pas en propre à l'hydrogène phosphoré; il la doit à une certaine proportion de phosphure d'hydrogène liquide PhH² qu'il contient presque toujours, et qu'il entraîne à l'état de vapeur. Lorsqu'il est parfaitement pur, c'est-à-dire dépouillé de ce phosphore liquide, il n'est plus spontanément inflammable à la température ordinaire; mais il suffit d'élever sa température à 100° pour déterminer sa combustion dans l'air.

La chaleur et l'électricité décomposent l'hydrogène phosphorique en hydrogène qui se dégage et en phosphore qui se dépose. Le chlore le décompose à la température ordinaire, avec dégagement de chaleur et d'une vive lumière; il se forme de l'acide chlorhydrique et du chlorure de phosphore. Un grand nombre de métaux, tels que le potassium, le sodium, le fer, le cuivre et même l'argent, le décomposent également en s'emparant du phosphore et en mettant l'hydrogène en liberté.

Lorsqu'on abandonne à lui-même pendant quelque temps le gaz hydrogène phosphoré, il subit une altération remarquable : on voit se former sur les parois de l'éprouvette ou du flacon qui le renferme un léger dépôt brun, et le gaz perd la propriété de s'enflammer spontanément au contact de l'air. Ce

dépôt brun est du phosphure d'hydrogène solide Ph^2H, qui
provient de la décomposition du phosphure liquide que le gaz
contenait.

214. *Composition*. — Pour faire l'analyse de l'hydrogène
phosphoré, on le décompose en le faisant passer sur du cuivre
chauffé au rouge dans un tube de verre. Il se forme du phosphure de cuivre et de l'hydrogène qui devient libre et que l'on
peut recueillir. En pesant le tube rempli de cuivre, avant et
après l'expérience, et en mesurant le volume d'hydrogène obtenu, on trouve pour la composition de l'hydrogène phosphoré
exprimée en poids, 31 ou un équivalent de phosphore, et 3 ou
trois équivalents d'hydrogène : ce qui donne pour formule de
ce corps PhH^3, représentant un volume de phosphore et 6 volumes d'hydrogène condensés en 4 volumes.

215. *État naturel*. — L'hydrogène phosphoré se produit spontanément dans la décomposition de toutes les matières animales
qui renferment du phosphore : c'est lui qui donne naissance à
ces feux follets que l'on observe quelquefois dans les marais et
dans les cimetières humides.

216. *Préparation de l'hydrogène phosphoré*. — On prépare
l'hydrogène phosphoré en chauffant dans un ballon de verre
(*fig.* 76) un mélange de phosphore coupé en petits fragments et
de chaux humide. L'eau est décomposée : son hydrogène
s'unit à une partie du phosphore pour former de l'hydrogène
phosphoré PhH^3 et un
peu de phosphure li-
quide PhH^2, tandis que
son oxygène se com-
bine avec l'autre partie
du phosphore pour don-
ner naissance à de l'a-
cide hypophosphoreux,
lequel s'empare de la
chaux et forme un hypo-
phosphite qui reste dans
le ballon. On peut re-
cueillir le gaz sur l'eau
ou sur le mercure :

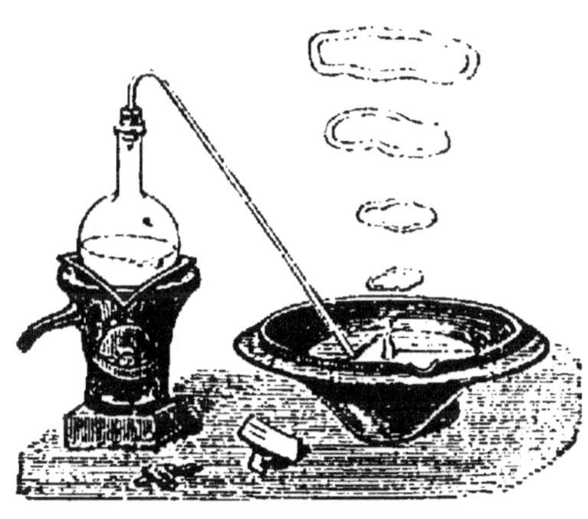

Fig. 76.

$$7\,Ph + 5\,CaO,HO = PhH^3 + PhH^2 + 5\,CaO,PhO,$$

Lorsqu'on le laisse échapper dans l'air, on voit chaque bulle s'enflammer en produisant ces couronnes de fumée dont nous avons parlé.

On peut encore préparer l'hydrogène phosphoré d'une manière plus simple. Il suffit de jeter dans de l'eau (*fig.* 77) quelques fragments de *phosphure de chaux*, lequel n'est autre chose qu'un mélange de phosphate de chaux et de phosphure de calcium, Ca²Ph. La réaction, qui est la même que dans le cas précédent, se fait à la température ordinaire, et le gaz se dégage immédiatement.

Fig. 77.

Remarque. — Le gaz hydrogène phosphoré PhH³ a la même composition que le gaz ammoniac AzH³ et lui est chimiquement analogue. Nous verrons plus loin que l'azote appartient, en effet, à la même famille que le phosphore, ainsi qu'un autre métalloïde, l'arsenic, dont nous allons nous occuper.

ARSENIC.

Équivalent As = 75.

217. *Propriétés physiques.* — L'arsenic ressemble à un métal par ses propriétés physiques. Il est gris d'acier, très brillant, d'une texture cristalline, et assez friable pour qu'on puisse aisément le pulvériser. Chauffé au rouge sombre, il se volatilise *sans se liquéfier* et cristallise en rhomboèdres par le refroidissement. Sa densité est 5,75.

218. *Propriétés chimiques.* — L'arsenic, par ses propriétés chimiques, se rapproche, ainsi que nous l'avons dit, de l'azote et surtout du phosphore. Projeté sur des charbons incandescents, il se volatilise en répandant une forte odeur d'ail et se transforme en acide arsénieux AsO³. Chauffé dans l'oxygène, brûle avec une flamme verdâtre et subit la même transformation.

L'arsenic prend feu dans le chlore et produit des fumées blanches très épaisses de chlorure d'arsenic AsCl³; il se combine de la même manière avec le brome et l'iode. Il forme avec l'hydrogène un composé gazeux, l'hydrogène arsénié AsH^3, complétement analogue à l'hydrogène phosphoré PhH^3.

L'arsenic se combine également avec le soufre et la plupart des métaux pour former des arséniures. L'acide azotique le transforme en acide arsénique AsO^5.

219. *État naturel et préparation.* — L'arsenic se rencontre quelquefois dans la nature à l'état natif; mais on le trouve le plus souvent en combinaison avec le soufre (sulfure d'arsenic) ou avec certains métaux (arséniures de fer, de nickel ou de cobalt). Quelques eaux minérales en contiennent des traces (eaux de Vals, du Mont-Dore, de la Bourboule, etc.).

On extrait l'arsenic du minerai connu sous le nom de *mispickel*, mélange d'arséniure et de sulfure de fer ($FeAs+FeS^2$). Ce corps, chauffé dans une cornue, donne du sulfure de fer, qui reste dans le vase, et de l'arsenic, qui se volatilise et va se déposer dans des tuyaux en terre, refroidis par leur contact avec l'air extérieur.

L'arsenic forme avec l'oxygène deux composés : l'acide *arsénieux* AsO^3, correspondant à l'acide phosphoreux PhO^3 et l'acide *arsénique* AsO^5, correspondant à l'acide phosphorique PhO^5.

Acide arsénieux AsO^3.

220. *Propriétés physiques.* — L'acide arsénieux est un corps solide, blanc, inodore, d'une saveur âcre, excitant la salivation. Chauffé au rouge sombre dans un tube ouvert, il se volatilise *sans se fondre*. Sa vapeur, reçue dans un vase chauffé à environ 200°, se condense et cristallise en prismes rhomboïdaux; mais si le vase est porté à une température plus élevée, elle se solidifie en une masse diaphane absolument semblable à du verre (*acide vitreux*).

Abandonné à lui-même, cet acide vitreux devient peu à peu opaque et prend l'aspect de la porcelaine (*acide porcelanique*). Cette transformation, qui est très lente, se fait de la surface au centre, si bien que quand on brise un fragment d'acide arsénieux, il n'est pas rare d'en trouver l'intérieur à l'état vitreux.

L'acide arsénieux est légèrement soluble dans l'eau ; sa densité à l'état vitreux est 3,74; elle est un peu moindre à l'état porcelanique.

221. *Propriétés chimiques*. — L'acide arsénieux est un acide faible ; chauffé avec du charbon dans un tube de verre, il se réduit en acide carbonique, qui se dégage, et en arsenic, qui se condense dans la partie supérieure du tube, où il forme un anneau noir miroitant :

$$2\,AsO^3 + 3\,C = 3\,CO^2 + 2\,As,$$

L'hydrogène libre décompose l'acide arsénieux en donnant de l'eau et de l'arsenic ; l'hydrogène à l'état naissant le transforme en hydrogène arsénié AsH^3 et en eau :

$$AsO^3 + 3\,H = 3\,HO + As \qquad AsO^3 + 6\,H = AsH^3 + 3\,HO.$$

L'acide azotique convertit l'acide arsénieux en acide arsénique AsO^5.

222. *Préparation*. — On prépare l'acide arsénieux en chauffant dans un courant d'air les sulfo-arséniures de nickel ou de cobalt. Le soufre se change en acide sulfureux et l'arsenic en acide arsénieux, que l'on dirige dans des chambres froides où il se condense. Le nickel et le cobalt restent à l'état d'oxydes, que l'on réduit ensuite en chauffant avec du charbon. Dans l'industrie, la préparation de l'acide arsénieux n'est qu'un accessoire de la fabrication de ces deux métaux.

223. *Usag. s*. — L'acide arsénieux est surtout employé pour la préparation du vert de Schéele (arsénite de cuivre). On s'en sert en médecine, à dose très faible, comme fébrifuge et pour combattre l'asthme.

224. *Empoisonnement par l'acide arsénieux*. — L'acide arsénieux est très vénéneux. La facilité avec laquelle on se le procure dans le commerce sous la forme d'une poudre inodore, insipide et ressemblant à de la farine, explique son fréquent usage dans les empoisonnements. Mais il est heureusement de tous les poisons le plus facile à reconnaître, soit dans les résidus qu'il a pu laisser au fond des vases, soit dans les matières des vomissements et jusque dans les organes, particulièrement dans le foie des victimes empoisonnées.

On se sert pour cela d'un appareil dit *appareil de Marsh*, lequel n'est autre chose qu'un flacon à hydrogène (*fig.* 66) muni d'un tube recourbé et effilé à son extrémité libre. On

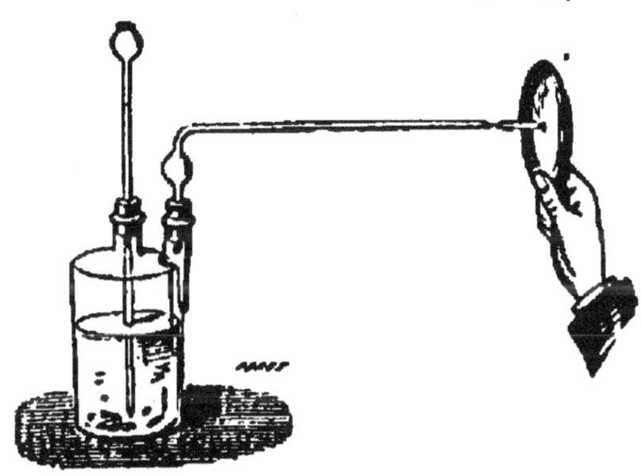

Fig. 78.

met d'abord dans le flacon du zinc pur et de l'eau, puis on y verse peu à peu de l'acide sulfurique. Au bout de quelques minutes, on enflamme le jet d'hydrogène et on présente à la flamme une soucoupe en porcelaine, laquelle doit rester parfaitement blanche.

Lorsqu'on s'est ainsi assuré de la pureté des substances employées, on introduit dans le flacon la matière suspecte. Si cette matière contient de l'arsenic, la flamme s'allonge, devient livide, et la soucoupe, mise de nouveau en contact avec cette flamme, se recouvre d'une tache brune et miroitante d'arsenic. On peut ainsi obtenir un grand nombre de taches semblables.

Pour reconnaître si ces taches sont bien de l'arsenic, on les traite par l'acide azotique et on évapore à siccité. On obtient ainsi une matière blanche (acide arsénique) qui, mise en contact avec une solution concentrée d'azotate d'argent, prend la teinte rouge brique caractéristique de l'arséniate d'argent.

Le meilleur moyen de combattre l'empoisonnement par l'acide arsénieux est de provoquer d'abord les vomissements et d'administrer ensuite de la magnésie calcinée délayée dans de l'eau. Cette substance, en se combinant dans l'estomac avec l'acide arsénieux, forme un composé insoluble (arsénite de magnésie) qui en neutralise l'action. A défaut de magnésie calcinée, on pourrait employer de l'hydrate de sesquioxyde de fer, qui produit le même effet.

Acide arsénique, AsO^5.

225. *Propriétés.* — Cet acide est un corps solide, blanc, soluble dans l'eau et susceptible de cristalliser en aiguilles déliquescentes $AsO^5,3HO$, qui, chauffées au rouge, perdent leur eau de composition et fournissent de l'acide arsénique anhydre AsO^5. A une température plus élevée, c'est-à-dire au rouge blanc, cet acide se réduit en acide arsénieux et en oxygène :
$$AsO^5 = AsO^3 + 2O.$$

Le charbon et l'hydrogène réduisent l'acide arsénique ; ils s'emparent de tout son oxygène pour former de l'acide carbonique ou de l'eau, et mettent l'arsenic en liberté.

226. *Préparation.* — On prépare l'acide arsénique en chauffant légèrement dans une cornue de l'arsenic ou de l'acide arsénieux avec de l'acide azotique additionné d'une très petite quantité d'acide chlorhydrique. Quand l'opération est terminée, on évapore à sec le liquide restant, et en chauffant ensuite au rouge sombre, on obtient l'acide arsénique anhydre.

L'acide arsénique est un poison plus violent encore que l'acide arsénieux. L'industrie en consomme actuellement d'assez grandes quantités pour la fabrication du rouge d'aniline.

Résumé.

I. Le *phosphore* est un corps solide, à peu près incolore et translucide, lumineux dans l'obscurité. Il fond à 44° et bout à 290. Sa densité est 1,83.

II. A la température ordinaire, le phosphore se combine avec l'oxygène de l'air et donne naissance à des vapeurs blanchâtres formées d'un mélange d'acide *phosphoreux* PhO^3 et d'acide phosphorique PhO^5. Lorsqu'on élève sa température à 60 degrés, il s'enflamme et brûle en produisant une fumée épaisse d'*acide phosphorique anhydre* PhO^5.

III. On retire le phosphore des os des animaux, où il existe à l'état de phosphate tribasique de chaux $(CaO)^3, PhO^5$. Au moyen de l'acide sulfurique on transforme le phosphate tribasique en phosphate acide $CaO, 2HO, PhO^5$, que l'on décompose ensuite par le charbon :

$$1° \ (CaO)^3, PhO^3 + 2SO^3 HO = CaO, 2HO, PhO^5 + 2(CaO, SO^3),$$
$$2° \ 3(CaO, 2HO, PhO^5) + 10C = (CaO)^3, PhO^5 + 2Ph + 10CO$$
$$+ 6HO.$$

IV. L'*acide phosphorique* se présente sous quatre états différents :

1° L'acide phosphorique anhydre, PhO^5 ;
2° L'acide phosphorique monohydraté ou monobasique, PhO^5, HO ;
3° L'acide phosphorique bihydraté ou bibasique, $PhO^5, 2HO$;
4° L'acide phosphorique trihydraté ou tribasique, $PhO^5, 3HO$.

V. L'*acide phosphorique anhydre* est solide, blanc, floconneux, d'une saveur fortement acide. Il est très avide d'eau et fait entendre, lorsqu'on le projette dans ce liquide, un bruit semblable à celui qu'y produirait un fer rouge.

13.

VI. *L'acide phosphorique monohydraté* est solide, incristallisable et d'apparence vitreuse. Il précipite en blanc l'azotate d'argent et coagule l'albumine.

VII. *L'acide phosphorique bihydraté* est solide, vitreux et cristallisable. Il précipite en blanc l'azotate d'argent, mais il ne coagule pas l'albumine.

VIII. *L'acide phosphorique trihydraté* est l'acide phosphorique ordinaire. Il cristallise en prismes incolores, très solubles dans l'eau. Il se distingue des deux précédents parce qu'il précipite en jaune l'azotate d'argent et qu'il ne coagule pas l'albumine.

IX. On prépare l'acide phosphorique anhydre en brûlant du phosphore sous une cloche remplie d'air desséché. L'acide phosphorique ordinaire ou trihydraté s'obtient en chauffant un mélange de phosphore et d'acide azotique.

X. *L'hydrogène phosphoré* PhH^3 est un gaz incolore, d'une odeur alliacée, spontanément inflammable au contact de l'air. Il doit cette propriété à une certaine quantité de phosphure d'hydrogène liquide PhH^2 qu'il contient presque toujours à l'état de vapeur. On le prépare en chauffant un mélange de phosphore et de chaux humide.

XI. A côté du phosphore se place un autre métalloïde, l'*arsenic* As, qui lui est chimiquement analogue. L'arsenic forme avec l'oxygène deux composés importants : l'acide *arsénieux* AsO^3 et l'acide *arsenic* AsO^5.

CHAPITRE XI.

Chlore. — Acide chlorique.— Acide chlorhydrique. — Eau régale.

CHLORE.

Équivalent $Cl = 35,50$.

227. *Historique.* — Le *chlore* a été découvert par Schéele, en 1774. Lavoisier, ayant considéré ce corps comme une combinaison d'acide muriatique (acide chlorhydrique) et d'oxygène, l'avait nommé *acide muriatique oxygéné.* C'est en 1809 que Gay-Lussac et Thénard reconnurent que l chlore est un corps simple.

228. *Propriétés physiques.*— Le chlore est un gaz jaune verdâtre (χλωρός, *vert*), d'une odeur forte, suffocante et caractéristique ; sa densité est 2,44. Il est soluble dans l'eau, qui peut en dissoudre environ trois fois son volume à la température ordinaire. Cette dissolution a la même couleur que le gaz. Lorsqu'on la refroidit à 2 ou 3 degrés au-dessous de zéro, elle abandonne des cristaux verdâtres et floconneux d'*hydrate de chlore*, composés de 35,50 de chlore et de 90 d'eau (Cl,10 HO).

Le chlore, à la température ordinaire, c'est-à-dire à environ 15°, se liquéfie sous une pression de 4 atmosphères. L'hydrate de chlore peut servir à préparer le chlore liquide. Après avoir recueilli et desséché rapidement les cristaux en les pressant entre deux feuilles de papier joseph, on les introduit dans un tube coudé ABC (*fig.* 79) dont l'extrémité C est bouchée, et dont on ferme ensuite à la lampe l'extrémité A. On plonge alors la partie BC du tube qui contient les cristaux dans de l'eau à 35°; ceux-ci se résolvent aussitôt en deux couches liquides superposées, dont l'une, d'un jaune foncé, gagne le fond du tube, et dont l'autre, d'une nuance beaucoup plus claire, reste au-dessus : la première couche est du *chlore liquide*, la seconde est

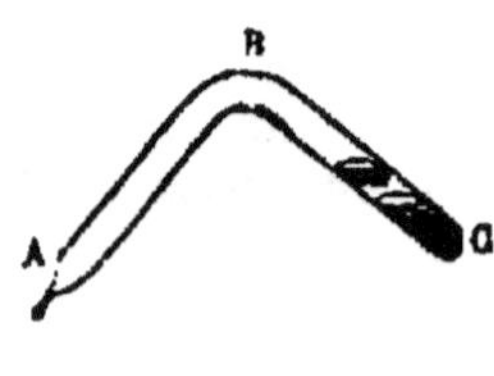

Fig. 79.

une simple dissolution de ce corps. Pour isoler le chlore liquide de la couche aqueuse, il suffit de refroidir avec de la glace la branche AB du tube : le chlore liquide distille et vient peu à peu se condenser à l'extrémité refroidie. On n'a pu jusqu'à présent le solidifier.

Le chlore gazeux est un irritant très énergique. Introduit dans les poumons, il provoque la toux, et peut même déterminer une violente inflammation des bronches.

229. *Propriétés chimiques.* — Le chlore a peu d'affinité pour l'oxygène, avec lequel il ne se combine jamais directement. Cependant il forme avec lui, par des voies détournées, plusieurs composés dont nous indiquerons plus loin la composition.

Action sur l'hydrogène et sur l'eau. — Le corps pour lequel le chlore a le plus d'affinité est l'hydrogène. Si l'on mélange dans un flacon de verre deux volumes égaux de ces deux gaz, et qu'on expose le mélange à l'action directe des rayons solaires, une violente explosion se fait entendre, et il se forme de l'acide chlorhydrique HCl. La flamme d'une bougie et l'étincelle électrique déterminent également la combinaison instantanée du chlore et de l'hydrogène. A la lumière diffuse, la combinaison se produit encore, mais lentement et sans détonation ; dans l'obscurité, le mélange peut se conserver indéfiniment.

L'affinité du chlore pour l'hydrogène est tellement puissante, qu'il décompose presque toutes les substances minérales ou organiques qui en renferment. Ainsi le chlore décompose l'eau. Si l'on fait passer, en effet, un courant de chlore humide dans un tube de porcelaine chauffé au rouge, on obtient de l'acide chlorhydrique et de l'oxygène :

$$Cl + HO = HCl + O \; *.$$

Lorsqu'on expose à l'influence de la radiation solaire la dissolution aqueuse du chlore, l'eau est encore décomposée; mais il se forme dans ce cas de l'acide chlorhydrique et de l'acide hypochloreux, parce que l'oxygène de l'eau, à l'état naissant, s'unit à une partie du chlore :

$$2Cl + HO = HCl + ClO.$$

D'où la nécessité de tenir la dissolution aqueuse de chlore dans l'obscurité ou dans un flacon noirci.

Une bougie allumée, plongée dane une éprouvette remplie de chlore, ne s'éteint pas immédiatement ; elle brûle encore pendant quelques instants avec une flamme rougeâtre et fuligineuse. Cette combustion, fort incomplète, est produite par la combinaison du chlore avec l'hydrogène de la bougie, dont le carbone, devenu libre, se dépose sur les parois de l'éprouvette.

Action sur les autres métalloïdes. — Le soufre se combine directement avec le chlore pour former soit du protochlorure de soufre S^2Cl, soit du bichlorure SCl, suivant que l'un ou l'autre des deux corps est en excès.

Un morceau de phosphore introduit dans un flacon rempli de

* C'est pour cette raison que les anciens chimistes considéraient le chlore comme un corps composé, formé d'acide chlorhydrique et d'oxygène, d'où le nom d'*acide muriatique oxygéné* qu'ils lui avaient donné. Ne pouvant se procurer du chlore parfaitement sec, ils obtenaient toujours la formation de ces deux corps, lorsqu'ils soumettaient le gaz à l'action de la chaleur ou de l'électricité.

chlore s'y enflamme immédiatement et donne soit du protochlorure de phosphore liquide $PhCl^3$, soit du perchlorure solide $PhCl^5$.

L'arsenic projeté en poudre fine dans un flacon plein de chlore prend feu également et forme du chlorure d'arsenic $AsCl^3$. Sous l'influence de la chaleur, le chlore se combine également avec le bore et le silicium.

Action sur les métaux. — Presque tous les métaux sont attaqués directement par le chlore : le potassium s'y enflamme comme le phosphore à la température ordinaire. De l'antimoine en poudre projeté dans un flacon plein de chlore prend feu instantanément en produisant de vives étincelles. Un fil de cuivre chauffé à son extrémité et plongé dans du chlore gazeux brûle comme le fer dans l'oxygène (27), et se transforme en chlorure de cuivre qui tombe en gouttelettes incandescentes au fond du flacon. Le chlore gazeux attaque le mercure à la température ordinaire ; une dissolution aqueuse de chlore attaque également l'or et le platine. Ainsi une feuille d'or placée dans un verre contenant une solution aqueuse de chlore se change en chlorure d'or Au^2Cl^3 et disparaît au bout de quelques instants.

Le chlore possède donc, comme on le voit, de puissantes affinités pour presque tous les corps simples, métalloïdes ou métaux.

Action sur les corps composés. — Nous savons comment le chlore agit sur l'eau. Il agit de la même manière sur l'acide sulfhydrique, qu'il décompose immédiatement en s'emparant de son hydrogène et en mettant le soufre en liberté :

$$Cl + HS = HCl + S.$$

Nous avons vu plus haut (59) qu'en mélangeant le chlore et l'ammoniaque dissous dans l'eau on obtient du chlorhydrate d'ammoniaque et de l'azote : $4 AzH^3 + 3 Cl = 3 (AzH^3, HCl) + Az.$

Un jet de gaz ammoniac introduit dans un flacon rempli de chlore s'enflamme spontanément, et donne lieu à la même réaction.

Lorsqu'on fait agir le chlore sur de l'acide sulfureux humide, l'eau est décomposée ; son hydrogène s'unit au chlore, tandis que l'oxygène à l'état naissant transforme l'acide sulfureux en acide sulfurique:

$$SO^2 + 2\,HO + Cl = HCl + SO^3,HO.$$

Remarque. — Dans cette réaction, nous voyons le chlore agir comme *oxydant*, ce qui constitue l'une de ses principales et plus utiles propriétés. En s'emparant de l'hydrogène de l'eau, il met en liberté de l'oxygène à l'état naissant. c'est-à-dire dans l'état le plus favorable pour s'unir à d'autres corps.

230. *Action du chlore sur les matières colorantes.* — Le chlore détruit toutes les matières colorantes d'origine organique. Ainsi, une dissolution de chlore décolore instantanément le tournesol, l'indigo, le carmin, l'encre ordinaire, etc. Tantôt le chlore s'empare de leur hydrogène et se substitue à cet élément pour former des produits nouveaux ; tantôt il décompose l'eau que ces matières renferment : l'oxygène à l'état naissant se porte alors sur la substance colorante et la transforme en une autre matière généralement incolore.

Remarque. — L'encre ordinaire est formée d'un acide organique (acide gallique) combiné avec de l'oxyde de fer. Lorsque des caractères tracés avec cette encre ont été effacés au moyen du chlore, l'acide organique étant seul détruit, le fer reste sur le papier et il est alors facile de faire reparaître les caractères en plongeant le papier soit dans une dissolution de sulfhydrate d'ammoniaque qui les ramène au noir, soit dans une dissolution de prussiate de potasse qui les colore en bleu. Mais si, après avoir effacé l'encre par le chlore, on lave le papier dans de l'acide chlorhydrique étendu d'eau, le fer est enlevé à son tour, et il devient alors impossible de faire reparaître l'écriture.

L'encre d'imprimerie et l'encre de Chine, fabriquées avec du noir de fumée, ne peuvent être altérées par le chlore, qui est sans action sur le charbon. Elles résistent également à tout autre réactif et constituent, par conséquent, les meilleures encres dont on puisse se servir pour rendre les caractères indélébiles.

231. *État naturel.* — Le chlore n'existe pas dans la nature à l'état de liberté, mais on le trouve abondamment en combinaison avec plusieurs métaux, particulièrement avec le sodium, le calcium, le magnésium, l'argent, le fer et le cuivre. C'est à l'état de chlorure de sodium NaCl, vulgairement nommé *sel marin, sel gemme,* que le chlore est le plus répandu. Ce sel existe presque partout : dans les eaux de la mer, des lacs, des rivières, et dans plusieurs terrains où il forme des amas considérables. On trouve encore le chlore en combinaison avec l'hydrogène dans l'acide chlorhydrique que dégagent quelquefois les volcans.

232. *Préparation du chlore.*— On prépare le chlore par deux procédés différents : 1º en décomposant l'acide chlorhydrique par le bioxyde de manganèse; 2º en décomposant le chlorure de sodium ou sel marin par le bioxyde de manganèse et l'acide sulfurique étendu.

1er *Procédé.* On introduit dans un ballon de verre, placé sur un fourneau (*fig.* 80), du bioxyde de manganèse, sur lequel on

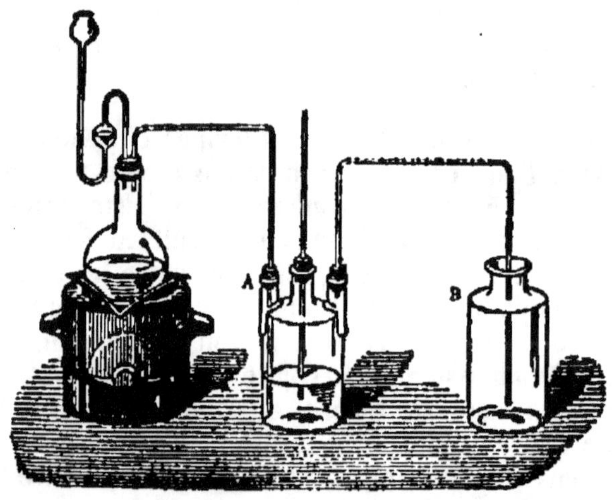

Fig. 80.

verse de l'acide chlorhydrique. Le gaz est d'abord reçu dans un flacon laveur A, qui contient un peu d'eau destinée à retenir l'acide chlorhydrique entraîné. On peut ensuite le recueillir dans des éprouvettes remplies d'eau ; mais il est plus simple de le recevoir dans un flacon à petite ouverture B, au fond duquel plonge le tube à dégagement. Le chlore, en raison de sa grande densité, déplace peu à peu l'air du flacon. Lorsque celui-ci est rempli, on retire lentement le tube, et l'on ferme

promptement le flacon avec un bouchon de verre usé à l'émeri.
Si l'on voulait avoir le chlore sec, on ajouterait à l'appareil un
tube rempli de chlorure de calcium, sur lequel passerait le gaz
avant de se rendre dans le flacon.

Théorie. — La réaction se passe entre 2 équivalents d'acide
chlorhydrique et 1 équivalent de bioxyde de manganèse. Les
deux équivalents d'hydrogène de l'acide se portent sur les deux
équivalents d'oxygène de l'oxyde pour former de l'eau; un
équivalent de chlore se dégage, tandis que l'autre équivalent
se combine avec le manganèse et produit du chlorure de manganèse qui reste dans le ballon :

$$MnO^2 + 2HCl = Cl + 2 HO + MnCl.$$

2e Procédé. L'appareil est le même; on remplace seulement
l'acide chlorhydrique et le bioxyde de manganèse par un mélange de 4 parties de chlorure de sodium ou sel marin, 2 parties d'acide sulfurique et 1 partie de bioxyde de manganèse. Ce
procédé est meilleur que le précédent, en ce sens qu'il donne
un dégagement de chlore plus régulier et plus abondant; mais
on l'emploie rarement dans l'industrie, parce que le sel marin
et l'acide sulfurique coûtent plus cher que l'acide chlorhydrique.

Théorie. — Le chlorure de sodium et le bioxyde de manganèse sont décomposés : le chlore se dégage, tandis que le bioxyde
de manganèse cède la moitié de son oxygène au sodium pour
former de la soude, en passant lui-même à l'état de protoxyde.
L'acide sulfurique se combine alors avec la soude et avec le
protoxyde de manganèse pour former des sulfates de soude et
de manganèse qui restent dans le ballon :

$$NaCl + MnO^2 + 2SO^3, HO = Cl + NaO, SO^3 + MnO, SO^3 + 2 HO.$$

Lorsqu'on veut obtenir une dissolution aqueuse de chlore,
on emploie l'appareil de Wolf. Le gaz, préparé dans un ballon M par l'un ou l'autre des deux procédés que nous venons
de décrire, se rend d'abord dans un flacon laveur A (*fig.* 81)
contenant un peu d'eau, puis il traverse successivement une
série de flacons B, C, aux trois quarts remplis d'eau distillée,
dans laquelle il se dissout. L'appareil se termine par une
éprouvette E qui contient un lait de chaux ou une dissolution

de potasse destinée à absorber l'excès de chlore qui échappe à l'action dissolvante de l'eau.

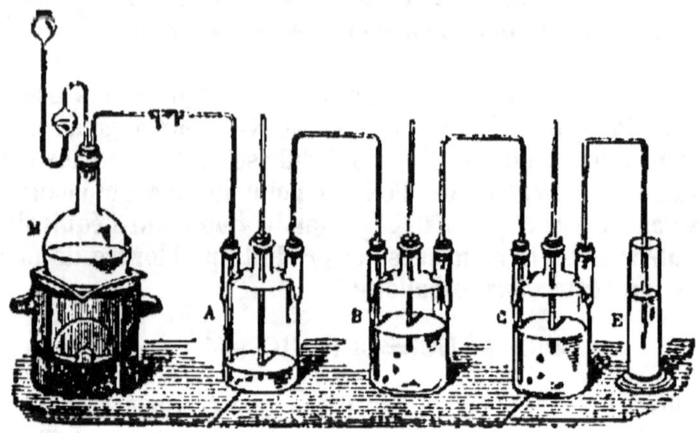

Fig. 81.

233. *Usages.* — Le chlore est d'un grand usage dans l'industrie pour le blanchiment des étoffes de lin et de coton, de la pâte à papier, et en général pour détruire les couleurs d'origine végétale. On l'emploie pour enlever les taches d'encre, pour désinfecter les endroits qui contiennent des miasmes putrides, et pour rappeler à la vie les personnes asphyxiées par l'acide sulfhydrique.

Composés oxygénés du chlore. — * Acide chlorique.

231. *Combinaisons du chlore avec l'oxygène.* — Le chlore forme avec l'oxygène cinq composés :

L'acide hypochloreux,	ClO;
L'acide chloreux,	ClO^3;
L'acide hypochlorique,	ClO^4;
L'acide chlorique,	ClO^5;
L'acide perchlorique,	ClO^7.

Le chlore et l'oxygène ayant peu d'affinité l'un pour l'autre, on doit s'attendre à ce que leurs combinaisons soient peu stables. En effet, ces composés sont tous détruits plus ou moins facilement par la chaleur, qui les transforme en chlore et en oxygène, quelques-uns avec explosion. Ces composés sont donc des oxydants très énergiques.

Remarque. Les corps oxydants peuvent l'être de deux manières différentes : tantôt *directement*, c'est-à-dire en abandonnant leur oxygène aux corps combustibles, comme le font les composés oxygénés de l'azote et du chlore, certains oxydes, etc.; tantôt *indirectement*, c'est-à-dire en décomposant l'eau, comme le fait le chlore, pour s'emparer de son hydrogène, et mettre ainsi en liberté l'oxygène à l'état naissant.

235. * *Acide chlorique* (ClO^5,HO). — Cet acide, au maximum de concentration, contient toujours un équivalent d'eau. C'est un liquide huileux, coloré en jaune, soluble dans l'eau en toutes proportions.

L'acide chlorique est excessivement caustique. Il rougit fortement la teinture de tournesol et la décolore ensuite en la détruisant. Son pouvoir oxydant est tel qu'il brûle et détruit instantanément toutes les matières organiques. Si l'on verse quelques gouttes de cet acide dans un verre contenant un peu d'alcool, celui-ci prend feu immédiatement.

La chaleur décompose l'acide chlorique en chlore, en oxygène et en acide perchlorique : $2 ClO^5 = Cl + 3 O + ClO^7$.

L'acide chlorique forme avec les bases deux *chlorates*, dont le plus important est le chlorate de potasse, que l'on emploie, comme nous l'avons vu (29), pour préparer l'oxygène.

On obtient l'acide chlorique en versant lentement de l'acide sulfurique dans une dissolution de chlorate de baryte. Il se forme du sulfate de baryte qui précipite et l'acide chlorique reste dissous dans la liqueur :

$$BaO,ClO^5 + SO^3,HO = BaO,SO^3 + ClO^5,HO.$$

On évapore ensuite la liqueur dans le vide pour obtenir l'acide à son maximum de concentration.

Acide chlorhydrique, HCl.

236. *Historique.* — L'acide *chlorhydrique*, très anciennement connu, a été successivement désigné sous les noms d'*esprit de sel*, d'*acide marin* et d'*acide muriatique*. Ce fut Glauber, chimiste allemand du dix-septième siècle, qui l'étudia le premier et fit connaître un procédé facile pour l'extraire du sel marin. En 1810, Gay-Lussac et Thénard démontrèrent que cet acide est composé de chlore et d'hydrogène.

237. *Propriétés physiques.*—L'acide chlorhydrique est un gaz incolore, d'une odeur forte et piquante, d'une saveur très acide. Il répand à l'air humide d'abondantes fumées blanches, éteint les corps en combustion et rougit très fortement la teinture de tournesol. Sa densité est 1,247. Ce gaz n'est pas permanent; à la température de 0°, et sous une pression de 40 atmosphères, il se transforme en un liquide incolore. On peut également le liquéfier en le soumettant, sous la pression ordinaire, à un refroidissement d'environ — 80°.

L'acide chlorhydrique est très soluble dans l'eau; à la température de 0°, ce liquide en dissout environ 460 fois son volume, ou à peu près les trois quarts de son poids.

L'absorption de l'acide chlorhydrique par l'eau est instantanée; elle se fait avec tant de rapidité, que lorsqu'on met en contact avec l'eau une éprouvette remplie de ce gaz, celle-ci est brisée par le choc de la colonne liquide, qui s'y précipite comme dans le vide. Un morceau de glace, placé dans du gaz acide chlorhydrique, fond immédiatement et l'absorbe.

La dissolution aqueuse d'acide chlorhydrique, saturée à 0°, possède les mêmes propriétés que le gaz. Elle est incolore lorsqu'elle est pure, et a pour densité 1,21; elle contient alors, au minimum d'hydratation, environ 40 pour 100 d'eau, ce qui correspond à six équivalents : $HCl + 6HO$.

Le liquide vendu dans le commerce sous le nom d'*acide chlorhydrique liquide*, ou simplement d'*acide chlorhydrique*, contient, en poids, environ 66 parties d'eau et 34 parties d'acide réel. Ce liquide, un peu plus dense que l'eau, répand à l'air d'épaisses fumées blanches; il bout vers 110° sans perdre la totalité de son gaz, ce qui prouve qu'il est plutôt le produit d'une combinaison que d'une simple dissolution.

Remarque. — C'est à cause de son extrême affinité pour l'eau que le gaz acide chlorhydrique fume à l'air : il s'empare de l'humidité atmosphérique et forme un composé qui se précipite aussitôt sous la forme d'un nuage, parce que sa tension est plus faible que celle de la vapeur d'eau à la même température.

**238. *Propriétés chimiques.* — **L'acide chlorhydrique est partiellement décomposable par la chaleur ou par une série d'étincelles électriques. Aucun métalloïde n'agit sur ce gaz, excepté l'oxygène, qui, à une température très élevée, le transforme en chlore et en eau : $HCl + O = Cl + HO$.

Tous les métaux qui décomposent l'eau peuvent également décomposer l'acide chlorhydrique : il se forme un chlorure, et l'hydrogène est mis en liberté. Quelques-uns, tels que l'aluminium, le fer, le zinc, etc., le décomposent à froid :

$$Zn + HCl = ZnCl + H.$$

Les oxydes métalliques produisent, avec l'acide chlorhydrique, de l'eau et des chlorures :

$$KO + HCl = KCl + HO.$$

239. *Composition.* — On détermine la composition de l'acide chlorhydrique par l'*analyse* et par la *synthèse :*

1° *Analyse.* Pour faire l'analyse de l'acide chlorhydrique, on introduit dans une cloche courbe, reposant sur le mercure (*fig.* 82), 100 volumes de ce gaz ; puis, on y fait passer un globule de potassium que l'on chauffe alors avec une lampe à alcool. Le potassium décompose l'acide chlorhydrique, s'empare du chlore et met l'hydrogène en liberté. Lorsque l'opération est terminée, on reconnaît qu'il reste dans la cloche 50 parties d'hydrogène pur, c'est-à-dire *la moitié du volume d'acide chlorhydrique employé.*

Fig. 82.

2° *Synthèse.* La synthèse de l'acide chlorhydrique se fait en exposant à la lumière diffuse (*fig.* 83) un ballon rempli d'hydrogène et dont le col, usé à l'émeri, bouche hermétiquement un flacon de même capacité et rempli de chlore. Les deux gaz se mélangent d'abord et se combinent ensuite peu à peu, en donnant naissance à de l'acide chlorhydrique. On reconnaît que la combinaison est achevée quand la couleur verte du chlore a complètement disparu. En ouvrant alors l'appareil sous le mercure, on constate que *le volume gazeux est resté le même.* De plus, le mercure n'est pas attaqué, et le gaz se dissout complètement dans l'eau, ce qui prouve qu'il ne reste ni chlore ni hydrogène libre.

Fig. 83.

Il est facile de conclure des deux expériences qui précèdent qu'*un volume de gaz acide chlorhydrique se compose d'un demi-volume de chlore et d'un demi-volume d'hydrogène*, ou, en d'autres termes, que l'acide chlorhydrique est formé de *volumes égaux de chlore et d'hydrogène* unis sans condensation. Ce résultat se vérifie par les densités. Si l'on retranche, en effet,

De la densité de l'acide chlorhydrique. 1,2470
La demi-densité de l'hydrogène. 0,0346

Le reste. . . . 1,2124

représente sensiblement la demi-densité du chlore. La formule de l'acide chlorhydrique est donc HCl, représentant 4 volumes formés de 2 volumes d'hydrogène et de 2 volumes de chlore; en poids 1 d'hydrogène et 35,5 de chlore $= 36,5$.

240. *Préparation du gaz acide chlorhydrique.*—L'acide chlorhydrique ne se rencontre naturellement à l'état de liberté que dans le voisinage des volcans en activité. On le prépare en traitant le chlorure de sodium ou sel marin par l'acide sulfurique étendu. On introduit dans un ballon de verre (*fig.* 84) un mé-

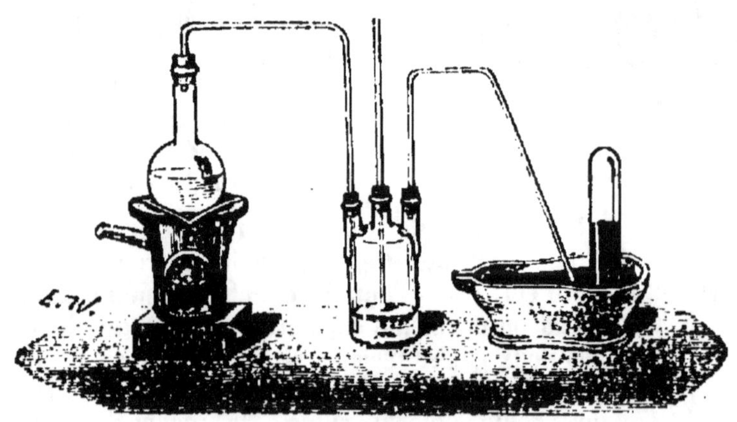

Fig. 84.

lange de **2** parties de sel marin et de **3** parties d'acide sulfurique, puis on chauffe légèrement. Le gaz qui se dégage passe d'abord dans un flacon laveur contenant une très petite quantité d'eau destinée à retenir l'acide sulfurique entraîné, puis il est reçu dans des éprouvettes reposant sur le mercure.

Théorie. — L'eau que contient l'acide sulfurique est décomposée ; son hydrogène s'unit au chlore du chlorure de sodium pour donner naissance à de l'acide chlorhydrique qui se dégage, tandis que son oxygène se porte sur le sodium pour former de la soude ou protoxyde de sodium. La soude se combine alors avec l'acide sulfurique, d'où résulte du sulfate de soude qui reste dans le ballon. Cette réaction est représentée par la formule suivante :

$$NaCl + SO^3,HO = HCl + NaO,SO^3.$$

241. *Préparation industrielle de l'acide chlorhydrique liquide.* — La dissolution aqueuse d'acide chlorhydrique, vulgairement nommée *acide chlorhydrique liquide*, se prépare, dans les laboratoires, comme celle du chlore, au moyen de l'appareil de Wolf. Dans les arts, on chauffe le mélange d'acide sulfurique et de sel marin dans des cylindres en fonte de fer dont la *fig.* 85 représente une coupe en A. Ces cylindres re-

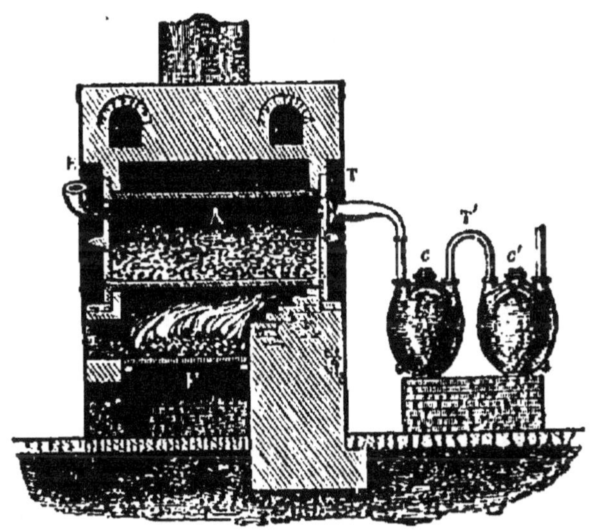

Fig. 85.

posent sur un fourneau en maçonnerie F et communiquent par des tubes T et T' avec une série de grosses bouteilles ou bonbonnes en grès c, c', disposées comme les flacons de l'appareil de Wolf, et aux deux tiers remplies d'eau pour dissoudre l'acide. Chaque cylindre porte en outre un entonnoir E qui sert à verser l'acide sulfurique sur le sel marin.

Ainsi préparé, l'acide chlorhydrique liquide est impur; il contient une petite quantité d'acide sulfurique, de l'acide sulfureux et du perchlorure de fer qui lui donne une teinte verdâtre. On le purifie par la distillation.

Usages.—L'acide chlorhydrique est surtout employé à l'état de dissolution. Ses usages sont très nombreux. On s'en sert en chimie comme réactif, en médecine comme caustique, dans les arts pour la préparation du chlore et des chlorures. Il entre dans la composition de l'eau régale, dont nous allons maintenant nous occuper.

Eau régale.

242. *Eau régale.* — Ainsi nommée parce qu'elle dissout l'or, que l'on appelait autrefois le roi des métaux, l'*eau régale* est un mélange de trois ou quatre parties d'acide chlorhydrique et d'une partie d'acide azotique. C'est un liquide rougeâtre, doué de propriétés particulières, dont la plus remarquable est celle de dissoudre certains métaux, tels que l'or et le platine, qui résistent à chacun de ces deux acides agissant isolément.

L'action réciproque des deux acides azotique et chlorhydrique a pour effet de produire de l'acide hypoazotique, du chlore et de l'eau :

$$AzO^5, HO + HCl = AzO^4 + Cl + 2 HO.$$

C'est surtout au chlore à l'état naissant que l'eau régale doit sa propriété dissolvante; les métaux soumis à son action se transforment en chlorures. Ainsi, l'or, en se dissolvant dans ce liquide, forme un sesquichlorure, et le platine un bichlorure.

Outre le chlore et l'acide hypoazotique, qui sont les produits principaux de l'action réciproque de l'acide azotique et de l'acide chlorhydrique, il se forme encore dans l'eau régale deux composés intermédiaires signalés par M. Baudrimont : 1° l'acide *chloro-azoteux* AzO^2Cl, vapeur orangée liquéfiable à —5°; 2° l'acide *chloro-hypoazotique* AzO^2Cl^2, vapeur rouge se condensant par le refroidissement en un liquide de même couleur, fumant à l'air, et qui bout à —7°.

Le rhodium et l'iridium sont les seuls métaux qui résistent à l'action de l'eau régale.

Résumé.

I. Le *chlore* est un gaz jaune verdâtre, d'une odeur forte et caractéristique. A la température ordinaire, l'eau peut en dissoudre environ trois fois son volume. Sa densité est 2,44.

II. Le chlore et l'oxygène forment cinq composés principaux; mais ces deux gaz ne s'unissent pas directement. Le corps pour lequel le chlore a le plus d'affinité est l'hydrogène. Sous l'influence de la lumière solaire, de la chaleur ou de l'étincelle électrique, le chlore et l'hydrogène se combinent avec explosion, en produisant de l'acide chlorhydrique.

III. Le chlore détruit toutes les couleurs végétales; il décolore instantanément le tournesol, l'indigo, l'encre ordinaire, etc. Presque tous les corps simples, métalloïdes et métaux, se combinent directement avec lui pour former des chlorures.

IV. Le chlore décompose l'eau et l'acide sulfhydrique : il s'empare de leur hydrogène et met l'oxygène ou le soufre en liberté.

V. On prépare le chlore de deux manières :

1° En décomposant l'acide chlorhydrique par le bioxyde de manganèse :

$$2\,HCl + MnO^2 = Cl + 2\,HO + MnCl.$$

2° En chauffant un mélange de chlorure de sodium, d'acide sulfurique et de bioxyde de manganèse :

$$NaCl + MnO^2 + 2\,SO^3,HO = Cl + NaO,SO^3 + MnO,SO^3 + 2\,HO.$$

VI. L'*acide chlorhydrique* HCl est un gaz incolore, d'une odeur forte et piquante, fumant à l'air. L'eau en dissout, à la température ordinaire, 480 fois son volume. Sa densité est 1,247.

VII. L'acide chlorhydrique est en partie décomposable par la chaleur ou par l'électricité. Aucun métalloïde, excepté l'oxygène, n'agit sur lui. Presque tous les métaux, au contraire, le décomposent en s'emparant du chlore pour former des chlorures et en dégageant l'hydrogène.

VIII. On prépare l'acide chlorhydrique en chauffant légèrement un mélange de chlorure de sodium et d'acide sulfurique étendu :

$$NaCl + SO^3,HO = HCl + NaO,SO^3.$$

IX. L'*eau régale* est un mélange de trois ou quatre parties d'acide chlorhydrique et d'une partie d'acide azotique. Elle dissout l'or et le platine en les transformant en chlorures.

CHAPITRE XII.

Iode. — Brome. — Fluor et acide fluorhydrique. — Cyanogène
et acide cyanhydrique. — Iodure d'azote.

IODE.

Équivalent I = 127.

243. *Propriétés physiques.* — L'iode, découvert en 1811 par
un salpêtrier de Paris nommé Courtois, est un corps solide,
cristallisé en lamelles rhomboïdales, d'un gris bleuâtre, avec
éclat métallique. Sa densité est 4,95. Ce corps fond à 107° et
bout à 175°. Il donne alors une vapeur d'une très belle teinte
violette, ce qui lui a valu son nom, tiré du mot grec ἰώδης,
violet. La densité de cette vapeur est 8,716.

L'iode se volatilise à la température ordinaire, et répand une
odeur *sui generis* qui a une certaine analogie avec celle du
chlore. Il est très peu soluble dans l'eau; mais il se dissout
assez bien dans l'alcool et dans l'éther, auxquels il communique
une teinte brune très foncée. L'iode colore en jaune la peau,
le papier et plusieurs autres substances organiques. Cette coloration n'est pas permanente; elle s'efface peu à peu, par suite
de la volatilisation de l'iode, ce qui permet de la distinguer des
taches jaunes que produisent également sur la peau l'acide azotique et quelques autres acides concentrés.

244. *Propriétés chimiques.* — L'iode présente dans ses propriétés chimiques la plus grande analogie avec le chlore; mais
ses affinités sont moins puissantes. Il se combine avec la plupart des corps simples, métalloïdes et métaux, pour former des
iodures; il forme avec l'hydrogène un acide gazeux connu
sous le nom d'*acide iodhydrique* HI, complètement analogue
par sa composition et ses propriétés à l'acide chlorhydrique
HCl.

L'iode forme avec l'oxygène deux composés acides : l'acide
iodique IO^5 et l'acide *periodique* IO^7.

Réactif de l'iode. — Lorsqu'on met l'iode en contact avec de
l'amidon en dissolution dans l'eau, il se forme immédiatement

11.

une combinaison des deux corps qui porte le nom d'*iodure d'amidon*. Ce composé présente une couleur bleue très intense, qui permet de constater la présence d'une très petite quantité d'iode dans une liqueur. L'iodure d'amidon se décolore à la température de 70 à 80°; mais il reprend sa couleur par le refroidissement.

245. *État naturel et préparation.*— On trouve l'iode en combinaison avec le sodium dans les plantes marines, varechs, fucus, etc., dans les éponges, dans un grand nombre de mollusques marins et dans certaines eaux minérales. M. Chatain a démontré qu'il existe des traces d'iode libre dans l'air atmosphérique et dans presque toutes les eaux naturelles.

Dans les laboratoires, on prépare l'iode en chauffant dans une cornue munie d'une allonge et d'un récipient un mélange d'iodure de potassium, de bioxyde de manganèse et d'acide sulfurique. La réaction est exactement la même que pour le chlore (232) :

$$KI + MnO^2 + 2\ SO^3,HO = I + KO,SO^3 + MnO,SO^3 + 2\ HO.$$

Dans les fabriques, on emploie les eaux mères des soudes de varechs, qui renferment l'iode à l'état d'iodure de sodium NaI. Il suffit d'y faire passer un courant de chlore qui s'empare du sodium et précipite l'iode, que l'on recueille par filtration et que l'on purifie ensuite en le distillant dans des cornues de grès chauffées au bain de sable. L'iode en vapeur est reçu dans des récipients en grès où il se condense et se cristallise :

$$NaI + Cl = NaCl + I.$$

246. *Usages.*— L'iode est employé en médecine pour le traitement du goître et des maladies scrofuleuses. La photographie en consomme de grandes quantités pour la préparation des plaques de verre ou de métal destinées à recevoir l'empreinte de la lumière *.

---

* Voyez la *Physique*, p. 158.

BROME.

Équivalent Br = 80.

247. *Propriétés physiques et chimiques.* — Le brome, découvert en 1826 par M. Balard, dans les eaux mères des marais salants de la Méditerranée, possède des propriétés chimiques très analogues à celles du chlore et de l'iode.

Ce corps est liquide à la température ordinaire; il est d'un rouge brun très foncé, d'une odeur forte et désagréable, qui lui a valu son nom (de βρῶμος, mauvaise odeur). Sa densité est 2,97. Il se solidifie à — 22° en lamelles cristallines gris de plomb; il bout à 63° et donne une vapeur dont la densité est 5,54.

Le brome, peu soluble dans l'eau, se dissout assez bien dans l'alcool, et en toutes proportions dans l'éther et le chloroforme.

Comme le chlore et l'iode, le brome a beaucoup d'affinité pour l'hydrogène et forme avec lui un acide gazeux, l'acide *bromhydrique* HBr, tout à fait analogue à l'acide chlorhydrique HCl et à l'acide iodhydrique HI.

Le brome, comme le chlore, détruit les matières colorantes et s'unit directement avec un grand nombre de métaux. Il forme avec l'oxygène trois acides : l'acide *hypobromeux* BrO, l'acide *bromique* BrO^5 et l'acide *hyperbromique* BrO^7.

248. *Préparation.*—On prépare le brome de la même manière que l'iode, c'est-à-dire en chauffant dans une cornue, munie d'une allonge et d'un récipient, un mélange de bromure de potassium KBr, de bioxyde de manganèse et d'acide sulfurique :

$$KBr + MnO^2 + 2\,SO^3, HO = Br + KO, SO^3 + MnO, SO^3 + 2\,HO.$$

249. *Usages.* — Le brome a été, dans ces derniers temps, utilisé pour la photographie, concurremment avec l'iode. En médecine, on l'a employé contre l'angine couenneuse. A l'état de bromure de potassium, on s'en sert pour combattre l'épilepsie et quelques autres maladies du système nerveux.

FLUOR.

Équivalent Fl = 19.

250. *Fluor.* — Le *fluor* est un corps simple analogue au chlore, à l'iode et au brome. Il forme avec les métaux des *fluorures* entièrement semblables aux chlorures, aux iodures et aux bromures, et avec l'hydrogène un acide fumant à l'air, l'*acide fluorhydrique* HFl, également analogue aux acides chlorhydrique, bromhydrique et iodhydrique.

Le fluor se trouve dans la nature à l'état de fluorure de calcium (*spath fluor*). On le trouve encore, mais en très petite quantité, dans quelques silicates naturels et plusieurs eaux minérales.

De nombreuses tentatives faites pour isoler le fluor, mais restées jusqu'à présent infructueuses, avaient néanmoins conduit à supposer que ce corps est gazeux. En 1886, un de nos chimistes les plus distingués, M. H. Moissan, est enfin parvenu à démontrer la justesse de cette supposition.

En décomposant au moyen d'une forte pile Bunsen de l'acide fluorhydrique anhydre HFl, maintenu à l'état liquide dans un tube en U de platine, entouré d'un réfrigérant (chlorure de méthyle), M. Moissan a pu obtenir au pôle négatif de l'hydrogène pur, et au pôle positif le dégagement régulier d'*un gaz incolore*, lequel décompose l'eau à froid en produisant de l'oxygène et de l'acide fluorhydrique, et attaque directement avec dégagement de chaleur et de lumière le silicium, le fer, le manganèse, le potassium, le sodium et autres métaux, *qu'il transforme en fluorures caractéristiques*. Ce gaz, qui ne contient pas trace d'hydrogène, n'est donc autre chose que du fluor, pour la première fois mis en état de liberté.

Acide fluorhydrique, HFL.

251. *Propriétés physiques et chimiques.* — L'*acide fluorhydrique* existe à l'état *anhydre* ou à l'état d'*hydrate*.

L'acide *fluorhydrique anhydre* est gazeux à la température ordinaire; il se liquéfie à — 23. Ce gaz répand à l'air d'abondantes fumées blanches; il est très soluble dans l'eau, avec laquelle il se combine en produisant beaucoup de chaleur.

L'acide *fluorhydrique hydraté* est un liquide incolore, fumant à l'air, excessivement caustique et d'une odeur très piquante. Sa densité est 1,06; il bout à environ 20°.

L'acide fluorhydrique anhydre ou hydraté attaque presque tous les métaux; mais sa propriété la plus remarquable est l'action qu'il exerce sur la silice (acide silicique SiO^3), avec laquelle il forme immédiatement de l'eau et du fluorure de silicium :

$$2 HFl + SiO^3 = 2 HO + SiFl^3.$$

252. *Gravure sur verre.* — Cette action de l'acide fluorhydrique sur la silice est utilisée pour la gravure sur le verre, lequel n'est autre chose qu'un silicate double de soude ou de potasse et de chaux. On recouvre d'abord le verre d'une couche mince de vernis (mélange de 3 parties de cire et de 1 partie d'essence de térébenthine), puis on trace avec une pointe les traits que l'on veut graver, en ayant soin de mettre à nu la surface du verre. Il suffit alors ou de verser de l'acide fluorhydrique étendu d'eau sur le dessin, ou d'exposer celui-ci aux vapeurs du même acide, pour obtenir, au bout d'un certain temps, l'image gravée en creux et en traits opaques sur le verre[*].

253. *Préparation.* — On prépare l'acide fluorhydrique en chauffant dans une cornue en plomb un mélange de fluorure de calcium et d'acide sulfurique ordinaire :

$$CaFl + SO^3, HO = HFl + CaO, SO^3.$$

L'acide est recueilli et condensé dans un tube, également en plomb, recourbé et entouré de glace. L'acide ainsi obtenu est toujours hydraté. Pour préparer l'acide anhydre on décompose par la chaleur, comme l'a fait M. Frémy, le fluorhydrate de fluorure de potassium cristallisé et sec. Le gaz qui se dégage est reçu dans un vase de platine entouré d'un mélange réfrigérant.

Cyanogène, C^2Az ou Cy.

254. *Historique.* — Le cyanogène a été découvert en 1815 par Gay-Lussac. Cette découverte a fait époque dans les annales de la science, à laquelle elle a ouvert une voie nouvelle. Le cyanogène a fourni le premier exemple d'un corps composé pouvant jouer le rôle d'un corps simple. Comme le chlore, le brome et l'iode, avec lesquels il a la plus grande analogie, le

---

[*] Il existe un autre procédé de gravure sur verre, dans lequel l'acide fluorhydrique est remplacé par la projection d'un filet d'eau tenant en suspension du sable fin. Ce sable, plus dur que le verre, ne tarde pas à le dépolir dans les parties mises à découvert, et à fixer ainsi en traits opaques l'image tracée sur le vernis.

cyanogène joue, en effet, le rôle de *radical* à l'égard des autres corps avec lesquels il se combine. C'est ainsi qu'il forme, avec les métalloïdes et les métaux, des *cyanures*, comme le chlore, l'iode et le brome forment des chlorures, des iodures et des bromures. Voilà pourquoi, au lieu de le désigner, d'après sa composition, sous le nom d'*azoture de carbone* C^2Az, on lui a donné le nom simple de *cyanogène* (de χύανος, bleu, et γεννάω, j'engendre, comme faisant partie du bleu de Prusse) et le symbole simple Cy.

255. *Propriétés physiques.* — Le cyanogène est un gaz incolore, d'une odeur vive et pénétrante qui rappelle celle du kirsch ; sa densité est 1,806. Sous une pression de 4 à 5 atmosphères ou par un refroidissement de — 20°, il se condense en un liquide incolore, très mobile et plus léger que l'eau. Il peut même se solidifier lorsqu'il est soumis à l'influence simultanée d'une forte pression et d'un froid considérable. Le cyanogène est assez soluble dans l'eau : ce liquide en dissout, à la température ordinaire, 4 fois son volume ; il est beaucoup plus soluble dans l'alcool, qui en dissout 25 fois son volume.

256. *Propriétés chimiques.* — Le cyanogène est un gaz combustible ; il brûle à l'air avec une flamme purpurine en produisant de l'acide carbonique et de l'azote :

$$C^2Az + 4 O = 2 CO^2 + Az.$$

Lorsque l'éprouvette dans laquelle on brûle le cyanogène est trop étroite, la combustion est incomplète, et du charbon très divisé se dépose sur ses parois. Le cyanogène et l'oxygène forment un mélange détonant.

Le cyanogène ne se combine pas directement avec les métalloïdes ; mais il forme avec ces corps, par des moyens indirects, des composés bien définis. De sa combinaison avec l'hydrogène résulte un acide, l'*acide prussique* ou *cyanhydrique* HCy, très-analogue aux hydracides du chlore, du brome, de l'iode et du fluor. Avec l'oxygène, le cyanogène forme l'*acide cyanique* CyO.

Le potassium et le sodium sont les seuls métaux qui se combinent directement avec le cyanogène ; mais tous les autres métaux peuvent s'unir à lui indirectement pour constituer des cyanures, isomorphes avec les chlorures, les bromures et les iodures correspondants.

Le cyanogène est indécomposable par la chaleur; mais une série d'étincelles électriques le décompose partiellement en carbone et en azote.

257. *Composition.* — L'analyse du cyanogène, faite en enflammant dans l'eudiomètre un mélange de 2 volumes de ce corps avec 5 volumes d'oxygène, montre que le cyanogène renferme *2 volumes de vapeur de carbone et 2 volumes d'azote condensés en deux volumes*, ce qui donne en poids 12 ou deux équivalents de carbone et 14 ou un équivalent d'azote. La formule du cyanogène est donc C^2Az, que l'on remplace, ainsi que nous l'avons dit, par le symbole Cy, à cause de la ressemblance parfaite du cyanogène avec les corps simples.

258. *Préparation du cyanogène.* — Le cyanogène prend naissance toutes les fois que le carbone et l'azote libres ou à l'état naissant se trouvent, à une température convenable, en présence d'un alcali ou d'un carbonate alcalin. C'est ainsi qu'on obtient du cyanure de potassium en calcinant une matière organique azotée avec du carbonate de potasse.

Pour obtenir le cyanogène à l'état de liberté, on introduit dans une petite cornue de verre A (*fig.* 86) du cyanure de mercure HgCy parfaitement sec, puis on chauffe légèrement à 300° environ: le cyanure de mercure se décompose en cyanogène, qui devient libre, et en mercure, qui se condense sous la forme de gouttelettes dans la partie supérieure de la cornue.

Fig. 86.

$$HgCy = Cy + Hg.$$

Le gaz, à cause de sa solubilité dans l'eau, doit être recueilli dans une éprouvette placée sur la cuve à mercure B.

Remarque. — Indépendamment du cyanogène et du mercure, il se forme toujours dans cette opération une certaine quantité d'une matière brune, pulvérulente, qui reste dans la cornue lorsque le gaz a cessé de se dégager. Cette matière, que l'on a prise pendant longtemps pour du charbon, présente exactement la même composition que le cyanogène et a reçu, pour cette raison, le nom de *paracyanogène*.

Acide cyanhydrique, $H(C^2Az)$ ou HCy.

259. *Propriétés physiques*. — Cet acide, découvert par Schéele, est encore appelé acide *prussique*, parce qu'il forme avec le fer un cyanure particulier connu sous le nom de *bleu de Prusse*. Il est liquide et incolore; son odeur est celle des amandes amères, et c'est lui-même qui la leur communique. Sa densité est 0,69; il bout à 26° et se solidifie à — 15°.

L'acide cyanhydrique est de tous les poisons le plus violent et celui dont l'action est la plus prompte. Deux ou trois gouttes déposées dans l'œil d'un chien de grande taille le font périr presque à l'instant; un oiseau dont on place le bec au-dessus d'un flacon plein de cet acide meurt aussitôt comme foudroyé.

260. *Propriétés chimiques*. — L'acide cyanhydrique s'altère promptement, surtout par l'action de la lumière solaire, qui le transforme en une matière brune dont la nature chimique n'est pas bien connue. Il brûle au contact de l'air avec une flamme violacée en donnant de l'acide carbonique, de l'eau et de l'azote :

$$H(C^2Az) + 5 O = HO + 2 CO^2 + Az.$$

L'acide cyanhydrique ressemble beaucoup, par ses propriétés chimiques, à l'acide chlorhydrique. Quand on le chauffe avec du potassium ou tout autre métal alcalin, on obtient un cyanure et l'hydrogène est mis en liberté. Comme les acides chlorhydrique, bromhydrique et iodhydrique, il est formé de volumes égaux de cyanogène et d'hydrogène unis sans condensation.

261. *Préparation*. — On obtient l'acide cyanhydrique en chauffant légèrement dans un petit ballon de verre du cyanure de mercure $HgCy$ avec de l'acide chlorhydrique. Il en résulte du chlorure de mercure et de l'acide cyanhydrique :

$$HgCy + HCl = HgCl + HCy.$$

La vapeur d'acide cyanhydrique qui se dégage du ballon est reçue dans un tube en U entouré de glace, où elle se condense, après avoir passé à travers un tube horizontal contenant du marbre et du chlorure de calcium qui la débarrassent, le premier, de l'acide chlorhydrique et, le second, de la vapeur d'eau entraînée pendant l'opération. Il est prudent de ne faire cette préparation qu'au grand air et de se tenir le moins souvent possible auprès de l'appareil.

L'acide cyanhydrique existe tout formé dans un grand nombre de végétaux ; on le trouve dans les feuilles du laurier-cerise et du pêcher, dans les amandes du cerisier, du pêcher, de l'abricotier, etc. On l'emploie en médecine, étendu de huit à dix fois son poids d'eau, dans le traitement de la bronchite et de certaines affections nerveuses.

Iodure d'azote, $AzIH^2$.

262. *Propriétés physiques et chimiques.* — L'iodure d'azote est une substance noire, solide, pulvérulente, dont le caractère essentiel est une puissance explosive des plus énergiques. Ce corps, lorsqu'il est sec, est pour ainsi dire intangible. Le choc le plus léger, le frottement le plus doux, celui d'une barbe de plume par exemple, suffisent pour le faire détoner violemment ; la chaleur produit sur lui le même effet.

L'iodure d'azote est décomposé par l'eau froide et mieux encore par l'eau chaude ; il se forme de l'iodate et de l'iodhydrate d'ammoniaque, un peu d'azote qui se dégage et de l'iode qui colore la liqueur.

263. *Préparation de l'iodure d'azote.* — On prépare l'iodure d'azote en versant une solution concentrée d'ammoniaque sur de l'iode réduit en poudre fine. Au bout d'un quart d'heure environ, la réaction est terminée. L'iode est transformé en une poudre noire qu'on lave rapidement avec un peu d'eau et que l'on fait ensuite sécher sur un filtre : c'est l'iodure d'azote. On ne doit préparer à la fois que de très petites quantités de ce corps, à cause du danger de l'explosion.

Théorie. — L'ammoniaque est composée d'azote et d'hydrogène AzH^3. Deux équivalents d'iode se substituent à deux équivalents d'hydrogène pour former l'iodure d'azote $AzIH^2$, tandis que les deux équivalents d'hydrogène ainsi déplacés s'unissent à deux autres équivalents d'iode pour former de l'acide iodhydrique, lequel, en s'unissant à une portion de l'ammoniaque, passe à l'état d'iodhydrate d'ammoniaque, qui reste en dissolution :

$$3 \, AzH^3 + 4 \, I = AzHI^2 + 2(AzH^3, HI).$$

Résumé.

I. L'*iode* est un corps solide, cristallisé en lamelles rhomboïdales, d'un gris bleuâtre avec éclat métallique. Sa densité est 4,95. Il fond à 107° et bout à 175°. Il répand, quand on le chauffe, de belles vapeurs violettes.

II. L'iode présente dans ses propriétés chimiques la plus grande analogie avec le chlore. Il se combine avec la plupart des corps simples pour former des iodures, et il donne, en s'unissant à l'hydrogène, un composé acide nommé acide iodhydrique HI, très analogue à l'acide chlorhydrique HCl.

III. On prépare l'iode en décomposant l'iodure de potassium au moyen de l'acide sulfurique et du bioxyde de manganèse :

$$KI + MnO^2 + 2SO^3, HO = I + KO, SO^3 + MnO, SO^3 + 2HO.$$

IV. Le *brome*, dont les propriétés chimiques sont très analogues à celles de l'iode, est un corps liquide à la température ordinaire, d'un rouge brun très foncé, d'une odeur forte et désagréable. Sa densité est 2,97. Il se volatilise très facilement et se solidifie à —22°.

V. Comme le chlore et l'iode, le brome a beaucoup d'affinité pour l'hydrogène, avec lequel il forme l'acide bromhydrique HBr. Il s'unit directement avec un grand nombre de métaux (bromures).

VI. On prépare le brome comme l'iode, en décomposant le bromure de potassium au moyen de l'acide sulfurique et du bioxyde de manganèse :

$$KBr + MnO^2 + 2SO^3, HO = Br + KO, SO^3 + MnO, SO^3 + 2HO.$$

VII. Le *fluor*, Fl, est un corps simple analogue au chlore, à l'iode et au brome. C'est un gaz incolore, doué d'une grande énergie chimique, obtenu pour la première fois à l'état libre (1886) par M. H. Moissan, en décomposant par la pile l'acide fluorhydrique anhydre HFl.

VIII. Le fluor forme avec l'hydrogène l'acide *fluorhydrique*, HFl, que l'on obtient en décomposant le fluorure de calcium par l'acide sulfurique et dont on fait usage pour graver sur le verre.

IX. Le *cyanogène* C²Az ou Cy est un gaz incolore, d'une odeur vive et pénétrante, soluble dans l'eau. Ce gaz peut se liquéfier et même se solidifier sous l'influence de la pression et du refroidissement. Sa densité est 1,806.

X. Le cyanogène, dans ses diverses combinaisons, se comporte exactement comme un corps simple. Comme le chlore, le brome et l'iode, avec lesquels il a la plus grande analogie, il joue le rôle de *radical* à l'égard des autres corps avec lesquels il se combine.

XI. Le cyanogène brûle avec une flamme purpurine en produisant de l'acide carbonique et de l'azote libre. Il forme avec l'hydrogène l'*acide prussique* ou *cyanhydrique* HCy, analogue aux hydracides du chlore, du brome et de l'iode et du fluor. Avec les métaux, il forme des *cyanures*.

XII. On prépare le cyanogène en décomposant par la chaleur le cyanure de mercure.

XIII. *L'acide prussique* ou *cyanhydrique* HCy est un liquide incolore, d'une odeur semblable à celle des amandes amères ; c'est le plus violent de tous les poisons. On le prépare en chauffant légèrement un mélange d'acide chlorhydrique et de cyanure de mercure :

$$\mathrm{HCl + HgCy = HgCl + HCy.}$$

XIV. *L'iodure d'azote*, AzIH², est un corps noir, pulvérulent, éminemment explosif. On le prépare en faisant réagir une solution concentrée d'ammoniaque sur de l'iode pulvérisé :

$$3\,\mathrm{AzH^3 + 4\,I = AzIH^2 + 2\,(AzH^3,HI).}$$

CHAPITRE XIII.

Classification des métalloïdes en familles naturelles. — Principaux composés qu'ils forment entre eux. — Leurs formules.

Classification des métalloïdes ou corps non métalliques en quatre familles.

264. *Classification des métalloïdes.* —Les métalloïdes ont été classés par M. Dumas en quatre groupes ou familles naturelles.

Cette classification est fondée sur *la composition et les propriétés des composés que les métalloïdes forment avec l'hydrogène*. Elle a permis de réunir, dans chaque famille, les métalloïdes qui présentent entre eux le plus de ressemblance dans l'ensemble de leurs propriétés chimiques. Voici quelles sont ces familles, suivant l'ordre établi par M. Dumas ;

1re Famille :	2e Famille :
FLUOR.	OXYGÈNE.
CHLORE.	SOUFRE.
BROME.	SÉLÉNIUM.
IODE.	TELLURE.

3e Famille :	4e Famille :
AZOTE.	CARBONE.
PHOSPHORE.	BORE.
ARSENIC.	SILICIUM.

HYDROGÈNE.

Remarque. — L'HYDROGÈNE seul reste en dehors de cette classification. Ce corps ne pouvait, en effet, y trouver place ; car, ainsi que nous l'avons déjà dit plus haut (38), il ressemble beaucoup plus à un métal qu'à un métalloïde.

L'hydrogène, comme les métaux, est bon conducteur de la chaleur. En se combinant avec l'oxygène, il forme l'eau, c'est-à-dire un oxyde d'hydrogène HO, qui, avec les acides énergiques, joue le rôle de base au même titre que les oxydes métalliques correspondants. Ainsi dans l'acide sulfurique SO^3,HO, de même que dans l'acide azotique AzO^5,HO, l'eau peut être remplacée par un équivalent d'oxyde de zinc, de cuivre ou de tout autre métal oxydable, pour former soit un sulfate, soit un azotate de zinc ou de cuivre ZnO,SO^3, CuO,AzO^5, etc. Ce fait est surtout évident dans la préparation de l'hydrogène par l'acide sulfurique et le zinc, où nous voyons un équivalent de zinc prendre la place de l'équivalent d'hydrogène contenu dans l'eau qui fait partie de l'acide :

$$SO^3,HO + Zn = ZnO,SO^3 + H,$$

Il en est de même pour tous les autres acides hydratés. L'eau qui en fait partie joue donc le même rôle qu'une base métallique, dont l'hydrogène serait le métal, et ces acides peuvent être considérés comme des sels d'oxyde d'hydrogène. Aussi les chimistes sont-ils tous aujourd'hui d'accord pour considérer l'hydrogène comme une vapeur métallique, un *métal gazeux*, de même que le mercure est un métal liquide.

On doit à M. Graham la découverte d'un fait qui tend à confirmer cette opinion. Si l'on remplace dans le voltamètre que nous avons précédemment décrit (50) les fils de platine par des fils de palladium, le fil négatif autour duquel se dégage l'hydrogène absorbe une certaine quantité de ce gaz et augmente promptement de longueur et de poids. Dans une expérience faite sur un fil de palladium long de 609 millim. et pesant 1gr,680, ce fil, au bout d'une demi-heure, mesurait 619 millim. et pesait 1gr,692.

Ce composé d'hydrogène et de palladium, dans lequel les deux corps sont unis dans des proportions qui correspondent sensiblement à un équivalent de chacun d'eux, *offre tous les caractères d'un alliage* : il est blanc, brillant, doué d'une certaine ténacité et bon conducteur de l'électricité.

L'hydrogène ainsi condensé et solidifié dans sa combinaison avec le palladium ressemble donc physiquement à un métal, ce qui, rapproché des considérations que nous avons déduites de ses propriétés chimiques, ne permet plus de douter de la nature métallique de ce corps.

L'alliage d'hydrogène et de palladium, chauffé légèrement, abandonne l'hydrogène qui se dégage; le palladium reprend alors ses dimensions primitives, et éprouve même un léger retrait.

Le palladium n'est pas le seul métal capable de se combiner ainsi avec l'hydrogène. MM. Troost et P. Hautefeuille ont récemment communiqué à l'Académie des sciences les résultats de nouvelles expériences, démontrant que le potassium et le sodium jouissent de la même propriété. D'autres métaux, tels que le fer, le nikel, le cobalt et le manganèse, absorbent également l'hydrogène, mais sans qu'on puisse affirmer qu'il y ait combinaison. M. Graham a proposé de donner le nom d'*hydrogénium* à l'hydrogène dans son état d'alliage avec le palladium ou autres métaux pouvant se combiner avec lui.

Étudions maintenant les caractères généraux de chacune des quatre familles des métalloïdes.

1re Famille : FLUOR, CHLORE, BROME, IODE.

Caractères. — Ces quatre corps ont pour caractère principal de posséder une grande affinité pour l'hydrogène, et de former avec lui des composés acides énergiques (acides fluorhydrique HFl, chlorhydrique HCl, bromhydrique HBr, et iodhydrique HI) qui contiennent *des volumes égaux, sans condensation, de chacun des deux éléments*. Ces hydracides présentent des propriétés très analogues : ils sont gazeux à la température ordinaire, fumant à l'air et très solubles dans l'eau, avec laquelle ils forment des hydrates définis.

Les autres composés formés par les corps de cette famille, les fluorures, les chlorures, les bromures et les iodures ont entre eux la plus grande ressemblance. Aucun de ces quatre métalloïdes ne se combine directement avec l'oxygène.

2ᵉ Famille : OXYGÈNE, SOUFRE, SÉLÉNIUM, TELLURE.

Caractères. — Ces quatre corps forment avec l'hydrogène des composés gazeux qui contiennent *un volume d'hydrogène égal à leur propre volume et un demi-volume de l'autre élément considéré à l'état de gaz ou de vapeur.* Ces composés hydrogénés (eau HO, acides sulfhydrique HS, sélenhydrique HSe, et tellurhydrique HTe) se ressemblent chimiquement. Les trois derniers sont des acides faibles, très vénéneux, d'une odeur fétide d'œufs ou de choux pourris. Les autres combinaisons de l'oxygène, du soufre, du sélénium et du tellure avec les divers corps simples présentent aussi de grandes analogies de composition.

3ᵉ Famille : AZOTE, PHOSPHORE, ARSENIC.

Caractères. — Ces trois corps ont pour caractère principal de former avec l'hydrogène des composés gazeux (ammoniaque AzH³, hydrogène phosphoré PhH³, hydrogène arsénié AsH³) qui contiennent *une fois et demie leur volume de ce gaz.* Le composé AzH³, qui porte le nom d'ammoniaque, est une base énergique; les deux autres sont indifférents. Les combinaisons du phosphore et de l'arsenic sont isomorphes, c'est-à-dire qu'elles présentent les mêmes formes cristallines.

4ᵉ Famille : CARBONE, BORE, SILICIUM.

Caractères. — L'hydrogène protocarboné C²H⁴ et l'hydrogène silicié Si²H⁴ ont exactement la même composition. Quant au bore, on n'a pu jusqu'à présent le combiner avec l'hydrogène. Ces trois corps offrent en outre plusieurs caractères communs : ainsi, tous les trois sont solides, sans odeur, sans saveur, insolubles dans l'eau, infusibles et fixes aux plus hautes températures. Le bore et le silicium forment avec le chlore et le fluor des acides gazeux, et avec l'oxygène des acides solides (acides borique et silicique), entre lesquels on peut établir de nombreux rapprochements. Ainsi, ces deux acides sont fixes, fusibles à une haute température et donnent avec les alcalis tels que la potasse ou la soude des composés *vitrifiables*.

Principaux composés que forment entre eux les métalloïdes.

265. *Composés des métalloïdes entre eux.* — Nous présenterons ici le tableau général des principaux composés des métalloïdes entre eux, en suivant la classification par familles et en indiquant pour chaque corps sa composition en équivalents. Il sera facile de voir, d'après ce tableau, les analogies de composition que présentent les combinaisons des métalloïdes d'une même famille, soit avec l'oxygène, soit avec les autres métalloïdes.

I. *Principaux composés des métalloïdes de la première famille.*

FLUOR,	Fl.	BROME,	Br.
Acide fluorhydrique,	HFl.	Acide hypobromeux,	BrO.
		Acide bromique,	BrO^5.
CHLORE,	Cl.	Acide hyperbromique,	BrO^7.
Acide hypochloreux,	ClO.	Acide brombydrique,	HBr.
Acide chloreux,	ClO^3.		
Acide hypochlorique,	ClO^4.	IODE,	I.
Acide chlorique,	ClO^5.	Acide iodique,	IO^5.
Acide perchlorique,	ClO^7.	Acide periodique,	IO^7.
Acide chlorhydrique,	HCl.	Acide iodhydrique,	HI.

II. *Principaux composés des métalloïdes de la deuxième famille.*

OXYGÈNE,	O.	Protochlorure de soufre,	S^2Cl.
Eau,	HO.	Bichlorure de soufre,	SCl.
Bioxyde d'hydrogène,	HO^2.		
Oxydes et acides,	» »	SÉLÉNIUM,	Se.
		Acide sélénieux,	SeO^2.
		Acide sélénique,	SeO^3.
SOUFRE,	S.	Acide sélenhydrique,	HSe.
Acide hyposulfureux,	S^2O^2.		
Acide sulfureux,	SO^2.	TELLURE,	Te.
Acide hyposulfurique,	S^2O^3.	Acide tellureux,	TeO^2.
Acide sulfurique,	SO^3.	Acide tellurique,	TeO^3.
Acide sulfhydrique,	HS.	Acide tellurhydrique,	HTe.

III. *Principaux composés des métalloïdes de la troisième famille.*

Azote,	Az.	Acide hypophospho-	
Protoxyde d'azote,	AzO.	reux,	PhO.
Bioxyde d'azote,	AzO^2.	Acide phosphoreux,	PhO^3.
Acide azoteux,	AzO^3.	Acide phosphorique,	PhO^5.
Acide hypoazotique,	AzO^4.	Hydrogène phosphoré,	PhH^3.
Acide azotique,	AzO^5.		
Ammoniaque,	AzH^3.	Arsenic,	As.
Chlorure d'azote,	$AzCl^3$.	Acide arsénieux,	AsO^3.
Iodure d'azote,	$AzHI^2$.	Acide arsénique,	AsO^5.
		Hydrogène arsénié,	AsH^3.
Phosphore,	Ph.	Chlorure d'arsenic,	$AsCl^3$.

IV. *Principaux composés des métalloïdes de la quatrième famille.*

Carbone,	C.	Acide borique,	BO^3.
Oxyde de carbone,	CO.	Chlorure de bore,	BCl^3.
Acide carbonique,	CO^2.	Fluorure de bore,	BFl^3.
Hydrogène protocar-		Sulfure de bore,	BS^3.
boné,	C^2H^4		
Hydrogène bicarboné,	C^4H^4.		
Cyanogène,	C^2Az.	Silicium,	Si.
Sulfure de carbone,	CS^2.	Acide silicique,	SiO^2.
		Chlorure de silicium,	$SiCl^3$.
Bore,	B.	Fluorure de silicium,	$SiFl^3$.

Théorie atomique.

266. *Théorie atomique.* — La loi des proportions définies et celle des proportions multiples (17, 18) ont conduit Dalton à reprendre et à développer l'hypothèse des philosophes anciens sur la constitution intime de la matière. D'après cette hypothèse, imaginée par Démocrite, puis soutenue par Épicure et Lucrèce, tous les corps de la nature, solides, liquides ou gazeux, seraient formés par la réunion de particules indivisibles, désignées sous le nom d'*atomes*. Ces atomes, mis en mouvement par les forces qui leur sont propres, attraction moléculaire, chaleur, électricité, etc., produiraient ainsi tous les phénomènes chimiques et la plupart des phénomènes physiques que peuvent présenter les corps bruts ou organisés.

Mais à cette notion vague, qui jusqu'alors n'avait donné lieu qu'à de vaines et interminables discussions, Dalton donna un sens précis, en admettant que les atomes possèdent pour chaque corps simple ou espèce de matière un poids invariable (*poids atomique*), et qu'ils s'unissent entre eux par juxtaposition pour former des groupes rigoureusement déterminés, nommés *molécules*, dont les poids sont égaux, pour chacun d'eux, à la somme des poids des atomes qui les constituent (*poids moléculaires*).

Cette théorie, bien que reposant sur une hypothèse, puisque les atomes sont invisibles et qu'on n'a jamais pu les isoler, n'en a pas moins l'avantage de donner une interprétation aussi simple que rationnelle de la constitution intime des corps.

En effet, si la combinaison entre les corps résulte de la juxtaposition de leurs atomes en nombre rigoureusement déterminé, et si chacun de ces atomes possède un poids invariable, il est évident, d'une part, que les corps ne peuvent s'unir qu'en proportions définies et, d'autre part, que si un même corps A peut se combiner avec un autre corps B en plusieurs proportions, le poids du corps A restant le même, les poids de l'autre corps B ne peuvent être entre eux que comme 1, 2, 3, 4..., c'est-à-dire en proportions multiples.

La théorie de Dalton ou *théorie atomique* fournit donc l'explication la plus satisfaisante et, pour ainsi dire, la preuve mathématique des lois qui régissent les combinaisons des corps entre eux. Ces mêmes lois prouvent, à leur tour, que la matière n'est pas divisible à l'infini, ce qui confirme l'hypothèse des atomes.

Différence entre les poids atomiques et les équivalents. — La théorie atomique et celle des équivalents, que nous avons exposée au commencement de ce livre (20), présentent entre elles une différence qu'il est important de signaler. Les équivalents, ainsi que nous l'avons vu, ne représentent que les *proportions pondérables* suivant lesquelles les corps se combinent; les poids atomiques représentent les *poids relatifs à volumes égaux*, c'est-à-dire les *densités des gaz ou des vapeurs simples* qui entrent en combinaison. En effet,

1 volume d'hydrogène pesant 1 s'unit à 1 volume de chlore pesant 35,5 pour former 2 volumes de gaz acide chlorhydrique.

Or, si l'on admet avec Ampère que tous les gaz ou vapeurs simples, placés dans les mêmes conditions de température et

15.

de pression, renferment sous le même volume le même nombre d'atomes, il faut en conclure que les poids relatifs de ces gaz représentent les poids de leurs atomes. Donc, si nous représentons par 1 le poids atomique de l'hydrogène, le poids atomique du chlore sera 35,5, nombre qui en même temps représente la densité du chlore par rapport à celle de l'hydrogène prise pour unité.

Le poids moléculaire de l'acide chlorhydrique HCl sera donc $1 + 35,5 = 36,5$, représentant 2 volumes de ce gaz, ou le double de sa densité par rapport à celle de l'hydrogène prise pour unité.

1 volume d'hydrogène pesant 1 s'unit à $\frac{1}{2}$ volume d'oxygène pesant 8 pour former un volume de vapeur d'eau.

Ce que l'on peut exprimer encore en disant que l'eau est formée de 2 volumes ou deux atomes d'hydrogène pesant 2 et de 1 volume ou un atome d'oxygène pesant 16, nombre qui représente également la densité de l'oxygène par rapport à celle de l'hydrogène prise pour unité.

La formule atomique de l'eau sera donc H^2O, et son poids moléculaire $2 + 16 = 18$, représentant 2 volumes de vapeur, ou le double de la densité de cette vapeur par rapport à l'hydrogène.

Malgré l'avantage que présente la théorie atomique d'ajouter à la notion du poids celle des volumes et, par suite, des densités des gaz ou des vapeurs rapportées à la densité de l'hydrogène prise pour unité, la théorie des équivalents a jusqu'à présent prévalu dans l'enseignement élémentaire, parce qu'elle est plus simple et plus facile à saisir, en ce sens qu'elle n'exprime qu'un fait positif, dégagé de toute hypothèse, savoir, les proportions pondérables suivant lesquelles les corps se combinent entre eux ou se remplacent dans leurs combinaisons.

267. *Atomicité.* — Un atome de chlore, de brome, d'iode ou de fluor s'unissant à un atome d'hydrogène pour former les acides chlorhydrique, bromhydrique, iodhydrique ou fluorhydrique HCl, HBr, HI, HFl, on dit que les métalloïdes de la première famille sont *monoatomiques*.

Un atome d'oxygène, de soufre, de sélénium ou de tellure s'unissant à deux atomes d'hydrogène pour former l'eau, l'acide sulfhydrique, l'acide sélenhydrique ou l'acide tellurhydrique

H^2O, H^2S, H^2Se, H^2Te, on dit que les métalloïdes de la deuxième famille sont *diatomiques*.

Un atome d'azote, de phosphore ou d'arsenic s'unissant à trois atomes d'hydrogène pour former l'ammoniaque, l'hydrogène phosphoré ou l'hydrogène arsénié AzH^3, PhH^3, AsH^3, on dit que les métalloïdes de la troisième famille sont *triatomiques*.

Un atome de carbone ou de silicium s'unissant à quatre atomes d'hydrogène pour former l'hydrogène protocarboné ou l'hydrogène silicié CH^4, SiH^4, on dit que les métalloïdes de la quatrième famille sont *tétratomiques*.

La force ou puissance de combinaison que possèdent les atomes diffère donc suivant leur nature. Cette force, qui a reçu le nom d'*atomicité*, n'est autre que l'affinité chimique elle-même, représentée dans ses divers modes d'activité.

Théorie des types moléculaires.

268. *Types moléculaires.* — Les réactions si nombreuses et si variées que nous présentent la chimie minérale et la chimie organique peuvent être considérées comme autant de doubles décompositions, c'est-à-dire comme un échange entre les équivalents des corps mis en présence, d'où résultent de nouveaux corps différents par leurs propriétés, mais analogues par leur composition ou leur structure moléculaire.

Si nous mettons, par exemple, de l'acide chlorhydrique HCl en contact avec un oxyde métallique MO, nous obtenons un chlorure métallique MCl et de l'eau HO :

$$HCl + MO = MCl + HO.$$

Dans cette réaction, le métal de l'oxyde s'est substitué à l'hydrogène de l'acide pour former un chlorure métallique, tandis que l'hydrogène a pris la place du métal pour former de l'eau.

Le chlorure métallique MCl, bien que différent par ses propriétés de l'acide chlorhydrique HCl, a une composition moléculaire tout à fait analogue. Il en est de même entre l'eau HO et l'oxyde métallique MO.

Or, si l'on compare entre eux, au point de vue de leur composition, tous les composés de la chimie minérale ou organique, on voit qu'ils se partagent en un certain nombre de groupes ou séries, se rapportant à un même nombre de *types moléculaires*,

dont ils dérivent par substitution. Les principaux types moléculaires sont l'*acide chlorhydrique*, l'*eau* et l'*ammoniaque*.

1er type : **Acide chlorhydrique.** — Le type acide chlorhydrique, qui a pour formule HCl, comprend les hydracides du
fluor, du brome, de l'iode et du cyanogène, ainsi que la plupart des chlorures, des fluorures, des bromures, des iodures et
des cyanures métalliques :

HCl	HFl	HBr	HI
Acide chlorhydrique.	Acide fluorhydrique.	Acide bromhydrique.	Acide iodhydrique.

KCl	KFl	KBr	KI
Chlorure de potassium.	Fluorure de potassium.	Bromure de potassium.	Iodure de potassium.

On voit que tous ces corps ne diffèrent dans leur structure
moléculaire que par la substitution d'un radical à un autre radical*. Ainsi le fluor se substituant au chlore de l'acide chlorhydrique forme de l'acide fluorhydrique; le potassium se
substituant à l'hydrogène forme le chlorure, le fluorure, le
bromure, l'iodure de potassium, etc.

2e type : **Eau.** — En doublant la formule en équivalents de
l'eau HO, on obtient H^2O^2, qui, d'après les recherches entre-
prises dans ces dernières années, principalement en chimie
organique, serait la vraie formule chimique de l'eau. L'eau,
ainsi formulée, devient un type moléculaire auquel se rapportent tous les oxydes et les acides minéraux ou organiques.

En effet, substituons à un équivalent d'hydrogène un équivalent d'un métal quelconque, le potassium K ou le cuivre Cu par
exemple, nous aurons les oxydes hydratés de ces métaux :

H^2O^2	KHO^2	$CuHO^2$
Eau.	Hydrate de potasse (KO,HO).	Oxyde de cuivre hydraté (CuO,HO).

Si, au lieu d'un équivalent d'hydrogène, nous en remplaçons
deux par ces mêmes métaux, nous aurons leurs oxydes anhydres :

H^2O^2	K^2O^2	Cu^2O^2
Eau.	Oxyde de potassium.	Oxyde de cuivre.

* On désigne, en chimie, sous le nom de *radical* tout atome ou groupe
d'atomes susceptible soit de se transporter d'un composé dans un autre par
voie de double décomposition, soit d'exister à l'état de liberté et d'entrer directement en combinaison.

Remplaçons maintenant ces radicaux simples par des radicaux composés, tels, par exemple, que (SO^3), (AzO^4). Ces radicaux, en se substituant à un équivalent de l'hydrogène de l'eau H^2O^2, formeront les acides sulfurique et azotique monohydratés :

$$H^2O^2 \qquad (SO^3)HO^2 \qquad (AzO^4)HO^2$$

Eau.   Acide sulfurique SO^3,HO,   Acide azotique AzO^5,HO.

3° type : **Ammoniaque.**—*L'ammoniaque*, AzH^3, forme le troisième type moléculaire, auquel se rapportent tous les corps dans lesquels l'azote ou l'hydrogène de l'ammoniaque ont été remplacés par une quantité équivalente d'un autre radical :

$$AzH^3 \qquad PhH^3 \qquad AzCl^3$$

Ammoniaque.   Hydrogène phosphoré.   Chlorure d'azote.

Nous ne pouvons, dans un ouvrage élémentaire, entrer dans plus de développements sur ce sujet. Ce que nous avons dit suffit pour donner une idée de cette théorie, qui offre l'avantage de réunir par une similitude de composition facile à saisir une foule de corps en apparence très différents.

Résumé.

I. Les métalloïdes ont été divisés en quatre familles, reposant principalement sur la composition de leurs combinaisons avec l'hydrogène.

II. La première famille comprend le *fluor*, le *chlore*, le *brome* et l'*iode*. Ces quatre corps forment avec l'hydrogène des composés acides (HFl, HCl, HBr, HI) qui renferment chacun *la moitié de leur volume d'hydrogène* et autant de l'autre élément considéré à l'état gazeux.

III. La seconde famille comprend l'*oxygène*, le *soufre*, le *sélénium* et le *tellure*. Leurs composés hydrogénés (HO, HS, HSe, HTe) sont des acides très faibles ou des corps indifférents qui renferment chacun *un volume d'hydrogène égal au leur* et un *demi-volume* de l'autre élément considéré à l'état gazeux.

IV. La troisième famille comprend l'*azote*, le *phosphore* et l'*arsenic*. Ils donnent avec l'hydrogène des composés gazeux (AzH³, PhH³, AsH³), qui renferment chacun *une fois et demie leur volume d'hydrogène* et un *demi-volume* (azote) ou un *quart de volume* de l'autre élément (phosphore ou arsenic) considéré à l'état gazeux.

V. La quatrième famille comprend le *carbone*, le *bore* et le *silicium*. Le carbone et le silicium forment avec l'hydrogène des composés gazeux (C^2H^4 et Si^2H^4) qui contiennent chacun *deux fois leur volume d'hydrogène* et *un volume* de l'autre élément considéré à l'état gazeux. Ces trois corps se ressemblent par leurs caractères physiques. Ainsi, tous les trois sont solides, infusibles et fixes aux plus hautes températures, etc.

VI. *L'hydrogène* doit être placé en dehors de cette classification. Il possède des propriétés spéciales qui le rapprochent des métaux et en font ainsi un corps distinct de tous les autres métalloïdes.

VII. Les métalloïdes forment entre eux de nombreux composés. Les combinaisons des métalloïdes d'une même famille, soit avec l'oxygène, soit avec les autres métalloïdes, présentent des analogies remarquables de composition.

———◆◇◆———

CHAPITRE XIV.

MÉTAUX ET LEURS COMPOSÉS.

Métaux en général. — Leurs propriétés et leur classification.

Métaux.

269. *Définition des métaux.* — Les métaux sont des corps simples, bons conducteurs de la chaleur et de l'électricité, doués d'un reflet particulier qu'on appelle *éclat métallique*. Mais ce qui les distingue surtout des métalloïdes, c'est la propriété qu'ils possèdent *de former, en se combinant avec l'oxygène, des oxydes basiques, c'est-à-dire capables de se combiner avec les acides pour donner naissance à des sels.*

Propriétés générales des métaux.

270. *Propriétés des métaux.* — On divise les propriétés des métaux en propriétés physiques et en propriétés chimiques.

1° *Propriétés physiques.* — Les propriétés physiques des métaux sont : la *densité*, la *ténacité*, la *malléabilité*, la *ducti-*

lité, la *fusibilité*, la *conductibilité* pour la chaleur et pour l'électricité, l'*éclat*, la *couleur* et la *forme cristalline*.

Densité. — La densité des métaux est généralement assez considérable. Tous, à l'exception du potassium, du sodium et du lithium, sont plus lourds que l'eau. Le tableau suivant indique la densité des principaux métaux, comparée à celle de l'eau distillée prise à son maximum de densité.

Tableau des densités des principaux métaux.

Platine laminé,	22,069	Cobalt,	7,811
Or fondu,	19,251	Fer en barre,	7,788
Mercure,	13,960	Fer fondu,	7,207
Plomb fondu,	11,352	Zinc,	6,861
Argent fondu,	10,474	Manganèse,	7,500
Bismuth fondu,	9,822	Antimoine,	6,712
Cuivre fondu,	8,788	Chrome,	5,000
Cadmium,	8,604	Sodium,	0,972
Nickel,	8,279	Potassium,	0,865

Ténacité. — La ténacité est la propriété que possèdent les fils métalliques de résister à des tractions plus ou moins considérables exercées dans le sens de leur longueur. Cette propriété varie beaucoup suivant les métaux, et pour un même métal elle varie également selon son degré de pureté et son état moléculaire.

Le fer est, de tous les métaux, le plus tenace; après lui viennent, dans l'ordre de leur ténacité décroissante, le cuivre, le platine, l'argent, l'or, le zinc, l'étain, le plomb.

Malléabilité. — On appelle ainsi la propriété dont jouissent certains métaux de se réduire en lames ou en feuilles minces par l'action du marteau et du laminoir. L'or est de tous les métaux le plus malléable; après lui viennent se placer l'argent, l'aluminium, le cuivre, l'étain, le platine, le plomb, le zinc et le fer.

Ductilité. — Cette propriété se rapporte à la facilité plus ou moins grande avec laquelle les métaux se laissent réduire en fils lorsqu'on les étire en les passant à la filière[*]. L'or est encore le métal qui possède la plus grande ductilité; après lui

* Cet instrument consiste en une plaque d'acier dans laquelle sont pratiqués des trous de diamètres de plus en plus petits, et dont les bords sont amincis.

se trouvent l'argent, le platine, l'aluminium, le fer, le cuivre, le zinc, l'étain et le plomb.

On voit qu'à l'exception de l'or et de l'argent, les métaux les plus ductiles ne sont pas en même temps les plus malléables. Ainsi le fer, qui occupe le cinquième rang dans l'ordre de ductilité, ne possède qu'une malléabilité très faible.

Fusibilité. — La chaleur peut fondre tous les métaux et en volatiliser quelques-uns. Le tableau suivant donnera une idée des différents degrés de température qu'exigent, pour fondre, les divers métaux.

Tableau de la fusibilité des principaux métaux.

Mercure,	— 39°	Argent,	1000
Potassium,	+ 62	Cuivre,	1100
Sodium,	95	Or,	1250
Étain,	228	Fer forgé,	1500
Bismuth,	264	Nickel,	1500
Plomb,	335	Cobalt,	1500
Zinc,	410	Platine,	2000
Aluminium,	750	Iridium,	2300

Conductibilité pour la chaleur et pour l'électricité. — Tous les métaux, avons-nous dit, sont de bons conducteurs de la chaleur et de l'électricité. D'après les recherches de MM. Wiedemann et Frantz, les principaux métaux peuvent être rangés, par rapport à leur conductibilité pour la chaleur et pour l'électricité, dans l'ordre indiqué par le tableau suivant :

Tableau de la conductibilité des principaux métaux pour la chaleur et pour l'électricité.

Conductibilité pour la chaleur :

Argent,	1000	Étain,	115
Cuivre,	736	Fer,	119
Or,	532	Plomb,	85
Zinc,	190	Platine,	84

Conductibilité pour l'électricité :

Argent,	1000	Étain,	226
Cuivre,	733	Fer,	130
Or,	585	Plomb,	107
Zinc,	240	Platine,	103

Éclat et couleur. — Tous les métaux, lorsqu'ils sont agrégés en masses plus ou moins volumineuses, reflètent la lumière avec une grande vivacité et présentent ce brillant particulier que l'on nomme *éclat métallique*. Réduits en poudre très fine, ils perdent leur éclat et prennent alors une teinte grise plus ou moins foncée ; mais il suffit de les frotter dans cet état avec un corps dur et poli, pour leur rendre immédiatement leur couleur et leur éclat primitifs. La plupart des métaux sont blancs ou légèrement grisâtres ; quelques-uns cependant, comme l'or, le cuivre, le titane, le tantale, sont diversement colorés.

Tous les métaux sont opaques quand on les regarde sous une épaisseur suffisante ; mais ils cessent de l'être à l'état de lames extrêmement minces. Ainsi une feuille d'or battu paraît verte quand on l'interpose entre l'œil et la lumière.

Formes cristallines. — Tous les métaux peuvent prendre des formes régulières lorsqu'ils sont placés dans des conditions favorables à leur cristallisation. La forme cristalline qu'ils affectent le plus souvent est le cube ou son dérivé l'octaèdre (*fig.* 87). Presque tous les métaux cristallisent quand on les laisse refroidir lentement après leur fusion. C'est ainsi que l'on peut faire cristalliser le bismuth, l'antimoine, le plomb, l'étain, etc.

Fig. 87.

On obtient encore la cristallisation de certains métaux en les séparant lentement de leurs dissolutions, soit au moyen des forces électro-chimiques faibles, soit par l'action chimique d'un autre métal.

Si l'on plonge, par exemple, deux fils de cuivre communiquant avec les deux pôles d'une pile de Daniel dans une dissolution de sulfate de cuivre, on voit bientôt de très petits cristaux de cuivre métallique se déposer sur le fil négatif, tandis que le fil positif se dissout peu à peu. De même, si l'on verse une dissolution d'azotate d'argent sur du mercure, on voit presque aussitôt se former à la surface de ce métal de nombreux cristaux d'argent métallique se groupant en houppes arborescentes (*arbre de Diane, fig.* 88).

Fig. 88.

C'est de cette manière encore que l'on obtient cette belle cristallisation du plomb connue sous le nom d'*arbre de Saturne*. Il suffit de plonger dans une solution d'acétate de plomb (*fig.* 89) un morceau de zinc auquel sont attachés des fils de cuivre. Le plomb, séparé de la dissolution par le zinc qui le remplace, vient recouvrir ce métal et les fils de cuivre d'une foule de lamelles brillantes qui présentent l'aspect de feuilles de fougère.

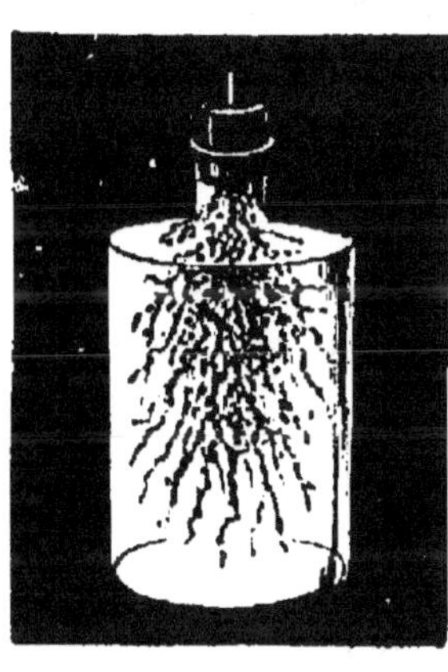

Fig. 89.

Les métaux que l'on rencontre dans la nature à l'état natif, tels que l'or, l'argent, le cuivre, sont souvent cristallisés.

2° *Propriétés chimiques.* — Les propriétés chimiques des métaux reposent sur la manière dont ces corps se comportent avec les métalloïdes et leurs composés. Ces propriétés seront étudiées dans les numéros suivants, où nous traiterons de l'action de l'oxygène, du soufre, du chlore, etc., sur les métaux.

Classification des métaux.

271. *Principes sur lesquels repose la classification des métaux.* — La classification des métaux, telle qu'elle a été proposée par Thénard, repose entièrement sur les divers degrés d'affinité de ces corps pour l'oxygène*. Cette affinité peut être appréciée par les trois moyens suivants.

1° Par l'action que l'oxygène sec exerce directement sur les métaux, aux diverses températures,

2° Par l'action de la chaleur sur les oxydes métalliques;

3° Par l'action décomposante des métaux sur l'eau, soit directement, soit en présence des acides énergiques.

C'est en se fondant sur ces considérations que Thénard a partagé tous les métaux en six *groupes* ou *sections*. Nous donnerons ici cette classification, avec les modifications que lui ont fait subir les progrès de la science.

* Voyez le chapitre XVI.

1re Section. — Métaux qui décomposent l'eau à froid, et dont les oxydes sont irréductibles par la chaleur seule :

Potassium,
Sodium,
Lithium,
Cæsium,
Rubidium,

Thallium,
Barium,
Strontium,
Calcium.

Les six premiers sont appelés *métaux alcalins ;* les trois derniers, *métaux alcalino-terreux.*

2e Section. — Métaux qui décomposent l'eau vers 100°, et dont les oxydes sont irréductibles par la chaleur seule :

Magnésium,
Manganèse,
Aluminium*,
Gallium**,
Glucinium,
Zirconium,
Yttrium,

Thorium,
Cérium,
Lanthane,
Didyme,
Erbium,
Terbium.

3e Section. — Métaux qui décomposent l'eau au rouge sombre, ou à froid en présence des acides énergiques, et dont les oxydes sont irréductibles par la chaleur seule :

Fer***,
Zinc,
Nickel,
Cobalt,
Chrome,

Vanadium,
Cadmium,
Indium,
Uranium.

4e Section. — Métaux qui ne décomposent l'eau qu'au rouge vif, ne la décomposent pas à froid en présence des acides, et dont les oxydes sont irréductibles par la chaleur seule :

---

* L'aluminium et le glucinium ne s'oxydent pas directement et ne décomposent pas l'eau. Sous ce rapport ils devraient prendre place à côté de l'argent, de l'or et du platine. Mais on les a maintenus dans la deuxième section, parce que leurs oxydes sont irréductibles par la chaleur seule.

** Le gallium a été découvert en 1875 par M. Lecoq de Boisbaudran, au moyen de l'analyse spectrale, dans le minéral de zinc connu sous le nom de *blende* (sulfure de zinc). C'est un métal blanc, assez dur et résistant à la température ordinaire, fusible à environ 29° ; il est donc, après le mercure, le plus fusible de tous les métaux. Ses propriétés chimiques le rapprochent à la fois de l'aluminium et de l'iridium.

*** On suppose ces métaux en lingots ou en lames. A l'état pulvérulent leurs propriétés peuvent se modifier ; ainsi le fer très divisé décompose l'eau lentement à la température ordinaire et rapidement vers 100°.

Étain,   Tantale,
Antimoine,   Titane,
Tungstène,   Niobium,
Molybdène,   Pélopium,
Osmium,   Ilménium.

5e Section. — Métaux qui ne décomposent l'eau qu'au rouge blanc, ne la décomposent pas à froid en présence des acides, et dont les oxydes sont irréductibles par la chaleur seule :

Cuivre,   Bismuth.
Plomb,

6e Section. — Métaux qui ne décomposent l'eau à aucune température, et dont les oxydes sont réductibles à l'état métallique par la chaleur seule :

Mercure,   Argent,
Palladium,   Or,
Rhodium,   Platine,
Ruthénium   Iridium *.

Cette classification, très simple et très facile à saisir, est celle que l'on suit généralement aujourd'hui. Les métaux, comme on le voit, y sont groupés d'après leur ordre d'affinité décroissante pour l'oxygène. Remarquons que les métaux des cinq premières sections possèdent un caractère commun : celui de former avec l'oxygène des oxydes irréductibles par la chaleur seule. Parmi les métaux de la sixième section, les quatre premiers s'oxydent dans l'air sec à des températures peu élevées, les quatre derniers ne s'oxydent directement à aucune température.

État naturel et extraction des métaux.

272. *État naturel des métaux.* — Les métaux se rencontrent dans la nature sous divers états. Quelques-uns, parmi ceux dont l'affinité pour l'oxygène est très faible, existent à l'*état natif*, c'est-à-dire à l'état de pureté : tels sont l'or, le platine, l'argent, le mercure, le bismuth, etc. Mais la plupart se trouvent en combinaison avec l'oxygène, le soufre et l'arsenic; plus rarement avec le chlore, le brome, le fluor, l'iode, le sélénium et le

* Les trois nouveaux métaux, le *samarum*, le *norvégium* et le *scandium*, découverts en 1880, n'ont pu prendre place dans cette classification, leurs propriétés chimiques n'ayant pas encore été suffisamment étudiées.

tellure. Souvent ils **sont** à l'état de carbonates et quelquefois de silicates.

Les métaux et leurs minerais se trouvent généralement dans les terrains primitifs et dans les terrains de transition, où ils sont réunis en amas plus ou moins considérables ou simplement disséminés en veines et en rognons ; assez souvent on les rencontre dans les filons qui traversent les couches les plus anciennes du globe, dans les montagnes, dans le sable des rivières, dans le fond des lacs, etc.

273. *Procédés d'extraction des métaux.* — Les divers procédés d'extraction des métaux se réduisent, d'une manière générale, aux quatre opérations suivantes :

1° Si le métal est à l'état d'oxyde, on le traite par le charbon à une température élevée : son oxygène s'unit au carbone, qui passe ainsi à l'état d'oxyde de carbone ou d'acide carbonique, et le métal est mis en liberté. S'il s'agit d'un carbonate, on le traite de la même manière ; le métal est encore mis en liberté et l'on obtient un dégagement d'oxyde de carbone.

2° Si le métal est à l'état de sulfure ou d'arséniure, on le *grille*, c'est-à-dire qu'on le chauffe dans un courant d'air : l'oxygène de l'air transforme le soufre ou l'arsenic en acide sulfureux ou arsénieux, et convertit le métal en un oxyde que l'on traite ensuite par le charbon.

3° Si le métal est à l'état de sel indécomposable par la chaleur, tel qu'un silicate par exemple, on le calcine avec une base et du charbon : la base, qui est ordinairement de la chaux, s'empare de l'acide silicique pour former un silicate, et le charbon réduit l'oxyde.

4° Si le métal est à l'état natif et de pureté parfaite, son extraction n'exige que des moyens mécaniques. S'il est mélangé avec d'autres métaux, naturellement plus oxydables, on l'en sépare par le grillage, qui transforme ces derniers en oxydes.

Résumé.

I. Les *métaux* sont des corps simples, bons conducteurs de la chaleur et de l'électricité, doués d'un éclat particulier que l'on appelle éclat métallique, et dont les oxydes s'unissent facilement aux acides pour former des sels.

II. Les propriétés physiques des métaux sont la *densité*, la *ténacité*, la *malléabilité*, la *ductilité*, la *fusibilité*, la *conductibilité* pour la chaleur et pour l'électricité, l'*éclat*, la *couleur*, et la *forme cristalline*.

III. Les propriétés chimiques des métaux reposent sur la manière dont ces corps se comportent avec les métalloïdes et leurs composés.

IV. Les métaux ont été divisés en six sections, d'après leur plus ou moins d'affinité pour l'oxygène :

Première section. Métaux qui décomposent l'eau à froid : *potassium, sodium, barium, strontium, calcium, etc.*

Deuxième section. Métaux qui décomposent l'eau vers 100° : *magnésium, glucinium, manganèse, etc.*

Troisième section. Métaux qui décomposent l'eau au rouge sombre quand ils agissent seuls, et qui la décomposent à froid en présence des acides énergiques : *fer, nickel, cobalt, zinc, etc.*

Quatrième section. Métaux qui ne décomposent l'eau qu'au rouge vif, et ne la décomposent pas à froid en présence des acides : *étain, antimoine, tungstène, etc.*

Cinquième section. Métaux qui ne décomposent l'eau qu'au rouge blanc, et ne la décomposent pas à froid en présence des acides : *cuivre, plomb, bismuth.*

Sixième section. Métaux qui ne décomposent l'eau à aucune température : *mercure, argent, or, platine, palladium, etc.*

Les oxydes des métaux des cinq premières sections sont tous irréductibles par la chaleur.

V. Les métaux se trouvent dans la nature à l'état natif ou en combinaison avec l'oxygène et quelques autres métalloïdes, tels que le soufre, l'arsenic, le chlore, le brome, l'iode, etc.

VI. Les divers procédés d'extraction des métaux se réduisent, d'une manière générale, à décomposer par le charbon soit les oxydes naturels, soit les oxydes obtenus en chauffant dans un courant d'air (grillage) les sulfures et les arséniures métalliques.

CHAPITRE XV.

Alliages. — Leurs propriétés générales. — Alliages usuels.

Alliages.

274. *Alliages.* — On désigne sous le nom d'*alliage* la combinaison ou le simple mélange de deux ou de plusieurs métaux. Certains alliages doivent être, en effet, regardés comme de véritables combinaisons chimiques dont les éléments sont en proportions définies : tels sont les alliages cristallisés. Mais il en est d'autres, et c'est le plus grand nombre, dans lesquels les métaux peuvent être unis en proportions variables et indéterminées. Quelques chimistes, cependant, considèrent ces derniers alliages comme étant constitués par la réunion de plusieurs combinaisons distinctes, formant un tout d'apparence homogène.

Propriétés générales des alliages.

275. *Propriétés des alliages.* — Les alliages offrent généralement des caractères analogues à ceux des métaux qui entrent dans leur composition : ainsi, ils sont opaques, brillants, bons conducteurs de la chaleur et de l'électricité, etc. Mais ils se distinguent par plusieurs propriétés spéciales qu'il est important de connaître et sur lesquels repose leur utilité dans les arts : ces propriétés sont la *fusibilité*, la *dureté* et la *densité*.

Fusibilité. — Les alliages sont toujours *plus fusibles que le moins fusible des métaux qui entrent dans leur composition*, souvent même ils sont plus fusibles que chacun d'eux pris séparément. Ainsi,

Le plomb fond à 335°,
L'étain   à 228°.

L'alliage formé d'une partie de plomb et d'une partie d'étain fond à 244°, c'est-à-dire à une température beaucoup plus basse que le métal le moins fusible.

L'alliage formé d'une partie de plomb et de deux parties d'étain fond à 196°, c'est-à-dire à une température plus basse que chacun des deux métaux.

En mélangeant cinq parties de plomb, trois d'étain et huit de bismuth (alliage de Darcet), on obtient un alliage fusible dans l'eau bouillante et même à 94°, température de beaucoup inférieure au degré de fusion de chaque métal séparé.

Lorsqu'un alliage est formé de métaux dont les degrés de fusion sont très éloignés l'un de l'autre, on peut le décomposer en le chauffant à une température suffisante pour fondre le métal le plus fusible et insuffisante pour fondre le second métal ; ce phénomène est utilisé en métallurgie pour séparer certains métaux mélangés, par exemple, l'argent et le plomb. Un alliage composé de deux métaux dont l'un est volatil et l'autre fixe se décompose également lorsqu'on le soumet à l'action de la chaleur : c'est ainsi que l'on peut séparer le mercure de l'or et de l'argent, le zinc du cuivre, etc.

Il arrive assez souvent qu'en laissant refroidir très lentement certains alliages fondus, la température de la masse, qui jusqu'alors s'était abaissée progressivement et d'une manière continue, devient stationnaire pendant un certain temps, et qu'à ce moment une partie du mélange liquide se solidifie en formant un alliage à proportions définies. Lorsque la solidification de ce premier alliage est complète, la température de la partie restée liquide recommence à s'abaisser ; mais au bout de quelque temps elle redevient de nouveau stationnaire, et un nouvel alliage se solidifie à son tour, et ainsi de suite.

Ce phénomène, qui a reçu le nom de *liquation*, se produit dans la coulée des canons de bronze, ce qui entraîne la nécessité de donner au moule une hauteur plus grande que celle de la pièce ; on l'observe également dans les alliages de cuivre, de plomb et d'argent, et surtout dans les alliages de bismuth, de plomb et d'étain, dits alliages fusibles, dont on se servait autrefois pour la construction des soupapes de sûreté des chaudières à vapeur, mais auxquelles on a dû renoncer pour cette raison.

Dureté. — Les alliages sont généralement plus durs, moins ductiles et plus cassants que ne le sont, terme moyen, leurs éléments constituants. L'or, qui est le plus ductile de tous les métaux, devient dur et cassant lorsqu'on le mélange avec une très petite quantité de plomb et d'antimoine. Le cuivre perd sa ductilité lorsqu'il entre en combinaison avec l'étain, même en petite proportion.

Remarque. — Certains alliages présentent la singulière propriété de perdre leur dureté par suite de la trempe, ce qui est l'inverse de l'effet produit sur l'acier par cette opération. Ainsi, l'alliage qui sert à faire les tam-tams, et qui se compose de quatre-vingts parties de cuivre et de vingt parties d'étain, est très dur et très cassant lorsqu'il a été refroidi lentement, tandis qu'il devient aussi ductile et aussi malléable que le cuivre pur si on le trempe, c'est-à-dire si, après l'avoir chauffé au rouge, on le refroidit brusquement en le plongeant dans un vase rempli d'eau froide. C'est à la découverte de cette propriété que nous devons l'art de fabriquer les tam-tams, que nous tirions autrefois de l'Orient.

Densité. — La densité des alliages est tantôt plus grande et tantôt plus petite que la densité moyenne des métaux qui les constituent. Ainsi la densité des alliages d'or et d'étain, de cuivre et de zinc, d'antimoine et de bismuth, etc., est plus forte que la densité moyenne des métaux qui les composent; au contraire, la densité des alliages d'or et d'argent, de cuivre et de plomb, etc., est toujours plus petite. Il est remarquable que les alliages dont la densité l'emporte sur la densité moyenne de leurs métaux constituants sont généralement ceux qui résultent de l'union des métaux ayant entre eux beaucoup d'affinité; le contraire a lieu pour les métaux qui ont peu d'affinité les uns pour les autres.

Principaux alliages.

276. *Utilité des alliages.* — Les alliages ont pour but de modifier les propriétés de certains métaux qui, employés seuls, ne pourraient pas se prêter aux divers besoins de l'industrie. Les métaux employés dans la composition des principaux alliages sont le cuivre, le zinc, l'étain, le plomb, l'aluminium, le nickel, l'or, l'argent et le mercure. Nous rappelons que les alliages dans lesquels entre ce dernier métal portent le nom d'*amalgames.*

277 *Alliages de cuivre et de zinc.* — Le cuivre et le zinc forment deux alliages principaux : le *laiton* et le *chrysocale* ou *similor.*

Le *laiton* ou *cuivre jaune* a de très nombreux usages dans les arts. Il se compose généralement de 2 parties de cuivre et de 1 partie de zinc. Il est d'un jaune clair, plus fusible et plus dur que le cuivre. Porté à une haute température, cet alliage s'altère par suite de la volatilisation du zinc.

On prépare le laiton en fondant le cuivre et le zinc divisés en petits fragments dans des creusets en terre réfractaire. Ces creusets (*fig.* 90) sont placés dans un four ovoïde B et reposent sur une voûte en briques percée de distance en distance pour le passage de la flamme qui s'échappe du foyer F. A la partie supérieure du four est une large ouverture C qui sert à introduire les métaux dans les creusets. Pendant le fondage, cette ouverture est fermée par un couvercle au centre duquel est percé un trou pour le dégagement des produits de la combustion. Lorsque l'alliage est fondu, on enlève les creusets avec des tenailles et on coule le laiton dans des moules en sable ou en granit.

Fig. 90.

Le *chrysocale* ou *similor*, que l'on emploie dans la fabrication des bijoux en faux, se compose environ de 10 parties de cuivre et de 1 partie de zinc, plus une très petite quantité d'étain. Cet alliage a une couleur jaune qui simule assez bien celle de l'or.

278. *Alliage de cuivre, de zinc et de nickel.* — En mélangeant 2 parties de cuivre, 1 partie de zinc et 1 partie de nickel, on forme un alliage qui, récemment préparé, offre l'éclat et à peu près la couleur de l'argent. On l'emploie sous le nom de *maillechrt* à la fabrication des couverts, des chandeliers, des garnitures de couteaux, de quelques instruments de chirurgie, etc. Le maillechort a l'inconvénient de jaunir par l'usage et de perdre promptement son éclat primitif.

279. *Alliages de cuivre et d'étain.* — Le cuivre et l'étain forment plusieurs alliages très importants, dont les principaux sont le *bronze des canons*, le *métal des cloches*, le *métal des cymbales et des tam-tams*, et le *bronze des médailles*.

Le *bronze des canons* renferme 90 parties de cuivre et 10 d'étain. Cet alliage est d'un jaune rougeâtre; il est plus dur et plus fusible que le cuivre, un peu malléable. On l'emploie également pour faire des statues. Les anciens, avant de connaître le fer et l'acier, s'en servaient pour fabriquer leurs armes et leurs instruments tranchants.

Le *métal des cloches* est formé de 78 parties de cuivre et de 22 parties d'étain. Il est d'un blanc grisâtre, dur, cassant, d'une texture grenue et serrée, un peu plus fusible que le bronze.

Le *métal des cymbales et des tam-tams* contient 80 parties de cuivre et 20 parties d'étain. Il est un peu plus blanc, plus dur et plus sonore que le précédent.

Le *bronze des médailles* renferme généralement 95 parties de cuivre, 5 parties d'étain, plus une très petite quantité de zinc.

Tous ces alliages présentent la singulière propriété que nous avons signalée plus haut : ils sont durs et cassants quand ils ont été refroidis lentement, tandis qu'ils deviennent malléables par la trempe. On utilise cette propriété dans la fabrication des tam-tams et des médailles. On frappe ces dernières après les avoir trempées pour les rendre malléables, puis on les recuit pour les durcir.

280. *Alliage de cuivre et d'aluminium.* — Cet alliage est formé de 90 à 95 parties de cuivre et de 10 à 5 parties d'aluminium. Il constitue un bronze très dur et très malléable, dont la couleur se rapproche de celle de l'or, et avec lequel on fabrique actuellement de nombreux objets d'art ou de bijouterie.

281. *Alliage d'étain, de cuivre, d'antimoine et de bismuth.* — Cet alliage, connu sous le nom de *métal anglais* ou *étain de Cornouailles*, contient 100 parties d'étain, 8 d'antimoine, 4 de cuivre et 1 de bismuth; il est blanc, brillant, assez dur et susceptible de conserver longtemps son poli. On fabrique avec lui des plats, des cafetières, des gobelets et autres ustensiles de table.

282. *Alliage de plomb et d'étain.* — Cet alliage, connu sous le nom de *soudure des plombiers*, est formé de 2 parties de plomb et de 1 partie d'étain. Il est blanc grisâtre, malléable, plus dur et plus fusible que le plomb (275); on l'emploie pour souder ce dernier métal. Les ferblantiers font usage, pour souder leurs pièces, d'un autre alliage de plomb et d'étain composé de parties égales des deux métaux. Cet alliage est remarquable par sa grande combustibilité : chauffé au rouge, il s'enflamme et continue à brûler seul, en se convertissant en stannate de plomb.

283. *Alliage de plomb et d'antimoine.*—Cet alliage sert à la fabrication des caractères d'imprimerie; il renferme 80 parties de plomb et 20 parties d'antimoine. Il est plus dur que le plomb et moins fragile que l'antimoine, ce qui le rend très propre à résister à l'action de la presse.

284. *Alliages de bismuth, de plomb et d'étain.* — Ces trois métaux forment des alliages remarquables par leur grande fusibilité. L'alliage composé de 8 parties de bismuth, 5 parties de plomb et 3 parties d'étain (alliage fusible de Darcet) fond à 94 degrés. En diminuant la proportion du bismuth, on produit des alliages dont le point de fusion varie entre 100 et 200 degrés.

On employait autrefois ces alliages pour fabriquer des rondelles ou *plaques fusibles* avec lesquelles on fermait des ouvertures pratiquées sur les chaudières des machines à vapeur à haute pression. La composition de ces rondelles était calculée de manière à établir leur point de fusion un peu au-dessous de la température correspondant au maximum de tension que la vapeur ne pouvait dépasser sans danger d'explosion. Mais on reconnut bientôt que ces rondelles, par suite de liquations qui s'opéraient dans leur masse, éprouvaient peu à peu des changements dans leur composition qui, en modifiant leur degré de fusibilité, rendaient illusoire ce moyen de sûreté. Aujourd'hui les alliages fusibles ne sont plus employés que pour prendre des empreintes et pour faire des clichés.

285. *Alliages d'argent et de cuivre.* — L'argent est un métal trop mou pour qu'on puisse l'employer à l'état de pureté dans la fabrication des monnaies, des médailles, de la vaisselle et autres objets d'orfèvrerie. Les pièces fabriquées avec de l'argent pur ne tarderaient pas à s'user et à perdre la finesse de leurs contours. En ajoutant à ce métal une petite quantité de cuivre, on augmente considérablement sa dureté, sans altérer sensiblement sa couleur. Les alliages d'argent et de cuivre sont soumis à des *titres* fixés et garantis par la loi. Voici quels sont les titres des alliages employés en France :

		Argent.	Cuivre.
Monnaie d'argent. { Pièces de 5 francs.		900	100
{ Monnaie divisionnaire.		835	165
Médailles		950	50
Vaisselle et argenterie.		950	50
Bijouterie		800	200

La loi accorde pour ces divers titres une tolérance de quelques millièmes, à cause de la difficulté de les obtenir exactement par la fusion directe des deux métaux. La tolérance pour les monnaies et les médailles est de trois millièmes au-dessus ou au-dessous du titre ; pour la vaisselle et la bijouterie, elle est de cinq millièmes.

286. *Alliages d'or et de cuivre.* — L'or, comme l'argent, n'a pas une dureté suffisante pour être employé à l'état de pureté dans la fabrication des monnaies, de la vaisselle, des bijoux, etc. On lui donne cette dureté en y ajoutant une certaine proportion de cuivre. Les titres légaux des alliages d'or et de cuivre employés en France sont les suivants :

	Or.	Cuivre.
Monnaie d'or.	900	100
Médailles.	916	84
Bijoux (1er titre).	920	80
(2e titre).	850	150
(3e titre).	750	250

Ce dernier titre est celui que les bijoutiers emploient de préférence.

Les alliages d'or et ceux d'argent sont soumis, avant d'être livrés au commerce, à des essais qui ont pour but de vérifier leurs titres. Nous décrirons plus loin les procédés mis en usage pour ces divers essais *.

287. *Alliages de mercure ou amalgames.* — Le mercure peut se combiner avec un grand nombre de métaux et former des alliages nommés *amalgames*, qui sont liquides ou solides, selon les proportions plus ou moins grandes dans lesquelles ce métal est combiné. Les amalgames les plus importants sont l'amalgame d'étain, l'amalgame de bismuth et l'amalgame d'or.

* Voyez le chapitre XXVI.

Amalgame d'étain. Cet amalgame est composé d'environ 4 parties d'étain et de 1 partie de mercure. C'est lui que l'on emploie pour étamer les glaces. Cette opération s'exécute de la manière suivante : sur une table de marbre horizontale, bien dressée et entourée de rigoles, on étend une feuille d'étain de la grandeur de la glace que l'on veut étamer, puis on la recouvre d'une couche de mercure de 3 à 4 millimètres d'épaisseur. Cela fait, on apporte la glace vers un des bouts de la table, et on la fait glisser lentement sur la feuille d'étain de manière à chasser le mercure en excès dans les rigoles destinées à le recevoir. On charge alors la glace avec des poids, et on la laisse ainsi quinze à vingt jours, pour que l'adhérence de l'amalgame ou du *tain* avec sa surface s'établisse d'une manière complète.

Amalgame de bismuth. On se sert de cet amalgame, composé de 4 parties de mercure et de 1 partie de bismuth, pour étamer intérieurement des globes ou ballons de verre. Il suffit de faire chauffer ces globes et d'y verser l'amalgame en fusion. On le promène ensuite sur toute la surface du verre, à laquelle il s'attache en se solidifiant.

Amalgame d'or. Cet amalgame formé d'environ 2 parties d'or et de 1 partie de mercure, était autrefois exclusivement employé pour la dorure du cuivre, du bronze et de l'argent. Cette industrie, très nuisible aux ouvriers qui s'y livraient à cause des vapeurs mercurielles auxquelles ils étaient sans cesse exposés, est aujourd'hui remplacée presque partout par la dorure galvanique, dont nous avons parlé dans la partie de cet ouvrage qui traite de la physique.

Résumé.

I. On désigne sous le nom d'*alliage* la combinaison ou le mélange de deux ou plusieurs métaux. On donne le nom d'*amalgame* aux alliages dans lesquels entre le mercure.

II. Les alliages se distinguent par plusieurs propriétés spéciales dont les plus importantes sont la fusibilité, la dureté et la densité.

III. Les alliages sont toujours plus fusibles que le moins fusible des métaux qui entrent dans leur composition.

IV. Les alliages sont généralement plus durs, moins ductiles et plus cassants que ne le sont, terme moyen, leurs éléments constituants.

V. La densité des alliages est tantôt plus grande et tantôt plus petite que la densité moyenne des métaux qui les constituent.

VI. Les alliages les plus usuels sont ceux de cuivre et de zinc (laiton), de cuivre et d'étain (bronze, métal des cloches, des médailles, etc.), de cuivre, de zinc et de nickel (maillechort), de cuivre et d'aluminium (bronze d'aluminium), de plomb et d'étain (soudure des plombiers), de plomb et d'antimoine (caractères d'imprimerie), de bismuth, de plomb et d'étain (alliages fusibles), d'argent et de cuivre, d'or et de cuivre (monnaies, vaisselle, bijoux); l'amalgame d'étain (tain des glaces), l'amalgame de bismuth, l'amalgame d'or.

CHAPITRE XVI.

Action de l'oxygène, de l'air sec et de l'air humide sur les métaux. — Oxydes métalliques. — Action de la chaleur, de l'eau, du carbone, de l'hydrogène, du soufre et du chlore sur les oxydes. — Préparation générale des oxydes métalliques.

Action de l'oxygène, de l'air sec et de l'air humide sur les métaux.

288. *Action de l'oxygène et de l'air secs sur les métaux.*—Tous les métaux, à l'exception de l'argent, de l'or, du platine, du palladium, du rhodium et de l'iridium, se combinent directement avec l'oxygène sec : le potassium à la température ordinaire, les autres métaux à une température plus ou moins élevée.

Cette combinaison directe d'un métal avec l'oxygène est une véritable combustion qui a lieu avec un dégagement de chaleur souvent très considérable. Ainsi nous savons que lorsqu'on enflamme dans un flacon rempli d'oxygène un fil de fer roulé en spirale, l'énergie de la combustion est telle que le métal fait jaillir de tous côtés de nombreuses et vives étincelles (21). Le zinc, chauffé au rouge, se volatilise et brûle dans l'oxygène avec une flamme éclatante.

La combustion des métaux dans l'oxygène est beaucoup plus vive et plus rapide lorsqu'ils sont très divisés; il en est même qui, dans cet état, peuvent s'enflammer spontanément au contact de l'air : tel est, par exemple, le fer réduit par l'hydrogène.

Nous n'avons pas besoin d'ajouter que le résultat de la combustion d'un métal dans l'oxygène est toujours la formation d'un oxyde.

Le mercure et l'argent, inoxydables à froid au contact de l'oxygène, s'oxydent à la température ordinaire en présence de l'ozone (32).

L'air dépouillé de sa vapeur d'eau, étant un mélange d'oxygène et d'azote, agit sur les métaux de la même manière que l'oxygène sec, mais avec moins d'intensité.

280. *Action de l'oxygène et de l'air humides.* — L'oxygène humide n'agit à froid que sur les métaux qui décomposent l'eau à la température ordinaire ou à une température peu élevée, comme le potassium, le sodium, le magnésium, etc. Mais si à l'humidité se joint un acide même très-faible ou très dilué, tous les métaux, à l'exception de ceux de la dernière section, s'oxydent à froid en présence de l'oxygène.

L'air atmosphérique, contenant de la vapeur d'eau et de l'acide carbonique, se trouve précisément dans ces conditions : il oxyde donc à froid tous les métaux, excepté ceux de la dernière section, et les convertit en carbonates ou en hydrates. Ainsi les statues de bronze se recouvrent à la longue d'une couche de carbonate de cuivre ; le plomb et le zinc se transforment en carbonate de plomb ou de zinc, le fer en hydrate de sesquioxyde (*rouille*), etc.

Certains métaux, tels que le zinc, le cuivre, le plomb, etc., ne subissent au contact de l'air humide qu'une oxydation superficielle ; la pellicule de carbonate ou d'oxyde hydraté qui se forme à leur surface protège contre l'action de l'oxygène les parties intérieures. D'autres métaux, au contraire, subissent une oxydation profonde et complète. Ainsi, un barreau de fer exposé à l'air humide se détruit entièrement par la rouille. On observe même que l'oxydation marche plus vite dès qu'une certaine quantité d'oxyde s'est développée à la surface du métal. Ce phénomène dépend d'une influence électrique qui surgit pendant l'oxydation. Voici, en effet, ce qui se passe :

La première couche d'oxyde qui recouvre le métal forme avec celui-ci un couple voltaïque, dont le fer est l'élément électro-positif. Le métal est alors attaqué non seulement par l'oxygène de l'air, mais encore par l'oxygène de l'eau que l'électricité décompose : de là la marche de plus en plus rapide de son oxydation. Quant à l'hydrogène provenant de cette décomposition, une partie se dégage à l'état libre, tandis que l'autre se combine avec l'azote dissous dans l'eau pour former de l'ammoniaque, ce qui explique la présence constante de ce corps dans la rouille. Il suffit, en effet, d'humecter une tache de rouille avec une dissolution de potasse et de la chauffer légèrement pour obtenir aussitôt l'odeur caractéristique du gaz ammoniac.

Telle est l'action de l'air sur les métaux. On voit que cette action est complexe et dépend à la fois de l'oxygène, de la vapeur d'eau et de l'acide carbonique. Les métaux de la dernière section, excepté le mercure, sont les seuls sur lesquels l'air atmosphérique n'exerce aucune influence.

290. *Moyens de prévenir l'oxydation des métaux.*— On empêche l'oxydation des métaux exposés à l'air en les recouvrant d'une couche de peinture, de vernis ou d'un corps gras : c'est ainsi qu'on préserve de la rouille les grilles, les serrures, les armes et autres objets en fer ou en acier. Mais le meilleur moyen de prévenir l'oxydation du fer consiste à le recouvrir d'une couche d'étain (*fer-blanc*) ou d'une couche de zinc (*fer galvanisé*).

Le *fer galvanisé* résiste beaucoup mieux à la rouille que le fer-blanc : cela tient à ce que, le zinc étant électro-positif par rapport au fer, l'oxygène se porte entièrement sur lui pour former de l'oxyde de zinc, lequel, en se combinant avec l'acide carbonique de l'air, se convertit en une couche de carbonate de zinc, qui arrête bientôt l'oxydation.

Dans le *fer-blanc*, l'étain étant au contraire électro-négatif par rapport au fer, si ce dernier métal est mis à nu dans quelque point, c'est sur lui que se porte l'oxygène. Il en résulte que l'oxydation du fer, au lieu d'être empêchée, est accélérée par la présence de l'étain. C'est ce qui explique l'altération rapide que subit le fer-blanc lorsqu'une partie de l'étain étant détachée de sa surface, le fer se trouve ainsi mis en contact avec l'air humide.

Oxydes métalliques. Leurs propriétés physiques et chimiques.

291. *Classification des oxydes métalliques.*— Les oxydes métalliques sont des composés binaires formés par la combinaison d'un métal avec l'oxygène. On les divise en cinq classes, savoir :

Première classe. Les **oxydes basiques**. Ces oxydes ont pour caractère essentiel de se combiner facilement avec les acides pour former des sels cristallisables. Exemple : les protoxydes de potassium KO, de sodium NaO, de fer FeO, de plomb PbO ; les oxydes de cuivre CuO, de mercure HgO ; le sexquioxyde de fer Fe^2O^3, etc.

Deuxième classe. Les **oxydes acides**. Ce sont des oxydes qui, semblables aux acides proprement dits, se combinent avec les bases pour former des sels. Ces oxydes sont en général très riches en oxygène. Exemples : l'acide stannique SnO^2, l'acide manganique MnO^3, l'acide chromique CrO^3.

Troisième classe. Les **oxydes indifférents**. Les oxydes qui appartiennent à cette classe peuvent jouer tour à tour le rôle de bases et le rôle d'acides : avec une base puissante, comme la potasse ou la soude, ils sont acides ; avec un acide énergique tel que l'acide sulfurique ou l'acide azotique, ils deviennent des bases. Exemple : l'alumine ou oxyde d'aluminium Al^2O^3, qui s'unit *indifféremment* à l'acide sulfurique pour former du *sulfate d'alumine*, ou à la potasse pour donner de l'*aluminate de potasse*.

Quatrième classe. Les **oxydes singuliers**. Ces oxydes ne se combinent ni avec les acides ni avec les bases. Exemples : les bioxydes de barium BaO^2, de calcium CaO^2, de manganèse MnO^2. Chacun de ces oxydes, mis en présence d'un acide puissant, abandonne une partie de son oxygène et se transforme en protoxyde, qui alors se combine avec l'acide.

Cinquième classe. Les **oxydes salins**. On range dans cette classe quelques oxydes qui résultent de la combinaison de deux oxydes du même métal, dont l'un joue le rôle d'acide et l'autre celui de base. Ainsi, l'oxyde rouge de manganèse Mn^3O^4 peut être considéré comme une combinaison de 1 équivalent de protoxyde MnO jouant le rôle de base et de 1 équivalent de sesquioxyde Mn^2O^3 faisant fonction d'acide. Il en est de même du minium ou oxyde rouge de plomb Pb^3O^4, dont la formule peut être écrite $2PbO,PbO^2$, de l'oxyde de fer magnétique Fe^3O^4, dont la formule rationnelle est FeO,Fe^2O^3.

292. *Propriétés physiques des oxydes métalliques.* — Les oxydes métalliques sont des corps solides, généralement ternes, cassants et diversement colorés. Tous sont insolubles dans l'eau, à l'exception des oxydes appartenant aux métaux de la première section. Ces derniers ont une saveur âcre et caustique, ils verdissent le sirop de violettes et ramènent au bleu la teinture de tournesol rougie par les acides ; les autres sont insipides, et, à l'exception de l'oxyde de magnésium et du bioxyde de mercure, ils sont sans action sur les couleurs végétales. La densité des oxydes est toujours plus grande que celle de l'eau, mais elle est généralement moindre que celle du métal correspondant.

293. *Propriétés chimiques.* — Les propriétés chimiques des oxydes métalliques sont très remarquables ; elles dépendent des actions qu'exercent sur eux la chaleur, l'électricité, l'eau et les principaux métalloïdes, tels que l'oxygène, l'hydrogène, le carbone, le chlore, le soufre et le phosphore. Étudions ces diverses actions.

**Action de la chaleur, de l'eau, de l'hydrogène, du carbone,
du soufre, du chlore, etc., sur les oxydes.**

294. *Action de la chaleur.* — Les oxydes des métaux des cinq premières sections résistent tous à l'action de la chaleur, lorsqu'ils sont à l'état de protoxydes ; mais la plupart abandonnent une partie de leur oxygène lorsqu'ils sont à un degré plus élevé d'oxydation : ainsi, le bioxyde de manganèse, chauffé au rouge, perd une partie de son oxygène, et c'est même de cette manière que l'on se procure ordinairement ce gaz. Il en est de même du péroxyde de cuivre, des acides chromique, ferrique, manganique, etc.

Les oxydes des métaux de la sixième section sont les seuls qui soient complètement réduits par la chaleur ; l'oxygène se dégage et le métal est mis en liberté.

Les oxydes métalliques ne fondent généralement qu'à une température très élevée ; la chaux et la magnésie sont même complètement infusibles. Quelques-uns seulement, tels que les oxydes d'antimoine et d'osmium, se volatilisent.

293. *Action de l'électricité.* — La pile décompose tous les oxydes, à l'exception de l'alumine : l'oxygène se rend au pôle positif, et le métal réduit vient se déposer au pôle négatif.

206. *Action de l'eau.* — Nous avons dit que tous les oxydes métalliques, à l'exception des oxydes appartenant aux métaux de la première section, sont insolubles dans l'eau, et encore les oxydes de calcium et de lithium n'ont-ils qu'une solubilité très faible. Mais la plupart des oxydes peuvent se combiner avec l'eau en proportions définies, et former de véritables sels nommés *hydrates,* dans lesquels l'oxygène de l'eau, qui joue le rôle d'acide, est égal en poids à l'oxygène de l'oxyde; exemples : *hydrate de potasse* KO,HO; *hydrate d'alumine* Al²O³,3HO.

La chaleur décompose tous les hydrates et les transforme en oxydes anhydres, à l'exception des hydrates de potasse, de soude et de baryte. Ainsi l'hydrate de chaux CaO,HO perd son eau au rouge; l'hydrate d'oxyde de cuivre CaO,HO la perd quand on le chauffe à 80°, et se transforme en oxyde noir de cuivre CuO.

207. *Action de l'oxygène.* — La plupart des oxydes qui ne sont pas à leur maximum d'oxydation peuvent se combiner directement avec une nouvelle proportion d'oxygène, soit à la température ordinaire, soit à une température élevée. C'est ainsi que la baryte, chauffée au contact de l'air, se change en bioxyde de barium; que les protoxydes de fer et de manganèse se convertissent en sesquioxydes. Ces deux derniers absorbent même l'oxygène à froid, lorsqu'ils sont à l'état d'hydrates ou simplement humides.

208. *Action de l'hydrogène.* — L'hydrogène est sans action sur les oxydes des métaux des deux premières sections. Il décompose au contraire, sous l'influence de la chaleur, tous les oxydes des quatre dernières sections : il s'unit à l'oxygène pour former de l'eau et met le métal en liberté.

209. *Action du carbone.* — Le carbone réduit à une température plus ou moins élevée tous les oxydes métalliques, à l'exception des oxydes de calcium, de barium, de strontium, et ceux des métaux de la deuxième section.

Lorsque le carbone décompose un oxyde métallique, il produit, en s'emparant de son oxygène, soit de l'acide carbonique, soit de l'oxyde de carbone. Si l'oxyde, comme ceux de cuivre, de mercure ou d'argent, est facile à réduire et se trouve en proportion suffisante, on obtient toujours de *l'acide carbonique;* car le carbone peut prendre, dans ce cas, tout l'oxygène qui lui est nécessaire pour brûler complètement; mais si l'oxyde est difficile à réduire, comme l'oxyde de zinc par exemple, c'est de l'oxyde de carbone qui se dégage. L'acide carbonique ne peut alors se produire, puisque cet acide, à la température nécessaire pour réduire l'oxyde métallique, est ramené par le charbon à l'état d'oxyde de carbone. Les deux formules suivantes font voir ce qui se passe dans les deux cas :

$$1° \qquad 2\,CuO + C = CO^2 + 2\,C;$$

$$2° \qquad ZnO + C = CO + Zn.$$

Certains oxydes produisent à la fois de l'acide carbonique et de l'oxyde de carbone.

300. *Action du soufre*. — Tous les oxydes métalliques, sauf l'alumine et l'oxyde de chrome, sont décomposés par le soufre en excès à une température plus ou moins élevée.

Les oxydes sont transformés par le soufre en sulfures et en sulfates, quand ces derniers sont indécomposables à la température à laquelle on opère ; exemple, la potasse :

$$4\,KO + 4\,S = 3\,KS + KO,SO^3.$$

Si les sulfates sont décomposables à la température nécessaire à la réaction, on obtient des sulfures et de l'acide sulfureux ; exemple, l'oxyde de cuivre :

$$2\,CuO + 3\,S = 2\,CuS + SO^2.$$

301. *Action du chlore*. — Le chlore agit sur les oxydes métalliques de deux manières différentes, selon qu'il est sec ou humide.

Le chlore *sec*, sous l'influence de la chaleur, décompose tous les oxydes, excepté ceux des métaux de la deuxième section. Il s'empare du métal pour former un chlorure et met l'oxygène en liberté :

$$MO + Cl = MCl + O^*.$$

Le chlore *humide*, ou agissant en présence de l'eau sur un oxyde, se comporte de diverses manières, suivant la nature de l'oxyde et la température.

---

* M représente un métal quelconque.

1° Les oxydes des métaux de la première section sont transformés en chlorures et en hypochlorites, si leur dissolution est étendue et froide; si leur dissolution est concentrée ou chaude, ils se convertissent en chlorures et en chlorates. Ainsi, s'il s'agit d'une dissolution de potasse dans laquelle on fait arriver un courant de chlore, on aura :

dans le premier cas : $2 KO + 2 Cl = KCl + KO,ClO$;

dans le second cas : $6 KO + 6 Cl = 5 KCl + KO,ClO^5$.

2° Les oxydes des métaux de la deuxième section, excepté ceux de magnésium et de manganèse, ne sont pas décomposés.

3° Les protoxydes des métaux de la troisième section passent en partie à l'état de chlorure et en partie à l'état de peroxydes; exemple, le protoxyde de fer en suspension dans l'eau, et sur lequel on fait arriver un courant de chlore :

$$6 FeO + 3 Cl = Fe^2Cl^3 + 2 Fe^2O^3.$$

4° Les oxydes des métaux des trois dernières sections se changent simplement en chlorures, avec formation d'acide hypochloreux; exemple, l'oxyde de mercure mis en contact avec du chlore humide :

$$HgO + 2 Cl = HgCl + ClO.$$

L'action du brome et de l'iode sur les oxydes est la même que celle du chlore.

302. *Action combinée du chlore et du carbone.* — L'alumine et quelques autres oxydes, qui ne sont décomposables ni par le chlore ni par le charbon agissant isolément, sont décomposés par l'action simultanée de ces deux corps, dont le premier tend à s'emparer du métal et le second de l'oxygène. Ainsi, si l'on fait passer un courant de chlore sec sur un mélange intime d'alumine et de charbon chauffé au rouge blanc dans un tube de porcelaine, il se forme de l'oxyde de carbone qui se dégage et du chlorure d'aluminium que l'on recueille en dirigeant sa vapeur dans un vase refroidi :

$$Al^2O^3 + 3 C + 3 Cl = 3 CO + Al^2Cl^3.$$

Cette réaction est utilisée pour la préparation de certains chlorures, que l'on ne peut obtenir directement.

303. *Action du phosphore.*—Le phosphore, sous l'influence de la chaleur, décompose tous les oxydes, moins ceux des métaux de la deuxième section. Les produits de cette décomposition varient selon la nature des oxydes : ce sont en général des phosphures, des phosphates ou des hypophosphites. Les oxydes des métaux de la sixième section, comme les oxydes d'argent ou de mercure, donnent un phosphure et de l'acide phosphorique.

304. *Action des métaux.* — On peut dire d'une manière générale que les métaux qui ont beaucoup d'affinité pour l'oxygène réduisent les oxydes des métaux dont l'affinité pour ce corps est moins forte. Ainsi, le potassium réduit tous les oxydes, moins ceux de la deuxième section ; quelques métaux de la troisième section réduisent les oxydes des sections suivantes. Cette action décomposante de certains métaux sur les oxydes est souvent utilisée en métallurgie.

305. *Préparation des oxydes.* — On prépare les oxydes de plusieurs manières, dont les principales sont :

1° La calcination d'un métal au contact de l'air ou de l'oxygène : c'est ainsi qu'on peut obtenir l'oxyde de zinc, l'oxyde de plomb, l'oxyde de cuivre, etc. ;

2° La décomposition d'un sel en dissolution par une base alcaline telle que la potasse, la soude ou l'ammoniaque : c'est ainsi qu'on se procure certains oxydes hydratés, tels que le protoxyde et le sesquioxyde de fer, l'oxyde d'argent, etc. ;

3° La décomposition d'un carbonate ou d'un azotate par la chaleur : c'est ainsi qu'on prépare la chaux, la baryte, l'oxyde de mercure, etc.

Résumé.

I. Tous les métaux, à l'exception de l'argent, de l'or, du platine, du palladium, du rhodium et de l'iridium, peuvent se combiner directement avec l'oxygène sec. Cette combinaison exige une température plus ou moins élevée, excepté pour le potassium, qui se combine à froid.

II. L'air sec agit comme l'oxygène sec sur les métaux, mais avec moins d'intensité.

III. L'air humide agit à froid sur presque tous les métaux des cinq premières sections et les transforme en hydrates ou en carbonates.

IV. Les oxydes métalliques sont des composés binaires formés par la combinaison d'un métal avec l'oxygène. On les divise en cinq classes, savoir : les oxydes basiques, les oxydes acides, les oxydes indifférents, les oxydes singuliers et les oxydes salins.

V. Les oxydes des métaux des cinq premières sections résistent tous à l'action de la chaleur, quand ils sont à l'état de protoxyde ; mais la plupart abandonnent une partie de leur oxygène quand ils sont à un degré plus élevé d'oxydation ; exemple : le bioxyde de manganèse.

VI. Les oxydes des métaux de la sixième section sont tous réductibles par la chaleur ; l'oxygène se dégage et le métal est mis en liberté.

VII. La pile décompose tous les oxydes à l'exception de l'alumine (oxyde d'aluminium) : l'oxygène se rend au pôle positif, et le métal se dépose au pôle négatif.

VIII. L'hydrogène est sans action sur les oxydes des métaux des deux premières sections. Il décompose tous les autres, sous l'influence de la chaleur, en formant de l'eau et en mettant le métal en liberté.

IX. Le carbone réduit la plupart des oxydes ; il met le métal en liberté et forme avec l'oxygène soit de l'acide carbonique, soit de l'oxyde de carbone, selon que l'oxyde est plus ou moins facile à réduire.

X. Le soufre forme avec les oxydes soit des sulfures et des sulfates, soit des sulfures et de l'acide sulfureux :

$$4KO + 4S = 3KS + KO,SO^3. \quad | \quad 2CuO + 3S = 2CuS + SO^2.$$

XI. Le chlore sec donne avec la plupart des oxydes un chlorure et de l'oxygène :

$$MO + Cl = MCl + O.$$

Le chlore humide donne avec les oxydes de la première section tantôt des chlorures et des hypochlorites, tantôt des chlorures et des chlorates. Avec les protoxydes de la troisième section, il donne des chlorures et des peroxydes ; avec les oxydes des trois dernières sections, des chlorures et de l'acide hypochloreux :

$$HgO + 2Cl = HgCl + ClO.$$

XII. Le phosphore forme avec les oxydes des produits différents selon leur nature. Ce sont, en général, des phosphures, des phosphates ou des hypophosphites.

CHAPITRE XVII.

Action du soufre et du chlore sur les métaux. — Sulfures
et chlorures métalliques.

Action du soufre sur les métaux.

306. *Action du soufre sur les métaux.* — Tous les métaux,
excepté le zinc, l'aluminium, l'or et le platine, se combinent
directement avec le soufre sous l'influence d'une température
plus ou moins élevée. Quelques métaux peuvent même se combiner avec ce corps à la température ordinaire, s'il y a de l'eau en
présence. Ainsi, si l'on place sous une couche de terre un mélange de 2 parties de limaille de fer et de 1 partie de soufre
pulvérisé et convenablement humecté, on voit au bout de quelque temps la terre se soulever et se fendre pour livrer passage
à des torrents de vapeur d'eau produite par la chaleur intense
que dégage alors la combinaison du soufre et du fer. Cette
curieuse expérience est connue sous le nom de *volcan de Lé-
meri.*

La combinaison du soufre avec les métaux est, comme celle
de l'oxygène, une véritable combustion, qui souvent se fait avec
dégagement de chaleur et de lumière : ainsi, le cuivre et le fer
brûlent dans la vapeur de soufre avec une vive incandescence.
Sous ce rapport, comme sous beaucoup d'autres, on voit l'analogie qui existe entre le soufre et l'oxygène.

Sulfures métalliques.

307. *Caractères des sulfures métalliques.* — Les *sulfures métalliques* sont des composés binaires qui résultent de la combinaison du soufre avec les métaux. Ces corps sont très analogues aux oxydes par leur composition et par leurs propriétés.
Comme les oxydes, ils peuvent être basiques, acides, indifférents, singuliers ou salins. On les distingue en *monosulfures,
bisulfures, polysulfures,* selon qu'ils renferment un, deux ou un
plus grand nombre d'équivalents de soufre. Plusieurs sulfures
se combinent avec l'acide sulfhydrique pour former des *sul-
fhydrates de sulfures,* composés qui ont la plus grande analogie
avec les oxydes hydratés.

17.

Les sulfures sont tous solides, cassants et très diversement colorés Quelques-uns, comme les sulfures de fer, de plomb, de cuivre, d'antimoine, sont cristallisés, et possèdent l'éclat métallique.

**308. *Action de la chaleur sur les sulfures.*—Tous les sulfures, lorsqu'ils sont à leur minimum de sulfuration, sont indécomposables par la chaleur, excepté ceux d'or et de platine. Les sulfures qui renferment plusieurs équivalents de soufre peuvent en perdre une partie quand on les chauffe, et être ainsi ramenés à un état inférieur de sulfuration. La plupart des sulfures sont susceptibles de fondre ; quelques-uns, tels que les sulfures d'étain, de mercure, de cadmium, peuvent même se volatiliser.

309. *Action de l'oxygène et de l'air.*— L'air ou l'oxygène secs n'agissent sur les sulfures qu'à une température élevée. Voici quelle est cette action :

Tous les sulfures des métaux dont les sulfates sont indécomposables par la chaleur seule se convertissent en sulfates : tels sont les métaux de la première section et quelques-uns de la seconde, potassium, sodium, magnésium, etc. :

$$KS + 4O = KO,SO^3.$$

Tous les sulfures des métaux dont les sulfates sont décomposables par la chaleur se transforment encore en sulfates, si la température n'atteint pas le degré nécessaire à la décomposition de ce sel ; mais si l'on dépasse ce degré, il se produit un oxyde et de l'acide sulfureux ; exemple, le sulfure de cuivre :

$$CuS + 3O = CuO + SO^3.$$

Enfin, si l'oxyde métallique qui tend à se produire est réductible par la chaleur, on n'obtient que de l'acide sulfureux, et le métal est mis en liberté : tels sont tous les sulfures des métaux de la sixième section ; exemple, le sulfure de mercure :

$$HgS + 2O = Hg + SO^2.$$

L'oxygène et l'air *humides* agissent plus énergiquement sur les sulfures qu'à l'état sec : ainsi le sulfure de fer FeS^2, qui, à la température ordinaire, résiste à l'action de l'oxygène sec, s'échauffe au contact de l'air humide et se transforme peu à peu en sulfate de fer.

La chaleur dégagée par cette oxydation est la cause des incendies spontanés qui éclatent parfois dans des houillères où se trouvent disséminées de grandes quantités de pyrites de fer (c'est le nom qu'on donne à ce sulfure).

Les sulfures alcalins se transforment, non pas en sulfates, mais en hyposulfites au contact de l'oxygène ou de l'air humide :

$$KS^2 + 5 O = KO,S^2O^2.$$

310. *Action de l'eau.* — Les sulfures des métaux de la première section sont tous solubles dans l'eau et la décomposent peu à peu à la température ordinaire : le soufre s'empare de l'hydrogène pour former de l'acide sulfhydrique qui se dégage, et le métal se combine avec l'oxygène pour produire un oxyde. Tous les autres sulfures sont insolubles dans l'eau; quelques-uns se combinent avec elle et forment des hydrates.

311. *Action de l'hydrogène, du carbone, du chlore et des acides.* — L'hydrogène est sans action sur les sulfures des trois premières sections, mais il en réduit plusieurs des sections suivantes en produisant de l'acide sulfhydrique et en mettant le métal en liberté : exemple, le sulfure d'antimoine :

$$SbS^3 + 3H = 3HS + Sb.$$

Le carbone agit sur quelques sulfures, qu'il ramène à l'état de sulfures inférieurs, en s'emparant d'une partie de leur soufre pour former du sulfure de carbone. Le bore en réduit un certain nombre à l'état métallique.

Le chlore décompose tous les sulfures à la température ordinaire ou à une température plus élevée; il en résulte toujours un chlorure métallique et du chlorure de soufre, si le sulfure est anhydre, ou simplement un chlorure métallique et un dépôt de soufre, si le sulfure est en dissolution dans l'eau.

Lorsqu'on chauffe un sulfure avec de l'acide sulfurique étendu ou avec de l'acide chlorhydrique, on obtient un dégagement d'acide sulfhydrique facile à reconnaître à son odeur, et il se forme un sulfate ou un chlorure :

$$MS + SO^3HO = HS + MO,SO^3. \quad | \quad MS + HCl = HS + MCl.$$

Ce caractère permet de reconnaître facilement un sulfure.

312. *Action des métaux.*—Les sulfures sont généralement décomposés par les métaux qui ont plus d'affinité pour le soufre que le métal qui en fait partie. C'est ainsi que le sulfure de plomb (galène) est réduit par le fer en plomb métallique et en sulfure de fer :

$$PbS + Fe = Pb + FeS.$$

313. *Préparation des sulfures.* — On prépare les sulfures métalliques au moyen de quatre procédés principaux, savoir :

1° En chauffant directement le soufre avec le métal;

2° En décomposant les sulfates par le charbon;

3° En faisant passer un courant d'acide sulfhydrique sec sur un oxyde;

4° En versant sur un sel métallique en dissolution soit de l'acide sulfhydrique, soit un sulfure alcalin.

Les sulfures sont très abondamment répandus dans la nature. Citons, pour exemples, les sulfures de plomb (galène), de zinc (blende), de mercure (cinabre), les sulfures de cuivre, d'antimoine et d'argent qui constituent les principaux minerais d'où l'on extrait ces divers métaux.

Action du chlore sur les métaux.

314. *Action du chlore sur les métaux.* — Le chlore se combine directement avec la plupart des métaux, soit à la température ordinaire, soit à une température peu élevée. Cette combinaison donne souvent lieu à un dégagement de chaleur et de lumière. Ainsi, le potassium et le sodium brûlent dans le chlore avec un vif éclat. Il en est de même de l'antimoine réduit en poudre. Un fil de fer ou de cuivre chauffé au rouge, et porté dans un flacon rempli de chlore, devient incandescent et donne lieu à un chlorure qui tombe goutte à goutte au fond du vase. Ces exemples suffisent pour nous faire voir l'affinité puissante que le chlore possède pour les métaux; l'or et le platine eux-mêmes ne résistent pas à l'action du chlore, et c'est à la présence de ce gaz à l'état naissant que l'eau régale doit la propriété de dissoudre ces métaux (242).

Chlorures métalliques.

315. *Caractères des chlorures métalliques.* — Les chlorures métalliques sont presque tous solides et cristallisables ; quelques-uns seulement, parmi lesquels nous citerons le bichlorure d'étain, sont liquides à la température ordinaire.

La chaleur ne décompose aucun chlorure, excepté ceux d'or et de platine, qu'elle ramène à l'état métallique. Tous les chlorures sont facilement fusibles, et beaucoup d'entre eux sont volatils, ce qui explique pourquoi les anciens chimistes disaient que *le chlore donne des ailes aux métaux.*

La pile réduit facilement tous les chlorures en chlore et en métal ; c'est par ce moyen qu'on prépare le baryum, le strontium et le calcium.

L'oxygène est sans action sur les chlorures des métaux de la première et de la sixième section, mais il décompose tous les autres ; il chasse le chlore et les convertit en oxydes.

L'hydrogène n'a aucune action sur les chlorures des deux premières sections ; mais il décompose, à une température élevée, ceux des quatre dernières, en mettant le métal à nu et en produisant de l'acide chlorhydrique :

$$MCl + H = M + HCl.$$

Le soufre et le phosphore sont également sans action sur les chlorures des deux premières sections ; mais ils décomposent la plupart des chlorures des quatre dernières sections, en produisant du chlorure de soufre ou de phosphore, et en même temps un sulfure ou un phosphure métallique.

L'azote et le carbone n'agissent sur aucun chlorure.

Les chlorures traités par l'acide sulfurique hydraté, soit à la température ordinaire, soit à une température plus élevée, produisent d'abondantes vapeurs d'acide chlorhydrique et se transforment en sulfates :

$$MCl + SO^3HO = HCl + MO,SO^3.$$

Chauffés avec du bioxyde de manganèse et de l'acide sulfurique, ils dégagent du chlore :

$$MCl + MnO^2 + 2SO^3,HO = Cl + MO,SO^3 + MnO,SO^3 + 2HO.$$

L'azotate d'argent précipite tous les chlorures de leurs dissolutions. Le précipité, qui est du chlorure d'argent, est blanc, caillebotté, complètement insoluble dans l'eau et soluble dans l'ammoniaque. Exposé à la lumière, il prend rapidement une teinte violette, qui peu à peu devient noire.

316. *Action de l'eau sur les chlorures.* — Tous les chlorures sont solubles dans l'eau, excepté le chlorure d'argent AgCl, le protochlorure de mercure Hg^2Cl, le chlorure de cuivre Cu^2Cl celui de chrome Cr^2Cl^3.

Plusieurs chlorures, parmi lesquels nous citerons ceux de bismuth, d'étain et d'antimoine, sont décomposés à froid par un excès d'eau. Il se forme, dans ce cas, de l'acide chlorhydrique, un oxyde ou un *oxychlorure*, c'est-à-dire un composé de chlorure et d'oxyde. Ainsi le chlorure d'antimoine $SbCl^3$ se transforme au contact de l'eau en acide chlorhydrique et en un précipité blanc d'oxychlorure SbO^2Cl (*poudre d'algaroth*) :

$$SbCl^3 + 2\,HO = 2\,HCl + SbO^2Cl.$$

Remarque.—Certains chlorures hydratés deviennent anhydres quand on les chauffe, et reviennent ensuite à l'état d'hydrate quand on les laisse se refroidir à l'air humide. Cette propriété a été utilisée pour composer ce que l'on nomme des *encres sympathiques*, avec lesquelles on peut rendre l'écriture visible ou invisible à volonté. Ainsi des caractères tracés, avec une dissolution très étendue de chlorure de nikel ou de cobalt restent d'abord complètement invisibles; mais si l'on chauffe légèrement le papier, ils apparaissent aussitôt en jaune ou en bleu, pour disparaître de nouveau dès que le papier se refroidit et absorbe l'humidité.

317. *Action des métaux sur les chlorures.*—L'action des métaux sur les chlorures est aussi simple que remarquable; elle peut se formuler ainsi : *Un métal décompose généralement les chlorures des sections qui suivent celle à laquelle il appartient.* Ainsi le potassium, qui appartient à la première section, décompose tous les chlorures des métaux appartenant aux cinq dernières; le fer, qui est dans la troisième, décompose tous les chlorures des quatrième, cinquième et sixième sections. Il suit de ce principe que l'ordre d'affinité du chlore pour les métaux est le même que celui de l'oxygène. C'est en décomposant par le potassium ou le sodium les chlorures des métaux de la deuxième section, tels que le magnésium et l'aluminium, que l'on est parvenu à isoler ces métaux :

$$MgCl + K = Mg + KCl.$$

318. *Préparation des chlorures.* — On prépare les chlorures métalliques de trois manières principales, savoir :

1° En traitant les métaux directement par le chlore, par l'acide chlorhydrique ou par l'eau régale;

2° En décomposant les oxydes métalliques et les carbonates par l'acide chlorhydrique;

3° En faisant agir des chlorures sur certains sels par l'intermédiaire de l'eau ou de la chaleur. En versant, par exemple, du chlorure de sodium dans une dissolution d'azotate d'argent, on obtient par double décomposition le chlorure d'argent :

$$NaCl + AgO,AzO^5 = AgCl + NaO,AzO^5.$$

Plusieurs chlorures existent tout formés dans la nature. On trouve dans le sol les chlorures de sodium (sel gemme), de mercure et d'argent; dans les eaux de la mer et de certains lacs salés, les chlorures de sodium (sel marin), ainsi que les chlorures de potassium et de magnésium.

Les bromures et les iodures métalliques offrent la plus grande analogie avec les chlorures. Ce que nous venons de dire de ces derniers nous dispense, par conséquent, de les étudier séparément. Les phosphures, les arséniures, les carbures, etc., sont peu connus. A l'exception des carbures de fer, que nous étudierons plus loin sous les noms de fonte et acier, ces corps n'offrent aucun intérêt au point de vue de la chimie pratique.

Résumé.

I. Tous les métaux, excepté le zinc, l'aluminium, l'or et le platine, se combinent directement avec le soufre sous l'influence d'une température plus ou moins élevée. Cette combinaison donne lieu à des sulfures.

II. Les sulfures sont des corps solides, cassants et très diversement colorés; quelques-uns sont cristallisés et possèdent l'éclat métallique. Les sulfures sont indécomposables par la chaleur, excepté ceux d'or et de platine.

III. L'air et l'oxygène secs décomposent tous les sulfures à une température plus ou moins élevée. Le résultat de cette décomposition est tantôt un sulfate, tantôt de l'acide sulfureux et un oxyde, tantôt de l'acide sulfureux et un métal. L'air et l'oxygène humides agissent à froid sur quelques sulfures et les transforment en sulfates.

IV. Les sulfures des métaux de la première section sont tous solubles dans l'eau. Tous les autres sont insolubles; quelques-uns se combinent avec l'eau et forment des hydrates.

V. Le chlore se combine directement avec la plupart des métaux pour former des chlorures qui sont généralement solides et cristallisables.

VI. La chaleur ne décompose aucun chlorure, excepté ceux d'or et de platine, qu'elle ramène à l'état métallique.

VII. Tous les chlorures sont solubles dans l'eau, excepté le chlorure d'argent, le protochlorure de mercure, les chlorures de cuivre et de chrome. Quelques-uns, tels que les chlorures de bismuth, d'étain et d'antimoine, décomposent à froid ce liquide en donnant naissance à de l'acide chlorhydrique, à un oxyde ou à un oxychlorure.

VIII. L'action des métaux sur les chlorures peut se formuler ainsi : Un métal décompose généralement les chlorures des sections qui suivent celle à laquelle il appartient.

CHAPITRE XVIII.

Sels. — Leurs propriétés générales. — Lois de leur composition. Lois de Berthollet.

Sels. Leurs propriétés générales.

310. *Sels.* — Les chimistes ne sont pas tous d'accord sur ce qu'on doit entendre par le mot *sel*. Sans entrer ici dans une discussion que ne comporterait pas la nature de cet ouvrage, nous dirons que l'on doit appeler sel *toute combinaison de deux corps composés dont l'un joue le rôle d'élément électro-négatif ou d'acide, et l'autre celui d'élément électro-positif ou de base.*

On peut diviser les sels en deux catégories :

1° Ceux qui sont formés par la combinaison d'un acide oxygéné, tels que l'acide carbonique, l'acide sulfurique, l'acide azotique, etc., avec un oxyde ou tout autre corps oxygéné faisant fonction de base. Ce sont les *oxysels*.

2° Ceux qui résultent de l'union de deux composés binaires ayant un élément commun autre que l'oxygène : ainsi, la combinaison de deux sulfures, de deux chlorures, de deux séléniures, etc., dont l'un joue le rôle d'acide et l'autre celui de base Ces sels ont reçu les noms de *sulfosels, chlorosels, sélénisels, etc.* Les sulfosels sont les seuls qui soient actuellement bien connus. Comme exemple d'un seul appartenant à cette catégorie, nous citerons le *sulfocarbonate de potassium* KS,CS^2, composé d'un équivalent de sulfure de carbone CS^2, jouant le rôle d'acide (acide sulfocarbonique), et d'un équivalent de protosulfure de potassium KS, formant la base.

Sels haloïdes. De la définition que nous venons de donner du mot *sel* il résulterait que le sel proprement dit, le chlorure de sodium ou *sel marin*, ne serait pas un sel ; il en serait de même des iodures, des bromures, des cyanures, provenant de la réaction des hydracides sur un oxyde[*]. Mais comme ces composés, lorsqu'ils sont solubles et susceptibles de cristalliser par évaporation, se comportent dans leurs dissolutions comme de véritables sels, on en a fait une classe à part, sous le nom de *sels haloïdes* (ἅλς, sel, et εἶδος, ressemblance, corps ressemblant aux sels). Les sulfures solubles appartiennent également à cette classe.

320. *Propriétés physiques des sels.* — Les sels sont des corps solides à la température ordinaire, et susceptibles de cristalliser. Ils sont incolores quand ils sont formés par un acide ou par une base incolore ; dans le cas contraire, ils présentent des nuances de coloration qui varient selon la couleur de leurs principes constituants. Leur saveur est ordinairement déterminée

---

[*] Dans cette réaction, l'hydrogène de l'hydracide (acides chlorhydrique, bromhydrique, etc.) se combine avec l'oxygène de l'oxyde pour former de l'eau, et ce métal s'unit au chlore, au brome, à l'iode, etc., pour constituer un chlorure, un bromure, un iodure, etc. :

$$HCl + MO = HO + MCl.$$

par celle de la base : ainsi, les sels de plomb sont sucrés, ceux de magnésie sont amers, ceux d'alumine et de fer sont astringents, etc. A l'exception de quelques sels ammoniacaux, tous les sels sont dépourvus d'odeur.

321. *Action de l'eau sur les sels.* — L'eau dissout le plus grand nombre des sels; quelques-uns seulement, tels que le sulfate de baryte, le chlorure d'argent, le protochlorure de mercure, etc., sont complètement insolubles dans ce liquide.

La solubilité des sels dans l'eau varie avec la température : en général, elle est d'autant plus grande que la température est plus élevée. Quelques sels cependant font exception à cette règle : ainsi le sulfate de soude est plus soluble dans l'eau à 33° qu'à aucune autre température.

Lorsque l'eau est chargée de toute la quantité de sel qu'elle peut dissoudre, on dit qu'elle en est *saturée*. Dans cet état, elle ne peut plus prendre de nouvelles portions du même sel; mais, chose remarquable, elle peut encore dissoudre un nouveau sel : ainsi l'eau saturée de salpêtre (azotate de potasse) peut dissoudre une quantité considérable de sel marin. On utilise cette propriété dans plusieurs opérations industrielles.

322. *Eau de cristallisation.* — La plupart des sels solubles retiennent, en se déposant de leurs dissolutions, une certaine quantité d'eau que l'on désigne sous le nom d'*eau de cristallisation.* Cette eau est toujours en proportion telle que le nombre de ses équivalents présente un rapport simple avec les équivalents de l'acide et de la base qui forment le sel. Les sels dans lesquels entre de l'eau de cristallisation sont nommés sels *hydratés;* ceux qui en sont privés sont nommés sels *anhydres.*

323. *Eau de constitution.*—L'eau de cristallisation que retiennent les sels ne doit pas être considérée comme un de leurs éléments constituants; car elle peut être expulsée par la chaleur sans que leur composition chimique en soit altérée. Il n'en est pas de même de l'eau que renferment certains sels, et qu'ils ne peuvent perdre sans se décomposer ou se modifier profondément. Celle-ci fait réellement partie de leurs éléments constituants, et elle est nommée, pour cette raison, *eau de constitution* ou *eau basique.* Le phosphate de soude ordinaire, par exemple, a pour formule $(2NaO),HO,PhO^5$; si on lui enlève par la chaleur son équivalent d'eau HO, qui fait ici fonction de base, sa constitution, et par suite ses propriétés, se trouvent complètement changées.

Remarque. — Quelques sels anhydres, mis en contact avec l'eau, se combinent immédiatement avec une certaine quantité de ce liquide en produisant de la chaleur. C'est ce qui arrive, par exemple, au sulfate de soude et au sulfate de chaux réduits en poudre après avoir été rendus anhydres par la calcination. La production de la chaleur est ici le résultat de la combinaison qui s'effectue entre l'eau et le sel. Les sels hydratés, au contraire, produisent, lorsqu'on les dissout dans l'eau, un abaissement notable de température, qui est dû à leur passage rapide de l'état solide à l'état liquide. Cette propriété est utilisée pour la fabrication de la glace artificielle (voyez la *Physique,* p. 217).

324. *Action hygrométrique de l'air sur les sels.* — Les sels anhydres exposés au contact de l'air ne subissent généralement aucune altération; mais il n'en est pas de même des sels hydratés. Parmi ces derniers, les uns abandonnent à l'air une partie de leur eau de cristallisation, perdent peu à peu leur transparence et tombent en poussière : ce sont les *sels efflorescents.* D'autres, au contraire, attirent l'humidité de l'air et se liquéfient : ce sont les *sels déliquescents.* Toutefois, ces deux propriétés opposées ne sont pas absolues, car un même sel peut être successivement efflorescent et déliquescent, selon que l'air est sec ou humide : tel est, par exemple, le sel marin.

325. *Action de la chaleur sur les sels.*— Les sels formés d'un acide volatil uni à une base fixe, ou d'une base volatile unie à un acide fixe sont, en général, décomposables par la chaleur, exemples : le carbonate de chaux qui, chauffé, donne de l'acide carbonique et laisse de la chaux vive; le phosphate d'ammoniaque qui dégage de l'ammoniaque et laisse de l'acide phosphorique. La chaleur décompose également la plupart des sels dont l'acide ou la base sont décomposables; exemple : les azotates, qui sont tous décomposés à une température peu élevée.

Les carbonates et les sulfates de potasse ou de soude, ainsi que la plupart des phosphates, des borates et des silicates, résistent à l'action de la chaleur.

Lorsqu'un sel contient beaucoup d'eau de cristallisation et

qu'on le chauffe, il commence par éprouver ce qu'on appelle la *fusion aqueuse,* laquelle n'est réellement qu'une simple dissolution du sel dans son eau de cristallisation. Mais en continuant à chauffer, cette eau s'évapore, le sel devient anhydre, se dessèche, puis il subit une nouvelle fusion que l'on nomme *fusion ignée.*

Certains sels, lorsqu'on les chauffe ou qu'on les projette sur des charbons incandescents, font entendre un bruit particulier que l'on appelle *décrépitation.* Ce phénomène est produit par la vaporisation brusque d'une petite quantité d'eau interposée entre les lamelles cristallines. Il peut être aussi le résultat de la rupture des cristaux, dont les parties se dilatent inégalement par suite de leur mauvaise conductibilité pour la chaleur.

326. *Action de l'électricité sur les sels.* — La pile décompose tous les sels. L'acide et l'oxygène de la base se rendent au pôle positif, tandis que le métal se porte au pôle négatif.

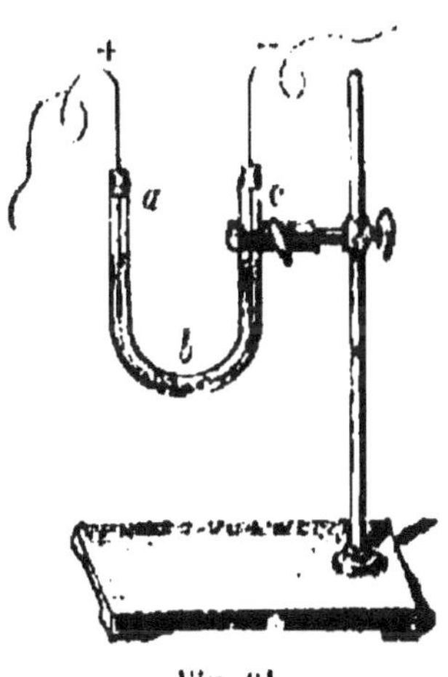

Fig. 91.

Pour mettre ce phénomène en évidence, on prend un tube recourbé *abc (fig.* 91) que l'on remplit d'une dissolution de sulfate de cuivre; puis on plonge dans les deux branches du tube les deux pôles d'une pile, terminés par des fils de platine; on voit presque aussitôt le fil négatif se recouvrir de cuivre rouge, tandis que dans la branche du tube où plonge le fil positif se porte l'acide sulfurique, qui reste en dissolution, en même temps que l'oxygène de la base se dégage par petites bulles autour du même fil.

C'est sur ce fait que reposent la galvanoplastie et les procédés de dorure et d'argenture que nous avons décrits dans la partie de cet ouvrage qui traite de la physique (chap. XX, page 325).

Remarque. — Si au lieu de faire agir la pile sur un sel dont la base est facilement réductible, comme le sulfate de cuivre, on met dans le tube une dissolution d'un sel alcalin, du sulfate de potasse par exemple, le métal, c'est-à-dire le potassium, à mesure qu'il arrive au pôle négatif, décompose l'eau ; il s'empare de son oxygène pour former de la potasse, qui reste dissoute, et met l'hydrogène en liberté. Il en résulte qu'à la fin de l'expérience on a dans la branche négative de la potasse et dans la branche positive de l'acide sulfurique libre. Pour mettre ce fait en évidence, il suffit de mêler à la dissolution saline du sirop de violettes, lequel se colore en rouge dans la branche positive qui contient l'acide, tandis qu'il prend une teinte verte dans la branche négative où se trouve l'alcali.

La preuve que les choses se passent comme nous venons de le dire, c'est que si l'on fait plonger le fil négatif dans une petite capsule contenant du mercure et placée dans la dissolution, on peut obtenir le potassium à l'état d'amalgame.

327. *Action des métaux sur les sels.* — Une lame de fer plongée dans une dissolution de sulfate de cuivre se recouvre immédiatement de cuivre métallique, et le sulfate de cuivre se change en sulfate de fer. De même, une lame de cuivre plongée dans une dissolution d'azotate d'argent se recouvre aussitôt d'argent métallique, et l'azotate d'argent se convertit en azotate de cuivre :

1°
$$CuO,SO^3 + Fe = Cu + FeO,SO^3;$$

2°
$$AgO,AzO^5 + Cu = Ag + CuO,AzO^5.$$

Dans la première expérience, le fer se substitue au cuivre de la dissolution saline ; dans la seconde expérience, c'est le cuivre qui prend la place de l'argent.

Ces deux exemples nous donnent une idée très nette de l'action des métaux sur les sels. Cette action peut, d'une manière générale, se formuler ainsi : *Un métal oxydable décompose toujours un sel dont le métal est moins oxydable que lui.* Ainsi, dans les deux exemples que nous avons choisis, le fer, qui appartient à la troisième section, déplace le cuivre, qui appartient à la cinquième, et celui-ci déplace l'argent, qui fait partie de la sixième. Le potassium et le sodium, à une température élevée et à sec, chassent de leurs combinaisons salines tous les métaux des cinq dernières sections.

Ces substitutions d'un métal par un autre dans les dissolutions salines se font généralement dans des proportions telles, qu'un équivalent du métal précipitant remplace un équivalent du métal précipité. On voit, par exemple, pour le fer et le cuivre qu'il faut **28** du premier pour remplacer 31,50 du second ; mais les poids de l'acide et de l'oxygène contenu dans l'oxyde restent invariables.

Les expériences connues sous les noms d'*arbre de Saturne* et d'*arbre de Diane* (270) reposent sur des déplacements de ce genre.

Lois de composition des sels.

328. *Composition des sels.* — Nous savons déjà que les acides *rougissent* la teinture bleue de tournesol, et que les alcalis, tels que la potasse, la soude, la baryte, etc., *verdissent* le sirop de violettes ou *ramènent au bleu* la teinture de tournesol rougie par un acide *. Or, si l'on verse avec précaution une dissolution de potasse dans une dissolution étendue d'acide sulfurique, il arrive un moment où la liqueur ne manifeste plus aucune réaction, ni acide, ni alcaline, sur la teinture de tournesol ou le sirop de violettes. On dit alors que la potasse et l'acide sulfurique se sont mutuellement *neutralisés*. En évaporant la liqueur à sec, on obtient un sel cristallin, le sulfate de potasse, dans lequel les quantités de potasse et d'acide sulfurique sont telles, que l'acide renferme trois fois plus d'oxygène que la base.

Si l'on combine de la même manière, c'est-à-dire directement, l'acide sulfurique avec la soude, la chaux, la baryte, la strontiane et tous les oxydes basiques des métaux des autres sections, on obtient encore des sulfates, dans lesquels l'analyse démontre que *la quantité d'oxygène contenue dans l'acide sulfurique est exactement triple de la quantité d'oxygène qui est renfermée dans la base.*

En remplaçant l'acide sulfurique par de l'acide azotique, et en combinant ce dernier acide avec la potasse, la soude et

* Le changement de couleur que les acides font subir à la teinture bleue de tournesol tient à ce que cette teinture est elle-même un véritable sel, composé de chaux et d'un acide végétal (acide litmique), qui est rouge à l'état libre. Lorsqu'on traite cette teinture par un acide fort, on lui enlève sa base, et l'acide litmique, devenu libre, colore immédiatement la masse en rouge : c'est simplement un acide qui en déplace un autre plus faible que lui. Mais vient-on à verser dans la teinture de tournesol ainsi rougie une base soluble, telle que la potasse, la soude, l'ammoniaque, etc., celle-ci s'empare aussitôt de l'acide libre et reproduit un sel bleu. On peut expliquer de la même manière la réaction des acides et des alcalis sur le sirop de violettes.

toutes les autres bases salifiables, on forme alors une nouvelle série de sels nommés azotates, dans lesquels l'analyse démontre que la *quantité d'oxygène contenue dans l'acide azotique est quintuple de la quantité d'oxygène que renferme la base.*

En continuant ainsi l'étude analytique de tous les autres sels, on arrive à cette loi remarquable que l'on peut énoncer ainsi :

Dans tous les sels il existe un rapport simple et constant entre le poids d'oxygène que contient l'acide et le poids d'oxygène que renferme la base.

De cette loi fondamentale découle le principe suivant :

1° Les quantités pondérables des diverses bases qui se combinent avec un même poids d'acide renferment la même quantité d'oxygène.

Le tableau suivant indique les rapports entre l'oxygène de la base et l'oxygène de l'acide des principaux genres de sels*.

Tableau de la composition des principaux genres de sels.

NOMS DES GENRES.	QUANTITÉS D'OXYGÈNE de la base	QUANTITÉS D'OXYGÈNE de l'acide	FORMULES.
Carbonates.	1	2	MO, CO^2.
Sulfites.	1	2	MO, SO^2.
Sulfates.	1	3	MO, SO^3.
Azotates.	1	5	MO, AzO^5.
Phosphates { monobasiques,	1	5	MO, PhO^5.
bibasiques,	2	5	$(2MO), PhO^5$.
tribasiques,	3	5	$(3MO), PhO^5$.
Borates.	1	3	MO, BO^3.
Silicates.	1	2	MO, SiO^2.
Chlorates.	1	5	MO, ClO^5.
Perchlorates.	1	6	MO, ClO^6.

* On donne le nom de *genre* à chaque groupe de sels ayant le même acide ou le même élément électro-négatif. Ainsi, tous les sels qui ont pour acide l'acide sulfurique forment le *genre sulfate* ; ceux qui ont pour acide l'acide carbonique, le *genre carbonate*, etc. Les espèces dont se compose chaque genre se distinguent par la nature de leur base. Exemple : sulfates de fer, de plomb, de cuivre, etc.

Sels neutres, sels acides, sels basiques.

529. *Sels neutres.* — Nous venons de voir qu'en combinant l'acide sulfurique avec la potasse ou avec la soude dans des proportions telles que l'oxygène de l'acide et celui de la base soient dans le rapport de 3 à 1, on obtient des sels qui n'exercent aucune action sur les réactifs colorés. Ces sels sont véritablement *neutres*, puisque les propriétés de leur acide et celles de leur base se sont complètement détruites ou neutralisées.

Mais si, au lieu de combiner avec l'acide sulfurique une base puissante, comme la potasse ou la soude, on prend une base faible, telle que l'oxyde de zinc, le bioxyde de cuivre, et en général les oxydes basiques des quatre dernières sections, on obtient des sulfates qui presque tous rougissent la teinture de tournesol. Ces sulfates sont néanmoins constitués de la même manière que les sulfates neutres de potasse ou de soude, puisque la quantité d'oxygène de leur acide est toujours triple de celle de leur base. Doit-on les considérer comme des sulfates acides ou comme des sulfates neutres?

Si l'on s'en tenait à l'action que ces sulfates exercent sur les réactifs colorés, il est évident que l'on devrait les considérer comme des sulfates acides, puisqu'ils rougissent la teinture de tournesol. Mais ce n'est point ainsi que les chimistes procèdent pour déterminer la neutralité ou l'acidité d'un sel. Pour eux, *la neutralité d'un sel dépend uniquement de sa composition.* Ainsi ils regardent comme sulfates neutres tous les sulfates dans lesquels l'oxygène de l'acide est triple de celui de la base, quelle que soit, d'ailleurs, leur réaction sur les couleurs végétales. Par exemple, le sulfate de zinc, ZnO,SO^3, est un sulfate neutre, bien qu'il rougisse la teinture de tournesol.

D'après ce principe, on devra considérer comme neutres tous les sels dont l'oxygène de la base et celui de l'acide sont dans les rapports indiqués par le tableau qui précède. Ainsi nous appellerons neutre tout carbonate, tout sulfate, tout azotate, etc., dont le rapport de l'oxygène de la base à celui de l'acide sera $\frac{1}{3}, \frac{1}{4}, \frac{1}{5}$, etc.; et cela, nous le répétons, indépendamment de l'action que ces sels peuvent exercer sur les réactifs colorés. Par exemple, le carbonate de potasse KO,CO^2, le carbonate de soude NaO,CO^2 seront considérés comme carbonates neutres, bien qu'ils possèdent une réaction alcaline des plus prononcées.

330. *Sels acides.* — Il peut arriver qu'une même quantité de base se combine avec des proportions différentes d'un même acide. Dans ce cas, on appellera *sel acide* celui dans lequel le rapport du poids de l'oxygène de l'acide au poids de l'oxygène de la base est supérieur au rapport établi pour le sel neutre. Ainsi, le sulfate neutre de potasse KO,SO^3 peut prendre un équivalent de plus d'acide sulfurique et former un autre sel qui a pour formule $KO,2SO^3$. Ce sel est appelé *sel acide*, et on le désigne sous le nom de *sulfate acide de potasse* ou mieux *bisulfate de potasse*.

331. *Sels basiques.* — Réciproquement, il peut arriver qu'une même quantité d'acide se combine avec des proportions différentes d'une même base : par exemple, l'azotate neutre de plomb PbO,AzO^5 peut prendre un équivalent de plus d'oxyde de plomb et former un autre sel qui a pour formule $(2\,PbO),AzO^5$. Ce sel est appelé *sel basique*, et on le désigne sous le nom de *sous-azotate de plomb*, ou mieux d'*azotate bibasique de plomb*.

Remarque. — La plupart des sels acides renferment toujours au moins un équivalent d'eau qu'ils ne peuvent perdre sans se décomposer. Ainsi la formule réelle du bisulfate de potasse cristallisé est $KO,2SO^3 + HO$. Or, beaucoup de chimistes regardent aujourd'hui ce sel, non plus comme un sel acide, mais comme un véritable sel double formé d'un équivalent de sulfate neutre de potasse KO,SO^3 et d'un équivalent d'acide sulfurique hydraté HO,SO^3, dans lequel l'eau jouerait le rôle de base, et qu'ils considèrent comme un sulfate d'eau ou de protoxyde d'hydrogène. Cette manière d'envisager l'acide sulfurique et tous les autres acides hydratés n'est pas sans quelque fondement. L'eau, ainsi que nous l'avons dit déjà, fonctionne, dans beaucoup de circonstances, comme un oxyde métallique, et peut être parfaitement assimilée aux bases. Dans cette hypothèse, les sels acides ne sont plus que des sels doubles du même genre, et la formule du bisulfate de potasse doit s'écrire $KO,SO^3 + HO,SO^3$ ou mieux $KO,HO,2\,SO^3$.

18.

Lois de Berthollet.

352. *Lois de Berthollet.* — Ces lois, ainsi appelées du nom du chimiste français qui les découvrit au commencement de ce siècle, s'appliquent : 1° à l'action *des acides sur les sels;* 2° à *l'action des bases sur les sels ;* 3° à *l'action des sels les uns sur les autres.*

1° *Action des acides sur les sels.* — Cette action est soumise aux trois lois suivantes :

Première loi : *Un acide quelconque décompose complètement un sel dont l'acide est plus volatil que lui.*— Exemple : On verse de l'acide sulfurique sur de l'azotate de potasse; l'acide sulfurique étant moins volatil que l'acide azotique, s'empare de la potasse et met ce dernier acide en liberté :

$$KO,AzO^5 + 2\,SO^3,HO = AzO^5,HO + KO,HO,2\,SO^3.$$

C'est en vertu de cette loi que les carbonates dont l'acide est gazeux à la température ordinaire sont décomposés par presque tous les autres acides.

Deuxième loi : *Un acide soluble décompose complètement un sel dont l'acide est insoluble.* — Exemple : Dans une dissolution concentrée de borate de soude on verse de l'acide sulfurique ou de l'acide azotique; il se forme aussitôt du sulfate ou de l'azotate de soude, et l'acide borique, qui est insoluble, se précipite en petites paillettes cristallines :

$$NaO,BO^3 + SO^3,3HO = BO^3,3HO + NaO,SO^3.$$

Troisième loi : *Un acide décompose toujours un sel quand il peut former avec sa base un autre sel insoluble.* — Exemple : Dans une dissolution d'azotate de baryte, on verse de l'acide sulfurique; il se forme immédiatement un précipité blanc de sulfate de baryte, et l'acide azotique devient libre dans la liqueur :

$$BaO,AzO^5 + SO^3,HO = AzO^5,HO + BaO,SO^3.$$

2° *Action des bases sur les sels.* — Cette action est également soumise à trois lois qui sont analogues aux précédentes :

Première loi : *Une base fixe décompose toujours un sel dont la base est volatile.* — Exemple : On chauffe légèrement un mélange de chaux et de sulfate d'ammoniaque ; il se forme du sulfate de chaux, et l'ammoniaque se dégage :

$$AzH^3HO,SO^3 + CaO = CaO,SO^3 + AzH^3 + HO.$$

Deuxième loi : *Une base soluble décompose complétement un sel dont la base est insoluble.* — Exemple : On verse une dissolution de potasse dans une dissolution de sulfate de cuivre ; l'oxyde de cuivre se précipite sous la forme de flocons bleus, et il se forme du sulfate de potasse qui reste dans la liqueur :

$$CuO,SO^3 + KO = CuO + KO,SO^3.$$

Troisième loi : *Une base décompose toujours un sel quand elle peut former avec son acide un sel insoluble.* — Exemple : On verse une dissolution de baryte dans une dissolution de sulfate de potasse ; on obtient aussitôt un précipité blanc de sulfate de baryte, et la potasse reste libre dans la liqueur :

$$KO,SO^3 + BaO = KO + BaO,SO^3.$$

3° *Action des sels les uns sur les autres.* — Les lois qui président aux actions mutuelles des sels sont encore au nombre de trois.

Première loi : *Deux sels solubles se décomposent mutuellement lorsqu'ils peuvent former par l'échange de leurs acides et de leurs bases un sel insoluble.* — Exemple : On verse une dissolution de sulfate de soude dans une dissolution d'azotate de baryte ; il se forme aussitôt du sulfate de baryte qui précipite et de l'azotate de soude qui reste dans la liqueur :

$$NaO,SO^3 + BaO,AzO^5 = BaO,SO^3 + NaO,AzO^5.$$

Deuxième loi : *Deux sels se décomposent mutuellement lorsque, chauffés ensemble, ils peuvent donner, par l'échange de leurs bases et de leurs acides, un sel fixe et un sel plus volatil que chacun d'eux.* — Exemple : On chauffe dans une cornue un mélange de sulfate d'ammoniaque et de carbonate de chaux ; il se forme du carbonate d'ammoniaque qui se volatilise et du sulfate de chaux qui reste dans la cornue :

$$AzH^3HO,SO^3 + CaO,CO^2 = AzH^3HO,CO^2 + CaO,SO^3.$$

Troisième loi : *Deux sels se décomposent mutuellement lorsque, chauffés ensemble, ils peuvent former par l'échange de leurs bases et de leurs acides, un sel infusible ou beaucoup moins fusible que chacun d'eux.* — Exemple : en chauffant un mélange de sulfate de baryte et de chlorure de calcium, on obtient du chlorure de barium et du sulfate de chaux infusible :

$$BaO,SO^3 + CaCl = BaCl + CaO,SO^3.$$

Remarque. — Lorsque deux sels ont un principe commun, soit l'acide, soit la base, ils ne se décomposent pas mutuellement ; mais dans quelques cas ils peuvent se combiner et former des sels doubles, exemple : le sulfate d'alumine et le sulfate de potasse. Ces deux sels mis en présence forment un sulfate double d'alumine et de potasse.

Les lois que nous venons d'indiquer ne reposent, comme on a pu le voir, que sur certaines propriétés physiques, telles que l'insolubilité, la fixité, la volatilité. Mais il est une autre condition dont il faut également tenir compte, si l'on veut expliquer tous les phénomènes des réactions, soit des bases et des acides sur les sels, soit des sels entre eux : c'est *l'énergie chimique des corps mis en présence,* ou, en d'autres termes, *leurs degrés d'affinité réciproque.* Ainsi, l'oxyde de zinc chauffé dans une dissolution d'un sel à base de peroxyde de fer déplace complétement cette base. La réaction ne saurait être expliquée par un fait d'insolubilité, car l'oxyde de zinc est tout aussi insoluble que le peroxyde de fer. Il faut donc admettre que la décomposition a lieu parce que l'oxyde de zinc a plus d'affinité pour les acides que le peroxyde de fer. C'est encore pour la même raison que l'oxyde d'argent chasse l'oxyde de cuivre de ses combinaisons salines.

Problèmes. 1° On demande la quantité de potasse nécessaire pour convertir 100 grammes d'acide azotique, supposé anhydre, en azotate neutre de potasse, sachant que 100 grammes d'acide azotique anhydre (AzO^5) renferment $74^{gr},07$ d'oxygène et que l'équivalent KO de la potasse est 47.

Dans tous les azotates, l'oxygène de la base est à l'oxygène de l'acide comme 1 est à 5. Donc la quantité de potasse nécessaire pour saturer 100 grammes d'acide azotique contiendra le cinquième de l'oxygène que renferme cet acide, c'est-à-dire

$$\frac{74,07}{5}.$$

Reste donc à déterminer le poids x de potasse qui correspond à cette quantité d'oxygène. Or, l'équivalent $KO = 39 + 8$; ce qui veut dire que 47 grammes de potasse renferment 8 grammes d'oxygène. Par conséquent,

$$\frac{x}{47} = \frac{74,07}{8 \times 5}; \quad \text{d'où} \quad x = \frac{47 \times 74,07}{40} = 87^{gr},03.$$

2° On demande quelle quantité de sulfate de soude il faut verser dans 124 grammes d'azotate de baryte en dissolution dans l'eau pour que la double décomposition soit complète.

1 équivalent d'azotate de baryte $BaO,AzO^5 = 130,50$;
1 équivalent de sulfate de soude $NaO,SO^3 = 71$.

Si nous appelons x la quantité de sulfate de soude demandée, nous aurons

$$\frac{x}{124} = \frac{71}{130,50}; \quad \text{d'où} \quad x = \frac{124 \times 71}{130,50} = 67^{gr},44.$$

Résumé.

I. On désigne sous le nom de *sel* toute combinaison de deux corps, dont l'un joue le rôle d'acide et l'autre celui de base.

II. Les sels sont presque tous solides à la température ordinaire, et généralement cristallisés. Les uns sont solubles dans l'eau; d'autres sont complétement insolubles.

III. La plupart des sels solubles retiennent, en se déposant de leurs dissolutions, une certaine quantité d'eau que l'on désigne sous le nom d'*eau de cristallisation*, et qu'il ne faut pas confondre avec l'*eau de combinaison* qui entre dans la composition moléculaire de quelques-uns d'entre eux. Certains sels sont efflorescents au contact de l'air; d'autres sont déliquescents.

IV. Tous les sels que la chaleur ne décompose pas peuvent entrer en fusion à une température suffisamment élevée. Les sels hydratés éprouvent généralement deux espèces de fusion : la fusion aqueuse et la fusion ignée.

V. La pile décompose tous les sels. L'acide et l'oxygène de la base se rendent au pôle positif, tandis que le métal se porte au pôle négatif.

VI. Un métal oxydable décompose toujours un sel dont le métal est moins oxydable que lui.

VII. Dans tous les sels il existe un rapport simple entre la quantité d'oxygène que contient l'acide et la quantité d'oxygène que renferme la base.

VIII. Les sels se divisent en sels neutres, en sels acides et en
sels basiques. La neutralité d'un sel ne dépend que de sa composition. Un sel peut être neutre bien qu'il présente une réaction
acide ou alcaline sur les réactifs colorés.

IX. Les lois de Berthollet sont celles qui président aux réactions
des acides et des bases sur les sels et des sels entre eux. On peut
les résumer ainsi :

Dans l'action réciproque des acides ou des bases sur les sels et
des sels entre eux, il y a décomposition toutes les fois que les produits sont plus volatils ou moins solubles que les corps mis en
présence.

CHAPITRE XIX.

Principaux genres de sels. — Carbonates, sulfates, azotates.

**Carbonates. Leur composition. Action de la chaleur, des métalloïdes,
des bases et des acides.**

535. *Composition des carbonates.* — Dans les carbonates
neutres l'oxygène de l'acide carbonique est constamment le
double, en poids, de l'oxygène contenu dans la base, exemple :
carbonate neutre de potasse KO,CO^2. Tous les carbonates neutres solubles ramènent au bleu la teinture de tournesol rougie
par un acide ou verdissent le sirop de violettes.

Action de la chaleur sur les carbonates. — La chaleur décompose tous les carbonates, à l'exception des carbonates de potasse, de soude et de lithine. Les carbonates de baryte et de
strontiane ne sont décomposables qu'au rouge blanc ; tous les
autres le sont au-dessous du rouge : l'acide carbonique se dégage et la base est mise en liberté.

Action de l'eau et des métalloïdes. — Tous les carbonates sont
insolubles dans l'eau, à l'exception des carbonates de potasse,
de soude, de lithine et d'ammoniaque.

L'oxygène, le chlore et le soufre se comportent avec les carbonates comme avec les oxydes (294).

L'hydrogène transforme les carbonates alcalins et ceux des

métaux de la deuxième section en un hydrate et en oxyde de carbone :

$$KO,CO^2 + H = KO,HO + CO.$$

Avec les autres carbonates le métal est mis à nu ; exemple, le carbonate de cuivre :

$$CuO,CO^2 + 2H = Cu + CO + 2HO.$$

Le carbone décompose tous les carbonates.

Si l'oxyde qui forme la base est réductible par le charbon, le métal est mis en liberté et il se dégage soit de l'oxyde de carbone, soit de l'acide carbonique, suivant que le carbonate et son oxyde sont plus ou moins difficiles à réduire ; exemples, carbonate de potasse et carbonate de cuivre :

$$KO,CO^2 + 2C = K + 3CO. \mid 2(CuO,CO^2) + C = 2Cu + 3CO^2.$$

Si la base du carbonate n'est pas réductible par le charbon, on obtient cette base et de l'oxyde de carbone ; exemple, carbonate de baryte : $BaO,CO^2 + C = BaO + 2CO.$

Action des bases et des acides. — L'action des bases et des acides sur les carbonates est soumise aux lois de Berthollet. Ainsi, la chaux et la baryte décomposent les carbonates de potasse ou de soude en dissolution dans l'eau, parce qu'elles forment avec l'acide carbonique des carbonates insolubles.

Tous les acides, à l'exception de quelques acides très faibles, décomposent les carbonates, même à froid, par suite de la volatilité de l'acide carbonique, qui se dégage en produisant une vive effervescence. Cette réaction caractérise ce genre de sels.

Sulfates. Leur composition. Action de la chaleur, de l'eau, des métalloïdes, des bases et des acides.

534. *Composition des sulfates.* — Dans les sulfates neutres, le poids de l'oxygène de l'acide est toujours triple de celui de la base ; exemple : sulfate neutre de potasse KO,SO^3, sulfate neutre d'alumine $Al^2O^3,3SO^3$.

Action de la chaleur sur les sulfates. — Les sulfates alcalins et ceux des terres alcalines (chaux, baryte, strontiane), le sulfate de magnésie et le sulfate de plomb sont indécomposables par la chaleur. Tous les autres se décomposent et donnent, en général, un mélange d'oxygène et d'acide sulfureux, en laissant pour résidu soit leur base, soit le métal, si la base est réductible par la chaleur (sulfates d'argent et de mercure).

Action de l'eau et des métalloïdes. — L'eau dissout tous les sulfates, à l'exception des sulfates de baryte, d'étain, d'antimoine, de plomb et de bismuth. Les sulfates de chaux, de strontiane, de mercure et d'argent ne sont que très peu solubles.

L'hydrogène réduit la plupart des sulfates à l'état de sulfures, en s'emparant de leur oxygène pour former de l'eau.

Le charbon décompose tous les sulfates à une température élevée; mais les produits de la décomposition varient selon la nature de la base. Les sulfates alcalins et ceux des terres alcalines (chaux, baryte et strontiane), chauffés au rouge blanc avec du charbon, donnent un sulfure*. Tous les autres sulfates produisent soit des sulfures, soit des oxydes ou même le métal, si leur base est facilement réductible et la température assez élevée.

Le soufre n'agit que sur les sulfates décomposables par la chaleur seule: son action est la même que si l'acide et l'oxyde qui constituent le sulfate étaient libres.

Action des bases et des acides. — La baryte et la strontiane décomposent tous les sulfates solubles. Il se forme des précipités de sulfate de baryte ou de strontiane, et la base est mise en liberté. Le précipité de sulfate de baryte est insoluble dans un excès d'acide azotique, ce qui permet de distinguer les sulfates de tous les autres genres de sels.

Les acides sulfurique, azotique et chlorhydrique n'exercent aucune action sur les sulfates. Mais, à la chaleur rouge, ces sels sont décomposés par les acides phosphorique, borique et silicique, qui sont plus fixes que l'acide sulfurique à cette température. Il en résulte des phosphates, des borates et des silicates avec dégagement d'oxygène et d'acide sulfureux.

---

*En chauffant au rouge blanc dans une cornue de grès un mélange de sulfate de potasse et de charbon très divisé, on obtient un monosulfure de potassium qui prend feu spontanément au contact de l'air et y brûle avec un vif éclat (*pyrophore de Gay-Lussac*).

Azotates. Leur composition. Action de la chaleur, de l'eau, des métalloïdes, des bases et des acides.

535. *Composition des azotates.* — Dans les azotates neutres, que l'on désigne encore sous le nom de *nitrates*, le poids de l'oxygène de l'acide est toujours le quintuple de celui de la base. Exemple : azotate de potasse KO,AzO^5.

Action de la chaleur sur les azotates. — La chaleur décompose tous les azotates. Les azotates alcalins, chauffés graduellement jusqu'au rouge, donnent d'abord de l'oxygène pur et se changent en azotites; puis ils se décomposent complètement en azote et en oxygène qui se dégagent et en un oxyde qui reste dans la cornue. Les autres azotates donnent, lorsqu'on les chauffe, un mélange d'oxygène, de bioxyde d'azote ou d'acide hypoazotique et laissent pour résidu un oxyde métallique. Si cet oxyde est lui-même réductible par la chaleur, il ne reste que le métal.

Action de l'eau et des métalloïdes. — Tous les azotates neutres sont solubles dans l'eau.

L'hydrogène libre est sans action sur les azotates, mais il les décompose à l'état naissant pour former de l'eau et de l'ammoniaque; c'est ce qui arrive quand on verse une dissolution d'un azotate dans un appareil à hydrogène en activité.

Le charbon et le soufre décomposent tous les azotates à une température élevée. Avec le charbon il se forme de l'azote, de l'acide carbonique ou de l'oxyde de carbone qui se dégagent, et il reste un carbonate, un oxyde ou le métal, selon l'espèce du sel employé. Avec le soufre, on obtient de l'acide sulfureux, un sulfate ou un sulfure.

La décomposition des azotates par un mélange de soufre et de charbon se fait avec explosion et produit un sulfure, de l'acide carbonique et de l'azote. C'est sur cette réaction que repose l'explosion de la poudre à tirer, formée d'un mélange d'azotate de potasse, de charbon et de soufre, dont nous indiquerons plus loin les proportions :

$$KO,AzO^5 + 3C + S = KS + 3CO^2 + Az.$$

Les azotates *fusent* lorsqu'on les projette sur des charbons incandescents. Ce phénomène est dû au dégagement de l'ox﹍

gène, qui, en se combinant avec le carbone, rend sa combustion beaucoup plus énergique.

Action des bases et des acides. — La potasse, la soude et l'ammoniaque décomposent tous les azotates dont les bases sont insolubles. La base se précipite, et il se forme un azotate de potasse, de soude ou d'ammoniaque.

L'acide sulfurique, sous l'influence d'une légère chaleur et même à la température ordinaire, décompose tous les azotates; l'acide azotique se dégage à l'état de vapeur et il se forme des sulfates. L'acide chlorhydrique les décompose également; il forme avec leurs bases de l'eau et un chlorure métallique, et il se combine avec l'acide devenu libre pour produire de l'eau régale. L'acide phosphorique, à la température de l'eau bouillante, change tous les azotates en phosphates*.

Résumé.

I. Tous les *carbonates* (MO,CO^2) sont décomposés par la chaleur, excepté ceux de potasse, de soude et de lithine. Tous sont insolubles dans l'eau, excepté ceux de potasse, de soude et d'ammoniaque; tous font effervescence avec les acides azotique, chlorhydrique, sulfurique, etc.

II. Les *sulfates* (MO,SO^3) sont décomposés par la chaleur, excepté ceux des métaux de la première section, de magnésie et de plomb. Chauffés avec du charbon, les sulfates alcalins ou des terres alcalines donnent un sulfure; les autres produisent soit des sulfures, soit des oxydes ou même le métal, si la base est facilement réductible. Les sulfates solubles donnent avec la baryte un précipité blanc de sulfate de baryte, insoluble dans un excès d'acide azotique.

III. Tous les *azotates* (MO,AzO^5) sont décomposés par la chaleur; il se dégage de l'azote, de l'oxygène, du bioxyde d'azote, de l'acide hypoazotique, et il ne reste que l'oxyde du sel ou un métal, si l'oxyde est réductible. Ils sont tous solubles dans l'eau, et ils *fusent* quand on les projette sur des charbons incandescents. Au contact de l'acide sulfurique, ils produisent des vapeurs blanches d'acide azotique.

* Voyez pour les caractères distinctifs des autres genres de sels (chlorates, phosphates, silicates, borates, etc.), le chapitre XXVII.

CHAPITRE XX.

Métaux de la première section. — Potassium. — Oxydes de potassium, hydrate de potasse. — Sels de potasse. — Carbonates de potasse. — Potasse du commerce. — Nitre ou azotate de potasse, poudre à tirer.

POTASSIUM.

Équivalent K = 39.

336. *Historique*. — Le potassium a été obtenu pour la première fois en 1807, par Humphry Davy, en décomposant par l'électricité voltaïque l'hydrate de potasse KO,HO, que l'on avait considéré jusqu'alors comme un corps simple. Cet illustre savant, ayant mis un fragment d'hydrate de potasse légèrement humecté en communication avec les deux fils en platine d'une forte pile, vit le fil négatif se recouvrir de petits globules métalliques qui s'enflammaient au contact de l'air et reproduisaient l'alcali. Berzélius modifia cette expérience en creusant le fragment de potasse d'une petite cavité qu'il remplit de mercure, dans lequel il fit plonger le fil négatif. Il obtint ainsi un amalgame de potassium, d'où il put extraire un globule de ce dernier métal, en distillant l'amalgame dans une petite cornue remplie d'azote.

337. *Propriétés physiques*. — Le potassium, à la température ordinaire, est plus mou et plus malléable que la cire; mais il devient dur et cassant au-dessous de 0°. Fraîchement coupé, il a la couleur et l'éclat de l'argent. Il fond à 62°,5 et il se volatilise un peu au-dessous de la chaleur rouge. Sa densité est 0,865; il est, par conséquent, plus léger que l'eau.

338. *Propriétés chimiques*. — Le potassium est un des corps les plus avides d'oxygène; il est le seul de tous les métaux qui s'oxyde dans l'air sec, à la température ordinaire. Il s'oxyde plus rapidement encore dans l'air humide, et se convertit d'abord en hydrate, puis en carbonate de potasse.

Le potassium, comme tous les métaux de la première section, décompose l'eau à la température ordinaire; il s'empare de l'oxygène et met l'hydrogène en liberté. Cette décomposition s'accompagne de phénomènes qu'il est important d'étudier.

Lorsqu'on projette un petit fragment de potassium sur de l'eau (*fig.* 92), on le voit aussitôt prendre feu et courir dans tous les sens à la surface du liquide. Il brûle ainsi pendant quelques instants avec une flamme purpurine, puis il s'éteint en produisant une petite explosion. Voici ce qui se passe dans cette expérience.

Le potassium, comme nous venons de le dire, s'empare de l'oxygène de l'eau et met l'hydrogène en liberté. Ce dernier gaz, en se dégageant, soulève le fragment de métal et lui imprime un mouvement giratoire, en même temps qu'il s'en-

Fig. 92.

flamme au contact de l'air, à cause de la chaleur que développe la combustion du potassium. La couleur purpurine que prend, dans cette circonstance, la flamme de l'hydrogène est due à une petite quantité de vapeur de potassium qui est entraînée par ce gaz. Enfin, lorsque la combustion s'arrête, il reste un petit globule de potasse très chaud qui, n'étant plus soulevé par l'hydrogène, retombe sur le liquide et se brise en se refroidissant tout à coup.

Le potassium peut se combiner directement avec la plupart des métalloïdes. Pour le maintenir à l'état de pureté, on le conserve dans l'huile de naphte, uniquement composée de carbone et d'hydrogène.

La plupart des oxydes, chlorures, bromures et iodures métalliques sont décomposés par le potassium, qui s'empare du métalloïde et met le métal en liberté.

339. *État naturel.*—Le potassium ne se trouve dans la nature qu'à l'état de combinaison avec d'autres corps. On le rencontre soit dans les eaux, soit dans les couches solides du globe, à l'état de chlorure, de bromure, d'iodure, de silicate, de sulfate, d'azotate, etc. Tous les végétaux terrestres contiennent des sels de potasse, nécessaires à leur développement.

340. *Préparation.* — On peut obtenir le potassium de deux manières différentes :

1° En décomposant l'hydrate de potasse KO,HO soit par la

pile (procédé de Davy, indiqué plus haut), soit au moyen du fer chauffé au rouge (procédé de Gay-Lussac et Thénard);

2° En décomposant le carbonate de potasse KO,CO^2 par le charbon porté à une très haute température. Nous ne décrirons ici que ce dernier procédé, le seul que l'on emploie aujourd'hui dans presque toutes les fabriques, et dont l'invention appartient à M. Brunner.

La *fig.* 93 représente la disposition générale de l'appareil : A est un cylindre en fer forgé reposant sur deux briques ré-

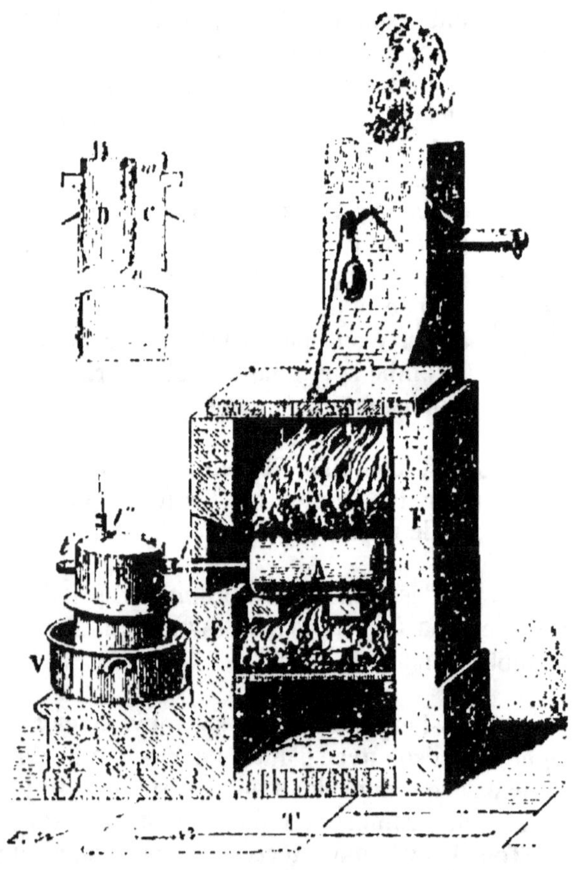

Fig. 93.

fractaires au milieu d'un fourneau rectangulaire F. Ce cylindre communique par une tubulure en fer *t* avec l'intérieur d'un récipient R en cuivre, formé de deux pièces superposées et emboîtées l'une dans l'autre. Deux autres tubulures *t* et *t'* sont adaptées au récipient. La première porte un bouchon que peut traverser une tige en fer T, destinée à dégorger le col du cylindre; la seconde est surmontée d'un tube de verre par lequel se dégagent les gaz qui se forment pendant l'opération. La partie inférieure du récipient R contient une couche d'huile de naphte de 5 à 6 centimètres d'épaisseur; la partie supérieure, qui sert de couvercle, est partagée en deux compartiments C et D par une cloison verticale *mn* qui descend jusqu'à une petite distance du fond de l'appareil. Cette cloison a pour but de préserver le potassium du contact de l'air extérieur. Enfin, un vase en terre V sert à recevoir l'eau froide que l'on est obligé de verser constamment sur le récipient pour empêcher qu'il ne s'échauffe pendant l'opération.

L'appareil étant ainsi disposé, on introduit dans le cylindre A un mélange de charbon grossièrement pulvérisé et de carbonate de potasse (obtenu par la calcination du bitartrate de potasse impur ou tartre brut); puis on chauffe au rouge blanc. Le carbonate de potasse est décomposé par le charbon; il se forme de l'oxyde de carbone et le potassium est mis en liberté. Le métal arrive à l'état de vapeur dans le compartiment C du récipient, où il se condense et tombe dans l'huile de naphte, tandis que l'oxyde de carbone passe dans le compartiment D, d'où il s'échappe par la tubulure *t'*.

Théorie. — La théorie de cette préparation est très facile à saisir. Le charbon, sous l'influence de la chaleur, transforme en oxyde de carbone l'acide carbonique du carbonate de potasse; puis il décompose la potasse en s'emparant de son oxygène pour former une nouvelle quantité d'oxyde de carbone, et le potassium devient libre :

$$KO,CO^2 + 2\,C = 3\,CO + K.$$

511. *Usages.* — Le potassium n'a d'usage que dans les laboratoires de chimie. On l'a employé pendant longtemps dans la préparation de plusieurs corps simples, tels que le bore, le silicium, le magnésium et la plupart des métaux de la deuxième section. Mais on préfère aujourd'hui se servir du sodium, qui est plus commode à manier, et dont l'équivalent est moindre, ce qui économise le métal.

Oxydes de potassium; hydrate de potasse ou potasse caustique. Sels de potasse.

312. *Oxydes de potassium.* — Le potassium forme avec l'oxygène deux combinaisons : un protoxyde KO, et un peroxyde KO³. Le protoxyde, combiné avec un équivalent d'eau, forme l'*hydrate de potasse* ou simplement la *potasse caustique* KO,HO.

343. *Hydrate de potasse ou potasse caustique* KO,HO. — *La potasse caustique* se présente sous la forme de petites masses blanches, opaques, à cassure cristalline. Elle fond un peu au-dessous de la chaleur rouge et se volatilise sans altération à la chaleur blanche. Cette substance est caustique, déliquescente et très soluble dans l'eau. Elle verdit fortement le sirop de violettes et ramène au bleu la teinture de tournesol rougie par les acides.

On prépare la potasse caustique en faisant bouillir dans une bassine en fonte un mélange de 1 partie de carbonate de potasse KO,CO², 1 partie de chaux CaO et dix parties d'eau que l'on remplace à mesure qu'elle s'évapore. La chaux décompose peu à peu le carbonate de potasse ; elle s'empare de son acide carbonique pour former du carbonate de chaux insoluble, tandis que la potasse, mise en liberté, reste dissoute :

$$KO,CO^2 + CaO + HO = CaO,CO^2 + KO,HO.$$

Quand l'opération est terminée, on retire la chaudière du feu et on laisse le liquide se clarifier par le repos. On décante ensuite au moyen d'un siphon, et on fait évaporer rapidement la dissolution dans une bassine en cuivre ou en argent.

La potasse ainsi obtenue s'appelle dans le commerce *potasse à la chaux* ou *pierre à cautère.* Elle est presque toujours impure, surtout si l'on a employé pour la préparer le carbonate de potasse du commerce, qui contient généralement du sulfate de potasse et du chlorure de potassium. On la purifie au moyen de l'alcool concentré, qui dissout la potasse et précipite les sels étrangers. En décantant la liqueur et en la faisant ensuite évaporer, on obtient de la potasse pure dite potasse à l'*alcool.*

La potasse pure est fréquemment employée comme réactif dans les laboratoires de chimie. En médecine, on se sert de la potasse à la chaux comme caustique. Mélangée avec parties égales de chaux vive et délayée dans un peu d'alcool, elle forme la *pâte de Vienne*, très souvent employée par les chirurgiens.

344. *Caractères des sels de potasse.*—Les sels de potasse sont tous plus ou moins solubles dans l'eau. On les distingue de tous les autres sels par les caractères suivants que présentent leurs dissolutions :

Avec les carbonates alcalins, l'acide sulfhydrique et le sulfure d'ammonium (sulfhydrate d'ammoniaque): précipité nul ;

Avec le bichlorure de platine : précipité jaune et grenu de chlorure double de platine et de potassium ;

Avec l'acide perchlorique : précipité blanc de perchlorate de potasse, si la solution est suffisamment concentrée.

Les principaux sels de potasse sont : le *carbonate* ou *potasse du commerce*, le *sulfate de potasse; l'azotate de potasse*, vulgairement connu sous les noms de *nitre* ou *salpêtre; le chlorate de potasse* et l'*iodure de potassium.*

Carbonate de potasse brut ou potasse du commerce. Sulfate de potasse.

345. *Carbonate de potasse brut ou potasse du commerce* (KO,CO^2).—On donne dans le commerce le nom de *potasse* à un carbonate neutre de potasse KO,CO^2, mélangé avec certaines matières étrangères. Ces matières sont généralement du sulfate de potasse et du chlorure de potassium.

On extrait la potasse du commerce de la cendre de bois. Le suc des végétaux renferme plusieurs sels solubles composés principalement de potasse combinée avec divers acides organiques (acides oxalique, acétique, tartrique, etc.). Lorsqu'on brûle le bois, ces acides se détruisent et se transforment en acide carbonique, qui reste dans les cendres à l'état de carbonate de potasse. Il suffit donc de traiter ces cendres par l'eau et de faire ensuite évaporer pour obtenir la potasse du commerce. C'est ainsi que l'on prépare ce produit en Russie et en Amérique (*potasses de Russie et d'Amérique*), où le bois est très abondant et de peu de valeur.

La potasse du commerce est employée dans les arts à la fabrication du salpêtre, du verre, du savon mou, de l'alun et du bleu de Prusse. On s'en sert également pour lessiver le linge.

Le carbonate neutre de potasse peut être obtenu à l'état de pureté en calcinant dans un creuset la crème de tartre ou bitartrate de potasse $(KO,HO,C^8H^4O^{10})$. Il reste un mélange de charbon et de carbonate de potasse qu'on traite ensuite par l'eau pour en séparer le sel.

En faisant passer un courant d'acide carbonique dans une dissolution concentrée de carbonate neutre de potasse, on obtient un *bicarbonate* $KO,HO,2CO^2$. Soumis à l'action de la chaleur, ce sel perd la moitié de son acide carbonique et repasse à l'état de carbonate neutre.

346. *Sulfate de potasse* (KO,SO^3).—Ce sel cristallise en prismes à six pans, terminés par des pyramides à six faces; il est blanc, d'une saveur amère, plus soluble à chaud qu'à froid. Il forme avec l'acide sulfurique un sulfate acide $KO,HO,2SO^3$.

On prépare le sulfate de potasse en traitant le chlorure de potassium par l'acide sulfurique : $KCl + SO^3,HO = KO,SO^3 + HCl$.

Le sulfate de potasse sert à la préparation de l'alun. On l'emploie quelquefois en médecine comme purgatif.

Azotate de potasse ou nitre. Poudre à tirer.

347. *Azotate de potasse* (KO,AzO^5). — Ce sel, vulgairement connu sous le nom de *nitre* ou *salpêtre* est blanc, d'une saveur fraîche et un peu amère ; il cristallise en longs prismes à six pans, groupés de manière à former des cannelures longitudinales. Ces cristaux ne renferment jamais d'eau de cristallisation.

Propriétés. — Soumis à l'action de la chaleur, l'azotate de potasse fond vers 350° et se décompose à une température plus élevée. Ce sel est beaucoup plus soluble à chaud qu'à froid : ainsi 100 parties d'eau peuvent en dissoudre environ 250 parties à la température de l'ébullition, tandis qu'elles n'en dissolvent que 15 à 20 parties à la température ordinaire.

L'azotate de potasse est un oxydant très énergique ; il fuse sur des charbons incandescents, dont il active la combustion en leur fournissant une grande quantité d'oxygène. Mélangé avec du soufre et projeté dans un creuset chauffé au rouge, il brûle avec une vive lumière et se transforme en sulfate de potasse.

État naturel. — Le salpêtre se trouve abondamment dans la nature. Dans les pays chauds, principalement dans l'Inde, en

19.

Égypte et dans quelques localités de l'Espagne et de l'Italie, on voit se former à la surface du sol des efflorescences cristallines qui sont presque entièrement composées d'azotate de potasse. On suppose que la formation de ce sel est due à l'acide azotique qui se produit dans l'atmosphère pendant les orages et qui, entraîné par la pluie, se combine avec les bases qu'il rencontre dans le sol. Il suffit, pour recueillir ce salpêtre, d'enlever la terre à une profondeur de quelques centimètres, de la traiter par l'eau et de faire ensuite évaporer.

Dans les pays froids ou tempérés, on trouve encore le salpêtre tout formé, ainsi que des azotates de chaux et de magnésie, dans le sol des caves, des écuries, dans la partie inférieure des vieux murs, partout enfin où se rencontrent des matières animales azotées. Ces matières en se décomposant fournissent de l'ammoniaque, qui, sous l'influence des corps poreux (calcaires, argiles, etc.), se transforme en acide azotique, lequel s'unit à la potasse, à la chaux et à la magnésie que contiennent toujours, à l'état de carbonates, sulfates, silicates, etc., les divers matériaux employés dans les constructions.

Préparation. — On recueille tous les matériaux qui proviennent de la démolition des vieux murs avoisinant le sol, et on les lessive avec soin. La dissolution que l'on obtient ainsi renferme non seulement de l'azotate de potasse, mais encore, ainsi que nous l'avons dit, des azotates de chaux et de magnésie que contenaient également les matières employées. Pour transformer ces derniers azotates en salpêtre, on ajoute à la dissolution une quantité convenable de carbonate de potasse, d'où résulte, par double décomposition, du carbonate de chaux et du carbonate de magnésie, qui se précipitent, et de l'azotate de potasse, qui entre en dissolution. Il ne reste plus qu'à décanter la liqueur après l'avoir laissée reposer, et à la faire évaporer.

Le salpêtre ainsi obtenu porte le nom de *salpêtre brut;* il contient environ 15 pour 100 de son poids de chlorures de sodium et de potassium. On le purifie en le soumettant à une seconde opération appelée *raffinage*, dont l'exécution est très simple. Le salpêtre brut est introduit dans une grande chaudière en cuivre C (*fig.* 94), avec environ le tiers de son poids d'eau. Cette quantité d'eau, portée à la température de l'ébullition, est suffisante pour dissoudre le salpêtre; mais elle ne peut tenir en dissolution les chlorures de sodium et de potassium, moins solubles à cette température que l'azotate de potasse. Ces deux sels se précipitent donc au fond de la chaudière. On clarifie la liqueur, puis on la porte dans un grand bassin peu profond où on la fait cristalliser. On place ensuite le salpêtre pour le faire sécher dans des caisses c et c', reposant sur le fourneau en maçonnerie qui sert au raffinage.

Fig. 94.

L'azotate de potasse est employé en médecine et dans plusieurs opérations industrielles; mais son principal usage repose sur la fabrication de la poudre à tirer.

318. *Poudre à tirer.* — La poudre est un mélange intime de salpêtre, de soufre et de charbon, qui, lorsqu'on l'enflamme, produit subitement un volume considérable de gaz, dont la force élastique est employée pour lancer des projectiles ou pour briser et renverser de lourdes masses.

La poudre de guerre est formée de 75 parties de salpêtre, 12,5 de soufre et 12,5 de charbon, composition qui correspond à peu près à 1 équivalent de salpêtre, 1 équivalent de soufre et 3 équivalents de carbone. Ce mélange en s'enflammant se transforme en azote, en acide carbonique et en sulfure de potassium :

$$KO,AzO^5 + S + 3C = Az + 3CO^2 + KS.$$

L'azote et l'acide carbonique étant gazeux à la température ordinaire prennent nécessairement un volume beaucoup plus grand que celui de la poudre employée, et ce volume est encore considérablement augmenté par la chaleur intense qui se développe au moment de l'explosion. De là résulte la force énorme de projection dont cette poudre est douée.

La poudre de chasse contient un peu moins de soufre et un peu plus de salpêtre et de charbon que celle de guerre; la poudre de mine renferme moins de salpêtre et un peu plus de soufre et de charbon.

Analyse de la poudre. — Pour faire l'analyse de la poudre, on en prend un poids déterminé que l'on traite d'abord par de l'eau chaude qui dissout l'azotate de potasse. Le résidu, composé de soufre et de charbon, est ensuite recueilli sur un filtre, puis desséché et pesé; la différence entre son poids et celui de la poudre employée donne le poids de l'azotate de potasse. On sépare ensuite le soufre du charbon en traitant le résidu par du sulfure de carbone qui dissout le soufre et laisse le charbon intact. On recueille ce dernier sur un second filtre et on le pèse; la différence entre son poids et celui du résidu fait connaître le poids du soufre.

Problème. — On demande de déterminer approximativement le volume des gaz que produisent en détonant 100 grammes de poudre de guerre, les gaz étant supposés ramenés à 0° et sous la pression de 0^m,76.

100 grammes de poudre de guerre renferment 75 grammes d'azotate de potasse, 12,5 de soufre et 12,5 de charbon, ou théoriquement :

1 équivalent de salpêtre,	101	. . . . .	71,8.
1 — de soufre,	16	. . . . .	11,9.
3 — de carbone,	18	. . . . .	13,3
	135	. . . . .	100,0.

Un équivalent de salpêtre (101) contient un équivalent d'azote (14), 6 équivalents d'oxygène (48) et un équivalent de potassium (39). Donc 71^{gr},8 de salpêtre renferment 10^{gr},3 d'azote et 35^{gr},5 d'oxygène, lesquels, en se combinant avec 13^{gr},3 de carbone, forment 48^{gr},8 d'acide carbonique.

Or, par un calcul très simple, on trouve que 10^{gr},3 d'azote = 8^{lit},23 et que 48^{gr},8 d'acide carbonique = 24^{lit},60 à la température de 0° et sous la pression ordinaire.

Le volume total du mélange gazeux dégagé par 100 grammes de poudre est donc égal à 32^{lit},83 à 0° et sous la pression de 0^m,76. Mais au moment de l'explosion, ce volume est en réalité beaucoup plus considérable, parce que les gaz sont fortement dilatés par la chaleur qui se développe.

Chlorate de potasse. Iodure de potassium.

349. *Chlorate de potasse* (KO,ClO^5). — Le sel cristallise en lamelles rhomboïdales incolores. Il est beaucoup plus soluble à chaud qu'à froid : 100 grammes d'eau en dissolvent environ 5 grammes à la température ordinaire et 60 grammes à 100°. L'extrême facilité avec laquelle il cède son oxygène en fait un oxydant plus énergique encore que l'azotate de potasse. Un mélange de soufre et de chlorate de potasse fait explosion sous le choc du marteau. Comme les azotates, ce sel fuse sur des charbons ardents et en active la combustion.

On prépare le chlorate de potasse en faisant passer un courant de chlore dans une dissolution concentrée de potasse caustique. La liqueur s'échauffe rapidement, et il se forme du chlorate de potasse qui, étant peu soluble à froid, se dépose après l'opération, et du chlorure de potassium qui reste dissous :

$$6Cl + 6KO = KO,ClO^5 + 5KCl.$$

Le chlorate de potasse sert à préparer l'oxygène ; il entre dans la composition des allumettes au phosphore rouge et des amorces fulminantes. Après plusieurs essais pour le faire entrer dans la composition de la poudre de guerre, on a dû y renoncer à cause des trop grands dangers d'explosion que présentait cette poudre. On emploie le chlorate de potasse en médecine pour le traitement des maux de gorge et de la bouche.

350. *Iodure de potassium* (KI). — Ce sel est blanc, d'une saveur amère, très soluble dans l'eau et dans l'alcool. Il cristallise en cubes. L'acide azotique versé dans une dissolution d'iodure de potassium donne un dépôt d'iode.

L'iodure de potassium existe tout formé dans les varechs (plantes marines). On le prépare en traitant directement par l'iode une solution de potasse. On obtient ainsi un mélange d'iodure de potassium et d'iodate de potasse, que l'on soumet ensuite à la calcination pour convertir l'iodate en iodure.

$$6KO + 6I = 5KI + KO,IO^5.$$

L'iodure de potassium est très employé en médecine contre le goître et la scrofule ; on l'emploie également en photographie.

Résumé.

I. Le *potassium* est un métal blanc, malléable, plus léger que l'eau. Il absorbe rapidement l'oxygène de l'air et décompose l'eau à la température ordinaire, avec dégagement de chaleur et de lumière. On le prépare en décomposant le carbonate de potasse par du charbon.

II. L'*hydrate de potasse* ou *potasse caustique* KO,HO est une substance blanche, très soluble dans l'eau, déliquescente et fortement alcaline. On l'obtient en décomposant le carbonate de potasse au moyen de la chaux :

$$KO,CO^2 + CaO + HO = CaO,CO^2 + KO,HO.$$

III. La *potasse du commerce* est du carbonate de potasse impur. On l'extrait de la cendre des végétaux.

IV. Le *sulfate de potasse* KO,SO³ cristallise en prismes incolores à six pans terminés par des pyramides à six faces. On le prépare en traitant le chlorure de potassium par l'acide sulfurique :

$$KCl + SO^3,HO = KO,SO^3 + HCl.$$

V. Le *nitre* ou *salpêtre* est de l'azotate de potasse KO,AzO⁵. Ce sel est très soluble dans l'eau et cristallise en prismes à six pans cannelés. On le trouve dans les pays chauds sur la surface du sol, où il forme des efflorescences cristallines. Dans les pays froids ou tempérés, on l'extrait des matériaux provenant de la démolition des vieux murs voisins du sol.

VI. La *poudre à tirer* est un mélange de salpêtre, de soufre et de charbon. Ce mélange en s'enflammant produit de l'azote, de l'acide carbonique et du sulfure de potassium ·

$$KO,AzO^5 + S + 3\,C = Az + 3\,CO^2 + KS.$$

VII. Le *chlorate de potasse* KO,ClO⁵ cristallise en lamelles rhomboïdales incolores. La chaleur le décompose en oxygène et en chlorure de potassium. On le prépare en faisant passer un courant de chlore dans une dissolution de potasse caustique :

$$6Cl + 6KO = KO,ClO^5 + 5KCl.$$

VIII. L'*iodure de potassium* KI cristallise en cubes incolores, très solubles dans l'eau. Il existe tout formé dans les varechs. On le prépare en traitant par de l'iode une solution de potasse :

$$6KO + 6I = 5KI + KO,IO^5.$$

CHAPITRE XXI.

Suite des métaux de la première section. — Sodium. — Oxydes de sodium, hydrate de soude. — Sels de soude. — Carbonates de soude. — Chlorure de sodium ou sel marin. — Ammonium et sels ammoniacaux.

SODIUM.

Équivalent Na = 23.

351. *Historique.* — Le sodium a été découvert en même temps que le potassium par H. Davy, et obtenu par le même procédé, c'est-à-dire en décomposant par la pile l'hydrate de soude NaO,HO.

Propriétés physiques. — Le sodium ressemble beaucoup au potassium par ses propriétés physiques. C'est un métal mou, malléable, ayant la couleur et l'éclat de l'argent quand il est fraîchement coupé. Il fond à 95° et se volatilise au rouge sombre. Sa densité est 0,97 : il est donc, comme le potassium, plus léger que l'eau.

352. *Propriétés chimiques.* — L'air sec n'agit pas sur le sodium à la température ordinaire ; mais l'air humide l'attaque rapidement et le convertit d'abord en hydrate, puis en carbonate de soude. Comme le potassium, ce métal décompose l'eau à la température ordinaire, mais en produisant moins de chaleur. Aussi ne s'enflamme-t-il pas lorsqu'on le projette sur de l'eau et qu'on le laisse se mouvoir librement à la surface du liquide. Ce fait prouve que le sodium a moins d'affinité pour l'oxygène que le potassium, et permet de distinguer facilement l'un de l'autre ces deux métaux.

353. *État naturel, préparation.* — Le sodium est plus répandu dans la nature que le potassium. Combiné avec le chlore, il forme le chlorure de sodium ou sel marin, qui se trouve en dissolution dans les eaux de la mer et que l'on rencontre en amas considérables dans quelques terrains. Le sodium existe encore naturellement à l'état de silicate, de phosphate, de carbonate, de sulfate et d'azotate de soude. Les plantes marines renferment toutes des sels de soude en assez forte proportion.

On prépare le sodium de la même manière que le potassium, soit en attaquant l'hydrate de soude par la pile ou par le fer chauffé au rouge, soit en décomposant le carbonate de soude par le charbon. C'est par ce dernier procédé, perfectionné par H. Sainte-Claire-Deville, que l'on obtient aujourd'hui le sodium, dont on se sert comme agent réducteur dans la fabrication en grand de l'aluminium.

On chauffe dans un appareil semblable à celui que nous venons de décrire un mélange de carbonate de soude, de houille et de craie. La réaction est la même que pour le potassium :

$$NaO,CO^2 + 2C = 3CO + Na.$$

La craie, qui passe à l'état de chaux pendant l'opération, a seulement pour but d'empêcher la fusion du mélange.

Oxydes de sodium. Hydrate de soude ou soude caustique. Sels de soude.

354. *Oxydes de sodium; hydrate de soude ou soude caustique.* — Le sodium forme avec l'oxygène deux combinaisons : un protoxyde NaO et un peroxyde NaO^3, qui correspondent à ceux du potassium. Le protoxyde de sodium, combiné avec un équivalent d'eau, constitue l'*hydrate de soude* ou simplement la *soude caustique.*

L'*hydrate de soude* ou *soude caustique* NaO,HO ressemble exactement, par l'ensemble de ses propriétés physiques et chimiques, à la potasse caustique. On la prépare de la même manière, c'est-à-dire en faisant bouillir une dissolution de carbonate neutre de soude avec de la chaux.

$$NaO,CO^2 + CaO + HO = CaO,CO^2 + NaO,HO.$$

355. *Caractères des sels de soude.* — Les sels de soude ont la plus grande analogie avec ceux de potasse. On les distingue de ces derniers au moyen du bichlorure de platine ou de l'acide perchlorique. Les sels de soude en dissolution dans l'eau ne forment avec ces réactifs aucun précipité, tandis que les sels de potasse donnent, comme nous l'avons vu (344), avec le premier un précipité jaune, et avec le second un précipité blanc.

Les principaux sels de soude sont le *carbonate de soude brut* ou *soude du commerce*, le *sulfate de soude*, le *borate de soude* et le *chlorure de sodium* ou *sel marin.*

Carbonate de soude brut ou soude du commerce. Sulfate de soude. Hyposulfite de soude. Borate de soude.

356. *Carbonate de soude brut ou soude du commerce* (NaO, CO_2). — Ce sel est un produit très important par ses usages industriels. Il est blanc, efflorescent, très soluble dans l'eau.

Pendant longtemps on a préparé la soude du commerce par le lessivage des cendres provenant de la combustion de diverses plantes du genre *salsola*, croissant au bord de la mer (*soude naturelle*). L'Espagne et le midi de la France fournissaient ainsi la plus grande partie de la soude employée en Europe. On obtient aujourd'hui ce produit d'une manière beaucoup plus avantageuse au moyen d'un procédé artificiel imaginé en 1791 par un médecin français nommé Leblanc. Voici quel est ce procédé :

On fait un mélange de 1000 parties de sulfate de soude, 1040 parties de craie blanche ou carbonate de chaux et 530 parties de charbon. On introduit le tout dans un four elliptique en briques réfractaires (*fig.* 95) par des ouvertures C, C', percées dans la voûte. La flamme qui s'échappe du foyer F traverse toute la longueur du four et chauffe le mélange étendu sur la *sole*. A mesure que la température s'élève, les matières se ramollissent et laissent dégager beaucoup d'acide carbonique : l'opération est terminée quand ce gaz cesse de se produire.

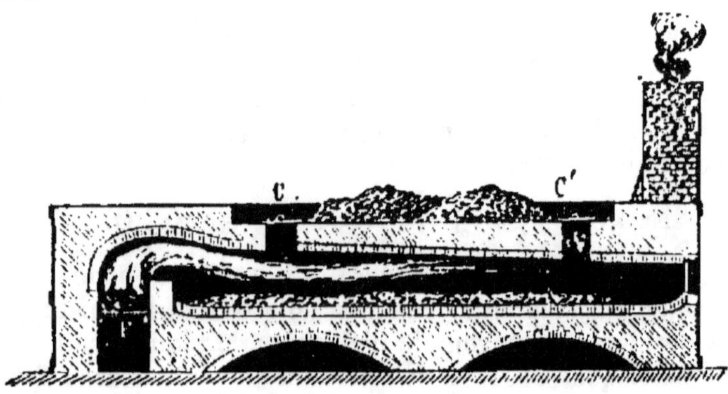

Fig. 95.

Voici ce qui se passe dans cette opération : le sulfate de soude et le carbonate de chaux se décomposent mutuellement : il se forme du carbonate de soude et du sulfate de chaux; mais ce sulfate de chaux est à son tour décomposé par le charbon, à mesure qu'il se produit. Il en résulte de l'acide carbonique, qui se dégage, et du sulfure de calcium CaS :

$$NaO,SO^3 + CaO,CO^2 + 2\,C = NaO,CO^2 + CaS + 2\,CO^2.$$

L'opération étant terminée, on retire la matière à l'aide de larges racloirs, et on la reçoit dans de grandes caisses plates en tôle, où elle se solidifie. Cette matière constitue la *soude artificielle*, que l'on emploie directement pour la fabrication du verre à bouteilles et des savons de Marseille.

357. *Carbonate neutre de soude* (NaO,CO^2+10HO). — En soumettant la soude brute à un lavage méthodique et en laissant ensuite évaporer la liqueur, on en extrait le carbonate neutre de soude NaO,CO^2+10HO, nommé *sel de soude*. Ce sel cristallise en prismes obliques à base rhombe (*cristaux de soude*), qui s'effleurissent à l'air en perdant peu à peu les neuf dixièmes de leur eau de cristallisation.

Le carbonate de soude obtenu de cette manière sert à fabriquer le verre blanc et les savons de toilette. On s'en sert, en médecine, pour la préparation des bains alcalins.

La soude forme encore avec l'acide carbonique deux autres carbonates : le *sesquicarbonate* et le *bicarbonate de soude*.

358. *Sesquicarbonate de soude* $(2NaO,HO,3CO^2)$.—Ce sel est peu important. On le trouve en Hongrie, dans l'Inde et en Amérique, sous la forme d'efflorescences salines couvrant les bords de certains lacs qui se dessèchent pendant l'été. On l'emploie, dans ces localités, à la fabrication du savon.

359. *Bicarbonate de soude* $(NaO,HO,2CO^2)$.—Ce sel cristallise en prismes rectangulaires; sa saveur est légèrement salée; l'eau froide n'en dissout qu'un dixième de son poids, mais il est plus soluble à chaud. La chaleur lui enlève la moitié de son acide carbonique et le transforme en carbonate neutre.

Le bicarbonate de soude existe tout formé dans un grand nombre d'eaux minérales, telles que les eaux de Vichy, de Pougues, de Vals, de Carlsbad, etc. On le prépare en faisant passer un courant d'acide carbonique sur du carbonate de soude pulvérisé. Ainsi obtenu, il est en poudre blanche et opaque.

Le bicarbonate de soude sert à préparer l'eau de Seltz sur les tables. En médecine on en fait un fréquent usage pour combattre la goutte, la gravelle et les maux d'estomac.

560. *Alcalimétrie.* — La potasse et la soude du commerce sont essayées au moyen d'un procédé nommé *alcalimétrie*, lequel a pour but d'indiquer la quantité de base alcaline, c'est-à-dire de potasse ou de soude pures qu'elles renferment. Pour cela, on verse lentement dans une dissolution aqueuse contenant un poids déterminé de potasse ou de soude du commerce, et colorée en bleu au moyen de la teinture de tournesol, une autre dissolution contenant également un poids connu d'acide sulfurique monohydraté SO^3,HO, et contenue dans une burette graduée. Quand la saturation est complète, ce que l'on reconnaît à ce qu'une goutte ajoutée en plus fait passer la couleur bleue du mélange au rouge pelure d'oignon, il suffit de lire sur les divisions de la burette la quantité de la solution acide employée pour connaître immédiatement la proportion de potasse ou de soude pure que renferme la matière soumise à l'essai. La potasse d'Amérique contient ordinairement 60 pour 100 de potasse pure; celle de Russie, 55 pour 100; la soude artificielle, préparée par le procédé que nous venons d'indiquer, contient de 18 à 25 pour 100 de soude pure.

561. *Sulfate de soude* $(NaO,SO^3 + 10HO)$.— Le sulfate neutre de soude, vulgairement appelé *sel de Glauber*, est blanc, d'une saveur amère, et cristallise en longs prismes à quatre pans terminés par des pyramides. Ces cristaux renferment plus de la moitié de leur poids d'eau et sont efflorescents; ils ont pour formule $NaO.SO^3 + 10HO$. Le sulfate de soude est soluble dans l'eau; sa solubilité augmente avec la température jusqu'à 33° et diminue au-dessus de ce point; à 33°, 100 parties d'eau dissolvent 322 parties de sulfate. Ce sel, chauffé légèrement, éprouve d'abord la fusion aqueuse, puis il se dessèche en perdant son eau de cristallisation. Si on le chauffe ensuite jusqu'au rouge, il entre de nouveau en fusion sans se décomposer.

Le sulfate de soude se trouve en petite quantité dans les eaux de la mer et dans plusieurs sources minérales. On le prépare en décomposant le chlorure de sodium ou sel marin par l'acide sulfurique; on obtient de l'acide chlorhydrique, qui se dégage, et du sulfate de soude, qui reste dans l'appareil (210) :

$$NaCl + SO^3,HO = HCl + NaO,SO^3.$$

On emploie le sulfate de soude, en médecine, comme purgatif; dans les arts, il sert à la fabricaton du carbonate de soude.

362. *Hyposulfite de soude* (NaO,S²O² + 5HO).— Ce sel cristallise en prismes rhomboïdaux incolores, d'une saveur amère; il est inaltérable à l'air et très soluble dans l'eau. Chauffé au rouge, il se transforme en sulfate et en sulfure de sodium.

Pour préparer ce sel, on commence par saturer une dissolution de carbonate de soude avec de l'acide sulfureux; il se forme du sulfite de soude que l'on convertit ensuite en hyposulfite en le faisant bouillir dans de l'eau avec du soufre en excès.

L'hyposulfite de soude jouit de la propriété de dissoudre le chlorure, le bromure et l'iodure d'argent, ce qui explique l'usage continuel qu'on en fait en photographie.

363. *Borate de soude* (NaO, 2 BoO³ + 10 HO). — Le borate de soude, que l'on désigne vulgairement sous le nom de *borax*, cristallise tantôt en octaèdres réguliers, tantôt en prismes rhomboïdaux, selon la température à laquelle s'opère la cristallisation.

Chauffé au rouge, le borate de soude perd son eau de cristallisation et subit la fusion ignée; il se change alors en un liquide transparent qui, par le refroidissement, prend l'aspect d'une masse vitreuse.

Le borax fondu jouit de la propriété de dissoudre les oxydes métalliques en prenant diverses teintes qui permettent de reconnaître ces oxydes: de là son fréquent usage dans l'analyse au chalumeau. Le borax est encore employé dans la soudure des métaux, afin d'empêcher ceux-ci de s'oxyder pendant l'opération; on l'emploie également pour la fabrication de certains verres et des vernis dont on recouvre les poteries.

Le borate de soude existe en dissolution dans certains lacs de l'Asie, d'où on l'extrait par évaporation. On l'obtient artificiellement en chauffant dans de l'eau bouillante un mélange d'acide borique et de carbonate de soude. L'acide borique s'empare de la soude et chasse l'acide carbonique, qui se dégage.

Chlorure de sodium ou sel marin.

364. *Chlorure de sodium* (NaCl). —Le chlorure de sodium ou *sel marin* est blanc, sans odeur, d'une saveur agréable et caractéristique. Sa solubilité dans l'eau varie peu avec la température; 100 parties d'eau en dissolvent environ 37 parties. Lorsqu'on fait évaporer rapidement une dissolution de sel marin, on obtient de petits cristaux cubiques, accolés les uns aux autres de manière à former des pyramides quadrangulaires, creuses à l'intérieur, et dont les parois sont disposées en forme de gradins (*fig.* 96). Ces cristaux retiennent toujours une certaine quantité d'eau interposée entre leurs lamelles, ce qui fait qu'ils décrépitent sur des charbons incandescents. Le sel marin fond à la chaleur rouge et se volatilise à une température plus élevée. Il peut être successivement efflorescent ou déliquescent, selon que l'air est sec ou humide.

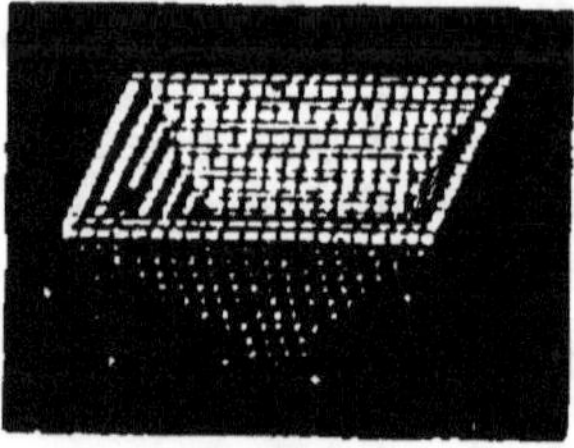

Fig. 96.

État naturel. — Le chlorure de sodium est très répandu dans la nature. Il existe en grande quantité dans les eaux de la mer et dans un grand nombre de sources salées. On le trouve encore à l'état solide dans plusieurs contrées du globe, où il forme des amas considérables, intercalés le plus souvent dans des couches de gypse appartenant aux terrains de sédiment moyen. Dans cet état, il porte le nom de *sel gemme*.

Extraction. — On extrait le chlorure de sodium, soit directement des mines qui le renferment, soit par l'évaporation des eaux de la mer ou des eaux salées.

Les principales mines de sel gemme sont celles de Cordoue en Espagne et celle de Vieliczka en Pologne ; ces dernières s'étendent sur une surface immense depuis Cracovie jusqu'à la chaîne des Crapacks. Lorsque le sel gemme est pur, on l'extrait simplement du sol et on le pulvérise pour le livrer au commerce. Quand il contient des matières étrangères, on le purifie en le faisant dissoudre dans l'eau et en évaporant ensuite la dissolution. Cette opération se fait dans la mine même.

La plus grande partie du sel que nous consommons nous est fournie par les eaux de la mer. Ces eaux renferment en moyenne pour cent

Chlorure de sodium.	2,72
— de potassium.	0,01
— de magnésium	0,61
Sulfate de magnésie.	0,76
— de chaux.	0,02
Carbonates de chaux et de magnésie.	0,02
— de potasse	0,02
Iodures et bromures.	traces
Eau.	95,81
	100,00

Pour extraire de ces eaux le chlorure de sodium, qui prend alors le nom de sel marin, on creuse sur le bord de la mer de vastes bassins appelés *marais salants*. Ces bassins, très larges et peu profonds, sont divisés en une série de compartiments ou réservoirs dans lesquels l'eau de mer est successivement introduite par des canaux, pour y être soumise à une évaporation spontanée. L'eau abandonne d'abord le carbonate et le sulfate de chaux, qui se déposent dans les premiers réservoirs; puis elle passe dans d'autres bassins où elle se concentre de plus en plus, jusqu'au moment où elle abandonne le sel, qui cristallise dans les derniers réservoirs, nommés *tables salantes*. Une partie de l'eau mère doit être rejetée avant qu'elle ait déposé la totalité du sel qu'elle renferme, pour empêcher que les sels de magnésie qu'elle tient encore en dissolution se déposent à leur tour et se mélangent avec le sel marin.

Le procédé que nous venons de décrire est employé en France, sur les côtes de l'Océan et de la Méditerranée. Dans le nord de l'Europe, on emploie un procédé tout différent, qui consiste à concentrer l'eau de mer par la congélation : une grande partie de l'eau se sépare à l'état de glace, et la liqueur qui reste contient alors assez de sel pour qu'on puisse l'évaporer avantageusement par le feu.

Il existe en Allemagne, en Prusse, en Savoie et dans quelques autres contrées des sources salées que l'on exploite pour en extraire le chlorure de sodium. Comme les eaux de ces sources ne sont pas généralement très concentrées, on est obligé, avant de les évaporer par le feu, de les soumettre à une première évaporation à l'air libre. Cette opération s'exécute au moyen de grands appareils nommés *bâtiments de graduation*, lesquels consistent (*fig.* 97) en un assemblage de pièces de charpente reposant sur des piliers en maçonnerie, et dont les intervalles sont comblés par des fagots d'épines F. Au-dessous du bâtiment est un grand bassin BB' qui reçoit les eaux concentrées par l'évaporation; au-dessus est un canal dans lequel sont amenées, au moyen d'une pompe, les eaux de la source. Celles-ci s'échappent du canal par de petites ouvertures pratiquées le long de ses parois latérales et descendent lentement à travers les fagots, sur lesquels elles se répandent en couches minces, de manière à présenter au vent une grande surface d'évaporation. On recommence plusieurs fois la même opération, jusqu'à ce que l'eau salée ait acquis un degré suffi-

sant de concentration, après quoi on la retire du bassin BB'
pour la porter dans des chaudières où on achève de l'évaporer.

Fig. 97.

Usages. — Les usages du sel marin sont très nombreux : il
fait partie de la nourriture de l'homme et d'un grand nombre
d'animaux; on l'emploie pour conserver les viandes, pour
amender les terres, pour préparer le chlore, l'acide chlorhydrique, le sulfate de soude, le sel ammoniac et une foule
d'autres produits chimiques.

Ammonium.

365. *Ammonium* (AzH^4). — Si l'on place un globule de mercure dans une cavité creusée à la surface d'un fragment de
chlorure de potassium KCl légèrement humecté, et qu'on mette
ensuite le pôle négatif d'une pile en communication avec le
mercure, tandis que le pôle positif communique avec le chlorure de potassium, on voit bientôt le mercure se gonfler et se
transformer en un amalgame de potassium dont on peut extraire ce dernier métal par la distillation.

La même expérience faite en remplaçant le chlorure de potassium par un fragment de chlorhydrate d'ammoniaque AzH^3, HCl, vulgairement appelé *sel ammoniac*, donne un résultat semblable. On voit aussitôt le mercure se gonfler en une masse métallique brillante, ayant la consistance du beurre, commune à tous les amalgames.

Dans cette seconde expérience, un métal auquel on a donné le nom d'*ammonium* s'est donc séparé du chlorhydrate d'ammoniaque pour s'unir au mercure. Mais il n'est pas possible de l'isoler; car l'amalgame d'ammonium, abandonné à lui-même, se détruit presque aussitôt et se transforme en mercure, qui reste, et en un mélange gazeux renfermant un volume d'azote et quatre volumes d'hydrogène, d'où la formule AzH^4 par laquelle on représente l'ammonium.

L'existence d'un métal composé n'a rien qui doive nous surprendre; car nous avons vu (254) un autre corps composé, le cyanogène C^2Az, jouer le rôle d'un métalloïde analogue au chlore, au brome et à l'iode. L'ammonium, il est vrai, n'a pu être isolé; mais il en est de même du fluor, dont l'existence est cependant admise par tous les chimistes. Nous allons voir d'ailleurs que tout tend à prouver que l'ammonium existe en combinaison dans les sels ammoniacaux.

Sels ammoniacaux.

366. *Constitution des sels ammoniacaux.* — L'ammoniaque ou gaz ammoniac AzH^3 se combine directement avec les hydracides, tels que les acides chlorhydrique, bromhydrique, iodhydrique, pour former des composés (chlorhydrate d'ammoniaque AzH^3,HCl, bromhydrate d'ammoniaque AzH^3,HBr, iodhydrate d'ammoniaque AzH^3,HI) entièrement analogues par leurs formes cristallines et par leurs propriétés chimiques au chlorure, au bromure et à l'iodure correspondants de potassium.

Mais il n'en est pas de même avec les oxacides, tels que les acides carbonique, sulfurique, azotique, etc. Pour que l'ammoniaque puisse jouer vis-à-vis d'eux le rôle de base, *il est nécessaire qu'elle s'adjoigne un équivalent d'eau.*

Ainsi hydratée, l'ammoniaque AzH^3HO possède toutes les propriétés basiques et alcalines de la potasse et de la soude. Elle se combine avec les oxacides et forme des sels, par exemple, le sulfate d'ammoniaque AzH^3HO,SO^3, l'azotate d'ammoniaque

AzH^3HO, AzO^3, etc., complètement analogues par leurs formes cristallines et par leurs propriétés chimiques aux sels correspondants de potasse.

Or, cet isomorphisme, joint à cette ressemblance parfaite de propriétés chimiques entre les sels ammoniacaux et les sels de potasse, a conduit la plupart des chimistes à admettre que les sels ammoniacaux sont constitués, non par l'ammoniaque AzH^3, mais *par l'ammonium* AzH^4, jouant le rôle d'un métal semblable au potassium et formant comme ce dernier, en se combinant avec l'oxygène, une base énergique, *l'oxyde d'ammonium* $(AzH^4)O$. D'après cela,

Le chlorhydrate d'ammoniaque	AzH^3HCl
Devient du *chlorure d'ammonium*	$(AzH^4)Cl.$
L'ammoniaque basique ou hydratée	AzH^3,HO
Devient de l'*oxyde d'ammonium*	$(AzH^4)O.$
Le sulfate d'ammoniaque	AzH^3HO,SO^3
Devient du *sulfate d'oxyde d'ammonium*	$(AzH^4)O,SO^3.$

Comme preuve de l'existence de l'ammonium dans la constitution des sels ammoniacaux, nous rappellerons ici l'expérience que nous avons citée (150). Si l'on met au fond d'un verre un peu d'amalgame de potassium HgK, et qu'on verse par-dessus une dissolution de chlorhydrate d'ammoniaque, on voit immédiatement se former un amalgame volumineux d'ammonium $Hg(AzH^4)$, et il reste dans la liqueur du chlorure de potassium KCl : $HgK + (AzH^4)Cl = Hg(AzH^4) + KCl$.

C'est, comme on le voit, une double décomposition: le potassium s'unit au chlore et se substitue à l'ammonium, lequel se porte sur le mercure pour constituer l'amalgame.

Cette manière de considérer les sels ammoniacaux comme des composés d'ammonium AzH^4 * a donc pour elle toutes les apparences de la réalité. Elle explique les propriétés basiques et alcalines de l'ammoniaque, et l'analogie parfaite de ses divers composés avec les sels métalliques, particulièrement avec les sels de potasse et de soude.

---

* Nous avons vu (251) que le cyanogène C^2Az est souvent représenté par le symbole simple Cy. On pourrait de même représenter l'ammonium AzH^4 par le symbole Am. Ainsi, au lieu de donner au sulfate d'ammoniaque, par exemple, la formule AzH^4O,SO^3, on écrirait AmO,SO^3, ce qui aurait pour avantage d'abréger les formules en les simplifiant.

20.

367. *Caractères des sels ammoniacaux.*— Les sels ammoniacaux sont incolores, d'une saveur piquante, solubles dans l'eau. La chaleur les volatilise ou les décompose : ceux dont l'acide est gazeux à la température ordinaire se volatilisent sans altération ; tous les autres sont plus ou moins complètement décomposés.

Tous les sels ammoniacaux dégagent de l'ammoniaque lorsqu'on les chauffe légèrement avec une base alcaline, la potasse, la soude, la chaux, etc. Ce dégagement d'ammoniaque, si facile à reconnaître par son odeur vive et pénétrante, est caractéristique de cette classe de sels.

Une dissolution de bichlorure de platine versée dans la dissolution d'un sel ammoniacal y produit un précipité jaune de chlorure double de platine et d'ammonium semblable à celui que donnent les sels de potasse. Mais on distingue facilement ces deux précipités à l'odeur ammoniacale que répand le premier dès qu'on le chauffe avec un oxyde alcalin.

Les sels ammoniacaux les plus importants par leurs usages sont le *sesquicarbonate,* le *sulfate,* le *phosphate,* l'*azotate,* le *chlorhydrate* ou chlorure d'ammonium et le *sulfhydrate* ou sulfure d'ammonium.

Principaux sels ammoniacaux.

368. *Sesquicarbonate d'ammoniaque* ou *d'oxyde d'ammonium* ($2AzH^4O, HO, 3CO^2$). — Ce sel, que l'on désigne vulgairement sous le nom de *sel volatil d'Angleterre,* a une saveur caustique et une odeur ammoniacale très prononcée ; il cristallise en octaèdres qui renferment 5 équivalents d'eau. Exposé à l'air, il dégage de l'ammoniaque et se transforme peu à peu en bicarbonate. Sa réaction est fortement alcaline.

Ce sel prend naissance dans la distillation de toutes les matières animales azotées. On le prépare en chauffant dans une cornue un mélange de carbonate de chaux et de sulfate d'ammoniaque ; il se forme du sulfate de chaux qui reste dans la cornue, et le sesquicarbonate d'ammoniaque se volatilise en même temps qu'une certaine quantité de gaz ammoniac.

Le sesquicarbonate d'ammoniaque est employé en médecine et dans les laboratoires.

On connaît deux autres carbonates d'ammoniaque : le bicarbonate $AzH^4O, HO, 2CO^2$ et le carbonate neutre AzH^4O, CO^2. Mais ce dernier n'a pu être encore isolé.

369. *Sulfate d'ammoniaque* (AzH^4O, SO^3). — Le sulfate d'ammoniaque est un sel incolore, d'une saveur amère et piquante; il est très soluble dans l'eau et cristallise en prismes à six pans. La chaleur le décompose et le transforme en sulfite d'ammoniaque.

On prépare ce sel dans les laboratoires en saturant une dissolution d'ammoniaque par de l'acide sulfurique ordinaire. Dans les arts, on l'obtient en chauffant des matières animales avec de la chaux et en recueillant dans de l'acide sulfurique étendu l'ammoniaque qui se dégage.

Ce sel est employé dans la fabrication du sesquicarbonate d'ammoniaque, du chlorure d'ammonium ou chlorhydrate d'ammoniaque, de l'alun ammoniacal et de quelques engrais artificiels.

370. *Phosphate d'ammoniaque* ($2AzH^4O, HO, PhO^5$). — Le phosphate d'ammoniaque est un sel incolore, sans odeur, cristallisé en prismes à quatre pans. La chaleur le décompose en ammoniaque qui se dégage et en acide phosphorique monohydraté PhO^5, HO, qui prend l'aspect d'une masse de verre fondu.

On obtient le phosphate d'ammoniaque en versant un léger excès d'ammoniaque dans du phosphate acide de chaux. Il se précipite un phosphate de chaux insoluble, et le phosphate d'ammoniaque reste en dissolution dans la liqueur. Ce sel existe tout formé dans l'urine humaine, associé à des phosphates de soude et de magnésie.

On a proposé l'emploi du phosphate d'ammoniaque pour rendre les étoffes incombustibles. Une gaze imprégnée d'une dissolution de ce sel et exposée à l'action du feu se carbonise sans donner de flamme, parce que l'acide phosphorique qui résulte de la décomposition du sel ammoniacal recouvre le tissu d'un enduit vitreux qui le préserve du contact de l'air.

371. *Azotate d'ammoniaque* (AzH^4O, AzO^5). — L'azotate d'ammoniaque est un sel incolore, légèrement déliquescent, d'une saveur âcre et piquante; il est très soluble dans l'eau et cristallise en longues aiguilles prismatiques. La chaleur le décompose entièrement en protoxyde d'azote et en eau :

$$AzH^4O, AzO^5 = 2 AzO + 4 HO.$$

On obtient ce sel directement, en versant un léger excès d'ammoniaque dans de l'acide azotique étendu. Il sert, comme nous l'avons vu (123), à la préparation du protoxyde d'azote.

372. *Chlorure d'ammonium ou chlorhydrate d'ammoniaque* (AzH^4Cl). — Le chlorure d'ammonium ou chlorhydrate d'ammoniaque est vulgairement appelé sel *ammoniac*. Il est incolore, d'une saveur piquante et sans odeur sensible. Il cristallise en longues aiguilles qui se groupent sous la forme de barbes de plumes et qui sont elles-mêmes composées d'une foule de petits octaèdres réguliers. Ce sel est soluble dans l'eau et dans l'alcool. Chauffé au rouge sombre, il se volatilise sans se décomposer.

Fig. 98.

Le sel ammoniac a été pendant longtemps fabriqué en Égypte. On le retirait de la fiente des chameaux, où il existe tout formé en assez grande proportion. On brûlait cette fiente dans des cheminées, et il suffisait ensuite de recueillir la suie et de la calciner dans de grands ballons de verre. Le sel se sublimait peu à peu et venait former une croûte hémisphérique dans la partie supérieure des ballons (*fig.* 98).

On prépare actuellement le sel ammoniac en chauffant un mélange de sulfate d'ammoniaque et de sel marin ; il se forme, par double décomposition, du chlorure d'ammonium qui se volatilise, et il reste du sulfate de soude :

$$AzH^4O,SO^3 + NaCl = AzH^4Cl + NaO,SO^3.$$

Le sel ammoniac sert dans les laboratoires à préparer l'ammoniaque. On l'emploie dans les arts pour décaper les métaux, dont il transforme les oxydes en chlorures volatils. On l'utilise également pour quelques opérations de teinture.

373. *Sulfure d'ammonium* ou *sulfhydrate d'ammoniaque* (AzH^4,S). — L'ammoniaque en se combinant directement avec l'acide sulfhydrique forme le sulfure d'ammonium ou sulfhydrate d'ammoniaque AzH^4,S, composé cristallisable analogue au sulfure de potassium KS.

Le sulfure d'ammonium prend naissance dans la décomposition des matières organiques qui contiennent du soufre. On l'obtient en faisant passer un courant d'acide sulfhydrique dans une dissolution d'ammoniaque. Ainsi préparé, le sulfure d'ammonium est un réactif très souvent employé dans les laboratoires pour l'analyse des sels ou autres composés métalliques.

Résumé.

I. Le *sodium* ressemble beaucoup au potassium. Comme lui il absorbe l'oxygène de l'air et il décompose l'eau à la température ordinaire, mais avec moins d'énergie et sans produire de flamme. On le prépare de la même manière que le potassium.

II. La *soude caustique* ou hydrate de soude NaO,HO ressemble exactement à la potasse et se prépare de la même manière. On distingue ces deux corps l'un de l'autre par le bichlorure de platine : ce réactif ne donne pas de précipité avec la soude, tandis qu'il forme avec la potasse un précipité jaune de chlorure double de platine et de potassium.

III. Le *carbonate de soude* brut ou *soude du commerce* NaO,CO^2 s'obtient soit en lessivant les cendres de certaines plantes marines (soude naturelle), soit en décomposant le sulfate de soude par un mélange de carbonate de chaux et de charbon (soude articielle).

IV. Le *sulfate de soude* NaO,SO^3 + 10HO est un sel blanc, efflorescent, soluble dans l'eau. On le prépare en traitant le sel marin ou chlorure de sodium par l'acide sulfurique :

$$NaCl + SO^3,HO = HCl + NaO,SO^3.$$

V. Le *borate de soude* ou *borax* NaO,2 BO^3 + 10HO, cristallise en octaèdres ou en prismes rhomboïdaux incolores. Ce sel existe tout formé en dissolution dans certains lacs de l'Asie. On l'obtient artificiellement en chauffant dans de l'eau bouillante un mélange d'acide borique et de carbonate de soude.

VI. Le *chlorure de sodium* ou *sel marin* NaCl est blanc, soluble dans l'eau, d'une saveur caractéristique. Il cristallise en cubes. On le trouve en dissolution dans la mer et dans les eaux de certaines sources. Il existe également en amas considérables dans quelques terrains (sel gemme).

VII. L'*ammonium* AzH^4 est un métal composé, que l'on n'a pu jusqu'à présent isoler de ses combinaisons. On l'obtient à l'état d'amalgame en décomposant par la pile le chlorure d'ammonium ou chlorhydrate d'ammoniaque.

VIII. Les sels ammoniacaux se divisent en deux catégories :

1° Ceux qui sont formés par les oxacides, et dans lesquels l'ammoniaque est toujours unie à 1 équivalent d'eau AzH^3HO ou AzH^4O (oxyde d'ammonium); exemple : sulfate d'ammoniaque ou d'oxyde d'ammonium AzH^4O,SO^3.

2° Ceux qui sont formés par les hydracides, avec lesquels l'ammoniaque AzH^3 est simplement combinée, et que l'on doit considérer comme des composés d'ammonium ; exemple : le chlorhydrate d'ammoniaque ou chlorure d'ammonium AzH^3,HCl ou AzH^4Cl.

IX. Les principaux sels ammoniacaux sont le carbonate, le sulfate, le phosphate, l'azotate et le chlorhydrate d'ammoniaque.

CHAPITRE XXII.

Suite des métaux de la première section. — Barium. — Strontium. — Calcium. — Leurs composés les plus usuels. — Oxydes de barium; sels de baryte. — Chaux et mortiers. — Sels de chaux. — Carbonate de chaux; calcaires. — Sulfate de chaux; plâtre. — Chlorure de chaux.

BARIUM.

Équivalent Ba = 68,50.

374. *Barium.* — Ce métal a été découvert en 1808, en même temps que le potassium et le sodium, par H. Davy. Il est mou et environ quatre fois plus dense que l'eau. Fraîchement coupé, il a la couleur et l'éclat de l'argent ; mais il se ternit promptement au contact de l'air, qui le transforme en hydrate et en carbonate de baryte.

On prépare le barium en décomposant par la pile la baryte ou le chlorure de barium. L'oxygène ou le chlore se rend au pôle positif, et le métal est recueilli au pôle négatif dans une petite capsule de platine contenant un peu de mercure.

Oxydes de barium, baryte. Sels de baryte.

375. *Oxydes de barium : baryte, bioxyde de barium.* — Le barium forme avec l'oxygène deux combinaisons : le *pro-*

toxyde BaO, que l'on désigne sous le nom de *baryte*, et le *bioxyde* BaO².

La *baryte* BaO est une substance solide, d'aspect spongieux et de couleur grisâtre, infusible et fixe à la température de nos fourneaux. Son affinité pour l'eau est tellement grande, qu'elle devient incandescente et fait entendre un bruit semblable à celui que produirait un fer rouge, lorsqu'on laisse tomber dessus quelques gouttes de ce liquide. Elle forme alors un hydrate BaO,HO qui se dissout assez facilement dans l'eau et dont la réaction est fortement alcaline.

On extrait la baryte du sulfate de baryte, qui existe abondamment dans la nature. Pour cela, on commence par transformer ce sulfate en sulfure de barium BaS, en le calcinant dans un creuset avec du charbon. On traite ensuite la matière par de l'eau bouillante qui dissout le sulfure de barium, puis on verse dans la dissolution de l'acide azotique qui transforme le sulfure en azotate de baryte, avec dégagement d'acide sulfhydrique :

$$BaS + AzO^5 + HO = HS + BaO,AzO^5.$$

En évaporant la liqueur on obtient de l'azotate de baryte cristallisé. On introduit ce sel dans une cornue de fer ou de grès que l'on chauffe au rouge blanc dans un fourneau à réverbère. L'azotate se décompose, et il reste dans la cornue de la baryte caustique et anhydre.

La baryte est souvent employée comme réactif dans les laboratoires.

Le *bioxyde de barium* BaO² s'obtient en chauffant la baryte au rouge sombre dans un tube de porcelaine que traverse un courant d'air ou d'oxygène. Ce composé a une teinte un peu plus grise que la baryte; comme elle, il se combine facilement avec l'eau et forme un hydrate très peu soluble.

Chauffé au rouge blanc, le bioxyde de barium abandonne la moitié de son oxygène et repasse à l'état de protoxyde. Nous avons vu (30) comment on a tiré parti de ce fait pour extraire l'oxygène de l'air atmosphérique.

Le bioxyde de barium sert à la préparation de l'eau oxygénée ou bioxyde d'hydrogène (54).

376. *Sels de baryte.* — Les sels de baryte solubles ont pour caractère essentiel de former avec l'acide sulfurique un précipité blanc de sulfate de baryte complétement insoluble dans l'eau et dans les acides. Ils colorent les flammes en vert pâle, d'où leur usage en pyrotechnie pour obtenir les feux verts dits de Bengale.

STRONTIUM.

Équivalent St = 44.

377. *Strontium.* — Ce métal a été découvert, comme le barium, par H. Davy. Il est jaune et a pour densité 2,5. Il décompose l'eau à froid et s'oxyde rapidement à l'air. On l'obtient par le même procédé que pour le barium, en décomposant par la pile la strontiane ou le chlorure de strontium.

Le strontium forme avec l'oxygène la *strontiane* ou oxyde de strontium StO, très analogue à la baryte. Cet oxyde combiné avec les acides donne les sels de strontiane, dont quelques-uns, tels que le carbonate et le sulfate, existent dans la nature.

Les sels de strontiane se distinguent des sels de baryte, parce qu'ils colororent les flammes en rouge. Comme ces derniers, on les emploie en pyrotechnie pour obtenir les feux rouges de Bengale.

CALCIUM.

Équivalent Ca = 20.

378. *Calcium.* — Le calcium est un métal jaune doué d'un vif éclat ; mais il se ternit promptement à l'air humide, et se convertit en hydrate et en carbonate de chaux ; il brûle dans l'air avec une flamme blanche, très brillante.

Le calcium a d'abord été obtenu par H. Davy en décomposant son chlorure par la pile. On le prépare aujourd'hui, d'après le procédé de MM. Liès Bodart et Jobin, en décomposant, dans un creuset de fer chauffé au rouge, l'iodure de calcium par le sodium.

Oxydes de calcium, chaux, mortiers. Sels de chaux.

379. *Oxydes de calcium.* — Le calcium forme avec l'oxygène deux oxydes : le protoxyde de calcium ou la *chaux* CaO, et un bioxyde CaO^2 que l'on obtient en faisant agir de l'eau oxygénée sur de la chaux.

380. *Chaux,* CaO.— La chaux ou protoxyde de calcium CaO est une matière blanche, amorphe, d'une saveur caustique; sa densité est 2,3 environ. Elle verdit le sirop de violettes et ramène au bleu la teinture de tournesol; elle est infusible et indécomposable par la chaleur.

La chaux a une très grande affinité pour l'eau. Lorsqu'elle se combine avec ce liquide, elle augmente considérablement de volume, et elle produit une élévation de température que l'on évalue à 300°, laquelle est suffisante pour enflammer la poudre. Elle forme alors un hydrate de chaux CaO,HO qui est pulvérulent, léger, doux au toucher. La chaux hydratée a perdu en grande partie sa causticité; on la désigne vulgairement sous le nom de *chaux éteinte,* pour la distinguer de la *chaux vive* ou chaux anhydre.

L'eau ne dissout qu'une très petite proportion de chaux, environ un millième. Cette dissolution, nommée *eau de chaux,* est fréquemment employée comme réactif dans les laboratoires.

Exposée à l'air, la chaux vive se désagrège et tombe en poussière: on dit alors qu'elle se *délite*. Ce phénomène est produit par l'acide carbonique et la vapeur d'eau, que la chaux absorbe rapidement pour se transformer en un mélange de carbonate et d'hydrate de chaux $CaO,CO^2 + CaO,HO$.

On prépare la chaux en décomposant par la chaleur le carbonate de chaux naturel (pierres calcaires). Cette opération se fait dans des fours en briques de trois à quatre mètres de hauteur, appelés *fours à chaux* (*fig.* 99). Après avoir rempli le four de pierres calcaires, on allume sur la grille du foyer des fagots de broussailles ou de la tourbe, et on entretient la combustion jusqu'à ce que toute la pierre calcaire soit complètement calcinée. Quand la cuisson est achevée, on retire la chaux par des ouvertures pratiquées à la partie inférieure du four, et on recommence l'opération.

Dans quelques localités, on emploie des fours à calcination continue qui économisent beaucoup mieux la chaleur. La pierre calcaire est introduite par la partie supérieure du four, mêlée au combustible, qui est généralement de la houille. A mesure que les charges descendent, on retire les fragments de chaux par des ouvertures inférieures, et on les remplace aussitôt par do nouvelles charges do calcairo et de combustible. De cotto manière, l'opération n'est jamais interrompue.

Fig. 99.

381. *Variétés de chaux ; chaux grasses, chaux maigres, chaux hydrauliques.* Les qualités de la chaux ainsi préparée varient suivant le degré de pureté des pierres calcaires que l'on emploie. Lorsque ces pierres ne renferment que du carbonate de chaux presque pur, la chaux que l'on obtient jouit de toutes les propriétés que nous avons précédemment indiquées ; elle s'échauffe facilement et augmente beaucoup de volume au contact de l'eau : on l'appelle *chaux grasse.*

Si la pierre calcaire, au lieu d'être pure, contient des quantités un peu considérables de matières étrangères, telles que de l'argile, de la magnésie, de l'oxyde de fer, etc., la chaux qu'elle fournit ne possède plus les mêmes propriétés ; elle ne s'échauffe que faiblement et n'augmente que très peu de volume au contact de l'eau : on la nomme alors *chaux maigre.*

Enfin, lorsque les pierres calcaires renferment de l'argile dans la proportion de 10 à 25 pour 100 de leur poids, elles donnent une autre espèce de chaux qui jouit de la propriété remarquable de se solidifier sous l'eau au bout d'un certain temps, et que l'on nomme pour cette raison *chaux hydraulique.*

La chaux a de nombreux usages : elle sert à préparer la potasse et la soude, à purifier le gaz à éclairage; on l'emploie dans la fabrication des bougies stéariques, dans le tannage des cuirs, et pour amender les terres, etc. Mais son principal usage consiste dans la préparation des mortiers.

382 *Mortiers; mortier ordinaire, mortier hydraulique.* — On donne le nom de *mortiers* aux matières destinées à unir entre eux les matériaux employés dans les constructions. Il existe deux sortes de mortiers : le mortier ordinaire et le mortier hydraulique.

Le *mortier ordinaire* est un mélange de chaux éteinte et de sable. Exposé à l'air pendant un certain temps, ce mélange acquiert une grande dureté et peut ainsi servir à relier entre elles les pierres, les briques et autres matériaux en usage dans la maçonnerie.

On a cru pendant longtemps que la solidification du mortier ordinaire était due à une combinaison chimique de la chaux avec l'acide silicique dont se compose le sable, c'est-à-dire à la formation d'un silicate de chaux. Mais il n'en est rien : le mortier se solidifie parce que l'eau en excès s'évapore, et que la chaux se transforme au contact de l'air en un mélange de carbonate et d'hydrate de chaux qui possède une grande consistance. Le sable ne joue donc qu'un rôle mécanique et secondaire, dont le but est d'augmenter la dureté du mortier et d'en favoriser l'adhérence avec les matériaux qu'il sert à unir.

Le *mortier hydraulique* n'est autre chose que de la chaux hydraulique employée seule ou mélangée avec du sable. Ce mortier jouit de la propriété de se solidifier sous l'eau; on l'emploie par conséquent dans la construction des canaux, des écluses, des ponts, des égouts, des aqueducs, etc. Le mortier connu sous le nom de *ciment romain* est composé de chaux hydraulique contenant 30 à 40 pour 100 d'argile. Ce mortier est surtout remarquable par la rapidité avec laquelle il se solidifie sous l'eau et par la grande dureté qu'il y acquiert avec le temps, ainsi qu'on peut le voir sur les débris des monuments que nous ont laissés les Romains.

Le durcissement de la chaux et des mortiers hydrauliques en contact avec l'eau est dû à une cause différente de celle qui produit la solidification du mortier ordinaire dans l'air atmosphérique. Une action chimique intervient ici entre la chaux et les principes de l'argile (silice et alumine); il en résulte la formation d'un silicate double de chaux et d'alumine, qui, en s'hydratant, devient extrêmement dur et complètement insoluble.

383. *Béton.* — On donne le nom de *béton* à un mélange de mortier hydraulique, de cailloux ou de petites pierres anguleuses. En appliquant une couche de béton sur un terrain humide ou sablonneux, on transforme celui-ci en un sol imperméable, sur lequel on peut ensuite établir de solides fondations. On emploie particulièrement le béton dans la construction des écluses, des canaux et autres réservoirs d'eau.

384. *Sels de chaux.* — Les sels de chaux se distinguent des sels de potasse, de soude et d'ammoniaque parce qu'ils forment avec les carbonates alcalins (carbonates de potasse ou de soude) un précipité blanc de carbonate de chaux.

Ils se distinguent des sels de baryte et de strontiane parce que leurs dissolutions, suffisamment étendues, ne précipitent pas avec l'acide sulfurique.

L'oxalate d'ammoniaque donne avec les sels de chaux un précipité blanc d'oxalate de chaux, insoluble dans l'acide acétique et qui par la calcination se convertit en chaux vive, facile à reconnaître.

Les principaux sels de chaux sont le *carbonate*, le *sulfate* et le composé connu sous le nom de *chlorure de chaux*.

Carbonate de chaux et calcaires; sulfate de chaux et plâtre.
Chlorure de chaux.

385. *Carbonate de chaux* (CaO,CO_2). — Le carbonate de chaux se trouve dans la nature cristallisé sous deux formes différentes et incompatibles : le rhomboèdre et le prisme droit à base rectangle. Le carbonate de chaux rhomboédrique (*fig.* 100) est connu sous le nom de *spath d'Islande;* il est incolore, transparent, et présente le phénomène de la double réfraction. Le carbonate de chaux prismatique (*fig. 101*), que l'on désigne en

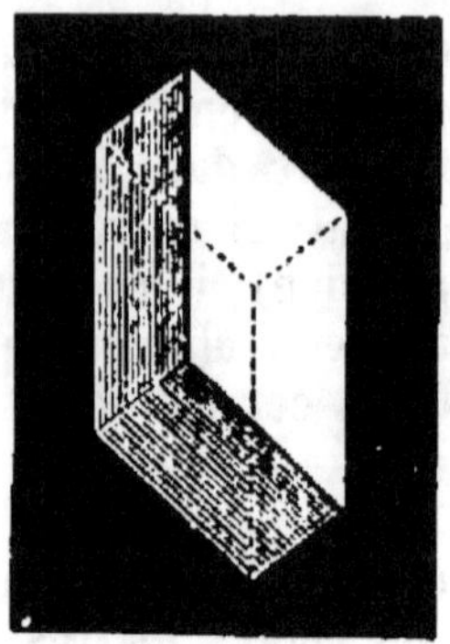

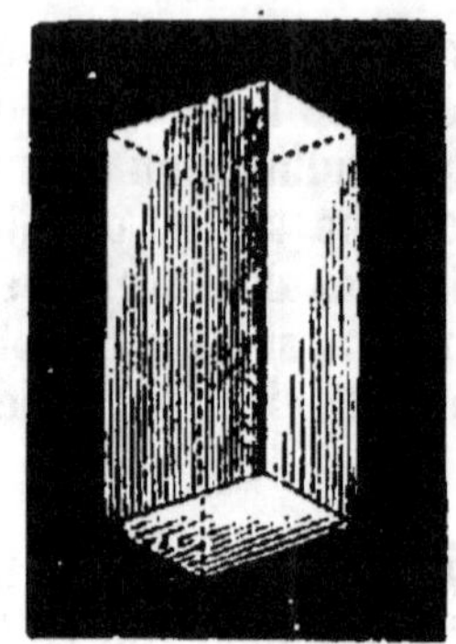

Fig. 100.   Fig. 101.

minéralogie sous le nom d'*arragonite*, est dense, compacte, d'un blanc laiteux, moins commun que le spath d'Islande.

Soumis à l'action de la chaleur, le carbonate de chaux se décompose en acide carbonique et en chaux vive. Mais si, au lieu de le calciner à l'air libre, on le chauffe dans un canon de fusil fermé hermétiquement, de manière à empêcher le dégagement de l'acide carbonique, le carbonate de chaux entre en fusion sans se décomposer et prend, en se refroidissant, une texture cristalline qui lui donne complètement l'aspect et la dureté du marbre.

Le carbonate de chaux est presque insoluble dans l'eau pure; mais il se dissout en assez forte proportion dans l'eau chargée d'acide carbonique. Il est probable qu'il passe alors à l'état de bicarbonate de chaux.

586. *Calcaires.* — On donne le nom de *calcaires* ou *pierres calcaires* à toutes les roches composées de *carbonate de chaux* CaO,CO². Ces roches forment la plus grande partie des terrains de sédiment et présentent de nombreuses espèces ou variétés, dont les principales sont le *calcaire grossier* ou pierre à bâtir des environs de Paris, le *calcaire lithographique*, le *marbre*, la *craie*, les *albâtres*, etc.

La plupart des sources naturelles contiennent du carbonate de chaux dissous à la faveur d'un excès d'acide carbonique.

Ce sont les eaux de ces sources qui, en filtrant à travers les rochers, forment à la voûte et sur le sol de certaines grottes ces dépôts cristallins à structure élégante connus sous les noms de *stalactites* et de *stalagmites* (*fig.* 102). Ce sont elles

Fig. 102.

aussi qui produisent, en s'évaporant à l'air, ces incrustations calcaires, semblables à des pétrifications, dont se recouvre peu à peu la surface des objets que l'on expose à leur action.

387. *Sulfate de chaux* (CaO,SO^3). — Le sulfate de chaux se trouve dans la nature sous deux états : le sulfate de *chaux anhydre* CaO,SO^3, et le *sulfate de chaux bihydraté* $CaO,SO^3 +$ $2HO$, nommé *gypse* ou *pierre à plâtre*. Nous ne nous occuperons que de ce dernier, le premier étant sans intérêt au point de vue pratique.

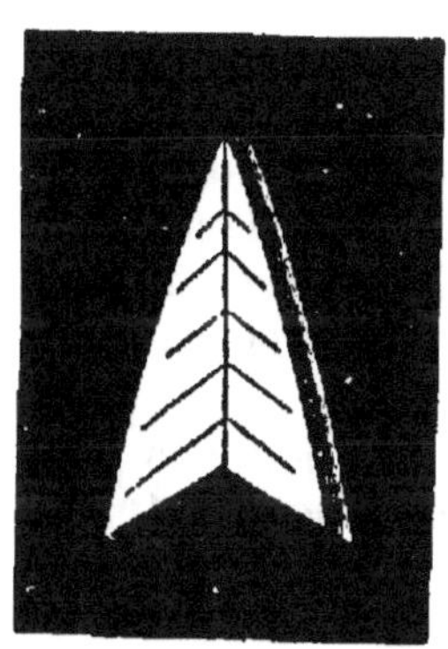

Fig. 103.

Le *gypse* se présente parfois sous la forme de cristaux incolores et transparents groupés en fers de lance (*fig.* 103), ou en lentilles plus ou moins aplaties. Mais le plus souvent on le trouve en masses volumineuses et compactes de couleur jaunâtre et offrant une structure grenue et cristalline. Il constitue alors la *pierre à plâtre*, que l'on rencontre dans quelques parties du terrain secondaire, au voisinage du sel gemme, et dans le terrain tertiaire inférieur. La pierre à plâtre des environs de Paris (Montmartre, Pantin, Belleville) appartient à cette formation géologique.

Soumis à l'action d'une température peu élevée (120° à 130°), le gypse blanchit, perd sa cohésion, devient anhydre et passe à l'état de *plâtre*. Si on le met alors en contact avec de l'eau, il s'hydrate de nouveau, en se combinant avec les deux équivalents d'eau que la chaleur lui avait fait perdre, et il reprend presque aussitôt sa cohésion et sa dureté premières. Ce phénomène s'accompagne toujours d'une légère élévation de température.

Le sulfate de chaux est peu soluble dans l'eau (environ 2 grammes par litre). Les eaux qui en sont saturées sont nommées *eaux séléniteuses*. Elles sont lourdes, indigestes, impropres au savonnage et à la cuisson des légumes. L'eau des puits de Paris est dans ce cas.

388. *Plâtre*. — Le *plâtre* employé dans les constructions et pour le moulage est, comme nous venons de le dire, du gypse ou sulfate de chaux bihydraté, privé de son eau par la calcination, mais possédant la propriété de s'hydrater de nouveau quand on le *gâche* avec de l'eau, et de se solidifier ensuite très promptement.

On prépare le plâtre dans des fours dits *fours à plâtre* (*fig.* 104), établis à l'entrée des carrières d'où l'on extrait le gypse. On commence par construire avec de grosses pierres à plâtre une série de petites voûtes sur lesquelles on entasse des fragments de la même pierre, qui doivent être de moins en moins volumineux en allant de bas en haut. On allume ensuite sous chaque voûte des fagots ou des broussailles, et on entretient le feu jusqu'à ce que toute la masse de gypse soit suffisamment calcinée, ce qui demande dix à douze heures. Quand l'opération est achevée, on démolit le tas et on choisit les morceaux convenablement cuits pour les pulvériser et les mettre en sacs.

Le plâtre destiné au moulage des objets d'art doit être plus pur et plus blanc que celui qui sert aux constructions. On le prépare en calcinant dans des fours de boulanger des fragments choisis de gypse cristallisé.

En gâchant du plâtre à mouler avec une dissolution de colle

forte, on obtient une matière nommée *stuc* avec laquelle on peut imiter le marbre. Quelquefois on ajoute au plâtre un peu d'alun

Fig. 101.

(*plâtre aluné*) ou de silicate de potasse (*plâtre silicaté*), ce qui lui donne plus de dureté, de blancheur, et même un certain degré de transparence.

389. *Phosphates de chaux.* — Il existe trois phosphates de chaux : le phosphate monobasique, dit phosphate acide $(CaO,2HO,PhO^5)$, le phosphate bibasique $(2CaO,HO,PhO^5)$ et le phosphate tribasique $(3CaO,PhO^5)$.

Ce dernier forme en grande partie la matière solide des os ; on le trouve aussi dans les végétaux, particulièrement dans les céréales. Les agriculteurs en font grand usage comme engrais.

Le phosphate acide de chaux, fondu à une haute température se transforme en un verre transparent que l'on peut travailler comme le verre ordinaire. Ce fait, récemment découvert (1883), permettra de fournir aux chimistes, des vases transparents pouvant résister à l'acide fluorhydrique (251).

Chlorure de chaux.

390. *Chlorure de chaux* (CaO,ClO + CaCl). — Lorsqu'on fait arriver un courant de chlore sur de la chaux hydratée, on obtient un mélange d'hypochlorite de chaux CaO,ClO et de chlorure de calcium CaCl, qui porte, dans le commerce, le nom de *chlorure de chaux* : 2CaO + 2Cl = (CaO,ClO + CaCl). Ce composé est blanc, amorphe, pulvérulent, très soluble dans l'eau, et répand à l'air l'odeur de l'acide hypochloreux.

Les acides, même les plus faibles, décomposent le chlorure de chaux et en dégagent l'acide hypochloreux; c'est ainsi que le chlorure de chaux, exposé à l'air, est décomposé par l'acide carbonique : (CaO,ClO + CaCl) + CO^1 = ClO + CaO,CO^2 + CaCl.

L'acide hypochloreux, mis ainsi en liberté, réagit sur les matières organiques et les détruit en s'emparant de leur hydrogène pour former de l'acide chlorhydrique et de l'eau.

Le chlorure de chaux est donc une source abondante de chlore, que l'on utilise dans l'industrie pour le blanchiment des étoffes, et comme désinfectant.

L'économie domestique et la médecine font encore usage de deux autres chlorures analogues : l'*eau de Javelle,* mélange d'hypochlorite de potasse et de chlorure de potassium (KO,ClO + KCl), et la *liqueur de Labarraque,* mélange d'hypochlorite de soude et de chlorure de sodium (NaO,ClO + NaCl). L'eau de Javelle est journellement employée pour le blanchissage du linge, et la liqueur de Labarraque pour le pansement des plaies de mauvaise nature. On les prépare l'une et l'autre en faisant arriver un courant de chlore dans une dissolution de potasse ou de soude du commerce.

Résumé.

I. Le *barium,* le *strontium* et le *calcium* sont trois métaux de la première section. Les deux premiers ont la couleur et l'éclat de l'argent, le troisième est jaune et brillant quand il est fraîchement coupé. On les obtient en réduisant par la pile leurs oxydes ou leurs chlorures.

II. Le barium forme avec l'oxygène deux combinaisons distinctes, la *baryte* ou protoxyde BaO et le bioxyde BaO^2. On prépare la baryte en calcinant l'azotate de baryte. On obtient le bioxyde de barium en chauffant la baryte au rouge sombre dans un courant d'air ou d'oxygène. Le strontium forme avec l'oxygène la *strontiane* ou oxyde de strontium StO, analogue à la baryte.

21.

III. Le *calcium* forme avec l'oxygène la *chaux*, ou protoxyde de calcium CaO, matière blanche, amorphe, d'une saveur caustique, ayant une grande affinité pour l'eau. On l'obtient en décomposant le carbonate de chaux par la chaleur.

IV. Les *mortiers* sont des matières destinées à unir entre eux les matériaux employés dans les constructions. Ils sont de deux sortes : les mortiers ordinaires et les mortiers hydrauliques. Les premiers sont un mélange de chaux et de sable, les seconds sont composés de chaux et d'argile.

V. On donne le nom de *calcaires* à toutes les roches composées de carbonate de chaux CaO,CO^2; ces roches forment la plus grande partie des terrains de sédiment.

VI. Le *plâtre* est du sulfate de chaux anhydre CaO,SO^3. On le prépare en calcinant dans des fours le *gypse* ou sulfate de chaux naturel CaO,SO^3+2HO.

VII. Le *phosphate tribasique de chaux* ou *phosphate des os* $3CaO,PhO^5$ se trouve abondamment dans la nature; la plupart des végétaux, principalement les céréales, en contiennent. L'agriculture en fait grand usage comme engrais.

VIII. On donne le nom de *chlorure de chaux* à un mélange d'hypochlorite de chaux et de chlorure de calcium $(CaO,ClO+CaCl)$. Ce composé se prépare en faisant arriver un courant de chlore sur de la chaux hydratée. On l'emploie pour blanchir les étoffes et comme désinfectant.

CHAPITRE XXIII.

Métaux de la deuxième section. — Magnésium. — Magnésie et sels de magnésie.— Carbonate et sulfate de magnésie.— Aluminium. — Alumine et sels d'alumine. — Aluns.

MAGNÉSIUM.

Équivalent Mg = 12.

391. *Propriétés physiques.* — Ce métal est solide, malléable et presque aussi blanc que l'argent; il fond vers 500° et se volatilise à la chaleur rouge, ce qui permet de le distiller. Sa densité est 1,75.

392. *Propriétés chimiques.* — Le magnésium s'oxyde beaucoup plus lentement à l'air que les métaux précédents ; il ne décompose l'eau que vers 100°. Mais de toutes les propriétés du magnésium, la plus remarquable et la plus importante est la facilité avec laquelle il s'enflamme et la lumière éblouissante qu'il produit. L'intensité de cette lumière est telle, qu'un fil de magnésium de 2 millimètres de diamètre émet, en brûlant à l'air, une lumière au moins égale à celle de 80 bougies ordinaires. On comprend tout le parti que l'on pourrait tirer de ce corps pour l'éclairage usuel, si l'élévation de son prix ne mettait un obstacle à son emploi. Déjà la photographie l'utilise avec avantage pour opérer dans des endroits obscurs. C'est par ce moyen que l'on a pu récemment photographier l'intérieur des pyramides d'Égypte.

393. *Préparation.* — Le magnésium a été isolé pour la première fois, en 1829, par M. Bussy, en chauffant dans un petit creuset de platine, dont le couvercle était maintenu par un fil de fer (*fig.* 105), un mélange de chlorure de magnésium et de potassium. Il se forme du chlorure de potassium, et le magnésium devient libre :

$$MgCl + K = KCl + Mg.$$

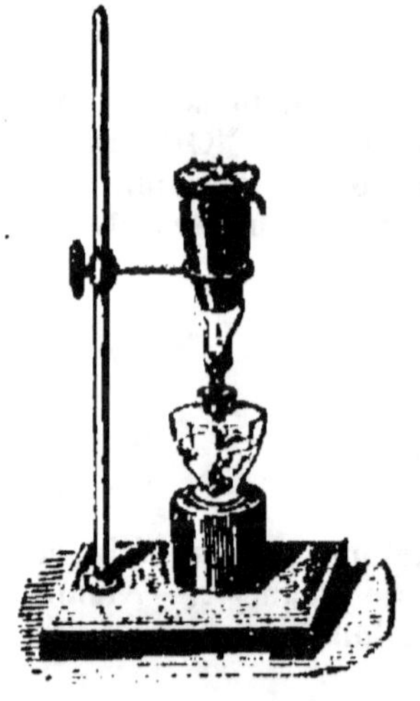
Fig. 105.

On traitait ensuite le mélange par de l'eau très froide qui dissolvait le chlorure de potassium et laissait le métal sous la forme de petits globules.

Ce procédé ne permettait d'obtenir le magnésium qu'en très petite proportion. MM. Deville et H. Caron ont trouvé un nouveau procédé d'extraction qui le donne aujourd'hui en quantité beaucoup plus considérable.

On fait un mélange de chlorure de magnésium et de sel marin, que l'on chauffe d'abord au rouge vif dans un creuset de platine. Lorsque la masse est en fusion tranquille, on la coule dans un récipient en fer bien décapé et bien sec. La substance ainsi obtenue est mise ensuite, avec un cinquième de son poids de sodium, dans un creuset en fer hermétiquement fermé, puis on chauffe au rouge blanc. Au bout de quelque temps, le chlorure de magnésium est décomposé par le sodium, qui s'est emparé du chlore et a mis le magnésium en liberté. On retire alors le creuset du feu et on le laisse refroidir. On lave ensuite la matière contenue avec de l'eau froide, afin de dissoudre les sels qui englobent le magnésium. Il ne reste plus qu'à dessécher le métal, et à le purifier en le distillant dans des vases en fer remplis d'hydrogène.

Le magnésium est actuellement livré au commerce sous la forme de fils ou de lamelles. On doit le conserver dans un air parfaitement sec, afin de le préserver de l'oxydation.

Magnésie ou oxyde de magnésium. Sels de magnésie.

391. *Magnésie* (MgO). — La magnésie ou oxyde de magnésium MgO est une substance blanche, légère, pulvérulente et insipide. Elle est infusible et presque insoluble dans l'eau, avec laquelle elle forme un hydrate MgO,HO. La magnésie est une base assez puissante ; malgré son peu de solubilité, elle ramène lentement au bleu la teinture de tournesol rougie par les acides. On l'obtient en calcinant le carbonate de magnésie, d'où le nom de *magnésie calcinée* sous lequel elle est fréquemment employée en médecine pour combattre les aigreurs d'estomac.

395. *Caractères des sels de magnésie.*—Les sels de magnésie ont une saveur amère ; ils précipitent en blanc par la potasse, la soude et leurs carbonates neutres : le précipité est de la magnésie ou du carbonate de magnésie.

Les sels de magnésie ne précipitent ni par l'acide sulfhydrique ni par les sulfures alcalins, ce qui les distingue de tous les autres sels formés par des métaux des quatre dernières sections.

Les principaux sels de magnésie sont le carbonate et le sulfate.

Carbonate de magnésie. Sulfate de magnésie.

396. *Carbonate de magnésie* (MgO,CO^2). — Le carbonate de magnésie se trouve dans la nature, à l'état de pureté, sous la forme de cristaux rhomboédriques ; on le rencontre plus fréquemment, associé au carbonate de chaux, dans une matière minérale connue sous le nom de *dolomie* ou *calcaire magnésien* (carbonate double de chaux et de magnésie).

On prépare ce sel artificiellement en précipitant par le carbonate de potasse une solution bouillante de sulfate de magnésie. Le précipité ainsi obtenu est un mélange de carbonate et d'hydrate de magnésie $3MgO,CO^2 + MgO,HO$, connu en pharmacie sous le nom de *magnésie blanche*. On l'emploie en médecine comme purgatif.

307. *Sulfate de magnésie* $(MgO,SO^3 + 7HO)$. — Le sulfate de magnésie est un sel blanc, soluble dans l'eau, d'une saveur amère et salée; il cristallise en petites aiguilles prismatiques à quatre pans. Soumis à l'action de la chaleur, le sulfate de magnésie fond d'abord dans son eau de cristallisation, devient anhydre, subit plus tard la fusion ignée, et finit par se décomposer en laissant pour résidu de la magnésie.

Le sulfate de magnésie existe en dissolution dans plusieurs eaux minérales, principalement dans celles d'Epsom en Angleterre, de Sedlitz et de Pullna en Bohême. Il suffit de faire évaporer ces eaux dans des bassins peu profonds pour en extraire le sel cristallisé.

La formation naturelle du sulfate de magnésie s'explique par la réaction des eaux chargées de sulfate de chaux filtrant à travers des terrains contenant de la dolomie ou calcaire magnésien. Il se produit, par double décomposition, du sulfate de magnésie et du carbonate de chaux :

$$CaO,SO^3 + MgO,CO^2 = MgO,SO^3 + CaO,CO^2.$$

Cette explication peut être démontrée directement. Il suffit de faire passer lentement et à plusieurs reprises une dissolution saturée de sulfate de chaux sur une couche épaisse de calcaire magnésien entassé dans une allonge (*fig.* 106); la liqueur filtrée ne renferme bientôt plus que du sulfate de magnésie.

Fig. 106.

On peut obtenir également le sulfate de magnésie en traitant le carbonate de magnésie naturel par de l'acide sulfurique étendu. L'acide carbonique se dégage et le sulfate de magnésie reste en dissolution. On fait ensuite évaporer pour avoir le sel cristallisé.

Le sulfate de magnésie est très souvent employé en médecine comme purgatif. On le désigne dans les pharmacies sous les noms de *sel d'Epsom, sel de Sedlitz*.

ALUMINIUM.

Équivalent Al = 14.

398. *Historique.* — La découverte de l'aluminium remonte à l'année 1827 : elle appartient au chimiste Woehler, qui, le premier, parvint à isoler ce métal en décomposant par le potassium le chlorure d'aluminium. Mais les véritables propriétés de l'aluminium ne sont connues que depuis les travaux de Sainte-Claire-Deville. Ces propriétés sont tellement remarquables et si différentes de celles que les anciens chimistes avaient d'abord reconnues, que l'aluminium peut être considéré aujourd'hui comme un nouveau métal destiné à prendre rang parmi les matières les plus utiles.

399. *Propriétés physiques.* — L'aluminium présente à peu près la couleur et l'éclat de l'argent ; il est ductile, malléable, très tenace, et il ne fond qu'à une température d'environ 700. Il possède une sonorité comparable à celle du bronze ; il est très bon conducteur de la chaleur et de l'électricité. Mais ce qui distingue surtout l'aluminium des autres métaux usuels, c'est sa grande légèreté : sa densité n'est que 2,56. Il pèse donc, à volume égal, environ quatre fois moins que l'argent.

400. *Propriétés chimiques.* — Loin d'être, comme on croyait autrefois, un métal très oxydable, l'aluminium résiste à l'action de l'air et de l'eau non seulement à froid, mais encore à de très hautes températures. Des médailles frappées avec ce métal, des fils, des lames minces, exposés à l'air pendant plusieurs mois, n'ont subi aucune altération.

Les acides sulfurique et azotique n'ont aucune action sur l'aluminium à la température ordinaire et ils ne le dissolvent que très lentement à chaud. L'acide chlorhydrique seul le dissout à froid ; mais les oxydes alcalins, la potasse et la soude, l'attaquent très facilement, ce qui s'explique par l'affinité que possède l'alumine ou oxyde d'aluminium Al^2O^3 pour ces oxydes, avec lesquels elle forme de véritables combinaisons salines (*aluminate de potasse ou de soude*).

L'aluminium, comme on le voit, se rapproche par ses propriétés des métaux de la sixième section. Comme l'argent, l'or et le platine, il ne s'oxyde pas directement ; mais il s'en éloigne en ce sens que son oxyde, l'alumine, est irréductible par la chaleur.

401. *État naturel, préparation.* — L'aluminium est très répandu dans la nature ; les argiles les plus grossières en renferment près de 25 pour 100 de leur poids. Or, on sait que les argiles forment une partie considérable de l'enveloppe terrestre. L'aluminium pourrait donc, à la rigueur, devenir plus commun que le fer, le jour où l'on découvrirait un procédé d'extraction aussi simple que pour ce dernier métal. En attendant la solution de ce grand et difficile problème, voici comment on prépare actuellement l'aluminium.

On trouve aux environs d'Alais une argile, la *bauxite* composée d'alumine et de sesquioxyde de fer. Cette argile, chauffée au rouge avec du carbonate de soude, produit de l'aluminate de soude soluble dans l'eau, et du sesquioxyde de fer insoluble. Traité par l'acide chlorhydrique et ensuite par du chlore, l'aluminate de soude forme alors un *chlorure double d'aluminium et de sodium* $NaCl,Al^2Cl^3$, volatil et facilement fusible.

C'est de ce chlorure double qu'on extrait directement l'aluminium en le réduisant au moyen du sodium.

Pour cela, on mélange le chlorure double avec du sodium en morceaux, et on introduit le tout dans un four à réverbère incandescent. En moins d'une heure, la réaction est terminée : le sodium s'est emparé du chlore et il ne reste plus que de l'aluminium et du chlorure de sodium (sel marin).

$$NaCl,Al^2Cl^3 + 3Na = 2Al + 4NaCl.$$

On ouvre alors un orifice inférieur pratiqué dans le four; l'aluminium en fusion s'échappe en entraînant avec lui le chlorure de sodium, dont on le sépare ensuite, soit mécaniquement, soit par l'action dissolvante de l'eau. On fait fondre de nouveau l'aluminium et on le coule en lingots.

Par ce procédé, qui appartient à M. Deville, on obtient de l'aluminium pur ou presque pur, ce qui n'avait pas lieu avec le procédé de Wœhler, lequel ne donnait qu'un alliage d'aluminium et de potassium. C'est pour cette raison que les chimistes se sont mépris pendant si longtemps sur les véritables propriétés du métal qui nous occupe.

102. *Usages.*—Les usages de l'aluminium ne sont pas encore très répandus; mais il est facile de prévoir que ce métal est destiné à de nombreuses applications. Sa blancheur, son éclat, son inaltérabilité à l'air, sa malléabilité, sa ductilité, et surtout sa grande légèreté, doivent en faire une matière de première utilité pour une foule d'industries. Dans l'état actuel de sa fabrication, et en raison de ses propriétés, on peut dire que l'aluminium tient le milieu entre les métaux usuels et les métaux précieux.

Alumine ou oxyde d'aluminium. Sels d'alumine.

103. *Alumine* (Al^2O^3). — L'aluminium ne forme avec l'oxygène qu'un seul oxyde, l'*alumine* Al^2O^3.

L'alumine est un oxyde indifférent, c'est-à-dire qu'elle joue le rôle de base avec les acides puissants, tandis qu'elle fait fonction d'acide avec les bases énergiques telles que la potasse, la soude, l'oxyde de zinc, etc. Les composés qu'elle forme dans ce dernier cas portent le nom d'*aluminates*.

L'alumine se trouve dans la nature cristallisée en rhomboèdres. Les pierres précieuses connues sous les noms de *corindon*, de *rubis*, de *saphir*, d'*améthyste* et de *topaze orientale* ne sont autre chose que des variétés d'alumine colorées en rouge, en bleu ou en jaune par des oxydes étrangers. Ces pierres sont, après le diamant et le bore, les substances les plus dures que l'on connaisse. L'*émeri*, dont on utilise la dureté pour polir le verre et les métaux, est également de l'alumine colorée en noir par de l'oxyde de fer.

On prépare artificiellement l'*alumine anhydre* en calcinant dans un creuset l'alun ammoniacal (sulfate double d'alumine et d'ammoniaque). Ainsi obtenue, elle est sous la forme d'une poudre blanche, légère, inodore, insipide et insoluble dans l'eau. Elle est indécomposable par la chaleur et ne peut être fondue que par le chalumeau à gaz oxygène et hydrogène.

En versant dans une dissolution d'alun ordinaire (sulfate double d'alumine et de potasse) une solution de carbonate de potasse ou d'ammoniaque, on obtient un précipité blanc et gélatineux d'*alumine hydratée* $Al^2O^3,3HO$, dont on ne peut séparer l'eau qu'en le calcinant à une température très élevée.

L'alumine hydratée absorbe et retient énergiquement les matières colorantes; elle forme avec elles des composés employés dans la peinture et pour l'impression des étoffes sous le nom de *laques*.

404. *Caractères des sels d'alumine.*— Les sels d'alumine ont une saveur astringente. Leurs dissolutions donnent avec les carbonates alcalins un précipité blanc et gélatineux. La potasse et la soude y produisent un précipité qui se dissout dans un excès d'alcali en formant un aluminate soluble.

En ajoutant du sulfate de potasse à une dissolution concentrée et chaude d'un sel d'alumine, on obtient par le refroidissement des cristaux d'alun. Les principaux sels d'alumine sont les aluns et les silicates. Ces derniers seront étudiés dans un chapitre spécial (chap. XXVIII, argiles et poteries).

Aluns.

405. *Aluns.* — On donne le nom d'*aluns* à des sels doubles que forme le sulfate neutre d'alumine $Al^2O^3,3SO^3$, avec les sulfates alcalins de potasse ou de soude et avec le sulfate d'ammoniaque. De là trois espèces d'aluns :

L'alun à base de potasse	$KO,SO^3 + Al^2O^3,3SO^3 + 24HO,$
L'alun à base de soude	$NaO,SO^3 + Al^2O^3,3SO^3 + 24HO,$
L'alun à base d'ammoniaque	$(AzH^4)O,SO^3 + Al^2O^3,3SO^3 + 24HO.$

Ces trois aluns peuvent être obtenus directement en mêlant ensemble les dissolutions des deux sulfates et en faisant ensuite évaporer les liqueurs. Leurs formes cristallines appartiennent au même type : le cube ou l'octaèdre. Nous ne parlerons ici que de l'alun à base de potasse, le plus important des trois par ses nombreuses applications industrielles.

406. *Alun à base de potasse ou alun proprement dit* $(KO,SO^3 + Al^2O^3,3SO^3 + 24HO)$. —L'alun *à base de potasse* ou sulfate double d'alumine et de potasse est simplement désigné dans le commerce sous le nom d'*alun*. C'est un sel blanc à réaction acide, d'une saveur d'abord sucrée, puis astringente et amère. Il est beaucoup plus soluble à chaud qu'à froid, et

Fig. 107.

il cristallise en octaèdres ou en cubes volumineux (*fig.* 107) contenant 24 équivalents d'eau de cristallisation.

Soumis à l'action de la chaleur, l'alun entre en fusion vers 92° ; refroidi en cet état, il se solidifie en une masse vitreuse que l'on appelle *alun de roche.* Si l'on continue à le chauffer dans un creuset, il perd peu à peu son eau de cristallisation et devient anhydre ; puis il se boursoufle et s'élève au-dessus du creuset en une espèce de champignon spongieux et opaque (*fig.* 108) qui forme ce qu'on nomme l'*alun calciné.* Enfin, si la température s'élève jusqu'au rouge, l'alun se décompose, un mélange d'oxygène et d'acide sulfureux se dégage, et il reste dans le creuset de l'alumine libre et du sulfate de potasse.

En calcinant de l'alun avec un excès de charbon très divisé, on obtient un *pyrophore*, composé d'alumine, de sulfure de potassium et de charbon, qui prend feu spontanément au contact de l'air humide.

Fig. 108.

L'alun se prépare de différentes manières, selon les localités et les produits naturels dont on dispose.

On trouve en Italie, dans les environs de Rome, une roche qui porte le nom d'*alunite* ou *pierre d'alun.* Cette roche est composée d'alun et d'un excès d'alumine hydratée. Pour en isoler l'alun, on la chauffe modérément dans des fours, puis on traite le résidu par l'eau, qui dissout l'alun et précipite l'alumine. La liqueur, filtrée et évaporée, donne de gros cristaux cubiques, que l'on désigne sous le nom d'*alun de Rome.* Cet alun est légèrement coloré en rose par une petite quantité de sesquioxyde de fer.

En France, en Allemagne et en Angleterre, on prépare l'alun en traitant les argiles par l'acide sulfurique. Ces argiles sont composées principalement de silice et d'alumine. Chauffées avec la moitié de leur poids d'acide sulfurique affaibli, elles se transforment en sulfate d'alumine, qui peut se dissoudre dans l'eau, et en silice ou acide silicique insoluble. En ajoutant à la dissolution du sulfate d'alumine une quantité convenable de sulfate de potasse, on obtient par le refroidissement de la liqueur des cristaux octaédriques d'alun.

Les usages de l'alun sont très nombreux. En médecine, on le donne comme astringent, et même comme caustique lorsqu'il est anhydre. Dans les arts, on l'emploie pour fixer les couleurs sur les étoffes, pour coller le papier, pour clarifier le suif, pour durcir le plâtre, etc.

MANGANÈSE.

Équivalent Mn = 27,50.

107. *Propriétés.* — Le manganèse est un métal grisâtre, très dur, cassant, très peu fusible ; sa densité est environ 7,2. Il s'oxyde facilement à l'air, et, comme tous les métaux de la deuxième section, il décompose l'eau bouillante. On le prépare en décomposant au rouge blanc, dans un creuset de chaux, le carbonate de manganèse ou son oxyde Mn^4O^1 au moyen du charbon.

Le manganèse, qui n'a pas d'usage à l'état métallique, ressemble beaucoup au fer par l'ensemble de ses propriétés physiques et chimiques. Il forme avec l'oxygène plusieurs oxydes et acides importants, savoir · le *protoxyde* MnO, qui est une base puissante ; le *sesquioxyde* Mn^2O^3 ; le *bioxyde* MnO^2 ; l'*oxyde salin* Mn^3O^4 analogue à l'oxyde de fer magnétique Fe^3O^4 ; l'*acide manganique* MnO^3 et l'acide permanganique Mn^2O^7.

Le *bioxyde de manganèse* se trouve abondamment dans la nature cristallisé en prismes rhomboïdaux gris d'acier, se réduisant facilement en une poudre noire. On s'en sert, comme nous l'avons vu (29), pour préparer l'oxygène. L'industrie en consomme de très grandes quantités pour obtenir le chlore (212) nécessaire à la fabrication du chlorure de chaux. Dans les verreries on utilise son pouvoir oxydant pour blanchir le verre noirci par des matières charbonneuses (*savon des verriers*). Avec une dose plus forte on donne au verre une belle teinte violette.

En chauffant au rouge sombre des poids égaux de bioxyde de manganèse et de potasse, on obtient un mélange de manganate de potasse et de sesquioxyde de manganèse ($KO,MnO^3 + Mn^2O^3$) qui, dissous dans une petite quantité d'eau, donne une liqueur verte. Si l'on verse dans cette liqueur quelques gouttes d'un acide non oxydable, on la voit passer successivement au violet, puis au rouge, par suite de la transformation du manganate en permanganate de potasse. Les alcalis ramènent la liqueur au vert par une transformation inverse. De là le nom de *caméléon minéral* donné au produit de la calcination du bioxyde de manganèse et de la potasse.

Résumé.

I. Le *magnésium* est un métal blanc, brillant, fusible à la chaleur rouge. Il s'oxyde lentement à l'air et ne décompose l'eau que vers 100°. On l'obtient en décomposant le chlorure de magnésium par le potassium ou le sodium.

II. La *magnésie* ou oxyde de magnésium MgO est une substance blanche, légère, pulvérulente, que l'on obtient en calcinant le carbonate de magnésie.

III. Le *carbonate de magnésie* (MgO,CO²) existe tout formé dans la nature. On l'obtient artificiellement en précipitant par du carbonate de potasse une solution concentrée de sulfate de magnésie.

IV. Le *sulfate de magnésie* (MgO,SO³ + 7 HO) est un sel blanc, amer, soluble dans l'eau, cristallisant en prismes rectangulaires à quatre pans. Ce sel existe en dissolution dans certaines eaux minérales (eaux de Sedlitz, d'Epsom, de Pullna). On peut le préparer en traitant par l'acide sulfurique étendu le carbonate de magnésie naturel.

V. L'*aluminium* présente à peu près la couleur et l'éclat de l'argent. Il résiste à l'action de l'air, même à une température élevée. On l'obtient en décomposant, au moyen du sodium, le chlorure double d'aluminium et de sodium.

VI. L'*alumine* ou *oxyde d'aluminium* Al²O³ est un oxyde indifférent. Cet oxyde se trouve dans la nature cristallisé en rhomboèdres (corindon, rubis, saphir, topaze orientale, émeri, etc.). On l'obtient dans les laboratoires sous la forme d'une poudre blanche, soit en calcinant l'alun ammoniacal, soit en versant du carbonate de potasse dans une dissolution d'alun ordinaire (sulfate double d'alumine et de potasse). Dans ce dernier cas, l'alumine est hydratée, et a pour formule Al²O³,3HO).

VII. On donne le nom d'*aluns* à des sels doubles que forme le sulfate neutre d'alumine avec les sulfates de potasse, de soude ou d'ammoniaque. L'alun à base de potasse ou *alun* proprement dit (KO,SO³+Al²O³,3SO³ + 21HO) est le plus important de tous. On le retire de certaines substances minérales qui le renferment tout formé, ou on le prépare en combinant directement le sulfate d'alumine avec le sulfate de potasse.

VIII. Le *manganèse* est un métal grisâtre, très dur, cassant et très peu fusible. On le prépare en décomposant par le charbon le carbonate de manganèse ou son oxyde Mn²O³. Le principal composé du manganèse est son bioxyde MnO², dont on se sert pour préparer l'oxygène, le chlore, et pour colorer le verre en violet.

CHAPITRE XXIV.

Métaux de la troisième et de la quatrième section. — Fer; fontes
et aciers. — Zinc. — Étain. — Antimoine. — Leurs oxydes et
les caractères de leurs sels. — Sulfate de fer. — Sulfate de zinc.
— Chlorure de zinc. — Chlorures d'étain.

FER.

Équivalent Fe = 28.

108. *Propriétés physiques.* — Le fer est blanc grisâtre, ductile,
malléable, et le plus tenace de tous les métaux. Sa densité
varie de 7,4 à 7,9. C'est de tous les corps celui qui possède au
plus haut degré la vertu magnétique. Soumis à l'action de la
chaleur, le fer se ramollit, devient pâteux et n'entre en fusion
qu'à une température extrêmement haute (1500 à 1600°) et
longtemps soutenue. Au rouge blanc, il est assez mou pour
prendre, sous le marteau, toutes les formes qu'exige l'industrie
et pour se souder à lui-même sans l'intermédiaire d'un autre
métal.

Le fer fondu prend en se solidifiant une texture grenue qui
par le martelage devient fibreuse; mais avec le temps cette
texture se modifie et tend à devenir cristalline. Cette modification se produit plus promptement quand le fer est soumis à des
vibrations fréquentes, et a pour effet de faire perdre au métal une grande partie de sa ténacité. C'est à elle qu'il faut surtout attribuer les ruptures des essieux de voitures, de wagons,
de locomotives, et des chaînes de ponts suspendus.

109. *Propriétés chimiques.* — Le fer peut se conserver indéfiniment sans altération dans l'air et dans l'oxygène secs à la
température ordinaire; mais il s'altère promptement dans l'air
humide et se transforme en un hydrate de peroxyde de fer
$Fe^2O^3 + 3HO$ qui porte le nom de *rouille*. Nous avons vu (290)
comment on empêche le fer de se rouiller en recouvrant sa surface d'une légère couche de zinc (*fer galvanisé*). On arrive au
même résultat en maintenant le fer plongé dans une dissolution très étendue de potasse, de soude, de chaux, ou autres
matières alcalines.

Chauffé au rouge dans l'air ou dans l'oxygène, le fer brûle

avec éclat et se recouvre très promptement d'une pellicule noire d'oxyde qui se détache et jaillit en vives étincelles sous le choc du marteau (*oxyde des battitures*). Les étincelles que produit le choc d'un morceau de fer contre un silex sont dues à des parcelles de ce métal qui, en brûlant à l'air, s'oxydent de la même façon.

Le fer, réduit en poudre impalpable, tel qu'on l'obtient en décomposant le sesquioxyde de fer par l'hydrogène, peut s'enflammer spontanément à la température ordinaire, lorsqu'on le projette dans l'air : il porte alors le nom de *fer pyrophorique de Magnus*.

Le fer décompose la vapeur d'eau à la chaleur rouge ou même à 100°, lorsqu'il est à l'état de poudre impalpable : l'hydrogène se dégage et il se forme un oxyde qui a pour formule Fe^3O^4.

Les acides sulfurique, azotique et chlorhydrique agissent vivement sur le fer.

L'acide sulfurique étendu détermine, à froid, la décomposition de l'eau ; il se dégage de l'hydrogène et il se forme du sulfate de protoxyde de fer :

$$Fe + SO^3,HO = H + FeO,SO^3.$$

Si l'acide sulfurique est concentré et qu'on élève la température, il se produit encore du sulfate de protoxyde de fer ; mais, à la place de l'hydrogène, c'est de l'acide sulfureux qui se dégage :

$$Fe + 2SO^3,HO = SO^2 + FeO,SO^3 + HO.$$

L'acide azotique ordinaire donne naissance à des vapeurs nitreuses et convertit le fer en azotate de sesquioxyde (140). Si l'acide est très étendu d'eau, le métal se dissout encore, mais sans dégagement visible de gaz : il se forme, dans ce cas, de l'azotate de protoxyde de fer et de l'azotate d'ammoniaque. Enfin, lorsque l'acide azotique est aussi concentré que possible, le fer n'est pas attaqué : on dit alors que le métal est devenu *passif*.

L'acide chlorhydrique agit vivement à froid sur le fer ; il se produit du protochlorure de fer et de l'hydrogène qui se dégage :

$$Fe + HCl = FeCl + H.$$

110. *État naturel.* — Le fer est le métal le plus abondamment répandu dans la nature. On le trouve principalement à l'état de sulfure, d'oxyde et de carbonate. Les aérolithes ou pierres tombées du ciel le renferment à l'état natif, ordinairement associé à du chrome, du nickel et un peu de soufre.

On extrait le fer de ses oxydes et de son carbonate, que l'on décompose au moyen du charbon.

Dans les pharmacies, on prépare le fer pour les besoins de la médecine en réduisant le sesquioxyde de fer par l'hydrogène. On fait passer un courant de ce gaz sur le sesquioxyde placé dans un tube de verre que l'on chauffe avec une lampe à alcool. L'hydrogène s'empare de l'oxygène du sesquioxyde pour former de l'eau et il reste du fer pur et très divisé, connu sous le nom de *fer réduit.*

Métallurgie du fer.

111. *Métallurgie du fer.*— Le fer ne se trouve dans la nature à l'état natif, c'est-à-dire à l'état métallique, que dans les aérolithes, où il existe presque toujours associé à une certaine quantité de nickel et de chrome. Les minerais exploités pour l'extraction du fer sont tous des oxydes ou des carbonates.

Tels sont : 1° l'*oxyde de fer magnétique* Fe^3O^4, appartenant aux mines de la Suède et de la Norwège ; 2° le *sesquioxyde de fer anhydre* Fe^2O^3, qui se trouve en amas considérables dans quelques terrains de transition et dans les terrains secondaires, principalement en Allemagne, dans les Vosges et dans l'île d'Elbe, où il est connu sous le nom de *fer oligiste ;* 3° le *sesquioxyde de fer hydraté* ou *fer hydroxydé* Fe^2O^3,HO, très abondant dans l'est et dans le midi de la France ; 4° le *fer spathique* ou *carbonate de protoxyde de fer* FeO,CO^2, qui se trouve en filons dans les Alpes, aux Pyrénées, à Saint-Étienne, dans le nord de la France et en Angleterre.

Le traitement de ces divers minerais de fer se fait par deux méthodes différentes : la *méthode catalane* et la *méthode des hauts fourneaux.* Ces deux méthodes consistent à décomposer le minerai de fer au moyen du charbon ; elles ne diffèrent l'une de l'autre que par la manière dont la gangue du minerai, ordinairement composée d'argile (silicate d'alumine) ou de quartz (acide silicique), est séparée du métal pendant l'opération.

1° *Méthode catalane.* Dans la méthode catalane, on chauffe simplement le minerai avec du charbon de bois. La forge dont on fait usage se compose (*fig.* 109) d'un creuset quadrangulaire C construit dans un massif en maçonnerie et situé au-des-

sous de la tuyère T d'une machine soufflante hydraulique M.
On commence par remplir la cavité du creuset de charbon in-

Fig. 109.

candescent, puis on place au-dessus deux masses distinctes,
mais contiguës, l'une de minerai *m*, l'autre de charbon *c*. Cela
fait, on donne le vent d'abord faiblement, puis on l'augmente
peu à peu. L'oxygène de l'air convertit d'abord en acide carbonique le charbon qui est près de la tuyère; mais cet acide carbonique, rencontrant plus loin du charbon incandescent, se
change en oxyde de carbone. Ce dernier gaz, forcé en grande
partie de traverser le minerai, dont la température est d'ailleurs assez élevée, réduit l'oxyde de fer à l'état de fer métal-

lique et se transforme de nouveau en acide carbonique qui se dégage dans l'atmosphère. Mais la totalité de l'oxyde de fer n'est pas réduite ; une quantité notable est seulement ramenée à l'état de protoxyde et se combine avec la gangue pour former un silicate double d'alumine et de protoxyde de fer. Ce silicate, qui est très fusible, coule dans le creuset et entraîne avec lui le fer métallique.

Cinq ou six heures suffisent pour terminer l'opération. Tout le minerai est alors descendu dans le creuset, converti en fer ductile et en silicate double d'alumine et de fer, qui forme la *scorie* ou le *laitier*. Il ne reste, après avoir isolé le métal, qu'à le forger et à le tirer en barres pour le livrer à l'industrie.

Cette méthode a l'inconvénient de laisser perdre une grande partie du métal, qui reste engagé dans les scories : aussi ne l'emploie-t-on que dans un petit nombre de localités où le minerai est très riche et le combustible très abondant, comme en Corse, dans les Pyrénées et dans quelques provinces de l'Espagne. Il est probable qu'elle était la seule connue dans l'antiquité.

2° Méthode des hauts fourneaux. Cette méthode a sur celle qui précède l'avantage immense de donner presque tout le métal que contient le minerai, d'abord à l'état de *fonte*, c'est-à-dire en combinaison avec une certaine proportion de carbone et de silicium, dont on le sépare ensuite au moyen d'une seconde opération nommée *affinage*. C'est par elle que l'on prépare aujourd'hui la presque totalité du fer employé dans les arts.

Le *haut fourneau* (fig. 110) se compose de deux troncs de cône A et B construits en briques réfractaires et réunis par leurs bases. Le tronc de cône A est la *cuve*, dont l'ouverture supérieure *o* porte le nom de *gueulard ;* cette ouverture est surmontée d'une cheminée H, percée d'une ou de plusieurs portes par lesquelles on introduit le combustible et le minerai dans le fourneau. Le tronc de cône inférieur B forme ce qu'on nomme les *étalages*. Au-dessous est un espace circulaire E, appelé l'*ouvrage*, dans la partie inférieure duquel viennent déboucher les tuyères des machines soufflantes destinées à amener l'air nécessaire à la combustion. Enfin, au-dessous du fourneau se trouve le creuset C, de forme prismatique, et dont la paroi intérieure *d*, nommée la *dame*, se continue extérieurement avec le plan incliné *ab*. Ce creuset, dans lequel tombe

22.

et se réunit la fonte, est en pierres réfractaires; il est percé
en bas et en avant d'un trou nommé *trou de coulée*, qui, pendant le fondage, est bouché par un tampon d'argile.

Fig. 110.

On introduit dans le fourneau le combustible, charbon de
bois ou coke, qui doit servir à la réduction de l'oxyde de fer, et
on en forme une première couche qui s'étend depuis l'ouvrage

E jusqu'à la partie inférieure de la cuve A ; on achève ensuite de remplir celle-ci avec du minerai mélangé de carbonate de chaux et avec de nouvelles charges de combustible que l'on superpose couche par couche. Cela fait, on met le feu et on donne le vent. L'air qui s'échappe des tuyères brûle d'abord le charbon contenu dans l'ouvrage, forme de l'acide carbonique et dégage une grande quantité de chaleur. L'acide carbonique, en s'élevant de l'ouvrage dans les étalages B, rencontre du charbon incandescent qui le fait passer à l'état d'oxyde de carbone. Bientôt cet oxyde de carbone arrive dans la cuve A, où il rencontre à son tour le minerai, c'est-à-dire l'oxyde de fer, dont la température est assez élevée pour qu'il puisse le réduire, en repassant en partie à l'état d'acide carbonique. Le minerai, ainsi réduit, s'affaisse et descend avec sa gangue dans les étalages. C'est alors que, sous l'influence de la chaleur intense qui règne dans cette partie du fourneau, le fer provenant de la réduction du minerai se combine avec une certaine proportion de carbone et de silicium pour former de la fonte, tandis que la gangue et le carbonate de chaux qu'on y a ajouté réagissent l'un sur l'autre et donnent naissance à un silicate double d'alumine et de chaux qui constitue le laitier. La fonte et le laitier, continuant de descendre, traversent l'ouvrage, où ils se liquéfient complètement, et tombent pêle-mêle dans le creuset C. La fonte, qui est plus dense, gagne le fond du creuset ; le laitier surnage, déborde la dame *d* et s'écoule par le plan incliné *ab* sur le sol de l'usine, d'où on l'enlève à mesure qu'il se solidifie.

Lorsque le creuset est rempli par la fonte, on procède à la coulée. Un ouvrier enlève alors, avec une longue tige de fer, le tampon d'argile qui bouchait le creuset, et la fonte incandescente s'écoule dans une série de petits canaux construits avec du sable sur le sol de l'usine. La fonte se solidifie bientôt et se trouve moulée sous la forme de demi-cylindres que l'on nomme *gueuses* ou *gueusets*, selon qu'ils sont plus ou moins longs.

La fonte étant ainsi obtenue, il s'agit de la convertir en fer ductile. Pour cela, on la soumet dans un creuset à l'action oxydante d'un courant d'air qui lui enlève son carbone et son silicium, transformant le premier en acide carbonique et le second en acide silicique. Ce dernier acide se combine avec une petite quantité d'oxyde de fer et produit un silicate fusible qui se sépare à l'état de scories. Cette opération porte le nom d'*affinage* de la fonte.

Fontes et aciers.

112. *Fontes et acier.* — La fonte et l'acier sont essentielle-ment constitués par du fer combiné avec certaines proportions de carbone et de silicium.

113. *Fontes.* — Il existe plusieurs variétés de fonte, qui peuvent être ramenées à deux types : la *blanche* et la *grise*.

La *fonte blanche* est brillante, de couleur argentine, dure et très cassante ; sa densité est 7,85. La *fonte grise* a une couleur qui varie du noir au gris clair ; elle est moins dure que la première et possède un certain degré de ductilité. Sa densité dépasse rarement 7. C'est avec elle que se fabriquent tous les appareils et ustensiles en fonte dont on fait usage dans l'industrie et dans l'économie domestique.

Ces deux variétés de fonte ont à peu près la même composition : elles renferment l'une et l'autre environ 5 pour 100 de carbone et une très petite quantité de quelques autres corps, tels que le silicium, le soufre, le phosphore, l'azote, etc. Les différences que l'on observe dans leurs propriétés physiques ne dépendent que de leur état moléculaire. Ce qui le prouve, c'est que la fonte blanche, fondue et refroidie lentement, devient grise, tandis que la fonte grise, fondue et refroidie brusquement, devient blanche.

114. *Aciers.* — L'acier est, comme la fonte, un carbure de fer qui, au lieu de contenir environ 5 pour 100 de carbone, n'en renferme que 8 à 15 millièmes, plus quelques traces de silicium, de soufre, de phosphore, d'azote, etc. Il est blanc, brillant, et peut prendre un très beau poli ; sa densité est peu différente de celle du fer.

Lorsqu'on porte l'acier à une température très élevée et qu'on le laisse refroidir lentement, il reste ductile et malléable comme le fer ; mais si on le fait refroidir tout à coup en le *trempant* dans une grande masse d'eau ou de mercure, il acquiert des propriétés toutes nouvelles : il devient dur, cassant, très élastique, et il porte alors le nom d'*acier trempé*. En général, on commence par donner à l'acier une trempe très forte, et on le *recuit* ensuite en le chauffant plus ou moins afin de le ramener par le refroidissement lent à la dureté voulue pour le genre d'instrument auquel on le destine. La température du recuit se reconnaît à la couleur que prend l'acier quand on le chauffe : ainsi il devient jaune paille à 220°, jaune d'or à 240°, pourpre à 260°, violet à 265°, bleu à 300.

On distingue trois espèces d'acier : l'*acier naturel* ou *de fonte*, l'acier de cémentation et l'acier fondu.

1° L'*acier naturel* ou *de fonte* se prépare avec de la fonte à laquelle on enlève une partie de son carbone en l'exposant, dans un fourneau à réverbère, à un courant d'air soutenu pendant plusieurs heures.

2° L'*acier de cémentation* s'obtient en chauffant fortement des barres de fer au milieu d'un *cément*, formé de charbon de bois pulvérisé, de suie et de sel marin. Cette opération se pratique en plaçant alternativement des couches de cément et des barres de fer dans de grandes caisses en briques réfractaires, que l'on maintient ensuite pendant plusieurs jours dans des fours chauffés au rouge. Peu à peu le fer se combine avec le charbon que contient le cément et se transforme en acier.

Fig. 111.

3° L'*acier fondu* n'est autre chose que de l'acier naturel ou de l'acier de cémentation auxquels on a fait subir une fusion complète. Cette fusion s'opère dans des creusets d'argile disposés deux par deux sur le foyer d'un fourneau à tirage ordinaire chauffé au coke (*fig.* 111). Chaque creuset peut recevoir 15 à 20 kilogrammes d'acier brut. Lorsque la fusion est achevée, ce qui exige environ quatre heures, on retire les creusets avec des tenailles, et on coule l'acier dans des lingotières en fonte.

L'acier fondu possède une homogénéité parfaite : ce qui le rend bien supérieur à l'acier de fonte ou de cémentation, dont la texture est toujours irrégulière. Aussi est-ce avec cet acier que se fabriquent tous les instruments délicats de coutellerie et de chirurgie.

Oxydes et sels de fer.

115. *Oxydes de fer.* — Les oxydes de fer sont au nombre de quatre, savoir : le protoxyde FeO, le sesquioxyde Fe^2O^3, l'oxyde magnétique Fe^3O^4 et l'acide ferrique FeO^3.

1° Le *protoxyde de fer* FeO est la base de tous les sels de fer au minimum d'oxydation. On l'obtient à l'état d'hydrate en précipitant par la potasse ou par la soude un sel de protoxyde de fer en dissolution dans l'eau. Cet hydrate est d'abord blanc; mais, exposé à l'air, il absorbe rapidement l'oxygène, devient vert, puis jaune, et se convertit en hydrate de sesquioxyde.

2° Le *sesquioxyde de fer* Fe^2O^3 est une base faible. On le trouve abondamment dans la nature, tantôt cristallisé en rhomboèdres (*fer oligiste*), tantôt en masses compactes et terreuses (*ocre* ou *hématite rouge*). On le prépare artificiellement en calcinant dans un creuset du sulfate de protoxyde de fer.

$$2(FeO,SO^3) = SO^2 + SO^3 + Fe^2O^3,$$

Ainsi préparé, il porte le nom de *colcothar* ou *rouge d'Angleterre* et est employé en peinture; on s'en sert également pour polir les métaux et pour affiler les rasoirs.

On peut encore obtenir le sesquioxyde de fer à l'état d'hydrate en précipitant par l'ammoniaque une dissolution d'un sel de sesquioxyde de fer. Cet hydrate est jaune brun et a pour formule $Fe^2O^3,3HO$. C'est lui qui forme la rouille dont se recouvre le fer exposé à l'air humide.

3° L'*oxyde magnétique* Fe^3O^4, ainsi nommé à cause de la propriété qu'il possède d'attirer le fer, existe très abondamment dans la nature, particulièrement en Suède et en Norwège, où on l'exploite comme minerai. Les chimistes le considèrent comme un *oxyde salin*, formé d'un équivalent de protoxyde, constituant la base, et d'un équivalent de sesquioxyde jouant le rôle d'acide : $FeO,Fe^2O^3 = Fe^3O^4$.

C'est ce même oxyde que l'on obtient en décomposant l'eau par du fer chauffé au rouge (50), ou quand on fait brûler ce métal dans l'oxygène ou dans l'air (oxyde des battitures).

4° *L'acide ferrique* FeO^3 n'existe qu'à l'état de combinaison avec les bases. Lorsqu'on veut l'isoler, il se décompose en sesquioxyde de fer et en oxygène.

116. *Caractères des sels de fer.* — Les sels de fer se divisent en sels à base de protoxyde et en sels à base de sesquioxyde.

1° Les *sels de protoxyde de fer* ont une couleur verdâtre lorsqu'ils sont hydratés; mais ils deviennent à peu près incolores en perdant leur eau de cristallisation. Leur saveur est fortement astringente et métallique.

Leurs dissolutions se comportent de la manière suivante avec les réactifs :

Avec la potasse ou la soude : précipité *blanc* d'hydrate de protoxyde de fer. Ce précipité, abandonné au contact de l'air, devient immédiatement vert, puis jaune brun, et se transforme en hydrate de sesquioxyde de fer;

Avec l'ammoniaque : précipité *blanc verdâtre* d'hydrate de protoxyde de fer qui se redissout dans un excès d'ammoniaque;

Avec le sulfure d'ammonium et les sulfures alcalins : précipité *noir* de sulfure de fer;

Avec le ferrocyanure de potassium : précipité *blanc* qui bleuit rapidement à l'air;

Avec la noix de galle : pas de précipité; mais la liqueur, exposée à l'air, noircit très promptement.

Les sels de protoxyde de fer ont une grande tendance à se suroxyder au contact de l'air, et à passer ainsi à l'état de sels de sesquioxyde.

2° Les *sels de sesquioxyde de fer* ont une couleur jaune plus ou moins foncée. Leur saveur est fortement astringente et métallique.

Leurs dissolutions donnent :

Avec la potasse, la soude et l'ammoniaque : précipité *jaune brun* d'hydrate de sesquioxyde de fer. Un excès d'ammoniaque ne redissout pas le précipité;

Avec l'acide sulfhydrique : précipité *blanc laiteux* de soufre très divisé ;

Avec le sulfure d'ammonium et les sulfures alcalins : précipité *noir* de sulfure de fer ;

Avec le ferrocyanure de potassium : précipité d'un *bleu intense* (bleu de Prusse);

Avec la noix de galle : précipité *noir bleuâtre* (encre).

Les principaux sels ou composés de fer sont le *carbonate*, le *sulfate de fer* ou *vitriol vert*, le *bisulfure*, le *perchlorure*, le *ferrocyanure de potassium* et le *bleu de Prusse*.

Carbonate de fer. Sulfate de fer ou vitriol vert.

417. *Carbonate de fer* (FeO, CO^2).—Ce sel se rencontre abondamment dans la nature, principalement en Angleterre, où on l'emploie comme minerai, sous le nom de *fer spathique*, parce qu'il cristallise en rhomboèdres, comme le carbonate de chaux ou *spath d'Islande*. On le trouve également en dissolution dans certaines eaux minérales carbonatées (eaux de Spa, d'Orezza, etc.)

En versant du carbonate de soude dans une dissolution de sulfate de protoxyde de fer, on obtient un précipité de carbonate de fer hydraté qui, au contact de l'air, perd son acide carbonique et se transforme en sesquioxyde de fer. Ce sel est très fréquemment employé en médecine; mais il faut avoir soin pour le conserver de l'envelopper hermétiquement.

418. *Sulfate de fer* ($FeO, SO^3 + 7HO$).— Le *sulfate neutre de protoxyde de fer*, que l'on désigne vulgairement sous les noms de *vitriol vert* ou *couperose verte*, est un sel de couleur verdâtre. Il est très soluble dans l'eau, et cristallise en prismes rhomboïdaux qui en retiennent 7 équivalents. Exposés à l'air, ces cristaux absorbent l'oxygène, perdent leur transparence et se recouvrent d'une couche ocreuse et pulvérulente de sous-sulfate de peroxyde de fer $Fe^2O^3, 2SO^3$.

Le sulfate de fer, chauffé au rouge sombre, se décompose et produit du sesquioxyde de fer, de l'acide sulfureux et de l'acide sulfurique anhydre : $2(FeO, SO^3) = Fe^2O^3 + SO^2 + SO^3$.

On prépare ce sel dans les laboratoires en traitant directement le fer par de l'acide sulfurique étendu :

$$Fe + SO^3, HO = FeO, SO^3 + H.$$

Dans les arts on l'obtient en exposant à l'action de l'air humide certaines pyrites ou sulfures de fer naturels. Ces pyrites absorbent peu à peu l'oxygène, et se transforment en sulfate de protoxyde de fer, qu'on purifie ensuite par une ou plusieurs cristallisations.

Le sulfate de fer est principalement employé dans la teinture. On s'en sert pour dissoudre l'indigo, pour fabriquer le bleu de Prusse, l'encre et toutes les couleurs à fond noir ou gris. On le calcine pour obtenir le colcothar ou sesquioxyde de fer anhydre. En médecine, on l'emploie comme astringent.

Sulfures et chlorures de fer. Ferrocyanure de potassium. Bleu de Prusse.

419. *Bisulfure de fer ou pyrite martiale* (FeS^2). — Le fer forme avec le soufre plusieurs sulfures, dont le plus important est le *bisulfure jaune* ou *pyrite martiale* FeS^2. Ce composé se trouve abondamment dans la nature, sous la forme de cristaux cubiques ou dérivés du cube, ayant la couleur de l'or et un bel éclat métallique. Ce corps est très dur et servait autrefois, comme le silex, de pierre à fusil.

La pyrite martiale joue un grand rôle dans l'industrie : exposée à l'air humide, elle produit le sulfate de fer; calcinée en vases clos, elle donne du soufre, que l'on utilise aujourd'hui dans la préparation de l'acide sulfurique.

420. *Chlorures de fer.* — Il existe deux chlorures de fer, le *protochlorure* $FeCl$ et le *sesquichlorure* ou *perchlorure* Fe^2Cl^3. Ce dernier, à l'état anhydre, résulte de la combinaison directe du chlore avec le fer et se présente sous la forme de paillettes violacées.

En faisant agir sur du fer de l'acide chlorhydrique étendu d'eau, on obtient une liqueur verte qui, évaporée, donne des cristaux verts de protochlorure de fer hydraté $FeCl + 4HO$. Si l'on fait passer dans cette liqueur un courant de chlore, elle prend une teinte jaune et donne, par l'évaporation à froid, des cristaux orangés de perchlorure de fer hydraté $Fe^2Cl^3 + 12HO$.

Ce perchlorure, dissous dans l'eau, est très employé en médecine et en chirurgie, principalement pour arrêter les hémorragies, à cause de la propriété qu'il possède de coaguler le sang instantanément.

421. *Ferrocyanure de potassium* ($K^2FeCy^3 + 3HO$).—Ce composé, que l'on désigne encore sous le nom de *prussiate jaune de* *potasse*, se présente sous la forme de cristaux octaédriques à base carrée, de couleur jaune citron, solubles dans l'eau. On le prépare en faisant bouillir au contact de l'air, lequel fournit l'oxygène nécessaire à la réaction, une dissolution de cyanure de potassium KCy avec des copeaux de fer. On obtient ainsi le ferrocyanure de potassium, plus de la potasse :

$$3\,KCy + Fe + O = K^3FeCy^3 + KO.$$

Le ferrocyanure de potassium est employé dans les laboratoires comme réactif, et dans l'industrie pour préparer le bleu de Prusse.

122. *Bleu de Prusse* $(Fe^7Cy^9 + 9HO)$. Ce composé de fer et de cyanogène, que certains chimistes considèrent comme une combinaison de protocyanure et de sesquicyanure de fer $(3FeCy,2Fe^2Cy^3) + 9HO$ est en masses légères, d'un très beau bleu avec reflets cuivrés ; il est insoluble dans l'eau et dans l'alcool. La lumière solaire le blanchit, mais il reprend sa couleur dans l'obscurité.

On prépare le bleu de Prusse en précipitant une dissolution de sulfate de sesquioxyde de fer au moyen du ferrocyanure de potassium :

$$2(Fe^2O^3,3SO^3) + 3(K^2FeCy^3 + 3HO) = (Fe^7Cy^9 + 9HO) + 6\,KO,SO^3.$$

Le bleu de Prusse est employé dans la fabrication des papiers peints, dans la peinture à l'huile et l'impression des étoffes. Dissous dans de l'acide oxalique, il donne une très belle encre bleue.

NICKEL, COBALT, CHROME.

123. *Nickel et cobalt.* — A côté du fer se placent ces deux métaux qui lui sont très analogues, et qui se ressemblent entre eux autant que possible, ayant le même équivalent et à très peu près la même densité.

Le *nickel* $(Ni = 29,5)$ est blanc grisâtre, très dur et très tenace, ce qui ne l'empêche pas d'être ductile et malléable. Il est magnétique à la température ordinaire, et moins fusible que le fer ; sa densité est 8,86. Le nickel ne s'oxyde pas dans l'air à la température ordinaire; mais il s'y oxyde à une température élevée, et peut ainsi former avec l'oxygène un protoxyde NiO et un sesquioxyde Ni^2O^3. Il existe dans la nature associé au soufre et à l'arsenic. On le prépare en réduisant ses oxydes par le charbon.

Nous avons vu (278) que le nickel fait partie de l'alliage connu sous le nom de *maillechort*. On l'emploie également pour la confection de certaines pièces d'horlogerie, et pour recouvrir, au moyen de la galvanoplastie, certains objets en fer que l'on veut préserver de l'oxydation. (Voyez la *Physique*, page 327.)

Le *cobalt* ($Co = 29,5$) est blanc d'argent, malléable et aussi peu fusible que le fer; sa densité est $8,60$. Comme le fer et le nickel, il est magnétique à la température ordinaire. Le cobalt se trouve dans la nature à l'état d'arséniure; on l'obtient en réduisant ses oxydes par le charbon.

Le cobalt fournit à l'industrie deux composés importants : l'*oxyde de cobalt* dont on se sert pour colorer en bleu le verre et la porcelaine; le *smalt* ou *bleu d'azur* (silicate double de potasse et de cobalt) également employé dans la peinture sur porcelaine.

124. *Chrome* $Cr = 26,25$. — Ce métal est gris, brillant, très dur et peu fusible; sa densité est 6. Il existe dans la nature à l'état de chromate de plomb PbO,CrO^3 (*plomb rouge de Sibérie*). On l'obtient, comme les deux précédents, en réduisant ses oxydes par le charbon.

Le chrome n'a pas d'usage à l'état métallique; mais il forme plusieurs composés utiles : le *sesquioxyde de chrome* Cr^2O^3, dont on se sert pour colorer en vert les verres et la porcelaine; l'*acide chromique* CrO^3, qui se présente sous la forme de cristaux rouges, déliquescents, et dont la solution est employée en médecine comme caustique; le *chromate de plomb* très utilisé dans la peinture à l'huile sous le nom de *jaune de chrome* (457).

ZINC.

Équivalent Zn = 33.

125. *Propriétés physiques.* — Le zinc est un métal blanc bleuâtre, d'une texture lamelleuse. Il est cassant à la température ordinaire; mais il devient ductile et malléable vers 100°.

Si on le chauffe jusqu'à 200, il devient de nouveau cassant, et on peut alors le pulvériser dans un mortier. Le zinc entre en fusion à la température de 410° et se volatilise au rouge blanc ; sa densité varie de 6,86 à 7,21, suivant qu'il a été fondu ou laminé.

426. *Propriétés chimiques.* — Le zinc peut se conserver sans altération dans l'air ou dans l'oxygène secs ; mais il s'oxyde très promptement à l'air humide. Sa surface se recouvre alors d'une couche blanchâtre et très mince d'oxyde et de carbonate de zinc, qui préserve de l'oxydation l'intérieur du métal.

Chauffé au contact de l'air, à une température un peu supérieure à son point de fusion, le zinc prend feu et brûle avec une flamme blanche et très éclatante ; il se convertit tout entier en oxyde de zinc qui se répand dans l'air sous la forme de flocons lanugineux.

Le zinc décompose l'eau sous l'influence de la chaleur ; il se dissout rapidement à froid dans les acides sulfurique et chlorhydrique, avec dégagement d'hydrogène et formation d'un sulfate ou d'un chlorure. L'acide azotique le dissout également et le transforme en azotate de zinc.

427. *Usages.* — Les usages du zinc sont très nombreux : il sert à préparer de l'hydrogène, à construire des piles voltaïques, à faire des toitures, des gouttières, des conduits, des bassins, des baignoires, etc. On ne doit point l'employer dans la fabrication des ustensiles de cuisine, à cause des propriétés vénéneuses que possèdent les composés qu'il pourrait former avec les acides végétaux.

Métallurgie du zinc.

428. *Métallurgie du zinc.* — On extrait le zinc de deux minerais, la *calamine* et la *blende*.

La calamine, qui est le minerai le plus commun, est un carbonate de zinc souvent accompagné de l'oxyde et du silicate du même métal. Ses principaux gisements sont situés en Sibérie, en Belgique et en Angleterre. La mine la plus riche est celle de la Vieille-Montagne, près d'Aix-la-Chapelle.

La blende est un sulfure de zinc mélangé avec des quantités variables, mais toujours assez faibles, de sulfure de fer. On la trouve dans les filons de terrains anciens, où elle accompagne souvent la galène ou sulfure de plomb.

Malgré la différence de composition de la calamine et de la blende, leur traitement métallurgique est le même. On commence par les griller toutes les deux, la première pour lui enlever son acide carbonique, la seconde pour lui faire perdre son soufre et l'oxyder. Lorsque les deux minerais sont ainsi ramenés à l'état d'oxyde de zinc, on chauffe cet oxyde avec du charbon dans des creusets en terre réfractaire. Le charbon, s'emparant de l'oxygène de l'oxyde, se transforme en oxyde de carbone, tandis que le zinc, réduit à l'état métallique, se volatilise et se condense dans des récipients. Le métal est ensuite coulé dans des moules où on lui donne la forme de plaques rectangulaires.

Oxyde de zinc. Sels de zinc.

429. *Oxyde de zinc* (ZnO). — Cet oxyde était connu autrefois sous les noms de *fleurs de zinc, pompholyx, lana philosophica, nihil album*. Il est blanc, pulvérulent, doux au toucher. Il est fixe et irréductible par la chaleur; mais l'hydrogène et le carbone le décomposent facilement. Exposé à l'air, il en absorbe peu à peu l'acide carbonique et se transforme en carbonate de zinc.

On prépare l'oxyde de zinc soit en brûlant du zinc au contact de l'air, soit en décomposant par la chaleur l'azotate ou le carbonate de zinc. On peut l'obtenir à l'état d'hydrate en précipitant un sel de zinc par de la potasse caustique.

L'oxyde de zinc est maintenant employé dans la peinture à l'huile sous le nom de *blanc de zinc*. Il présente sur le blanc de céruse ou carbonate de plomb l'avantage de ne pas noircir par les émanations sulfureuses et d'être moins nuisible aux ouvriers qui en font usage.

430. *Caractères des sels de zinc.* — Les sels de zinc sont tous incolores quand leur acide n'est pas coloré; ils ont une saveur styptique, amère et nauséabonde. Ils sont vénéneux et agissent à faible dose comme vomitifs.

Leurs dissolutions donnent lieu aux réactions suivantes :

Avec la potasse, la soude et l'ammoniaque : précipité *blanc* d'oxyde de zinc hydraté qui se redissout dans un excès de réactif;

Avec les carbonates de potasse ou de soude : précipité *blanc* de carbonate de zinc;

Avec le ferrocyanure de potassium : précipité *blanc* de ferro-cyanure de zinc ;

Avec le sulfure d'ammonium et les sulfures alcalins : précipité *blanc* de sulfure de zinc hydraté.

Ce dernier caractère suffit pour distinguer les sels de zinc de tous les autres sels métalliques connus.

Sulfate de zinc. Chlorure de zinc.

451. *Sulfate de zinc* ($ZnO,SO^3 + 7HO$).—Le sulfate neutre de zinc, vulgairement nommé *vitriol blanc* ou *couperose blanche*, est un sel incolore, d'une saveur amère et styptique ; il est très soluble dans l'eau et cristallise en prismes à quatre pans, renfermant 7 équivalents d'eau. Soumis à l'action de la chaleur, il fond dans son eau de cristallisation, devient anhydre et se décompose en produisant de l'oxyde de zinc, de l'oxygène et de l'acide sulfureux :

$$ZnO,SO^3 = ZnO + O + SO^2.$$

On prépare le sulfate de zinc, dans les laboratoires, en traitant le zinc métallique par de l'acide sulfurique étendu d'eau :

$$Zn + SO^3,HO = ZnO,SO^3 + H.$$

Dans les arts on l'obtient par le grillage du sulfure de zinc naturel ou blende. Ainsi traité, ce minerai se change en un mélange d'oxyde et de sulfate de zinc que l'on sépare de l'oxyde par le lessivage et l'évaporation.

Le sulfate de zinc est employé dans quelques opérations de teinture, et en médecine contre les maladies des yeux.

452. *Chlorure de zinc* ($ZnCl$).—Ce composé est sous la forme d'une masse blanche, déliquescente, entrant en fusion vers 250° et se volatilisant au rouge. On le prépare en traitant à froid du zinc laminé par de l'acide chlorhydrique étendu d'eau et en évaporant à sec :

$$Zn + HCl = ZnCl + H.$$

Le chlorure de zinc est employé dans l'industrie pour décaper les métaux que l'on veut souder à l'étain, et en médecine comme caustique.

ÉTAIN.

Équivalent Sn = 59.

453. *Propriétés physiques*. — L'étain est un métal presque aussi blanc que l'argent et à reflet légèrement jaunâtre. Frotté entre les doigts, il répand une odeur très sensible et caractéristique. Il est très malléable et peut être réduit en feuilles minces par le marteau ou le laminoir; mais sa ductilité et sa ténacité sont faibles. Une tige d'étain fait entendre, lorsqu'on la ploie, un bruit particulier que l'on appelle *cri de l'étain*. Ce bruit tient à la texture cristalline du métal, dont les différentes parties frottent les unes contre les autres au moment où l'on fait effort sur elles. La densité de l'étain est 7,29 ; il fond à 228° et ne se volatilise pas sensiblement à la chaleur blanche.

454. *Propriétés chimiques*. — L'étain ne s'altère pas sensiblement à l'air, à la température ordinaire ; mais à une température élevée il s'oxyde très rapidement et se convertit en un mélange de protoxyde et de bioxyde d'étain ou acide stannique, Il décompose l'eau au rouge avec dégagement d'hydrogène et formation d'acide stannique.

L'acide sulfurique n'attaque l'étain que s'il est concentré et chaud. L'acide chlorhydrique le dissout très rapidement à froid, et le transforme en protochlorure, avec dégagement d'hydrogène. L'acide azotique le convertit violemment en acide stannique.

455. *État naturel et métallurgie*. — L'étain se trouve dans la nature à l'état de protosulfure et de bioxyde ou acide stannique SnO^2. Ce dernier, qui est le seul minerai d'où l'on extrait l'étain, se rencontre dans les terrains les plus anciens, au milieu des roches granitiques, et souvent aussi dans des sables provenant de la destruction de ces mêmes roches. Les principaux gisements de ce minerai sont en Saxe, en Bohême, en Angleterre (dans le comté de Cornouailles) et dans les Indes.

La métallurgie de l'étain est très simple. Après avoir séparé le minerai d'une grande partie de sa gangue, on le chauffe avec du charbon dans un fourneau dont les parois sont en granit. Le charbon s'empare de l'oxygène de l'oxyde d'étain pour former de l'acide carbonique, et le métal, mis en liberté, est reçu dans un creuset placé à la partie inférieure du fourneau. Lorsque l'étain est sur le point de se solidifier, on l'enlève avec des poches en fer et on le coule dans des moules.

Les usages de l'étain sont trop connus pour qu'il soit nécessaire de les indiquer ici. Ce métal fait partie de plusieurs alliages que nous avons précédemment indiqués.

Oxydes d'étain. Sels d'étain.

436. *Oxydes d'étain.* — L'étain forme avec l'oxygène deux combinaisons bien définies :

Le *protoxyde d'étain* SnO, que l'on peut obtenir à l'état d'hydrate blanc en précipitant par l'ammoniaque une dissolution de protochlorure d'étain;

Le *bioxyde d'étain* SnO^2 ou *acide stannique*, qui existe dans la nature, et que l'on prépare artificiellement en traitant une dissolution de bichlorure d'étain par du carbonate de soude. Il se produit un précipité blanc d'acide stannique hydraté $SnO^2 + HO$, qui forme avec les bases des *stannates*. Cet acide est employé dans la fabrication des émaux.

437. *Caractères des sels d'étain.* — Leurs dissolutions, traitées par les divers réactifs, donnent lieu aux précipités suivants :

Avec la potasse ou la soude : précipité *blanc* qui se dissout dans un excès d'alcali;

Avec le ferrocyanure de potassium : précipité *blanc gélatineux* de ferrocyanure d'étain;

Avec l'acide sulfhydrique et les sulfures alcalins : précipité *brun marron* quand le sel est à base de protoxyde, et *jaune clair* quand il est à base de bioxyde.

Les sels de protoxyde d'étain donnent avec les sels d'or un précipité de couleur pourpre, composé d'acide stannique et d'or à l'état métallique. Les sels de bioxyde ne forment pas de précipité.

Une lame de fer ou de zinc, plongée dans une dissolution d'un sel d'étain, précipite ce métal sous la forme de paillettes cristallines, qui prennent sous l'action du brunissoir la couleur et l'éclat ordinaires de l'étain.

Le protochlorure et le bichlorure d'étain sont les seuls sels d'étain qui présentent quelque intérêt.

Protochlorure et bichlorure d'étain.

458. *Protochlorure d'étain* (SnCl). — Ce composé est blanc, d'une saveur styptique, légèrement soluble dans l'eau. On le prépare en chauffant de la grenaille d'étain avec de l'acide chlorhydrique, et en concentrant la liqueur jusqu'à ce qu'elle se prenne en masse cristalline par le refroidissement.

Le protochlorure d'étain est un agent réducteur très énergique. Il ramène les chlorures d'or et de mercure à l'état métallique. Il sert en teinture comme *rongeant*, pour enlever sur certains points des étoffes les couleurs produites par les sels de sesquioxyde de fer, qu'il ramène sur place à l'état de sels de protoxyde solubles dans l'eau.

459. *Bichlorure d'étain* (SnCl²). — Le *bichlorure d'étain* anhydre SnCl², vulgairement nommé *liqueur de Libavius*, est un liquide incolore, répandant à l'air des fumées blanches très épaisses, d'une odeur insupportable. Sa densité est 2,28; il bout à 120° et peut être distillé sans altération.

Lorsqu'on verse dans de l'eau du bichlorure d'étain, on entend un bruit semblable à celui que produirait un fer rouge. Les deux liquides se combinent en dégageant beaucoup de chaleur, et il se forme un hydrate $SnCl^2 + 5HO$, qui cristallise immédiatement, si l'eau est en faible proportion.

On obtient le bichlorure d'étain anhydre en faisant arriver un courant de chlore sec sur de l'étain placé dans une cornue de verre tubulée que l'on chauffe légèrement, et à laquelle est adapté un récipient convenablement refroidi. Le métal brûle avec flamme, et le bichlorure ainsi produit distille et se condense dans le récipient.

La liqueur de Libavius est employée en teinture pour rehausser l'éclat de certaines couleurs. Un mélange de protochlorure et de bichlorure d'étain donne avec les sels d'or un précipité violet connu sous le nom de *pourpre de Cassius*, dont on se sert dans la peinture sur porcelaine pour obtenir des tons roses et pourprés.

ANTIMOINE.

Équivalent Sb = 120,

440. *Propriétés.* — Ce métal est blanc d'argent, très cassant et facile à pulvériser; sa densité est 6,715. Il fond à 450° et cris-

23.

tallise par le refroidissement en rhomboèdres. Il se volatilise au rouge blanc.

L'antimoine, allié à d'autres métaux, leur communique de la dureté. C'est pour cela qu'il fait partie des caractères d'imprimerie, lesquels se composent, comme nous l'avons dit, de 20 d'antimoine et de 80 de plomb.

Peu altérable dans l'air à la température ordinaire l'antimoine y brûle au rouge en répandant des fumées blanches d'oxyde SbO^3. Il brûle également dans le chlore (229) et se combine directement avec la plupart des métalloïdes.

Le minerai dont on extrait l'antimoine est le sulfure SbS^3, nommé *stibine* par les minéralogistes. On grille ce sulfure de manière à le transformer en un oxysulfure, que l'on réduit ensuite en le calcinant dans un creuset avec du charbon et du carbonate de soude: on obtient ainsi du sulfure de sodium et un culot d'antimoine métallique.

141. *Composés de l'antimoine.* — L'antimoine a été placé par quelques chimistes parmi les métalloïdes à cause de l'analogie de ses divers composés avec ceux du phosphore et de l'arsenic.

L'antimoine forme, en effet, avec l'oxygène deux composés : l'*oxyde d'antimoine* SbO^3, qui correspond aux acides phosphoreux et arsénieux, et l'*acide antimonique* SbO^5, qui correspond aux acides phosphorique et arsénique. Le premier résulte de l'oxydation de l'antimoine brûlant au contact de l'air, le second s'obtient en faisant agir l'acide azotique sur ce métal ; il reste une poudre blanche qui est l'acide antimonique hydraté SbO^5 + HO, et que l'on peut réduire, en le chauffant, à l'état anhydre.

Avec le *soufre*, l'antimoine forme un sulfure SbS^3, gris de plomb, fusible et volatil (*stibine*).

Avec le *chlore*, l'antimoine forme le chlorure ou *beurre d'antimoine* $SbCl^3$. C'est un corps solide, blanc, ayant l'aspect gras du beurre et très déliquescent. On le prépare en traitant le sulfure d'antimoine par l'acide chlorhydrique (185). Le chlorure ou beurre d'antimoine est un caustique puissant, que l'on emploie notamment pour cautériser les morsures ou les piqûres faites par des animaux enragés ou venimeux.

Le médicament connu sous le nom de *kermès* est un mélange de sulfure et d'oxyde d'antimoine, contenant un peu de sulfure de sodium et d'antimoniate de soude. On le prépare en faisant bouillir du sulfure d'antimoine dans une dissolution de carbonate de soude. L'*émétique* est un tartrate double de potasse et d'antimoine (voyez la *Chimie organique*).

112. *Caractères des sels d'antimoine.* — Les sels solubles d'antimoine donnent, avec les alcalis, un précipité *blanc* soluble dans un excès du réactif; avec l'acide sulfhydrique, un précipité *jaune orangé*. Une lame de fer ou de zinc en précipite l'antimoine sous la forme d'une poudre noire.

Résumé.

I. Le *fer* est un métal blanc grisâtre, ductile, malléable et très tenace. Il s'oxyde facilement dans l'air humide et décompose l'eau à la chaleur rouge. On le trouve dans la nature à l'état de sulfure, d'oxyde et de carbonate. On l'extrait de ces deux derniers minerais en les décomposant au moyen du charbon.

II. La *fonte* est un carbure de fer contenant environ 5 pour 100 de carbone. On en distingue deux variétés, la blanche et la grise.

III. L'*acier* est un carbure de fer qui ne renferme que 6 à 7 millièmes de carbone. On en distingue trois espèces, qui sont : l'acier naturel ou de fonte, l'acier de cémentation et l'acier fondu.

IV. Le fer forme avec l'oxygène quatre combinaisons définies, savoir : le protoxyde FeO, le sesquioxyde Fe^2O^3, l'oxyde magnétique Fe^3O^4 et l'acide ferrique FeO^3. Les principaux composés de fer sont, après la fonte et les aciers, le *carbonate*, le *sulfate*, le *bisulfure* ou pyrite martiale, le *perchlorure* et le *bleu de Prusse*.

V. Le *carbonate de fer* ou *fer spathique* FeO,CO^2 se trouve abondamment dans la nature, et constitue un des principaux minerais de fer. On peut l'obtenir hydraté en versant du carbonate de soude dans une dissolution de sulfate de protoxyde de fer.

VI. Le *sulfate de fer* FeO,SO^3 (*vitriol vert, couperose verte*) cristallise en prismes rhomboïdaux qui s'altèrent au contact de l'air. On l'obtient, soit en traitant le fer pur par de l'acide sulfurique étendu d'eau, soit en exposant à l'air humide certaines pyrites ou sulfures de fer naturels.

VII. Le *zinc* est un métal blanc bleuâtre, d'une texture lamelleuse. Il s'oxyde promptement à l'air humide et il décompose l'eau sous l'influence de la chaleur. On le trouve dans la nature à l'état de sulfure (*blende*) et à l'état de carbonate (*calamine*). On extrait le zinc de ces deux minerais en les ramenant par le grillage à l'état d'oxyde de zinc, que l'on réduit ensuite par le charbon. L'oxyde de zinc a pour formule ZnO.

VIII. Le sulfate neutre de zinc ZnO,SO^3 (*vitriol blanc, couperose blanche*) cristallise en prismes à quatre pans. On le prépare en traitant le zinc par de l'acide sulfurique étendu d'eau ou en grillant la blende, c'est-à-dire le sulfure de zinc naturel.

IX. L'*étain* est un métal blanc, d'un éclat argentin. Il fait entendre, lorsqu'on le ploie, un bruit particulier appelé *cri de l'étain*. Ce métal ne s'oxyde pas sensiblement dans l'air sec ou humide, à la température ordinaire. Il forme avec l'oxygène deux combinaisons : le protoxyde SnO et le bioxyde ou acide stannique SnO^2. On extrait l'étain de ce dernier oxyde en le décomposant par le charbon.

X. Le *bichlorure d'étain anhydre* $SnCl^2$, ou *liqueur de Libavius*, est un liquide incolore, répandant à l'air des fumées blanches très épaisses. Il forme avec l'eau un hydrate cristallisable dont la formule est $SnCl^2+5\,HO$. On l'obtient en combinant directement l'étain avec le chlore sec.

XI. L'*antimoine* est un métal blanc d'argent, très cassant et facile à pulvériser. Il prend feu dans l'air à la température rouge en répandant des fumées blanches d'oxyde d'antimoine SbO^3. On extrait l'antimoine de son sulfure *(stibine)* par le grillage et le charbon.

XII. Les principaux composés d'antimoine sont l'*oxyde d'antimoine* SbO^3 et l'*acide antimonique* SbO^5, le *sulfuré* naturel ou *stibine* SbS^3, le *chlorure* ou *beurre d'antimoine* $SbCl^3$, le *kermès* et l'*émétique* (tartrate double de potasse et d'antimoine).

CHAPITRE XXV.

Métaux de la cinquième section. — Cuivre. — Plomb. — Bismuth. — Leurs oxydes et les caractères de leurs sels. — Carbonate de cuivre. — Sulfate de cuivre ou vitriol bleu. — Carbonate de plomb ; céruse.

CUIVRE.

Équivalent Cu = 31,60.

115. *Propriétés physiques.* — Le cuivre est un métal rouge, brillant, très ductile et très malléable. Réduit en feuilles minces, il devient translucide et présente alors une belle couleur verte à la lumière transmise. Il fond à la chaleur rouge ; à une température plus élevée, il se volatilise et brûle dans l'air avec une flamme verte. Le cuivre cristallise assez facilement en petits octaèdres réguliers ; sa densité est 8,78.

444. *Propriétés chimiques.* — Le cuivre à la température ordinaire, se conserve sans altération dans l'air et dans l'oxygène secs ; mais il s'oxyde promptement dans l'air humide, et se recouvre d'une couche verdâtre de carbonate de cuivre hydraté que l'on appelle communément *vert-de-gris.* A une température élevée, il absorbe rapidement l'oxygène de l'air, et se transforme d'abord en sous-oxyde rouge Cu^2O, puis en protoxyde noir CuO. Le cuivre ne décompose l'eau qu'au rouge blanc.

L'acide sulfurique concentré dissout le cuivre, avec dégagement d'acide sulfureux et formation d'un sulfate : $Cu + 2SO^3 = SO^2 + CuO,SO^3$.

L'acide azotique l'attaque également, même à la température ordinaire, et le transforme en azotate de cuivre, en donnant naissance à du bioxyde d'azote : $3\,Cu + 4\,AzO^5 = AzO^2 + 3\,(CuO, AzO^5)$.

L'acide chlorhydrique ne dissout le cuivre qu'avec l'aide de la chaleur ; il se forme un sous-chlorure de cuivre Cu^2Cl et l'hydrogène se dégage · $2\,Cu + HCl = Cu^2Cl + H$.

Le cuivre est, après le fer, le métal le plus important à cause de ses nombreux usages. Il fait partie de plusieurs alliages que nous avons précédemment étudiés (218).

Métallurgie du cuivre.

445. *Métallurgie du cuivre.* — Le cuivre est peut-être le métal le plus anciennement connu ; il est certain que son usage a précédé celui du fer. Le χαλκός dont parle Homère, et avec lequel les anciens fabriquaient leurs instruments de guerre et leurs outils tranchants, n'était autre chose que du cuivre pur ou à l'état de bronze.

Les principaux minerais de cuivre sont : le cuivre oxydulé Cu^2O, le carbonate et le sulfure. Ce dernier, qui est le plus commun, est presque toujours combiné avec le sulfure de fer et constitue les *pyrites cuivreuses* Cu^2S, Fe^2S^3. L'Angleterre est, de toutes les contrées, celle qui fournit le plus de cuivre ; après elle viennent la Suède, la Norwège et la Russie. La France n'en produit qu'une petite quantité. Le Chili et le Pérou possèdent également des mines de cuivre très importantes.

Le cuivre s'extrait très facilement des minerais qui le renferment à l'état d'oxyde ou de carbonate ; il suffit de chauffer fortement ces minerais avec du charbon dans des fourneaux à cuve. Le charbon, s'emparant de l'oxygène, se transforme en acide carbonique, tandis que le cuivre est ramené à l'état métallique.

Le traitement métallurgique des minerais sulfurés ou pyrites cuivreuses est beaucoup plus compliqué : il consiste en plusieurs grillages successifs du minerai, ayant pour but de séparer le sulfure de fer du sulfure de cuivre. Ce dernier, qui constitue alors ce qu'on nomme la *matte* dans le langage technique, est placé dans un four à réverbère avec du quartz et du minerai de cuivre oxydé ou carbonaté : par l'action de l'air, une partie du sulfure de cuivre se change en oxyde, et alors commence entre cet oxyde et le sulfure qui reste une réaction dont le résultat est la mise à nu du métal, qui est reçu et coulé dans des rigoles de sable, et la formation d'acide sulfureux qui se dégage :

$$Cu^2S + 2\,CuO = 4\,Cu + SO^2.$$

Quant au quartz que l'on ajoute à la matte cuivreuse, il a pour objet de faciliter la fusion et d'entraîner les dernières portions de fer oxydé ou sulfuré qui pourraient rester encore dans la matte.

Le cuivre ainsi obtenu n'est pas pur ; il renferme encore un peu de soufre et d'oxyde de fer, dont on le débarrasse en le faisant fondre de nouveau en présence de l'air et d'un peu d'argile. Il se dégage de l'acide sulfureux, et le reste du fer se sépare du cuivre à l'état de silicate.

Oxydes de cuivre. Sels de cuivre.

116. *Oxydes de cuivre.* — Le cuivre forme avec l'oxygène deux combinaisons bien définies, savoir : le sous-oxyde ou oxydule de cuivre Cu^2O et le protoxyde de cuivre CuO.

Le *sous-oxyde* ou *oxydule de cuivre* Cu^2O existe dans la nature sous la forme de masses irrégulières ou de cristaux octaédriques rouges et transparents. On le prépare artificiellement en faisant bouillir avec du sucre une dissolution d'acétate de cuivre. Ce sous-oxyde est très employé aujourd'hui pour colorer le verre en rouge rubis.

Le *protoxyde* ou *oxyde de cuivre* proprement dit CuO forme la base des sels ordinaires de cuivre. Il est amorphe, pulvérulent, d'un brun foncé, presque noir. On le prépare en chauffant fortement du cuivre métallique au contact de l'air ou en calcinant l'azotate de cuivre. Il forme avec l'eau un hydrate de couleur bleue CuO,HO, que l'on obtient en versant un excès de potasse ou de soude caustique dans une dissolution d'un sel de cuivre. Cet oxyde est employé dans l'industrie pour colorer en vert les verres et les cristaux; on s'en sert également dans les laboratoires pour analyser les matières organiques.

On a signalé l'existence de deux autres oxydes de cuivre : un bioxyde CuO^2 et un acide cuivrique CuO^3. Mais ces deux composés n'ont point été jusqu'à présent suffisamment étudiés.

117. *Caractères des sels de cuivre.* — On ne connaît qu'un très petit nombre de sels à base de *sous-oxyde de cuivre* Cu^2O. Ils sont incolores ou légèrement jaunâtres. Leurs dissolutions forment avec la potasse ou la soude un précipité *jaune orangé*, et avec le ferrocyanure de potassium un précipité *blanc* qui devient rapidement rouge brun au contact de l'air. Ces sels sont peu stables; dissous dans l'eau et exposés à l'air, ils prennent de l'oxygène et passent promptement à l'état de sels de protoxyde.

Les sels de *protoxyde* de cuivre CuO ou *sels de cuivre* proprement dits sont bleus ou verts et ont une saveur métallique très désagréable. Leurs dissolutions donnent lieu aux réactions suivantes :

Avec la potasse ou la soude : précipité *bleu* de protoxyde de cuivre hydraté, insoluble dans un excès de réactif;

Avec l'ammoniaque : précipité *verdâtre* qui se redissout dans un excès d'alcali et colore immédiatement la liqueur en très beau bleu *(bleu céleste)*;

Avec le ferrocyanure de potassium : précipité *brun marron* de ferrocyanure de cuivre, qui prend une nuance pourprée quand la dissolution est très étendue;

Avec l'acide sulfhydrique et les sulfures alcalins : précipité *noir* de sulfure de cuivre.

Une lame de fer, plongée dans une dissolution d'un sel de cuivre, se recouvre aussitôt d'une couche de cuivre métallique. Tous ces sels sont vénéneux. Les principaux sels de cuivre sont le carbonate, le sulfate et l'arsénite.

Carbonate de cuivre. Sulfate de cuivre. Arsénite de cuivre.

118. *Carbonate ou hydrocarbonate de cuivre* ($2CuO,HO,CO^2$).
— On le trouve dans la nature, principalement dans les monts
Ourals, en masses d'un très beau vert et d'aspect marbré. Il
forme ainsi le minéral connu sous le nom de *malachite*, dont on
se sert pour fabriquer divers objets d'art (vases, coupes, statuettes, etc.),

On obtient artificiellement un hydrocarbonate ayant la même
composition en versant du carbonate de soude dans une dissolution chaude de sulfate de cuivre. Le précipité, recueilli et séché, forme une poudre verte que l'on emploie en peinture sous
le nom de *vert minéral*.

Le minéral nommé *azurite* et le produit connu sous le nom
de *cendres bleues artificielles*, dont on se sert dans la fabrication
des papiers peints, sont également constitués par un hydrocarbonate de cuivre dont la formule est $3CuO,HO,2CO^2$.

119. *Sulfate de cuivre* ou *vitriol bleu* (CuO,SO^3+5HO). —
Le *sulfate neutre de cuivre*, ou *vitriol bleu*, auquel on donne
encore, dans le commerce, le nom de *couperose bleue*, est
un sel d'une saveur styptique et astringente; il est très soluble dans l'eau, et il cristallise en gros prismes obliques transparents, d'un très beau bleu, renfermant 5 équivalents d'eau,
et légèrement efflorescents. Soumis à l'action de la chaleur, le
sulfate de cuivre blanchit, devient anhydre, puis se décompose
complètement en donnant de l'oxygène, de l'acide sulfureux
et du protoxyde de cuivre : $CuO,SO^3 = O+SO^2+CuO$.

On prépare, dans les laboratoires, le sulfate de cuivre en
chauffant simplement du cuivre métallique avec de l'acide sulfurique concentré : $Cu+2SO^3 = CuO,SO^3+SO^2$. On obtient de
cette manière du sulfate de cuivre parfaitement pur.

Dans les fabriques, on grille en présence de l'air les pyrites
ou sulfures de cuivre naturel. Ces sulfures, en absorbant l'oxygène, passent à l'état de sulfate de cuivre, et il suffit de traiter
la matière grillée par l'eau et de faire ensuite évaporer, pour
obtenir le sel cristallisé.

On prépare encore de grandes quantités de sulfate de cuivre
en utilisant les feuilles de cuivre qui ont servi au doublage des
vaisseaux. On les chauffe d'abord dans un four fermé avec du
soufre en poudre qui forme un sulfure de cuivre Cu^2S; puis on

ouvre le four pour y laisser arriver un courant d'air qui transforme le sulfure en sulfate.

Le sulfate de cuivre a de nombreuses applications : on l'emploie en agriculture pour *chauler* le blé, afin de le mettre à
l'abri d'un petit champignon qui se développe dans les greniers ;
en teinture, pour colorer la laine et la soie en violet ; en médecine, pour cautériser légèrement. Ce sel sert encore à azurer
le papier, à préparer plusieurs couleurs, telles que les cendres
bleues, le vert de Schéele ou arsénite de cuivre, etc. La galvanoplastie en fait aussi grand usage.

450. *Arsénite de cuivre* ($2CuO,AsO^3$). — On le prépare en
précipitant par de l'arsénite de potasse une dissolution de sulfate de cuivre. Ainsi préparé, ce sel est sous la forme d'une
poudre verte, très employée en peinture sous le nom de *vert
de Schéele.*

PLOMB.

Équivalent Pb = 103,50.

451. *Propriétés physiques.* — Le plomb est un métal gris
bleuâtre, ductile, malléable, peu tenace et assez mou pour
que l'ongle puisse le rayer ; frotté sur le papier, il laisse des
traces d'un gris métallique : sa densité est 11,35. Il fond à
335°, et il donne à la chaleur rouge des vapeurs sensibles. Refroidi lentement, il cristallise en octaèdres réguliers.

452. *Propriétés chimiques.* — Le plomb fraîchement coupé
a beaucoup d'éclat ; mais il se ternit promptement au contact
de l'air et se recouvre d'une couche grise très mince de sous-
oxyde de plomb Pb^2O. A une température élevée, ce métal
absorbe très rapidement l'oxygène de l'air et se convertit en
protoxyde de plomb PbO, de couleur jaune.

Exposé à l'air humide, le plomb se convertit peu à peu en
un hydrocarbonate, lequel forme à sa surface une couche blanche et cristalline, ce que l'on peut constater facilement sur
les lames de plomb qui recouvrent les toitures. Ce composé
étant vénéneux, il faut éviter de se servir pour les usages domestiques de l'eau pluviale qui tombe sur les toits ainsi recouverts. Il est aujourd'hui démontré que les tuyaux de plomb
employés pour conduire dans nos habitations les eaux de source
ou de rivières peuvent aussi, dans quelques cas, communiquer à

ces eaux des propriétés toxiques. Il serait donc utile, dans l'intérêt de la santé publique, de renoncer à l'usage de ces tuyaux.

Les acides sulfurique et chlorhydrique n'attaquent le plomb que très faiblement. L'acide azotique le dissout à froid et le transforme en azotate de plomb, avec dégagement de vapeurs rutilantes.

Les usages du plomb sont très nombreux et assez connus pour que nous puissions nous dispenser de les indiquer ici. Ce métal entre dans la composition de plusieurs alliages importants (222 à 224).

Métallurgie du plomb.

183. *Métallurgie du plomb.* — Le principal minerai de plomb est la *galène* ou sulfure de plomb PbS, que l'on trouve dans les terrains primitifs et dans les terrains de transition, ordinairement associée à du quartz, du feldspath ou du calcaire.

Le traitement métallurgique de la galène se fait de deux manières :

1° Lorsque le minerai est peu riche et que sa gangue est très siliceuse, on décompose le sulfure de plomb qu'il renferme en le chauffant dans un fourneau à cuve avec de la fonte de fer grenaillée. Il se forme du sulfure de fer et le plomb est ramené à l'état métallique :

$$PbS + Fe = Pb + FeS.$$

2° Lorsque le minerai contient beaucoup de galène, on le grille lentement dans un fourneau à réverbère jusqu'à ce que la galène se soit transformée en un mélange de sulfure, de sulfate et d'oxyde de plomb. On ferme alors toutes les portes du fourneau pour empêcher l'air d'y pénétrer et on chauffe fortement. Le sulfure, le sulfate et l'oxyde de plomb réagissent l'un sur l'autre, et de cette réaction résulte de l'acide sulfureux qui se dégage et du plomb qui reste à l'état métallique:

$$2\,PbS + PbO,SO^3 + 2\,PbO = 3\,SO^4 + 5\,Pb.$$

On extrait encore le plomb de son carbonate, que l'on trouve quelquefois réuni en petits amas dans les couches du terrain secondaire. Le traitement de ce minerai est bien simple : il suffit de le chauffer avec du charbon dans de petits fourneaux à cuve. Le plomb est ramené à l'état métallique et de l'acide carbonique se dégage : $2\,PbO,CO^2 + C = 2\,Pb + 2\,CO^3.$

Oxydes et sels de plomb.

454. *Oxydes de plomb.* — Le plomb formé avec l'oxygène quatre combinaisons, savoir : le sous-oxyde de plomb Pb^2O, le protoxyde de plomb PbO, le bioxyde de plomb PbO^2 et le minium $2PbO,PbO^2$ ou Pb^3O^4.

Le *sous-oxyde de plomb* Pb^2O est sous la forme d'une poudre noire, que l'on obtient en décomposant par la chaleur l'oxalate de plomb. Cet oxyde est sans importance et ne donne pas de sels.

Le *protoxyde de plomb* PbO, vulgairement nommé *massicot*, est sous la forme d'une poudre jaune. On le prépare, soit en calcinant l'azotate ou le carbonate de plomb, soit en chauffant au contact de l'air du plomb métallique. Le massicot entre en fusion au rouge sombre et cristallise par le refroidissement en lamelles rouge orangé, que l'on désigne alors sous le nom de *litharge*. On l'emploie pour préparer le minium, la céruse, ainsi que la plupart des sels de plomb. La litharge, combinée avec les acides gras, forme la base des emplâtres.

En versant dans une dissolution d'un sel de plomb de la potasse ou de l'ammoniaque, on obtient un précipité blanc d'hydrate d'oxyde de plomb PbO,HO.

Le *bioxyde* ou *oxyde puce de plomb* PbO^2 se prépare en traitant à chaud le minium $(2PbO,PbO^2)$ par l'acide azotique étendu. Cet acide dissout le protoxyde de plomb, qu'il convertit en azotate soluble, et laisse le bioxyde sous la forme d'une poudre brune que l'on sépare par filtration :

$$2\,PbO,PbO^2 + 2\,(AzO^5,HO) = PbO^2 + 2\,(PbO,AzO^5) + 2\,HO.$$

La chaleur lui enlève la moitié de son oxygène et le fait passer à l'état de protoxyde. Le bioxyde de plomb ne se combine pas avec les acides ; mais il s'unit très facilement aux bases, avec lesquelles il forme des sels parfaitement définis et cristallisables. C'est ce qui lui a valu le nom d'*acide plombique*, sous lequel il est également désigné.

Le *minium* $2PbO,PbO^2$ ou Pb^3O^4 se présente sous la forme d'une poudre d'un rouge vif ou légèrement orangé. Cet oxyde s'obtient en chauffant, au contact de l'air, à une température qui ne doit pas dépasser 300°, le protoxyde de plomb ou massicot. Celui-ci absorbe peu à peu l'oxygène et se change en minium, dont la composition est représentée par la formule $2PbO,PbO^2 = Pb^3O^4$. On peut donc considérer le minium comme un plombate d'oxyde de plomb, formé de deux équivalents de protoxyde unis à un équivalent de bioxyde ou acide plombique. C'est le meilleur exemple que l'on puisse donner d'un oxyde salin.

Le minium est employé, à cause de sa belle nuance, pour colorer les papiers de tenture, la cire à cacheter, et pour peindre à l'huile. Il sert aussi à fabriquer le cristal, le strass, le flint-glass, les émaux et les vernis dont on recouvre certaines poteri s.

455. *Caractères des sels de plomb.* — Les sels de plomb sont tous à base de protoxyde PbO. Ils ont une saveur à la fois sucrée et styptique, et ils sont vénéneux à faible dose. Ils provoquent des douleurs d'entrailles nommées *coliques saturnines* ou *coliques de plomb*, auxquelles sont particulièrement exposés les peintres en bâtiment, et les ouvriers employés à la fabrication de la céruse ou du minium.

Les sels de plomb se reconnaissent aux précipités suivants, que forment leurs dissolutions avec les divers réactifs :

Avec la potasse ou la soude : précipité *blanc* d'hydrate de protoxyde de plomb, soluble dans un excès de réactif ;

Avec l'ammoniaque : même précipité, mais insoluble dans un excès d'alcali ;

Avec le ferrocyanure de potassium : précipité *blanc* de ferrocyanure de plomb ;

Avec l'acide sulfhydrique et les sulfures alcalins : précipité *noir* de sulfure de plomb ;

Avec l'acide sulfurique et les sulfates solubles : précipité *blanc* de sulfate de plomb, complètement insoluble dans l'eau et noircissant par l'acide sulfhydrique ;

Avec l'iodure de potassium : précipité *jaune* d'iodure de plomb, soluble dans un excès de réactif ;

Avec le chromate de potasse : précipité de chromate de plomb, d'un très beau *jaune orangé*.

Le fer, le zinc et l'étain précipitent le plomb de ses dissolutions sous la forme de lamelles brillantes et cristallisées (arbre de Saturne).

Les principaux sels de plomb sont le carbonate (céruse ou blanc de plomb) et le chromate ou jaune de chrome.

Carbonate de plomb ; céruse. Chromate de plomb.

456. *Carbonate de plomb* (PbO,CO^2). — On trouve dans la nature un carbonate de plomb anhydre PbO,CO^2, cristallisé en prismes rhomboïdaux incolores, et que l'on peut obtenir à l'état pulvérulent en précipitant un sel de plomb par un carbonate alcalin. Ce sel est sans importance.

457. *Céruse ou blanc de plomb.*—La *céruse* ou *blanc de plomb*, que l'on emploie dans la peinture à l'huile, est un hydrocarbonate de plomb qui a pour formule $2(PbO,CO^2)+PbO,HO$. Ce composé est blanc, pulvérulent, insoluble dans l'eau pure, mais légèrement soluble dans de l'eau chargée d'acide carbonique.

On prépare la céruse par deux procédés différents en pratique, mais semblables en théorie.

Le premier procédé ou *procédé de Clichy* a été imaginé par Thénard. On fait arriver un courant d'acide carbonique dans une dissolution d'acétate *tribasique* de plomb $3(PbO),C^4H^4O^4$ obtenu en faisant agir sur de la litharge en excès du vinaigre ou acide acétique ($C^4H^4O^4$). L'acide carbonique et l'eau enlèvent à l'acétate tribasique les deux tiers de sa base pour former la céruse qui se précipite, et l'acétate tribasique se trouve ramené à l'état d'acétate neutre de plomb, qui reste en dissolution.

Le second procédé est très ancien ; il est connu sous le nom de *procédé hollandais*. On introduit dans des pots de grès (*fig.* 112), contenant une petite quantité de vinaigre de basse qualité, une feuille mince de plomb C roulée en spirale. Cette

feuille repose à quelques centimètres au-dessus de la couche de vinaigre V sur un rebord intérieur *ab*, et chaque pot de grès est lui-même recouvert par un disque de plomb *mn* qui le ferme incomplètement. On place un grand nombre de ces pots les uns à côté des autres, et on en forme ainsi plusieurs rangées que l'on superpose en les séparant par des couches épaisses de fumier de cheval. On recouvre ensuite le tout avec de la paille, de manière à permettre à l'air un accès facile dans l'intérieur de la masse.

Fig. 112.

Sous l'influence de la chaleur dégagée par le fumier, le vinaigre ou acide acétique qui est au fond de chaque pot se volatilise, et agit sur le plomb, en même temps que l'air atmosphérique, pour le transformer d'abord en sous-acétate ou acétate tribasique. Mais l'acide carbonique produit par la fermentation du fumier décompose, en présence de l'eau, ce sous-acétate, lui enlève son excès de base et le convertit, comme dans l'autre procédé, en céruse et en acétate neutre de plomb. Au bout de quinze jours l'opération est terminée; les disques et les rouleaux de plomb sont recouverts d'une couche épaisse de céruse que l'on détache et que l'on broie ensuite en poudre fine pour être livrée au commerce.

La céruse est une des substances les plus fréquemment employées dans la peinture à l'huile. Broyée avec une très petite quantité d'huile de lin, elle forme un *mastic* qui devient très dur en séchant à l'air. Elle sert encore, comme le sulfate de plomb, à donner aux cartes de visite l'aspect de la porcelaine.

Remarque. — Les couleurs dans lesquelles entre la céruse ont l'inconvénient de noircir à la longue: cela tient à la présence dans l'air d'une petite quantité d'acide sulfhydrique, lequel transforme la céruse en sulfure de plomb, qui est noir. Nous avons vu que le blanc de zinc ne présente pas cet inconvénient et qu'il a de plus l'avantage de ne point exposer les ouvriers aux accidents que peut déterminer la céruse répandue dans l'air à l'état de poussière.

138. *Chromate de plomb* ou *jaune de chrome* (PbO,CrO^3). — Ce sel existe dans la nature cristallisé en prismes rhomboïdaux (*plomb rouge de Sibérie*). On le prépare artificiellement en versant dans une solution d'acétate de plomb du chromate neutre de potasse également dissous. On obtient ainsi un précipité d'un très beau jaune, plus ou moins foncé selon les proportions de sels employés : c'est le *jaune de chrome* dont on fait un très grand usage en peinture.

BISMUTH.

Équivalent Bi = 106.

139. *Propriétés, état naturel et extraction.* — Ce métal est blanc jaunâtre, cassant, d'une texture lamellaire. Il fond à 264° et cristallise par le refroidissement en rhomboèdres d'un très bel aspect, et dont la surface est irisée par une pellicule très mince d'oxyde qui décompose la lumière. La densité du bismuth est 9,83 ; il jouit, comme l'eau, de la propriété d'augmenter de volume en se solidifiant.

Le bismuth, chauffé au rouge, brûle dans l'air et donne un oxyde BiO^3. Les acides sulfurique et chlorhydrique ne l'attaquent que très lentement et à chaud ; mais l'acide azotique réagit sur lui avec énergie et le transforme en azotate de bismuth $BiO^3,3AzO^5$.

Le bismuth se trouve à l'état natif mélangé avec du quartz, principalement en Saxe et en Bohême. Il suffit pour l'extraire de chauffer le minerai dans un tube de fonte incliné ; le métal fond et se sépare de sa gangue, qui reste dans le tube.

Le bismuth entre dans la composition des alliages fusibles et de l'alliage connu sous le nom de *métal anglais* (281, 284).

460. *Oxydes et sels de bismuth.* — Le bismuth forme avec l'oxygène deux oxydes : un oxyde BiO^3, et un peroxyde ou acide bismuthique BiO^5.

Les sels de bismuth, formés par l'oxyde BiO^3 donnent, avec la potasse, la soude ou l'ammoniaque, un précipité *blanc;* avec l'acide sulfhydrique, un précipité *noir* de sulfure de bismuth qui, chauffé à l'abri de l'air, donne du bismuth métallique.

Les sels neutres solubles de bismuth sont décomposés par l'eau en sels basiques insolubles.

Le seul de ces sels qui présente quelque intérêt est l'azotate basique vulgairement nommé sous-nitrate de bismuth.

461. *Azotate basique ou sous-nitrate de bismuth* (BiO^3,AzO^5 $+2HO$). — Nous venons de voir que l'acide azotique dissout rapidement le bismuth et le transforme en azotate neutre $BiO^3,$ $3AzO^5$. Si l'on ajoute à la liqueur une grande quantité d'eau (environ 40 fois son poids), l'azotate neutre est aussitôt décomposé et se dédouble en un azotate basique ou *sous-nitrate de bismuth* BiO^3AzO^5+2HO, qui se précipite, et en un azotate acide qui reste dans la liqueur.

Le sous-nitrate de bismuth lavé et séché est sous la forme d'une poudre blanche, inodore et insipide. On l'emploie très fréquemment en médecine comme antidiarrhéique.

Résumé.

I. Le *cuivre* est un métal rouge, brillant, très ductile et très malléable. Il s'oxyde à l'air humide à la température ordinaire et se recouvre d'une couche verdâtre de carbonate de cuivre hydraté (vert-de-gris). A une température élevée, il se transforme, au contact de l'air, en protoxyde de cuivre noir. Il décompose l'eau au rouge blanc. Il forme avec l'oxygène un sous-oxyde Cu^2O et un protoxyde CuO. On extrait le cuivre de son carbonate et de ses sulfures ou pyrites cuivreuses.

II. On trouve dans la nature un *carbonate hydraté* ou *hydrocarbonate de cuivre* $(2CuO, HO, CO^2)$ nommé *malachite*. Ce corps, d'un très beau vert et d'aspect marbré, sert à fabriquer divers objets d'art (vases, coupes, statuettes, etc.). On peut l'obtenir artificiellement sous la forme d'une poudre verte en versant du carbonate de soude dans une dissolution concentrée de sulfate de cuivre.

III. Le *sulfate de cuivre* ou *couperose bleue* $CuO, SO^3 + 5HO$ est un sel cristallisé en gros prismes transparents d'un très beau bleu, très-solubles dans l'eau. La chaleur le décompose complètement. On l'obtient en traitant directement le cuivre par de l'acide sulfurique ou en grillant en présence de l'air les sulfures de cuivre naturels (pyrites de cuivre).

IV. L'*arsénite de cuivre* $(2CuO, AzO^3)$ s'obtient en précipitant par de l'arsénite de potasse une dissolution de sulfate de cuivre. On l'emploie très fréquemment en peinture sous le nom de *vert de Schèele*.

V. Le *plomb* est gris bleuâtre, ductile, malléable et très mou. Exposé à l'air humide, il se convertit peu à peu en un hydrocarbonate, qui forme à sa surface une couche blanche et cristalline. A une température élevée, le plomb se transforme, au contact de l'air, en protoxyde PbO. Il forme avec l'oxygène quatre combinaisons : Pb^2O (sous-oxyde), PbO (massicot ou litharge), PbO^2 (bioxyde) et Pb^3O^4 (minium). On extrait le plomb de son sulfure naturel nommé *galène*.

VI. La *céruse* est un *hydrocarbonate de plomb* $2(PbO, CO^2) + PbO, HO$. C'est un corps blanc, pulvérulent, insoluble dans l'eau. On le prépare en décomposant par l'acide carbonique le sous-acétate ou acétate tribasique de plomb.

VII. Le *bismuth* est un métal blanc jaunâtre, fusible à 264° et cristallisable par le refroidissement en rhomboèdres d'un très bel aspect. Il brûle dans l'air et forme un oxyde BiO^3. On le trouve à l'état natif mélangé au quartz, dont on le sépare par fusion.

CHAPITRE XXVI.

Métaux de la sixième section. — Mercure. — Argent. — Or. — Platine. — Leurs oxydes. — Caractères de leurs sels. — Protochlorure et bichlorure de mercure. — Azotate d'argent.— Chlorures d'or et de platine. — Essais d'argent et d'or.

MERCURE.

Équivalent Hg = 100.

462. *Propriétés physiques.*— Le mercure est le seul métal liquide à la température ordinaire; il est blanc, brillant, sans odeur ni saveur sensibles. Il bout et se volatilise complètement à + 350°. Soumis à un refroidissement de — 40° il se solidifie et prend alors l'aspect de l'argent. Dans cet état, il est ductile, malléable, et on peut en frapper des médailles. La densité du mercure liquide est 13,596 à la température de 0°.

Le mercure, à la température ordinaire, dégage des vapeurs à peine sensibles, mais dont on peut cependant constater la présence en suspendant une feuille d'or dans un flacon au fond duquel on a placé une petite quantité de mercure. Au bout de quelques jours, on reconnaît que la feuille d'or a blanchi, par suite de la formation d'un amalgame.

463. *Propriétés chimiques.* — Le mercure, exposé à l'air, absorbe à la longue une petite quantité d'oxygène, même à la température ordinaire; sa surface se recouvre d'une pellicule grise, formée de protoxyde Hg^2O dissous dans un excès de métal. Entre 300° et 400°, l'oxydation du mercure, au contact de l'air, se fait beaucoup plus rapidement. Le métal se convertit alors en bioxyde rouge HgO, qui se dépose sous la forme de petits cristaux prismatiques. Mais au-dessus de 400° cet oxyde se détruit et régénère le mercure.

Le chlore et le soufre se combinent directement avec le mercure. Avec le chlore on a un protochlorure Hg^2Cl ou un bichlorure $HgCl$, suivant que le métal ou le chlore sont en excès; avec le soufre, il se forme un sulfure rouge HgS (cinabre artificiel).

L'acide sulfurique concentré et bouillant transforme le mercure en sulfate, avec dégagement d'acide sulfureux. L'acide

24.

azotique le convertit, à froid, en azotate, avec dégagement de bioxyde d'azote. L'acide chlorhydrique concentré ne l'attaque pas sensiblement, même à chaud.

Le mercure est employé dans les laboratoires de chimie pour recueillir les gaz solubles dans l'eau; il entre dans la construction d'une foule d'instruments de physique; il sert à l'extraction de l'or et de l'argent, et il fait partie de plusieurs alliages nommés *amalgames*, dont le plus important est l'amalgame d'étain ou *tain des glaces* (287).

Métallurgie du mercure.

461. *Métallurgie du mercure.* — Le mercure se trouve quelquefois à l'état natif, en petits globules disséminés dans des couches de bitume; mais c'est principalement à l'état de sulfure ou *cinabre* HgS qu'on le rencontre, soit dans des filons appartenant aux terrains de transition les plus anciens, soit au milieu des couches de grès, de schiste ou de calcaire compacte du terrain jurassique. Les principales mines de mercure sont celles d'Almaden en Espagne, d'Idria en Illyrie, du duché de Deux-Ponts en Bavière, et de Saint-José en Californie.

Le traitement métallurgique du mercure est très simple; il comprend deux procédés différents :

A Almaden et à Idria, on grille le sulfure de mercure au milieu d'un courant d'air. Le soufre passe à l'état d'acide sulfureux, et le mercure, ramené à l'état métallique, se condense dans des récipients :

$$HgS + 2O = SO^2 + Hg.$$

La *fig.* 113 représente une coupe verticale de l'appareil employé à Almaden pour ce mode d'extraction. F est le foyer d'un fourneau prismatique, divisé en deux compartiments A et B par une voûte en briques percée d'ouvertures ; C est la cheminée par laquelle s'échappe une partie de la fumée. Le minerai, c'est-à-dire le sulfure de mercure, est entassé au-dessus de la voûte dans l'espace B. Sous l'influence de la chaleur et de l'air qui pénètrent à travers les ouvertures de la voûte, le sulfure de mercure est décomposé, comme nous venons de le dire, en acide sulfureux et en mercure métallique. Ce mélange s'engage dans une série d'allonges en terre E, E, nommées *aludels*, emboîtées les unes dans les autres et disposées sur une terrasse formant deux plans inclinés en sens contraire. Une grande partie du mercure se condense dans les aludels et arrive dans une rigole *a*, d'où il coule par les tuyaux *b*, *b'*, dans des bassins de réception *c*, *c'*. L'acide sulfureux et la vapeur mercurielle qui ne s'est pas condensée dans les aludels se rendent

Fig. 113.

dans une chambre D, où une cloison *d e* les force à descendre jusqu'en *f*, au niveau d'un autre bassin rempli d'eau, dans lequel se condense le mercure. Quant à l'acide sulfureux, il s'échappe par la cheminée C', après avoir séjourné pendant un certain temps dans la chambre D, où il se refroidit et se dépouille des dernières traces de mercure qu'il pourrait entraîner.

En Bavière, où le sulfure de mercure se trouve enveloppé dans une gangue calcaire, on se contente de chauffer le minerai avec sa gangue dans des cornues en terre munies d'allonges également en terre et placées les unes à côté des autres dans un fourneau. Le sulfure de mercure est décomposé par la chaux; il se forme du sulfure de calcium et du sulfate de chaux, et le mercure devenu libre se condense dans les allonges:

$$4HgS + 4CaO = 3CaS + CaO,SO^3 + 4Hg.$$

Oxydes et sels de mercure.

165. *Oxydes de mercure.* — Le mercure forme avec l'oxygène deux combinaisons, savoir : le *protoxyde* Hg^2O et le *bioxyde* HgO *.

166. Le *protoxyde* ou *oxyde noir de mercure* Hg^2O s'obtient sous la forme d'une poudre noire en précipitant par la potasse ou par la soude l'azotate de mercure Hg^2O,AzO^5. Cet oxyde est peu stable : il se décompose sous l'influence de la lumière solaire ou d'une température de 100° en bioxyde rouge et en mercure métallique.

Le *bioxyde* ou *oxyde rouge de mercure* HgO se prépare, soit en faisant bouillir du mercure dans un matras où l'air pénètre, soit en calcinant à une chaleur modérée l'azotate de mercure HgO,AzO^5. Ainsi obtenu, cet oxyde est sous la forme de poudre ou de paillettes cristallines d'un rouge vif, que l'on désigne en pharmacie sous le nom de *précipité rouge*. La chaleur, au-dessus de 400°, le décompose complètement en oxygène et en mercure métallique. On peut encore obtenir cet oxyde en précipitant par la potasse ou par la soude une dissolution d'azotate de mercure HgO,AzO^5 ou de bichlorure $HgCl$. Préparé par cette dernière méthode, il est toujours jaune et amorphe.

167. *Caractères des sels de mercure.* — Le protoxyde et le bioxyde de mercure se combinent l'un et l'autre avec les acides pour former deux séries distinctes de sels mercuriels.

1° *Sels de protoxyde de mercure* Hg^2O. — Ces sels sont généralement incolores à l'état neutre; mais ils sont jaunes lorsqu'ils sont basiques. On les reconnaît aux caractères suivants :

Avec la potasse, la soude et l'ammoniaque : précipité *noir* de protoxyde de mercure, insoluble dans un excès de réactif;
Avec l'acide sulfhydrique et les sulfures alcalins : précipité *noir* de sulfure de mercure Hg^2S;

* Mieux vaudrait, comme le font quelques auteurs et comme nous l'avons fait pour les oxydes de cuivre et de plomb, désigner le protoxyde de mercure Hg^2O sous le nom de *sous-oxyde* et le bioxyde HgO sous celui de *protoxyde*. Nous conserverons néanmoins ces dénominations consacrées par l'usage, et dont le changement, qu'il faudrait appliquer également aux autres composés du mercure (chlorures, iodures, etc.). exposerait à des méprises fort dangereuses en thérapeutique.

Avec l'acide chlorhydrique et les chlorures solubles : précipité *blanc* de protochlorure de mercure ;

Avec l'iodure de potassium : précipité *verdâtre* de protoiodure de mercure, soluble dans un excès de réactif.

2° Sels de bioxyde de mercure HgO.—Ces sels, comme les précédents, sont incolores à l'état neutre, et jaunes lorsqu'ils sont basiques ; leurs dissolutions présentent les caractères suivants :

Avec la potasse ou la soude : précipité *jaune* de bioxyde de mercure anhydre, insoluble dans un excès de réactif ;

Avec le ferrocyanure de potassium : précipité *blanc* de ferrocyanure de mercure : ce précipité se colore en bleu par un séjour prolongé à l'air ;

Avec l'acide sulfhydrique et les sulfures alcalins en excès : précipité *noir* de sulfure de mercure HgS ;

Avec l'acide chlorhydrique et les chlorures solubles : pas de précipité ;

Avec l'iodure de potassium : précipité d'abord *orangé*, puis *rouge vif* de biiodure de mercure soluble dans un excès d'iodure alcalin.

Le fer, le zinc et le cuivre précipitent le mercure de ses dissolutions à l'état d'amalgame.

Les principaux sels de mercure sont *l'azotate de protoxyde*, le *sulfure*, le *protochlorure*, le *bichlorure* et les deux *iodures* correspondants.

Azotate de mercure. Sulfure de mercure. Protochlorure et bichlorure de mercure. Iodures de mercure.

168. *Azotate de protoxyde de mercure* $(Hg^2O, AzO^3 + 2HO)$.— On obtient ce sel en faisant dissoudre du mercure dans un excès d'acide azotique à froid. Quand l'opération est terminée, on trouve dans la liqueur des cristaux incolores dont la composition est $Hg^2O, AzO^3 + 2HO$. Ces cristaux, dissous dans de l'eau acidulée par de l'acide azotique, forment le liquide connu sous le nom de *nitrate acide de mercure*, fréquemment employé en médecine comme caustique.

Un excès d'eau froide décompose l'azotate de mercure en un azotate acide très soluble et en un azotate basique $2Hg^2O, AzO^3 + HO$, qui se précipite sous la forme d'une poudre jaune clair.

169. *Sulfure de mercure* (HgS). — Le sulfure de mercure se trouve dans la nature en masses compactes d'un rouge brun : c'est le *cinabre*, d'où l'on extrait le mercure (463). Préparé dans

les laboratoires, en combinant directement le mercure avec
le soufre, on l'obtient sous la forme d'une poudre d'un très
beau rouge, très employée en peinture sous le nom de *vermillon*.

Soumis en vases clos à l'action de la chaleur, le sulfure de
mercure se volatilise sans entrer en fusion et sans se décomposer. Chauffé au contact de l'air, il donne de l'acide sulfureux
et du mercure métallique.

170. *Protochlorure de mercure* Hg^2Cl. — Le protochlorure de
mercure, connu en pharmacie sous les noms de *calomel* ou *mercure doux*, est blanc, sans saveur et sans odeur, insoluble dans
l'eau. Il est volatil, et il cristallise par sublimation en prismes
à quatre pans.

Le protochlorure de mercure, mis en présence des chlorures
alcalins, peut se transformer en bichlorure de mercure. Aussi
ne doit-on jamais administrer le calomel associé à des chlorures alcalins, ou le faire prendre peu de temps après l'in-
gestion de boissons ou d'aliments salés.

On prépare le calomel par deux procédés:

1° En versant du chlorure de sodium dans une dissolution
d'azotate de protoxyde de mercure; il y a double décomposition,
et le calomel se précipite sous la forme d'une poudre blanche
(*précipité blanc*): $NaCl + Hg^2O,AzO^5 = Hg^2Cl + NaO,AzO^5$.

2° En chauffant un mélange de sulfate de protoxyde de mercure et de chlorure de sodium. Il y a encore double décomposition, et le calomel est reçu, à l'état de vapeur, dans un récipient où il se condense en une poudre impalpable et très propre
aux usages pharmaceutiques (*calomel à la vapeur*) : $NaCl
+ Hg^2O,SO^3 = Hg^2Cl + NaO,SO^3$.

Le calomel est souvent employé en médecine comme vermi-
fuge et comme purgatif.

171. *Bichlorure de mercure* ($HgCl$). — Le bichlorure de mercure ou *sublimé corrosif* est blanc, sans odeur, d'une saveur
âcre et styptique; 100 parties d'eau en dissolvent 6 parties à
10° et environ 50 parties à 100°. Il est plus soluble dans l'alcool
et dans l'éther que dans l'eau. Il est volatil et il cristallise par
sublimation en octaèdres rectangulaires.

On prépare le bichlorure de mercure en chauffant au bain
de sable, dans une cornue ou dans une grande fiole, un mélange de sel marin et de sulfate de bioxyde de mercure,
auquel on ajoute un peu de bioxyde de manganèse pour faci-

liter la réaction. Il y a double décomposition, et le bichlorure ainsi formé se sublime sur les parois supérieures du vase distillatoire : $NaCl + HgO,SO^3 = HgCl + NaO,SO^3$.

Le sublimé corrosif est très vénéneux. Orfila a proposé comme antidote de ce poison l'albumine du blanc d'œuf, qui forme avec lui un composé insoluble et sans action sur l'économie. On l'emploie assez souvent en médecine; on s'en sert également pour détruire les insectes nuisibles, et pour conserver des pièces d'anatomie ou autres objets d'histoire naturelle.

472. *Iodures de mercure.*—Il existe deux iodures de mercure correspondant aux oxydes et aux chlorures du même métal : le *protoiodure* Hg^2I et le *biiodure* HgI.

Le *protoiodure de mercure* est sous la forme d'une poudre verdâtre, volatile, insoluble dans l'eau. On l'obtient en triturant dans un mortier 60 gr. d'iode et 100 gr. de mercure avec un peu d'alcool.

Le *biiodure de mercure* est un corps d'un très beau rouge, légèrement soluble dans l'eau. Exposé à l'action de la chaleur il fond d'abord en prenant une teinte jaune, et se sublime ensuite. On l'obtient en précipitant par l'iodure de potassium une dissolution de bichlorure de mercure : $HgCl + KI = HgI + KCl$.

ARGENT.

Équivalent $Ag = 108$.

473. *Propriétés physiques et chimiques.* — L'argent est le plus blanc de tous les métaux et celui qui possède le plus d'éclat lorsqu'il est poli. Il est très ductile, très malléable et très tenace. Il fond vers 1000°, et se volatilise à une température plus élevée ou entre les deux pôles d'une forte pile. Sa densité est 10,5. Il cristallise par fusion en octaèdres réguliers.

L'oxygène et l'air atmosphérique sont sans action sur l'argent à la température ordinaire. Mais lorsqu'on maintient ce métal en fusion pendant quelque temps au contact de l'air, il dissout environ 22 fois son volume d'oxygène qu'il abandonne au moment où il se solidifie. Le gaz, en se dégageant, projette souvent une portion du métal hors du creuset; on dit alors que l'argent *roche*. Cette singulière propriété n'a pas encore reçu d'explication satisfaisante.

L'acide sulfurique concentré et bouillant attaque l'argent et le convertit en sulfate, avec dégagement d'acide sulfureux. L'acide azotique, à la température ordinaire, le dissout facilement; du bioxyde d'azote se dégage, et il se forme de l'azotate d'argent. L'acide chlorhydrique ne l'attaque que superficiellement, le chlorure insoluble qui se produit protégeant le reste du métal.

Le soufre, le phosphore, le chlore, le brome et l'iode peuvent se combiner directement avec l'argent.

Métallurgie de l'argent.

474. *Métallurgie de l'argent.* — L'argent est abondamment répandu dans la nature. On le trouve à l'état natif et plus souvent à l'état de sulfure, de chlorure et d'arséniure, mélangé à des minerais de plomb et de cuivre, dans les terrains primitifs et dans les terrains de transition. Les mines du Mexique, du Pérou, de Saxe, de Norwège, de Hongrie ou de Transylvanie sont les plus riches. Les procédés que l'on suit pour l'extraction de l'argent varient selon la nature du minerai et selon les localités.

Lorsque le minerai renferme beaucoup d'argent natif, on commence par le laver pour le séparer de sa gangue et on le fait fondre ensuite avec son poids de plomb. On obtient ainsi un alliage de plomb et d'argent dont on extrait ce dernier métal par la *coupellation* (492). On se sert pour cela d'un fourneau à réverbère au milieu duquel est une grande coupelle faite avec des cendres mouillées. Lorsque l'alliage est en fusion, on dirige sur lui un courant d'air : l'oxyde de plomb qui se forme s'infiltre dans les pores de la coupelle, tandis que l'argent, qui ne s'oxyde pas, reste à la surface. On le retire et on le soumet à une seconde coupellation, en se servant cette fois de coupelles faites avec des os calcinés et pulvérisés. Le métal ainsi obtenu est parfaitement pur. Ce procédé est celui que l'on emploie dans les mines de Kongsberg, en Norwège.

A Freyberg en Saxe, au Pérou, au Mexique et dans quelques autres localités où l'argent se trouve à l'état de sulfure, isolé ou associé à des sulfures de fer, de cuivre, d'antimoine, etc., on suit un procédé différent, connu sous le nom d'*amalgamation*. On mélange le minerai avec un dixième de son poids de sel marin et on le grille dans un fourneau à réverbère. De l'acide sulfureux se dégage; le fer, le cuivre, l'antimoine, etc., qui se trouvent dans le minerai à l'état de sulfures, se changent en sulfates ou en oxydes, tandis que l'argent se transforme en chlorure. Après cette opération, on réduit la masse en poudre fine, on la lave pour lui enlever les sels solubles qu'elle contient, puis on l'introduit avec 50 parties de mercure, 26 parties de fer et 30 parties d'eau, dans des tonneaux dont l'axe est horizontal et que l'on fait tourner rapidement autour de cet axe pendant 15 à 16 heures. Par cette action, le fer s'empare du chlore du chlorure d'argent, passe à l'état de chlorure de fer et se dissout, tandis que l'argent, mis en liberté, s'unit au mercure et forme un amalgame liquide. On retire cet amalgame et on le presse dans des sacs de coutil pour faire écouler l'excès de mercure qu'il renferme ; puis on le soumet à l'action de la chaleur, afin d'en chasser tout le mercure et d'obtenir l'argent métallique.

Oxydes et sels d'argent.

475. *Combinaisons de l'argent avec l'oxygène.*— On connaît trois combinaisons de l'argent avec l'oxygène : un sous-oxyde Ag^2O, le protoxyde AgO et le bioxyde AgO^2.

Le *protoxyde d'argent* AgO est le seul de ces trois oxydes qui présente quelque intérêt. On l'obtient en versant un excès de potasse dans une dissolution d'azotate d'argent ; il se forme un précipité brun clair de protoxyde d'argent hydraté, qui, en se desséchant, devient anhydre et prend une teinte olive. Cet oxyde se décompose facilement par la chaleur et même à froid sous l'influence des rayons solaires : il perd son oxygène et se change en une poudre noire qui est de l'argent très divisé.

Malgré son instabilité, le protoxyde d'argent est une base puissante, capable de neutraliser les acides les plus énergiques. Il est légèrement soluble dans l'eau et sa dissolution possède une réaction alcaline ; elle verdit le sirop de violettes et ramène au bleu le papier rouge de tournesol.

476. *Sels d'argent. Caractères des sels d'argent.* —Tous les sels d'argent sont à base de protoxyde AgO. Ils sont incolores quand leur acide n'est pas lui-même coloré. Ils ont une saveur métallique et fortement astringente. Leurs dissolutions se reconnaissent aux réactions suivantes :

Avec la potasse ou la soude : précipité *brun olive* de protoxyde d'argent hydraté, insoluble dans un excès de réactif;

Avec l'ammoniaque : même précipité, mais qui se dissout dans un excès de réactif;

Avec le ferrocyanure de potassium : précipité *blanc* de fer-rocyanure d'argent ;

Avec l'acide sulfhydrique et les sulfures alcalins : précipité *noir* de sulfure d'argent ;

Avec l'acide chlorhydrique et les chlorures solubles : précipité *blanc* de chlorure d'argent, insoluble dans l'acide azotique et très soluble dans l'ammoniaque. Ce précipité noircit promptement à la lumière en prenant d'abord une teinte violacée. Cette réaction est caractéristique de cette classe de sels.

Le fer, le zinc, le cuivre et la plupart des métaux des cinq premières sections précipitent l'argent de ses dissolutions à l'état métallique. Le mercure le précipite également et donne lieu, en s'amalgamant avec lui, à une cristallisation élégante qui a reçu le nom d'*arbre de Diane* (270).

Les sels d'argent sont tous décomposés par la chaleur : tous prennent à la lumière une teinte noire qui est due à un dépôt d'argent métallique.

Les principaux sels d'argent sont l'*azotate* et le *chlorure*.

Azotate d'argent. Chlorure d'argent.

477. *Azotate d'argent* (AgO, AzO^5). — Ce sel est blanc et soluble dans l'eau ; il cristallise en lames rhomboïdales. Il fond au-dessous du rouge sombre, sans se décomposer ; mais à une température plus élevée, il se détruit et laisse pour résidu de l'argent métallique.

L'azotate d'argent est très caustique ; il corrode fortement la peau et y forme des taches noires que font disparaître l'iodure et le cyanure de potassium. Lorsqu'il a été fondu et coulé dans une lingotière, il constitue le caustique le plus souvent employé par les chirurgiens sous le nom de *pierre infernale*.

On prépare l'azotate d'argent en faisant dissoudre à une douce chaleur de l'argent pur dans de l'acide azotique légèrement étendu. En évaporant la dissolution, on obtient le sel cristallisé.

478. *Chlorure d'argent* ($AgCl$). — Le *chlorure d'argent* se prépare dans les laboratoires en décomposant de l'azotate d'argent au moyen d'une dissolution de sel marin. Il y a double décomposition et le chlorure d'argent se précipite :

$$AgO, AzO^5 + NaCl = AgCl + NaO, AzO^5.$$

Ainsi obtenu, le chlorure d'argent est sous la forme d'une masse blanche, *caillebottée* et très dense, complétement insoluble dans l'eau. Le chlorure d'argent est également insoluble dans l'acide azotique; mais il se dissout très facilement dans l'ammoniaque, dans les hyposulfites et les sulfites alcalins.

La lumière altère très rapidement le chlorure d'argent; elle le noircit en le réduisant à l'état métallique; de là son emploi en photographie. La chaleur ne le décompose pas; mais à une température de 260° il fond en un liquide jaune, qui se prend par le refroidissement en une masse transparente ressemblant à de la corne, et que, pour cette raison, les anciens chimistes nommaient *lune cornée*.

Dans les laboratoires on emploie le chlorure d'argent pour obtenir de l'argent métallique à l'état de pureté absolue : il suffit pour cela de le réduire soit par un courant d'hydrogène, soit en le calcinant avec un mélange de craie et de charbon.

On trouve dans la nature le chlorure d'argent cristallisé en cubes ou en octaèdres réguliers, de couleur grisâtre ou violacée ; sa composition chimique est la même que celle du chlorure artificiel.

OR.

Équivalent Au = 98,20.

479. *Propriétés physiques.*—L'or a une couleur jaune caractéristique : c'est le plus malléable et le plus ductile de tous les métaux. Réduit en feuilles très minces, il devient translucide et prend une teinte verte à la lumière transmise. Il fond à la chaleur blanche, et comme l'argent il se volatilise à une température plus élevée ou sous l'influence d'un courant galvanique très intense. Sa densité est 19,5 : il peut cristalliser par fusion sous diverses formes, qui toutes dérivent du cube.

480. *Propriétés chimiques.* — L'or ne s'oxyde au contact de l'air ou de l'oxygène à aucune température. Les acides sulfurique, azotique et chlorhydrique sont sans action sur lui. L'eau régale seule le dissout et le transforme en sesquichlorure Au^2Cl^3 (212). Le chlore et le brome sont les seuls métalloïdes qui puissent l'attaquer à froid.

481. *État naturel et extraction.* — L'or ne se trouve dans la nature qu'à l'état natif ou en combinaison avec d'autres métaux, tels que l'argent, le plomb, le cuivre, le tellure, etc. On le rencontre ordinairement soit dans des filons de quartz traversant les terrains primitifs, soit disséminé sous la forme de paillettes ou de petits grains dans les sables et dans les terrains d'alluvions anciennes. Lorsque les grains d'or ont un volume un peu considérable, on leur donne le nom de *pépites*. Les principaux gisements de quartz et de sables aurifères se trouvent dans le Brésil, au Mexique, en Californie, dans les monts Ourals, en Sibérie et dans l'Australie.

L'extraction de l'or des sables aurifères se fait par le lavage. Cette opération, qui a pour but d'éliminer les matières terreuses et d'enrichir le sable, s'exécute soit dans des sébiles en bois, soit sur un plancher incliné portant une série de petites rainures transversales dans lesquelles les paillettes d'or se déposent avec les grains de sable les plus lourds. Pour isoler de ces derniers le métal précieux, on emploie ordinairement le mercure, qui dissout l'or et forme un amalgame que l'on soumet ensuite à la distillation.

L'or que l'on trouve dans les filons de quartz est presque toujours associé à des minerais de plomb, de cuivre et d'argent. On le sépare du plomb par la coupellation (492), et du cuivre par le mercure. Pour le séparer de l'argent, on chauffe l'alliage au rouge sombre avec un mélange de sel marin et de brique pilée : il se forme du chlorure d'argent, et l'or est mis en liberté.

Oxydes et chlorures d'or.

482. *Combinaisons de l'or avec l'oxygène.* — L'or forme avec l'oxygène deux combinaisons : un protoxyde Au^2O et un peroxyde Au^2O^3. Aucun de ces oxydes ne produit de sels avec les oxacides.

Le *protoxyde* ou *sous-oxyde* d'or Au^2O est sous la forme d'une poudre violette insoluble dans l'eau. A 250°, ou sous l'influence de la lumière solaire, il se décompose en or et en oxygène. On l'obtient en précipitant le protochlorure d'or Au^2Cl par une dissolution étendue de potasse.

Le *peroxyde* ou *sesquioxyde* d'or Au^2O^3 est souvent désigné sous le nom d'*acide aurique*, à cause de la propriété qu'il possède de se combiner avec les bases alcalines. Il est sous la forme d'une poudre brune ou jaune, insoluble dans l'eau. A 245° il se décompose en or et en oxygène. La lumière solaire le décompose également en très peu de temps. On le prépare en faisant bouillir une dissolution de perchlorure d'or Au^2Cl^3 avec de la potasse en excès. Il se forme de l'aurate de potasse qui reste en dissolution dans la liqueur et dont on précipite l'acide aurique ou peroxyde d'or en y versant un peu d'acide azotique étendu d'eau.

483. *Chlorures d'or.* — L'or forme avec le chlore deux combinaisons : un protochlorure Au^2Cl et un perchlorure Au^2Cl^3, qui correspondent, pour leur composition, aux deux oxydes précédents.

· Le *protochlorure* ou *sous-chlorure* d'or Au^2Cl s'obtient en décomposant par la chaleur le perchlorure. L'excédent de chlore se dégage et l'on a pour résidu une poudre jaune verdâtre insoluble dans l'eau.

Le *perchlorure* ou *sesquichlorure* d'or Au^2Cl est le *sel d'or* par excellence. Il est sous la forme d'une masse cristalline et déliquescente, d'un rouge brun, très soluble dans l'eau, dans l'alcool et dans l'éther. La chaleur et la lumière solaire le décomposent et le réduisent d'abord en protochlorure Au^2Cl, puis en or métallique. On l'obtient en faisant dissoudre de l'or dans l'eau régale et en évaporant ensuite la dissolution à une chaleur modérée. Le perchlorure d'or dissous dans l'éther était autrefois employé en médecine sous le nom d'*or potable*.

Le perchlorure d'or se combine avec les chlorures alcalins et avec beaucoup d'autres chlorures métalliques, pour former des chlorures doubles ou *chlorosels* cristallisables. Exemple : le chlorure double d'or et de potassium KCl,Au^2Cl^3.

484. *Caractères des sels d'or.* — Les dissolutions de perchlorure d'or et les autres composés solubles de ce métal (cyanures, bromures, etc.) se reconnaissent aux caractères suivants :

Le sulfate de protoxyde de fer y produit instantanément un précipité *brun* d'or métallique très divisé, pouvant reprendre par la pression et sous le brunissage sa couleur jaune et son éclat naturel.

Un mélange de protochlure et de bichlorure d'étain y détermine un précipité *violet* dit *pourpre de Cassius*. Nous avons indiqué (439) l'emploi de ce précipité dans la peinture sur porcelaine et sur verre pour obtenir les couleurs roses et pourprées.

Les sels d'or tachent la peau en violet, par suite de la réduction d'une partie du sel, au contact de la peau, en or métallique.

485. *Dorure.* — La dorure consiste à recouvrir d'une légère couche d'or divers objets que l'on veut embellir ou préserver de l'action de l'air. Le bois, le carton, le cuir, les grilles de fer, etc., sont dorés au moyen de feuilles d'or très minces que l'on fixe sur leur surface. Pendant longtemps on a doré le cuivre, le bronze, l'argent avec un amalgame d'or que l'on appliquait sur les pièces parfaitement décapées; on chauffait pour volatiliser le mercure, et il y restait une pellicule d'or plus ou moins épaisse adhérente à la surface du métal. Cette méthode est aujourd'hui remplacée par la dorure au trempé et par la dorure galvanique. La dorure au trempé s'emploie principalement pour la bijouterie en faux. Il suffit de plonger les bijoux façonnés avec du cuivre ou du laiton dans une dissolution de perchlorure d'or et de bicarbonate de potasse. En moins d'une minute ils sont recouverts d'une couche d'or suffisante. Quant à la dorure galvanique, elle repose sur la décomposition du cyanure d'or au moyen de la pile (voyez la *Physique*, p. 326).

PLATINE.

Équivalent Pt = 98,50.

486. *Propriétés physiques.* — Le platine fondu ou forgé est blanc grisâtre, ductile, malléable et très tenace. Il est infusible au feu de forge ordinaire; mais il fond au chalumeau à gaz oxygène et hydrogène ou entre les pôles d'une forte pile. Il possède, comme le fer, la propriété de se ramollir à la chaleur blanche et de se laisser forger et souder sur lui-même. Sa densité est 22,5.

487. *Propriétés chimiques.* — Le platine ne s'oxyde au contact de l'air de l'oxygène à aucune température. Les acides sulfurique, azotique et chlorhydrique sont sans action sur lui. Comme l'or, il se dissout dans l'eau régale et passe à l'état de bichlorure $PtCl^2$. Le soufre, le phosphore, le silicium et quelques autres métalloïdes se combinent directement avec lui sous l'influence de la chaleur. Le chlore peut l'attaquer également, mais d'une manière très lente ; le brome et l'iode n'ont pas d'action sur lui.

Le platine peut se présenter encore sous la forme d'une masse spongieuse, terne et grisâtre, nommée *éponge* ou *mousse de platine*, ou sous la forme d'une poussière noire très fine, appelée *noir de platine*. Sous ces deux états le platine jouit de la propriété de condenser les gaz et les vapeurs combustibles, en dégageant assez de chaleur pour les enflammer. Ainsi, si l'on dirige un jet de gaz hydrogène sur de l'éponge de platine plongée dans l'air, celle-ci en absorbe environ 750 fois son volume, devient rouge de feu et enflamme aussitôt le jet de gaz. C'est sur ce fait que repose la construction des *briquets à gaz hydrogène*.

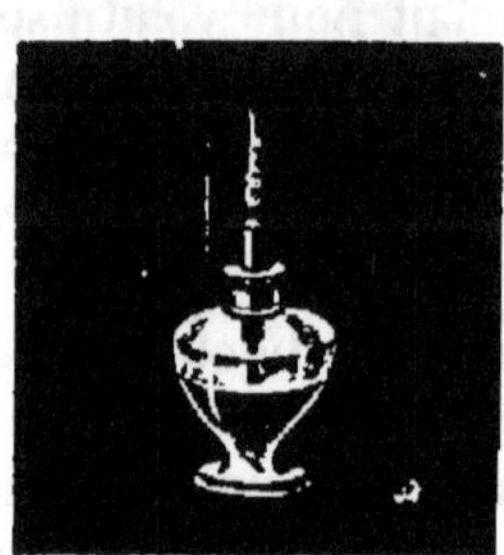

Fig. 114.

Le platine forgé ne présente pas ces propriétés à la température ordinaire, mais il peut les acquérir sous l'influence de la chaleur. Si l'on suspend au-dessus de la mèche d'une lampe à alcool un fil de platine roulé en spirale (*fig.* 114), et qu'après avoir allumé cette lampe de manière à faire rougir la spirale, on éteigne la flamme en soufflant dessus, on verra le fil de platine rester incandescent. La vapeur d'alcool qui s'élève de la mèche, rencontrant du platine chaud, se combine sous son influence avec l'oxygène ambiant, et cette combustion lente et sans flamme développe néanmoins assez de chaleur pour maintenir l'incandescence du métal.

Le même phénomène se produit encore lorsqu'on plonge dans un verre à pied, au fond duquel est une petite quantité d'éther (*fig.* 115), une spirale de platine préalablement chauffée au rouge et attachée à un disque de carton qui bouche incomplètement l'orifice du verre. Cette spirale reste rouge pendant très longtemps.

Fig. 115.

Ces divers phénomènes ont été attribués à une force particulière que l'on a désignée sous le nom de *force catalytique*.

488. *État naturel et extraction.* — Le platine existe à l'état natif, disséminé comme l'or dans les sables et dans les terrains d'alluvions anciennes. On le rencontre principalement en Colombie, dans le Brésil, et dans les monts Ourals en Sibérie. Il est constamment mélangé avec d'autres métaux, tels que le palladium, le rhodium, le ruthénium, l'iridium, le fer, le cuivre, etc.

Pour extraire le platine de son minerai, on traite celui-ci par l'eau régale, qui dissout le platine et le palladium, avec quelques autres des métaux qu'il renferme. Après avoir précipité le palladium au moyen du cyanure de mercure, on étend la liqueur, et on y verse une dissolution concentrée de chlorure d'ammonium, qui forme aussitôt un précipité jaune de chlorure double de platine et d'ammonium. Ce précipité, séché et calciné au rouge sombre, laisse pour résidu une masse poreuse qui n'est autre chose que l'éponge ou mousse de platine.

L'éponge de platine ainsi obtenue, est ensuite placée (*fig.* 116) dans un four en chaux vive C, dont la voûte livre passage à un chalumeau à gaz d'éclairage H, qu'alimente un courant d'oxygène arrivant par un tube intérieur O. On dirige alors sur elle la flamme du chalumeau, et quand le métal est ainsi fondu, on le coule dans des lingotières en fer, au fond desquelles on a placé une lame de platine pour éviter la fusion du fer au moment de la coulée.

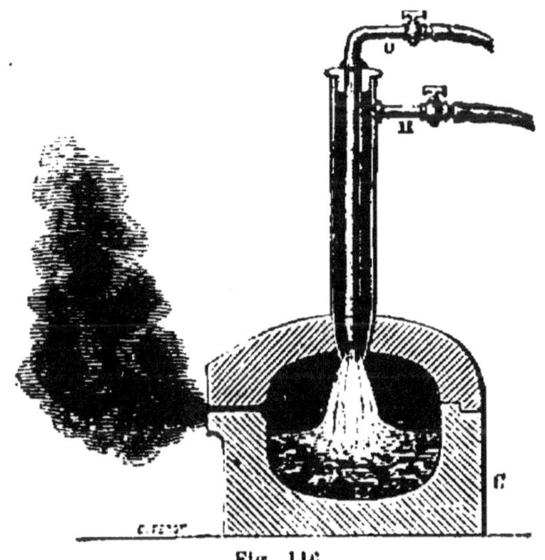

Fig. 116.

Fig. 117.

Avant l'invention de ce procédé, qui appartient à MM. Sainte-Claire-Deville et Debray, l'éponge de platine était simplement comprimée dans une capsule en acier C (*fig.* 117) au moyen d'un lourd piston P du même métal, puis chauffée et martelée jusqu'à ce qu'elle fût réduite en lame. Mais ce moyen était loin de valoir le procédé actuel.

Le platine sert à de nombreux usages; on l'emploie particulièrement dans l'horlogerie, et pour fabriquer divers instruments ou ustensiles de physique et de chimie (pointes des paratonnerres, piles électriques, capsules, creusets, cornues, etc.).

Oxydes et chlorures de platine.

489. *Combinaisons du platine avec l'oxygène.* — Le platine forme avec l'oxygène deux combinaisons: un protoxyde PtO et un bioxyde PtO^2. Ces deux oxydes s'obtiennent en versant de la potasse dans une dissolution de protochlorure ou de bichlorure de platine. Tous les deux sont sous la forme d'une poudre noire facilement réductible par la chaleur en oxygène et en platine métallique. Le protoxyde est une base faible; le bioxyde joue le rôle d'acide avec les alcalis.

490. *Chlorures de platine.* — Il existe deux chlorures de platine · un protochlorure $PtCl$ et un bichlorure $PtCl^2$, correspondant par leur composition aux deux oxydes du même métal.

Le *protochlorure de platine* $PtCl$ est brun verdâtre, insoluble dans l'eau. On l'obtient en chauffant à 200° le bichlorure de platine; l'excédent de chlore se dégage et il reste du protochlorure.

Le *bichlorure de platine* $PtCl^2$ est sous la forme d'une masse brune, incristallisable et déliquescente. Il est très soluble dans l'eau et dans l'alcool. On le prépare en dissolvant du platine dans de l'eau régale et en évaporant la liqueur à une chaleur modérée pour chasser l'excès d'acide.

Le bichlorure de platine, comme le perchlorure d'or, se combine avec les chlorures alcalins pour former des chlorures doubles ou *chlorosels*, dans lesquels il joue le rôle d'acide. C'est ainsi qu'il produit dans tous les sels à base de potasse un précipité jaune de chlorure double de platine et de potassium $KCl,PtCl^2$ que l'on pourrait appeler un *chloroplatinate* de potassium. Il précipite de la même façon les sels ammoniacaux en un chlorure double de platine et d'ammonium $AzH^4Cl,PtCl^2$. Ces réactions servent à distinguer les sels de potasse et d'ammoniaque des sels de soude, dans lesquels le précipité n'a pas lieu, le chlorure double de platine et de sodium étant soluble dans l'eau.

25.

PALLADIUM, RHODIUM, RUTHÉNIUM, IRIDIUM.

491. *Palladium, rhodium, ruthénium, iridium.* — Ces quatre métaux se trouvent constamment dans le minerai de platine, soit à l'état natif, soit combinés avec un autre métal de la quatrième section, *l'osmium* Os, lequel a pour caractère principal de former, en brûlant à l'air ou dans l'oxygène, un acide volatil et cristallisable, *l'acide osmique* OsO^4. Cet acide, doué d'une odeur forte et pénétrante, est très vénéneux.

Le *palladium* ($Pd = 53,25$) est un métal blanc très malléable, plus fusible que le platine; sa densité est 11,14. Il est soluble dans l'acide azotique; l'eau régale le transforme en un chlorure déliquescent $PdCl$. Nous avons vu (264) que ce métal jouit de la singulière propriété de condenser l'hydrogène et de former avec lui un composé qui offre tous les caractères d'un alliage métallique. On extrait le palladium en calcinant son cyanure, obtenu en précipitant par le cyanure de mercure la dissolution du minerai de platine dans l'eau régale (488).

Le *rhodium* ($Rh = 52$) est blanc d'argent, cassant et plus difficilement fusible que le platine; sa densité est 11. Il est insoluble dans tous les acides et dans l'eau régale.

Le *ruthénium* ($Ru = 52$) est blanc, cassant, moins fusible encore que le platine et le rhodium. On ne parvient à le fondre qu'avec le chalumeau à hydrogène pur et oxygène; sa densité est 11,3. Il résiste également à l'action de tous les acides et de l'eau régale.

L'iridium ($Ir = 98,50$) est blanc grisâtre et cassant, aussi peu fusible que les deux précédents; sa densité est la même que celle du platine 22,5. Comme le rhodium et le ruthénium, il est insoluble dans les acides et dans l'eau régale. Allié au platine, l'iridium en augmente la dureté et la résistance aux agents chimiques.

Le rhodium, le ruthénium et l'iridium se retirent des résidus du minerai de platine ayant servi à l'extraction de ce dernier métal, et dans lesquels ils restent en grande partie à l'état d'osmiures, c'est-à-dire combinés avec l'osmium.

Remarque. — Au lieu de chercher à obtenir du platine pur en traitant son minerai comme nous venons de l'indiquer (488), il est préférable, au point de vue industriel, de fondre et de griller directement ce minerai dans l'appareil de MM. Deville et Debray (*fig.* 116). On obtient ainsi un alliage de platine, d'iridium et de rhodium, dont les qualités sont supérieures à celles du platine seul pour les divers usages auxquels ce métal est destiné. Pendant cette opération, il se dégage des vapeurs abondantes d'acide osmique, dont il importe de se préserver avec soin en les dirigeant au dehors par une cheminée munie d'un bon tirage.

Essais d'argent et d'or.

492. *Essais des matières d'argent et d'or.* — L'argent et l'or que l'on emploie dans la fabrication des monnaies, des médailles, de la vaisselle et autres objets d'orfèvrerie ou de bijouterie, sont toujours alliés à une certaine proportion de cuivre qui a pour but d'augmenter leur dureté. Nous avons déjà fait connaître la composition de ces alliages (**225** et **226**). Il nous reste à exposer les divers essais auxquels ils sont soumis pour la garantie légale de leurs titres.

Essai des alliages d'argent et de cuivre.

493. *Essai des alliages d'argent et de cuivre.* — Cet essai comprend deux procédés différents : la *coupellation* et la *voie humide*.

1° *Essai par coupellation.* Lorsqu'on expose au contact de l'air de l'argent fondu, ce métal, ainsi que nous l'avons vu, ne s'oxyde pas et ne donne que des vapeurs insensibles. Le cuivre, au contraire, placé dans les mêmes conditions, se transforme en un oxyde CuO. Mais, cet oxyde étant infusible, il est nécessaire, pour le séparer de l'argent contenu dans l'alliage, d'ajouter à celui-ci une certaine quantité de plomb qui, en s'oxydant, forme un composé fusible PbO (litharge), dans lequel se dissout l'oxyde de cuivre. C'est sur ce principe que repose la coupellation.

Cette opération se fait au moyen de petites capsules appelées *coupelles* et d'un fourneau particulier nommé *fourneau de coupellation.*

Les *coupelles* (*fig.* 118) sont de petites capsules à parois épaisses et poreuses, faites avec de la poudre d'os calcinés. Elles jouissent de la propriété remarquable de se laisser imbiber par les oxydes en fusion, tandis qu'elles retiennent les métaux fondus. Le *fourneau de coupellation* (*fig.* 119) est un fourneau à réverbère au milieu duquel se trouve placée une petite chambre mobile A, appelée *moufle*. Cette petite chambre est en terre et a la forme d'un demi-cylindre reposant

Fig. 118.

sur un plan horizontal ; elle est fermée à l'une de ses extrémités, et elle porte latéralement des fentes longitudinales *ab* pour le dégagement de l'air qui entre, pendant l'opération, par son ouverture D.

Lorsqu'on veut faire par ce procédé l'essai d'un alliage d'argent, on commence par chauffer la moufle au rouge blanc, puis on y introduit la coupelle, dans laquelle on met d'abord le plomb. Aussitôt que celui-ci est fondu, on y ajoute l'alliage,

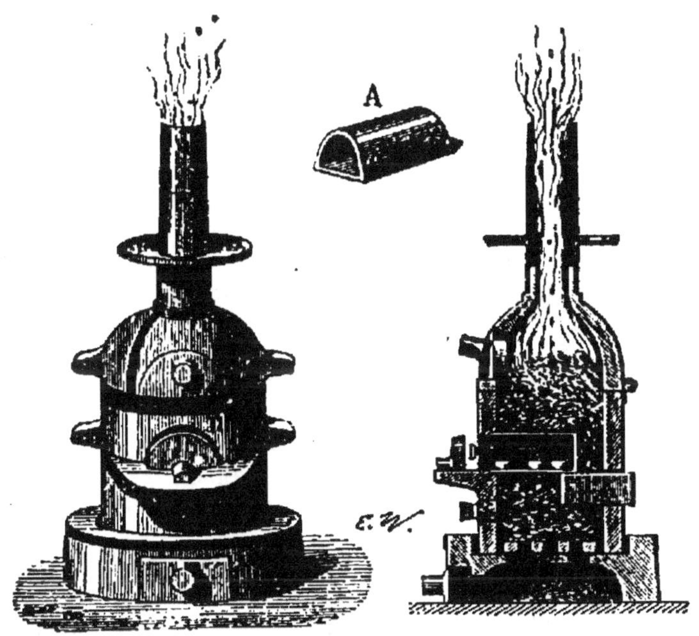

Fig. 119.

qui lui-même ne tarde pas à entrer en fusion, et alors commence l'oxydation du cuivre et du plomb au contact du courant d'air qui traverse incessamment la moufle. Les oxydes de plomb et de cuivre s'infiltrent, à mesure qu'ils se forment, dans les pores de la coupelle, et bientôt il ne reste plus dans celle-ci qu'un globule d'argent parfaitement pur. On rapproche alors la coupelle de l'ouverture de la moufle, afin de laisser refroidir lentement le globule d'argent, que l'on retire ensuite pour le peser. La différence entre son poids et le poids de l'alliage employé indique la proportion de cuivre qui entrait dans ce dernier, et, par suite, le titre de l'alliage.

2° *Essai par la voie humide (procédé de Gay-Lussac).* Lorsqu'on met un alliage d'argent et de cuivre en contact avec un excès d'acide azotique, l'alliage se dissout tout entier et se transforme en un mélange d'azotate d'argent et d'azotate de cuivre. Si l'on verse ensuite dans la dissolution des deux azotates une quantité suffisante d'une solution de sel marin (chlorure de sodium), tout l'argent se précipite à l'état de chlorure d'argent insoluble, tandis que le cuivre reste en dissolution. Il suffit alors de recueillir sur un filtre le chlorure d'argent, de le dessécher et de le peser pour connaître exactement la proportion d'argent qui entre dans l'alliage.

Ce procédé très simple serait cependant d'une exécution assez délicate. Au lieu de recueillir et de peser le chlorure d'argent, il est plus facile d'employer une dissolution *titrée* de sel marin que l'on verse peu à peu dans la dissolution métallique jusqu'à ce que celle-ci ne précipite plus. Le volume du liquide employé fait immédiatement connaître le titre de l'alliage. La dissolution de sel marin que l'on emploie est généralement telle que 1 décilitre précipite exactement 1 gramme d'argent.

Essai des alliages d'or et de cuivre.

494. *Essai des alliages d'or et de cuivre.*—L'essai des alliages d'or et de cuivre se fait, comme pour les alliages d'argent, par deux procédés : la *coupellation* et la *pierre de touche.*

1° *Essai par coupellation.* — On commence par fondre l'alliage avec une quantité d'argent au moins triple de son poids, puis on le soumet à la coupellation comme précédemment. A la fin de l'expérience il reste dans la coupelle un globule ou bouton formé d'un alliage d'or et d'argent, que l'on traite ensuite par de l'acide azotique bouillant. Tout l'argent se dissout et le poids de l'or qui reste, comparé à celui de l'alliage mis à l'essai, indique le titre de ce dernier.

2° *Essai par la pierre de touche.* — Ce procédé consiste à frotter l'objet que l'on veut essayer sur une pierre siliceuse noire et très dure nommée *pierre de touche*. On juge approximativement du titre de l'alliage d'après la couleur des traces métalliques que laisse l'objet sur la pierre, et par la manière dont ces traces se comportent au contact de l'acide azotique ordinaire contenant une très petite proportion d'acide chlorhydrique. Un essayeur expérimenté peut déterminer par cette méthode le titre d'un alliage à un centième près.

Résumé.

I. Le *mercure* est le seul métal liquide à la température ordinaire; il bout à 350° et se solidifie à —40; sa densité est 13,596. Chauffé au contact de l'air, il se transforme en bioxyde rouge de mercure HgO. Il forme avec l'oxygène deux combinaisons : Hg^2O et HgO. On le trouve dans la nature à l'état natif ou le plus souvent à l'état de sulfure HgS (cinabre), d'où on l'extrait.

II. Le *protochlorure de mercure* ou *calomel* Hg^2Cl est blanc, volatil, insoluble dans l'eau, sans saveur et sans odeur sensibles. On l'obtient en décomposant par le chlorure de sodium l'azotate ou le sulfate de protoxyde de mercure : $NaCl + Hg^2O,AzO^5 = Hg^2Cl + NaO,AzO^5$.

III. Le *bichlorure de mercure* ou *sublimé corrosif* $HgCl$ est blanc, soluble dans l'eau, d'une saveur âcre et styptique. La chaleur le volatilise sans le décomposer. On le prépare en chauffant un mélange de sel marin et de sulfate de bioxyde de mercure : $NaCl + HgO,SO^3 = HgCl + NaO,SO^3$.

IV. L'*argent* est un métal blanc, brillant, ductile, malléable et très tenace; sa densité est 10,5. Il est inaltérable au contact de l'air. On le trouve dans la nature à l'état natif, à l'état de sulfure et de chlorure. Il forme avec l'oxygène trois combinaisons dont la plus importante est le protoxyde d'argent AgO.

V. L'*azotate d'argent* AgO,AzO^5 est un sel blanc, soluble dans l'eau, cristallisé en lamelles rhomboïdales. On le prépare en faisant dissoudre de l'argent pur dans de l'acide azotique.

VI. L'*or* est le plus malléable et le plus ductile de tous les métaux. Il ne s'oxyde directement à aucune température; l'eau régale le dissout et le fait passer à l'état de perchlorure Au^2Cl^3; sa densité est 19,5. On le trouve toujours à l'état natif.

VII. Le *platine* est un métal blanc grisâtre, ductile et malléable. Il est infusible au feu de forge, fusible seulement au chalumeau à gaz d'éclairage et à oxygène; sa densité est 22,50. L'eau régale seule le dissout et le transforme en bichlorure $PtCl^2$. A l'état d'éponge ou de noir de platine, il condense les gaz et les vapeurs combustibles en dégageant assez de chaleur pour les enflammer. Le platine, comme l'or, se trouve à l'état natif.

VIII. Le *palladium*, le *rhodium*, le *ruthénium* et l'*iridium* sont des métaux que l'on rencontre constamment dans le minerai de platine, soit à l'état natif, soit en combinaison avec l'osmium.

IX. L'essai des alliages d'argent et de cuivre se fait par deux méthodes différentes : la *coupellation* et la *voie humide*. L'essai des alliages d'or et de cuivre se fait par la coupellation ou au moyen de la *pierre de touche*.

CHAPITRE XXVII.

Un sel étant donné parmi les sels usuels, en déterminer le genre et l'espèce.

Détermination de l'acide ou du genre d'un sel.

495. *Manière de reconnaître l'acide dont un sel est formé.* — On reconnaît l'acide dont un sel est formé au moyen des caractères génériques propres à ce sel. Nous avons étudié (chap. XIX) les caractères des carbonates, des sulfates et des azotates. Nous nous bornerons à indiquer ici sommairement les réactions qui permettent de distinguer immédiatement chacun de ces trois genres de sels, et quelques autres non moins importants.

Carbonates (MO,CO^2). — Les carbonates, traités par les acides sulfurique, azotique, chlorhydrique, etc., donnent lieu à une vive effervescence due au dégagement de l'acide carbonique. Les carbonates solubles précipitent en blanc une dissolution de sulfate de magnésie.

Bicarbonates ($MO,HO,2CO^2$). — Les bicarbonates font effervescence avec les acides comme les carbonates, et même avec plus de vivacité. Mais ils se distinguent des carbonates parce qu'ils ne troublent pas la dissolution de sulfate de magnésie.

Sulfites (MO,SO^2). — Les sulfites, traités par l'acide sulfurique, laissent dégager de l'acide sulfureux facilement reconnaissable à son odeur de soufre qui brûle. Les sulfites solubles, exposés à l'air, en absorbent l'oxygène et se changent en sulfates.

Sulfates (MO,SO³). — L'acide sulfurique n'exerce aucune action sur les sulfates, ce qui les distingue de la plupart des autres sels. Les sulfates solubles dans l'eau forment avec l'azotate de baryte un précipité blanc de sulfate de baryte, lequel ne se redissout pas dans un excès d'acide azotique.

Azotates (MO,AzO⁵). — Les azotates, chauffés avec l'acide sulfurique, dégagent des vapeurs blanches d'acide azotique. Si l'on ajoute au mélange une petite quantité de cuivre métallique, ces vapeurs se changent en bioxyde d'azote, lequel devient rutilant au contact de l'air. Tous les azotates *fusent* quand on les projette sur des charbons incandescents.

Chlorates (MO,ClO⁵). — Tous les chlorates fusent comme les azotates sur des charbons allumés. Traités par l'acide sulfurique, ils dégagent des vapeurs d'acide hypochlorique, qu'il est facile de reconnaître à sa couleur jaune, à son odeur et à sa propriété de détoner fortement par une très légère élévation de température. Les chlorates solubles ne précipitent pas les sels d'argent, ce qui les distingue des chlorures.

Phosphates (MO,2HO,PhO⁵). — L'acide sulfurique n'exerce aucune action apparente sur les phosphates. L'azotate de baryte précipite en blanc tous les phosphates solubles; mais le précipité se redissout dans un excès d'acide azotique, ce qui distingue les phosphates des sulfates. Tous les phosphates, chauffés au rouge avec un mélange de charbon et d'acide borique, donnent du phosphore libre.

Borates (MO,BO³) *et silicates* (MO,SiO²). — Les borates et les silicates solubles sont tous décomposés par l'acide sulfurique. Les borates donnent de l'acide borique qui se précipite sous la forme de petites paillettes blanches et cristallines; les silicates donnent de l'acide silicique qui se sépare en un dépôt gélatineux.

Détermination de la base ou de l'espèce d'un sel.

496. *Manière de reconnaître la base d'un sel.* — On reconnaît la base ou l'oxyde métallique qui entre dans la composition d'un sel par les phénomènes qui se produisent lorsqu'on verse dans une dissolution de ce sel certaines substances nommées *réactifs.* Les principaux réactifs que l'on emploie dans ce but sont : la potasse, la soude et leurs carbonates, l'ammoniaque, l'acide sulfhydrique et les sulfures alcalins, le ferrocyanure de potassium, l'iodure de potassium, l'infusion de noix de galle, l'acide sulfurique et les sulfates solubles.

Lorsque le sel dont il s'agit de déterminer la base est insoluble, il faut le transformer en un sel soluble. Pour cela, on le fait bouillir avec une dissolution de carbonate de soude en excès, ou on le calcine dans un creuset avec du carbonate de potasse. On obtient ainsi, par double décomposition, un carbonate insoluble; mais en traitant ce carbonate par de l'acide azotique, on forme avec la base un azotate soluble, dont il est alors facile de reconnaître l'espèce.

Sels de potasse et sels de soude. — Les sels de potasse et les sels de soude se distinguent de tous les autres sels parce qu'ils ne précipitent pas par les carbonates de potasse ou de soude, et qu'ils ne donnent pas d'odeur ammoniacale quand on les triture avec de la chaux.

On distingue les sels de potasse des sels de soude au moyen des deux caractères suivants :

Les sels de potasse forment avec le bichlorure de platine un précipité jaune, et avec l'acide perchlorique un précipité blanc.

Les sels de soude ne précipitent pas avec ces deux réactifs.

Sels ammoniacaux. — Les sels ammoniacaux, comme les sels de potasse et de soude, ne précipitent pas par les carbonates alcalins; mais on les distingue très facilement de tous les autres sels par l'odeur ammoniacale qu'ils dégagent quand on les triture avec de la chaux.

Sels de chaux, de baryte et de strontiane. — Ces sels se distinguent des sels de potasse, de soude et d'ammoniaque, parce qu'ils précipitent en blanc avec les carbonates alcalins, et de tous les autres sels, parce qu'ils ne précipitent pas par l'ammoniaque et par l'eau de chaux.

Les *sels de chaux* précipitent en blanc par l'acide oxalique; ce précipité se décompose par la calcination et laisse de la chaux vive facile à reconnaître.

Les *sels de baryte* et ceux de *strontiane* précipitent en blanc par l'acide sulfurique et les sulfates solubles; mais le précipité formé par les sels de baryte ne se redissout pas dans une grande quantité d'eau, tandis que le précipité formé par les sels de strontiane se redissout immédiatement. Les sels de strontiane se reconnaissent encore à la propriété qu'ils possèdent de communiquer une belle couleur rouge pourprée à la flamme de l'alcool, que les sels de baryte colorent en vert.

Sels de magnésie. — Les sels de magnésie forment avec la potasse, la soude et l'ammoniaque, un précipité blanc gélatineux qui ne se redissout pas dans un excès d'alcali. Ils précipitent en blanc par les carbonates alcalins; ce précipité se décompose par la calcination et laisse pour résidu de la magnésie, qui est sous la forme d'une poudre blanche, insoluble dans l'eau, et qui, malgré son insolubilité, verdit le sirop de violettes.

Sels d'alumine. — Les sels d'alumine donnent avec la potasse ou la soude un précipité blanc, soluble dans un excès d'alcali. Ce caractère distingue très nettement les sels d'alumine de tous ceux qui précèdent. Les carbonates alcalins y produisent un précipité blanc qui se dissout dans les acides sans effervescence. Une dissolution concentrée de sulfate de potasse y forme un précipité blanc d'alun.

Sels de fer. — 1° *Sels de protoxyde de fer.* Les sels de protoxyde de fer forment avec la potasse, la soude ou l'ammoniaque, un précipité blanc, qui, en présence de l'air, devient successivement vert clair, vert foncé et jaune d'ocre; avec les sulfures alcalins, un précipité noir; avec le ferrocyanure de potassium, un précipité blanc qui bleuit très rapidement en absorbant l'oxygène de l'air.

2° *Sels de sesquioxyde de fer.* Les sels de sesquioxyde de fer se distinguent des sels de protoxyde par les caractères suivants : la potasse, la soude et l'ammoniaque y produisent un précipité jaune rougeâtre; le ferrocyanure de potassium, un précipité bleu foncé; la noix de galle, un précipité noir.

Sels de zinc. — Les sels de zinc forment avec la potasse, la soude et l'ammoniaque, un précipité blanc qui se redissout dans un excès d'alcali; avec le ferrocyanure de potassium, un précipité blanc; avec les sulfures alcalins, un précipité blanc de sulfure de zinc hydraté. Ce dernier caractère permet de distinguer immédiatement les sels de zinc de tous les autres sels.

Sels de protoxyde d'étain. — Les sels de protoxyde d'étain précipitent en blanc avec la potasse et la soude; ce précipité se redissout dans un excès de réactif. L'ammoniaque y produit un précipité blanc, mais insoluble dans un excès d'alcali. Ils donnent avec le ferrocyanure de potassium un précipité blanc gélatineux ; avec l'acide sulfhydrique et les sulfures alcalins, un précipité brun-chocolat; avec le perchlorure d'or, un précipité de couleur pourpre.

Sels de protoxyde de cuivre. — Les sels de cuivre donnent avec la potasse et la soude un précipité bleu floconneux; avec l'ammoniaque, un précipité blanc bleuâtre qui se redissout et colore la liqueur en *bleu céleste;* avec l'acide sulfhydrique et les sulfures alcalins, précipité noir; avec le ferrocyanure de potassium, précipité rouge brun. Une lame de fer, plongée dans une dissolution d'un sel de cuivre, s'y recouvre de cuivre métallique.

Sels de plomb. — Les sels de plomb forment avec la potasse et la soude un précipité blanc qui se redissout dans un excès de réactif. Ils donnent avec l'ammoniaque le même précipité, mais insoluble dans un excès d'alcali. Ils précipitent en noir avec l'acide sulfhydrique et les sulfures alcalins ; en blanc, avec l'acide sulfurique et les sulfates solubles ; en jaune, avec l'iodure de potassium et le chromate de potasse. Une lame de fer ou de zinc y précipite le plomb à l'état métallique.

Sels de mercure. — 1° *Sels de protoxyde de mercure.* Les sels de protoxyde de mercure donnent, avec la potasse, la soude et l'ammoniaque un précipité noir; avec l'acide sulfhydrique et les sulfures alcalins, un précipité noir ; avec l'acide chlorhydrique et les chlorures solubles, un précipité blanc; avec l'iodure de potassium, un précipité vert.

2° *Sels de bioxyde de mercure.* — Les sels de bioxyde de mercure se distinguent des sels de protoxyde par les caractères suivants : avec la potasse, la soude et l'ammoniaque, précipité jaune; avec l'iodure de potassium, précipité d'abord jaune orangé, puis rouge vif, soluble dans un excès de réactif.

Le zinc et le cuivre précipitent le mercure de ses dissolutions à l'état d'amalgame.

Sels d'argent. — Les sels d'argent forment avec la potasse et la soude un précipité brun clair; avec l'acide sulfhydrique et les sulfures alcalins, un précipité noir; avec le chromate de potasse, un précipité rouge-brique; avec l'acide chlorhydrique et les chlorures solubles, un précipité blanc, caillebotté, très soluble dans l'ammoniaque, insoluble dans l'acide azotique, devenant d'abord bleu, puis noir par l'action de la lumière.

Sels d'or. — Les sels ou composés solubles d'or, particulièrement le perchlorure, se reconnaissent parce qu'ils forment avec le sulfate de protoxyde de fer un précipité brun d'or métallique très divisé, et avec un mélange de protochlorure et de bichlorure d'étain un précipité pourpre (pourpre de Cassius).

Sels de platine. — Les caractères que nous allons indiquer se rapportent au bichlorure de platine, le seul composé soluble de platine qui présente quelque intérêt. Une dissolution de bichlorure de platine forme avec la potasse un précipité jaune, grenu, adhérent au verre, de chlorure double de platine et de potassium. Avec l'acide sulfhydrique et les sulfures alcalins, on obtient un précipité noir de sulfure de platine.

<hr>

CHAPITRE XXVIII.

Silice et silicates. — Argiles. — Poteries. — Verres.

Silice et silicates.

497. *Silice et silicates.* — La silice ou acide silicique SiO^2, que nous avons précédemment étudiée (116), forme avec les bases des sels nommés *silicates*, qui jouissent d'une grande stabilité. On considère comme silicates neutres ceux dans lesquels l'oxygène de l'acide et l'oxygène de la base sont dans le rapport de 2 à 4.

Les silicates sont tous indécomposables par la chaleur. Quelques-uns, tels que les silicates d'alumine et de chaux, sont infusibles au feu de forge. Le charbon, à une haute température, décompose tous les silicates dont les bases sont facilement réductibles.

Les silicates alcalins, avec excès de base, sont les seuls qui soient solubles dans l'eau ; leur degré de solubilité dépend de la quantité de base qu'ils renferment. Quelques silicates sont décomposés par les acides sulfurique et chlorhydrique. Tous sont attaqués, même à la température ordinaire, par l'acide fluorhydrique (251).

Pour reconnaître un silicate, on le pulvérise et on le chauffe dans un creuset de platine avec trois ou quatre fois son poids de carbonate de potasse. On obtient ainsi un silicate basique de potasse qui peut se dissoudre dans l'eau (*liqueur des cailloux*). En traitant la dissolution par de l'acide sulfurique, on obtient un précipité d'acide silicique gélatineux, facile à reconnaître.

498. *Silicatisation.* — Un mélange de 10 parties de potasse et de 15 parties de grès pulvérisé (acide silicique) soumis à l'action de la chaleur donne une matière vitreuse (silicate basique de potasse) soluble dans l'eau bouillante. Cette dissolution, appliquée sur des statues ou autres ornements taillés, dans la pierre tendre (carbonate de chaux), y laisse en se desséchant un enduit transparent qui peu à peu se transforme en une couche de silicate de chaux, dont la dureté et l'inaltérabilité à l'air humide assure ainsi la conservation de ces objets. Ce procédé, connu sous le nom de *silicatisation*, a été appliqué dans ces derniers temps aux statues qui décorent les façades du Louvre et à divers ornements de Notre-Dame de Paris.

Argiles et poteries.

499. *Argiles.* — Les argiles sont des matières terreuses, composées essentiellement de silice et d'alumine dans des proportions variables. Elles sont très répandues dans la nature et proviennent la plupart de roches siliceuses broyées, décomposées et réduites en limon par les eaux. Elles sont généralement tendres, douces au toucher, quelquefois blanches, mais le plus souvent colorées en vert, en jaune ou en rouge par des silicates ou des oxydes de fer. Elles jouissent de la propriété de se mélanger avec l'eau et de former une pâte plus ou moins liante, selon leur degré de pureté. Cette pâte, en se desséchant, se contracte et se fendille ; soumise à l'action de la chaleur, elle éprouve un retrait considérable et devient extrêmement dure. C'est sur cette propriété que repose l'emploi de l'argile dans la fabrication des poteries. Les principales espèces d'argiles sont l'*argile plastique* , vulgairement nommée terre glaise, terre à potier ; l'*argile limoneuse* ou terre à briques; le *kaolin* ou terre à porcelaine ; la *terre de pipe* et la *terre à foulon*. Cette dernière espèce est employée pour le dégraissage et le foulage des draps.

500. *Poteries.* — On donne le nom de poteries à tous les objets fabriqués avec de l'argile et soumis ensuite à l'action du feu. Les principales espèces de poteries sont la *porcelaine*, la *faïence* et la *poterie commune* ou *terre cuite*.

Porcelaine, faïence, poteries communes ou terres cuites.

501. *Porcelaine.* — La matière première employée dans la fabrication de la porcelaine est le *kaolin*, argile très pure formée de silicate d'alumine hydraté ($2 Al^2O^3, 3 SiO^2 + 4 HO$). On y ajoute une certaine proportion de *feldspath* (silicate double d'alumine et de potasse), lequel a pour but de diminuer le retrait de la pâte pendant la cuisson et de faire éprouver au kaolin un certain degré de fusion qui le rende vitreux et translucide.

Pour fabriquer la porcelaine, on commence par délayer dans l'eau un mélange de 80 parties de kaolin et 20 parties de feldspath finement pulvérisés. Lorsque la pâte a pris un degré de consistance convenable pour être mise en œuvre, on confectionne les pièces soit au tour, soit par le moulage, puis on les fait sécher à une douce chaleur. Cette première opération, appelée le *dégourdi,* communique à la porcelaine une certaine dureté ; mais la matière est encore très poreuse. C'est alors que l'on applique à la surface des pièces un vernis fusible et vitrifiable que l'on nomme *couverte* ou *émail*. Ce vernis se compose d'un mélange naturel de quartz et de feldspath que l'on réduit en poudre, et que l'on délaye dans l'eau de manière à former une bouillie claire, nommée *barbotine,* dans laquelle on plonge les pièces. On procède ensuite à la cuisson.

Les fours dans lesquels on cuit la porcelaine se composent généralement de trois compartiments (*fig.* 120). Le compartiment supérieur A, où la température est beaucoup moins élevéo, sert à dégourdir les pièces ; les deux compartiments inférieurs B et C donnent la cuisson définitive.

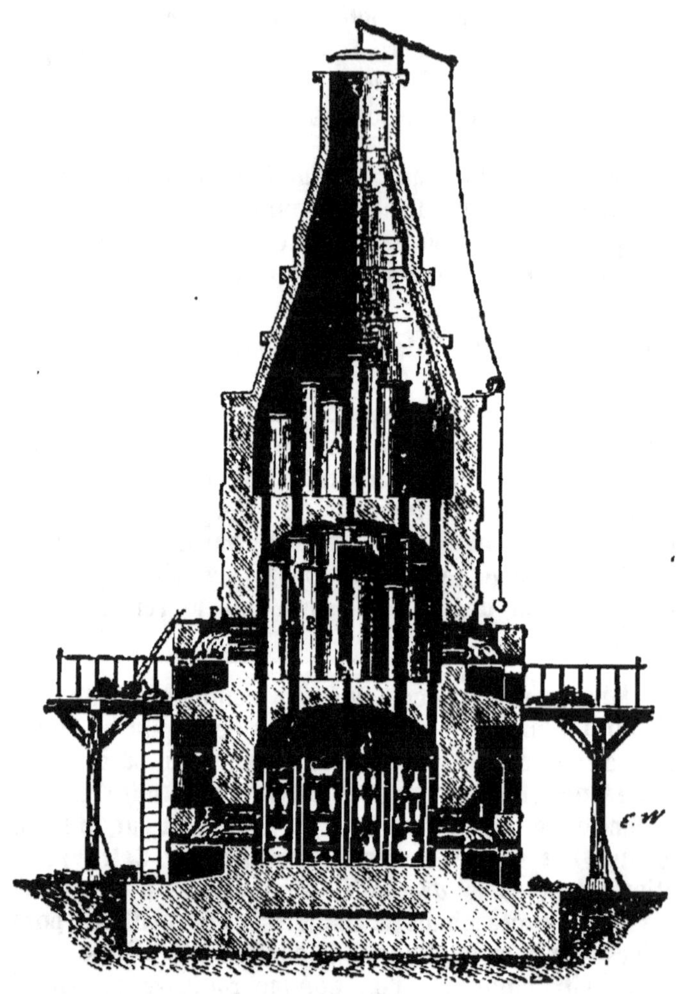

Fig. 120.

Chacun des deux derniers compartiments est chauffé par quatre foyers extérieurs F, dont la flamme, alimentée par du bois blanc, pénètre dans le four où sont placées les pièces. Celles-ci sont enveloppées dans des espèces d'étuis en terre réfractaire, nommés *casettes*, qui les préservent du contact de la fumée et des cendres qu'entraîne le courant d'air chaud. Telle est la disposition du four à porcelaine de la manufacture de Sèvres. Lorsque la cuisson est terminée, ce qui exige plusieurs heures, on arrête le feu et on laisse le four se refroidir lentement avant d'enlever les pièces.

On décore la porcelaine en recouvrant sa surface de couleurs ou de substances métalliques, mêlées à des matières vitreuses plus ou moins fusibles. Le mélange, réduit en poudre impalpable, est broyé avec des essences de térébenthine ou de lavande, de manière à former une pâte que l'on applique au pinceau ; après quoi on soumet la poterie à une température assez élevée pour vitrifier l'enduit colorant.

Ces couleurs sont généralement des oxydes métalliques. Les bleus sont donnés par l'oxyde de cobalt ; les verts par l'oxyde de chrome ou par l'oxyde de cuivre ; les jaunes par l'oxyde d'uranium ou par le chromate de plomb ; les rouges par le sesquioxyde de fer ; les violets et les roses par le pourpre de Cassius (439).

L'or qui sert à dorer la porcelaine se prépare en précipitant une dissolution de perchlorure d'or par du sulfate de protoxyde de fer. On ajoute à ce précipité un fondant composé de borax et d'oxyde de bismuth, et on en fait une pâte en broyant le tout avec de l'essence de térébenthine. Cette pâte est appliquée au pinceau sur la poterie vernissée. On soumet celle-ci à l'action du feu, et on donne à la dorure son éclat métallique au moyen du brunissoir.

502. *Faïence.* — La faïence est composée d'argile plastique à laquelle on ajoute une proportion plus ou moins considérable de quartz réduit en poudre impalpable. Les objets fabriqués avec la pâte de faïence sont soumis à une première cuisson qui les durcit beaucoup. On les recouvre ensuite d'un vernis fusible, formé de quartz, de carbonate de potasse et d'oxyde de plomb. Une seconde cuisson fait fondre le vernis, qui forme à la surface des objets une couche vitreuse et imperméable de silicate de potasse et de plomb. Ce vernis est transparent, et ne convient qu'aux faïences fines dont la pâte est blanche. Pour les faïences communes à pâte colorée, on rend le vernis opaque, en y ajoutant de l'oxyde d'étain, qui le transforme en un véritable émail.

503. *Poteries communes.* — Les poteries communes, désignées sous le nom de *terres cuites*, servent à former les briques, les tuiles, les fourneaux portatifs, les pots à fleurs, les moules à sucre et quelques vases destinés à la cuisson des aliments. On emploie pour leur fabrication des argiles impures mêlées à des proportions plus ou moins considérables de sable quartzeux. La matière, réduite en pâte et façonnée dans des moules ou sur le tour à potier, est mise dans des fours où elle subit une simple cuisson, à une température peu élevée. Les vases qui doivent servir à la préparation des aliments sont les seuls qui reçoivent un vernis à leur surface. Ce vernis est en général un silicate de plomb très fusible, et coloré par divers oxydes métalliques.

Remarque. — La faïence et la poterie commune diffèrent de la porcelaine en ce que leur pâte reste poreuse, opaque et perméable après la cuisson, tandis que la pâte de porcelaine devient vitreuse, demi-transparente et imperméable à l'eau.

Verres.

504. *Verres.* — On donne le nom de *verres* à des matières dures et transparentes, composées généralement de silicates doubles de potasse ou de soude et d'une autre base terreuse ou métallique. On distingue plusieurs espèces de verres, dont les principales sont : le *verre ordinaire,* le *verre à bouteille,* le *cristal,* le *flint-glass,* le *crown-glass,* le *strass* et l'*émail.*

Verre ordinaire. Le verre ordinaire, que l'on emploie pour la gobeleterie, les vitres et les glaces coulées, est tantôt un silicate double de potasse et de chaux, tantôt un silicate double de soude et de chaux.

En Allemagne, où la potasse est plus commune que la soude, on fabrique des verres d'une transparence parfaite en faisant fondre dans des creusets en terre réfractaire un mélange de 12 parties de quartz hyalin, 6 parties de carbonate de potasse et 2 parties de chaux vive. Il en résulte un silicate double de potasse et de chaux parfaitement incolore, connu sous le nom de *verre de Bohême.* Ce verre est très estimé et sert principalement pour fabriquer les objets de gobeleterie, tels que verres à boire, carafes, salières, etc.

En France, où la soude est à plus bas prix que la potasse, on emploie de préférence le carbonate de soude dans la fabrication du verre. Mais le verre ainsi obtenu est moins blanc

26.

que le verre à base de potasse; il présente toujours une teinte
verdâtre, très apparente lorsqu'on le regarde à travers une
grande épaisseur.

Voici le procédé que l'on suit dans nos verreries : on fait
un mélange de 10 parties de sable blanc, 4 parties de craie
blanche et 3 parties de carbonate de soude. On ajoute à ce
mélange une certaine quantité d'anciens débris de verre, et
on soumet le tout à une calcination préliminaire appelée *fritte*,
laquelle a pour but de déterminer un commencement de combinaison entre les éléments du mélange. La matière est ensuite
placée dans des creusets en terre réfractaire où on la fait
fondre en l'exposant à une température très élevée.

La figure 121 représente la section verticale d'un four de
verrerie. M est le four central où se trouve le foyer B, au-
dessus duquel sont disposés circulairement les creusets de
fusion C. De chaque côté du four central sont deux fours laté-
raux N, N, nommés *arches*, dans lesquels pénètre la flamme du
combustible après avoir traversé l'espace occupé par les creu-

Fig. 121.

sets de fusion. Dans ces arches, où la température est nécessairement moins élevée, sont placés d'autres creusets en
terre T, dans lesquels se fait la fritte du mélange. Au-dessus
de chaque creuset de fusion est une ouverture circulaire o, o,

par laquelle l'ouvrier peut puiser du dehors la matière fondue
et prête à être mise en œuvre.

Le travail du verre s'exécute par deux procédés souvent
simultanés, le *soufflage* et le *moulage*. Le soufflage se fait au
moyen d'une longue canne en fer percée suivant son axe d'un
trou de 3 millimètres de diamètre. L'ouvrier plonge l'extrémité de la canne dans le verre fondu, en retire une certaine
quantité, et souffle avec la bouche par l'autre extrémité de la
canne, de manière à donner au verre, soit immédiatement,
soit au moyen d'un moule en terre ou en bronze, dans lequel il
le force ainsi à pénétrer, la forme de l'objet qu'il s'agit d'obtenir.

Le verre à vitre se fabrique en formant d'abord par le
soufflage un cylindre ou manchon que l'on fend parallèlement
à son axe, et que l'on étend ensuite, après l'avoir suffisamment ramolli par la chaleur, sur une plaque en fonte placée
dans un four.

Les glaces s'obtiennent en coulant le verre fondu et en l'éten-
dant avec un rouleau de bronze sur des tables en fonte, bien
planées et chauffées à un degré convenable. Lorsque l'objet est
fabriqué, on le *recuit* en le chauffant au rouge sombre et en le
laissant ensuite refroidir lentement. Cette opération a pour but
de rendre le verre moins fragile.

Verre à bouteille. Le verre à bouteille doit sa couleur verte à
une forte proportion de silicate de fer. On le prépare en faisant
fondre, dans des fours semblables à celui que nous venons de
décrire, un mélange de sable ferrugineux, de soude brute, de
cendre de bois et de fragments de verre de toute nature. Les
bouteilles sont fabriquées par le soufflage et par le moulage
exécutés simultanément.

Crown-glass. Le crown-glass a une composition analogue à
celle du verre de Bohême : c'est un silicate basique de potasse,
de soude et de chaux. On l'emploie, associé au flint-glass, dans
la fabrication des instruments d'optique.

Cristal. Le cristal proprement dit est un silicate double de
potasse et de plomb, que l'on obtient en fondant ensemble
30 parties de sable pur, 20 parties de minium et 10 parties de
carbonate de potasse. Ce composé, d'une transparence et d'une
limpidité parfaites, est plus dur, plus dense et beaucoup plus
réfringent que le verre ordinaire. On l'emploie dans la fabrication des objets de luxe.

Flint-glass. Le flint-glass, que l'on emploie avec le crown-glass dans la fabrication des instruments d'optique, est une espèce de cristal plus riche en oxyde de plomb que le cristal ordinaire; on le prépare en fondant ensemble 10 parties de sable blanc, 10 parties de minium et 3 parties de carbonate de potasse très pur.

Strass, émail. Le strass est un cristal très-dense et très réfringent, avec lequel on cherche à imiter le diamant et les pierres précieuses. L'*émail* est un cristal rendu opaque au moyen de l'acide stannique; c'est, par conséquent, un mélange de silicate et de stannate de potasse et de plomb.

505. *Verres colorés.* — La fabrication des verres colorés repose sur la propriété que possède le verre de dissoudre la plupart des oxydes métalliques en conservant sa transparence. Il suffit d'ajouter au mélange qui doit produire le verre une quantité déterminée d'oxyde métallique colorant pour obtenir des verres colorés par fusion. Les diverses couleurs sont produites par l'oxyde de cobalt (bleu), le peroxyde de manganèse (violet), l'oxyde de chrome (vert), le protoxyde de cuivre (rouge), le perchlorure d'or (rose), l'oxyde d'uranium (jaune), l'oxyde de cobalt et le peroxyde de fer mélangés (noir).

506. *Propriétés chimiques du verre.* — Le verre est caractérisé par sa transparence, son insolubilité et sa fusibilité.

Lorsqu'on chauffe du verre jusqu'à la fusion et qu'on le refroidit brusquement, il subit une espèce de trempe et devient très cassant. Les *larmes bataviques*, que l'on obtient en laissant tomber dans de l'eau froide des gouttes de verre fondu, en sont un exemple. Ces petites masses vitreuses ont la forme d'un ovoïde terminé par une pointe très effilée; dès que l'on vient à casser cette pointe, toute la masse se réduit en poussière en produisant une légère détonation. Cet effet provient de ce que les molécules intérieures sont maintenues dans un équilibre forcé par celles de la surface, équilibre qui se détruit aussitôt que l'on supprime en un point quelconque la résistance extérieure[*].

---

[*] Si, au lieu de chauffer le verre jusqu'à la fusion, on le porte simplement à une température voisine du rouge sombre, et qu'on le plonge alors dans un bain de matières grasses fluidifiées par la chaleur (cire, stéarine, goudron, etc.), on lui communique un certain degré de malléabilité, qui augmente sa ré-

Bien que le verre soit insoluble dans l'eau, ce liquide tend à la longue à le décomposer, en lui enlevant une partie de ses bases alcalines. Les acides, et particulièrement l'acide sulfurique, peuvent également décomposer le verre à la longue; ils tendent à s'emparer des bases et à éliminer l'acide silicique. L'acide fluorhydrique attaque immédiatement le verre et produit avec la silice du fluorure de silicium (251).

Les carbonates alcalins et les alcalis caustiques décomposent le verre et le transforment, sous l'influence de la chaleur, en silicates alcalins basiques, solubles dans l'eau et facilement attaquables par les acides.

Résumé.

I. La *silice* ou *acide silicique* SiO^3 est une substance très répandue dans la nature. Le cristal de roche la présente à l'état de pureté parfaite, cristallisée en prismes à six pans terminés par des pyramides à six faces. On peut obtenir artificiellement la silice à l'état gélatineux, en décomposant un silicate de potasse soluble par de l'acide chlorhydrique ou sulfurique.

II. Les *silicates* sont des sels qui résultent de la combinaison de l'acide silicique avec les bases. Dans les silicates neutres, l'oxygéné de l'acide est à l'oxygène de la base comme 2 est à 1. Tous les silicates sont indécomposables par la chaleur.

III. Les *argiles* sont des matières terreuses très répandues dans la nature, composées essentiellement de silice et d'alumine dans des proportions variables. Les argiles ont pour caractère principal de former avec l'eau une pâte qui devient très dure par la cuisson.

IV. On donne le nom de *poteries* à tous les objets fabriqués avec de l'argile et soumis ensuite à l'action du feu. Les principales espèces de poteries sont : la porcelaine, la faïence et la poterie commune ou terre cuite.

V. Le *verre* est une matière dure, transparente, formée généralement de silicates doubles de potasse ou de soude et d'une autre base terreuse ou métallique. Les principales espèces de verre sont : le verre incolore ordinaire, le verre à bouteille et le cristal. Ce dernier est un silicate double de potasse et de plomb.

sistance au point que des objets minces, tels qu'un verre à boire, un verre de montre, soumis à cette opération, peuvent être violemment jetés à terre sans risque de les briser. Ce fait, récemment découvert par M. de la Bastie, est appelé à opérer une véritable révolution dans la fabrication des objets en verre, si toutefois on parvient à l'appliquer industriellement, c'est-à-dire en grand et à bon marché.

CHIMIE ORGANIQUE.

CHAPITRE I.

Matières organiques; leur constitution. — Principes immédiats. —
  Analyse des matières organiques; analyse immédiate; analyse
  élémentaire. — Division des matières organiques. — Acides organiques.

Notions sur les matières organiques. Principes immédiats.

507. *Constitution des matières organiques.* — La chimie organique a pour but l'étude des substances d'origine végétale ou
animale. Toutes ces substances sont formées, les unes, uniquement
ment de *carbone* et *d'hydrogène* (carbures d'hydrogène); les
autres, de *carbone*, *d'hydrogène* et *d'oxygène* (acides, alcools,
éthers, etc.); d'autres enfin, particulièrement celles qui proviennent de l'organisation animale, de *carbone*, *d'hydrogène*, *d'oxygène* et *d'azote*. Plus rarement on trouve dans leur composition
du soufre, du phosphore, du chlore, de l'iode, du fer, etc.

Remarquons que *le carbone est l'élément organique par
excellence*, le seul que l'on trouve toujours, sans aucune exception, dans les nombreux composés de la nature vivante. Aussi
pourrait-on dire, avec M. Wurtz, que la chimie organique est
essentiellement l'histoire des composés du carbone.

508. *Principes immédiats.* — On trouve dans les organes des
plantes et des animaux diverses substances ou composés chimiquement déterminés; c'est-à-dire offrant toujours, pour chacun d'eux, la même composition et les mêmes propriétés, quel
que soit le végétal ou l'animal qui les a fournis. Ces composés,
tels que le sucre, le tannin, la quinine, l'albumine, la fibrine, etc.,
constituent autant *d'espèces chimiques* distinctes que l'on désigne
sous le nom de *principes immédiats*, et dont l'étude forme la
partie essentielle de la chimie organique.

509. *Action de la chaleur sur les matières organiques.* —
Toutes les matières organiques sont décomposées par la chaleur. A une température modérée, les unes distillent sans
s'altérer, exemple, l'alcool; les autres se volatilisent et se dé-

composent en partie, exemple, l'acide oxalique; d'autres enfin se détruisent complètement, exemple, l'amidon, le sucre, etc.

Les substances *non azotées* soumises à l'action de la chaleur donnent en général de l'eau, divers acides, des corps goudronneux, et laissent un résidu de charbon. Les substances *azotées* fournissent, en outre, du carbonate d'ammoniaque.

Analyse des matières organiques.

510. *Analyse des matières organiques.* — L'analyse des matières organiques comprend l'*analyse immédiate* et l'*analyse élémentaire*.

1° *Analyse immédiate.*—Cette analyse a pour but d'isoler les principes immédiats que renferment, à l'état de mélange ou de combinaison, les diverses substances organisées. Prenons pour exemple une orange : l'analyse immédiate pourra en extraire une essence aromatique et une matière colorante que contient l'écorce, un acide particulier, du sucre, de l'albumine, la cellulose ou matière constituant les cellules végétales, etc. Cette analyse est très délicate et repose sur l'emploi de nombreux agents et réactifs, tels que la chaleur, la pression, les dissolvants (eau, alcool, éther), les bases, les acides, etc., dont le choix varie nécessairement suivant la nature du corps à analyser.

2° *Analyse élémentaire.* — Cette analyse a pour but de reconnaître la nature et de déterminer les proportions des corps simples qui constituent les matières organiques. Le procédé que l'on emploie le plus ordinairement est celui de Liebig, que nous ne ferons qu'indiquer d'une manière générale, ne pouvant entrer ici dans les minutieux détails de son exécution.

La substance organique qu'il s'agit d'analyser est brûlée dans un tube de verre avec un corps riche en oxygène, comme l'oxyde de cuivre ou le chromate de plomb; il se forme de l'eau et de l'acide carbonique, que l'on absorbe, la première au moyen du chlorure de calcium, et le second au moyen d'une solution de potasse. Si la matière contient de l'azote, on recueille ce gaz dans une éprouvette.

La figure 122 représente l'appareil prêt à fonctionner pour l'analyse d'une substance non azotée. TT est le tube à combustion contenant cette substance mélangée avec de l'oxyde de cuivre; G la grille sur laquelle on place les charbons ardents dont on entoure le tube; A un tube rempli

de chlorure de calcium ou de pierre ponce imbibée d'acide
sulfurique pour recueillir la vapeur d'eau ; B un tube à boules
contenant une solution de potasse caustique pour retenir l'acide
carbonique ; C un dernier tube rempli de fragments de potasse

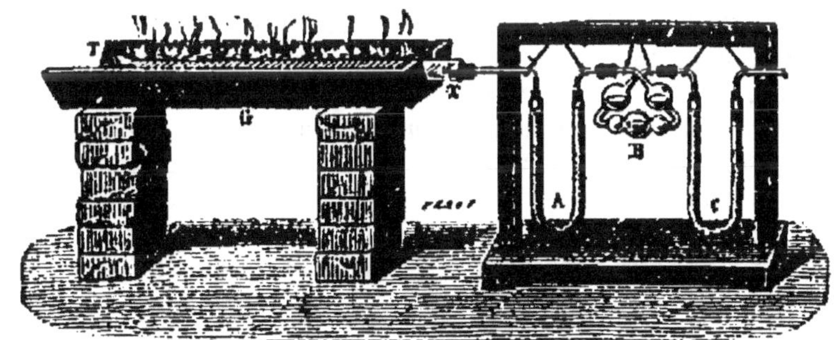

Fig. 122.

caustique, destinée à absorber l'acide carbonique qui aurait
pu échapper au tube précédent. Un peu de chlorate de potasse
a été placé au fond du tube T. On le chauffe à la fin de l'opération pour en dégager de l'oxygène destiné à brûler les dernières traces de la matière organique qui auraient pu échapper
à l'oxyde de cuivre, et à balayer l'acide carbonique restant
dans l'appareil.

La différence entre les poids du tube A avant et après l'opération donne le poids de l'eau formée, dont il est facile de déduire le poids de l'hydrogène que contenait la matière organique. De même la différence entre les poids des deux tubes B
et C, pesés ensemble avant et après l'opération, donne le poids
de l'acide carbonique, dont on tire le poids du carbone. Si ce
dernier poids ajouté à celui de l'hydrogène représente exactement le poids de la substance analysée, c'est que celle-ci ne
contient que ces deux éléments ; dans le cas contraire, la différence entre le poids et la substance et celui de ces deux corps
exprime le poids de l'oxygène.

Si la matière renferme de l'azote, on recueille, avons-nous
dit, ce gaz dans une éprouvette, et on déduit son poids de
la mesure de son volume. On peut encore doser l'azote en le
transformant en ammoniaque ; il suffit pour cela de chauffer la
matière organique en présence d'un alcali en excès.

La figure 123 représente l'appareil employé pour le dosage
en volume de l'azote. TT est le tube à combustion reposant sur

la grille G. Le fond de ce tube, jusqu'au tiers de sa longueur, contient du bicarbonate de soude; le reste est occupé par la matière organique mélangée avec de l'oxyde de cuivre. E est l'éprouvette destinée à recevoir l'azote; elle repose sur une cuvette à mercure C. Le bicarbonate de soude placé dans le bout fermé du tube T a pour but de fournir de l'acide carbonique destiné à chasser l'air de l'appareil avant de commencer l'opération. Cet acide est ensuite absorbé par une solution de potasse contenue dans un tube à boules. Cette même solution retient également l'acide carbonique et la vapeur d'eau provenant de la combustion de la matière organique, et ne laisse ainsi passer que l'azote. Après l'opération, on mesure le volume du gaz dans un tube gradué, et on en détermine le poids par les procédés ordinaires.

Fig. 123.

Remarque. — L'analyse élémentaire d'une matière organique azotée exige, comme on le voit, deux opérations, l'une pour doser le carbone, l'hydrogène et l'oxygène au moyen du premier appareil (*fig.* 122), l'autre pour doser l'azote, comme nous venons de le dire.

511. *Détermination de la formule.* — Deux opérations sont nécessaires pour déterminer la formule chimique d'une substance organique : 1° déterminer l'équivalent de la substance ; 2° chercher le nombre des équivalents de chacun des corps simples composant cet équivalent.

1° La détermination des équivalents des substances organiques se fait comme celle des composés minéraux. Si la substance est acide, on prend pour son équivalent le nombre représentant le poids de cette substance qui, en se combinant avec un équivalent d'une base minérale quelconque (potasse, soude, oxyde d'argent, etc.), forme un sel neutre. Si la substance est alcaline, on obtient son équivalent par le même procédé appliqué en sens inverse. Enfin si la substance est neutre, on détermine son équivalent soit d'après la densité de sa vapeur, soit en cherchant la formule qui se prête le mieux à l'interprétation de ses principales réactions.

2° L'équivalent de la substance étant déterminé, il suffit pour connaître le nombre des équivalents de chacun des corps simples qui entrent dans sa composition, de diviser le poids donné par l'analyse élémentaire pour chaque corps simple par l'équivalent connu de ce corps. Prenons pour exemple l'alcool.

L'équivalent de l'alcool, déterminé d'après la densité de sa vapeur, est 46. Or, l'analyse élémentaire de l'alcool montre que 46 grammes de ce corps renferment 24 gr. de carbone, 6 gr. d'hydrogène et 16 gr. d'oxygène. En divisant maintenant chacun de ces nombres par l'équivalent du corps qu'il représente, savoir :

24 par 6 (équivalent du carbone),
6 par 1 (équivalent de l'hydrogène),
16 par 8 (équivalent de l'oxygène),

on trouve ainsi qu'un équivalent d'alcool renferme 4 équivalents de carbone, 6 équivalents d'hydrogène et 2 équivalents d'oxygène. La formule de l'alcool sera donc représentée par $C^4H^6O^2$.

Problème. 282 grammes d'acide phénique renferment 216 gr. de carbone, 18 gr. d'hydrogène et 48 gr. d'oxygène. Déterminer la formule de ce corps sachant que son équivalent est 94.

Le calcul fait, on en vérifiera le résultat à la page 463, où nous donnons la formule de l'acide phénique.

Division des matières organiques.

512. *Division des matières organiques.* — Les matières organiques peuvent être groupées, d'après leurs fonctions chimiques, en un certain nombre de classes, que nous décrirons dans l'ordre suivant, qui nous paraît le plus favorable à leur étude : 1° ACIDES ORGANIQUES; 2° MATIÈRES VÉGÉTALES NEUTRES; 3° MATIÈRES SUCRÉES; 4° ALCOOL ET ÉTHERS; 5° CORPS GRAS; 6° ALCALIS ORGANIQUES; 7° CARBURES D'HYDROGÈNE, ESSENCES; 8° MATIÈRES COLORANTES; 9° MATIÈRES ANIMALES.

Acides organiques.

513. *Caractères généraux des acides organiques.* — Ces acides sont abondamment répandus dans l'organisation végétale; quelques-uns, tels que les acides formique, lactique, urique, etc.. existent tout formés dans les animaux. La chimie peut non seulement en reproduire un certain nombre, mais encore en créer de nouveaux. Ils sont en général composés de carbone, d'hydrogène et d'oxygène dans des proportions très variables. Ils sont presque tous incolores, solides et cristallisables, sauf quelques-uns qui sont liquides, tels que les acides formique, lactique, etc.; la plupart sont solubles dans l'eau.

Les acides organiques sont très nombreux. Nous n'étudierons ici que les plus utiles ou les plus intéressants, tels que les *acides oxalique, acétique, formique, tartrique, citrique, malique, tannique, gallique et pyrogallique.*

Acide oxalique. Acide acétique. Acide formique.

514. *Acide oxalique* ($C^4O^6,2HO$). — L'acide oxalique est un corps solide, incolore, cristallisé en prismes à 4 pans, soluble dans l'eau, d'une saveur aigre et piquante, vénéneux à la dose de 15 à 20 grammes. La chaleur le décompose en eau, en oxyde de carbone, en acide carbonique et en une petite proportion d'acide formique. L'acide sulfurique lui enlève son eau et le décompose tout entier en oxyde de carbone et en acide carbonique :

$$C^4O^6,2HO + SO^3,HO = 2\,CO + 2\,CO^2 + SO^3,3HO.$$

L'acide oxalique est très commun dans le règne organique : on le trouve à l'état de liberté dans les poils du pois chiche (*cicer arietinum*), à l'état de bioxalate de potasse dans l'oseille, à l'état d'oxalate de soude dans beaucoup de plantes marines, à l'état d'oxalate de chaux dans certains calculs urinaires. On l'obtient artificiellement en faisant bouillir une partie d'amidon avec 8 parties d'acide azotique étendu d'eau. En Suisse, on le retire du bioxalate de potasse que contient l'oseille; on transforme d'abord ce sel, au moyen de l'acétate de plomb, en oxalate de plomb, que l'on décompose ensuite par l'acide sulfurique étendu.

L'acide oxalique est employé dans la fabrication des toiles

peintes, pour écurer le cuivre et enlever les taches de rouille.

815. *Oxalates*. — L'acide oxalique forme avec les bases des sels nommés *oxalates*. La chaleur décompose tous les oxalates en un mélange d'oxyde de carbone et d'acide carbonique, qui se dégage, et en oxydes métalliques ou en métaux. L'acide sulfurique les transforme en sulfates, en oxyde de carbone et en acide carbonique. Leurs dissolutions donnent, avec les sels de chaux, un précipité blanc d'oxalate de chaux.

Les principaux oxalates sont la *bioxalate de potasse ou sel d'oseille*, dont les usages sont les mêmes que ceux de l'acide oxalique, et l'*oxalate d'ammoniaque* que l'on emploie dans les laboratoires comme réactifs. C'est en distillant ce dernier sel que M. J. B. Dumas a découvert, en 1830, toute une classe de composés nommés *amides*, qui ne diffèrent des sels ammoniacaux que par l'absence des éléments de l'eau, et qui, en s'assimilant ces éléments, peuvent se convertir en sels ammoniacaux. Ces composés n'ont d'autre intérêt que d'avoir été le point de départ de théories, dont nous n'avons point à nous occuper ici.

816. *Acide acétique* ($C^4H^3O^3$,HO). — L'acide acétique, qui est le principe acide du *vinaigre* ou vin aigri, est un corps solide et cristallisé jusqu'à la température de $+ 17°$. A cette température, il fond et forme un liquide incolore, d'une odeur caractéristique (odeur de vinaigre concentré), d'une saveur âcre, très caustique. Sa vapeur brûle au contact de l'air avec une flamme bleue en produisant de l'eau et de l'acide carbonique. La chaleur rouge décompose cet acide en eau, en acide carbonique et en un corps liquide, incolore, volatil, très inflammable, nommé *acétone* ou *esprit pyroacétique*, et dont la formule est $C^6H^6O^2$. Le chlore transforme l'acide acétique en un acide nommé *chloracétique*, dans lequel les 3 équivalents d'hydrogène sont remplacés par 3 équivalents de chlore $C^4Cl^3O^3$,HO.

L'acide acétique existe à l'état d'acétate de potasse, de soude ou de chaux, dans la sève de toutes les plantes. Il se forme dans la distillation du bois et de beaucoup d'autres matières organiques (*vinaigre de bois* ou *acide pyroligneux*). Le vin en présence de l'oxygène de l'air et d'un ferment particulier (végétal microscopique nommé *mycoderma aceti* ou *fleur du vinaigre*), se transforme en *vinaigre* proprement dit ou acide acétique étendu. Cette transformation résulte de l'oxydation de l'alcool qui, par l'action du ferment, forme de l'acide acétique et de l'eau :

$$C^4H^6O^2 \text{ (alcool)} + 4O = C^4H^4O^4 \text{ (acide acétique)} + 2HO.$$

Nous verrons plus loin que l'oxydation de l'alcool et sa transformation en acide acétique se produisent également sous l'influence de la mousse ou éponge de platine.

Le vinaigre de bois, ou *acide pyroligneux*, se prépare en grand en calcinant du bois dans des cylindres de tôle; il se produit de l'eau, du goudron, de l'acide acétique et un liquide analogue à l'alcool, très volatil, inflammable, nommé *alcool méthylique* ou *esprit de bois*, et dont la formule est $C^2H^4O^2$. On sépare l'acide acétique de ces divers produits en le convertissant, à l'aide du carbonate de soude, en acétate de soude, que l'on décompose ensuite en le distillant sur de l'acide sulfurique. Enfin on peut encore obtenir de l'acide acétique en chauffant certains acétates métalliques : c'est ainsi qu'on prépare avec l'acétate de cuivre l'acide acétique pur, dit *vinaigre radical*.

517. *Acétates.* — L'acide acétique forme avec les bases des sels nommés *acétates*. Ces sels sont décomposés par la chaleur rouge et donnent le plus ordinairement de l'acide acétique et un résidu métallique; quelques-uns donnent de l'*acétone* et laissent un carbonate, exemple : l'acétate de baryte. Tous les acétates sont solubles dans l'eau; mis en contact avec un acide puissant, ils laissent dégager de l'acide acétique dont l'odeur sert alors à les caractériser.

Les principaux acétates sont ceux de potasse, de soude, d'ammoniaque (ce dernier employé en médecine comme sudorifique), l'acétate de plomb et l'acétate de cuivre (*verdet* ou *vert-de-gris*). L'acétate de plomb, connu sous le nom d'*extrait de Saturne*, est un liquide qui, versé dans de l'eau ordinaire, la rend laiteuse en y formant un précipité de carbonate et de sulfate de plomb (*eau blanche* des pharmaciens).

518. *Acide formique* (C^2HO^3,HO). — Cet acide existe à l'état libre dans les fourmis rouges (d'où lui vient son nom) et dans les orties. C'est un liquide incolore, très caustique, d'une odeur piquante. Sous l'influence de la chaleur, l'acide sulfurique le transforme en eau et en oxyde de carbone. On le prépare artificiellement en traitant de l'amidon ou du sucre par un mélange d'acide sulfurique et de bioxyde de manganèse.

Nous venons de voir que l'alcool ordinaire ou esprit-de-vin se transforme par oxydation directe en acide acétique. De même l'*alcool méthylique* ou esprit de bois $C^2H^4O^2$ peut, en s'oxydant directement sous l'influence du noir de platine, se convertir en acide formique :

$$C^2H^4O^2 \text{ (alcool méthylique)} + 4O = C^2H^2O^4 \text{ (acide formique)} + 2HO.$$

Acide tartrique. Acide citrique. Acide malique.

819. *Acide tartrique* ($C^8H^4O^{10},2HO$). — L'acide tartrique est un corps solide, d'une saveur acide agréable, soluble dans l'eau, cristallisé en gros prismes obliques à base rhombe. La chaleur lui enlève ses deux équivalents d'eau et le rend anhydre (*acide pyrotartrique*), l'acide azotique le transforme en acide oxalique.

L'acide tartrique se trouve dans le jus de raisin et dans beaucoup d'autres végétaux. On l'extrait du tartrate acide de potasse qui se dépose à l'intérieur des tonneaux contenant du vin. Ce tartrate acide, traité par du carbonate de chaux, cède la moitié de son acide à la chaux et se transforme en tartrate neutre de potasse et en tartrate de chaux; ce dernier, décomposé par l'acide sulfurique étendu d'eau, forme du sulfate de chaux et de l'acide tartrique, qui reste dissous dans la liqueur; on filtre pour en séparer le sulfate de chaux, et en évaporant on obtient l'acide tartrique cristallisé.

L'acide tartrique forme avec les bases des sels nommés *tartrates*, dont les plus importants sont le bitartrate de potasse ou *crème de tartre*, que l'on emploie comme purgatif, le tartrate de fer et de potasse, très utilisé en médecine, et le tartrate double d'antimoine et de potasse connu sous le nom d'*émétique*.

820. *Acide citrique* ($C^{12}H^5O^{11},3HO$). — Cet acide existe dans un grand nombre de fruits acides et surtout dans le jus de citron. Il cristallise en prismes à base rhombe, doués d'une saveur très acide et agréable, solubles dans l'eau et dans l'alcool.

L'acide citrique se distingue de l'acide tartrique, auquel il ressemble beaucoup par ses caractères physiques et chimiques, en ce qu'il ne précipite pas les sels de potasse et qu'il ne trouble pas l'eau de chaux à froid. On l'extrait du jus de citron, que l'on fait bouillir avec de la craie pour obtenir du citrate de chaux, que l'on décompose ensuite avec de l'acide sulfurique. On filtre la liqueur pour en séparer le sulfate de chaux, et on la fait évaporer de manière à obtenir l'acide cristallisé.

On utilise en médecine le *citrate de magnésie* comme purgatif et le *citrate de fer ammoniacal*, en solution dans l'eau ou dans un sirop, pour combattre l'anémie.

521. *Acide malique* ($C^8H^4O^5,2HO$). — Cet acide existe tout formé dans la plupart des fruits comestibles (cerises, groseilles, pommes, fraises, framboises, etc.). Les baies encore vertes du sorbier en contiennent une forte proportion; on le trouve dans les feuilles du tabac à l'état de malate de chaux.

L'acide malique est solide, cristallisable, déliquescent et très soluble dans l'eau. On le prépare en exprimant le jus des baies vertes du sorbier et en y ajoutant de l'acétate de plomb. L'acide malique se transforme en malate de plomb, que l'on décompose ensuite par l'acide sulfurique étendu. La liqueur filtrée et évaporée donne l'acide malique cristallisé.

Acide tannique. Acides gallique et pyrogallique.

522. *Acide tannique* ($C^{54}H^{22}O^{34},3HO$). — L'acide tannique ou *tannin* est un corps solide, blanc jaunâtre, sans odeur, d'une saveur fortement astringente, très soluble dans l'eau et incristallisable. Dissous dans l'eau et exposé au contact de l'air, il en absorbe facilement l'oxygène et se transforme en *acide gallique*, en dégageant de l'acide carbonique. L'acide tannique se combine avec la peau animale et forme un composé insoluble, imputrescible et imperméable que l'on connaît sous le nom de *cuir*. Une dissolution de gélatine est entièrement précipitée par le tannin.

L'acide tannique existe tout formé dans la plupart des végétaux, principalement dans l'écorce du chêne et dans la noix de galle, excroissance qui se forme sur les feuilles de cet arbre par suite de la piqûre d'un insecte (*cynips*). On l'extrait de la noix de galle au moyen d'un appareil dit à déplacement, composé (*fig.* 124) d'une allonge reposant sur le goulot d'une carafe. L'al-

Fig. 124.

longue étant à moitié remplie de noix de galle grossièrement pulvérisée, on y verse de l'éther ordinaire, contenant environ 10 pour 100 d'eau. Cette eau dissout le tannin et se rassemble dans la carafe en une couche sirupeuse au-dessus de laquelle se forme une autre couche liquide plus légère d'éther anhydre. On sépare cette dernière couche, et, après avoir lavé le liquide sirupeux avec de l'éther ordinaire, on le fait évaporer dans le vide ou à une température peu élevée.

C'est avec l'acide tannique que l'on prépare l'encre ordinaire. On mélange une infusion de noix de galle avec une dissolution de sulfate de protoxyde de fer. Il se forme du tannate de protoxyde de fer, qui est d'un gris bleuâtre, mais qui noircit au contact de l'air, en se transformant en tannate de peroxyde de fer. On ajoute ordinairement à l'encre une petite quantité de sucre ou de gomme arabique, afin de lui donner plus de consistance.

525. *Acides gallique* ($C^{14}H^6O^{10}$) et *pyrogallique* ($C^{12}H^6O^6$). — Le tannin dissous dans l'eau et abandonné au contact de l'air atmosphérique absorbe de l'oxygène et se convertit peu à peu en *acide gallique*, qui cristallise à sa surface, et en acide carbonique, qui se dégage. En laissant la masse se dessécher et en la traitant ensuite par de l'alcool bouillant, l'acide gallique se dissout et se dépose en grande partie par le refroidissement sous la forme de fines aiguilles blanches et soyeuses, solubles dans trois parties d'eau bouillante, mais peu solubles dans l'eau froide.

Cette transformation de l'acide tannique en acide gallique est le résultat d'une fermentation analogue à celle qui transforme l'alcool en acide acétique; elle exige non seulement le contact de l'air, mais encore la présence d'un ferment végétal dont le développement produit le phénomène d'oxydation dont elle procède.

Dans l'industrie on prépare l'acide gallique en faisant bouillir du tannin avec de l'acide sulfurique étendu d'eau. Le tannin se dédouble en acide gallique et en glucose (532), que l'on sépare l'un de l'autre au moyen de l'acool bouillant, lequel dissout l'acide et l'abandonne ensuite par le refroidissement.

L'acide gallique mélangé de pierre ponce et chauffé lentement jusque vers 210° se décompose en acide carbonique, qui se dégage, et en acide *pyrogallique*, qui se sublime et cristallise en belles aiguilles incolores, très solubles dans l'eau :

$$C^{14}H^6O^{10} = C^{12}H^6O^6 + 2CO^2,$$

L'acide pyrogallique est un agent réducteur très énergique ; sous l'influence des alcalis, il absorbe rapidement l'oxygène et devient noir. Cette propriété a été utilisée pour l'analyse de l'air. La photographie en fait grand usage pour réduire les sels d'argent et développer ainsi l'image après l'action de la lumière.

Résumé.

I. La chimie organique a pour objet l'étude des matières fournies par le règne végétal et par le règne animal. Quatre éléments fondamentaux constituent ces matières : le carbone, l'hydrogène, l'oxygène et l'azote. Le carbone ne manque jamais ; il est l'élément essentiel de la nature vivante.

II. L'analyse des matières organiques comprend l'analyse *immédiate* et l'analyse *élémentaire*.

III. L'analyse immédiate a pour but de séparer les *principes immédiats* ou espèces chimiques (sucre, albumine, acides, alcalis, essences, etc.), que l'on trouve à l'état de mélange ou de combinaison dans les organes des plantes et des animaux.

IV. L'analyse élémentaire a pour but de déterminer la nature et les proportions des éléments constitutifs des matières organiques. Elle se fait en brûlant ces matières au moyen de l'oxyde de cuivre, qui leur cède facilement son oxygène. On obtient ainsi de l'acide carbonique et de l'eau, dont les proportions font connaître celles des éléments qui entraient dans la composition de la matière analysée. Si cette matière contient de l'azote, on le recueille dans une éprouvette, et on déduit ensuite son poids de son volume.

V. Les acides organiques sont abondamment répandus dans l'organisation végétale ; exemple : les acides acétique, tartrique, citrique, tannique, etc. Quelques-uns existent tout formés dans les animaux : tels sont les acides formique, lactique, urique, etc.

VI. Les acides organiques sont, en général, composés de carbone, d'hydrogène et d'oxygène dans des proportions très variables. Les principaux sont les acides oxalique, acétique, formique, malique, tartrique, citrique, tannique, gallique et pyrogallique.

CHAPITRE II.

Matières végétales neutres. — Cellulose. Bois. — Amidon, Dextrine. Diastase. — Gommes.

Cellulose. Bois.

524. *Cellulose* ($C^{12}H^{10}O^{10}$). — La *cellulose* est la substance la plus répandue dans l'organisation végétale; c'est elle, en effet, qui constitue les parois des cellules et des vaisseaux de toutes les plantes (*fig.* 125 et 126). Elle est presque pure dans le coton, dans le chanvre, le lin, et dans la moelle de sureau. Le papier, le vieux linge et toutes les fibres végétales qui ont subi de nombreux lavages la renferment également à l'état de pureté.

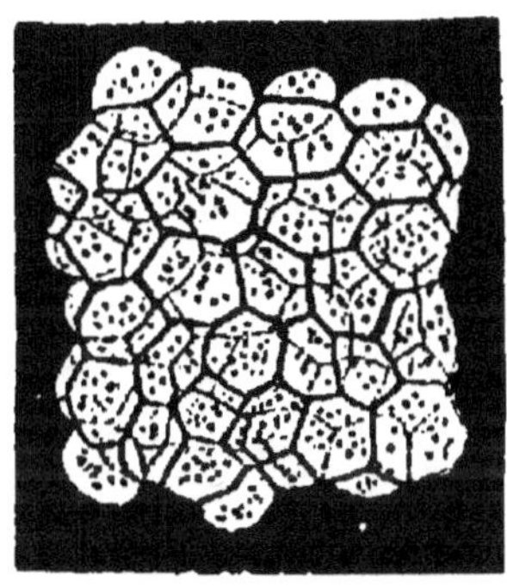

Fig. 125.

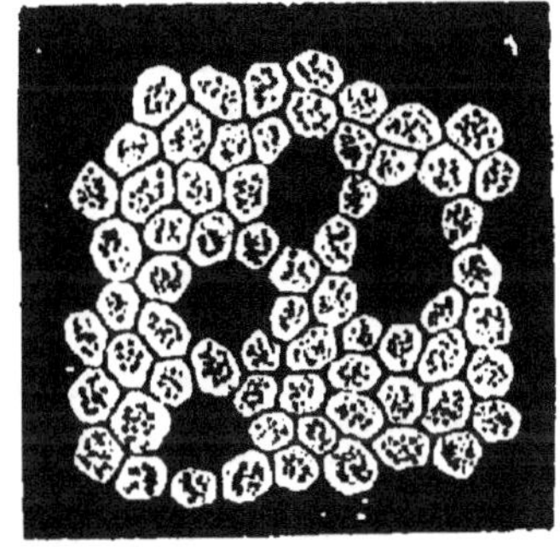

Fig. 126.

La cellulose est blanche, solide, diaphane; elle est insoluble dans l'eau, dans l'alcool, dans l'éther et dans les huiles fixes ou volatiles. Les acides et les alcalis très étendus ont peu d'action sur elle; mais lorsqu'ils sont concentrés, ils la détruisent et la transforment en des produits variés. Ainsi les acides sulfurique et phosphorique la convertissent d'abord en une matière soluble appelée *dextrine,* puis en une substance sucrée nommée *glucose.* Une ébullition prolongée dans l'acide azotique étendu transforme la cellulose en acide oxalique.

A la température ordinaire, l'acide azotique concentré se combine avec la cellulose et la change, sans altérer sa forme, en un produit éminemment inflammable et explosible, connu sous les noms de *fulmicoton,* de *pyroxyline* ou *coton-poudre.*

Dissous dans l'éther, le fulmicoton constitue le *collodion*, que l'on emploie en chirurgie et dans la photographie.

Les solutions alcalines de potasse ou de soude sont sans action sur la cellulose; mais le chlore et les hypochlorites alcalins l'attaquent facilement, ce qui explique l'usure rapide du linge blanchi au moyen de l'eau de Javelle (390).

Remarquons que dans la composition de la cellulose $C^{12}H^{10}O^{10}$ l'hydrogène et l'oxygène se trouvent dans les proportions qui constituent l'eau.

La cellulose sert à fabriquer les cordes, les fils, les tissus de lin, de chanvre et de coton, le papier, le fulmicoton, le collodion, etc.

525. *Bois.* — Le bois est constitué par de la cellulose et par une autre substance nommée *ligneux* ou *matière incrustante,* qui recouvre intérieurement les parois des cellules ou tubes fibreux qui le composent (*fig.* 127, 128 et 129). Cette matière incrustante est généralement colorée en jaune ou en brun. Elle est très abondante dans les bois durs et dans les noyaux des fruits; c'est elle qui forme presque entièrement ces concrétions pierreuses que l'on rencontre dans certaines poires. Elle renferme plus de carbone et d'hydrogène que la cellulose: aussi développe-t-elle en brûlant beaucoup plus de chaleur.

Fig. 127. Fig. 128. Fig. 129.

Le bois est plus dense que l'eau; s'il flotte sur ce liquide, c'est à cause de l'air qu'il contient dans ses pores. Soumis en vases clos à l'action de la chaleur, le bois se carbonise et donne naissance à divers produits volatils dont les plus remarquables sont le *vinaigre de bois* ou *acide pyroligneux* (516). le *goudron* et l'*esprit de bois* ou *alcool méthylique* (558). Chauffé au contact de l'air, le bois brûle avec flamme et ne laisse pour résidu que de la cendre, composée en grande partie de carbonate de potasse, de silice et d'alumine.

526. *Altération et conservation des bois; leur coloration.* — Le bois, soumis à l'influence simultanée de l'air et de l'humidité, se décompose à la longue et se transforme en une matière brune ou noire, nommée *humus* ou *terreau*. Cette altération du bois est le résultat d'une fermentation lente, produite par les matières azotées que la sève a déposées dans son tissu. Souvent aussi le bois est détruit par divers insectes ou autres petits animaux qui viennent s'y loger et qui finissent, en le creusant dans tous les sens, par le désagréger complètement et le faire tomber en poussière : tels sont les termites, les xylocopes, les scolytes, les tarets, etc.

Pour protéger le bois contre ces deux causes de destruction, il suffit de faire pénétrer dans son tissu des matières antiseptiques qui le rendent imputrescible et vénéneux. Les substances préservatrices dont on fait le plus souvent usage sont l'acétate de fer, le sulfate de cuivre, le bichlorure de mercure, le chlorure de zinc et le goudron. On profite généralement de l'aspiration vitale pour introduire ces matières dans les arbres debout ou récemment abattus. Quand l'arbre est encore debout, on pratique à sa base une incision circulaire que l'on fait communiquer avec un récipient rempli d'une dissolution de la substance préservatrice. Lorsque l'arbre est récemment abattu, on le place horizontalement sur le sol et on entoure le tronc, près de son extrémité radicale, d'un sac imperméable contenant le liquide préservateur.

C'est au moyen d'un procédé semblable que M. Boucherie est parvenu à colorer intérieurement le bois. Ainsi, avec une dissolution d'acétate de cuivre, on obtient des bois nuancés de vert; l'azotate de cuivre, le bois de campêche et le tournesol donnent des teintes bleues; le sulfate de fer et la noix de galle produisent le noir; la garance, l'orseille, donnent le rouge, le violet, etc.

Amidon. Dextrine. Diastase.

527. *Amidon* ($C^{12}H^{10}O^{10}$).—L'*amidon*, que l'on désigne encore sous les noms de *fécule* ou de *matière amylacée*, est un corps très répandu dans l'organisation végétale. On le trouve dans les cel-

lules d'un grand nombre de plantes, sous la forme de petites granules ovoï-des composées de couches concentriques et présentant, en un point de leur surface, un petit pertuis nommé *hile* (*fig.* 130). — La dimension de ces granules varie suivant la nature de la plante qui les a produits; elle est généralement comprise entre 5 et 18 centièmes de millimètre.

Fig. 130.

L'amidon, mis en contact avec l'eau à la température de 60 à 100 degrés, se gonfle considérablement et se transforme en *empois*; une température de —10° fait perdre à l'empois sa consistance et rend à la liqueur sa fluidité première.

L'iode forme avec l'amidon un composé nommé *iodure d'amidon*, d'une couleur bleue caractéristique; cet iodure d'amidon, tenu en suspension dans l'eau à une température de 66°, devient incolore et reprend sa couleur par le refroidissement.

L'amidon chauffé avec de l'eau à 170° dans un tube fermé se change en *dextrine*. Les acides étendus, et en particulier l'acide sulfurique, le convertissent également d'abord en *dextrine*, puis en *glucose*. Remarquons que l'amidon et la dextrine ont exactement la même composition, $C^{12}H^{10}O^{10}$, et que le glucose $C^{12}H^{12}O^{12}$ n'en diffère que par les éléments de deux équivalents d'eau en plus, $C^{12}H^{12}O^{12} = C^{12}H^{10}O^{10} + 2HO$. L'amidon éprouve encore les mêmes modifications, c'est-à-dire son changement en dextrine et en glucose, sous l'influence d'une substance parti-culière nommée *diastase*, laquelle se développe dans la germi-nation des graines, et que l'on retire de l'orge germée (529).

La potasse et la soude forment avec l'amidon des composés solubles dans l'eau, dans lesquels l'amidon semble jouer le rôle d'acide.

Les deux principaux types de la matière amylacée sont la *fécule de pomme de terre* et l'*amidon du blé*. Le tapioca, le sagou, l'arrow-root, le salep et beaucoup d'autres fécules prônées comme aliments n'ont, en général, d'autre avantage sur la fécule de pomme de terre que leurs noms pompeux ou exotiques. L'industrie fait grand usage des matières amylacées : l'amidon du blé sert à faire l'empois pour donner de l'apprêt au linge; la fécule est surtout employée pour coller le papier à la mécanique et pour préparer le glucose.

On extrait la fécule de pomme de terre en réduisant d'abord les tubercules en une masse pulpeuse au moyen de la rape, et en soumettant ensuite cette pulpe à l'action d'un filet d'eau. Les grains de fécule, entraînés par l'eau, passent à travers des tamis qui les séparent des débris des cellules qui les contenaient, et sont reçus dans de grandes cuves au fond desquelles ils se déposent.

L'amidon du blé s'extrait par un procédé analogue : on fait une pâte avec de la farine et on malaxe cette pâte sous un filet d'eau qui entraîne la fécule et laisse pour résidu une matière grisâtre et visqueuse à laquelle elle était associée et que nous étudierons plus loin (543) sous le nom de *gluten*.

528. *Dextrine* ($C^{12}H^{10}O^{10}$). — La dextrine, dont la composition est identique à celle de l'amidon, est une substance solide, jaunâtre, friable, ressemblant par ses propriétés physiques à la gomme arabique; mais elle s'en distingue parce que, traitée par l'acide azotique ordinaire, elle se transforme en acide oxalique et non en acide mucique comme le font les gommes. La dextrine est ainsi nommée parce qu'elle jouit de la propriété de dévier à droite le plan de polarisation de la lumière; elle est très soluble dans l'eau, insoluble dans l'alcool pur. Sous l'influence des acides étendus, elle s'empare de 2 équivalents d'eau et se convertit en glucose.

Nous avons vu que les acides étendus, ainsi que la diastase, transforment l'amidon en dextrine. Cette transformation se fait par un simple changement moléculaire, puisque les deux corps ont la même composition chimique. On prépare la dextrine en chauffant dans une étuve, à environ 120°, un mélange d'amidon et d'acide azotique très étendu (1 partie d'acide pour 150 d'eau); l'acide s'évapore et l'amidon se trouve converti en dextrine.

La dextrine est employée dans les arts pour donner de l'apprêt aux tissus; en médecine et en chirurgie, pour préparer des boissons mucilagineuses et des bandes agglutinatives propres à consolider et à maintenir la réduction des fractures. Elle tient lieu de gomme dans la fabrication des timbres-poste, des étiquettes, des enveloppes de lettres et autres papiers gommés.

529. *Diastase.*—La diastase, dont nous avons déjà parlé (527), est une substance azotée, blanche, amorphe, soluble dans l'eau, insoluble dans l'alcool pur. Cette substance se développe autour de la gemmule pendant la germination des graines. Son rôle est de convertir en dextrine et en sucre la matière amylacée, afin que cette matière puisse se dissoudre et servir ainsi de première nourriture à l'embryon.

Pour obtenir la diastase, on fait germer de l'orge jusqu'à ce que la tigelle ait acquis une longueur à peu près égale à celle du grain. On pulvérise alors cette orge germée et on la fait macérer dans de l'eau à 25° ou 30°. Après avoir filtré la liqueur on la chauffe à 75° pour coaguler l'albumine, et on filtre de nouveau. Il suffit alors d'ajouter à la liqueur limpide une certaine quantité d'alcool pour en précipiter la diastase, que l'on recueille sur un filtre et que l'on dessèche ensuite à une basse température.

Ainsi préparée, la diastase a une action très énergique : elle suffit pour convertir en dextrine, puis en glucose, 2,000 fois son poids d'amidon.

Gommes.

530. *Gommes.* — On désigne sous ce nom des substances solubles dans l'eau, insolubles dans l'alcool et dans l'éther, incristallisables, et qui ont pour caractère propre de donner naissance à un acide particulier, l'*acide mucique,* lorsqu'on les traite par l'acide azotique. Les gommes sont très répandues dans le règne végétal. On en distingue trois espèces principales, savoir : l'*arabine* ou *gomme arabique,* la *cérasine* ou *gomme du pays,* la *bassorine* ou *gomme adragante.*

La *gomme arabique* ou *arabine* découle naturellement de divers arbres du genre *acacia* qui croissent en Arabie et dans le Sénégal. Elle se présente en fragments irréguliers, jaunâtres et demi-transparents, d'une cassure brillante et conchoïde; elle est insipide et inodore, très soluble dans l'eau, insoluble dans l'alcool et dans l'éther. Sa densité est 1,4.

D'après M. Frémy, la gomme arabique se compose d'un acide nommé *acide gummique* ($C^{12}H^{11}O^{11}$), combiné avec une petite quantité de chaux et de potasse. L'acide gummique, chauffé à 130°, perd un équivalent d'eau et devient alors isomérique avec la cellulose et l'amidon ($C^{12}H^{10}O^{10}$). La gomme arabique est fréquemment employée en médecine et dans l'industrie.

La *gomme du pays* ou *cérasine* est la gomme qui suinte de nos arbres fruitiers (cerisiers, pruniers, amandiers, etc.). Ell° n'est soluble qu'en partie dans l'eau froide; mais elle se disso entièrement dans l'eau bouillante, où elle se transforme peu à peu en arabine.

La *gomme adragante* ou *bassorine* provient des astragales du Levant (*astragalus verus*). Elle est en partie formée d'une matière qui, sans se dissoudre, se gonfle dans l'eau et forme un mucilage très épais. L'ébullition la fait passer, comme la cérasine, à l'état d'arabine.

Résumé.

I. La *cellulose* $C^{12}H^{10}O^{10}$ est la substance qui constitue les parois des cellules et des vaisseaux de toutes les plantes. Elle est blanche, solide, diaphane, insoluble dans l'eau et dans l'alcool. L'acide sulfurique la transforme en dextrine et en glucose.

II. Le *bois* est constitué par de la cellulose et par une autre matière plus riche en carbone, nommée *ligneux* ou *matière incrustante*. Pour empêcher le bois de s'altérer, on imprègne son tissu de diverses substances antiseptiques (acétate de fer, chlorure de zinc, bichlorure de mercure, etc.). C'est de cette manière qu'on le colore intérieurement avec l'acétate de cuivre, la teinture de campêche, le tournesol, etc.

III. L'*amidon*, que l'on désigne encore sous le nom de *fécule* ou de *matière amylacée* $C^{12}H^{10}O^{10}$, est une substance organisée qui existe dans les cellules des plantes sous la forme de granules ovoïdes ou sphériques composés de couches concentriques, et présentant en un point de leur surface un petit pertuis nommé *hile*.

IV. L'amidon se colore en bleu par l'iode, avec lequel il forme un composé nommé *iodure d'amidon*. La chaleur, la diastase et les acides faibles le transforment en dextrine et en glucose.

V. La *dextrine* $C^{12}H^{10}O^{10}$ est une matière solide ressemblant, par ses propriétés physiques, à de la gomme arabique. Elle est très soluble dans l'eau, insoluble dans l'alcool pur. Les acides étendus la convertissent en glucose. On l'obtient en chauffant un mélange d'amidon et d'acide azotique très étendu.

VI. La *diastase* est une substance azotée, blanche, amorphe, soluble dans l'eau, insoluble dans l'alcool pur. Cette substance se développe autour de la gemmule pendant la germination des graines. Son rôle est de convertir en dextrine et en sucre la matière amylacée, afin que cette matière puisse se dissoudre et servir ainsi de première nourriture à l'embryon. L'action de la diastase est très énergique : 1 partie suffit pour transformer en dextrine, puis en sucre, 2000 parties d'amidon. On l'extrait de l'orge germée.

VII. On désigne sous le nom de *gommes* des substances solubles dans l'eau, insolubles dans l'alcool et dans l'éther, incristallisables, et qui ont pour caractère propre de donner naissance à un acide particulier, *l'acide mucique*, lorsqu'on les traite par l'acide azotique. Les gommes sont très répandues dans le règne végétal. On en distingue dans le commerce plusieurs espèces, dont la plus importante est la *gomme arabique*.

———◆◆◆———

CHAPITRE III.

Matières sucrées. — Glucose ou sucre d'amidon. — Sucre des fruits acides ou sucre incristallisable. — Sucre ordinaire ou sucre de canne ou de betterave. — Fermentation alcoolique. — Boissons alcooliques; vin, bière, cidre. — Farines; gluten; panification.

Matières sucrées.

851. *Matières sucrées.* — On désigne sous le nom de *matières sucrées* ou *sucres* diverses substances douées d'une saveur douce, et *susceptibles de se transformer en alcool et en acide carbonique par l'action de la levure de bière* (fermentation alcoolique). Les principales espèces de sucre sont le *glucose* ou *sucre d'amidon*, le *sucre des fruits acides* ou *sucre incristallisable*, le *sucre ordinaire* ou *sucre de canne* ou *de betterave*.

Glucose ou sucre d'amidon. Sucre des fruits acides ou sucre incristallisable.

852. *Glucose ou sucre d'amidon* ($C^{12}H^{12}O^{12} + 2HO$).—Le glucose ou sucre d'amidon est une substance jaunâtre, molle, difficilement cristallisable, d'une saveur moins sucrée que celle du sucre de canne, soluble dans l'eau, légèrement soluble dans l'alcool. La chaleur le décompose et le transforme en *caramel*. L'acide azotique forme avec ce corps de l'acide oxalique. En présence des bases, comme la potasse, la chaux, l'oxyde de plomb, le glucose joue le rôle d'acide et don e naissance à des composés analogues aux sels. Sous l'influence de la levure de bière (ferment), le glucose éprouve la *fermentation alcoolique* et se transforme tout entier en alcool et en acide carbonique :

$$C^{12}H^{12}O^{12} + 2HO = 2 C^4H^6O^2 \text{ (alcool)} + 4 CO^2 + 2 HO.$$

On prépare le glucose en faisant agir de l'acide sulfurique étendu sur de l'amidon, à la température de l'ébullition. L'amidon se transforme d'abord en dextrine, puis en glucose. Pour séparer celui-ci de l'acide sulfurique, on ajoute une certaine quantité de craie, et on fait ensuite passer la liqueur à travers un filtre en charbon d'os. Le sulfate de chaux reste dans le filtre, et, en évaporant la liqueur ainsi clarifiée et décolorée, on obtient le glucose.

Le glucose est employé dans la fabrication de la bière et pour améliorer des vins trop peu sucrés ou trop peu alcooliques. Le sucre que renferment les urines des individus atteints de la maladie nommée *diabète* est identique au glucose par sa composition et par ses propriétés.

853. *Sucre des fruits acides ou sucre incristallisable* ($C^{12}H^{12}O^{12}$) — On désigne sous ce nom la matière sucrée que l'on trouve à l'état liquide dans les sucres acides d'un grand nombre de végétaux et principalement dans les fruits (raisins, groseilles, prunes, framboises, etc.). Sa composition chimique est la même que celle du glucose anhydre. Exposé au contact de l'air, il absorbe peu à peu 2 équivalents d'eau et se transforme en glucose ordinaire. Les petits grains blancs et cristallins que l'on observe à la surface des pruneaux, des raisins secs, des vieilles confitures, etc., ne sont autre chose que du glucose provenant de la transformation partielle du sucre de fruits par l'action prolongée de l'air atmosphérique.

Le principe sucré du miel est du sucre de fruits qui, après son extraction des cellules qui le contenaient, tend à se solidifier par sa conversion partielle en glucose.

Le sucre de fruits, comme le glucose, se dédouble sous l'influence des ferments en alcool et en acide carbonique :

$$C^{12}H^{12}O^{12} = 2C^{4}H^{6}O^{2} + 4CO^{2}.$$

Sucre ordinaire ou sucre de canne ou de betterave.

534. *Sucre ordinaire ou sucre de canne ou de betterave* ($C^{12}H^{11}O^{11}$). — Le sucre de canne ou de betterave est un corps solide, blanc, cristallisant en prismes rhomboïdaux ; ainsi cristallisé, il porte le nom de *sucre candi*. A la température de 180°, le sucre de canne fond en un liquide gluant et incolore qui, par le refroidissement, se prend en une masse transparente, connue sous le nom de *sucre d'orge ;* vers 220°, il perd deux équivalents d'eau et se transforme en un corps brun, le *caramel*, $C^{12}H^{9}O^{9}$; enfin si l'on élève davantage la température, il se décompose entièrement et laisse pour résidu un charbon très noir, léger et boursouflé.

Le sucre de canne est très soluble dans l'eau, insoluble dans l'alcool absolu. Les acides étendus le transforment immédiatement en un mélange de glucose et de sucre de fruits ; l'acide azotique concentré le change en acide oxalique.

Le sucre de canne ne fermente pas immédiatement ; mais sous l'influence des matières acides ou albumineuses que contient la levure de bière, il se transforme en un mélange de glucose et de sucre de fruits (*sucre interverti*), et c'est alors seulement qu'il subit la fermentation. Il s'unit facilement aux bases telles que la potasse, la baryte, l'oxyde de plomb, et forme avec elles des composés tout à fait analogues aux sels.

Le sucre de canne se trouve tout formé dans la canne à sucre, la betterave, l'érable, et en général dans tous les sucs des végétaux qui ne contiennent pas d'acides libres ; car les acides, ainsi que nous l'avons dit, le transforment en sucre de fruits. On l'extrait principalement de la betterave et de la canne par des procédés dans le détail desquels nous ne pouvons pas entrer ici, et qui se réduisent essentiellement aux cinq opéra-

tions suivantes : 1° *extraction du jus* par des moyens mécaniques ; 2° *purification du jus*, en le chauffant graduellement
jusqu'à l'ébullition avec une petite quantité de chaux hydratée, pour en séparer les matières albumineuses ; 3° *clarification et décoloration du jus*, en le faisant filtrer à travers du noir
animal en grains ; 4° *cuite du jus*, en le faisant bouillir dans des
chaudières chauffées à la vapeur jusqu'à ce qu'il soit transformé en un sirop suffisamment concentré pour cristalliser ;
5° *cristallisation* obtenue en laissant refroidir le sirop jusqu'à
50°, et en le versant ensuite dans des moules coniques en
terre ou en métal reposant sur leur sommet, lequel est percé
d'un trou destiné à livrer passage à la *mélasse* ou *résidu non
cristallisable du sirop*. Dans les colonies, la mélasse est utilisée
pour fabriquer le rhum et autres liqueurs alcooliques ; en Europe, elle est employée par les brasseurs et les fabricants de
pain d'épice.

555. *Raffinage*. — Le sucre de canne que nous expédient les
colonies est ordinairement à l'état de *cassonade* ou *sucre brut*.
On le transforme en sucre blanc au moyen du *raffinage*. Cette
opération consiste à faire dissoudre la cassonade dans une certaine quantité d'eau, à laquelle on ajoute du noir animal et du
sang de bœuf. Après une ébullition suffisamment prolongée, on
fait passer le sirop à travers un filtre en charbon, et on le reçoit
dans des moules où on le laisse cristalliser.

556. *Analyse des sucres*. — Le glucose, à la température de
l'ébullition, jouit de la propriété de réduire certains sels métalliques. Cette propriété est utilisée pour reconnaître dans un
liquide la présence de ce corps, même en très faible proportion. On fait usage dans ce but d'un réactif connu sous le nom
de *liqueur bleue de Barreswil*, composée d'une solution titrée
de tartrate double de cuivre et de potasse. Cette solution,
chauffée légèrement avec du glucose, se trouble immédiatement, se décolore, et laisse déposer un précipité jaune rougeâtre de sous-oxyde ou oxydule de cuivre Cu^2O, d'autant
plus abondant que la quantité de glucose est plus considérable.
Ce réactif est très souvent employé en médecine pour reconnaître et doser le sucre contenu dans les urines des malades
atteints du diabète.

Le sucre ordinaire ne décolore la liqueur de Barreswil
qu'après avoir été interverti, c'est-à-dire changé en glucose et

en sucre de fruits, au moyen d'un acide faible. Il est donc facile, avec cette liqueur, d'analyser un mélange de ce sucre et de glucose. (Voyez pages 622 et suiv.)

Fermentation alcoolique.

557. *Ferments*. — On désigne sous le nom de *ferments* des êtres organisés microscopiques, végétaux ou animaux (*mycodermes* et *infusoires*), qui, en vivant et se développant au milieu de certaines matières organiques, les transforment en d'autres produits nettement définis. Le travail chimique qui s'accomplit sous leur influence porte le nom de *fermentation*. Ainsi la *levure de bière*, qui est le type des ferments, est un végétal microscopique, formé de cellules ovoïdes (*fig.* 131) fixées l'une à l'autre et se multipliant par bourgeonnement, c'est-à-dire par la formation de nouvelles cellules partant de divers points de la surface externe des cellules-mères.

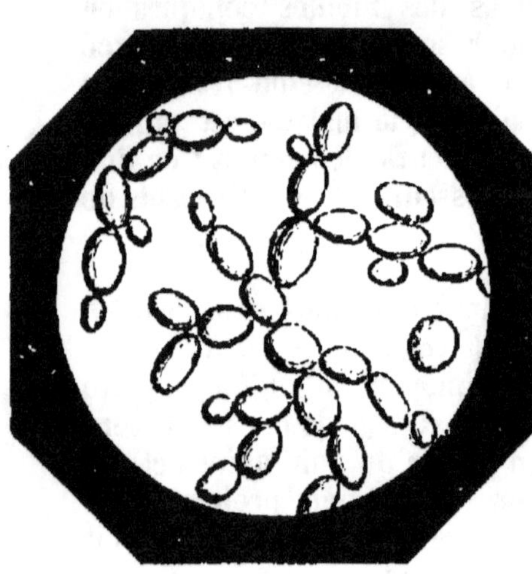

Fig. 131.

558. *Fermentation alcoolique*. — Le glucose ou sucre d'amidon et le sucre de fruits, dissous dans de l'eau distillée et placés à l'abri du contact de l'air, se conservent sans altération pendant un temps indéfini. Mais si l'on ajoute à la dissolution une certaine quantité de *levure de bière*, et qu'on soumette le mélange à l'influence d'une température de 25 à 30°, on voit le sucre disparaître peu à peu et se transformer presque tout entier en acide carbonique CO^2 qui se dégage et en alcool $C^4H^6O^2$ qui reste dans la liqueur :

$$C^{12}H^{12}O^{12} + 2HO \ (\text{glucose}) = 4CO^2 + 2C^4H^6O^4 \ (\text{alcool}) + 2HO.$$
$$C^{12}H^{12}O^{12} \ (\text{sucre de fruits}) = 4CO^2 + 2C^4H^6O^2 \ (\text{alcool}).$$

Si, au lieu d'ajouter à une dissolution de sucre de la levure de bière, on y introduit une matière organique azotée d'origine animale ou végétale, comme du blanc d'œuf, du sang, de la gélatine, du gluten, etc., la fermentation se produit encore ; mais il est nécessaire, pour qu'elle commence, *que l'air atmosphérique intervienne.* Le ferment se développe alors, ainsi que l'a démontré M. Pasteur, par des germes que l'air apporte : une première cellule s'organise et en produit bientôt une seconde ; celle-ci en engendre une troisième, et ainsi de suite, jusqu'à ce que la matière organique nécessaire à cette génération soit complètement épuisée. Le ferment, en se développant ainsi, réagit sur le sucre et reproduit la série de phénomènes que nous venons d'indiquer.

La multiplication du ferment alcoolique est surtout remarquable dans la fabrication de la bière, où ce végétal trouve dans l'orge germée avec laquelle on la prépare, une grande quantité de matières azotées ou albumineuses favorables à son développement : de là le nom de *levure de bière* qui lui a été donné.

Le sucre de canne ne fermente qu'à la condition d'avoir été préalablement interverti, c'est-à-dire transformé en un mélange de glucose et de sucre de fruits, sous l'influence des acides affaiblis. Cependant une dissolution de sucre de canne, mélangée avec de la levure de bière, subit la fermentation : car la levure renferme toujours des principes acides en proportion suffisante pour opérer la conversion de ce sucre en glucose et en sucre de fruits. La fermentation est seulement, dans ce cas, beaucoup plus lente.

Remarque. — Nous avons dit que dans la fermentation alcoolique le sucre se convertit *presque* tout entier en alcool et en acide carbonique. Ces deux corps sont, en effet, les deux produits principaux de cette fermentation, mais ils ne sont pas les seuls. Il se forme encore, en petite proportion, trois autres substances : de la *cellulose,* qui se fixe sur la levûre pour en constituer les nouvelles cellules, de la *glycérine* et un acide particulier, l'*acide succinique,* que l'on trouve dans le liquide après la fermentation. Ces trois substances ne proviennent pas de la levure, car il est facile de faire l'expérience de manière à en obtenir un poids plus considérable que celui de la levure employée.

Boissons alcooliques, vin, bière, cidre.

539. *Boissons alcooliques.*— Presque tous les sucs des végétaux contiennent des matières sucrées ou amylacées, associées à des substances albumineuses susceptibles de les faire fermenter. C'est sur ce fait que repose la fabrication du vin, de la bière, du cidre et autres boissons alcooliques.

540. *Vin.* — Le jus des raisins renferme du sucre, des matières albumineuses, des principes colorants, du tannin et des sels, principalement du bitartrate de potasse. Ce jus, abandonné à lui-même, sous l'influence de l'air et d'une température de 15 à 20°, subit très vite la fermentation et se transforme en une liqueur alcoolique connue sous le nom de *vin*.

Pour faire le vin, on commence par fouler le raisin en le piétinant dans de grandes cuves en bois, afin d'en extraire le jus, et de mettre celui-ci en contact avec l'air atmosphérique, condition indispensable au développement de la fermentation. On sait, en effet, que des raisins entiers, abandonnés à euxmêmes, se dessèchent et ne fermentent pas. Au bout de 6 à 8 jours, lorsque la fermentation est sur le point de cesser, on soutire le liquide dans des tonneaux que l'on a soin de ne boucher qu'incomplètement, parce que la fermentation y continue encore pendant un certain temps, et dégage de l'acide carbonique. Peu à peu le vin s'éclaircit, les matières étrangères qu'il tenait en suspension se déposent et forment la lie, dont on le sépare par un nouveau soutirage. Quelques mois plus tard, on le *colle* avec de la gélatine, du sang de bœuf ou du blanc d'œuf : ces substances se combinent avec une partie du tannin que contient le vin, et entraînent en se coagulant toutes les matières qui en troublaient encore la transparence.

On croit généralement que les vins blancs sont tous fabriqués avec des raisins blancs : c'est une erreur. Beaucoup de nos vins blancs sont obtenus avec du raisin noir. La matière colorante du raisin, qui se trouve, comme on le sait, dans la pellicule du grain, ne peut se dissoudre qu'à la faveur de l'alcool. Ce n'est donc qu'après avoir déjà fermenté que le jus du raisin noir peut se colorer. On comprend dès lors que si, au lieu de fouler le raisin, on le pressure avant la fermentation, on obtiendra un jus incolore, qui, séparé des pellicules restées dans le pressoir, donnera du vin blanc. On colle ordinairement les vins blancs avec la colle de poisson, qui s'y coagule plus facilement que le sang de bœuf ou la gélatine.

Les vins mousseux, tels que les vins de Champagne, se préparent généralement avec des raisins noirs, dont le jus est plus sucré que celui du raisin blanc. Les raisins sont soumis à une première pression peu énergique qui donne un jus avec lequel on obtient le vin le plus blanc; puis le marc étant foulé et soumis à une nouvelle pression, on en retire un jus legèrement coloré qui produit le vin rosé. Après une fermentation suffisante et deux ou trois collages successifs, on ajoute au vin 3 à 5 pour 100 de sucre candi, et on le met dans des bouteilles dont les bouchons sont maintenus par un fil de fer. Le sucre éprouve la fermentation alcoolique sous l'influence du ferment qui existe encore dans le vin ; mais l'acide carbonique, ne pouvant se dégager, reste emprisonné dans le vin sous une pression de plusieurs atmosphères et le rend mousseux.

Les proportions d'alcool contenues dans les divers vins varient de 6 à 17 pour 100. Les vins de Bordeaux en renferment environ 8 pour 100; ceux de Bourgogne, 11; les vins d'Espagne, 15 à 17. Outre l'alcool, la plupart des vins renferment des principes aromatiques ou essences propres aux raisins qui ont servi à leur préparation et qui donnent à chacun d'eux son *bouquet* particulier.

541. *Bière.* — La bière est après le vin la plus importante des boissons fermentées. On la prépare généralement avec de l'orge et du houblon, au moyen de quatre opérations successives, savoir :

1° Le *maltage* ou germination de l'orge, laquelle a pour effet le développement de la diastase (529) nécessaire à la transformation en glucose de la matière amylacée contenue dans l'orge. Le produit de cette première opération porte le nom de *malt.*

2° Le *brassage* ou saccharification du malt, lequel se fait dans de grandes cuves en bois à double fond (*fig.* 132). On étend le malt sur le

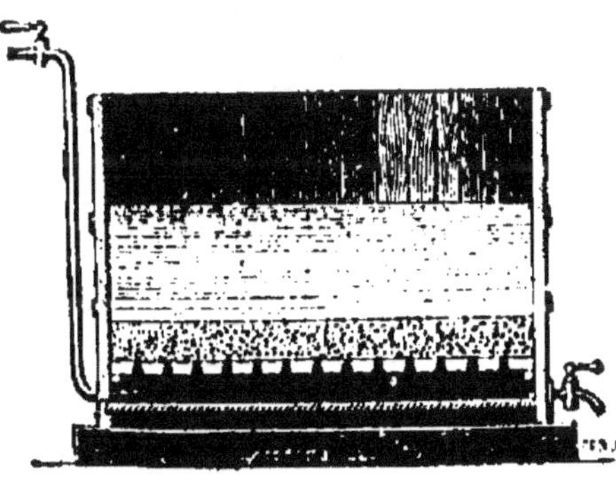

premier fond percé de trous, et on fait arriver ensuite entre les deux fonds de l'eau chauffée à environ 70°. On brasse vivement le mélange avec des fourches, puis on ferme la cuve et on laisse le tout en repos pendant environ trois heures. Dans cet intervalle, la diastase agit sur l'amidon et le transforme en glucose, qui se dissout dans l'eau. Le liquide prend alors le nom de *moult*.

3° Le *houblonnage*, qui consiste à faire bouillir le moult avec du houblon. Cette décoction a pour but de communiquer à la bière un principe amer et aromatique qui lui donne de la saveur et une odeur agréable. La proportion du houblon doit être de 1 à 2 kilogrammes par hectolitre de bière.

4° La *fermentation*, que l'on obtient en faisant refroidir le moult houblonné le plus vite possible, et en le versant ensuite dans une grande cuve, avec addition de 2 à 4 kilogrammes de levure pour 1000 litres. Bientôt la fermentation commence et dure de 24 à 48 heures : le glucose se change en alcool, qui reste dissous dans la liqueur, et en acide carbonique, qui se dégage en grande partie.

Cette première fermentation achevée, la bière est introduite dans des tonneaux ouverts, où une nouvelle fermentation ne tarde pas à s'établir; il s'en échappe alors une mousse abondante et épaisse qui, recueillie et exprimée dans des sacs de toile, constitue la *levure de bière*, dont la quantité est toujours six à sept fois plus forte que la levure primitivement employée. Lorsque cette seconde fermentation est terminée, on clarifie la bière avec de la colle de poisson et on bouche les tonneaux. La bière contient généralement de 2 à 3 pour 100 d'alcool.

542. *Cidre.* — Le cidre se prépare avec le jus fermenté des pommes. Les poires donnent une boisson analogue, connue sous le nom de *poiré*. La Normandie et la Picardie sont les parties de la France qui produisent le meilleur cidre.

La fabrication du cidre est très simple : on écrase les pommes sous une meule verticale en bois ou en pierre, et on laisse macérer la pulpe pendant 24 heures au contact de l'air. Cette macération a pour effet de développer dans la pulpe une matière colorante brune qui donne au cidre sa couleur jaune. On soumet ensuite la pulpe à l'action de la presse, et on recueille dans de larges cuves le jus qui en découle. La fermentation ne tarde pas à se produire : dès qu'on la juge suffisante, on soutire le cidre dans de grands tonneaux, qu'on ne bouche qu'un-

28.

parfaitement, afin de laisser la fermentation s'y achever peu à peu. A cette époque, le cidre possède encore une saveur douce et sucrée; mis en bouteilles, il devient mousseux. Mais, à mesure que la fermentation s'achève, il prend une saveur acide et légèrement amère. Le cidre contient de 4 à 9 pour 100 d'alcool.

Farines; gluten; panification.

843. *Farines*. — Les farines de céréales sont essentiellement composées d'amidon et d'une matière azotée nommée gluten, auxquels sont associés, en petite proportion, quelques autres principes, tels que le glucose, la dextrine, des matières grasses, de la cellulose et des sels. Les propriétés de l'amidon ayant été précédemment décrites (666), il ne nous reste qu'à faire connaître celles du gluten.

844. *Gluten*. — Lorsqu'on malaxe, sous un filet d'eau, de la pâte formée avec de la farine de froment ou de toute autre céréale, l'eau entraîne tous les grains d'amidon qu'elle renferme, et il ne reste bientôt plus entre les doigts qu'une matière molle, d'un blanc grisâtre, souple et élastique, que l'on désigne sous le nom de *gluten*.

Le gluten n'est point un corps particulier : c'est un mélange de plusieurs matières azotées (*fibrine végétale*, *caséine*, *glutine* ou *albumine végétale*), entièrement analogues par leur composition et par leurs propriétés chimiques aux produits de même nom que contiennent la chair et le sang des animaux. La chaleur décompose le gluten, comme toutes les matières azotées, avec dégagement d'ammoniaque. Desséché, le gluten devient dur, cassant, imputrescible, translucide et d'un jaune foncé; exposé à l'air humide, il se gonfle, se ramollit et se putréfie très rapidement.

845. *Composition des principales farines*. — Les farines des céréales sont toutes composées des mêmes principes, mais avec des proportions fort différentes, selon leur provenance. Voici, d'après les analyses de M. Péligot, la composition des principales farines :

Tableau de la composition des diverses farines.

FARINES.	AMIDON.	GLUTEN.	GLUCOSE et DEXTRINE	MATIÈRES grasses.	CELLULOSE	SELS.
Du blé. . . .	58,12	22,75	9,50	2,61	4,00	3,02
Du seigle.. .	65,65	13,50	12,00	2,15	4,10	2,60
De l'orge. . .	65,13	13,96	10,00	2,76	4,75	3,10
De l'avoine..	60,59	11,39	9,25	5,50	7,06	3,25
Du maïs. . .	67,55	12,50	4,00	8,80	9,90	1,25
Du riz.. . . .	89,13	7,05	1,00	0,80	1,10	0,90

On voit que la farine du blé est celle qui contient le plus de gluten, et, par conséquent, le plus de matière nutritive animale ou plastique; c'est pourquoi, dans presque tous les pays, on l'emploie de préférence pour la fabrication du pain. Cette farine est souvent l'objet de sophistications ou altérations frauduleuses qui consistent principalement à la mélanger, soit avec d'autres farines, soit avec des fécules provenant de diverses plantes. C'est au moyen du microscope que l'on reconnaît généralement ces altérations.

546. *Panification.* — La farine de froment contient, comme on vient de le voir, de la fécule, du gluten, du glucose, de la dextrine, et quelques sels en très petite proportion. Pour fabriquer le pain, on fait une pâte avec cette farine et du *levain*, lequel n'est autre chose que de la pâte aigrie, dont le gluten altéré a acquis les propriétés d'un ferment. On pétrit cette pâte, puis on l'abandonne à elle-même à une température d'environ 15 à 20°. Sous l'influence du levain (que l'on peut remplacer par de la levure de bière), une petite partie d'amidon est transformée en glucose, qui, s'ajoutant à celui qui existait déjà dans la farine, éprouve la *fermentation alcoolique* et se convertit bientôt en alcool et en acide carbonique. Cet acide, tendant à se dégager, dilate les cellules du gluten, ce qui rend la pâte légère et spongieuse. On dit alors que la pâte est levée, et on la soumet dans le four à la cuisson. On voit par ce qui précède que la panification se rattache essentiellement à la fermentation alcoolique, au moins en ce qui concerne sa partie mécanique, c'est-à-dire la *levée de la pâte.*

Résumé.

I. Les *sucres* sont des substances douées d'une saveur douce, et susceptibles de *se transformer par la fermentation en alcool et en acide carbonique.* Les principales espèces de sucre sont le *glucose* ou *sucre d'amidon*, le *sucre des fruits acides* et le sucre ordinaire ou *sucre de canne* ou *de betterave.*

II. Le *glucose* ou *sucre d'amidon* $C^{12}H^{12}O^{12} + 2HO$ est une matière sucrée, difficilement cristallisable. Soumis à l'influence des ferments, le glucose se transforme tout entier en alcool et en acide carbonique :

$$C^{12}H^{12}O^{12} + 2HO = 2C^4H^6O^2 + 4CO^2 + 2HO.$$

On prépare le glucose en faisant bouillir de l'amidon dans de l'acide sulfurique étendu d'eau.

III. Le *sucre des fruits acides* ou *sucre incristallisable* $C^{12}H^{12}O^{12}$ est celui que l'on trouve à l'état liquide dans les fruits acides (raisins, groseilles, framboises, etc.). Exposé au contact de l'air, il absorbe de l'eau et se solidifie en se transformant en glucose.

IV. Le *sucre de canne* ou *de betterave* $C^{12}H^{11}O^{11}$ est un corps solide, blanc, cristallisé en prismes rhomboïdaux, soluble dans l'eau, insoluble dans l'alcool. On le trouve tout formé dans la canne à sucre, la betterave, l'érable, et en général dans tous les sucs des végétaux qui ne contiennent pas d'acides libres.

V. Le *ferment* ou *levure de bière* est un végétal microscopique composé de petites cellules ovoïdes. Il se développe toutes les fois qu'une matière sucrée, dissoute dans l'eau, se trouve en présence d'une substance azotée, animale ou végétale, sous l'influence de l'air atmosphérique, qui en apporte le germe, et d'une température de 20 à 25°.

VI. La *fermentation alcoolique* est le phénomène en vertu duquel le glucose et le sucre des fruits acides se transforment, sous l'influence du ferment, en alcool et en acide carbonique :

$$C^{12}H^{12}O^{12} = 4CO^2 + 2C^4H^6O^2.$$

Le sucre de canne ne fermente qu'après avoir été préalablement converti en un mélange de glucose et de sucre de fruits.

VII. Le *vin* est le résultat de la fermentation spontanée du jus des raisins. Ce jus contient du sucre, des matières albumineuses, du tannin et des sels, particulièrement du bitartrate de potasse.

VIII. La *bière* est une boisson légèrement alcoolique que l'on prépare avec de l'orge germée. La diastase, qui se développe pendant la germination, transforme l'amidon en glucose. On dissout ce glucose dans de l'eau et l'on y ajoute du houblon, puis de la levure pour le faire fermenter.

IX. Le *cidre* s'obtient en laissant fermenter spontanément le jus des pommes. Les poires donnent une boisson analogue connue sous le nom de *poiré*.

X. Les farines des céréales sont essentiellement composées d'amidon et de gluten. Elles renferment en outre quelques autres matières organiques et minérales (glucose, dextrine, matières grasses, cellulose, sels).

XI. Le *gluten* est une matière azotée, de consistance molle, blanchâtre, visqueuse, élastique, insipide et d'une odeur fade. On l'obtient en malaxant sous un filet d'eau de la pâte de farine de froment.

XII. La panification est la transformation de la farine de froment en pain comestible. On fait une pâte à laquelle on ajoute du levain frais ou de la levure de bière. Lorsque la pâte est levée, c'est-à-dire transformée, sous l'influence de la fermentation alcoolique, en une masse spongieuse et aréolaire, on la soumet, dans un four, à l'action de la chaleur.

CHAPITRE IV.

Alcool. — Éther. — Éthers composés. Éthers simples. — Constitution chimique de l'alcol et des éthers. — Alcools divers. — Alcool méthylique ou esprit de bois. — Chloroforme.

Alcool, $C^4H^6O^2$ ou C^4H^4,H^2O^2.

547. *Propriétés physiques*. — L'alcool est un liquide incolore très fluide, d'une saveur brûlante et d'une odeur aromatique faible. Sa densité est 0,79; celle de sa vapeur, comparée à la densité de l'air, est 1,589; il bout à $+78°$. Ce n'est qu'en 1883 que l'alcool a pu être pour la première fois solidifié en une masse d'apparence neigeuse, au moyen du froid produit ($-130°$ environ) par l'ébullition dans le vide de l'éthylène liquéfié (95).

548. *Propriétés chimiques*. *Action de l'oxygène*. — L'alcool brûle à l'air avec une flamme bleuâtre, en produisant de l'acide carbonique et de l'eau :

$$C^4H^6O^2 + 12O = 4CO^2 + 6HO.$$

A la température ordinaire, l'alcool, mis en présence de l'air et de certaines substances poreuses, telles que l'éponge et le noir de platine, absorbe rapidement l'oxygène, auquel il cède 2 équivalents d'hydrogène pour former de l'eau, et se change en un autre liquide volatil, doué d'une odeur suffocante et caractéristique. Ce liquide, dont la formule est $C^4H^4O^2$, porte le nom d'*aldéhyde* (alcool déshydrogéné):

$$C^4H^6O^2 + 2O = C^4H^4O^2 \text{ (aldéhyde)} + 2HO.$$

Si l'action oxydante se prolonge, l'alcool, après avoir perdu 2 équivalents d'hydrogène, en absorbe 2 d'oxygène avec lesquels il se combine, et se transforme en acide acétique :

$$C^4H^4O^2 + 4O = C^4H^3O^3, HO \text{ (acide acétique)} + 2HO.$$

Fig. 133.

Pour démontrer cette action de l'oxygène sur l'alcool, il suffit de laisser tomber goutte à goutte de l'alcool pur sur du noir de platine placé dans une petite capsule reposant sur une assiette, et recouverte d'une cloche tubulée (*fig.* 133). On voit alors les parois de la cloche se recouvrir peu à peu de gouttelettes formées d'un mélange d'aldéhyde et d'acide acétique.

La transformation de l'alcool en acide acétique se produit encore, comme nous l'avons vu (516), sous l'influence d'un ferment particulier (*micoderma aceti*, ou *fleur du vinaigre*), lequel se développe dans les boissons alcooliques exposées à l'air libre. Voilà pourquoi le vin, la bière, le cidre et autres boissons alcooliques, exposés à l'air, aigrissent si promptement.

Action de l'eau. — L'alcool pur est très avide d'eau ; il enlève ce liquide à presque toutes les matières avec lesquelles il est mis en contact. Au moment où l'alcool pur se combine avec l'eau, il se produit de la chaleur, et le volume du mélange est moindre que celui des deux liquides réunis. Il résulte de cette affinité réciproque de l'eau et de l'alcool que la glace fond très rapidement dans ce dernier liquide ; l'absorption de chaleur que produit cette fusion rapide de la glace détermine un abaissement de température qui peut aller jusqu'à —37°.

L'alcool est le principal dissolvant des corps gras, des résines, des essences, des alcalis végétaux et, en général, de la plupart des substances insolubles ou peu solubles dans l'eau.

Action du chlore.— Le *chlore* décompose facilement l'alcool : il commence d'abord par lui enlever 2 équivalents d'hydrogène et le change en aldéhyde, $C^4H^4O^2$. En continuant son action, le chlore se substitue à 3 autres équivalents d'hydrogène et donne naissance à un produit liquide d'un aspect huileux, d'une odeur pénétrante particulière, et que l'on désigne sous le nom de *chloral*, $C^4HCl^3O^2$:

$$1°\ C^4H^6O^2 + 2Cl = C^4H^4O^2\ \text{(aldéhyde)} + 2HCl ;$$
$$2°\ C^4H^4O^2 + 6Cl = C^4HCl^3O^2\ \text{(chloral)} + 3HCl.$$

Le chloral, en se combinant avec 2 équivalents d'eau, forme l'*hydrate de chloral*, facilement cristallisable, et qui est aujourd'hui fréquemment employé en médecine comme narcotique.

Action de l'acide sulfurique. — L'acide sulfurique exerce sur l'alcool une action non moins remarquable, et qui varie selon la température :

1° Si la température ne dépasse pas 70°, l'acide sulfurique se combine directement avec l'alcool et donne naissance à un acide particulier que l'on appelle *acide sulfovinique* ou *éthylsulfurique* et dont la composition est exprimée par la formule $C^4H^4,2(SO^3,HO)$.

2° Si la température s'élève à 140°, l'acide sulfurique sépare de l'alcool 1 équivalent d'eau et le transforme en un liquide volatil nommé *éther* C^4H^5O.

3° Si la température dépasse 170°, l'acide sulfurique sépare de l'alcool 2 équivalents d'eau et le transforme en hydrogène bicarboné C^4H^4 (94), que l'on désigne en chimie organique sous le nom d'*éthylène* : $C^4H^6O^2 + SO^3,HO = C^4H^4 + SO^3,3HO$.

549. *Préparation.* —On prépare l'alcool en soumettant à la distillation le vin, le cidre et toutes les liqueurs fermentées provenant de matières végétales sucrées ou féculentes. Ainsi obtenu, l'alcool contient toujours une certaine quantité d'eau : le liquide connu sous le nom d'*eau-de-vie* en renferme 50 à 52 pour 100 de son poids; l'alcool ordinaire ou *esprit-de-vin*, 30 à 35 pour 100. En distillant sur de la chaux vive l'alcool ordinaire, on obtient l'alcool anhydre ou absolu.

Synthèse de l'alcool.

550. *Synthèse de l'alcool.* — M. Berthelot, à qui la chimie organique est redevable de la plus grande part des immenses progrès qu'elle a réalisés dans ces dernières années, est parvenu, par deux procédés différents, à faire de l'alcool de toutes pièces, c'est-à-dire en n'employant que les éléments minéraux dont ce corps se compose, savoir : carbone, hydrogène et eau.

Premier procédé. Ce procédé comprend quatre opérations successives :

1° Sur un fragment de charbon placé dans l'arc voltaïque, on dirige un courant d'hydrogène. Les deux corps se combinent directement et forment un premier carbure d'hydrogène gazeux C^4H^2 nommé *acétylène* (87) ;

2° On fait ensuite passer ce gaz, avec de l'hydrogène, dans un tube chauffé au rouge sombre. L'acétylène prend deux équivalents d'hydrogène et se convertit en *éthylène* ou hydrogène bicarboné C^4H^4 ;

3° On met alors cet éthylène en contact avec l'acide sulfurique monohydraté, et on agite le mélange. Au bout de quelque temps, la combinaison s'effectue et il en résulte de l'acide sulfovinique $C^4H^4,2(SO^3,HO)$;

4° On étend de 8 à 10 volumes d'eau ce dernier acide et on le fait distiller lentement. L'acide sulfurique se régénère peu à peu, tandis que l'éthylène s'unit à deux équivalents d'eau pour se convertir en alcool, qui se condense dans le récipient.

Second procédé. 1° On chauffe dans un ballon formé de l'hydrogène bicarboné avec de l'acide iodhydrique (III) dissous dans l'eau. On obtient de l'éther iodhydrique $C^4H^4(IH)$.

2° On traite ensuite cet éther par une dissolution de potasse. Il se forme de l'alcool qui distille, et de l'iodure de potassium qui reste dans la liqueur : $C^4H^4(IH)+KO,HO=C^4H^6O^2+KI$.

Ces mémorables expériences ont été le point de départ de nombreuses découvertes du même genre. La synthèse organique est parvenue de nos jours à former ou à imiter une foule d'autres substances dont la production avait été jusqu'alors le privilège exclusif des corps organisés.

L'alcool existe tout formé dans la nature. Les belles recherches de M. Müntz, faites en mars 1881, ont, en effet, démontré sa présence dans l'air, dans l'eau et dans la terre végétale, où il est probable qu'il prend naissance par la fermentation des matières organiques qu'elle contient. Il se répand ensuite dans l'atmosphère à l'état de vapeurs, dont s'emparent les eaux pluviales au moment de leur condensation.

Éther, C^4H^5O.

551. *Propriétés physiques et chimiques.* — L'*éther* ordinaire ou *éther* proprement dit, que l'on désigne encore sous le nom d'*éther sulfurique*, à cause de son mode de préparation, est un liquide incolore, très fluide, très volatil, d'une odeur forte et caractéristique, d'une saveur brûlante; sa densité est 0,72. Il bout à 35°,6; refroidi à —20°, il cristallise en lamelles incolores et brillantes. Il est soluble dans environ dix fois son poids d'eau, et en toutes proportions dans l'alcool. Comme l'alcool, l'éther dissout les matières grasses et résineuses. L'iode, le soufre et le phosphore y sont également solubles.

L'éther est très inflammable; il brûle à l'air avec une belle flamme légèrement fuligineuse, en produisant de l'acide carbonique et de l'eau. Sa vapeur peut s'enflammer à distance en présence d'un corps en ignition : de là le danger de laisser ouvert dans le voisinage du feu des flacons qui en contiennent.

A la température ordinaire, l'éther absorbe l'oxygène de l'air et produit, comme l'alcool, de l'aldéhyde et de l'acide acétique. Cette action est beaucoup plus prompte sous l'influence du platine. Si l'on plonge dans un verre à pied, au fond duquel est une petite quantité d'éther (*fig.* 134), une spirale de platine préalablement chauffée au rouge, le platine reste incandescent, et il se forme des vapeurs abondantes d'aldéhyde et d'acide acétique.

Fig. 134.

552. *Préparation.* — On prépare l'éther sulfurique en chauffant dans un ballon B (*fig.* 135), à environ 140°, un mélange de 5 parties d'alcool et de 9 parties d'acide sulfurique. Ce ballon, placé dans un bain de sable, porte deux tubulures, dont l'une communique avec un flacon F rempli d'alcool pur destiné à remplacer à chaque instant le liquide qui distille, tandis que l'autre communique au moyen d'une allonge A avec le serpentin d'un réfrigérant R, dans lequel l'éther se condense pour se rendre ensuite dans un flacon G où on le recueille.

Fig. 135.

Théorie. — Pour expliquer cette transformation de l'alcool en éther, on peut dire simplement que l'acide sulfurique sépare de l'alcool un équivalent d'eau. La molécule d'éther égale en effet celle de l'alcool moins un équivalent d'eau : $C^4H^5O = C^4H^6O^2 + HO$.

Quant à la manière dont s'effectue cette séparation, la plupart des chimistes admettent aujourd'hui que l'acide sulfurique forme d'abord avec une molécule d'alcool de l'acide sulfovinique et de l'eau. Aussitôt formé, cet acide sulfovinique, réagissant sur une autre molécule d'alcool, produit l'éther et régénère l'acide sulfurique :

$$C^4H^6O^2 + 2\,SO^3,HO = C^4H^4,2\,(SO^3,HO) + 2\,HO;$$
$$C^4H^6O^2 + C^4H^4,2\,(SO^3,HO) = 2\,(C^4H^5O) + 2\,SO^4HO.$$

Ce qui explique comment une faible quantité d'acide sulfurique peut convertir en éther une quantité presque illimitée d'alcool.

L'éther est employé en médecine comme calmant ou pour produire l'anesthésie, à défaut du chloroforme. On s'en sert dans les laboratoires comme dissolvant, et en photographie pour préparer le collodion.

Éthers composés. Éthers simples.

553. *Éthers composés.* — En remplaçant l'acide sulfurique, dans la préparation de l'éther ordinaire, par d'autres acides oxygénés, tels que l'acide azotique *, l'acide acétique, l'acide oxalique, etc., l'alcool perd deux équivalents d'eau, auxquels se substituent les éléments de l'acide pour donner naissance à des éthers particuliers, que l'on désigne sous le nom d'*éthers composés* : tels sont l'éther azotique $C^4H^4(AzO^5HO)$, l'éther acétique $C^4H^4(C^4H^3O^3,HO)$, l'éther oxalique $2C^4H^4(C^4O^6,2HO)$, etc.

554. *Éthers simples.* — Si au lieu des oxacides on fait agir sur l'alcool des hydracides, tels que les acides chlorhydriques, bromhydriques, iodhydriques, etc., il y a encore élimination de deux équivalents d'eau et formation d'éthers particuliers nommés *éthers simples*, résultant comme les précédents de la substitution de l'hydracide aux éléments de l'eau : tels sont l'éther chlorhydrique $C^4H^4(HCl)$, l'éther bromhydrique $C^4H^4(HBr)$, l'éther iodhydrique $C^4H^4(HI)$, etc.

Traités par une base alcaline, les éthers simples ou composés lui cèdent leur acide, et l'alcool se régénère. Ainsi l'éther chlorhydrique donne, avec la potasse, du chlorure de potassium et de l'alcool : $C^4H^4(HCl)+KO,HO = KCl+C^4H^6O^2$; l'éther acétique donne de l'acétate de potasse et de l'alcool : $C^4H^4(C^4H^3O^3,HO)+KO,HO = KO,C^4H^3O^3+C^4H^6O^2$, etc.

Constitution chimique de l'alcool et des éthers. Théorie de l'éthyle.

555. *Constitution chimique de l'alcool et des éthers. Théorie de l'éthyle.* — Nous avons vu (518) que l'alcool, chauffé à en-

* Parmi les combinaisons importantes pouvant résulter de l'action de l'acide azotique sur l'alcool, nous devons mentionner ici les composés explosifs connus sous les noms de *fulminates de mercure et d'argent*. On les obtient en faisant dissoudre du mercure ou de l'argent dans de l'acide azotique et en versant ensuite de l'alcool dans la dissolution. Le fulminate de mercure ou d'argent se déposent sous la forme d'un précipité blanc cristallin. Le fulminate de mercure $(C^2AzO^4Hg^2Cy)$ sert à préparer les capsules fulminantes des armes à percussion.

viron 170° avec de l'acide sulfurique, se dédouble en éthylène ou hydrogène bicarboné C^4H^4 et en eau $2HO$. Nous avons vu également (350) qu'en combinant un équivalent d'éthylène ou hydrogène bicarboné avec deux équivalents d'eau on reproduit l'alcool.

Ces deux expériences démontrent donc que l'alcool n'est autre chose qu'un *bihydrate* d'éthylène : $C^4H^6O^2 = C^4H^4, H^2O^2$.

Cependant beaucoup de chimistes persistent encore à admettre dans l'alcool l'existence d'un radical composé C^4H^5, qui jouerait le rôle d'un métal, et qu'ils désignent sous le nom d'*éthyle*. Dans cette hypothèse,

L'alcool serait un *hydrate d'oxyde d'éthyle* : $C^4H^6O^2 = (C^4H^5)O, HO$;
L'éther ordinaire C^4H^5O serait ce *même oxyde à l'état anhydre* $(C^4H^5)O$;
Les éthers simples et les éthers composés seraient des sels d'*éthyle*. Ainsi,
L'éther chlorhydrique $C^4H^4(HCl)$ serait du *chlorure d'éthyle* $(C^4H^5)Cl$;
L'éther azotique $C^4H^4(AzO^5, HO)$ serait de l'*azotate d'éthyle* $(C^4H^5)O, AzO^5$, etc.

Nous n'avons point à discuter ici cette théorie d'origine allemande, imaginée dans le but d'assimiler les réactions de l'alcool à celles des composés minéraux. Remarquons toutefois qu'elle a le grave inconvénient de ne reposer que sur une fiction, puisque, jusqu'à présent, le radical éthyle ne représente qu'un groupement moléculaire purement hypothétique. On peut en dire autant du *méthyle*, de l'*amyle*, du *butyle*, du *propyle* et autres radicaux du même genre, fort en honneur dans certains livres, mais complètement inconnus dans les laboratoires.

Alcools divers. Alcool méthylique ou esprit de bois.

556. *Alcools divers.* — L'alcool ordinaire, que nous venons d'étudier, forme le type d'une classe de corps nommés *alcools*. Citons parmi les principaux l'*alcool méthylique* ou esprit de bois $C^2H^4O^2$; l'*alcool amylique* ou huile de pomme de terre $C^{10}H^{12}O^2$; le *glycol* $C^4H^4O^4$ et la *glycérine* $C^6H^8O^6$.

Ces divers alcools ont tous, comme l'alcool ordinaire, pour caractères communs et essentiels : 1° de dériver de carbures d'hydrogène par substitution ou adjonction des éléments de l'eau; 2° de former avec les acides des éthers simples ou composés.

557. *Alcool méthylique ou esprit de bois* ($C^2H^4O^2$). — Cet alcool, comme l'indique son nom vulgaire, est un des produits de la distillation du bois (525); c'est un liquide incolore, d'une saveur brûlante, d'une odeur à la fois éthérée et alcoolique. Sa densité est 0,79; il bout à 66°.

L'alcool méthylique brûle avec une flamme bleue en produisant de l'eau et de l'acide carbonique. Sous l'influence des oxydants, il se change, comme nous l'avons dit plus haut, en acide formique : $C^2H^4O^2 + 4O = C^2H^2O^4 + 2HO$. Il donne avec les acides des éthers semblables à ceux de l'alcool ordinaire. Citons comme exemple l'*éther méthylique* C^2H^3O, qui correspond à l'éther sulfurique C^4H^5O, et que l'on prépare de la même manière; l'*éther oxalométhylique* $2C^2H^2(C^4O^6,2HO)$ correspondant à l'éther oxalique.

L'esprit de bois peut remplacer l'alcool ordinaire dans la plupart des usages industriels; mais il ne peut en aucune manière le suppléer comme boisson.

Chloroforme.

558. *Chloroforme* (C^2HCl^3). — A côté de l'alcool et des éthers se place un corps qui présente avec eux une certaine analogie, bien qu'il en diffère essentiellement par sa composition. Ce corps, que l'on désigne sous le nom de *chloroforme*, est un liquide incolore, très mobile, plus dense que l'eau, d'une saveur sucrée, d'une odeur vive qui rappelle celle de la pomme de reinette. Il bout à 60°; il est insoluble dans l'eau; très soluble, au contraire, dans l'alcool et dans l'éther sulfurique.

On prépare le chloroforme en distillant au bain-marie de l'alcool sur un mélange de chlorure de chaux et de chaux vive délayés dans de l'eau. Tout le monde connaît l'emploi du chloroforme comme agent anesthésique, pour soustraire à la douleur les individus que l'on doit soumettre à des opérations chirurgicales.

Résumé.

I. L'*alcool* $C^4H^6O^2$ ou C^4H^4,H^2O^2 est un liquide incolore, d'une saveur forte et brûlante, d'une odeur aromatique. Sa densité est 0,79; il bout à +78° et ne se congèle qu'à —130°.

II. L'alcool brûle à l'air avec une flamme bleuâtre. Certaines substances, telles que l'éponge et le noir de platine, le transforment au contact de l'air ou de l'oxygène, d'abord en aldéhyde, puis en acide acétique : $C^4H^6O^2 + 4O = C^4H^4O^4 + 2HO$.

III. L'acide sulfurique agit sur l'alcool de trois manières différentes suivant la température :

1° Au dessous de 70°, il forme avec lui un acide particulier nommé acide *sulfovinique* ou *éthylsulfurique*, C^4H^4, $2(SO^3HO)$;

2° A 140° environ, il en sépare un équivalent d'eau et le convertit en *éther* C^4H^5O;

3° Au dessus de 170°, il en sépare deux équivalents d'eau et le transforme en hydrogène bicarboné (éthylène) : $C^4H^6O^2 + SO^3,HO = C^4H^4 + SO^3,3HO$.

IV. On obtient l'alcool par la distillation du vin, du cidre et de presque toutes les liqueurs fermentées. On peut l'obtenir directement par la synthèse.

V. L'*éther* ordinaire ou *éther sulfurique* C^4H^5O est un liquide incolore, d'une odeur vive et caractéristique. Sa densité est 0,72 ; il bout à 35°,6 et brûle à l'air avec une flamme blanche et brillante. On l'obtient en distillant à 140° un mélange d'alcool et d'acide sulfurique.

VI. L'alcool ordinaire est le type d'une classe de corps analogues. Tels sont l'alcool méthylique ou esprit de bois, l'alcool amilique ou huile de pomme de terre, le glycol, la glycérine, etc.

VII. Le *chloroforme* C^2HCl^3 est un liquide incolore, très mobile, plus dense que l'eau, d'une odeur vive et pénétrante. On le prépare en distillant de l'alcool sur un mélange de chaux et de chlorure de chaux délayés dans de l'eau.

CHAPITRE V.

Corps gras. — Stéarine. Margarine. Oléine. — Saponification; savons et emplâtres. — Acides gras. — Bougies stéariques. — Glycérine. Nitroglycérine. Dynamite. — Alcaloïdes ou alcalis organiques. Morphine. Quinine. Cinchonine.

Corps gras. Stéarine. Margarine. Oléine. Saponification.

559. *Constitution chimique des corps gras. Stéarine, margarine et oléine.* — Les matières grasses connues sous les noms d'huile, de graisse, de suif, etc., sont formées par le mélange, en proportions variables, de principes immédiats dont les principaux sont la *stéarine*, la *margarine* et l'*oléine*.

La *stéarine* est solide, blanche, fusible à 62°, à peu près insoluble dans l'alcool et dans l'éther.

La *margarine* est solide, blanche, d'un aspect nacré (d'où lui vient son nom). Elle ne se distingue de la stéarine que par son point de fusion, qui est à 47° et par sa solubilité dans l'éther.

L'*oléine* est liquide, de couleur jaunâtre, insoluble dans l'eau, soluble dans l'alcool et dans l'éther.

La stéarine et la margarine prédominent dans la graisse et le suif, l'oléine dans les huiles. Ainsi le suif est composé de 80 parties d'un mélange de stéarine et de margarine, et de 20 parties d'oléine, tandis que l'huile d'olive renferme 72 parties d'oléine et 28 seulement de margarine.

560. *Action de l'oxygène.* — Les corps gras, et plus particulièrement les huiles. absorbent l'oxygène de l'air, mais avec une activité variable. Parmi ces dernières, il en est qui ne se combinent qu'avec de très petites quantités de ce gaz. sans changer sensiblement d'aspect ; elles prennent une odeur désagréable, et on dit alors qu'elles *rancissent :* telles sont les huiles d'olive, de navette, de colza, etc. D'autres s'emparent de proportions plus grandes d'oxygène, s'épaississent et finissent même par se solidifier complètement et ressembler à des résines ; on les emploie en peinture sous le nom d'*huiles siccatives :* telles sont les huiles de lin, de noix, de chènevis, d'œillette, etc. Dans ces dernières huiles, l'oléine est remplacée par un autre principe nommé *élaïne.*

561. *Action des bases. Saponification.* — Soumis, en présence de l'eau, à l'action des bases énergiques, telles que la potasse, la soude, la chaux, la litharge ou protoxyde de plomb, etc., les principes gras (stéarine, margarine et oléine) se dédoublent et se transforment en *acides gras* (acides stéarique, margarique et oléique) qui restent en combinaison avec la base, et en un principe particulier nommé *principe doux des huiles* ou *glycérine* $C^6H^8O^6$. Ainsi :

La stéarine se convertit en *acide stéarique* et en glycérine.
La margarine se convertit en *acide margarique* et en glycérine.
L'oléine se convertit en *acide oléique* et en glycérine.

Réciproquement, on peut reconstituer ces mêmes principes (stéarine, margarine et oléine) par synthèse, en faisant agir sur la glycérine leurs acides correspondants (Berthelot).

La glycérine étant un alcool (565), il en résulte que la stéarine, la margarine et l'oléine sont des *éthers composés de glycérine* chimiquement analogues aux éthers composés de l'alcool ordinaire.

L'action des bases sur les corps gras a reçu le nom de *saponification*. C'est sur elle que repose la fabrication des savons, des emplâtres et des bougies stéariques.

Savons et emplâtres.

562. *Savons et emplâtres.* — Les *savons* sont de véritables sels formés par la combinaison des acides gras stéarique, margarique et oléique avec des bases alcalines.

Les savons que l'on emploie le plus ordinairement sont à base de potasse ou de soude; ce sont, par conséquent, des *stéarates, margarates et oléates de potasse ou de soude*. Les savons de potasse, de soude et d'ammoniaque sont les seuls solubles dans l'eau; ils sont aussi solubles dans l'alcool et dans l'éther.

Les savons à base de potasse sont mous; ceux à base de soude, au contraire, sont durs. Leur solution aqueuse est décomposée par les acides, lesquels s'emparent de la base et précipitent les acides stéarique, margarique et oléique sous la forme d'une émulsion. Il en est de même avec tous les sels solubles autres que ceux de potasse, de soude et d'ammoniaque : ces différents sels, versés dans une dissolution de savon, y produisent des précipités insolubles d'acides stéarique, margarique et oléique combinés avec leurs bases : voilà pourquoi les eaux séléniteuses, c'est-à-dire chargées de sulfate de chaux, ne peuvent pas dissoudre le savon.

Les *emplâtres*, dont on se sert en médecine, sont constitués par un savon à base de plomb (*emplâtre simple* ou *ordinaire*), auquel on associe divers médicaments (*emplâtres de ciguë, de belladone, d'iodure de plomb, etc.*).

On prépare les savons en unissant directement les corps gras avec la potasse ou la soude. Pour les savons mous, on emploie les huiles de chénevis, de lin, de colza, que l'on combine avec de la *potasse*. Pour les savons durs, on se sert de préférence de l'huile d'olive, du suif, des graisses, etc., que l'on combine avec de la *soude*.

L'emplâtre simple ou *savon de plomb* se prépare en soumettant à l'ébullition un mélange d'huile d'olives, de litharge ou protoxyde de plomb et d'eau.

Acides gras.

565. *Acides gras.* — Les principaux acides gras sont, comme nous l'avons dit, les acides *stéarique, margarique* et *oléique*. Plusieurs corps gras, tels que le beurre, la graisse de chèvre, de bouc, etc., renferment en outre certains acides volatils que l'on a désignés, d'après leur origine, sous les noms d'acides *butyrique, caprique, hircique, etc.*, mais qui sont loin d'avoir l'importance des premiers.

L'*acide stéarique*, $C^{36}H^{34}O^4$, est solide, blanc, cristallisé en aiguilles brillantes; insoluble dans l'eau, soluble en toutes proportions dans l'alcool et dans l'éther. Il fond à 70°, et brûle à l'air avec une flamme blanche et éclairante, en produisant de l'acide carbonique et de l'eau.

L'*acide margarique*, $C^{34}H^{34}O^4$, est presque identique au précédent. Il en diffère par son point de fusion, qui n'est qu'à 60°, et par sa composition moléculaire.

L'*acide oléique*, $C^{36}H^{34}O^4$, est un liquide incolore, insipide, insoluble dans l'eau, très soluble dans l'alcool et dans l'éther; il se solidifie à $+4°$. Abandonné au contact de l'air, l'acide oléique devient sapide et se colore en jaune, puis en brun.

Bougies stéariques.

566. *Fabrication des bougies stéariques.* — Les bougies stéariques, dont l'usage est aujourd'hui si répandu, sont entièrement composées d'un mélange d'acide stéarique et d'acide margarique que l'on extrait du suif du bœuf. Le suif de mouton, doué d'une plus grande dureté, sert à fabriquer les chandelles.

Pour fabriquer les bougies, on commence par faire fondre le suif dans une grande cuve en bois contenant de l'eau chauffée à la vapeur. Lorsque la fusion du suif est complète, on y ajoute de la chaux, et on agite le mélange pendant six à sept heures. Le suif est composé, avons-nous dit, de stéarine, de margarine et d'oléine. Sous l'influence de la chaux, ces trois principes se dédoublent en acides stéarique, margarique et oléique, qui se combinent avec elle pour former un savon calcaire, et en glycérine, qui se dissout dans l'eau. On soutire de la cuve la partie liquide tenant en dissolution la glycérine, et on extrait le savon de chaux. Il ne s'agit plus alors que de décomposer ce savon et d'en séparer les acides gras.

Pour cela, on pulvérise le savon calcaire; on le place dans une cuve semblable à la précédente, et l'on verse dessus de l'acide sulfurique étendu d'eau. On chauffe légèrement; l'acide sulfurique s'empare de la chaux pour donner naissance à du sulfate de chaux qui se dépose au fond de la cuve, et les acides gras, devenus libres, viennent former une couche huileuse à la surface du liquide. On décante cette couche; et après l'avoir lavée, d'abord avec de l'eau acidulée qui lui enlève les dernières traces de chaux, puis avec de l'eau pure, on la coule dans des moules en fer, où elle se solidifie en pains de 3 à 4 kilogrammes.

La matière ainsi obtenue n'est encore qu'un mélange des trois acides stéarique, margarique et oléique. Pour en séparer l'acide oléique, on enveloppe les pains dans une forte toile et on les soumet à l'action d'une presse hydraulique. L'acide

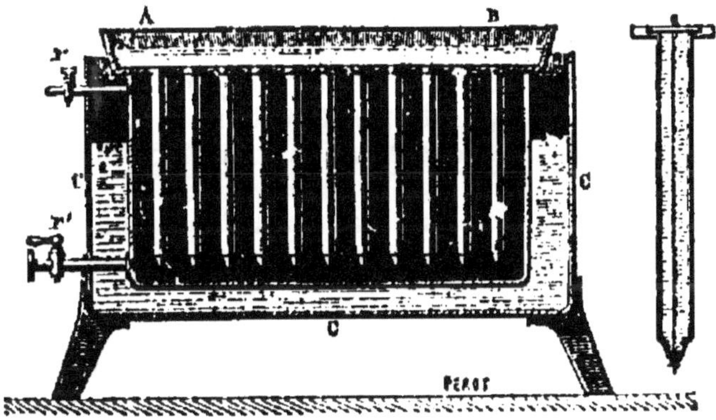

Fig. 139.

oléique s'écoule, et il reste sous la presse un tourteau solide, entièrement composé d'acide stéarique et d'acide margarique.

On fait fondre de nouveau ces acides, et après les avoir puri-
fiés par plusieurs lavages à l'eau bouillante, on verse le tout
dans un large entonnoir AB (*fig.* 136), au fond duquel sont
fixés plusieurs moules cylindriques en plomb, dont chacun porte
sur son axe une mèche en coton tressé et qui a été précédemment trempée dans une solution étendue d'acide borique (111).
Lorsque les bougies sont retirées de leurs moules, on les
blanchit en les exposant pendant quelque temps à la lumière
et à l'humidité, et on polit leur surface en les frottant avec du
drap.

Glycérine. Nitroglycérine. Dynamite.

565. *Glycérine* ($C^6H^8O^6$). — La glycérine ou *principe doux
des huiles* est un liquide incolore ou jaunâtre, d'une consistance
assez épaisse, d'une saveur sucrée ; elle est soluble dans l'eau
et dans l'alcool en toutes proportions, insoluble dans l'éther.
Sa densité est 2,28 ; elle brûle à l'air avec une flamme très
lumineuse.

Par ses propriétés chimiques, la glycérine appartient à la
classe des alcools. Elle a en effet pour caractère essentiel de
former avec les acides des éthers analogues à ceux de l'alcool
ordinaire. Nous avons vu plus haut que les principes gras
(stéarine, margarine et oléine) sont de véritables éthers de glycérine.

La glycérine, ainsi que nous l'avons vu (561), prend naissance
toutes les fois que l'on fait agir des bases sur les corps gras,
en présence de l'eau. La majeure partie de la glycérine livrée
au commerce provient de la fabrication des bougies stéariques ; mais elle contient presque toujours de la chaux et des
matières grasses. Pour l'obtenir à l'état de pureté, on traite
l'huile d'olive par de l'oxyde de plomb. Cet oxyde se combine
avec les acides gras margarique et oléique et met en liberté la
glycérine.

On emploie la glycérine en médecine pour le pansement des
plaies ; dans l'industrie elle sert à fabriquer la nitroglycérine
et la dynamite.

566. *Nitroglycérine* ($C^6H^2,3AzO^5,HO$). — La nitroglycérine
est un liquide huileux, jaunâtre, insoluble dans l'eau, d'une
odeur légèrement aromatique ; sa densité est 1,60. La facilité
avec laquelle elle détone sous l'influence d'un choc ou d'une
brusque élévation de température en fait un des corps les plus

dangereux à manier. La chute à terre d'un flacon rempli de nitroglycérine suffit pour en déterminer l'explosion.

On prépare la nitroglycérine en faisant tomber goutte à goutte de la glycérine dans un mélange à volumes égaux d'acide azotique et d'acide sulfurique. On verse ensuite le tout dans une grande quantité d'eau froide, et la nitroglycérine se réunit au fond du vase en une couche liquide que l'on isole en décantant l'eau acidulée qui surnage.

567. *Dynamite*. — Pour utiliser la force explosive de la nitroglycérine, il est nécessaire d'en atténuer la sensibilité. On arrive à ce résultat en mélangeant ce corps avec des matières poreuses et inertes, telles que du sable ou de la brique pilée, qui en absorbent une grande quantité tout en conservant leur état pulvérulent. Ce mélange constitue la *dynamite*, moins facilement explosible que la nitroglycérine pure, et que l'on emploie aujourd'hui de préférence à la poudre ordinaire dans les travaux des mines.

Alcalis organiques ou alcaloïdes.

568. *Alcalis organiques*. — On désigne ainsi des composés qui peuvent, comme les oxydes métalliques, se combiner avec les acides pour former de véritables sels. Ces corps sont en général inodores et fixes, peu solubles dans l'eau, solubles au contraire dans l'alcool ou dans l'éther ; la plupart cristallisent régulièrement, ont une saveur âcre et amère, et constituent des poisons énergiques. Comme les alcalis minéraux, ils verdissent le sirop de violettes. La chaleur les décompose avec dégagement de vapeurs ammoniacales ; ce qui prouve que ces corps renferment de l'azote.

Les alcalis organiques se trouvent dans beaucoup de plantes combinés avec divers acides organiques. C'est à eux que la plupart des plantes vénéneuses, telles que le pavot, la belladone, la ciguë, etc., doivent leurs redoutables propriétés.

Voici la liste des principaux alcaloïdes avec leur composition et les noms des végétaux qui les fournissent :

Morphine	$(C^{34}H^{19}AzO^6)$	Pavot.
Narcotine	$(C^{46}H^{23}AzO^{14})$	—
Codéine	$(C^{36}H^{21}AzO^6)$	—
Atropine	$(C^{34}H^{23}AzO^6)$	Belladone.
Strychnine	$(C^{19}H^{22}Az^2O^4)$	Noix vomique.
Caféine	$(C^{16}H^{10}Az^1O^1)$	Café.

Quinine	$(C^{40}H^{24}Az^2O^4)$	. . . .	Quinquina.
Cinchonine	$(C^{40}H^{24}Az^2O^2)$	. . . .	—
Nicotine	$(C^{20}H^{14}Az^2)$	. . . . . .	Tabac.
Conicine	$(C^{16}H^{16}Az)$	. . . . . .	Ciguë.

Remarquons que la nicotine et la conicine, qui ne renferment pas d'oxygène, sont liquides et volatiles, ce qui les distingue de tous les autres alcaloïdes oxygénés.

Morphine, quinine, cinchonine.

869. *Morphine* $(C^{34}H^{19}AzO^6)$. — La morphine est une substance blanche, amère, cristallisée en prismes rectangulaires ou en octaèdres. Elle est presque insoluble dans l'eau et dans l'éther ; l'alcool en dissout un trentième de son poids.

La morphine est le principe le plus actif de l'opium (suc épaissi du *pavot somnifère*), dans lequel elle existe associée à deux autres alcalis, la *narcotine* et la *codéine*, et en combinaison avec un acide particulier nommé *acide méconique*. On extrait la morphine en précipitant par l'ammoniaque une solution de chlorhydrate de morphine.

La morphine et ses sels sont fréquemment employés en médecine comme narcotiques.

870. *Quinine* $(C^{40}H^{24}Az^2O^4)$. — La quinine est blanche, amère, très peu soluble dans l'eau, soluble dans l'alcool et dans l'éther. Chauffée à 120 degrés, la quinine perd 6 équivalents d'eau et devient anhydre. A une température plus élevée, elle se décompose entièrement et dégage de l'ammoniaque.

La quinine existe dans les écorces des quinquinas combinée avec un acide particulier, l'*acide quinique*, et ordinairement associée à un autre alcali végétal nommé *cinchonine*. Pour la préparer, on emploie de préférence le *quinquina jaune*, qui la renferme en grande quantité. On pulvérise l'écorce et on la traite par de l'eau bouillante chargée d'acide sulfurique, qui dissout la quinine et la transforme en sulfate de quinine. On filtre la dissolution et, après l'avoir décolorée par le noir animal, on y ajoute de l'ammoniaque, qui déplace la quinine et la précipite sous la forme d'une poudre blanche.

La quinine forme avec presque tous les acides des sels cristallisables, dont le plus important est le *sulfate neutre de quinine*, employé en médecine comme fébrifuge. Ce sel est blanc, cristallisé en aiguilles fines et soyeuses; il est très peu soluble dans l'eau froide, mais il se dissout facilement dans l'eau bouillante. On l'obtient en combinant directement la quinine avec l'acide sulfurique.

La découverte de la quinine et de son sulfate a été faite en 1820 par MM. Pelletier et Caventou.

571. Cinchonine ($C^{10}H^{24}Az^2O^2$). — La cinchonine se prépare comme la quinine, mais en remplaçant le quinquina jaune par du *quinquina gris*, où elle prédomine. C'est une substance blanche et cristalline, à peu près insoluble dans l'eau et dans l'éther, légèrement soluble dans l'alcool. La cinchonine est fébrifuge, mais à un degré moindre que la quinine. Aussi est-elle beaucoup plus rarement employée en médecine.

Alcalis organiques artificiels ou ammoniaques composées. Éthylamine.

572. Alcalis organiques artificiels ou ammoniaques composées. — La synthèse organique n'a pu jusqu'à présent reproduire aucun des alcalis organiques naturels, mais elle est parvenue à former artificiellement un grand nombre de bases organiques douées de propriétés semblables. Telles sont les *ammoniaques composées* (méthylamine, éthylamine, propylamine, etc.), que l'on désigne encore sous le nom générique d'*amines*. Nous ne décrirons ici que l'*éthylamine*, qui se rattache par sa composition à l'alcool ordinaire.

373. Éthylamine (C^4H^4,AzH^2). — C'est un liquide incolore, plus léger que l'eau, très volatil et inflammable, d'une odeur vive, analogue à celle de l'ammoniaque. On peut considérer ce corps comme résultant de la substitution de l'ammoniaque AzH^3 aux éléments de l'eau contenue dans l'alcool :

$$C^4H^6O^2 + AzH^3 = C^4H^4,AzH^3 + 2\,HO.$$

Les partisans de la théorie de l'éthyle la regardent comme résultant de la substitution du radical fictif éthyle (C^4H^5) à un équivalent d'hydrogène de l'ammoniaque et lui donnent pour formule $AzH^2(C^4H^5)$.

Quoi qu'il en soit, l'éthylamine est une base énergique, formant avec les acides des sels parfaitement définis. Citons encore parmi les alcalis artificiels la *diéthylamine* $(C^4H^4)^2,AzH^3$ et la *triéthylamine* $(C^4H^4)^3,AzH^3$, dont les propriétés sont à peu près les mêmes. Nous verrons plus loin que l'*aniline*, qui fournit à la teinturerie de si précieuses couleurs, est également une ammoniaque composée.

Résumé.

I. Les *corps gras* sont constitués par le mélange, en proportions variables, de trois principes immédiats : la *stéarine*, la *margarine* et l'*oléine*.

II. La stéarine et la margarine sont solides à la température ordinaire, l'oléine est liquide. Ces trois principes, sous l'influence des alcalis, se dédoublent, après avoir fixé de l'eau, en acides stéarique, margarique, oléique, et en un principe liquide, nommé *glycérine*.

III. On désigne sous le nom de *savons* de véritables sels formés par la combinaison, en proportions définies, des acides gras stéarique, margarique et oléique avec les bases alcalines et certains oxydes métalliques.

IV. Les savons mous sont à base de potasse ; les savons durs sont à base de soude. On les obtient en unissant directement les graisses et les huiles avec la potasse ou la soude. Les *emplâtres* dont on fait usage en médecine sont des savons à base de plomb.

V. Les *bougies stéariques* sont entièrement composées d'un mélange d'acide stéarique et d'acide margarique, que l'on extrait du suif de bœuf en le traitant successivement par de la chaux et de l'acide sulfurique étendu.

VI. La *glycérine* $(C^6H^8O^6)$ est un liquide incolore ou jaunâtre, de consistance huileuse et d'une saveur sucrée. Elle possède la propriété essentielle des alcools, c'est-à-dire de former des éthers avec les acides, en perdant de l'eau. La stéarine, la margarine et l'oléine ne sont autre chose que des *éthers de glycérine*.

VII. Un mélange d'acide azotique et d'acide sulfurique transforme la glycérine en *nitroglycérine*, liquide très explosif, avec lequel on prépare la *dynamite* en le mélangeant avec du sable ou de la brique pilée.

VIII. Les alcalis organiques sont des composés qui jouissent, comme les oxydes métalliques, de la propriété de se combiner avec les acides pour former des sels. Presque tous sont d'origine végétale et renferment de l'azote. Les principaux sont : la *morphine*, la *narcotine*, la *strychnine*, la *quinine*, la *cinchonine*, la *nicotine*, etc.

IX. La *morphine* $C^{34}H^{19}AzO^6$ est une substance blanche, amère, presque insoluble dans l'eau et dans l'éther, légèrement soluble dans l'alcool. On l'extrait de l'opium, où elle existe toute formée en combinaison avec un acide particulier nommé *acide méconique*.

X. La *quinine* $C^{40}H^{24}Az^2O^4$ est une substance blanche, amère, très peu soluble dans l'eau, soluble dans l'alcool et dans l'éther. Elle existe dans l'écorce des quinquinas, combinée avec l'acide quinique et associée à un autre alcali végétal nommé *cinchonine*.

XI. La synthèse organique n'a pu jusqu'à présent reproduire aucun des alcalis organiques naturels, mais elle est parvenue à former artificiellement un grand nombre de bases organiques nommées *ammoniaques composées* ou *amines*. Telle est, par exemple, *l'éthylamine* C^4H^4,AzH^3, liquide volatil et inflammable, formant avec les acides des sels nettement définis.

CHAPITRE VI.

Huiles volatiles ou essences. — Essence de térébenthine. Camphre. — Résines. — Vernis. — Caoutchouc. Gutta-percha.

Huiles volatiles ou essences.

574. *Huiles volatiles* ou *essences.* — Les huiles volatiles ou essences sont des substances huileuses et volatiles, incolores ou jaunâtres, plus légères ou plus denses que l'eau ; d'une odeur vive, souvent agréable, d'une saveur brûlante. Elles sont généralement liquides, sauf quelques-unes qui sont solides, comme le camphre.

Soumises à l'action de la chaleur, les essences se volatilisent à une température qui varie entre 100° et 200° ; elles brûlent avec une flamme fuligineuse. Exposées à l'air, elles en absorbent peu à peu l'oxygène et se transforment en matières résineuses. Les huiles volatiles sont en général solubles en toute proportion dans l'alcool, l'éther et les huiles grasses ; l'eau ne les dissout que très faiblement. Quelques-unes peuvent dissoudre le soufre et le phosphore.

La composition des essences est très-variable : les unes ne renferment que du carbone et de l'hydrogène, d'autres contiennent du carbone, de l'hydrogène et de l'oxygène ; quelques-unes enfin, outre ces trois éléments, contiennent encore de l'azote

et du soufre (essences *d'ail* C^6H^6S et de *moutarde* $C^8H^5Az S^2$).
Les essences appartenant à ces deux dernières catégories sont considérées comme des aldéhydes ou des éthers.

Fig. 137.

On extrait les essences soit par simple expression, soit plus généraralement en distillant avec de l'eau les parties des végétaux qui les fournissent. Quand elles sont plus légères que l'eau, on les recueille dans des *récipients florentins* (*fig.* 137), au fond desquels l'eau, qui distille en même temps que l'essence, se rassemble et s'écoule ensuite par une ouverture latérale, tandis que l'essence, qui surnage, reste dans le récipient.

Les essences sont très répandues dans le règne végétal. Presque toutes les plantes odoriférantes doivent leur odeur à une essence particulière. Les principales essences sont celles de rose, de jasmin, de lavande, de romarin, d'œillet, de violette, de citron, etc., dont les parfumeurs font grand usage. La plupart existent toutes formées dans les végétaux, quelques-unes seulement, telles que l'essence d'amandes amères et celle de moutarde, ne se développent qu'en présence de l'eau et en vertu d'une fermentation spéciale. Citons encore l'essence de térébenthine et le camphre, dont nous devons dire ici quelques mots.

Essence de térébenthine. Camphre.

878. *Essence de térébenthine* ($C^{20}H^{16}$). L'essence de térébenthine est un liquide incolore, très fluide, d'une odeur forte, d'une saveur âcre et brûlante. Sa densité est 0,86; elle bout à 156° et brûle à l'air avec une flamme fuligineuse. Elle est insoluble dans l'eau, très soluble dans l'alcool et dans l'éther. Exposée à l'air, elle en absorbe l'oxygène et se transforme en une résine analogue à la colophane. Elle forme avec l'acide chlorhydrique le *camphre artificiel* ($C^{20}H^{16},HCl$). On l'obtient en distillant la térébenthine fournie par le *pinus maritima*, laquelle est un mélange de colophane et d'essence de térébenthine.

L'essence de térébenthine est employée en médecine contre les catarrhes chroniques et le rhumatisme. On s'en sert dans la peinture à l'huile et pour préparer les vernis dits à l'essence.

576. *Camphre* ($C^{20}H^{16}O^2$). Le camphre est un corps solide, blanc, cassant, d'une odeur caractéristique. Sa densité est 0,996; il fond à 175° et bout à 204°. Il se volatilise à la température ordinaire, et il brûle avec flamme au contact de l'air. A peine soluble dans l'eau, il se dissout très bien dans l'alcool et dans l'éther. On le prépare en distillant avec une petite quantité d'eau les branches et les feuilles du *laurus camphora*, arbuste des tropiques, où il existe tout formé.

Le camphre est employé en médecine comme antiseptique. On s'en sert également pour protéger contre les larves d'insectes les étoffes de laine et les fourrures.

Résines. Vernis.

577. *Résines.* — Les résines sont des corps solides, non volatils, plus ou moins transparents, le plus souvent colorés en jaune ou en brun. Elles proviennent presque toutes des sucs épaissis de certains végétaux, principalement de la famille des conifères (pins, sapins, mélèzes, etc.), où elles existent à l'état de dissolution dans les essences. Ces corps sont tous composés de carbone, d'hydrogène et d'oxygène ; ils brûlent au contact de l'air avec une flamme jaune, épaisse, fuligineuse, et ils donnent par la distillation en vase clos des carbures d'hydrogène dont on peut se servir comme gaz d'éclairage.

Les résines sont toutes insolubles dans l'eau et solubles dans l'alcool, quelques-unes se dissolvent également dans l'éther et dans les huiles fixes ou volatiles. En présence des alcalis, elles jouent le rôle d'acides faibles et forment avec eux des combinaisons définies que l'on considère comme de véritables *savons de résine.*

Les principales résines sont : la *colophane,* la *résine copal,* la *résine élémi,* la *sandaraque,* la *gomme gutte,* la *gomme laque,* etc. On désigne plus particulièrement sous le nom de *baumes* certaines résines contenant un acide particulier, *l'acide benzoïque,* que l'on peut en extraire par la distillation : tels sont le *baume de Tolu,* le *baume du Pérou,* le *benjoin,* etc.

578. *Vernis.* — Les vernis ne sont autre chose que des résines ou des baumes en dissolution dans de l'alcool, des essences ou des huiles siccatives. Appliquées en couches minces sur divers objets, ces dissolutions se dessèchent rapidement à l'air et préservent ainsi les surfaces qu'elles recouvrent de l'action destructive de l'humidité ou autres agents physiques.

Les vernis à l'alcool sont généralement employés pour les meubles et divers objets en bois ou en cuir ; les vernis à l'essence et les vernis gras servent plus particulièrement à recouvrir les tableaux, les boiseries peintes à l'huile et quelques métaux dont on veut empêcher l'oxydation.

Caoutchouc. Gutta-percha.

579. *Caoutchouc* (C^5H^7). — Le caoutchouc, dont tout le monde connaît aujourd'hui les propriétés et les usages, se trouve dans un très grand nombre de végétaux. On l'extrait généralement de l'*hevea guyanensis*, arbre de la famille des euphorbiacées, au moyen d'incisions profondes faites dans l'écorce. Le suc blanc laiteux qui en découle est reçu sur des moules piriformes en terre, puis desséché au feu libre, ce qui lui donne un aspect enfumé. Ainsi préparé, le caoutchouc est livré au commerce sous la forme de petites bouteilles ovoïdes, il est assez semblable à du cuir, d'une couleur brune ou rousse, solide et très élastique.

Le caoutchouc est insoluble dans l'eau et dans l'alcool, il se dissout facilement dans l'éther, le sulfure de carbone et dans les essences. Il brûle au contact de l'air avec une flamme brillante et très fuligineuse, en produisant de l'eau et de l'acide carbonique.

De toutes les propriétés du caoutchouc, la plus remarquable est celle qui résulte de sa combinaison directe avec le soufre. Cette combinaison s'effectue soit en chauffant les deux corps à une température de 80 à 100°, soit en plongeant le caoutchouc pendant quelques minutes dans un mélange de 40 parties de sulfure de carbone et de 1 partie de chlorure de soufre. On obtient ainsi le *caoutchouc vulcanisé*, qui se distingue du caoutchouc ordinaire par sa couleur grisâtre, par son extrême souplesse et surtout par son élasticité plus grande et invariable aux diverses températures.

L'Amérique du Sud et l'île de Java sont les contrées qui fournissent la plus grande partie du caoutchouc actuellement employé dans l'industrie.

580. *Gutta-percha.* — Cette substance est fournie par un grand arbre, l'*isonandra percha*, que l'on cultive dans la presqu'île de Malacca et dans plusieurs îles de l'Asie. La gutta-percha a une teinte grisâtre ; elle ressemble souvent à des rognures de cuir ou à de la corne. Elle est un peu plus légère que l'eau, dans laquelle elle est insoluble ainsi que dans l'alcool ; l'éther ne la dissout que très-lentement. Sa composition chimique se rapproche beaucoup de celle du caoutchouc ; ce corps peut donc être considéré comme un carbure d'hydrogène solide.

Chauffée légèrement, la gutta-percha devient malléable ; on peut la pétrir aisément dans l'eau bouillante ; en se refroidissant, elle reprend sa dureté et sa ténacité. Elle est flexible, mais non élastique comme le caoutchouc. La gutta-percha sert à fabriquer divers objets, tels que des courroies, des lanières, des vases, etc. ; mais elle est surtout employée pour envelopper les fils télégraphiques sous-marins ou souterrains et pour préparer les moules destinés à la galvanoplastie.

Résumé.

I. Les *huiles essentielles* ou *essences* sont des substances généralement liquides, très volatiles, inflammables, d'une odeur vive et pénétrante. La plupart d'entre elles existent toutes formées dans les plantes, d'autres, telles que les essences d'amandes amères et de moutarde, sont le résultat de la fermentation de certains principes végétaux.

II. La composition des essences est très variable. Les unes ne renferment que du carbone et de l'hydrogène (essences de térébenthine et de citron); d'autres contiennent du carbone, de l'hydrogène et de l'oxygène (camphre, essence d'amandes amères); quelques-unes renferment en outre de l'azote et du soufre (essences d'ail et de moutarde).

III. Les *résines* sont des corps solides très combustibles, insolubles dans l'eau, solubles dans l'alcool et les essences. Elles proviennent, la plupart, du suc épaissi de certains végétaux, particulièrement de la famille des conifères. Dissoutes dans de l'alcool, des essences ou des huiles fixes, elles constituent les *vernis*, dont on se sert pour recouvrir les objets que l'on veut préserver de l'humidité.

IV. Le *caoutchouc* C^4H^3 est un carbure d'hydrogène solide, que l'on extrait de l'*hevea guyanensis*, arbre de la famille des euphorbiacées. La *gutta-percha* a une composition analogue à celle du caoutchouc; elle est fournie par un grand arbre, l'*isonandra percha*, qui croît dans l'Asie méridionale.

CHAPITRE VII.

Produits extraits de la distillation du goudron de houille : benzine, nitrobenzine, toluène, naphtaline, aniline, toluidine, rosaniline, acide phénique ou phénol, anthracène, alizarine. — Bitumes : pétrole et asphalte.

Goudron de houille.

581. *Goudron de houille*. — La distillation de la houille pour la préparation du gaz d'éclairage (102) fournit abondamment un liquide noir oléagineux nommé *goudron de houille*. Ce goudron, chauffé graduellement, donne plusieurs carbures d'hydrogène ou huiles volatiles, dont la densité va augmentant à mesure que la température s'élève. Les premières qui passent, moins denses que l'eau, sont les *huiles légères*; puis viennent les *huiles lourdes*, dont la densité est supérieure à celle de l'eau.

On extrait aujourd'hui de ces huiles un grand nombre de substances, dont quelques-unes, telles que la *benzine*, le *toluène*, la *naphtaline*, l'*aniline*, la *rosaniline*, la *toluidine*, l'acide *phénique* ou *phénol*, l'*anthracène* et l'*alizarine*, ont acquis dans ces derniers temps une grande importance industrielle, soit par elles-mêmes, soit par les produits qui en dérivent.

Benzine et Toluène. Nitrobenzine. Aniline. Rosaniline. Toluidine.

582. *Benzine* ($C^{12}H^6$). — La benzine s'extrait des huiles légères du goudron de houille, qui en sont principalement formées, en les distillant au bain-marie. C'est un liquide incolore, très inflammable, d'une odeur forte, insoluble dans l'eau, soluble dans l'alcool et dans l'éther; sa densité est 0,85, son point d'ébullition 81°. La benzine dissout le soufre, le phosphore, le caoutchouc et les corps gras; de là son usage journalier pour enlever des étoffes les taches d'huile ou de graisse. Mais elle est surtout employée dans l'industrie pour préparer la nitrobenzine et l'aniline.

A côté de la benzine se place une huile légère, le *toluène*, C^7H^8, liquide très mobile, incolore, de même odeur et de propriétés analogues à celles de la benzine. On l'obtient par la distillation sèche du baume de Tolu. L'acide azotique le transforme en nitrotoluène analogue à la nitrobenzine. Citons encore parmi les hydrocarbures du goudron de houille la *naphtaline* ($C^{10}H^8$), substance incolore, cristallisée en lamelles brillantes, d'une odeur spéciale, fusible à 79°, insoluble dans l'eau, soluble dans l'alcool et dans l'éther.

583. *Nitrobenzine* ($C^{12}H^5,AzO^4$). — En faisant agir lentement de l'acide nitrique ou azotique monohydraté AzO^5,HO sur de la benzine, on obtient une huile jaunâtre et pesante, la nitrobenzine, d'une odeur analogue à celle des amandes amères, insoluble dans l'eau, soluble dans l'alcool et dans l'éther. La nitrobenzine a pour principal usage la fabrication de l'*aniline*. Elle est aussi employée dans la parfumerie, sous le nom d'*essence de Mirbane*, pour remplacer l'essence d'amandes amères, dont elle a l'odeur.

584. *Aniline* ($C^{12}H^7Az$). — L'aniline existe toute formée dans le goudron de houille; mais il est plus facile et moins coûteux de la préparer avec la nitrobenzine. Il suffit pour cela de distiller cette dernière substance sur un mélange de limaille de fer et d'acide acétique en solution concentrée.

L'aniline, considérée par la plupart des chimistes comme un alcali artificiel ou ammoniaque composée ($C^{12}H^4,AzH^3$) $=(C^{12}H^7Az)$, est un liquide gris pâle, d'une odeur forte, d'une saveur brûlante, insoluble dans l'eau, soluble dans l'alcool et dans l'éther; sa densité est de 1,028.

Au point de vue industriel, l'aniline est aujourd'hui un des corps les plus importants de la chimie organique, à cause de la propriété qu'elle possède de donner naissance, sous l'influence des réactifs oxydants, à de magnifiques matières tinctoriales. Traitée par l'acide arsénique, qui lui cède une partie de son oxygène en se réduisant en acide arsénieux, elle donne une superbe matière colorante rouge (*rouge d'aniline*), qui peut immédiatement servir à teindre la soie ou la laine. Avec le bichromate de potasse et l'acide sulfurique, elle produit un violet de toute beauté (*indisine*). On peut encore en obtenir des verts, des bleus, des grenats, des jaunes et autres nuances, utilisés dans la teinture des tissus.

A la suite de l'aniline viennent comme alcalis homologues la *toluidine* et la *rosaniline*.

La *toluidine*, dont on connaît trois modifications isomériques (C^6H^4,AzH^2,CH^3), deux liquides et une solide, s'obtient du nitrotoluène de la même manière que l'aniline au moyen de la nitrobenzine.

La *rosaniline* ($C^{20}H^{19}Az^3$) se prépare en traitant par l'acide

arsénieux un mélange d'aniline et de toluidine. La rosaniline
est une base cristallisable, dont les sels, et en particulier le
chlorhydrate, constituent la *fuchsine*, magnifique couleur
rouge, employée à de nombreux usages industriels, et par
fraude pour colorer le vin.

Acide phénique ou phénol. Acide picrique. Anthracène, alizarine.

585. *Acide phénique ou phénol* ($C^{12}H^6O^2$).—L'acide phénique
ou phénol se retire des huiles lourdes du goudron de houille,
en les traitant par une dissolution de soude caustique. La soude
s'empare de l'acide, que l'on précipite ensuite au moyen de
l'acide chlorhydrique.

L'acide phénique est sous la forme de longues aiguilles incolores, fusibles à 35°, peu solubles dans l'eau, très solubles dans
l'alcool et dans l'éther, d'une saveur caustique et d'une odeur
goudronneuse très accentuée. Par quelques-unes de ses propriétés chimiques, l'acide phénique se rapproche des alcools,
d'où le nom de *phénol* que lui a donné M. Berthelot.

L'acide phénique est un des plus puissants antiseptiques,
journellement employé en médecine pour le pansement des
plaies et comme désinfectant.

586. *Acide picrique* ($C^{12}H^3(AzO^4)^3O^2$).—En faisant agir, avec
toutes les précautions nécessaires, de l'acide azotique sur
l'acide phénique, on obtient un nouvel acide nommé *acide
picrique*. Cet acide cristallise en lamelles jaune-citron solubles
dans l'eau, dans l'alcool et dans l'éther. Il possède un grand
pouvoir tinctorial, que l'on utilise pour teindre la soie ou la
laine. Mais il ne teint pas le coton, ce qui fournit un moyen
facile de constater la présence de ce dernier dans un tissu de
laine ou de soie.

L'acide picrique, chauffé brusquement, se décompose avec
explosion. Il forme avec les bases des sels non moins explosifs.
Tel est le *picrate de potasse*, qui fait partie des matières employées par l'artillerie pour le chargement des obus et des torpilles.

587. *Anthracène* ($C^{28}H^{10}$) *et alizarine* ($C^{28}H^8O^8$). — On trouve
encore dans les huiles lourdes du goudron de houille un hydro-
carbure, *l'anthracène*, que l'on en extrait par sublimation à
une température d'environ 360°. Ce corps cristallise en lamelles rhomboïdales incolores, fusibles à 210°, solubles dans
l'alcool bouillant.

C'est au moyen de l'anthracène, traité successivement par

l'acide chromique, l'acide sulfurique et la potasse, que l'on est parvenu dans ces derniers temps à produire artificiellement le principe colorant de la garance, l'*alizarine* ($C^{28}H^8O^6$), sous la forme de belles aiguilles orangées, solubles dans l'eau bouillante et dans l'alcool. Ce produit ne diffère en rien de l'alizarine naturelle et possède la même puissance tinctoriale.

Bitumes. Pétrole, essences minérales, asphalte.

588. *Bitumes.* — On désigne sous ce nom diverses matières minérales hydrocarburées, solides ou liquides, provenant très probablement de la décomposition de végétaux résineux (conifères) enfouis dans le sol à des époques très reculées. Tous les bitumes brûlent avec une flamme jaune et fuligineuse. On en connaît plusieurs espèces, dont les deux plus importantes sont le *pétrole* ou *huile de pierre* et l'*asphalte*.

589. *Pétrole* ($C^{10}H^{12}$). *Essences minérales.* — Le pétrole brut, tel qu'on l'extrait du sol, est un liquide visqueux, de couleur brune plus ou moins foncée. Il brûle avec une grande énergie, en produisant une épaisse fumée et une odeur bien connue, qui lui est propre.

Soumis à la distillation, le pétrole donne plusieurs hydrocarbures volatils, tels que le *naphte* ou *huile de pétrole*, dont on se sert pour conserver les métaux alcalins, et plusieurs autres huiles légères ou *essences* dites *minérales*, fort employées aujourd'hui pour l'éclairage.

Le pétrole se trouve en France dans le département de l'Hérault (source de Gabian), en Angleterre, en Suède, en Allemagne et principalement dans l'Amérique septentrionale. Dans certains pays, il s'échappe directement du sol, mêlé à des gaz combustibles et à de l'eau; mais le plus souvent il forme des nappes souterraines, qu'on exploite au moyen de puits.

590. *Asphalte* ou *bitume de Judée*. — Ce bitume est solide, d'un noir brillant, durcissant par le froid et se ramollissant par la chaleur; il fond vers 100°. Son nom lui vient du *lac Asphaltite* (mer Morte), sur les eaux duquel il surnage en masses plus ou moins volumineuses. Mais on le trouve en beaucoup d'autres lieux, notamment en France, en Suisse, en Bavière, en Hongrie, etc.

Mêlé à du sable, l'asphalte acquiert une grande consistance, et sert à faire des enduits résistants dont on recouvre les terrasses, les trottoirs et même de larges rues destinées au passage des voitures. Le bitume de Judée a été la première substance employée par Niepce, le créateur de la photographie, pour recevoir et fixer l'impression de la lumière.

Résumé.

I. Soumis à la distillation, le *goudron de houille* provenant de la préparation du gaz d'éclairage donne des huiles volatiles *légères* ou *lourdes*, suivant la température. On extrait de ces huiles plusieurs produits importants, tels que la *bensine*, l'*aniline*, l'*acide phénique* ou *phénol*, l'*acide picrique*, l'*anthracène* et l'*alizarine*.

II. La *bensine* ($C^{12}H^6$) s'extrait des huiles légères du goudron de houille en les distillant au bain-marie. C'est un liquide incolore, très inflammable, d'une odeur forte, insoluble dans l'eau, soluble dans l'alcool et dans l'éther. Elle dissout le soufre, le phosphore, les résines et surtout les corps gras, d'où son usage pour enlever des étoffes les taches d'huile ou de graisse.

III. En traitant la bensine par l'acide nitrique ou azotique, on obtient la *nitrobensine* ($C^{12}H^5,AzO^4$), sous la forme d'une huile jaunâtre et pesante, dont on se sert pour préparer l'*aniline* et pour remplacer, sous le nom d'*essence de Mirbane*, l'essence d'amandes amères, dont elle a l'odeur.

IV. L'*aniline* ($C^{12}H^7Az$) existe toute formée dans le goudron de houille. On la prépare artificiellement en distillant de la nitrobensine sur un mélange de limaille de fer et d'acide acétique dissous dans l'eau. C'est un liquide gris pâle, ayant tous les caractères chimiques d'une ammoniaque composée ($C^{12}H^7Az = C^{12}H^4,AzH^3$), et dont on obtient par divers réactifs oxydants de magnifiques matières tinctoriales.

V. L'*acide phénique* ou *phénol* ($C^{12}H^4O^2$) se présente sous la forme de longues aiguilles incolores, fusibles à 35°, légèrement solubles dans l'eau, d'une saveur caustique et d'une odeur goudronneuse très prononcée. On le retire des huiles lourdes du goudron de houille en les traitant successivement par la potasse et l'acide chlorhydrique. On l'emploie en médecine comme antiseptique, et dans l'industrie, pour conserver ou pour désinfecter les matières animales.

VI. L'*acide picrique* ($C^{12}H^3(AzO^4)^3O^2$) cristallise en lamelles jaune-citron solubles dans l'eau, dans l'alcool et dans l'éther. On l'emploie pour teindre en jaune la soie et la laine. Il forme avec les bases des sels explosifs. Tel est le *picrate de potasse* dont on se sert, en le mélangeant avec du chlorate de potasse, pour charger les torpilles.

30.

VII. L'*anthracène* (C²⁸H¹⁰) s'extrait par sublimation des huiles lourdes du goudron de houille. C'est un corps solide, cristallisé en lamelles rhomboïdales incolores, fusibles à 210°, solubles dans l'alcool bouillant. Il sert à préparer artificiellement l'*alizarine*.

VIII. L'*alizarine* (C¹⁴H⁴O⁶) est le principe colorant de la garance, où il existe tout formé. En traitant successivement l'anthracène par l'acide chromique, l'acide sulfurique et la potasse, on obtient, sous la forme de belles aiguilles orangées, une *alizarine artificielle*, qui ne diffère en rien de l'alizarine naturelle, tant par sa composition que par ses propriétés chimiques et sa puissance tinctoriale.

IX. On désigne sous le nom de *bitumes* diverses matières minérales hydrocarburées provenant très probablement de la décomposition de végétaux résineux (conifères) enfouis dans le sol dans les premiers âges géologiques. On en connaît plusieurs espèces, dont les deux plus importantes sont le *pétrole* et l'*asphalte* ou *bitume de Judée*.

CHAPITRE VIII.

Matières colorantes ou tinctoriales. — Théorie de la teinture. — Impressions sur étoffes.

Matières colorantes ou tinctoriales.

591. *Matières colorantes ou tinctoriales.* — Indépendamment des couleurs extraites du goudron de houille, et dont l'usage est d'ailleurs assez récent, l'art de la teinture emploie un grand nombre d'autres matières colorantes, qui se trouvent principalement dans le règne végétal. Le règne animal n'en fournit qu'un très petit nombre, parmi lesquelles nous citerons la cochenille et le kermès. Ces matières ne préexistent pas toujours dans l'organisation végétale; quelques-unes se développent seulement lorsqu'on soumet certaines substances organiques, incolores ou peu colorées, à l'influence de l'air ou de divers agents chimiques.

La lumière solaire, le charbon animal, l'acide sulfureux et le chlore décolorent presque toutes les matières colorantes; aucune ne résiste à ce dernier agent. Les oxydes métalliques se combinent avec un grand nombre d'entre elles, pour donner naissance à des composés insolubles offrant souvent de très belles couleurs, et que l'on emploie, sous le nom de *laques*, dans la peinture à l'huile et à l'aquarelle.

La composition des matières tinctoriales est assez variable : elles renferment, en général, du carbone, de l'hydrogène, de l'oxygène et quelquefois de l'azote.

Théorie de la teinture.

592. *Théorie de la teinture.* — La teinture a pour but de fixer les principes colorants sur les fils et les tissus de coton, de chanvre, de lin, de laine et de soie, préalablement blanchis, soi. .r une exposition prolongée à l'air et à la lumière, soit par l'action du chlore. Pour favoriser la combinaisen de ces tissus avec les matières colorantes et pour donner aux couleurs plus d'éclat et de solidité, on commence par déposer à la surface des étoffes que l'on veut teindre certaines substances salines, telles que l'alun, le protochlorure d'étain, l'acétate d'alumine, etc., que l'on désigne sous le nom de *mordants*. Cela fait, il n'y a plus qu'à plonger le tissu dans le *bain de teinture*, c'est-à-dire dans une dissolution chargée de matière colorante et portée à une température plus ou moins élevée. Voici les principales matières colorantes dont on fait généralement usage.

Teinture en rouge. La *garance*, dont les racines contiennent un principe colorant, l'*alizarine*, que l'on peut préparer aujourd'hui artificiellement (587) ; le *rouge d'aniline* (584) ; le bois de *campêche*, qui contient un principe rouge nommé *hématine* ; l'*orseille*, qui n'existe pas dans les végétaux, mais qui se forme lorsqu'on fait pourrir, sous l'influence de l'air et de l'ammoniaque, certains lichens ; la *cochenille*, petit insecte vivant sur divers cactus des Antilles et qui renferme de la *carmine* ; le *kermès*, autre insecte du même genre, mais moins riche en matière colorante.

Teinture en bleu. L'*indigo*, appartenant à plusieurs espèces de plantes du genre *indigofera* ; le *bleu de Prusse* (422) ; le *tournesol* qui n'existe pas tout formé dans les végétaux, mais qui se produit comme l'orseille, lorsqu'on fait pourrir, sous l'influence de l'air et de l'ammoniaque, certains lichens du genre *rocella*. Cette matière colorante est primitivement rouge ; elle ne devient bleue que par l'ammoniaque : ce qui explique très bien l'action qu'exercent tour à tour sur elle les acides et les alcalis.

Teinture en jaune. Le *quercitron*, écorce du *quercus nigra;* la *gaude (reseda luteola),* qui contient un principe très riche, la *lutéoline;* le *bois jaune,* donné par une espèce de mûrier ; le *curcuma,* dont la racine renferme un autre principe jaune, la *curcumine;* l'*acide picrique,* dont nous avons précédemment étudié les propriétés (586).

Teinture en noir. La *noix de galle,* le *campéche* et le sulfate de fer sont les matières ordinairement employées.

Teinture en couleurs composées. On les obtient le plus généralement en combinant entre elles les couleurs précédentes : ainsi on colore en vert les tissus en les plongeant d'abord dans un bain bleu, puis dans un bain jaune; en violet, en lilas, en pourpre, etc., avec des bains bleus et rouges ; en orangé, en capucine, avec des bains rouges et jaunes, etc. Citons encore l'*aniline,* qui, sous l'influence des réactifs oxydants, produit, comme nous l'avons vu (584), diverses teintes d'une richesse et d'une pureté incomparables.

Impressions sur étoffes.

595. *Impressions sur étoffes.* — Ces impressions se font par deux procédés distincts : l'*impression directe* et l'*impression par voie de teinture.*

L'*impression directe* consiste à imprimer le dessin sur l'étoffe, soit au moyen de planches en bois gravées en relief, soit avec des rouleaux en cuivre gravés en relief ou en creux. On dépose sur ces planches ou sur ces rouleaux la matière colorante mélangée avec son mordant et épaissie par de la fécule, de la gomme, de la gélatine ou même de la terre de pipe. Lorsque l'impression est faite, on expose les étoffes à l'action de la vapeur d'eau afin de rehausser l'éclat des couleurs et de leur donner plus de fixité.

L'*impression par voie de teinture* consiste à imprimer d'abord le dessin sur l'étoffe avec un mordant approprié à la nature du tissu et à la couleur que l'on veut obtenir. On plonge ensuite l'étoffe dans le bain de teinture; la matière colorante ne se fixant d'une manière stable que sur les parties de l'étoffe qui ont reçu le mordant, on comprend qu'il suffira de laver celle-ci à grande eau pour que le dessin reste seul.

Dans quelques cas, on procède d'une manière inverse : on imprime le dessin avec une matière grasse, et on soumet ensuite l'étoffe au mordant : le dessin est ainsi *réservé*, c'est-à-dire qu'il ne prend pas le mordant; de sorte qu'en plongeant l'étoffe dans la couleur, le fond seul se teindra, et le dessin restera en blanc. Enfin, il arrive encore que sur une étoffe uniformément teinte on imprime le dessin avec un acide végétal, ordinairement l'acide citrique ou l'acide tartrique, qui prend dans cette circonstance le nom de *rongeur*. On plonge ensuite l'étoffe dans un bain d'hypochlorite de chaux; le dessin chargé d'acide se décolore immédiatement, tandis que le fond conserve sa nuance à peu près intacte.

Résumé.

I. Les matières colorantes ou tinctoriales appartiennent presque toutes au règne végétal. Elles sont généralement composées de carbone, d'oxygène, d'hydrogène et quelquefois d'azote.

II. La lumière, le charbon animal, l'acide sulfureux et le chlore décolorent la plupart des matières colorantes. Les oxydes métalliques se combinent avec quelques-unes d'entre elles, et forment des composés que l'on emploie, sous le nom de *laques*, dans la peinture à l'huile et à l'aquarelle.

III. La teinture a pour objet de fixer sur les étoffes les principes colorants. On emploie dans ce but certaines substances appelées *mordants* (alun, acétate d'alumine, protochlorure d'étain, etc.), qui jouissent de la propriété de former avec les matières colorantes des combinaisons plus ou moins stables.

IV. Les matières le plus souvent employées en teinture sont : pour la teinture en rouge, la *garance*, le *rouge d'aniline*, le *bois de campêche*, l'*orseille*, la *cochenille* et le *kermès*; pour la teinture en bleu, l'*indigo*, le *bleu de Prusse* et le *tournesol*; pour la teinture en jaune, le *quercitron*, la *gaude*, le *bois jaune*, le *curcuma* et l'*acide picrique*; pour la teinture en noir, la *noix de galle*, le *campêche* et le *sulfate de fer*.

V. L'impression des dessins sur les étoffes se fait par deux méthodes distinctes : l'*impression directe* et l'*impression par voie de teinture*.

CHAPITRE IX.

Produits de l'organisation animale. — Matières animales neutres ou albuminoïdes. Albumine. Fibrine. Caséine. — Gélatine. — Composition du sang. — Lait. Acide lactique. — Urée. Acide urique. — Fermentation putride. — Conservation des matières animales. — Tannage.

Matières albuminoïdes. Albumine. Fibrine. Caséine.

591. *Matières albuminoïdes*. — On désigne sous ce nom diverses matières, essentiellement composées de carbone, d'hydrogène, d'oxygène et d'azote. Les principales sont l'*albumine* qui en est le type, la *fibrine* et la *caséine*.

Ces matières se trouvent abondamment répandues dans l'organisation animale; mais elles ne lui sont pas exclusivement propres. On les trouve également dans les végétaux, qui les produisent de toutes pièces avec les éléments qu'ils puisent dans l'atmosphère par leurs feuilles et dans la terre par leurs racines. Nous avons vu (544) que le gluten des céréales est entièrement constitué par des matières albuminoïdes ayant exactement la même composition chimique que l'albumine, la fibrine et la caséine animales. On peut donc dire que le règne végétal est le grand laboratoire où les animaux vont prendre et renouveler sans cesse, directement (herbivores) ou indirectement (carnivores), les principes fondamentaux de leur organisation.

592. *Albumine*. — Cette matière se trouve principalement à l'état de dissolution dans plusieurs liquides organiques, tels que le sang et le blanc d'œuf. Elle est incolore, transparente, inodore, plus pesante que l'eau. A la température de 60°, elle se coagule et donne l'albumine solide, dure, opaque et blanche. L'albumine contenue dans le sérum du sang ne se coagule qu'à 70°. L'électricité voltaïque, l'acide azotique, l'acide chlorhydrique et l'alcool absolu la coagulent sur-le-champ. Les alcalis, au contraire, loin de la coaguler, la rendent plus fluide, s'ils sont en dissolution étendue.

Le bichlorure de mercure forme avec elle un composé insoluble, ce qui explique l'usage de l'albumine comme contrepoison de ce corps. L'albumine est employée comme aliment et pour clarifier un grand nombre de sucs troubles; cette clarification est due à la propriété que possède l'albumine d'entraîner avec elle, en se coagulant, les molécules ténues qui altéraient la transparence des liquides.

696. *Fibrine.* — Cette matière se trouve dans le chyle, dans le sang et dans les muscles, qui en sont presque entièrement formés. Elle est solide, blanche ou grisâtre, insipide, inodore, plus pesante que l'eau : elle est molle et légèrement élastique; desséchée, elle devient dure et cassante. Chauffée à 200°, elle se décompose et fournit beaucoup de carbonate d'ammoniaque. Elle est insoluble dans l'eau froide; l'alcool ne l'altère pas, l'acide sulfurique la dissout et la colore en rouge brun; l'acide azotique la colore en jaune, l'acide acétique la transforme en une masse gélatineuse qui peut se dissoudre dans l'eau chaude. La potasse et la soude caustiques la dissolvent rapidement.

Pour obtenir la fibrine à l'état de pureté, on bat le sang avec un petit balai d'osier, aussitôt après sa sortie de la veine; la fibrine s'attache au bois sous la forme de longs filaments. On lave ces filaments à grande eau, afin d'entraîner les autres principes solubles ou insolubles du sang; on les traite ensuite par l'alcool et par l'éther, qui enlèvent les matières grasses, et on les soumet de nouveau à des lavages réitérés.

597. *Caséine.* — La caséine ou *caséum* est une matière qui existe en dissolution dans le lait, et que les acides en précipitent sous la forme de grumeaux blancs et opaques. Sa composition est la même que celle de l'albumine, c'est elle qui constitue la partie essentiellement nutritive du lait, celle qui fournit aux jeunes animaux les éléments plastiques nécessaires au développement de leurs organes. La caséine est presque insoluble dans l'eau; elle se dissout, au contraire, très facilement dans les liqueurs alcalines. Les fromages sont en grande partie formés de caséine plus ou moins modifiée.

Gélatine.

598. *Gélatine* ($C^{13}H^{10}Az^2O^1$). — La gélatine est une substance solide, cassante, transparente, incolore, inodore, insipide; l'eau la ramollit à froid et la dissout à 100°. Cette dissolution est incolore et se prend en gelée par le refroidissement; le tannin et l'alcool la précipitent complètement.

On prépare la gélatine en faisant digérer dans de l'eau et en vases clos (*fig.* 138), à une température supérieure à 100°, de la peau, des ligaments, des os, etc.; puis on filtre la liqueur, et on la laisse reposer jusqu'à ce qu'elle soit suffisamment concentrée. On la verse ensuite dans des moules où elle se prend en plaques par le refroidissement. Ainsi préparée, la gélatine constitue la *colle forte*.

La matière que l'on trouve dans le commerce sous le nom de *colle de poisson* est de la gélatine pure provenant de la vessie natatoire de l'esturgeon (*fig.* 139), que l'on fait simplement sécher au soleil ou dans une étuve. On l'emploie principalement pour clarifier le vin, la bière et autres liqueurs fermentées.

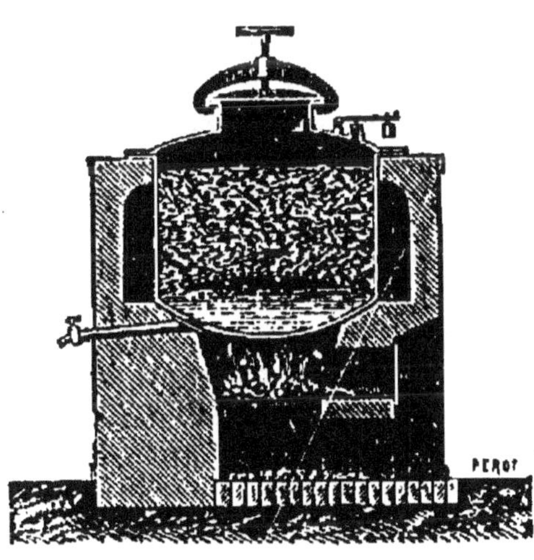

Fig. 138.

Remarque. La gélatine n'existe pas toute formée dans les tissus animaux d'où on l'extrait; elle résulte d'une modification que l'action soutenue de l'eau et de la chaleur fait éprouver à des principes isomériques que renferment normalement ces tissus.

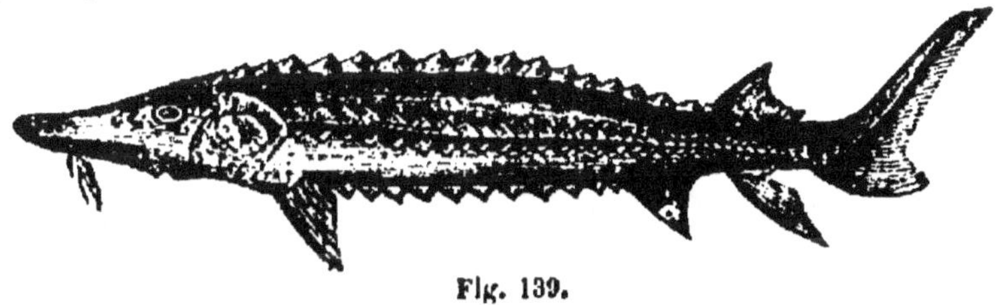

Fig. 139.

Composition du sang.

890. *Sang.* — Lorsqu'on examine au microscope le sang de l'homme ou d'un animal vertébré, on observe qu'il est formé d'un liquide incolore et transparent tenant en suspension une multitude de petits corpuscules rougeâtres auxquels on a donné le nom de *globules du sang*.

Chez l'homme et chez la plupart des mammifères, les globules

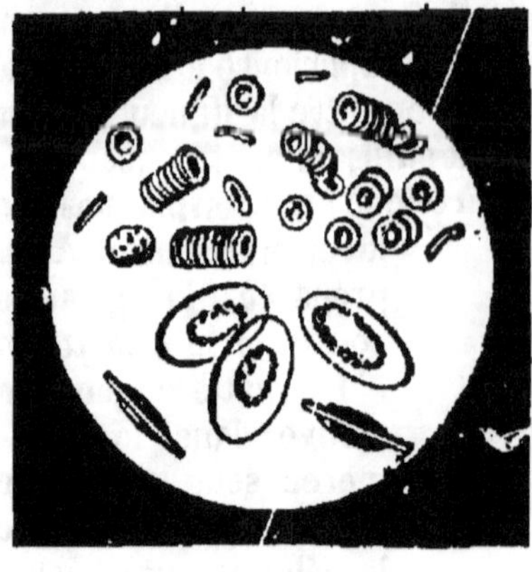

Fig. 140.

sanguins soit circulaires, applatis en forme de disques et renflés sur leurs bords (*fig.* 140); leur diamètre est environ de six à sept millièmes de millimètre. Chez les oiseaux, les reptiles et les poissons, ils sont elliptiques et renflés au milieu; leurs dimensions sont beaucoup plus considérables, surtout chez les reptiles, où leur plus grand diamètre peut atteindre un dix-septième de millimètre.

Les globules du sang sont formés d'une matière albumineuse unie ou combinée, molécule à molécule, avec un matière colorante nommée *hématosine* ou *hémoglobuline*. L'hématosine est composée de carbone, d'oxygène, d'hydrogène, d'azote et d'une petite portion de fer.

On trouve encore dans le sang d'autres globules incolores et de forme sphérique, que l'on désigne sous le nom de *leucocytes*.

La partie liquide du sang dans laquelle nagent les globules est composée d'eau tenant en dissolution de l'albumine, de la fibrine, des matières grasses, plusieurs sels (chlorure de sodium, carbonates et phosphates de soude, de magnésie, etc.), de l'acide carbonique libre, de l'oxygène et de l'azote.

Lait. Acide lactique.

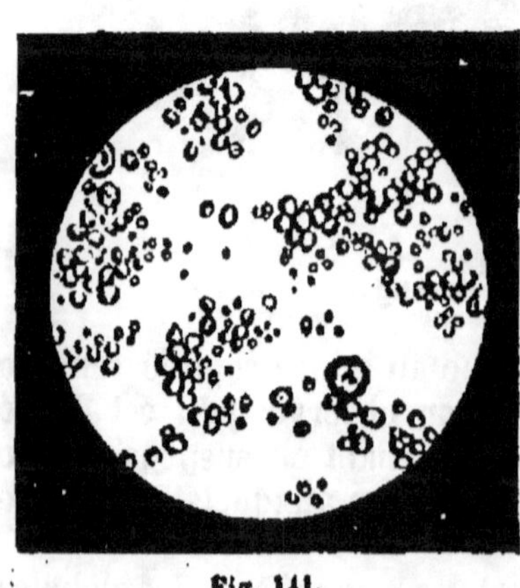

Fig. 141.

600. *Lait.* — Le lait est un liquide alcalin, blanc et opaque, d'une saveur douce et agréable, d'une densité un peu supérieure à celle de l'eau. Considéré au point de vue chimique, le lait se compose de quatre parties essentielles, qui sont : 1° une matière grasse et opaque (*beurre*) contenue dans des cellules microscopiques (*fig.* 141), en suspension dans le liquide ; 2° une matière azotée, le *ca-*

sérum, ayant une grande tendance à se coaguler et ressemblant alors à de l'albumine concrète; 3° une matière sucrée ou *sucre de lait* que l'on désigne encore sous le nom de *lactose;* 4° des matières salines en dissolution, particulièrement des phosphates de chaux et de magnésie, du chlorure de sodium et du carbonate de soude.

Lorsque le lait est abandonné à lui-même, les globules graisseux, en vertu de leur légèreté spécifique, montent à la surface et s'y rassemblent en une couche de *crème* plus ou moins épaisse. Le sucre de lait, sous l'influence de l'air, subit ensuite une fermentation particulière qui, peu à peu, le transforme en *acide lactique,* ce qui explique pourquoi le lait devient aigre au bout d'un certain temps. Cet acide lactique détermine presque aussitôt la coagulation du caséum, qui se précipite et se rassemble en grumeaux blancs et opaques. Le liquide qui reste après la séparation de la *crème* et la coagulation du caséum forme ce qu'on appelle le *petit-lait;* il est jaunâtre, limpide ou légèrement opalin, et constitué par de l'eau tenant en dissolution des matières salines, de l'acide lactique et le sucre de lait qui n'a pas encore subi la transformation acide [*].

601. *Acide lactique* ($C^4H^5O^4$). — L'acide lactique est un liquide de consistance sirupeuse, incolore, sans odeur et d'une saveur fortement acide. Il est très soluble dans l'eau, dans l'alcool et dans l'éther. Soumis à l'action d'une chaleur modérée, il se solidifie et se transforme en acide lactique anhydre $C^{12}H^{10}O^{10}$. L'acide azotique le convertit en acide oxalique.

L'acide lactique existe tout formé dans le petit-lait, dans le jus fermenté des betteraves, des pois, des lentilles, dans la choucroute, etc. On le trouve également dans certaines humeurs de l'économie animale, dans le sang, l'urine, etc. On l'extrait habituellement du petit-lait, auquel on ajoute de la chaux qui sature l'acide lactique et le transforme en lactate de chaux ; on décompose ensuite ce sel par l'acide oxalique, lequel s'empare de la chaux et met l'acide lactique en liberté.

---

[*] Ne pouvant, sans sortir de notre sujet, étudier ici les fonctions chimiques, c'est-à-dire les propriétés physiologiques du sang, du lait et autres produits de l'organisation animale (salive, bile, suc gastrique, etc.), nous renvoyons nos lecteurs à notre *Histoire naturelle,* où ces questions sont traitées avec tous les développements nécessaires.

Urée. Acide urique.

602. *Urée* ($C^2H^4Az^2O^2$). — L'urée se trouve en très grande quantité dans l'urine de l'homme et des mammifères carnassiers :

Fig. 142.

un homme adulte en produit en moyenne 30 à 40 grammes par jour. Cette substance est incolore, inodore, très soluble dans l'eau ; moins soluble dans l'alcool ; elle cristallise en prismes aplatis et à 4 pans (*fig.* 142.)

L'urée se combine avec les acides et joue le rôle de base. Dissoute dans l'eau et chauffée avec les alcalis caustiques, elle s'empare de 4 équivalents d'eau et se transforme en carbonate d'ammoniaque :

$$C^2H^4Az^2O^2 + 4HO = 2(AzH^4O,CO^2).$$

Cette transformation de l'urée en carbonate d'ammoniaque s'opère très facilement dans l'urine, sous l'influence des matières albumineuses que contient ce liquide. Voilà pourquoi l'urine, abandonnée à elle-même, ne tarde pas à répandre une odeur ammoniacale très prononcée.

L'urée est le dernier terme, le résidu des combustions que subissent dans l'économie les matières qui doivent en être éliminées ; elle constitue, pour ainsi dire, les *cendres de l'organisme*. On l'extrait de l'urine fraîche en évaporant celle-ci à une douce chaleur, de manière à réduire son volume au dixième, puis on y verse de l'acide azotique. Il se forme alors de l'azotate d'urée qui se dépose en petits cristaux. On recueille ces cristaux et on les traite par de la baryte qui s'empare de l'acide azotique et met l'urée en liberté.

On peut encore produire artificiellement de l'urée en décomposant le cyanate de potasse par du sulfate d'ammoniaque. On obtient ainsi du sulfate de potasse et de l'urée :

$$KO(C^2Az)O \text{ (cyanate de potasse)} + AzH^4O,SO^3 = KO,SO^3$$
$$+ C^2H^4Az^2O^2 \text{ (urée).}$$

603. *Acide urique* ($C^{10}H^4Az^4O^6$). — L'acide urique se trouve, comme l'urée, dans les urines de tous les animaux, et en particulier dans les excréments des oiseaux et dans l'urine demi-solide des serpents. Le *guano*, que l'on emploie comme engrais dans l'agriculture, et qui n'est formé que par des excréments d'oiseaux de mer, est presque entièrement composé d'urate d'ammoniaque.

L'acide urique est un corps blanc, sans saveur ni odeur, cristallisé en petites lames (*fig.* 143), soluble seulement dans 1000 fois son poids d'eau froide. Il se combine avec toutes les bases, mais les urates alcalins sont seuls solubles. L'acide azotique le colore en jaune, et, par l'évaporation, laisse un résidu rouge pourpre.

Pour obtenir l'acide urique, on traite les matières qui en contiennent beaucoup, tels que le guano, certains calculs urinaires, par une solution de potasse, qui le dissout à l'état d'urate. On filtre et on ajoute à la liqueur de l'acide chlorhydrique, qui s'empare de la potasse et précipite l'acide urique.

Fig. 143.

Fermentation putride.

604. *Fermentation putride.* — On désigne sous le nom de *fermentation putride* la décomposition spontanée que certaines matières organiques, soustraites à l'action des forces vitales, subissent en présence de l'air, de l'eau et d'une température convenable. Cette fermentation, d'après M. Pasteur, se produit sous l'influence d'animaux microscopiques ou infusoires, du genre *Vibrion*, dont les germes sont transportés par l'air atmosphérique.

Les produits de la décomposition putride varient avec la nature de la substance : les matières qui ne contiennent que du carbone, de l'hydrogène et de l'oxygène donnent de l'eau, de l'acide carbonique et de l'hydrogène protocarboné (gaz des marais); celles qui renferment de l'azote produisent en outre de l'acétate et du carbonate d'ammoniaque; si la matière contient du soufre et du phosphore, il se dégage de l'acide sulfhydrique et de l'hydrogène phosphoré.

Ces différents gaz entraînent avec eux des molécules de la substance putréfiée, connues sous le nom de *miasmes*, qui leur communiquent cette odeur fétide propre à la fermentation putride. Il reste enfin une matière noirâtre, formée en grande partie de carbone, et qui constitue le terreau végétal ou animal, selon l'origine de la substance putréfiée.

La fermentation putride ne peut avoir lieu d'une manière complète que sous l'influence de l'air, de l'eau et d'un certain degré de chaleur. Elle ne se produit jamais à une température inférieure à 0°. On a trouvé en Sibérie, sur les rivages de l'océan Glacial, des cadavres entiers d'animaux conservés intacts depuis des siècles au milieu des blocs de glace qui flottent sur ces mers.

Conservation des matières animales.

605. *Conservation des matières animales.* — Les divers moyens à l'aide desquels on conserve les matières animales peuvent se rapporter à quatre méthodes principales : 1° la congélation ; 2° la dessiccation ; 3° la cuisson et la privation d'air ; 4° l'emploi des agents antiseptiques (sel marin, chlorure de zinc, bichlorure de mercure, acide arsénieux, acide phénique, alcool, éther, essences, etc.).

Cette dernière méthode est celle que l'on emploie généralement pour la conservation des objets d'histoire naturelle, des pièces anatomiques, et pour l'embaumement des cadavres.

C'est par la cuisson préalable et la privation d'air que l'on conserve les viandes, le poisson et les végétaux comestibles. Après les avoir soumis à une température capable de détruire les germes putrides, on les introduit dans des boîtes en fer-blanc dont on soude hermétiquement le couvercle, et que l'on maintient ensuite pendant une heure environ dans un bain d'eau bouillante (*procédé Appert*). Ainsi privées d'air et des germes nécessaires à la fermentation putride, ces matières peuvent conserver pendant très longtemps leurs qualités comestibles, mais non sans perdre toutefois, les légumes surtout, quelque peu de leur saveur primitive.

Tannage.

606. *Tannage.* — Le tannage est une opération qui consiste à combiner la peau des animaux, composée en grande partie do gélatine, avec une certaine quantité de tannin ou acide tannique (522). Le but de cette opération est de rendre la peau imputrescible, plus souple et moins perméable à l'humidité. La peau tannée prend le nom de *cuir.*

Les peaux destinées au tannage sont d'abord lavées dans une eau courante jusqu'à ce qu'elles soient complètement débarrassées du sang et autres matières étrangères qui peuvent y adhérer. On les porte ensuite dans des bassins remplis d'un lait de chaux, où on les abandonne pendant plusieurs semaines. Peu à peu, leur tissu se gonfle, se ramollit, et les poils qui les recouvrent perdent leur adhérence à tel point, qu'il suffit alors, pour les enlever entièrement, de les racler avec un couteau émoussé, dit couteau rond.

Le tannage proprement dit s'effectue dans des fosses en maçonnerie imperméable. A cet effet, on étend d'abord au fond de chaque fosse une couche de *tan* (écorce de chêne pulvérisée) de quelques centimètres d'épaisseur; on place ensuite les peaux, préparées comme nous l'avons dit, les unes sur les autres, en les séparant par des couches de tan, et on recouvre le tout avec des planches chargées de pierres. On fait alors arriver dans la fosse assez d'eau pour humecter toute la masse, et on abandonne l'opération à elle-même pendant 6 à 8 mois, temps nécessaire pour obtenir une combinaison parfaite de la matière animale avec le tannin que contient l'écorce de chêne.

Les peaux retirées des fosses sont brossées et séchées à l'air pendant quelques jours, puis soumises à un martelage qui a pour but de donner au cuir un degré de consistance convenable. Après quoi on les livre au corroyeur, qui les soumet à diverses opérations mécaniques selon l'usage auquel il les destine.

Résumé.

I. L'*albumine* est une matière incolore, transparente, inodore, plus pesante que l'eau. On la trouve en dissolution dans plusieurs liquides organiques, tels que le sang, le blanc d'œuf, etc. La chaleur, l'alcool et la plupart des acides concentrés la coagulent instantanément.

II. La *fibrine* est une matière solide, blanche, insipide et inodore. Elle existe en dissolution dans le chyle et dans le sang. La chair musculaire en est presque entièrement formée. On l'obtient en battant le sang, au sortir de la veine, avec un petit balai d'osier, auquel elle s'attache sous la forme de longs filaments.

III. La *caséine* ou *caséum* est une matière azotée qui se trouve en dissolution dans le lait, et que les acides en précipitent sous la forme de grumeaux blancs et opaques. Cette matière constitue la partie essentiellement nutritive du lait.

IV. La *gélatine* est solide, transparente, incolore, inodore et insipide. L'eau la dissout à 100°. Cette dissolution se prend en gelée ou en plaques par le refroidissement *(colle forte)*. On prépare la gélatine en faisant digérer dans de l'eau et en vase clos, à une température supérieure à 100°, de la peau, des ligaments, des os, etc. La *colle de poisson* est de la gélatine pure, provenant de la vessie natatoire de l'esturgeon.

V. Le *sang* est essentiellement constitué par des globules rouges *(globules sanguins)*, flottant dans un liquide aqueux, qui tient en dissolution de l'albumine, de la fibrine et différents sels (chlorure de sodium, carbonates et phosphates de soude, de magnésie, etc.).

VI. Considéré au point de vue chimique, le *lait* se compose de quatre parties principales, savoir : des globules graisseux *(beurre)*; une matière azotée *(caséum)*; une matière sucrée *(sucre de lait)*; des matières salines *(chlorure de sodium, phosphates de chaux et de magnésie, carbonate de soude)*.

VII. L'*urée* et l'*acide urique* sont des principes azotés, solides et cristallisables, que l'on trouve en dissolution dans l'urine de l'homme et des animaux.

VIII. La *fermentation putride* est la décomposition spontanée des matières organiques animales ou végétales, en présence de l'air, de l'eau et d'une température convenable. Cette décomposition se produit sous l'influence d'animaux microscopiques *(infusoires du genre vibrion)* dont les germes sont apportés par l'air atmosphérique.

IX. Pour conserver les matières animales, on a recours à divers procédés qui se rapportent à quatre méthodes principales, savoir : la congélation, la dessiccation, la privation d'air, et l'emploi des divers agents antiseptiques.

X. Le *tannage* a pour but de rendre la peau imputrescible, plus souple et moins perméable à l'humidité, en la combinant avec une certaine quantité de tannin. La peau tannée prend le nom de *cuir*.

NOTIONS
D'ANALYSE CHIMIQUE

L'analyse chimique a pour but de séparer soit à l'état de corps simples, soit à l'état de combinaisons caractéristiques, les divers éléments qui entrent dans la constitution des corps composés ou font partie de mélanges plus ou moins complexes. Elle est dite *qualitative* quand elle est faite en vue de connaître seulement la nature des éléments dont un corps est formé ; *quantitative* quand elle a pour objet la recherche des proportions dans lesquelles ces éléments sont combinés ou mélangés.

Nous avons dans le cours de ce livre décrit avec soin les procédés d'analyse élémentaire, qualitative et quantitative, des principaux corps (eau, air atmosphérique, oxydes, acides, etc.) qui y sont étudiés. Il ne nous reste donc plus qu'à entrer dans le détail de quelques analyses usuelles (analyse des sels, des alliages, essais alcalimétriques, chlorométriques, etc.) prescrites par le nouveau programme de l'enseignement spécial.

CHAPITRE PREMIER

ANALYSE DES SELS.

Méthode générale. — Nous avons vu (p. 272) que l'on divise les sels en *genres* et en *espèces*. Le genre comprend chaque groupe de sels ayant le même acide ou le même élément électro-négatif. Ainsi, tous les sels qui ont pour acide l'acide sulfurique forment le genre *sulfate;* tous ceux qui ont pour acide l'acide carbonique ou pour élément électro-négatif le chlore, le brome, l'iode, etc., forment les genres *carbonate, chlorure, bromure, iodure,* etc. Chaque genre se subdivise ensuite en espèces d'après la nature de sa base ou élément électro-positif. Ainsi les sulfates de potasse, de soude, de cuivre, etc., sont autant *d'espèces* du genre sulfate; les chlorures, les bromures, les iodures de potassium, de sodium, de cuivre, etc., sont également des *espèces* des genres chlorure, bromure, iodure, etc. Il résulte de ce fait que l'analyse d'un sel comprend nécessairement deux recherches distinctes : la recherche de son acide ou du genre auquel il appartient, et la recherche de sa base, c'est-à-dire de son espèce.

I

RECHERCHE DE L'ACIDE OU DU GENRE DES SELS SOLUBLES OU INSOLUBLES LES PLUS IMPORTANTS.

Division par groupes des acides ou genres de sels. — Les divers genres de sels ont été divisés, dans le but d'en faciliter l'analyse, en trois groupes fondés sur la manière dont ils se comportent avec les deux réactifs suivants : *l'azotate de baryte* et *l'azotate d'argent.*

Premier groupe. — SELS DONT LES SOLUTIONS AQUEUSES NEUTRES PRÉCIPITENT PAR L'AZOTATE DE BARYTE:
Fluorures, Chromates, Arséniates, Arsénites, Phosphates, Carbonates, Sulfites, Sulfates, Borates, Silicates.

Deuxième groupe. — SELS DONT LES SOLUTIONS AQUEUSES NEUTRES NE PRÉCIPITENT PAS PAR L'AZOTATE DE BARYTE, MAIS PRÉCIPITENT PAR L'AZOTATE D'ARGENT:
Sulfures, Cyanures, Chlorures, Bromures, Iodures.
31.

Troisième groupe. — SELS DONT LES SOLUTIONS AQUEUSES NE PRÉCIPITENT NI PAR L'AZOTATE DE BARYTE NI PAR L'AZOTATE D'ARGENT :

Azotates, Chlorates.

La première chose à faire pour déterminer le genre d'un sel sera donc de chercher auquel de ces trois groupes il appartient.

Nous supposons que le sel donné est soluble et à base alcaline. Dans le cas contraire, on le convertirait en un sel de soude, par le procédé ordinaire, c'est-à-dire en le chauffant, réduit en poudre, dans un creuset d'argent ou de platine, avec cinq ou six fois son poils de carbonate de soude. Le mélange étant maintenu en fusion pendant une demi-heure environ, on obtiendra, par double décomposition, un sel soluble *du même genre* et un carbonate insoluble que l'on pourra utiliser plus tard pour la recherche de la base.

La masse, traitée par l'eau distillée, puis versée sur un filtre, nous donnera donc une solution neutre du sel, rendu soluble, *sans avoir changé d'acide*, et au moyen de laquelle il s'agit maintenant de déterminer le groupe dont il fait partie.

Une petite portion de cette solution, suffisamment concentrée (à 10 p. 100 au moins), et que nous nommerons *liqueur primitive*, est versée dans un verre à expériences ou dans un tube à essais (petit tube en cristal fermé par un bout), et on y ajoute quelques gouttes d'une solution d'azotate de baryte.

On obtient un précipité : le sel fait partie du premier groupe, et appartient, par conséquent, à un des genres suivants, que nous supposons, d'après les termes du programme, choisi parmi « les sels les plus importants ».

Premier Groupe. — SELS DONT LES SOLUTIONS NEUTRES PRÉCIPITENT PAR L'AZOTATE DE BARYTE :

Fluorures, chromates, arséniates, arsénites, phosphates, carbonates, sulfites, sulfates, borates, silicates.

Reste maintenant à déterminer chacun de ces genres de sels. On y arrivera facilement au moyen des réactions suivantes, auxquelles nous appliquerons, comme nous l'avons déjà fait autrefois et avec succès[1], la méthode dichotomique, employée par les botanistes pour la détermination des espèces végétales.

---

1. *Tableaux analytiques des Substances chimiques minérales employées dans la médecine et dans les arts:* un vol. in-32.

1 {
Sel dont la solution aqueuse neutre (liqueur primitive) précipite par l'azotate d'argent : précipité soluble dans l'acide azotique étendu 2

Ne précipite pas. La liqueur primitive chauffée légèrement avec de l'acide sulfurique dans une capsule de platine produit des vapeurs blanches d'une odeur très piquante et susceptibles de corroder le verre (251) . . . . FLUORURE.
}

2 {
Précipité coloré, rouge ou jaune. 3
Précipité blanc ou grisâtre 6
}

3 {
Précipité rouge pourpre foncé ou rouge brique. 4
Précipité jaune clair. 5
}

4 {
Précipité rouge pourpre foncé. La liqueur primitive donne avec l'acétate de plomb un précipité d'un très beau jaune. . . . . CHROMATE.

Précipité rouge brique. La liqueur primitive donne avec le sulfate de cuivre un précipité bleu verdâtre. . . ARSÉNIATE.
}

5 {
Précipité jaune clair. La liqueur primitive donne avec l'acide sulfhydrique un précipité jaune orange ; avec le sulfate de cuivre un précipité vert pomme . . . . ARSÉNITE.

Précipité jaune clair. La liqueur primitive ne précipite pas par l'acide sulfhydrique ; elle forme avec le sulfate de magnésie additionné de chlorure d'ammonium et d'ammoniaque un précipité blanc grenu et cristallin (184). La même liqueur, additionnée d'acide chlorhydrique et traitée par le molybdate d'ammoniaque, donne un précipité jaune serin et se colore également en jaune . . . . PHOSPHATE.
(Ordinaire ou tribasique.)
}

6 {
La liqueur primitive traitée par l'acide sulfurique produit un dégagement de gaz incolore. 7
Ne produit aucun dégagement de gaz. 8
}

7 {
Le gaz se dégage avec effervescence, est presque inodore, et possède la propriété de troubler l'eau de chaux. CARBONATE.
Le gaz se dégage lentement, sans effervescence, et répand l'odeur vive et pénétrante du soufre brûlant à l'air. SULFITE.
}

8 {
La liqueur primitive traitée à froid par l'acide sulfurique reste limpide. 9

Elle donne un précipité blanc gélatineux. En évaporant la liqueur jusqu'à siccité, ce précipité se résout en une poudre blanche (silice) complètement insoluble dans l'eau pure, soluble à chaud dans une dissolution concentrée de carbonate de potasse ou de soude . . . . SILICATE.
}

La liqueur primitive traitée de nouveau par l'azotate de baryte donne un précipité blanc, pulvérulent, complètement insoluble dans l'eau et les acides étendus ; ce précipité, préalablement desséché, puis mélangé avec du carbonate de soude et chauffé sur un charbon à la flamme réductrice du chalumeau (p. 501), se transforme en un sulfure de sodium, lequel répand, si on l'humecte avec un peu d'eau acidulée, une odeur d'œufs pourris . . . . SULFATE.

9 — La liqueur primitive ayant été préalablement additionnée de quelques gouttes d'acide chlorhydrique jusqu'à réaction acide faible, si l'on y plonge à moitié une bande de papier de curcuma, la partie plongée prend, après dessiccation à une douce chaleur, une *teinte rouge*. Évaporée à siccité, cette même liqueur laisse un résidu salin qui, imbibé d'acide sulfurique et mélangé ensuite avec de l'alcool, communique à la flamme de ce dernier une teinte verte. . . . . BORATE.

Deuxième Groupe. — SELS DONT LES SOLUTIONS NEUTRES NE PRÉCIPITENT PAS PAR L'AZOTATE DE BARYTE, MAIS PRÉCIPITENT PAR L'AZOTATE D'ARGENT. PRÉCIPITÉ INSOLUBLE DANS L'ACIDE AZOTIQUE ÉTENDU :

Sulfures, cyanures, chlorures, iodures, bromures.

1 — Précipité noir. La liqueur primitive traitée par l'acide chlorhydrique donne lieu au dégagement d'un gaz ayant l'odeur d'œufs pourris et noircissant instantanément un papier imbibé d'acétate de plomb. . . . . SULFURE.
Précipité blanc ou blanc jaunâtre 2

2 — La liqueur primitive traitée par l'eau chlorée (solution de chlore) reste incolore 3
Se colore. 4

3 — La liqueur primitive traitée par l'acide chlorhydrique répand aussitôt une odeur d'amandes amères (acide prussique) ; additionnée de quelques gouttes d'une solution mixte de sulfate de protoxyde et de sulfate de sesquioxyde de fer, elle donne un précipité d'un bleu intense (bleu de Prusse) . . . . CYANURE.
La liqueur primitive traitée par l'acide chlorhydrique ne répand pas l'odeur d'amandes amères, chauffée légèrement avec de l'acide sulfurique et du peroxyde de manganèse, elle dégage un gaz jaune verdâtre (chlore) facilement reconnaissable à son odeur . . . . CHLORURE.

4 { La liqueur primitive prend avec l'eau chlorée une teinte jaune plus ou moins foncée, et colore aussitôt en bleu une bande de papier imbibée d'empois d'amidon. Chauffée légèrement avec de l'acide sulfurique et du peroxyde de manganèse, elle dégage des vapeurs violettes. . . . . Iodure.

La liqueur primitive prend avec l'eau chlorée une teinte jaune rougeâtre, et colore en jaune une bande de papier imbibée d'empois d'amidon. Chauffée légèrement avec de l'acide sulfurique et du peroxyde de manganèse, elle dégage des vapeurs rouges de brome. . . . . Bromure.

Troisième Groupe. — Sels dont les solutions neutres ne précipitent ni par l'azotate de baryte ni par l'azotate d'argent :

Azotates, chlorates.

La liqueur primitive chauffée dans un tube ouvert avec de l'acide sulfurique donne lieu à un dégagement de vapeurs blanches, qui deviennent rutilantes si l'on ajoute au mélange de la tournure de cuivre. . . . . Azotate.

La liqueur primitive traitée par l'acide sulfurique se colore en jaune et dégage une vapeur jaune verdâtre (acide hypochloreux), ayant une odeur vive qui rappelle celle du chlore. . . Chlorate.

II

RECHERCHE DE LA BASE OU DE L'ESPÈCE DES SELS SOLUBLES OU INSOLUBLES LES PLUS IMPORTANTS.

Division des bases ou espèces de sels par groupes. — Le sel donné doit d'abord, comme pour la recherche de son acide, être dissous en assez forte proportion dans de l'eau distillée. Si le sel est insoluble, on le chauffe, réduit en poudre, avec quatre ou cinq fois son poids de carbonate de soude, ce qui a pour effet de le rendre soluble dans l'acide azotique, qui le transforme en un azotate de même base.

Les diverses espèces de sels ont été partagées en six groupes fondés sur la manière dont ils se comportent avec les quatre réactifs suivants : acide chlorhydrique, acide sulfhydrique, sulfure d'ammonium, carbonate de soude.

Premier groupe.— SELS DONT LES SOLUTIONS AQUEUSES NEUTRES PRÉCIPITENT PAR L'ACIDE CHLORHYDRIQUE :

Sels de Plomb, d'Argent, de protoxyde ou sous-oxyde de Mercure.

Deuxième groupe.— SELS DONT LES SOLUTIONS AQUEUSES NE SONT PAS PRÉCIPITÉES PAR L'ACIDE CHLORHYDRIQUE, ET QUI, LÉGÈREMENT ACIDULÉES AVEC CE MÊME ACIDE, DONNENT AVEC L'ACIDE SULFHYDRIQUE UN PRÉCIPITÉ SOLUBLE DANS UN EXCÈS DE SULFURE D'AMMONIUM[1] :

Sels d'Or, de Platine, d'Antimoine, d'Étain.

Troisième groupe.— SELS DONT LES SOLUTIONS ACIDES DONNENT AVEC L'ACIDE SULFHYDRIQUE UN PRÉCIPITÉ INSOLUBLE DANS UN EXCÈS DE SULFURE D'AMMONIUM :

Sels de bioxyde de Mercure, sels de Cuivre, de Bismuth.

Quatrième groupe. — SELS DONT LES SOLUTIONS ACIDES NE PRÉCIPITENT PAS PAR L'HYDROGÈNE SULFURÉ, MAIS PRÉCIPITENT PAR LE SULFURE D'AMMONIUM :

Sels de Nickel, de Cobalt, de Zinc, de Manganèse, de Fer, d'Alumine.

Cinquième groupe.— SELS DONT LES SOLUTIONS NEUTRES NE PRÉCIPITENT NI PAR L'ACIDE SULFHYDRIQUE, NI PAR LE SULFURE D'AMMONIUM, MAIS PRÉCIPITENT PAR LE CARBONATE DE SOUDE :

Sels de Magnésie, de Chaux, de Strontiane, de Baryte.

Sixième groupe.— SELS DONT LES SOLUTIONS ACIDES OU NEUTRES NE PRÉCIPITENT NI PAR L'ACIDE SULFHYDRIQUE, NI PAR LE SULFURE D'AMMONIUM, NI PAR LE CARBONATE DE SOUDE :

Sels d'Ammoniaque, de Potasse, de Soude.

Premier Groupe. — SELS DONT LES SOLUTIONS NEUTRES PRÉCIPITENT PAR L'ACIDE CHLORHYDRIQUE :

Sels de plomb, d'argent, de protoxyde ou sous-oxyde de mercure.

1 {
Précipité blanc, soluble dans une grande quantité d'eau bouillante, insoluble dans l'ammoniaque. La liqueur primitive donne avec l'acide sulfurique et les sulfates solubles un précipité blanc; avec l'iodure de potassium un précipité jaune vif. . . . . SEL DE PLOMB[2].

Précipité insoluble dans une grande quantité d'eau bouillante. 2
}

---

1. Le sulfure d'ammonium peut être remplacé par les sulfures alcalins de potassium ou de sodium, qui donnent les mêmes réactions.

2. Pour contrôle, voir les réactions indiquées et figurées dans les planches chromolithographiques placées plus loin.

2 { Précipité blanc, caillebotté, soluble dans l'ammoniaque, bleuissant, puis noircissant à la lumière du jour. La liqueur primitive donne avec la potasse ou avec la soude un précipité brun clair ou olivâtre; avec le chromate de potasse, un précipité rouge pourpre . . . . S. D'ARGENT.

Précipité blanc, pulvérulent, insoluble et noircissant immédiatement dans l'ammoniaque. La liqueur primitive donne avec l'iodure de potassium un précipité verdâtre . . . . S. DE PROTOXYDE DE MERCURE.

Deuxième Groupe. — SELS DONT LES SOLUTIONS NEUTRES NE PRÉCIPITENT PAS PAR L'ACIDE CHLORHYDRIQUE, ET QUI, LÉGÈREMENT ACIDULÉES AVEC CE MÊME ACIDE, DONNENT AVEC L'ACIDE SULFHYDRIQUE UN PRÉCIPITÉ DE SULFURES, SOLUBLE DANS UN EXCÈS DE SULFURE D'AMMONIUM :

Sels d'or, de platine, d'étain, d'antimoine.

1 { Précipité noir brun ou noir 2
{ Précipité brun chocolat, jaune clair ou jaune orangé . . . 3

2 { Précipité noir brun ; liqueur primitive de couleur jaune. Elle donne avec le sulfate de protoxyde de fer un précipité pulvérulent brun verdâtre ; avec une solution étendue de protochlorure d'étain légèrement additionnée d'eau chlorée un précipité pourpre (*pourpre de Cassius*) . . . . S. D'OR.

Précipité noir ; liqueur primitive jaune ou jaune rougeâtre. Elle donne avec le chlorure de potassium un précipité grenu, jaune serin . . . . S. DE PLATINE.

3 { Précipité brun chocolat. La liqueur primitive acidulée donne avec le chlorure d'or un précipité pourpre (*pourpre de Cassius*). . . . . S. DE PROTOXYDE D'ÉTAIN.

Précipité jaune clair ou jaune orangé 4

4 { Précipité jaune clair. La liqueur primitive donne avec le cyanure jaune de fer et de potassium un précipité blanc gélatineux . . . . S. DE BIOXYDE D'ÉTAIN.

Précipité jaune orangé. Une lame d'étain ou de zinc plongée dans la liqueur primitive acidulée précipite le métal en poudre noire . . . . S. D'ANTIMOINE.

Troisième Groupe. — Sels dont les solutions acidulées donnent, avec l'acide sulfhydrique, un précipité noir de sulfures, mais qui se distingue des précédents de même couleur par son insolubilité dans le sulfure d'ammonium :

Sels de bismuth, de cuivre, de bioxyde de mercure.

1 { Le liqueur primitive, étendue dans de l'eau en excès, se décompose et donne un précipité blanc de sous-sel. L'iodure de potassium y produit un précipité brun marron ; le cyanoferrure de potassium un précipité blanc. . . . . S. DE BISMUTH.
La liqueur primitive ne se décompose pas par l'addition d'un excès d'eau. 2

2 { La liqueur primitive est bleue ou verdâtre. Si l'on y ajoute un excès d'ammoniaque, sa coloration s'accentue et prend la teinte dite *bleu céleste*. Le cyanoferrure de potassium y donne un précipité rouge brun. Une lame de fer bien décapée s'y recouvre d'une couche de cuivre métallique. . . S. DE CUIVRE.
La liqueur primitive est incolore. Elle donne avec la potasse ou la soude un précipité jaune ; avec l'iodure de potassium, un précipité rouge soluble dans un excès du réactif ; une lame de cuivre s'y recouvre d'une couche blanche de mercure métallique.
. . . . S. DE BIOXYDE DE MERCURE.

Quatrième Groupe. — Sels dont les solutions acidulées ne précipitent pas par l'acide sulfhydrique, mais dont les solutions neutres (liqueur primitive) sont précipitées par le sulfure d'ammonium :

Sels de fer, de nickel, de cobalt, de manganèse, de zinc, d'alumine.

1 { Précipité noir. 2
Précipité couleur chair ou blanc. 5

2 { Précipité noir, soluble dans l'acide chlorhydrique étendu. 3
Précipité noir, insoluble dans l'acide chlorhydrique étendu. 4

3 \{
La liqueur primitive est légèrement colorée en vert pâle. Elle donne avec la potasse un précipité d'abord verdâtre, qui rougit rapidement au contact de l'air . . . .
. . . . S. DE PROTOXYDE DE FER.
La liqueur primitive est jaune rougeâtre. La potasse y forme immédiatement un précipité couleur de rouille; le cyanure jaune de fer et de potassium, un beau précipité bleu (*bleu de Prusse*). . . . . S. DE SESQUIOXYDE OU PEROXYDE DE FER.

4 \{
La liqueur primitive est de couleur verte ; elle donne avec la potasse ou la soude un précipité vert pomme. S. DE NICKEL.
La liqueur primitive est rose, fleur de pêcher. Elle donne avec la potasse ou la soude un précipité violet; avec le carbonate de soude un précipité rouge pâle. . . . S. DE COBALT.

5 \{
Précipité couleur chair. La liqueur primitive rose pâle ou incolore donne avec la potasse un précipité blanc, brunissant rapidement à l'air; avec le cyanoferrure de potassium un précipité blanc rose. . . . . S. DE MANGANÈSE.
Précipité blanc 6

6 \{
La liqueur primitive donne avec l'ammoniaque un précipité blanc soluble dans un excès d'alcali; avec le cyanoferrure de potassium un précipité blanc. . . . . S. DE ZINC.
La liqueur primitive donne avec l'ammoniaque un précipité blanc insoluble dans un excès d'alcali ; avec une solution saturée de sulfate de potasse un précipité cristallin d'alun. . . . .
. . . . S. D'ALUMINE.

Cinquième Groupe. — SELS DONT LES SOLUTIONS NEUTRES OU ACIDULÉES NE PRÉCIPITENT NI PAR L'ACIDE SULFHYDRIQUE NI PAR LE SULFURE D'AMMONIUM, MAIS PRÉCIPITENT PAR LE CARBONATE DE SOUDE :

Sels de magnésie, de chaux, de baryte, de strontiane.

1 \{
La liqueur primitive, préalablement additionnée de chlorure d'ammonium, donne avec le carbonate d'ammoniaque un précipité blanc. 2
Ne donne pas de précipité. En y ajoutant un excès de phosphate de soude, on obtient un précipité blanc, cristallin, adhérent au verre, de phosphate ammoniaco-magnésien.
. . . . S. DE MAGNÉSIE.

2 { La liqueur primitive traitée par une solution de sulfate de
chaux donne un précipité blanc, soit immédiatement, soit au
bout de quelques minutes. 3
Ne donne pas de précipité. Avec l'oxalate d'ammoniaque,
précipité blanc, pulvérulent, même dans la solution très étendue, insoluble dans l'acide acétique . . . . . . S. DE CHAUX.

3 { Précipité instantané, lourd, pulvérulent, complètement insoluble dans l'eau et à peine soluble dans les acides. Avec le
chromate de potasse, précipité jaune clair. Le sel, réduit en
poudre et mélangé avec de l'alcool à 90°, communique à la
flamme de ce dernier une coloration verte. . S. DE BARYTE.
Précipité se formant lentement, soluble dans une grande
quantité d'eau et légèrement soluble dans les acides. Avec le
chromate de potasse, pas de précipité Le sel réduit en poudre
et mélangé avec de l'alcool à 90°, colore la flamme de ce dernier en rouge intense . . . . S DE STRONTIANE.

Sixième Groupe. — SELS DONT LES SOLUTIONS
ACIDES OU NEUTRES NE PRÉCIPITENT NI PAR L'ACIDE
SULFHYDRIQUE, NI PAR LE SULFURE D'AMMONIUM,
NI PAR LE CARBONATE DE SOUDE :

Sels d'ammoniaque, de potasse, de soude.

1 { La liqueur primitive, chauffée avec de la potasse ou de la
chaux, dégage du gaz ammoniac, reconnaissable à son odeur.
. . . . S. D'AMMONIAQUE.
Ne donne pas de gaz 2

2 { La liqueur primitive donne avec le bichlorure de platine un
précipité jaune vif, avec l'acide tartrique ou le tartrate acide
de soude, un précipité blanc, grenu, cristallin. . . . .
. . . . S. DE POTASSE.
La liqueur primitive ne donne pas de précipité avec le bichlorure de platine. Cette même liqueur, suffisamment concentrée, produit avec l'antimoniate de potasse un précipité blanc,
cristallin, surtout par agitation du mélange. . . S. DE SOUDE.

CHAPITRE II.

MÉLANGE DE DEUX SELS. DÉTERMINER L'ACIDE ET LA BASE.

I

MÉLANGE DE DEUX SELS. RECHERCHE DE L'ACIDE OU DU GENRE DE CHACUN DES DEUX SELS MÉLANGÉS.

Méthode générale. — Les deux sels étant donnés en dissolution dans la même eau, la première chose à faire est de rechercher si ces deux sels appartiennent au même groupe (p. 482) ou à deux groupes différents, ce qu'on reconnaîtra facilement au moyen des réactions sur lesquelles repose l'établissement de ces groupes.

1. La liqueur primitive précipite par l'azotate de baryte. On filtre, et on constate que la liqueur filtrée ne précipite pas avec l'azotate d'argent et ne dégage aucune vapeur si on la chauffe légèrement dans un tube à essais avec de l'acide sulfurique.

Les deux sels appartiennent au premier groupe.

2. La liqueur primitive précipite par l'azotate de baryte. On filtre, et on constate que la liqueur filtrée précipite avec l'azotate d'argent.

Les deux sels appartiennent l'un au premier groupe et l'autre au second groupe.

3. La liqueur primitive précipite par l'azotate de baryte. On filtre, et on constate que la liqueur filtrée ne précipite pas avec l'azotate d'argent, mais dégage une vapeur acide si on la chauffe légèrement avec de l'acide sulfurique.

Les deux sels appartiennent l'un au premier groupe et l'autre au troisième groupe.

4. La liqueur primitive ne précipite pas par l'azotate de baryte, mais précipite avec l'azotate d'argent. On filtre, et on constate que la liqueur filtrée, chauffée légèrement avec de l'acide sulfurique, ne dégage aucune vapeur.

Les deux sels appartiennent au deuxième groupe.

5. La liqueur primitive ne précipite pas par l'azotate de baryte, mais précipite avec l'azotate d'argent. La liqueur filtrée, chauffée légèrement avec de l'acide sulfurique, dégage une vapeur acide.

Les deux sels appartiennent l'un au deuxième groupe, l'autre au troisième groupe.

6. La liqueur primitive ne précipite ni par l'azotate de baryte, ni par l'azotate d'argent. Chauffée légèrement avec de l'acide sulfurique, elle dégage une vapeur acide.

Les deux sels appartiennent au troisième groupe.

Quand les deux sels dissous dans la même liqueur font partie, relativement à leur genre ou acide, de deux groupes différents, la question se réduit immédiatement à la recherche de l'acide d'un seul sel en dissolution, les deux acides se trouvant séparés l'un de l'autre par suite des premiers essais pratiqués dans le but de reconnaître à quel groupe appartient chacun d'eux.

Supposons, par exemple, que la liqueur donnée tienne en dissolution un sulfate et un chlorure. L'azotate de baryte qu'on y versera d'abord, en quantité suffisante, précipite entièrement l'acide sulfurique du premier à l'état de sulfate de baryte, et laisse le chlorure dessous. On filtre et on ajoute à la liqueur filtrée de l'azotate d'argent, qui, à son tour, précipite tout le chlorure à l'état de chlorure d'argent. Il ne reste donc plus qu'à détacher du filtre les deux précipités, et, après les avoir ramenés à l'état de sels solubles en les faisant fondre dans un creuset de platine, avec un excès de carbonate de soude, les reprendre par l'eau, et soumettre chacune des deux solutions aux réactions précédemment indiquées (Chap. Ier, p. 482 et suiv.).

Nous n'avons donc à nous occuper ici que des cas dans lesquels les deux sels donnés en dissolution appartiennent par leur acide au même groupe.

Premier Groupe. — SELS DONT LES SOLUTIONS NEUTRES PRÉCIPITENT PAR L'AZOTATE DE BARYTE :

Carbonates, sulfites, sulfates, silicates, arsénites, arséniates, chromates, borates, fluorures, phosphates.

1er ESSAI. — On introduit le précipité dans un petit matras, et, après y avoir versé un léger excès d'acide chlorhydrique ou azotique étendu, on chauffe jusqu'à l'ébullition.

Un gaz se dégage avec effervescence et trouble l'eau de chaux dans laquelle on le fait passer. . . . . CARBONATE.

Un gaz se dégage sans effervescence, se dissout dans l'eau de chaux sans la troubler, et répand l'odeur de soufre brûlant à l'air. . . . . SULFITE.

Le gaz dégagé peut être un mélange d'acide carbonique et d'acide sulfureux, que l'on reconnaîtra, le premier au trouble de l'eau de chaux, le second à son odeur. Dans ce cas, l'opération est terminée, la présence dans la liqueur des deux genres de sels, carbonate et sulfite, étant ainsi constatée.

2ᵉ Essai. — La liqueur du premier essai, ayant ou n'ayant pas dégagé de gaz, contient un résidu blanc insoluble dans l'acide chlorhydrique ou azotique.

Une partie de ce résidu chauffée avec du charbon se transforme en un sulfure, qui, traité par de l'acide sulfurique, donne lieu à un dégagement d'hydrogène sulfuré reconnaissable à son odeur et à la coloration noire qu'il communique immédiatement à une bande de papier imbibée d'une solution d'acétate de plomb . . . . Sulfate.

L'autre partie du résidu légèrement chauffée dans une capsule de platine avec du fluorure de calcium et de l'acide sulfurique produit des vapeurs blanches de fluorure de silicium. Une lame de platine mouillée, exposée à ces vapeurs, se recouvre de flocons de silice. La liqueur primitive traitée par l'acide chlorhydrique donne un précipité blanc, gélatineux . . . . Silicate.

Si le premier essai a donné lieu à un dégagement de gaz (carbonique ou sulfureux), le résidu ne peut être formé que par l'un des deux sels précédents. La liqueur primitive contenait donc un carbonate ou un sulfite mélangé à un sulfate ou à un silicate.

Si le premier essai n'a produit aucun gaz, le résidu ne peut être formé que par du sulfate de baryte, de la silice précipitée par l'acide chlorhydrique, ou par un mélange des deux. Dans ce dernier cas l'opération est terminée · la liqueur primitive contenait en dissolution un sulfate et un silicate. Dans le cas contraire, c'est-à-dire si l'on n'a constaté que la présence de l'un de ces deux sels, la liqueur filtrée sera soumise aux réactifs que nous avons fait connaître pour la recherche du genre d'un seul sel dissous (p. 483 et suiv.), sachant toutefois qu'elle ne contient ni carbonate, ni sulfite, ni sulfate ou silicate.

3ᵉ Essai. — Le premier et le deuxième essais ont été négatifs : le précipité barytique s'est simplement dissous dans l'acide chlorhydrique, sans donner ni gaz ni résidu. La liqueur acide reste limpide.

On la traite par l'acide sulfhydrique.

On obtient un précipité jaune qui se produit immédiatement. La liqueur primitive précipite en jaune clair par l'azotate d'argent et en vert pomme par le sulfate de cuivre . . . . Arsénite.

Le même précipité jaune ne se forme que lentement. La liqueur primitive précipite en rouge brique par l'azotate d'argent et en bleu verdâtre par le sulfate de cuivre. . . . . Arséniate.

Si la liqueur à analyser contient un arsénite et un arséniate, la couleur rouge brique du précipité indique suffisamment la présence d'un arséniate ; mais elle masque en même temps la couleur jaune du précipité donné par l'arsénite. Pour découvrir la présence de ce dernier, on ajoute à une petite portion de la liqueur primitive un léger excès de potasse caustique et quelques gouttes d'une solution de sulfate de cuivre. En portant le tout à l'ébullition on voit bientôt, si la liqueur contient un arsénite, se réunir au fond du tube un précipité rouge de sous-oxyde de cuivre, provenant de la réduction du sel de cuivre par l'arsénite se transformant en arséniate. Dans ce dernier cas, on a la preuve que la liqueur primitive contient les deux sels, arsénite et arséniate, cé qui complète l'analyse.

Avec ou sans précipité jaune de sulfure d'arsenic, on obtient un précipité de soufre d'aspect laiteux. La liqueur filtrée est colorée en vert émeraude. La liqueur primitive de teinte jaune ou rougeâtre précipite en rouge pourpre avec l'azotate d'argent, en jaune avec l'acétate de plomb. CHROMATE.

4ᵉ ESSAI. — Le troisième essai a été négatif; l'acide sulfhydrique n'a rien produit. On reprend alors la liqueur primitive, sachant qu'elle ne doit plus contenir que deux des sels suivants : borate, fluorure ou phosphate, aucun des sels précédents n'y ayant été trouvé [1].

On évapore à sec une partie de cette liqueur primitive, et on divise le résidu en deux parts.

La première part, additionnée de quelques gouttes d'acide sulfurique et d'alcool, communique à la flamme de ce dernier une belle couleur verte. Une bande de papier de curcuma trempée dans la liqueur primitive légèrement acidulée avec de l'acide chlorhydrique, se colore en rouge. . . . . BORATE.

La seconde part du résidu, traitée par l'acide sulfurique dans une capsule de platine et à une douce chaleur, donne des vapeurs blanches très acides qui corrodent le verre. . . . . . . FLUORURE.

Si l'un de ces deux derniers essais a été négatif, on traite la liqueur primitive par quelques gouttes d'une solution d'azotate d'argent; on obtient un précipité jaune clair. Une solution de sulfate de magnésie et de chlorure d'ammonium y forme un précipité blanc, cristallin, de phosphate ammoniaco-magnésien. . . . PHOSPHATE.
. . . . (Ordinaire ou tribasique.)

---

1. Il est bien entendu que, conformément aux termes du programme, nous avons supposé que les deux sels dissous dans la liqueur ont été choisis parmi *les plus importants*; c'est pourquoi nous avons éliminé de cette étude d'autres sels peu importants ou peu connus, appartenant à ce même groupe, tels que les iodates, séléniates, molybdates, etc.

Deuxième Groupe. — SELS DONT LES SOLUTIONS NEUTRES NE PRÉCIPITENT NI PAR L'AZOTATE DE BARYTE NI PAR L'AZOTATE D'ARGENT :

Sulfures, cyanures, iodures, bromures, chlorures.

1er ESSAI. — Après s'être assuré que la liqueur donnée (liqueur primitive) ne précipite pas par l'azotate de baryte, on verse goutte à goutte dans une petite portion de cette même liqueur une solution d'azotate d'argent; on obtient un précipité noir brun, blanc jaunâtre ou blanc.

A. *Précipité noir brun.* Ce précipité révèle aussitôt la présence d'un. . . . . SULFURE.
Ce sulfure étant mélangé dans la liqueur primitive avec un des quatre autres sels (cyanure, iodure, bromure ou chlorure), il s'agit de l'en séparer.

Dans une autre portion de la liqueur primitive, on verse un léger excès d'une solution de sulfate de zinc :
Précipité blanc jaunâtre ou blanc.
Ce précipité est entièrement formé de sulfure de zinc, si l'autre sel associé au sulfure dans la liqueur est un iodure, un bromure ou un chlorure, ces sels ne précipitant pas par le sulfate de zinc. Il est au contraire formé d'un mélange de sulfure et de cyanure de zinc, si l'autre sel est un cyanure. On filtre donc, et on ajoute à la liqueur filtrée de l'acide sulfurique; puis on chauffe, au besoin, jusqu'à ébullition :
Aucune réaction ne se produit. . . . . CYANURE.
On obtient une des réactions indiquant la présence d'un IODURE, BROMURE OU CHLORURE.

Pour s'assurer par un caractère positif de la présence d'un cyanure associé à un sulfure dans la liqueur primitive, on évapore à siccité une petite portion de cette liqueur préalablement additionnée de quelques gouttes de sulfure d'ammonium. On reprend le résidu par l'eau et on y ajoute de l'acide chlorhydrique jusqu'à cessation d'effervescence. On obtient ainsi un sulfocyanure alcalin et du soufre, qui se dépose. La liqueur décantée ou filtrée prend immédiatement, si l'on y verse quelques gouttes de perchlorure de fer, une coloration rouge sang caractéristique.

B. *Précipité blanc jaunâtre ou blanc.* Ce précipité indique l'absence certaine de sulfure.

2e ESSAI. — Précipité blanc jaunâtre. Ce précipité, traité par un excès d'ammoniaque, ne se dissout pas. . . . . IODURE.

La liqueur filtrée ne contient donc plus qu'un bromure, un chlorure ou un cyanure, que l'on reconnaîtra au moyen des réactions indiquées pages 485 et suiv.

3ᵉ ESSAI. — Le précipité blanc ou presque blanc se dissout plus ou moins facilement dans un excès d'ammoniaque : la liqueur primitive contient deux des trois sels : cyanure, bromure, chlorure.

On y verse une solution de sulfate de zinc.

A. *On obtient un précipité blanc*, qui, recueilli sur un filtre et chauffé légèrement avec de l'acide chlorhydrique étendu, dégage une odeur d'amandes amères. . . . . CYANURE.

La liqueur filtrée ne contient plus qu'un bromure ou un chlorure.

B. *On n'obtient pas de précipité*. La liqueur primitive traitée par l'eau chlorée se colore en jaune |rougeâtre (brome). En y ajoutant un peu d'éther, celui-ci s'empare du brome et vient former à la surface du liquide une couche jaune plus ou moins foncé. . . . . .
. . . . BROMURE.

Le liquide qui supporte cette couche d'éther, recueilli et chauffé légèrement avec du bioxyde de manganèse et de l'acide sulfurique, dégage du chlore. . . . . CHLORURE.

Troisième Groupe. — SELS DONT LES SOLUTIONS NEUTRES NE PRÉCIPITENT NI PAR L'AZOTATE DE BARYTE NI PAR L'AZOTATE D'ARGENT :

Chlorates, azotates.

Si la liqueur donnée, qui ne doit contenir que deux genres de sels, ne précipite ni par l'azotate de baryte ni par l'azotate d'argent, ces deux sels sont nécessairement un chlorate et un azotate, dont on constatera la présence par les réactions suivantes :

1ᵉʳ ESSAI. — On évapore la liqueur à siccité, dans une capsule de porcelaine, et on calcine modérément le résidu. Cette opération a pour effet de transformer le chlorate en chlorure.

Une partie de ce résidu, dissous dans de l'eau, et traité par l'azotate d'argent, donne un précipité blanc, caillebotté. . . . . . .
. . . . CHLORATE.

2ᵉ ESSAI. — L'autre partie du résidu, chauffée légèrement dans un tube de verre avec de l'acide sulfurique et des rognures de cuivre, donne des vapeurs nitreuses rutilantes. . . . . AZOTATE.

On peut encore s'assurer de la présence dans la liqueur d'un chlorate et d'un azotate en évaporant celle-ci à une douce chaleur, et en traitant simplement le résidu par l'acide sulfurique.

On obtient d'abord une vapeur blanc jaunâtre (acide azotique et hypochlorique), laquelle prend aussitôt la teinte rutilante si l'on ajoute au mélange quelques rognures de cuivre.

II

MÉLANGE DE DEUX SELS. RECHERCHE DE LA BASE MÉTALLIQUE OU ESPÈCE DE CHACUN DES DEUX SELS MÉLANGÉS.

Méthode générale.— La première chose à faire est de rechercher si les deux sels dissous dans la liqueur donnée (liqueur primitive) appartiennent au même groupe ou à deux groupes différents, parmi les six établis pour la détermination des bases métalliques ou espèces de sels. On procédera comme nous l'avons indiqué pour la recherche des bases ou espèces de sels, c'est-à-dire en traitant la liqueur primitive par les réactifs sur l'action desquels repose l'établissement de ces groupes : acide chlorhydrique, acide sulfhydrique, sulfure d'ammonium, carbonate de soude (p. 486 et suiv.).

Si les deux sels appartiennent à deux groupes différents, le problème se simplifie et se réduit à la recherche de la base dans le cas d'un seul sel en dissolution (chap. I), puisque ce premier essai a eu précisément pour effet de séparer les deux sels en précipitant l'un et en laissant l'autre dissous. Il suffira donc de filtrer, de chercher dans la liqueur filtrée la base du sel resté en dissolution, puis de dissoudre le précipité dans un acide étendu, de manière à en obtenir une solution qui permette à son tour de découvrir l'autre base.

Mais il n'en est plus de même si les deux sels donnés appartiennent au même groupe, puisqu'ils seront précipités tous les deux par le réactif propre à déterminer ce groupe. La liqueur primitive devra être alors soumise à de nouveaux essais destinés à séparer les deux sels qu'elle contient.

Premier Groupe. — Sels dont les solutions neutres précipitent par l'acide chlorhydrique :

Sels de plomb, d'argent, de protoxyde ou sous-oxyde de mercure.

Précipité blanc de chlorure. On recueille le précipité et on le traite par l'eau bouillante.

32.

A. *Une partie du précipité se dissout :*

La liqueur filtrée donne avec une solution de sulfate de soude un précipité blanc. S. DE PLOMB.

La partie du précipité non dissoute par l'eau bouillante est recueillie et traitée par l'ammoniaque.

Elle se dissout. . . . . S. D'ARGENT.

Elle noircit sans se dissoudre. . S. DE PROTOXYDE DE MERCURE

B. *Le précipité* reste entier dans l'eau bouillante.

Les deux sels dissous ne peuvent être, dans ce cas, qu'un sel d'argent et un sel de protoxyde de mercure, que l'on séparera l'un de l'autre en traitant le double précipité de chlorure par l'ammoniaque, qui dissoudra le chlorure d'argent et noircira sans le dissoudre le protochlorure de mercure. (Voyez page 488).

Deuxième Groupe. — SELS DONT LES SOLUTIONS NEUTRES NE PRÉCIPITENT PAS PAR L'ACIDE CHLORHYDRIQUE, ET QUI, LÉGÈREMENT ACIDULÉES AVEC CE MÊME ACIDE, DONNENT AVEC L'ACIDE SULFHYDRIQUE UN PRÉCIPITÉ DE SULFURES, SOLUBLE DANS UN EXCÈS DE SULFURE D'AMMONIUM :

Sels d'étain, d'antimoine, d'or, de platine.

On étend d'eau la liqueur contenant le précipité des deux sulfures redissous par le chlorure d'ammonium, et on ajoute de l'acide chlorhydrique en excès. Les sulfures se précipitent de nouveau en même temps qu'une petite quantité de soufre très divisé.

A. *Le précipité est jaune ou brun jaunâtre :* absence de sels d'or et de platine.

Les deux sels dissous dans la liqueur primitive ne peuvent donc être qu'un sel d'étain et un sel d'antimoine, que l'on séparera de la manière suivante :

On redissout le précipité jaune ou jaune brun des deux sulfures dans de l'acide chlorhydrique étendu, et on plonge dans la solution une lame de zinc, qui précipite en poudre noire l'étain et l'antimoine.

Cette poudre est recueillie sur un filtre et traitée à chaud par l'acide chlorhydrique, lequel dissout l'étain et laisse pour résidu l'antimoine. La liqueur filtrée précipite en brun chocolat par l'acide sulfhydrique et en blanc par le bichlorure de mercure. . . . . . .
. . . . S. D'ÉTAIN.

Le résidu, traité par l'acide azotique bouillant, se transforme en une matière blanche (acide antimonique) insoluble dans l'eau et soluble dans l'acide tartrique. Cette solution donne, avec l'acide sulfhydrique, un précipité jaune orange. . . . . . . S. D'ANTIMOINE.

B. *Le précipité est noir :* présence de sels d'or et de platine, que l'on reconnaîtra de la manière suivante :

La liqueur primitive, de couleur jaune, traitée par du chlorure d'ammonium ou de potassium donne un précipité cristallin jaune vif. . . . . S. DE PLATINE.

La liqueur filtrée donne, avec une solution de protochlorure et de bichlorure d'étain, un précipité pourpre (*pourpre de Cassius*); avec le sulfate de protoxyde de fer, un précipité brun verdâtre.
. . . . S. D'OR.

Troisième Groupe. — SELS DONT LES SOLUTIONS ACIDULÉES DONNENT AVEC L'ACIDE SULFHYDRIQUE UN PRÉCIPITÉ NOIR DE SULFURES, INSOLUBLE DANS LE SULFURE D'AMMONIUM :

Sels de bioxyde de mercure, de bismuth, de cuivre.

On recueille le précipité et on le chauffe dans un petit ballon de verre avec de l'acide azotique.

A. *Le précipité ne se dissout qu'en partie* et laisse un résidu composé de sulfure noir mélangé à un dépôt de soufre en poudre fine d'un blanc jaunâtre. On filtre et on recueille ce résidu, qui, traité par l'eau régale, laisse le soufre à l'état pulvérulent et dissout le sulfure. Une goutte de cette solution, ramenée par l'ammoniaque à un état légèrement acide, forme sur une lame de cuivre bien décapée une tache blanche, qui devient brillante par le frottement et disparaît par la chaleur. . . . . S. DE BIOXYDE DE MERCURE.

La liqueur filtrée ne contient plus qu'un sel de bismuth ou de cuivre, que l'on reconnaîtra au moyen des réactions indiquées plus haut (chap. I, p. 489).

B. *Le précipité se dissout en entier* en laissant toutefois un résidu de soufre pulvérulent blanc jaunâtre : absence de sel de mercure.

La liqueur primitive ne contient donc que les deux autres sels du groupe, c'est-à-dire un sel de bismuth et un sel de cuivre, dont on vérifiera la présence soit dans cette liqueur, soit dans la solution azotique filtrée, de la manière suivante :

La liqueur, traitée par un excès d'ammoniaque, donne un précipité blanc, qui, lavé, séché et redissous dans un peu d'acide chlorhydrique, précipite de nouveau en blanc par l'addition d'une assez grande quantité d'eau. . . . . S. DE BISMUTH.

La liqueur, en précipitant en blanc par l'ammoniaque, s'est en même temps colorée d'une belle teinte bleue. Cette liqueur, débarrassée par filtration du précipité d'hydrate d'oxyde de bismuth, donne avec le cyanoferrure de potassium un précipité rouge grenat ; une lame de fer s'y recouvre d'une couche de cuivre métallique. . . . . S. DE CUIVRE.

Quatrième Groupe. — Sels dont les solutions acidulées par l'acide chlorhydrique ne précipitent pas par l'acide sulfhydrique, mais dont les solutions neutres (liqueur primitive) sont précipitées par le sulfure d'ammonium :

Sels de nickel, de cobalt, de zinc, de manganèse, de fer, d'alumine.

Une portion du précipité produit par le sulfure d'ammonium est traitée par de l'acide chlorhydrique.

A. *Le précipité ne se dissout pas ou ne se dissout qu'en partie.*

Si le précipité reste entièrement insoluble, cela indique que les deux sels contenus dans la liqueur primitive sont l'un à base de nickel, l'autre à base de cobalt.

Si le précipité ne se dissout qu'en partie, la partie non dissoute est un sulfure de nickel ou un sulfure de cobalt. La liqueur filtrée contient donc un des quatre autres sels du groupe (S. de fer, de zinc, de manganèse ou d'alumine), que l'on cherchera au moyen des réactions précédemment indiquées (chap. I, p. 489).

Pour reconnaître la base (nickel ou cobalt) du précipité resté sur le filtre, on recueille ce précipité, et, après l'avoir lavé avec soin, on le traite par l'eau régale, qui le dissout. On évapore ensuite à siccité, et on redissout le résidu dans de l'eau distillée. On soumet alors cette solution aux essais suivants :

On y verse goutte à goutte une solution d'acide oxalique. On obtient au bout de quelque temps :

Un précipité blanc verdâtre soluble dans l'ammoniaque. . . . . S. DE NICKEL.

Un précipité blanc rosé, soluble dans l'ammoniaque. . . . . S. DE COBALT.

Enfin, si le précipité produit dans la liqueur primitive par le sulfate d'ammonium est resté complètement insoluble, il suffira, pour constater la présence dans cette liqueur des deux bases, nickel et cobalt, de la traiter directement par l'acide oxalique. On obtiendra ainsi un double précipité se formant lentement d'oxalate de nickel et d'oxalate de cobalt. On dissoudra ce précipité dans l'ammoniaque. Cette solution, exposée à l'air, laissera bientôt déposer l'oxalate de nickel, lequel se trouvera ainsi séparé de l'oxalate de cobalt, qui ne se dépose que longtemps après.

B. *Le précipité se dissout complètement dans l'acide chlorhydrique :* absence de sels de nickel et de cobalt. La liqueur primitive ne contient donc que deux des sels suivants : zinc, manganèse, fer, alumine. On en reprend une autre portion, que l'on précipite de nouveau par le sulfure d'ammonium.

On recueille le précipité, on le dissout dans de l'acide azotique et on verse dans la solution du chlorure d'ammonium, additionné d'un excès d'ammoniaque.

Pas de précipité. . . . . S. DE ZINC ET DE MANGANÈSE.

Précipité jaune rougeâtre mêlé de blanc, provenant des deux sels dissous dans la liqueur primitive. La liqueur filtrée, après précipitation, ne contient donc aucun autre sel du groupe, ce que l'on constate par l'absence de tout précipité, si l'on y verse une solution de potasse, de soude ou d'un carbonate alcalin. . . . .
. . . . S. DE FER ET S. D'ALUMINE.

Le précipité, au lieu de comprendre les deux sels dissous dans la liqueur primitive, peut n'être formé que par un seul : sel de fer (précipité couleur rouille) ou sel d'alumine (précipité blanc).

L'autre sel, resté en dissolution, sera donc un sel de zinc ou de manganèse, dont on reconnaîtra la présence par les essais suivants :

La liqueur filtrée donne avec le sulfure d'ammonium un précipité blanc; avec la potasse un précipité blanc soluble dans un excès d'alcali. . . . . S. DE ZINC.

Cette même liqueur donne avec le sulfure d'ammonium un précipité blanc rosé; avec la potasse un précipité blanc, brunissant à l'air, insoluble dans un excès d'alcali. . S. DE MANGANÈSE.

Cinquième Groupe. — SELS DONT LES SOLUTIONS NEUTRES OU ACIDULÉES NE PRÉCIPITENT NI PAR L'ACIDE SULFHYDRIQUE, NI PAR LE SULFURE D'AMMONIUM, MAIS PRÉCIPITENT PAR LE CARBONATE DE SOUDE :

Sels de magnésie, de chaux, de baryte, de strontiane.

Après avoir constaté que la liqueur primitive ne contient que des sels de ce groupe, on verse dans une autre portion de cette liqueur une solution de chlorure d'ammonium et de carbonate d'ammoniaque additionnée d'un peu d'ammoniaque.

A. *Précipité blanc.* On filtre, et on ajoute à la liqueur filtrée une solution de phosphate de soude.

1. Précipité blanc cristallin. . . . . S. DE MAGNÉSIE.

L'autre sel contenu dans la liqueur primitive est donc un sel de baryte ou de strontiane resté sur le filtre à l'état de carbonate, et qu'il sera facile de reconnaître, après l'avoir redissous dans de l'acide azotique étendu d'eau distillée, au moyen des réactions précédemment indiquées pour la recherche de la base d'un seul sel (chap. I, p. 490).

B. *Pas de précipité.* La liqueur primitive ne contient pas de sel de magnésie. Elle ne renferme donc que deux des trois bases : chaux, baryte ou strontiane.

On verse goutte à goutte dans une autre portion de la liqueur primitive de l'acide sulfurique étendu d'eau distillée.

On obtient un précipité blanc. Ce précipité peut être formé de sulfate de baryte, de sulfate de strontiane ou de ces deux sels réunis.

On filtre. On neutralise la liqueur filtrée par l'ammoniaque, et on y verse ensuite quelques gouttes d'une solution d'acide oxalique.

Il se forme aussitôt un précipité blanc. . . . . . . S. DE CHAUX.

La liqueur primitive contient donc un sel de chaux mélangé avec un sel de baryte ou avec un sel de strontiane.

Pour savoir lequel des deux, on verse dans la liqueur primitive un petit excès d'acide hydro-fluosilicique.

On obtient un précipité blanc et cristallin de fluosilicate de baryte. Le précipité produit dans la liqueur primitive par l'acide sulfurique, détaché du filtre et imbibé d'alcool, communique à la flamme de ce dernier une coloration verte. . . . . S. DE BARYTE.

On n'obtient pas de précipité. Le précipité produit dans l'acide sulfurique communique à la flamme de l'alcool une belle teinte rouge. . . . . S. DE STRONTIANE.

Si la liqueur primitive, après avoir été traitée par l'acide sulfurique, puis filtrée et neutralisée par l'ammoniaque, ne précipite pas par l'acide oxalique, c'est qu'elle ne contient pas de sel de chaux. Les deux sels qui s'y trouvaient ne peuvent donc être qu'un sel de baryte et un sel de strontiane, que l'on reconnaîtra, comme nous venons de le dire, au moyen de l'acide hydro-fluosilicique et de l'alcool.

Sixième Groupe. — SELS DONT LES SOLUTIONS ACIDES OU NEUTRES NE PRÉCIPITENT NI PAR L'ACIDE SULFHYDRIQUE, NI PAR LE SULFURE D'AMMONIUM, NI PAR LE CARBONATE DE SOUDE :

Sels d'ammoniaque, de potasse, de soude.

On ajoute à une petite portion de la liqueur primitive de la chaux en poudre, et on fait bouillir dans un tube à essais.

A. *On obtient un gaz à odeur forte et piquante.* Ce gaz bleuit le papier rouge de tournesol, et, à l'approche d'une baguette de verre préalablement trempée dans de l'acide chlorhydrique, donne d'épaisses vapeurs blanches. . . . . S. D'AMMONIAQUE.

L'autre sel dissous dans la liqueur primitive ne peut donc être qu'un sel de potasse ou de soude.

Pour reconnaître l'un ou l'autre de ces deux sels, on continue à chauffer jusqu'à ce qu'il ne se dégage plus de gaz ammoniac. On laisse refroidir ; on filtre ensuite pour séparer la liqueur de l'excès de chaux, et on soumet celle-ci aux deux essais indiqués p. 491.

B. *Aucun dégagement de gaz ammoniac.* La liqueur primitive ne contient que les deux sels de potasse et de soude, que l'on séparera et distinguera l'un de l'autre de la manière suivante :

La liqueur primitive traitée par le bichlorure de platine donne un précipité jaune, grenu, adhérent au verre. . S. DE POTASSE.

On filtre. La liqueur, filtrée et suffisamment concentrée par évaporation, donne avec l'antimoniate de potasse un précipité blanc cristallin; elle colore en jaune la flamme de l'alcool. . . .
. . . . S. DE SOUDE.

CHAPITRE III.

ESSAIS AU CHALUMEAU. SPECTROSCOPIE.

Les procédés d'analyse que nous venons de décrire n'ayant eu pour objet que la recherche des acides et des bases des sels solubles, c'est-à-dire donnés en solution aqueuse, constituent ce qu'on nomme l'analyse *par voie humide*. Mais il existe un autre mode d'analyse, plus particulièrement employé par les minéralogistes, l'analyse dite *par voie sèche*, consistant à soumettre les corps à analyser, pris à l'état solide, ainsi que leurs réactifs, à l'action du feu.

La source de chaleur généralement employée dans ce mode d'analyse est la flamme d'une bougie ou du gaz d'éclairage (lampe de Bunsen).

La flamme d'une bougie, résultant de la combustion des gaz carburés dus à la décomposition des matières grasses dont celle-ci est formée, présente à considérer (*fig.* 144) plusieurs parties distinctes, savoir :

1° Un cône obscur *1*, placé au centre de la flamme et dans lequel ne s'effectue, faute d'air, aucune combustion; 2° autour de ce cône, une zone brillante *2* (partie éclairante de la flamme), dans laquelle la combustion est incomplète, et laisse à nu des particules incandescentes de charbon; 3° une zone extérieure bleuâtre *3*, moins lumineuse, mais très chaude, dont la pointe correspond au sommet de la flamme, où s'achève la combustion.

Toutes les flammes usuelles, celles du gaz d'éclairage, du pétrole, de l'huile, etc., présentent ces trois parties plus ou moins distinctes, dont les deux dernières, la zone éclairante *2* et la zone extérieure *3*, sont utilisées dans *l'analyse au chalumeau*.

Le chalumeau (*fig.* 145), petit instrument trop connu pour qu'il soit besoin de le décrire ici, a pour but d'activer les combustions qui s'opèrent dans la flamme en y insufflant de l'air par la bouche. La flamme prend alors la forme d'un dard incliné (*fig.* 146), dans lequel on distingue encore une zone intérieure brillante *1*,

Fig. 144.

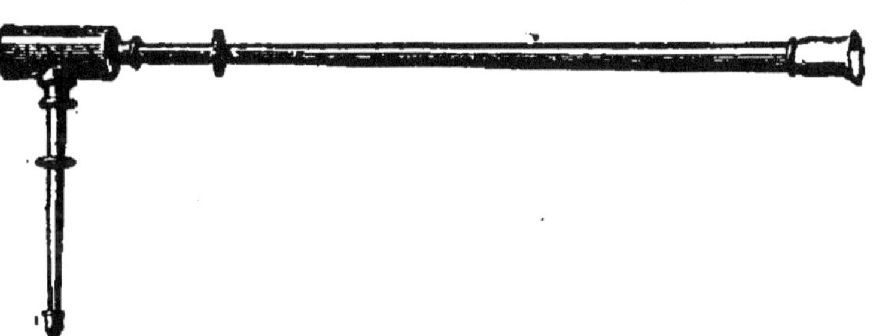

Fig. 145.

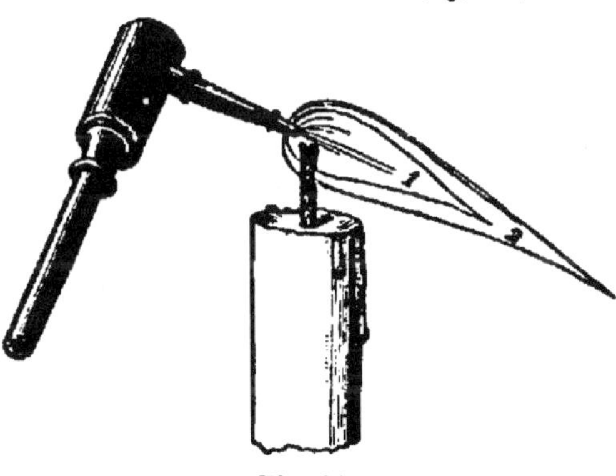

Fig. 146.

contenant un excès de carbone incandescent, et une zone extérieure *2* d'un éclat moindre, mais beaucoup plus chaude.

La zone intérieure brillante *1* est ce qu'on nomme la *flamme* ou *feu de réduction*, parce que les particules incandescentes de charbon qu'elle entraîne ont pour effet de désoxyder les corps qu'on y plonge, en s'emparant de leur oxygène. La zone extérieure 2 est, au contraire, nommée *flamme* ou *feu d'oxy-dation*, parce qu'elle a pour effet, surtout vers la pointe, d'oxyder, en les brûlant dans l'air ambiant, les métaux ou autres corps com-bustibles.

Les réactifs employés pour les essais au chalumeau sont peu nombreux. Les principaux sont : le *borax* (borate de soude) fon-dant des oxydes métalliques; le *sel de phosphore* (phosphate double de soude et d'ammonium), qui a le même usage; le *carbo-nate de soude*, dissolvant des acides et facilitant ainsi, en les dégageant de leurs combinaisons avec les oxydes métalliques, l'élimination et la réduction de ces derniers.

L'analyse au chalumeau comprend principalement les *essais sur les perles* et les *réductions sur le charbon*.

ESSAIS SUR LES PERLES.

Ce genre d'analyse a pour principal objet la recherche et la détermination des oxydes métalliques contenus dans les miné-raux, au moyen des diverses colorations que ces oxydes commu-niquent à des globules dits *perles* de borax ou de sel de phos-phore, en s'y mélangeant par fusion à la flamme du chalumeau. On s'en sert encore, dans les laboratoires, comme moyen de con-trôle des résultats obtenus dans les recherches par voie humide des bases métalliques.

Pour préparer ces perles, on prend un fil de platine dont une des extrémités a été recourbée en un petit anneau. On chauffe cet anneau à la flamme du chalumeau jusqu'au rouge blanc, et on le trempe rapidement dans de la poudre fine de borax ou de sel de phosphore. Une certaine portion du sel y adhère aussitôt par suite d'un commencement de fusion, et, en chauffant de nouveau avec précaution, on obtient, incrustée dans le contour de l'anneau, une perle limpide et incolore. Sauf pour quelques cas particu-liers, on donne généralement la préférence aux perles de borax, plus faciles à obtenir et à maintenir dans l'anneau de platine que les perles de sel de phosphore.

La perle étant ainsi préparée, on l'humecte légèrement, et on la trempe dans la matière qu'il s'agit d'analyser, et que l'on a préalablement réduite en poudre pour qu'elle puisse y adhérer. Puis on soumet le tout à l'action du chalumeau, d'abord à la flamme d'oxydation, ensuite à celle de réduction, afin de voir si la coloration de la perle obtenue dans la première flamme se maintient ou change dans la seconde. Il faut encore observer si cette coloration est différente à chaud ou après refroidissement; mais c'est surtout la couleur de la perle refroidie dont il faut tenir compte.

La plupart des métaux, ainsi que leurs oxydes, libres ou en

combinaison avec d'autres corps, peuvent être ainsi reconnus. Nous citerons, parmi les plus communs, le manganèse, le fer, le cuivre, le nickel, le cobalt, le chrome.

Perle rouge brun à chaud, jaune après refroidissement dans la flamme d'oxydation; vert bouteille à la flamme de réduction. . . . . FER.

Perle violette à la flamme d'oxydation, devenant incolore à la flamme de réduction. . . . . MANGANÈSE.

Perle bleue à la flamme d'oxydation, devenant rouge-brun opaque à la flamme de réduction. . . . . CUIVRE.

Perle violacée dans la flamme d'oxydation, devenant rouge à froid; grise et trouble dans la flamme de réduction. . . NICKEL.

Perle d'un beau bleu dans les deux flammes, ne changeant pas après refroidissement. COBALT.

Perle vert-émeraude dans les deux flammes, surtout après refroidissement. . . . . CHROME.

Perle jaune à la flamme d'oxydation devenant verte à la flamme de réduction. . . . . URANE.

ESSAIS PAR RÉDUCTION SUR LE CHARBON.

Les essais sur les perles, très délicates et d'une exécution difficile, surtout pour les commençants, ne donnent assez souvent que des indications douteuses, qu'il devient alors nécessaire de contrôler par d'autres essais, notamment par ceux de *réduction sur le charbon.*

On se sert pour ce genre d'essai d'un morceau de charbon de bois ordinaire, que l'on choisit autant que possible exempt de fissures, d'une structure lisse et compacte. Avec la pointe d'un couteau, on creuse sur une de ses faces une petite cavité hémisphérique, dans laquelle on dépose un fragment de la substance (oxyde, acide, sel métallique) qu'il s'agit d'analyser.

1er Essai. On dirige alors sur la matière, en soufflant d'abord lentement et avec précaution, la flamme du chalumeau. Ce premier essai fera immédiatement connaître si la matière est fusible ou infusible, fixe ou volatile, et dans ce dernier cas si elle dégage une odeur quelconque qui puisse en déceler la nature : odeur d'acide sulfureux (*composés de soufre*); odeur d'ail (*composés d'arsenic*); odeur de raifort (*composés de sélénium*). En continuant à chauffer, on verra si la matière fuse (azotates, chlorates), et, point capital, si elle se réduit en grains métalliques, et donne lieu en même temps, sur les bords de la cavité qui la contient, à la formation d'un *enduit.* Il peut arriver, en effet, que le métal désoxydé dans la flamme de réduction, s'oxyde de nouveau, s'il est volatil, en traversant la flamme extérieure, et que cet oxyde se dépose autour de l'essai en une tache circulaire plus ou moins large. Enfin, si la matière reste infusible et incolore, on l'humectera avec une solution concentrée d'azotate de cobalt, et, après l'avoir chauffée de nouveau, on observera, après son refroidissement, quelle couleur elle a prise : une teinte bleue décèle la présence de l'alumine; une teinte rose pâle, celle de la magnésie; une teinte verte, celle du zinc.

2° **Essai.** Si le premier essai, comme il arrive le plus souvent, n'a donné qu'un résultat douteux, on creuse, sur le même charbon ou sur un autre, une seconde cavité, dans laquelle on place une nouvelle pincée de la substance réduite en poudre et additionnée de trois ou quatre fois son volume de carbonate de soude bien sec. Ce dernier, ainsi que nous l'avons dit, a surtout pour but de favoriser l'élimination et la réduction des oxydes métalliques.

Cela fait, on chauffe graduellement, à la flamme de réduction, jusqu'à fusion parfaite du mélange, et, après avoir laissé refroidir, on observe si un enduit s'est formé avec ou sans grains métalliques. Le secours d'une loupe peut être nécessaire pour reconnaître ces derniers.

1° *Enduit seul.* Enduit jaune à chaud, devenant blanc par refroidissement. Cet enduit, humecté d'azotate de cobalt et chauffé fortement, prend une teinte verte, caractère indiquant la présence du. . . . . Zinc.

Enduit jaune brun. La masse, pulvérisée et lavée sur un filtre pour enlever l'excès de carbonate de soude, se dissout en partie dans l'acide azotique, et forme un sel incolore qui précipite en jaune par l'acide sulfhydrique et par le sulfure d'ammonium. . .
. . . . Cadmium.

2° *Grains métalliques avec enduit.* Grains métalliques malléables avec enduit jaune. Ces grains donnent avec l'acide azotique étendu une solution qui précipite en blanc par l'acide sulfurique.
. . . . Plomb.

Grains métalliques cassants avec enduit blanc, très volatil. L'acide azotique transforme ces grains en une poudre blanche d'oxyde. . . . . Antimoine.

Grains métalliques cassants avec enduit jaune. Ces grains, traités par l'acide azotique, donnent une solution qui précipite en blanc si l'on y ajoute de l'eau en excès. . . . . Bismuth.

3° *Grains métalliques sans enduit.* Grains rougeâtres et malléables, très petits et parfois même seulement visibles à la loupe. Leur solution dans l'acide azotique, étendue d'eau et traitée par l'ammoniaque, se colore en bleu (*bleu céleste*). . . . . . . Cuivre.

Grains métalliques réunis en une masse grisâtre attirable par l'aimant. Cette masse, dissoute dans l'acide azotique, précipite en bleu avec le cyanure jaune de fer et de potassium. . . . . . . Fer.

Grains métalliques réunis en une masse blanc grisâtre attirable par l'aimant; formant dans l'acide azotique une solution de couleur verte, qui passe au bleu violet par addition d'ammoniaque. . . . . NICKEL.

Grains métalliques réunis en une masse blanc grisâtre, attirable par l'aimant; formant dans l'acide azotique une solution qui prend une teinte rose quand on l'étend d'eau. . . . . . COBALT.

Grains métalliques blancs, souvent très peu apparents; se transformant dans l'acide azotique en une poudre blanche d'oxyde; formant dans l'acide chlorhydrique une solution qui précipite en blanc par le bichlorure de mercure. . . . . ÉTAIN.

Grains métalliques blancs et brillants non oxydables, solubles dans l'acide azotique. Cette solution étendue d'eau donne, avec les chlorures solubles un précipité blanc, caillebotté, noircissant à la lumière. . . . . ARGENT.

Grains métalliques jaunes, malléables, non oxydables, insolubles dans l'acide azotique, solubles dans l'eau régale. . . . . OR.

Grains métalliques remplacés par une masse grise, spongieuse, insoluble dans l'acide azotique, soluble dans l'eau régale, d'où elle précipite en jaune par la potasse. . . . . PLATINE.

SPECTROSCOPIE.

Notre *Cours de Physique*, 42ᵉ édit., p. 539 et suiv., contient un article spécial, consacré à ce merveilleux procédé d'analyse, la *spectroscopie* ou *analyse spectrale*, qui permet, au moyen d'un instrument spécial nommé *spectroscope*, non seulement de reconnaître *de visu* la nature d'une foule de corps terrestres, mais

Fig. 147.

encore de constater, par l'observation des spectres que fournit la lumière des corps célestes, les principaux éléments qui entrent dans leur constitution. Nous nous bornerons donc ici à la simple indication, comme exemple de ce genre d'analyse, des couleurs et de la position dans les spectres des raies caractéristiques de ces divers corps ou éléments.

Raie unique jaune tenant exactement la place de la raie obscure D de Fraünhofer dans le spectre solaire (*fig.* 147). . . . . . .
. . . . Sodium et ses composés.

Deux raies d'un rouge sombre placées dans l'extrême rouge du spectre, une troisième plus obscure et à peine visible dans le violet. . . . . Potassium.

Raie orangée voisine de la raie du sodium, plusieurs raies rouges entre B et C, une raie bleue placée entre les raies F et G du spectre solaire. . . . . Strontium.

Raies jaunes occupant l'intervalle compris entre les raies C et D du spectre solaire et plusieurs raies vertes comprises entre D et E. . . . . Barium.

Raies rouge orange entre C et D et raies vertes entre D et E . .
. . . . Calcium.

Raies nombreuses entre F et G, G et H, c'est-à-dire placées dans le vert, le bleu et le violet. . . . . Cuivre.

CHAPITRE IV.

ANALYSE QUANTITATIVE.

Essais des alliages usuels. — Essais de fer, de manganèse.

ESSAIS DES ALLIAGES USUELS.

Ces essais ont pour but de reconnaître la composition, c'est-à-dire la nature et les proportions des métaux qui entrent dans la constitution des principaux alliages employés dans l'industrie, et dont nous avons étudié plus haut (pages 242 et suiv.) les propriétés physiques et chimiques.

Alliage de zinc et de cuivre (laiton). On prend un poids rigoureusement déterminé de l'alliage réduit en poudre au moyen de la lime, et on le chauffe modérément dans un petit ballon de verre avec de l'acide azotique, qui dissout le tout. Cela fait, on verse la solution dans une capsule de porcelaine, et on l'évapore jusqu'à siccité au bain-marie. Le résidu est ensuite repris par de l'eau distillée, qui redissout les deux azotates, dont il s'agit maintenant de séparer les bases, cuivre et zinc.

Pour cela, on verse dans la liqueur de l'acide sulfureux, qui facilite la réaction, puis de l'iodure de potassium en excès : tout le cuivre se précipite à l'état de protoiodure, tandis que le zinc reste dissous. On filtre et on recueille, en prenant toutes les précautions nécessaires pour n'en rien perdre, cet iodure resté sur le filtre.

La liqueur filtrée, qui a retenu le zinc, est alors traitée par un excès de carbonate de soude, qui, à son tour, précipite ce métal à l'état de carbonate, que l'on calcine ensuite, après l'avoir soigneusement détaché du filtre, afin d'obtenir le zinc à l'état d'oxyde.

Reste maintenant à déterminer le poids de chacun des deux métaux ainsi séparés, l'un à l'état de protoiodure, Cu^2I, l'autre à l'état d'oxyde, ZnO.

Soit P le poids de l'alliage soumis à l'analyse;

Soit p le poids du protoiodure de cuivre, complètement desséché;

Soit p' le poids de l'oxyde de zinc.

1° Le protoiodure de cuivre Cu^2I étant formé de deux équivalents de cuivre et d'un équivalent d'iode, on trouve à la table des équivalents (p. 27) :

Pour le cuivre Cu^2, en poids, $31,50 \times 2 = 63$
Pour l'iode I, $\qquad\qquad\qquad\qquad\qquad 127$

Donc le poids d'un équivalent de protoiodure
de cuivre $Cu^2I = \qquad\qquad\qquad\qquad 190$

En d'autres termes, 190 en poids de protoiodure de cuivre contiennent 63 de cuivre et 127 d'iode.

Par conséquent, en appelant x le poids du cuivre contenu dans le poids p du protoiodure fourni par l'analyse, on aura

$$\frac{x}{p} = \frac{63}{190}, \text{ d'où } x = \frac{p' \times 63}{190}.$$

2° L'oxyde de zinc ZnO étant formé d'un équivalent de zinc 33 et d'un équivalent d'oxygène 8, le poids de son équivalent est $33 + 8 = 41$. En d'autres termes, 41 en poids d'oxyde de zinc contiennent 33 de zinc et 8 d'oxygène.

En appelant y le poids du zinc contenu dans le poids p' de l'oxyde de zinc, nous aurons pareillement

$$\frac{y}{p'} = \frac{33}{41}, \text{ d'où } y = \frac{p' \times 33}{41}.$$

En additionnant le poids du cuivre et le poids du zinc ainsi obtenus, la somme de ces deux poids devra nécessairement, si l'alliage est de bon aloi, représenter à quelques millièmes près le poids P de l'échantillon de laiton soumis à l'essai.

Exemple : supposons qu'on opère sur 10 grammes de laiton, lequel est généralement formé, pour 100, de 67 de cuivre et 33 de zinc.

Le poids du protoiodure de cuivre obtenu $= 20^{gr},206$.

Celui de l'oxyde de zinc $= 1^{gr},100$, ce qui donnera, d'après le calcul précédent, pour le poids du cuivre Cu :

$$\frac{Cu}{20,206} = \frac{63}{190}, \text{ d'où } Cu = \frac{20,206 \times 63}{190} = 6^{gr},7\,;$$

pour le poids du zinc Zn :

$$\frac{Zn}{4,1} = \frac{33}{41}, \text{ d'où } Zn = \frac{4,1 \times 33}{41} = 3^{gr},3\,;$$

$$\text{Total } 10^{gr}.$$

Alliage de cuivre et d'étain (bronze). Un poids connu de l'alliage réduit en poudre est traité par l'acide azotique ordinaire en excès. Ce acide dissout le cuivre et transforme l'étain en un bioxyde hydraté (acide métastannique) $(Sn^2O^{10} + 10HO)$, qui se dépose en une poudre blanche.

La liqueur filtrée contient donc tout le cuivre de l'alliage à l'état d'azotate, tandis que le bioxyde d'étain reste sur le filtre. Le dosage se fera comme pour l'alliage précédent, c'est-à-dire en laissant passer le cuivre à l'état de protoiodure et en recueillant le précipité de bioxyde d'étain. Des deux précipités desséchés et pesés, on déduira par le même calcul des équivalents les poids du cuivre et du zinc constituant l'alliage.

Alliage de cuivre, de zinc et de nickel (maillechort). On traite un poids connu de l'alliage par l'acide azotique ordinaire, qui dissout le tout. On étend d'eau cette solution, et on y fait passer un courant d'acide sulfhydrique, qui précipite le cuivre seul à l'état de sulfure CuS.

On filtre, et, dans la liqueur filtrée et neutralisée par l'ammoniaque, on verse un excès de sulfure d'ammonium, qui précipite le zinc et le nickel à l'état de sulfures ZnS, NiS.

On recueille sur un filtre les deux sulfures mélangés, et on les traite à froid par de l'acide chlorhydrique étendu, lequel dissout le sulfure de zinc seul et laisse en dépôt le sulfure de nickel.

On filtre de nouveau pour recueillir ce dernier, et on ajoute à la liqueur, après l'avoir évaporée en partie, du carbonate de potasse ou de soude qui, à son tour, précipite le zinc à l'état de carbonate ZnO, CO^2.

Les trois métaux se trouvent donc ainsi séparés, et il ne reste plus, après avoir desséché et pesé les précipités, qu'à en déterminer les poids par le calcul des équivalents.

Alliage de plomb et d'étain (soudure des plombiers). On traite, comme pour le bronze, un poids connu de l'alliage, réduit en limaille, par l'acide azotique, qui dissout le plomb et en sépare l'étain à l'état d'oxyde stannique insoluble.

On filtre et on ajoute à la liqueur filtrée un excès d'acide sulfurique étendu, qui précipite le plomb à l'état de sulfate. On lave ce précipité avec de l'alcool et, après l'avoir détaché du filtre, on le calcine au rouge. On obtient ainsi le sulfate de plomb PbO. SO³, qui, avec l'oxyde stannique Sn³O⁰ + 10 HO, détaché du premier filtre et desséché, permettra de doser les deux métaux formant l'alliage.

Alliage de plomb et d'antimoine (caractères d'imprimerie). Même traitement et même réaction que pour l'alliage précédent.

Alliage de cuivre et d'aluminium (*bronze d'aluminium*). On traite un poids connu de l'alliage, réduit en poudre fine, par l'acide azotique ordinaire, qui dissout rapidement tout le cuivre et ne dissout qu'une très faible portion de l'aluminium. On filtre, et dans la liqueur filtrée étendue d'eau on fait passer un courant d'hydrogène sulfuré, qui précipite le cuivre seul à l'état de sulfure CuS. Le poids du cuivre, déduit du poids de son sulfure par le calcul des équivalents, donne, par différence avec le poids total de l'alliage soumis à l'essai, le poids de l'aluminium.

Alliages d'argent et de cuivre; alliages d'or et de cuivre (monnaies, médailles, objets d'orfèvrerie et de bijouterie). Voir pages 388 et suiv.

Amalgames. L'analyse des amalgames se fait généralement par une simple calcination, qui chasse le mercure et laisse l'autre métal libre (or, argent) ou oxydé (étain). On obtient le dosage par différence entre le poids de l'amalgame soumis à l'essai et le poids du métal restant ou déduit de son oxyde.

ESSAIS DE FER ET DE MANGANÈSE.

Ces essais, assez délicats et compliqués, ont pour but de s'assurer de la valeur industrielle des minerais de fer et des oxydes naturels de manganèse. Nous ne saurions mieux faire que d'emprunter les principaux détails de ces analyses à l'excellent *Traité d'Analyse chimique* de M. F. Pisani, 2ᵉ édition, que nous recommandons à ceux de nos lecteurs qui voudraient pousser plus loin leurs études de chimie analytique.

Essai des minerais de fer. Les différents minerais de fer employés dans l'industrie sont les minerais oxydés (oxydes anhydres ou hydratés) et les minerais carbonatés (411). Ce que l'on y recherche, c'est surtout, outre le fer, de petites quantités de soufre, de phosphore, quelquefois de manganèse, et enfin la gangue.

Voici la méthode générale pour faire cet essai :

Après avoir réduit en poudre très fine, on dessèche à 100°, puis on pèse 10 grammes, que l'on attaque dans une fiole munie d'un entonnoir avec de l'acide chlorhydrique concentré; dans le cas de minerais rouges, on ajoute un peu d'iodure de potassium pour faciliter l'attaque. Quand la gangue est devenue bien blanche, on met le tout dans une capsule en porcelaine, et l'on évapore à sec au bain-marie.

On reprend par un peu d'acide chlorhydrique à chaud, on étend d'eau et on filtre dans une fiole de 500 centimètres cubes, en ayant soin de bien laver le résidu à l'eau bouillante. Quand le liquide est froid, on complète avec de l'eau jusqu'au trait du demi-litre, et on rend la liqueur homogène en la transvasant dans un autre vase et en agitant avec une baguette.

Le résidu resté sur le filtre est pesé pour connaître la quantité de gangue insoluble (sable, argile); on peut même ensuite l'analyser d'une manière complète en le traitant comme un silicate.

On prend 100 centimètres cubes de la liqueur pour le dosage de l'acide sulfurique au moyen du chlorure de baryum.

On traite 100 centimètres cubes avec du molybdate d'ammoniaque pour le dosage de l'acide phosphorique (précipité jaune serin).

Sur 100 centimètres cubes peroxydés par l'acide azotique, et neutralisés ensuite par l'ammoniaque jusqu'à commencement de précipitation, on verse un excès d'acétate d'ammoniaque et on fait bouillir pour précipiter le fer, l'alumine, etc.; dans la liqueur filtrée, on précipite le manganèse par le sulfure d'ammonium, et on le dose comme d'ordinaire.

Sur 25 ou 50 centimètres cubes évaporés à sec et repris par de l'acide sulfurique étendu, on dose le fer, après réduction par le zinc, au moyen de permanganate de potasse en solution titrée.

Si l'on veut connaître la quantité d'alumine, on la recherche dans le précipité produit par l'acétate d'ammoniaque. La chaux et la magnésie pourront être dosées dans la liqueur séparée du manganèse.

Enfin, si l'on veut connaître la quantité d'eau et autres matières volatiles (perte au feu), il suffira de calciner 5 ou 10 grammes de matière dans un creuset de platine.

Essai des oxydes de manganèse. La valeur des oxydes de manganèse du commerce dépendant de la quantité de peroxyde de manganèse qu'ils contiennent, et, par suite, de la quantité de chlore qu'ils peuvent donner par l'action de l'acide chlorhydrique, on a souvent occasion de faire cet essai.

L'oxyde de manganèse étant finement pulvérisé et séché à 100° pour en chasser l'humidité, on en pèse 3^{gr}98, *quantité qui donnerait 1 litre de chlore*, en supposant qu'on opère sur du peroxyde de manganèse pur.

On place cette quantité d'oxyde de manganèse dans un ballon de 200 centimètres cubes, auquel on adapte un tube coudé à 45° environ, dont la branche libre doit pouvoir entrer jusqu'au fond d'un

33.

ballon à long col de la capacité de 500 centimètres cubes (un demi-
litre). Ce ballon est rempli jusqu'à la naissance du col avec de
l'eau contenant de 25 à 30 grammes de potasse ou de soude caustique.

Cela fait, on verse dans le petit ballon contenant l'oxyde de
manganèse 25 centimètres cubes d'acide chlorhydrique concentré,
et on bouche fortement.

On chauffe d'abord doucement tant qu'il se dégage du chlore,
puis jusqu'à l'ébullition et la distillation d'une partie de l'acide,
afin d'être sûr que tout le chlore a été entraîné dans la liqueur
alcaline. À ce moment on retire le ballon à long col, sans cesser
de maintenir l'acide en ébullition, pour éviter toute absorption.
La liqueur alcaline est ensuite versée dans une carafe d'un litre,
et on y ajoute l'eau nécessaire pour compléter exactement ce
litre. Cette liqueur contenant tout le chlore dégagé par l'oxyde
de manganèse, il ne reste plus qu'à déterminer son titre en
chlore, pour connaître la quantité de peroxyde de manganèse que
contenait l'oxyde soumis à l'essai. Cette détermination se fera
avec la liqueur arsénieuse, comme nous l'indiquons au chapitre
suivant, p. 519 (*chlorométrie*).

———o———

CHAPITRE V.

Notions sur la chimie analytique par l'emploi des liqueurs
titrées. — Essais alcalimétriques et acidimétriques ; essais chlorométriques. — Analyse élémentaire d'une substance organique.
Dosage de l'azote sous forme d'ammoniaque. — Essais des combustibles. — Saccharimétrie optique et chimique.

ESSAIS ALCALIMÉTRIQUES.

Les potasses et soudes du commerce, dites *potasses* ou *soudes
brutes* (345-356), sont essentiellement composées de carbonates
de potasse ou de soude, plus ou moins mélangés à des matières
étrangères. Or, comme la valeur industrielle de ces produits,
dans la fabrication du verre, des savons, du salpêtre, de l'alun, etc.,
dépend uniquement des proportions d'alcali, potasse ou soude,
qu'ils renferment, il y a grand intérêt, pour les fabricants, à posséder un moyen simple et pratique de reconnaître ces proportions,
c'est-à-dire le *titre pondéral* ou *quantité exprimée en centièmes* de
potasse ou de soude pure contenue dans les potasses ou soudes
brutes que leur livre le commerce. Voici par quel procédé on
arrive facilement à ce résultat.

Ce procédé ou *Essai alcalimétrique*, imaginé par Descroizilles et perfectionné par Gay-Lussac, repose sur la mesure de la quantité d'acide sulfurique nécessaire pour saturer la quantité de potasse ou de soude pure contenue dans les potasses ou soudes brutes du commerce.

L'acide sulfurique monohydraté SO^3HO est formé en équivalents ou poids de

$$
\begin{array}{lll}
1 \text{ équiv. de soufre} & S = & 16 \\
3 \text{ équiv. d'oxygène} & O^3 = & 24 \\
1 \text{ équiv. d'eau} & HO = & 9 \\
\hline
& & 49
\end{array}
$$

La potasse pure KO est formée en équivalents ou poids de

$$
\begin{array}{lll}
1 \text{ équiv. de potassium} & K = & 39 \\
1 \text{ équiv. d'oxygène} & O = & 8 \\
\hline
& & 47
\end{array}
$$

D'où il résulte que pour saturer 47 grammes de potasse et les transformer en sulfate neutre KO,SO^3, il faut employer 49 grammes d'acide sulfurique.

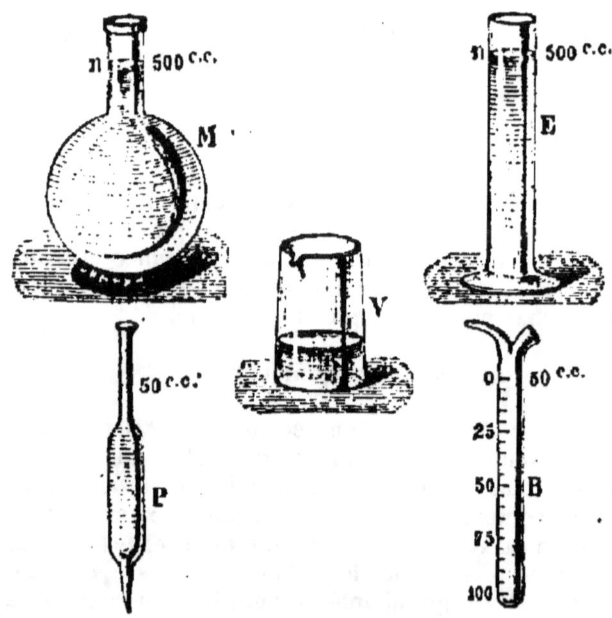

Fig. 148.

Dans un ballon de verre M de un demi-litre ou 500 centimètres cubes de capacité (*fig.* 148) et à moitié rempli d'eau distillée, on verse peu à peu 49 grammes d'acide sulfurique monohydraté, et, après avoir laissé refroidir le mélange, on ajoute la quantité d'eau suffisante pour remplir le vase jusqu'au trait marqué *n*. On a donc ainsi une dissolution d'un demi-litre ou 500 centimètres cubes, contenant 49 grammes d'acide sulfurique, dont chaque dixième (50 centimètres cubes) en contient par conséquent $4^{gr},9$. C'est ce qu'on appelle l'*acide normal* ou *liqueur alcalimétrique*.

Dans une éprouvette à pied E de même capacité, on fait dissoudre 47 grammes de la potasse brute dont on veut déterminer le titre, dans une quantité d'eau suffisante pour que le niveau de la solution vienne affleurer le trait *n* marquant le demi-litre ou 500 centimètres cubes. On obtient ainsi la *liqueur d'épreuve* contenant pour 50 centimètres cubes $4^{gr},7$ de la potasse brute soumise à l'essai.

On puise, avec une pipette jaugée P, 50 centimètres cubes de cette liqueur, et on les laisse tomber dans un vase à fond plat V légèrement conique. On y ajoute ensuite quelques gouttes de teinture de tournesol, qui la colore en bleu.

D'autre part, on verse jusqu'au trait 0 l'acide normal dans une burette B contenant, au niveau de ce trait, 50 centimètres cubes, et divisée en 100 parties égales. Ces 100 parties contiennent donc les $4^{gr},9$ d'acide sulfurique monohydraté.

Cela fait, on verse goutte à goutte cette liqueur acide dans le vase V contenant déjà la liqueur alcaline, en agitant de manière à bien mêler les liquides, et, l'œil fixé sur le mélange, on s'arrête au moment où une dernière goutte de la liqueur acide a fait passer la liqueur alcaline, qui d'abord s'était colorée en rouge vineux, à la teinte *rouge pelure d'oignon*, indice certain de la saturation complète de l'alcali.

La lecture sur la burette graduée B de la quantité d'acide normal employée fait immédiatement connaître la proportion pour cent d'alcali que contient la potasse brute, puisque chaque division représente le centième de la quantité d'acide sulfurique SO^3,HO qu'il faudrait pour saturer complétement les 50 centimètres cubes de la liqueur d'épreuve, si celle-ci était uniquement formée d'une solution de potasse pure KO. Si l'on a dû employer, par exemple, le contenu de 35 divisions, cela indique que la potasse brute contient en poids 35 pour 100 de potasse pure.

Le même procédé s'applique à l'essai des soudes brutes du commerce, sauf qu'on remplace dans la liqueur d'essai les 47 grammes de potasse brute par 31 grammes de soude, 31 étant l'équivalent de la soude pure NaO, ou quantité nécessaire pour saturer un équivalent (49) d'acide sulfurique SO^3,HO.

ACIDIMÉTRIE.

L'acidimétrie a pour but de doser la quantité d'acide chimiquement pur que contient un volume déterminé d'une solution de cet acide. Elle n'est donc que la contre-partie de l'alcalimétrie. Le procédé est exactement le même, sauf que les rôles sont renversés.

La liqueur normale est alcaline et se prépare en faisant dissoudre dans de l'eau distillée, de manière à obtenir en solution un demi-litre ou 500 centimètres cubes, 56 grammes de potasse hydratée KO, HO, contenant 47 grammes de potasse ou protoxyde de potassium anhydre KO, c'est-à-dire *la quantité nécessaire pour neutraliser un équivalent d'acide*.

La liqueur d'épreuve s'obtient en délayant dans de l'eau distillée, de manière à obtenir également un demi-litre ou 500 centimètres cubes, un poids de la solution acide à essayer correspondant à l'équivalent de l'acide contenu, soit 49 grammes pour l'acide sulfurique, 63 grammes pour l'acide azotique, $36^{gr},50$ pour l'acide chlorhydrique, etc.

Supposons qu'il s'agisse de l'acide sulfurique.

La liqueur alcaline normale ou acidimétrique contenant pour 500 centimètres cubes 47 grammes de potasse anhydre, chaque dixième (50 centimètres cubes) en contiendra $4^{gr},7$.

De même chaque dixième (50 centimètres cubes) de la liqueur d'épreuve contiendra $4^{gr},9$ de la solution acide dont on veut connaître le titre.

Dans le vase V (*fig.* 148) on verse, comme précédemment, 50 centimètres cubes de la liqueur d'épreuve et on la colore avec un peu de tournesol.

Dans la burette B on verse également 50 centimètres cubes de la liqueur normale.

Cela fait, on laisse tomber goutte à goutte en inclinant le bec de la burette, la liqueur alcaline normale dans la liqueur acide d'épreuve, jusqu'au moment où celle-ci passera du rouge au bleu, indice certain de la saturation complète de la quantité d'acide qu'elle contient. Le nombre de divisions de l'échelle centigrade de la burette, indiquant le volume de la liqueur normale qu'il a fallu employer, donnera le titre pondéral en centièmes de la liqueur acide soumise à l'épreuve. Si l'on a dû verser, par exemple, le contenu de 60 divisions, cela indique que la liqueur contient en poids 60 pour 100 d'acide réel.

CHLOROMÉTRIE.

La valeur commerciale du chlorure de chaux (390) employé en grand dans l'industrie pour le blanchiment des étoffes, et en médecine comme désinfectant, dépend de la quantité de chlore qu'il peut dégager. Il est donc nécessaire de connaître le titre en chlore des chlorures de chaux que l'on trouve dans le commerce. Tel est le but de la *chlorométrie.*

Le titre d'un chlorure de chaux est représenté par *le nombre de litres de gaz chloré que peut fournir un kilogramme de chlorure.*

Le procédé suivi pour déterminer ce titre, procédé imaginé par Descroizilles et perfectionné par Gay-Lussac, repose sur les deux principes suivants :

1° Le chlore libre, en vertu de son pouvoir oxydant, transforme, en présence de l'eau, l'acide arsénieux AsO^3 en acide arsénique AsO^5 :

$$AsO^3 + 2\,Cl + 2\,HO = AsO^3 + 2\,HCl.$$

2° Le chlore décolore immédiatement une solution d'indigo; mais si cette solution contient en même temps de l'acide arsénieux, il ne la décolore que quand l'oxydation de cet acide est complète.

Le calcul et l'expérience démontrent que 1 litre (1000 centim. cubes) de chlore gazeux, mesuré à 0° et sous la pression de $0^m,76$, oxyde et transforme en acide arsénique $4^{gr},440$ d'acide arsénieux.

Partant de ce fait, on prépare la *liqueur normale* ou *arsénieuse* en faisant dissoudre $4^{gr},440$ d'acide arsénieux, dans une certaine quantité d'eau légèrement acidulée par de l'acide chlorhydrique, soit environ un quart de litre, et en ajoutant ensuite de l'eau pure de manière à obtenir exactement un litre.

D'autre part on prépare la *liqueur d'épreuve* en prenant 10 grammes du chlorure de chaux à essayer, que l'on commence par broyer avec de l'eau dans un mortier en porcelaine; on verse la bouillie blanche dans une éprouvette à pied d'un litre de capacité; on lave ensuite le mortier, et on ajoute les eaux de lavage dans l'éprouvette, que l'on achève enfin de remplir avec de l'eau pure jusqu'au trait marquant le litre.

$4^{gr},440$ d'acide arsénieux exigeant un litre de chlore pour se transformer en acide arsénique, il est clair que chaque centimètre cube de la liqueur arsénieuse normale colorée par l'indigo exigera pour se décolorer un centimètre cube de gaz chloré.

On fait alors l'essai de la manière suivante :

Au moyen d'une pipette graduée on puise 10 centimètres cubes de la liqueur normale; on les verse dans un petit vase à fond plat et on les colore ensuite avec une ou deux gouttes de sulfate d'indigo. On y ajoute également quelques gouttes d'acide sulfurique, afin que la liqueur reste toujours acide pendant l'opération.

Cela fait, on introduit la dissolution chlorée ou liqueur d'épreuve dans une burette graduée en centimètres cubes, subdivisés eux-mêmes chacun en dix parties égales, et on la fait couler goutte à goutte dans le vase contenant la liqueur arsénieuse, en agitant constamment le mélange. On continue ainsi jusqu'à ce qu'une dernière goutte fasse disparaître subitement la coloration bleue.

Or, d'après la composition des deux liqueurs, il est évident que le nombre de centimètres cubes de la liqueur chlorée employés pour obtenir la décoloration de la liqueur arsénieuse, contient un volume de chlore égal au volume de cette dernière, c'est-à-dire 10 centimètres cubes. Supposons, par exemple, qu'on ait versé 12 centimètres cubes de la liqueur chlorée, cela indique que ces 12 centimètres ont dégagé 10 centimètres cubes de chlore gazeux.

1 centimètre cube en a donc dégagé

$$\frac{10^{cc}}{12^{cc}} = 0^{cc},833$$

Par conséquent, le litre de cette même liqueur en dégagera 1000 fois plus, ou

$$833^{cc}$$

Et comme ce litre contient 10 grammes du chlorure de chaux à essayer, il s'ensuit que 1 kilogramme de ce chlorure représente

$$833^{cc} \times 100 = 83,3 \text{ litres}$$
de chlore gazeux.

On dit alors que son titre chlorométrique est 83°,3.

Remarque. Le premier essai donne généralement un titre trop fort et ne doit être considéré que comme approximatif. Il est rare, en effet, qu'en versant la liqueur chlorée dans la liqueur arsénieuse on s'arrête juste au point où doit avoir lieu la décoloration. Il faut donc faire un second essai en ayant soin de ne colorer la liqueur arsénieuse qu'après y avoir ajouté une quantité de la liqueur chlorée un peu moindre que dans le premier essai ; on continue ensuite à verser celle-ci goutte par goutte jusqu'à décoloration instantanée. Cette remarque s'applique également à l'alcalimétrie, à l'acidimétrie, ainsi qu'à tous les essais au moyen de liqueurs titrées.

ESSAIS DES COMBUSTIBLES.

Ces essais s'appliquent surtout à la houille, dont les diverses variétés présentent de très grandes différences dans leur composition, leur combustibilité et leur pouvoir calorifique.

Il importe de reconnaître dans un échantillon de houille : 1° la proportion d'eau qu'il contient; 2° les matières bitumineuses qui peuvent s'y trouver naturellement ou par suite de son mélange frauduleux avec des schistes bitumineux ; 3° la quantité de cendres laissée par la combustion ; 4° le pouvoir calorifique.

Pour reconnaître la proportion d'eau que peut contenir un charbon de terre, soit naturellement, soit aussi ajoutée par fraude pour en augmenter le poids et même le volume, on en prend un échantillon moyen (100 à 200 grammes), dont on détermine rigoureusement le poids, et on le fait dessécher dans une étuve chauffée à environ 100°. La différence de poids avant et après l'expérience donne la quantité d'eau, laquelle peut varier de 3 à 4 p. 100, et même, en cas de fraude, s'élever jusqu'à 50 p. 100.

Ce même échantillon, ainsi desséché, pourra servir également à reconnaître la proportion des matières bitumineuses. Après l'avoir pulvérisé, on le traite à chaud, et à plusieurs reprises, avec de l'essence de térébenthine, que l'on renouvelle chaque fois, jusqu'à ce qu'elle ne trouve plus rien à dissoudre. On dessèche de nouveau à une douce chaleur, et on pèse : la différence de poids indique celui des matières enlevées par l'essence.

Enfin, le résidu de ces deux opérations, incinéré dans un creuset de platine, fera connaître la quantité de cendres.

Quant au pouvoir calorifique, on le reconnaît au moyen d'un procédé fort simple, basé sur les principes suivants :

La litharge ou protoxyde de plomb PbO (454), chauffée dans un creuset avec du charbon, le brûle en lui cédant son oxygène, qui le transforme en acide carbonique, et se réduit elle-même en un culot de plomb :

$$2\,PbO + C = CO^2 + 2\,Pb.$$

La combustion par l'oxygène de 1 kilog. de carbone ou charbon pur développe 8000 calories, nombre qui exprime son pouvoir calorifique (36).

D'autre part, l'expérience et le calcul des équivalents nous apprennent que 1 gramme de carbone ou charbon pur donnent par réduction de la litharge $31^{gr},5$ de plomb.

Il sera donc facile, une variété de charbon étant donnée, de déterminer son pouvoir calorifique d'après la quantité de plomb réduit.

Pour faire cet essai, on prend 1 gramme du combustible en poudre très fine, et on le mélange intimement avec 30 à 40 grammes de litharge. On place ensuite ce mélange dans le fond d'un creuset, et on le recouvre d'une couche assez épaisse de litharge pure. On chauffe lentement, et quand l'opération est terminée, on laisse refroidir, puis on pèse le culot de plomb : soit P son poids.

Puisque 1 gramme de carbone donne $31^{gr},5$ de plomb, et que le carbone a pour pouvoir calorifique 8000, en appelant x le pouvoir calorifique cherché, on aura

$$\frac{31,5}{8000} = \frac{P}{x}, \text{ d'où } x = \frac{P \times 8000}{31,5}.$$

Les principaux combustibles minéraux soumis à cet essai donnent, pour 1 gramme du combustible, les poids suivants de plomb réduit :

Anthracite, 26 à 31 grammes.
Houille,   25 à 30   —
Lignite,   15 à 25   —
Tourbe,   10 à 15   —

SACCHARIMÉTRIE CHIMIQUE ET OPTIQUE.

La saccharimétrie, ainsi que l'indique son nom, a pour but de déterminer la quantité ainsi que la nature des matières sucrées simplement mélangées entre elles ou tenues en dissolution dans un liquide. Ce genre d'analyse sert dans l'industrie pour apprécier la valeur des sucres commerciaux ; mais il est surtout utilisé en médecine, où on l'emploie journellement à la recherche du sucre contenu dans l'urine des personnes atteintes de la maladie connue sous le nom de *diabète*. La saccharimétrie comprend deux méthodes différentes, l'une *chimique*, l'autre dite *optique*.

SACCHARIMÉTRIE CHIMIQUE.

La matière sucrée connue sous le nom de *glucose* ou sucre d'amidon (532) possède, comme on le sait, la propriété de réduire certains sels métalliques, notamment les sels de cuivre. Nous avons vu, en effet (536), que si l'on chauffe avec du glucose une solution de tartrate double de cuivre et de potasse, la liqueur limpide et de couleur bleue se trouble immédiatement, se décolore, et laisse déposer un précipité jaune rougeâtre de sous-oxyde ou oxydule de cuivre Cu^2O, d'autant plus abondant que la quantité de glucose est plus considérable.

Plusieurs formules ont été données pour la préparation de cette liqueur d'épreuve, dite *liqueur de Fehling*, *de Frommherz* ou *de Barreswill*, du nom de ses auteurs. Celle de Fehling, que l'on emploie le plus souvent, se prépare de la manière suivante :

On prend, d'une part, $31^{gr},65$ de sulfate de cuivre pur et cristallisé, que l'on fait dissoudre dans 200 grammes d'eau distillée;

D'autre part, on fait dissoudre, dans 300 grammes de lessive de soude pure marquant 1,33 de densité, 173 grammes de tartrate double de potasse et de soude (sel de Seignette).

On mélange ces deux liquides dans un vase gradué, puis on ajoute assez d'eau distillée pour faire le volume d'un litre. On obtient ainsi une liqueur limpide, d'un très beau bleu, que l'on conserve à l'abri de la lumière.

D'après ce dosage, 10 centimètres cubes de cette liqueur doivent être réduits, c'est-à-dire décolorés, par 5 centigrammes de glucose. On a donc un moyen facile de reconnaître la quantité de glucose contenue dans liquide.

Pour faire cet essai, on verse dans un petit matras 10 centimètres cubes de la liqueur de Fehling; on y ajoute 3 à 4 grammes de lessive de soude, 30 à 40 grammes d'eau distillée, et on chauffe ensuite jusqu'à l'ébullition.

Au moyen d'une burette graduée en centimètres et millimètres cubes, on verse alors goutte à goutte la solution de glucose dans la liqueur cuivrique jusqu'à décoloration complète du liquide. Cette décoloration exigeant 5 centigrammes de glucose, il est clair qu'il suffira de lire sur l'échelle de la burette le volume du liquide employé pour connaître la proportion de glucose qu'il renferme.

Le sucre ordinaire, sucre de canne ou de betterave à l'état pur, que l'on désigne encore sous le nom générique de *saccharose* ou *sucre cristallisable*, n'exerce aucune action sur la liqueur cuivrique; il ne la réduit qu'après avoir été *interverti*, c'est-à-dire transformé au moyen d'un acide en un mélange à parties égales de glucose et de lævulose ou sucre de raisin. Ce fait permet donc de reconnaître les proportions de sucre de canne et de glucose qui peuvent se trouver dans une matière sucrée, notamment dans les sucres bruts ou cassonnades, et de déterminer ainsi leur *titre commercial*, ou rendement présumé au raffinage (535) en sucre cristallisable.

On fait dissoudre dans de l'eau un poids connu de la matière sucrée, et on commence par doser le glucose par le procédé ordinaire dans une certaine partie de la solution. On fait ensuite chauffer à environ 80° une autre partie égale de cette même solution avec 2 pour 100 d'acide sulfurique ou chlorhydrique, lequel a pour effet d'*intervertir* le sucre de canne, et permet ainsi de le doser à son tour par la liqueur de Fehling.

La différence entre les deux essais donne la proportion de sucre ordinaire.

<h3 style="text-align:center">SACCHARIMÉTRIE OPTIQUE.</h3>

Polarisation de la lumière. — La saccharimétrie optique ou analyse des sucres au moyen de la lumière est une des plus ingénieuses applications du phénomène désigné en physique sous le nom de *polarisation* de la lumière. Cette branche de l'optique, subdivisée elle-même en deux sections, la polarisation *simple* et la polarisation *rotatoire*, ne faisant pas partie de l'enseignement secondaire classique ou spécial, nous devons au moins en faire connaître ici les quelques principes nécessaires pour comprendre le mécanisme des instruments analyseurs nommés *saccharimètres*, instruments précieux pour la facilité de leur emploi, mais dont la théorie est assez compliquée.

1° *Polarisation simple.* — Lorsqu'un pinceau de lumière tombe sur une plaque polie de verre blanc ou noir, mais de préférence noir, en faisant *avec sa surface* un angle de 35°,25, les rayons dont il est formé subissent une modification particulière que ne présente jamais la lumière naturelle réfléchie par le verre sous toute autre incidence : on dit alors que ces rayons sont *polarisés*.

Il en est de même quand un faisceau de lumière tombe sur une plaque de verre blanc et transparent à faces parallèles, ou mieux sur une série de plaques superposées (pile de glaces), en faisant avec la surface d'incidence ce même angle de 35°,25 : la partie de ce faisceau qui se réfléchit au point d'incidence se polarise comme dans le cas précédent, tandis que l'autre partie, celle qui traverse, en se réfractant, le milieu transparent sort également polarisée.

La lumière se polarise donc par réflexion et par réfraction.

Les rayons lumineux polarisés par réflexion présentent ce fait singulier et caractéristique de ne pouvoir plus se réfléchir et par conséquent de *s'éteindre complètement* quand ils tombent, sous ce même angle de 35°,25, sur une seconde plaque de verre, et qu'en même temps leur plan d'incidence sur cette seconde plaque est perpendiculaire à leur plan d'incidence sur la première. Ils se réfléchissent au contraire plus ou moins dans toute autre condition.

Pareil effet se produit avec la lumière polarisée par réfraction : le faisceau émergent reçu sous un angle de 35°,25, par une glace perpendiculaire au plan d'émergence, n'est plus réfléchi et s'éteint. Les rayons lumineux polarisés par réfraction ont donc leur plan de polarisation perpendiculaire à leur plan d'émergence, c'est-à-dire au plan de polarisation des rayons polarisés par réflexion à la surface du milieu transparent.

Certains cristaux, tels que le carbonate de chaux cristallisé ou spath d'Islande, le corindon, le rubis, l'émeraude, etc., présentent la propriété connue sous le nom de *double réfraction*, laquelle a pour effet de diviser la lumière naturelle qui les traverse en deux faisceaux distincts, dont l'un reste soumis aux lois générales de la réfraction, tandis que l'autre s'en écarte, en ce sens que son plan de réfraction ne coïncide plus avec son plan d'incidence, et que les sinus d'incidence et de réfraction cessent d'être dans un rapport constant. Le premier faisceau est appelé *faisceau* ou *rayon ordinaire*; le second, *faisceau* ou *rayon extraordinaire*[1].

Or, les deux faisceaux, ordinaire et extraordinaire, produits par la lumière naturelle en traversant un cristal biréfringent, ont la même intensité et sont *l'un et l'autre polarisés :* le premier, dans le plan d'émergence, le second perpendiculairement à ce plan. De là, comme nous le verrons plus loin, l'emploi des prismes bi-

---

1. On reconnaît facilement qu'un cristal possède la double réfraction en le tenant au-devant de l'œil et en regardant contre le jour un corps délié, une épingle, par exemple : on en voit alors deux images distinctes plus ou moins séparées l'une de l'autre.

réfringents dans les instruments polarimétriques, de préférence aux miroirs, pour polariser la lumière et l'analyser.

On est convenu d'appeler *plan de polarisation* le plan dans lequel la lumière se trouve polarisée soit après sa réflexion sur un miroir, soit après sa réfraction à travers un milieu transparent.

Tous les corps à surface polie peuvent, comme le verre, polariser la lumière par réflexion et, s'ils sont transparents, par réfraction. Mais l'*angle de polarisation*, c'est-à-dire l'angle d'incidence sous lequel ils se polarisent en se réfléchissant ou en se réfractant, varie suivant chaque substance. Ainsi, l'angle de polarisation, qui est de 35°,25 pour le verre, est de 37°,15 pour l'eau, de 32°,28 pour le quartz, de 22° pour le diamant, etc.

2° *Polarisation rotatoire.* — La polarisation de la lumière présente encore à considérer un autre phénomène, le plus important de tous au point de vue qui nous occupe, puisque c'est sur lui que repose essentiellement la saccharimétrie optique.

Certains corps transparents possèdent la propriété de faire *tourner*, et, par suite, de dévier d'un certain angle, à droite ou à gauche de l'observateur, le plan de polarisation des rayons polarisés qui les traversent. Ce phénomène a reçu le nom de *polarisation rotatoire.*

Parmi les corps de nature minérale, le quartz ou cristal de roche est la seule substance capable de produire à l'état solide la polarisation rotatoire. Un rayon lumineux polarisé traversant une plaque de quartz taillée perpendiculairement à son axe de cristallisation reste encore polarisé à l'émergence, mais *dans un autre plan de polarisation* que celui qu'il avait avant son passage au travers du quartz. Chose remarquable, ce nouveau plan se trouve alors dévié tantôt à droite, tantôt à gauche du plan primitif, suivant la structure moléculaire du cristal dans lequel la plaque a été taillée.

De toutes les substances minérales examinées jusqu'à présent, le quartz, comme nous venons de le dire, est la seule qui produise la rotation du plan de polarisation. Mais il en est autrement pour les matières d'origine organique. Beaucoup d'entre elles possèdent cette propriété, soit à l'état solide ou même gazeux, mais surtout à l'état liquide. Tels sont le sucre de canne ou saccharose, le glucose, la dextrine, le sucre de raisin ou de fruits acides, la gomme arabique, en dissolution dans l'eau, l'essence de térébenthine, le camphre dissous dans l'alcool, l'albumine, l'acide tartrique et ses sels, etc.

On nomme *dextrogyres* les substances qui, comme le sucre de canne, le glucose, la dextrine, font dévier à droite de l'observateur le plan de polarisation, et *lœvogyres* celles qui, comme le sucre

du raisin ou *lævulose*, la gomme arabique, l'essence de térébenthine, l'albumine, le font dévier à gauche.

Le sucre de canne, traité à chaud par de l'eau légèrement
acidulée, se transforme, ainsi que nous l'avons dit plus haut, en
un mélange à parties égales de glucose et de lævulose ou sucre
de raisin. Par suite de cette transformation, la liqueur sucrée, de
dextrogyre qu'elle était, *devient lævogyre*. On dit alors que le sucre
de canne est *interverti*.

Toutes les matières, telles que l'eau, l'acool, les sels minéraux, etc., que la lumière polarisée traverse sans se dévier de
son plan primitif, sont dites *inactives*.

Biot, un des physiciens qui se sont le plus occupés de la polarisation de la lumière, a démontré que pour toutes les plaques de
quartz la rotation ou déviation angulaire du plan de polarisation
est *proportionnelle à leur épaisseur*, quel que soit le sens, droit ou
gauche, de la rotation.

La même loi s'applique à tous les corps doués du pouvoir rotatoire, tels que le sucre de canne, le glucose, la gomme arabique
en dissolution dans l'eau; mais leur pouvoir rotatoire est, dans
cet état, beaucoup plus faible que celui du quartz, de sorte qu'on
est obligé, pour obtenir la même déviation qu'avec le quartz,
d'opérer sur des colonnes liquides beaucoup plus longues.

Les expériences de Biot ont de plus démontré que pour les
substances dissoutes dans l'eau ou dans tout autre liquide inactif
le pouvoir rotatoire *croît comme la proportion de matière dissoute :*
d'où il suit que cette proportion peut être très exactement indi-
quée par la mesure de la déviation résultant pour la lumière
polarisée de son passage au travers de la liqueur soumise à
l'examen. Sur ce dernier principe repose essentiellement l'analyse
optique quantitative des liqueurs sucrées au moyen des instruments de précision nommés *saccharimètres*, dont les principaux
sont ceux de Biot, de Soleil, et celui dit *à pénombres*. Nous ne
décrirons ici que ce dernier, construit par M. Ph. Pellin, ingénieur
civil, successeur de Duboscq; ce saccharimètre étant aujourd'hui
le plus répandu en France et à l'étranger, tant pour l'analyse des
sucres commerciaux, que pour celle des urines diabétiques

SACCHARIMÈTRE A PÉNOMBRES. — Cet instrument (*fig.* 149) se compose dans sa partie moyenne d'un tube en cuivre T, long de 20 ou de
22 centimètres, étamé intérieurement et fermé à ses deux bouts
par deux glaces parallèles. Ce tube, destiné à recevoir le liquide
sucré qu'il s'agit d'analyser, est soutenu par un support S, d'où
il peut être enlevé, puis remis en place à volonté. Les deux
branches du support portent à chacune de leurs extrémités un
tube également en cuivre, le tube oculaire A et le tube objectif B,
dont les axes se confondent avec l'axe du tube mobile T.

Le tube oculaire A présente à son extrémité libre une petite lunette de Galilée destinée à mettre au point l'œil de l'observateur. Dans l'intérieur se trouve un prisme *analyseur* (prisme de Nicol) monté de manière à pouvoir tourner sur son axe dans les deux sens au moyen d'un bouton molleté O et d'un autre bouton P, lequel, en s'engrenant sur le bord denté du cercle métallique C, qui est fixe, entraîne avec lui l'alidade v v'.

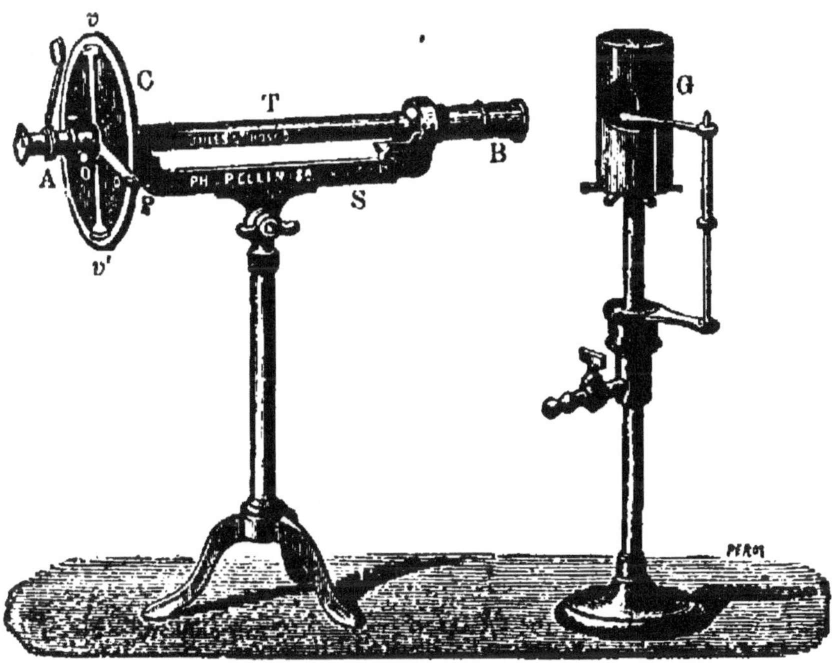

Fig. 149.

Le limbe de ce cercle (*fig.* 150 et 151) est divisé dans sa moitié supérieure en degrés saccharimétriques, et dans sa moitié inférieure en degrés de cercle, à droite et à gauche d'un zéro placé à chaque extrémité du diamètre vertical. L'alidade porte sur chacune de ses deux branches un vernier v, également divisé à droite et à gauche d'un zéro médian, servant d'indicateur pour marquer sur le limbe du cercle le nombre de degrés et fractions de degré dont on a fait tourner dans un sens ou dans l'autre le prisme analyseur.

Le tube objectif B contient un prisme *polariseur* bi-réfringent, formé de deux moitiés symétriques juxtaposées et réunies l'une à l'autre par une couche mince de baume de Canada. Ce prisme est fixe et placé dans le tube de manière que le trait de jonction de ses deux moitiés soit perpendiculaire à l'axe de l'appareil. En avant est un diaphragme placé de champ et percé d'une petite ouverture circulaire qui ne laisse passer qu'un des faisceaux de lumière (le faisceau ordinaire) polarisé par le prisme. Enfin, tout à l'extrémité du tube est une petite cuve en cristal remplie d'une solution étendue de chromate de potasse pour jaunir la lumière qui doit servir à faire l'analyse en question.

Cette lumière doit être simple, c'est-à-dire monochromatique. C'est pourquoi, en outre du chromate de potasse, on se sert pour l'obtenir d'une flamme à gaz brûlant à bleu au moyen d'un brûleur spécial G, et dans laquelle on maintient plongée pendant toute la durée des expériences une petite cuiller en platine contenant un sel de soude (chlorure de sodium fondu).

Pour faire usage de cet appareil on commence par disposer son axe dans la direction de la flamme, laquelle doit être placée à

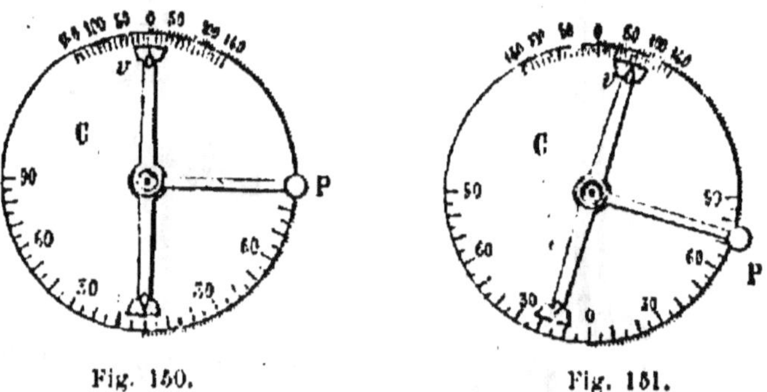

Fig. 150. Fig. 151.

15 centimètres environ; on interpose ensuite (*fig.* 119) le tube T, de 20 centimètres, *rempli d'eau pure* entre le polariseur tourné vers la lumière et l'analyseur tourné vers l'œil.

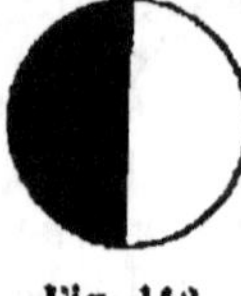

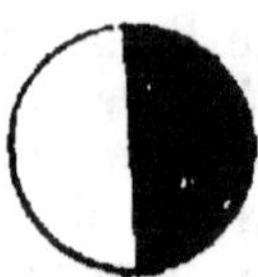

Fig. 152. Fig. 153. Fig. 154.

On amène ensuite le zéro du vernier v (*fig.* 150) en coïncidence avec le zéro du cercle divisé C, et l'on observe attentivement si les deux moitiés du disque éclairé, qu'on voit à travers la petite lunette oculaire, mise au point pour l'œil de l'observateur, paraissent avoir absolument la même teinte grisâtre ou *pénombre* à droite et à gauche du diamètre vertical que forme leur ligne de jonction (*fig.* 153).

Si le disque n'avait pas la même pénombre des deux côtés de sa ligne moyenne (*fig.* 152, 154), on rectifierait l'instrument en tournant un peu dans un sens ou dans l'autre le bouton moletté O (*fig.* 149) qui se trouve sur le côté de la petite lunette et qui agit, comme nous l'avons dit, sur le prisme analyseur. Une fois le disque ramené à l'égalité de ton dans toute sa surface (*fig.* 153), le zéro du vernier *v* coïncidant exactement avec le zéro du cercle C (*fig.* 150), on peut procéder à l'étude des solutions sucrées, *que l'on prépare en faisant dissoudre* 16^{gr},19 *du sucre à essayer dans* 100 *centimètres cubes d'eau distillée.*

On retire alors le tube T qui ne contenait que de l'eau pure, et, après l'avoir rempli de la solution sucrée et remis en place, on regarde de nouveau dans la lunette. On voit aussitôt que *l'égalité de ton des deux demi-disques n'existe plus*, l'une de ces deux moitiés, celle de gauche (*fig.* 154), paraissant plus éclairée que l'autre. On saisit alors le *bouton moletté* P (*fig.* 150) qui est au bout de l'alidade du cercle gradué, et on le tourne doucement de gauche à droite jusqu'à ce qu'on ait rétabli l'égalité de teinte des deux pénombres juxtaposées (*fig.* 153).

Cela fait, on cherche sur la moitié supérieure du cercle C, divisée en degrés saccharimétriques (*fig.* 151), à quel trait ou division correspond le zéro du vernier.

16^{gr},19 de sucre de canne cristallisé, pur et bien sec, dissous dans 100 centimètres cubes d'eau distillée, forment une solution qui, placée dans le tube de 20 centimètres, marque à l'échelle saccharimétrique du cercle C 100 degrés, correspondant à une déviation polarimétrique de 21° 40. Chaque degré de cette échelle saccharimétrique centésimale, établie par J. Duboscq, représente donc en poids 0^{gr},1619 de sucre cristallisable dissous dans 100 centimètres cubes d'eau distillée.

Si l'échantillon ainsi examiné ne contenait que du sucre pur, il marquerait 100 degrés, et l'opération serait terminée. Mais si le sucre à essayer se compose d'un mélange de sucre cristallisable et de glucose, ce qui est le cas ordinaire, on obtient un nombre inférieur à 100, le pouvoir rotatoire du glucose (57°,6) étant moindre que celui du sucre ordinaire ou cristallisable (73°,8). Une seconde opération est donc nécessaire pour doser ce dernier.

On prend alors un petit ballon marqué de deux traits de jauge, indiquant l'un 50 centimètres cubes, l'autre 55 centimètres On verse dans ce ballon 50 centimètres cubes de la liqueur qui a servi au premier essai ; on y ajoute 2 centimètres d'acide chlorhydrique, et on chauffe pendant 10 minutes à environ 80°. On laisse refroidir, et on complète ensuite avec de l'eau distillée le volume de 55 centimètres cubes.

L'action de l'acide chlorhydrique ayant eu pour effet d'intervertir le sucre de canne (p. 525) sans modifier le glucose, si, au tube de 20 centimètres qui contenait la liqueur sur laquelle on vient d'opérer, on substitue — afin de compenser l'addition faite d'un dixième ou 5 centimètres cubes de liquide inactif — un second tube de 22 centimètres rempli de la liqueur modifiée par l'acide, l'égalité des pénombres établie dans le premier essai se trouve détruite. On la rétablit de nouveau en faisant tourner l'alidade au moyen du bouton P, et on lit sur l'échelle (*fig.* 151), à quel trait ou division saccharimétrique correspohd le zéro du vernier; on note en même temps la température du tube.

Deux cas peuvent se présenter : le chiffre indiqué dans cette seconde opération se trouve, comme le précédent, à droite du zéro du cercle C, ou il est situé à gauche. Dans le premier cas, on prend la différence des deux nombres; dans le second cas, on en fait la somme. Il ne reste plus alors qu'à chercher soit par le calcul, soit, ce qui est plus commode, dans des tables saccharimétriques spéciales, la quantité de sucre cristallisable correspondant, pour la température observée, au nombre obtenu.

Analyse des urines diabétiques. — Cette analyse est beaucoup plus simple que les précédentes, l'urine des diabétiques ne contenant qu'une seule variété de sucre, le glucose, dont la présence anormale est la conséquence d'une combustion incomplète dans l'organisme du sucre provenant de nos aliments ou fabriqué par le foie (Voyez notre *Histoire Naturelle*, 51e édition, pages 41 et 73).

On commence par décolorer l'urine en y ajoutant 10 pour 100 de son volume de sous-acétate de plomb liquide. On filtre, et on remplit de cette urine ainsi décolorée le tube de 22 centimètres, que l'on replace sur le saccharimètre, après avoir préalablement réglé celui-ci avec le même tube plein d'eau pure.

On constate alors, si l'urine contient du sucre, que l'égalité des pénombres de chaque moitié du disque est détruite (*fig.* 151). On rétablit cette égalité, et il ne reste plus alors qu'à lire sur le cercle gradué (*fig.* 151) le nombre de divisions devant lequel s'est arrêté le zéro du vernier.

Le pouvoir rotatoire du glucose (57°, 6) étant plus petit que celui du sucre ordinaire (73°, 8), il faut, au lieu du 16^{gr},19 de ce dernier, dissous dans 100 centimètres cubes d'eau distillée, 22^{gr},5 de glucose, pour que la solution marque 100 degrés saccharimétriques. Chaque degré représente donc en poids 0^{gr},225 de glucose pour 100 grammes d'eau. Il suffira, par conséquent, de multiplier par le coefficient 2,25 le nombre de degrés indiqué par zéro du vernier pour connaître le poids du glucose contenu dans un litre de l'urine analysée.

TABLEAUX ANALYTIQUES

DES

PRINCIPAUX SELS MINÉRAUX

CARACTÉRISÉS PAR LES COULEURS DES PRÉCIPITÉS QUE DONNENT LEURS DISSOLUTIONS AVEC LES RÉACTIFS.

Rien ne vaut, pour la mémoire, l'enseignement par la vue. Tout ce qu'on voit s'y grave beaucoup plus vite et plus profondément que ce qu'on apprend par la lecture ou par la parole. Nous croyons donc faire œuvre utile en mettant sous les yeux de nos lecteurs les couleurs caractéristiques, prises sur nature, des précipités à l'aide desquels on reconnaît les divers métaux qui entrent dans la composition des principaux sels minéraux.

Ces précipités, ainsi que nous l'avons vu, page 393, s'obtiennent en versant dans la dissolution saline, dont il s'agit de reconnaître la base, certaines substances nommées *réactifs*. Les réactifs les plus usités sont : la potasse, la soude et leurs carbonates, l'ammoniaque, l'acide sulfhydrique et les sulfures alcalins, le ferrocyanure de potassium, l'iodure de potassium, l'infusion de noix de galle, l'acide oxalique, l'acide sulfurique et les sulfates solubles.

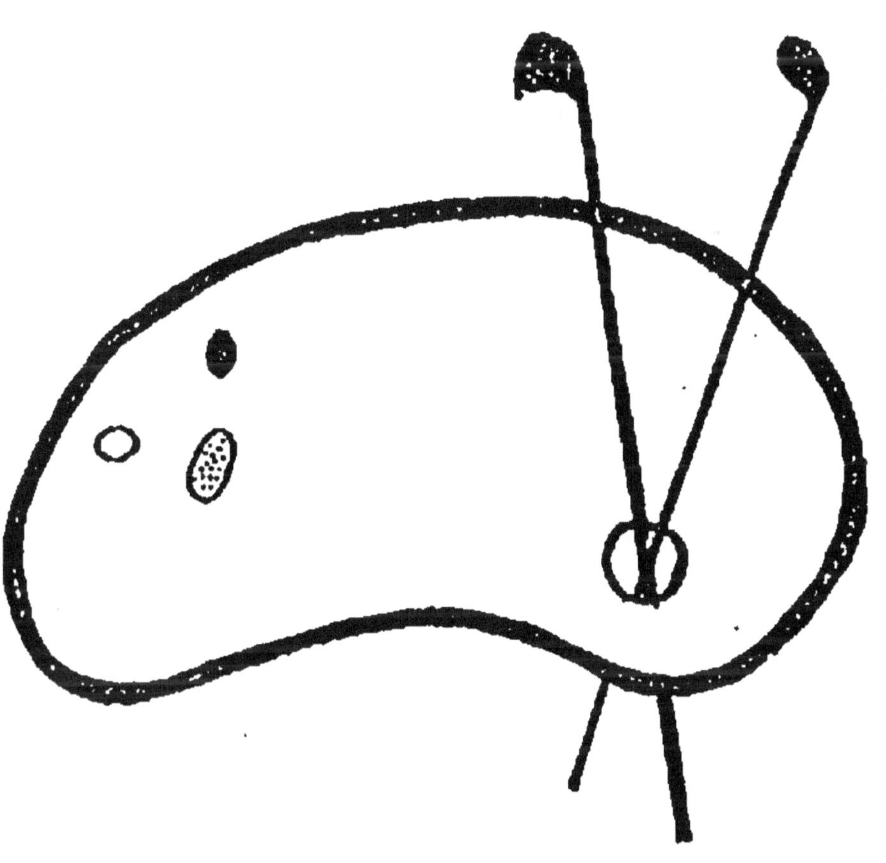

DEBUT D'UNE SERIE DE DOCUMENTS
EN COULEUR

SELS DES MÉTAUX DE LA PREMIÈRE SECTION.

Sels de Potasse, de Soude, de Baryte, de Strontiane, de Chaux; sels Ammoniacaux.

Sels de Potasse ou de protoxyde de potassium (KO).

Leurs dissolutions donnent :

Avec le bichlorure de platine concentré : précipité jaune-serin de chlorure double de platine et de potassium, soluble dans une grande quantité d'eau ;

Avec l'acide chlorique : précipité blanc de chlorate très peu soluble ;

Avec le sulfate d'alumine concentré : cristaux d'alun qui se déposent bientôt ;

Avec la potasse, la soude et l'ammoniaque, caustiques ou carbonatés, le sulfure de potassium, le cyanure jaune de fer et de potassium, la noix de galle : pas de précipité ;

Avec l'acide sulfhydrique et le sulfhydrate d'ammoniaque : pas de précipité ;

Tous les sels de potasse sont incolores, excepté le chromate qui est jaune et le bichromate qui est rouge orangé.

Sels de Soude ou de protoxyde de sodium (NaO).

Ils ressemblent beaucoup aux précédents par l'ensemble de leurs propriétés ; mais ils en diffèrent parce que leurs dissolutions *ne précipitent par aucun* des réactifs que nous venons d'indiquer pour reconnaître les sels de potasse. Ce n'est donc que par *des caractères négatifs* que l'on peut en déceler la présence. Quelques-uns sont efflorescents.

Sels de Baryte ou de protoxyde de baryum (BaO).

Avec l'acide sulfurique ou un sulfate soluble : précipité blanc de sulfate de baryte entièrement insoluble dans l'eau et dans l'acide azotique pur;

Avec les carbonates de potasse, de soude et d'ammoniaque : précipité blanc et floconneux de carbonate de baryte;

Avec l'ammoniaque, la noix de galle, le cyanure jaune de fer et de potassium, le sulfure de potassium : pas de précipité.

Les sels de baryte communiquent aux flammes une coloration verte.

Sels de Strontiane (StO).

Avec l'acide sulfurique : précipité blanc de sulfate de strontiane, soluble dans une grande quantité d'eau;

Avec les carbonates de potasse, de soude et d'ammoniaque : précipité blanc floconneux de carbonate de strontiane;

Avec l'ammoniaque, les sulfures alcalins, la noix de galle, le cyanure jaune de fer et de potassium : pas de précipité;

Les sels de strontiane colorent les flammes en rouge.

Sels de Chaux ou de protoxyde de calcium (CaO).

Avec l'acide sulfurique et les sulfates solubles : précipité blanc, soluble dans une grande quantité d'eau;

Avec l'acide oxalique et les oxalates de potasse, de soude et d'ammoniaque : précipité blanc entièrement insoluble dans l'eau et les acides faibles, soluble dans les acides forts, même étendus d'eau;

31*.

Avec la potasse et la soude : précipité blanc de chaux hydratée;

Avec les carbonates de potasse, de
soude et d'ammoniaque : précipité
blanc de carbonate de chaux ;

Avec l'ammoniaque, l'acide sulfhydrique, les sulfures
alcalins, le cyanure jaune de fer et de potassium, la noix de
galle : pas de précipité.

Les sels de chaux communiquent à la flamme de l'alcool
une teinte rouge orangé.

Sels Ammoniacaux ou d'oxyde d'ammonium [$(AzH^4)O$].

Tous les sels ammoniacaux sont solubles dans l'eau. Les
carbonates de potasse et de soude, les sulfures alcalins, le
cyanure jaune de fer et de potassium, ne troublent pas leurs
dissolutions. Exposés à l'action de la chaleur, ils éprouvent
des modifications qui dépendent de la nature de leur acide :
quand celui-ci est gazeux, le sel est volatil ; quand il est fixe;
l'ammoniaque seule s'en sépare et se dégage.

Avec le bichlorure de platine ils
donnent un précipité jaune

Mais le caractère essentiel des sels ammoniacaux est celuici : *Triturés avec de la chaux, tous exhalent une vive odeur
ammoniacale facile à reconnaître.*

SELS DES MÉTAUX DE LA DEUXIÈME SECTION,

SELS DE MAGNÉSIE, D'ALUMINE, DE MANGANÈSE.

Sels de Magnésie (MgO).

Leurs dissolutions donnent :
Avec les bicarbonates de potasse ou de soude : à froid, pré-

cipité nul; mais si l'on élève la température, un précipité blanc de carbonate de magnésie apparaît;

Avec les carbonates de potasse ou de soude : précipité blanc de carbonate de magnésie;

Avec la potasse et la soude caustiques : précipité blanc d'hydrate de magnésie, insoluble dans un excès d'alcali;

Avec le phosphate d'ammoniaque : précipité blanc de phosphate ammoniaco-magnésien;

Avec l'acide sulfhydrique, les sulfures alcalins, le cyanure jaune de fer et de potassium, la noix de galle   pas de précipité.

Sels d'Alumine ($Al^2 O^3$).

Avec la potasse et la soude : précipité blanc d'hydrate d'alumine, soluble dans un excès d'alcali;

Avec l'ammoniaque : précipité blanc presque insoluble dans un excès d'alcali;

Avec une dissolution saturée de sulfate de potasse : formation de cristaux d'alun octaédriques;

Chauffés fortement au chalumeau avec de l'azotate de cobalt, les sels d'alumine prennent une belle teinte bleu d'azur.

Sels de protoxyde de Manganèse ($Mn O$).

Avec la potasse et la soude : précipité d'oxyde de manganèse hydraté qui, d'abord blanc rosé, devient bientôt, au contact de l'air rouge brun et noirâtre;

Avec les carbonates alcalins : précipité blanc

Avec l'acide sulfhydrique : pas de précipité ;

Avec les protosulfures de potassium et de sodium : précipité de sulfure de manganèse légèrement rose ;

Avec le cyanure jaune de fer et de potassium : précipité blanc, lequel pourrait être plus ou moins bleu si, comme il arrive souvent, le sel de manganèse contenait du fer ;

Avec les oxalates de potasse ou de soude : précipité blanc et grenu.

Les sels de protoxyde de manganèse sont incolores ou légèrement roses. Les sels de bioxyde de manganèse sont d'un rouge brun très intense ; les alcalis les précipitent en brun de leurs dissolutions, et l'acide sulfureux les décolore complètement en les ramenant à l'état de sels de protoxyde. Tous les corps avides d'oxygène peuvent produire le même effet.

SELS DES MÉTAUX DE LA TROISIÈME SECTION.

SELS DE FER, DE ZINC, DE NICKEL, DE COBALT.

Sels de Fer.

Ces sels sont de deux ordres : ceux de *protoxyde* et ceux de *sesquioxyde* de fer. On les reconnaît tous parce que leurs dissolutions, au *contact de l'air* ou par l'addition d'un peu de chlore, forment avec l'infusion de noix de galle un précipité noir ;

Avec le cyanure jaune de fer et de potassium, un précipité bleu.

Sels de protoxyde de Fer (FeO).

Avec le cyanure jaune de fer et de potassium : précipité blanc verdâtre qui devient bleu au contact de l'air ;

Avec la potasse ou la soude : précipité blanc d'hydrate de protoxyde de fer qui, au contact de l'air, se convertit promptement en hydrate de sesquioxyde jaune rougeâtre ;

Avec l'acyde sulfhydrique : pas de précipité ;

Avec les sulfures alcalins : précipité noir de protosulfure de fer ;

Avec la noix de galle : pas de précipité ; mais si l'on ajoute un peu de chlore, un précipité noir de tannate de fer apparaît aussitôt.

Les sels de protoxyde de fer ont une couleur vert-émeraude quand ils sont cristallisés ou dissous. Leur caractère essontiel est d'être avides d'oxygène et d'avoir une grande tendance à se convertir en sels de sesquioxyde: aussi leurs dissolutions s'oxydent-elles au contact de l'air, et un sel jaune rougeâtre de sesquioxyde se dépose sur les parois du verre.

Sels de sesquioxyde de Fer (Fe²O³).

Avec le cyanure jaune de fer et de potassium : précipité de bleu de Prusse ;

Avec la potasse ou la soude : précipité d'hydrate de sesquioxyde jaune rougeâtre ;

Avec l'acide sulfhydrique : précipité de soufre, formation d'eau et de sel de protoxyde ;

Avec les sulfures alcalins : précipité noir de sulfure de fer ;

Avec la noix de galle : précipité
noir de tannate de fer.

Les sels de sesquioxyde de fer ont ordinairement une couleur jaune rougeâtre, plus ou moins foncée. Plusieurs sont insolubles dans l'eau ; mais tous se dissolvent dans l'acide chlorhydrique et agissent alors avec les réactifs de la même manière que les sels solubles.

Sels de Zinc (Zn O).

Avec la potasse, la soude et l'ammoniaque : précipité blanc d'oxyde de zinc hydraté, soluble dans un excès d'alcali ;

Avec les carbonates alcalins : précipité blanc de carbonate de zinc, insoluble dans un excès de réactif ;

Avec l'acide sulfhydrique : précipité blanc de sulfure de zinc hydraté ;

Avec les protosulfures alcalins : même précipité ;

Avec le cyanure jaune de fer et de potassium : précipité blanc ;

Avec l'infusion de noix de galle : pas de précipité. Tous les sels de zinc sont incolores.

Sels de Nickel (Ni O).

Avec la potasse ou la soude : précipité vert-pomme d'oxyde hydraté, insoluble dans un excès d'alcali ;

Avec l'acide sulfhydrique et les sulfures alcalins : précipité noir de sulfure hydraté* ;

* Si la liqueur est acide, elle ne précipite pas par l'acide sulfhydrique. Il en est de même pour les sels de cobalt.

Avec le cyanure jaune de fer et de potassium : précipité blanc, tirant un peu sur le jaune verdâtre, de cyanure de nickel ferrugineux ;

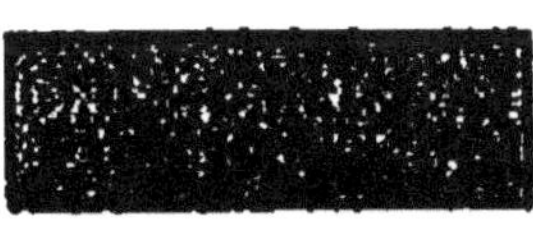

Avec l'infusion de noix de galle : précipité blanchâtre et floconneux.

Les sels de nickel ont une teinte jaunâtre quand ils sont anhydres, verte quand ils sont dissous ; par addition de l'ammoniaque, leur dissolution prend une teinte bleue ou violette.

Sels de Cobalt (CoO).

Avec la potasse ou la soude : précipité bleu violet d'hydrate de cobalt qui, au contact de l'air, passe au vert ;

Avec les carbonates alcalins : précipité rouge pâle de carbonate de cobalt ;

Avec le phosphate de soude : précipité bleu violet ;

Avec l'arséniate de soude : précipité rose d'arséniate de cobalt ;

Avec l'acide sulfhydrique et les sulfures alcalins : précipité noir de protosulfure de cobalt ;

Avec le cyanure jaune de fer et de potassium : précipité vert sale de cyanure de cobalt ferrugineux.

Les sels de cobalt dissous ou cristallisés ont une couleur rose plus ou moins foncée ; les sels insolubles ont une teinte rose-lilas ou bleu violet ; calcinés avec du borax, tous donnent naissance à un verre coloré en bleu (bleu de cobalt).

SELS DES MÉTAUX DE LA QUATRIÈME SECTION.

Sels d'Étain et d'Antimoine.

Sels d'Étain.

Les deux oxydes d'étain se combinent avec les acides et donnent naissance à deux ordres de sels, qui ont pour caractère commun d'être réduits par le zinc et le fer et de précipiter de l'étain à l'état métallique.

Sels de protoxyde d'Étain ($Sn\,O$).

Leurs dissolutions donnent :

Avec la potasse ou la soude : précipité blanc d'hydrate de protoxyde d'étain, soluble dans un excès d'alcali;

Avec l'ammoniaque : même précipité, insoluble dans un excès d'alcali ;

Avec l'acide sulfhydrique et les sulfures alcalins : précipité brun-chocolat de protosulfure hydraté;

Avec le cyanure jaune de fer et de potassium : précipité blanc;

Avec le chlorure d'or : précipité pourpre.

Sels de bioxyde d'Étain (SnO^2).

Avec la potasse ou la soude : précipité blanc d'hydrate, soluble dans un excès d'alcali ;

Avec l'acide sulfhydrique et les sulfures alcalins : précipité jaune de bisulfure hydraté, écailleux et brillant (or mussif) ;

Avec le cyanure jaune de fer et de potassium : précipité blanc de cyanure d'étain ferrugineux.

Les sels de bioxyde d'étain sont incolores ; ils ne troublent ni les dissolutions d'or, ni celles de bichlorure de mercure, et n'opèrent la réduction d'aucun sel.

Sels d'Antimoine (SbO^3).

Avec la potasse, la soude et l'ammoniaque : précipité blanc d'hydrate de protoxyde d'antimoine, soluble dans un excès de réactif ;

Avec l'acide sulfhydrique et les sulfures alcalins : précipité rouge orangé de protosulfure, soluble dans les sulfures alcalins ;

Avec l'infusion de noix de galle : précipité blanc grisâtre de tannate d'antimoine ;

Les chlorures d'antimoine sont décomposés par l'eau, qui y forme un précipité blanc d'oxychlorure.

Une lame de fer ou de zinc décompose les sels d'antimoine et précipite le métal à l'état de poudre noire.

SELS DES MÉTAUX DE LA CINQUIÈME SECTION.

Sels de Cuivre, de Plomb et de Bismuth.

Sels de Cuivre.

Ces sels sont de deux ordres : ceux de *sous-oxyde* ou *oxydule* de cuivre Cu^2O et ceux de *protoxyde* CuO. On les reconnaît tous à la propriété que possèdent le fer et le zinc de précipiter le cuivre à l'état métallique de leurs dissolutions.

Sels de sous-oxyde ou oxydule de cuivre (Cu^2O).

Ils sont presque tous insolubles dans l'eau et ont une grande tendance à passer à l'état de sels de protoxyde. L'ammoniaque jouit de la propriété de les dissoudre sans se colorer, mais au contact de l'air la dissolution devient bleue

Sels de protoxyde de cuivre (CuO).

Avec la potasse ou la soude : précipité bleu d'oxyde de cuivre hydraté, insoluble dans un excès d'alcali ;

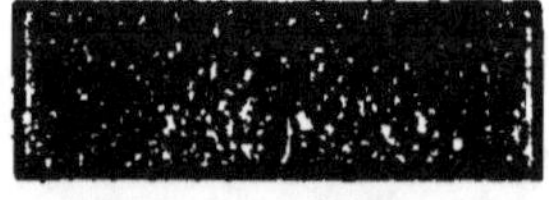

Avec l'ammoniaque : précipité blanc bleuâtre, soluble dans un excès d'alcali et formant alors une liqueur très limpide d'un beau bleu céleste ;

Avec le cyanure jaune de fer et de potassium : précipité rouge brun de cyanure de cuivre ferrugineux ;

Avec l'acide sulfhydrique et les sulfures alcalins : précipité noir de bisulfure de cuivre.

Les sels de cuivre ont généralement une belle couleur bleue ou verte ; une lame de fer ou de zinc plongée dans leurs dissolutions se recouvre aussitôt d'une couche de cuivre à l'état métallique.

Sels de Plomb (Pb O)

Avec la potasse ou la soude : précipité blanc d'oxyde hydraté, soluble dans un grand excès d'alcali ;

Avec les carbonates alcalins : précipité blanc de carbonate de plomb (céruse) ;

Avec l'acide sulfurique ou un sulfate soluble et dissous : précipité blanc de sulfate de plomb ;

Avec l'acide sulfhydrique et les sulfures alcalins : précipité noir de protosulfure de plomb ;

Avec le chromate de potasse : précipité de chromate de plomb d'un très beau jaune ;

Avec le cyanure jaune de fer et de potassium : précipité blanc de cyanure de plomb ferrugineux ;

Avec l'iodure de potassium : précipité d'iodure de plomb d'un jaune vif ;

Avec l'infusion de noix de galle : précipité blanc.

Les sels de plomb sont incolores quand leur acide n'est pas coloré. Une lame de fer ou de zinc plongée dans leurs dissolutions en précipite le plomb à l'état métallique.

Sels de Bismuth (Bi O³).

Avec la potasse, la soude et l'ammoniaque : précipité blanc d'hydrate de bismuth, insoluble dans un excès de réactif ;

Avec l'acide sulfhydrique et les sulfures alcalins : précipité noir de sulfure de bismuth ;

Avec le cyanure jaune de fer et de potassium : précipité blanc de cyanure de bismuth ferrugineux ;

Avec l'iodure de potassium : précipité brun-marron ;

Avec l'infusion de noix de galle : précipité jaune orangé.

Les sels de bismuth sont presque tous incolores. Le fer et le zinc opèrent la réduction de ces sels en précipitant le bismuth à l'état métallique. La plupart sont décomposés par l'eau, qui forme avec eux un précipité blanc de sous-sel, et donne en même temps naissance à un sel très acide.

SELS DES MÉTAUX DE LA SIXIÈME SECTION.

Sels de Mercure, d'Argent, d'Or et de Platine.

Sels de Mercure.

Il existe deux ordres de sels de mercure, correspondant aux deux oxydes, et qu'un seul caractère suffit pour distinguer de tous les autres sels : soumis à la distillation avec de la chaux ou de la potasse, ils donnent du mercure métallique.

Sels de protoxyde de Mercure (Hg^2O).

Leurs dissolutions donnent :

Avec la potasse, la soude et l'ammoniaque : précipité noir ;

Avec l'acide chlorhydrique et les chlorures alcalins : précipité blanc;

Avec l'acide sulfhydrique et les sulfures alcalins : précipité noir;

Avec le chromate de potasse : précipité rouge;

Avec l'iodure de potassium : précipité vert;

Avec le cyanure jaune de fer et de potassium : précipité blanc, gélatineux.

Une lame de cuivre plongée dans leurs dissolutions se recouvre bientôt de mercure coulant à sa surface.

Sels de bioxyde de Mercure (HgO).

Avec la potasse et la soude : précipité jaune d'hydrate de bioxyde;

Avec l'ammoniaque : précipité blanc d'oxyde de mercure combiné avec cet alcali;

Avec l'acide sulfhydrique et les sulfures alcalins : précipité noir;

Avec l'iodure de potassium : précipité rouge de bi-iodure de mercure, soluble dans un excès d'iodure alcalin;

Avec le cyanure jaune de fer et de potassium : précipité blanc de cyanure de mercure ferrugineux;

Une lame de cuivre plongée dans leurs dissolutions se recouvre de mercure métallique, comme dans le cas précédent.

Sels d'Argent (Ag O).

Avec la potasse ou la soude : précipité brun clair ou olive d'oxyde d'argent hydraté ;

Avec l'ammoniaque : pas de précipité ;

Avec l'acide chlorhydrique ou un chlorure soluble : précipité blanc, cailleboté, insoluble dans l'eau et dans l'acide azotique pur, soluble dans l'ammoniaque. Ce précipité passe au violet, puis au noir par l'action de la lumière ;

Avec l'acide sulfhydrique et les sulfures alcalins : précipité noir de sulfure d'argent ;

Avec le phosphate de soude : précipité jaune clair de phosphate d'argent ;

Avec le chromate de potasse : précipité rouge pourpre ;

Avec le cyanure jaune de fer et de potassium : précipité blanc de cyanure d'argent ferrugineux.

Les sels d'argent sont en général incolores. Chauffés dans un creuset avec de la potasse caustique, ils donnent de l'argent métallique. Le fer, le zinc et le cuivre précipitent l'argent de leurs dissolutions sous forme de poudre cristalline.

Sels d'Or [perchlorure ($Au^2 Cl^3$), cyanure et bromure].

Avec une solution étendue de protochlorure d'étain : précipité pourpre (pourpre de Cassius) ;

Avec une solution de protosulfate de fer : précipité brun verdâtre d'or métallique ;

Avec l'ammoniaque : précipité jaune orangé.

Sels de Platine [bichlorure $(PtCl^2)$].

Avec la potasse ou le chlorure de potassium : précipité jaune serin de chlorure double de platine et de potassium ;

Avec le chlorhydrate d'ammoniaque : précipité jaune de chlorure double de platine et d'ammonium ;

Avec la soude ou le chlorure de sodium : pas de précipité ;

Avec l'acide sulfhydrique et les sulfures alcalins : précipité noir de bisulfure de platine.

Les sels de platine ont une couleur jaune ou jaune rougeâtre ; ils sont, en général, solubles dans l'eau. Le fer, le zinc et le cuivre en précipitent le platine à l'état métallique.

FIN.

Paris, Imprimerie Delahin.

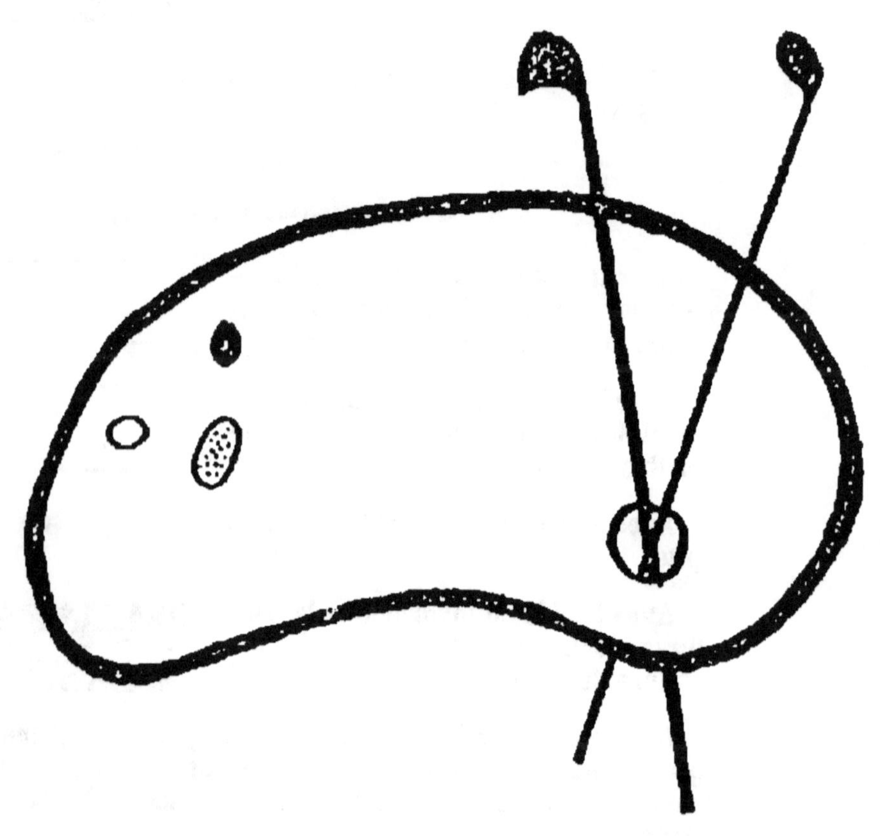

FIN D'UNE SERIE DE DOCUMENTS
EN COULEUR

APPENDICE.

MÉCANIQUE CHIMIQUE ET THERMOCHIMIE.

Historique. — Nous avons vu dans notre *Cours de Physique*
(Chap. XI et XV) que la chaleur, loin d'être, comme on le
croyait autrefois, le résultat d'un fluide impondérable, que l'on
nommait *calorique*, n'est autre chose qu'un mode particulier
de mouvement. Tous les physiciens sont aujourd'hui d'accord
sur ce point. Cette conception nouvelle, qui devait amener une
révolution générale dans les sciences physiques, avait bien
été entrevue autrefois, dans l'étude du frottement et du dégagement indéfini de chaleur qui peut en résulter; mais ce n'est
qu'à partir de 1842 que les travaux de Mayer, Joule,
W. Thomson, etc., l'ont définitivement fixée dans la science, en
prouvant d'une manière irréfragable l'*équivalence mécanique*
de la chaleur, c'est-à-dire la proportionnalité entre la quantité
de chaleur disparue dans les machines et la quantité de travail
mécanique développé simultanément.

Ce grand principe de l'équivalence, facile à démontrer par
des expériences directes, lorsqu'il s'agit des forces vives immédiatement mesurables et du travail extérieur et visible des
machines thermiques, devait-il également s'appliquer aux
changements de force vive moléculaire, aux travaux accomplis
dans les actions chimiques par les dernières particules des
corps, en vertu de mouvements que l'on ne peut ni voir, ni
mesurer directement? En un mot, les mouvements insensibles
qui règlent les phénomènes chimiques obéissent-ils aux mêmes
lois que les mouvements sensibles des machines motrices?

Il était réservé à l'illustre auteur de la *Synthèse chimique*,
M. Berthelot, de résoudre par l'affirmative cette haute question
de philosophie expérimentale, et de créer ainsi toute une
science nouvelle, la *Mécanique chimique*, que l'on pourrait
appeler également, comme pendant à la Mécanique céleste, la
Mécanique moléculaire, conduisant à cette conséquence capitale, que les travaux des forces chimiques peuvent être ramenés

à une même définition et à une même unité, communes à toutes les forces naturelles : le mouvement.

Nous ne saurions mieux faire, pour donner une idée de cette science, que d'en reproduire ici les principes généraux, tels qu'ils ont été exposés et formulés par leur auteur, à la suite d'un vaste système d'expériences, poursuivies sans relâche pendant près de vingt ans, et dont la description, avec les lois et les notions générales qui s'en dégagent, font le sujet du grand ouvrage en deux volumes paru en 1879, sous le titre : *Essai de Mécanique chimique fondée sur la thermochimie.*

I. **Affinité.** — L'affinité chimique est la résultante des actions qui tiennent unis les éléments des corps composés. Dans l'étude de cette résultante, on doit tenir compte des actions naturelles qui peuvent modifier, c'est-à-dire déterminer ou faciliter, soit la combinaison des éléments, soit la décomposition des corps composés. Telles sont la chaleur, l'électricité, la lumière, et même, dans certains cas, les effets mécaniques du choc et de la pression.

Pour bien concevoir les effets développés par ces diverses actions (9), il convient d'observer que les particules de tout corps simple ou composé, pris spécialement dans l'état gazeux, mais aussi même dans les états solide et liquide, sont animées de mouvements multiples. Ces mouvements existent à la fois : dans chacune des particules composées, qui constituent les combinaisons; dans chacune des particules élémentaires, dont l'association constitue les particules composées; enfin, dans chacune des particules infiniment plus petites, dont l'association constitue probablement les corps simples eux-mêmes.

II. **Dégagement de chaleur dans les actions chimiques.** — On admet aujourd'hui qu'au moment de la combinaison chimique, il y a précipitation des molécules les unes sur les autres, avec une grande vitesse : de là résulte un dégagement de chaleur, comparable à celui qui a lieu au moment du choc de deux masses sensibles, par exemple, d'un marteau sur une enclume.

Les causes de ce dégagement de chaleur se comprennent aisément, si l'on remarque que chacune des masses moléculaires ainsi précipitées doit être conçue comme animée, dans son état primitif, de diverses espèces de mouvements : mouvements de translation, mouvements de rotation, mouvements de vibration ; tous mouvements qui sont d'ordinaire détruits ou transformés dans la formation du nouveau composé. Les distances des molécules, et, par suite, leurs actions réciproques, sont changées ; les liaisons primitives sont pour la plupart anéanties, ou remplacées par de nouvelles dépendances. Les travaux effectués pendant ces divers changements se traduisent, en général, de même que ceux qui ont lieu pendant le choc, par des dégagements de chaleur.

En pénétrant plus avant dans l'analyse des causes qui déterminent ces dégagements de chaleur, on est conduit à distinguer : la chaleur développée par les énergies chimiques proprement dites et celle qui résulte des changements d'état, laquelle dérive plus spécialement des énergies physiques.

Aux *énergies physiques* se rapportent la chaleur dégagée ou absorbée par la liquéfaction des gaz, la solidification des liquides, les changements de volume et de chaleur spécifique dans les gaz, les liquides et les solides, les changements de tension de vapeur et de fluidité dans les liquides, la cristallisation, ainsi que les modifications diverses de l'état amorphe, etc., etc. ; en un mot, l'ensemble des changements observés toutes les fois que les propriétés du composé ne sont pas exactement celles d'un simple mélange des composants.

Toutefois, la chaleur dégagée par suite d'une perte d'énergie physique ne représente, dans un grand nombre de cas, qu'une fraction minime, sinon même nulle, de la chaleur développée réellement par la combinaison, résultant des *énergies chimiques*.

La cause fondamentale de la chaleur dégagée par les actions chimiques doit être cherchée dans la constitution même des molécules élémentaires, opposées l'une à l'autre par l'acte de la combinaison. Il y a là des travaux spéciaux, d'une grandeur parfois extrême : soit qu'il s'agisse, par exemple, de la chaleur dégagée par la réaction directe du chlore sur l'hydrogène (22 000 calories), soit que l'on envisage la chaleur dégagée par la décomposition du bioxyde d'azote en ses éléments (43 000 calories), chaleur qui se retrouve en plus dans les combustions opérées par ce gaz composé. La chaleur dégagée dans ces circonstances ne peut être attribuée qu'à des travaux résultant d'un changement de disposition entre les particules chimiques dont l'assemblage par groupes constitue chaque molécule physique élémentaire, ou bien encore à des travaux spéciaux et à une réserve de forces vives, propres aux éléments eux-mêmes.

En résumé, les phénomènes thermochimiques peuvent être attribués aux transformations de mouvement, aux changements d'arrangement relatif, enfin aux pertes de force vive, qui ont lieu dans le moment où les molécules hétérogènes se précipitent les unes sur les autres pour former des composés nouveaux.

III. Principes de la mécanique chimique.—Les phénomènes moléculaires qui viennent d'être signalés sont beaucoup plus délicats que ceux qui relèvent de la mécanique ordinaire : car, dans cet ordre de métamorphoses, on ne peut mesurer directement ni la grandeur des travaux, ni celle des forces vives. Mais leur étude a pris une face nouvelle, par suite des développements récents de la théorie mécanique de la chaleur. En effet, le principe d'équivalence entre les travaux mécaniques ordinaires et la chaleur, étant supposé vrai également pour les travaux moléculaires, conduit à des conséquences que l'expérience vérifie d'une manière constante. La concordance de ces vérifications expérimentales avec les déductions théoriques, concordance soutenue par des milliers d'observations, permet d'appliquer avec certitude à l'ensemble des phénomènes chimiques les relations générales qui existent entre la chaleur disparue et le travail produit, ce qui conduit à une suite de déductions qui constituent les principes fondamentaux de la thermochimie et de la mécanique chimique. Ces principes sont au nombre de trois, savoir :

Le principe des travaux moléculaires ;

Le principe de l'équivalence calorifique des transformations chimiques, autrement dit principe de l'état initial et de l'état final ;

Le principe du travail maximum.

1° *Principe des travaux moléculaires.*—*La quantité de chaleur dégagée dans une réaction quelconque mesure la somme de travaux chimiques et physiques accomplis dans cette réaction.* Ce principe fournit la mesure des affinités chimiques.

2° *Principe de l'équivalence calorifique des transformations* chimiques, autrement dit, principe de l'état initial et de l'état final. — *Si un système de corps simples ou composés, pris dans des conditions déterminées, éprouve des changements physiques ou chimiques capables de l'amener à un nouvel état, sans donner lieu à aucun effet mécanique extérieur au système, la quantité de chaleur dégagée ou absorbée par l'effet de ces changements dépend uniquement de l'état initial et de l'état final du système. Elle est la même quelles que soient la nature et la suite des états intermédiaires.* Ainsi la chaleur dégagée dans une transformation chimique demeure constante, de même que la somme des poids des éléments.

3° Principe du travail maximum. — *Tout changement chimique accompli sans l'intervention d'une énergie étrangère tend vers la production du corps ou du système du corps qui dégage le plus de chaleur.* L'exemple suivant, que nous empruntons encore au livre de M. Berthelot, va nous faire saisir immédiatement l'importance pratique de ce principe.

Nous avons étudié précédemment trois corps de la même famille : le chlore, le brome et l'iode. Ces trois corps, en se combinant avec l'hydrogène, forment trois acides gazeux : l'acide chlorhydrique HCl, l'acide bromhydrique HBr et l'acide iodhydrique HI.

Des mesures précises de calorimétrie nous ont appris que la chaleur de formation du composé de chlore et d'hydrogène est plus grande que celle du composé bromé, et celle-ci plus grande que celle du composé iodé. Le chlore devra donc se substituer au brome et à l'iode dans les acides bromhydrique et iodhydrique gazeux, et ce dernier devra être également décomposé par le brome déplaçant l'iode. Or, ces conséquences du principe lui-même sont vérifiées par des expériences depuis longtemps classiques, mais dont la théorie n'avait pas été donnée avant les découvertes de la thermochimie.

Autre exemple :

La chaleur de formation des chlorures métalliques, pris sous l'état anhydre, surpasse, en général, celle des oxydes correspondants. Aussi le chlore gazeux doit-il décomposer la plupart des oxydes métalliques anhydres, avec formation de chlorures métalliques et d'oxygène gazeux. C'est, en effet, ce que l'expérience vérifie et que les données thermiques permettent de prévoir et d'interpréter.

Nous pourrions produire ici beaucoup d'autres exemples

qui tous nous montreraient que la prévision des phénomènes chimiques se trouve ramenée par le principe *du travail maximum* à la notion purement physique et mécanique des quantités de travail accompli par les actions moléculaires.

Signalons encore l'énoncé suivant qui se déduit du précédent et qui est applicable à une multitude de phénomènes :

Toute réaction chimique susceptible d'être accomplie directement, sans le secours d'un travail préliminaire, et en dehors de l'intervention d'une énergie étrangère à celle des corps présents, se produit nécessairement, si elle dégage de la chaleur.

Nous citerons enfin, pour compléter ce court aperçu, extrait en grande partie de la remarquable Introduction dans laquelle M. Berthelot a généralisé les faits innombrables contenus dans son livre, la distinction féconde établie par cet auteur entre les combinaisons qu'il appelle *exothermiques* et les combinaisons *endothermiques.*

I. Combinaisons exothermiques. — Ce sont les combinaisons dont la formation peut avoir lieu directement, sans le concours d'une énergie étrangère, et au moyen des corps composants pris à l'état de liberté. La formation de cet ordre de composés a constamment lieu avec dégagement de chaleur; elle s'effectue en vertu d'un travail positif des affinités, c'est-à-dire qu'il y a *perte d'énergie, en passant des corps composants au corps composé.*

Réciproquement, la décomposition de ces combinaisons exige une dépense de travail, une absorption de chaleur. Pour reproduire les corps primitifs, il faut restituer au système la quantité d'énergie perdue; d'où il suit que la *chaleur de décomposition*, c'est-à-dire celle qu'il faut fournir au composé pour le réduire en ses éléments, *est rigoureusement égale à la chaleur de combinaison.* On nomme chaleur de combinaison la quantité de chaleur dégagée par un kilogramme du mélange des corps pris dans les proportions où ils doivent s'unir.

Telles sont : les combinaisons de l'oxygène avec l'hydrogène, le carbone, le phosphore, les métaux; celles du chlore avec l'hydrogène et les métaux; celles des acides avec les bases, etc.

II. Combinaisons endothermiques. — Ce sont les combinaisons dont la formation directe exige, contrairement aux précédentes, une certaine dépense de travail, c'est-à-dire une absorption de chaleur. Leur décomposition directe donne donc lieu à un dégagement de chaleur : c'est-à-dire qu'il y a perte *d'énergie en passant du corps composé à ses composants.*

L'absorption de chaleur qu'exige la formation de ces composés répond à de certains travaux effectués pour disposer les particules élémentaires suivant un arrangement spécial. On peut prendre une idée de tels composés, en les comparant à un ressort tendu. Pour bander le ressort, il faut exécuter un travail équivalant à une certaine quantité de force vive, que la détente du ressort fera reparaître. Un corps composé de cet ordre renferme donc plus d'énergie que le simple mélange de ses composants. Comme exemples de ces composés, plus rares que les précédents, on peut citer, en chimie minérale, les oxydes d'azote, le chlorure d'azote, les composés oxygénés du chlorure, l'acide permanganique. Plusieurs d'entre eux, en raison de l'énergie latente qu'ils renferment, sont explosifs. Tels sont encore, en chimie organique, l'acétylène, dont la formation exige une absorption de 64 calories, l'éthylène (8 calories), l'acide formique ($1^{cal},4$), certains éthers composés dérivés des acides organiques, les amides, en tant que dérivés des sels ammoniacaux, etc.

« On voit par là, dit M. Berthelot, toute la généralité des combinaisons formées avec absorption de chaleur dans la chimie organique. Il n'est pas douteux que leur formation et leur décomposition ne jouent un grand rôle dans les métamorphoses de la matière qui s'accomplissent au sein des êtres vivants. Leur décomposition, en particulier, peut s'effectuer sous l'influence de simples agents déterminants, sans le concours d'une énergie étrangère. Elle rend possible, au sein des êtres vivants, des dégagements de chaleur en apparence spontanés, comme ceux que l'on observ. dans les fermentations. » (*Loc. cit.* t. II, page 20.)

FIN.

TABLE DES CHAPITRES.

(Les chiffres renvoient aux pages.)

CHIMIE MINÉRALE OU INORGANIQUE.

NOTIONS D'ANALYSE CHIMIQUE.

On trouve à la même Librairie :

Éléments de Géologie et de Botanique, par *M. J. Langlebert,* professeur de sciences physiques et naturelles; 1 vol. in-12, avec 400 gravures dans le texte et une carte géologique de la France,   br. 3 f. — cart. 3 f. 25 c.

Premiers Éléments de Zoologie, à l'usage des *Cours de l'enseignement primaire et des Cours élémentaires de l'enseignement secondaire,* rédigés conformément aux programmes officiels, par *M. J. Langlebert fils,* docteur en médecine; 1 vol. in-12, avec 315 vignettes dans le texte,   br. 2 f. 50 c. — rel. toile, 2 f. 75 c.

Paris. — Imprimerie DELALAIN frères, rue de la Sorbonne, 1 et 3.

www.ingramcontent.com/pod-product-compliance
Lightning Source LLC
Chambersburg PA
CBHW051249060726
47596CB00001B/34